普通高等教育“十一五”国家级规划教材
全国高等农林院校“十一五”规划教材

植物资源学

杨利民　主编

中国农业出版社

内 容 简 介

《植物资源学》是一本适用于植物科学与技术、野生动植物保护与利用、森林资源和生物科学类及农学类等相关专业使用或参考的教科书，也是科学研究的参考书。教材分总论和各论两部分，总论部分从植物资源分类、分布与特点、开发与利用、调查与评价、可持续利用与野生抚育和保护与管理等不同研究层次介绍了植物资源学的基本原理和基本方法；各论部分重点介绍了药用植物资源、野果植物资源、野菜植物资源、芳香油植物资源、色素植物资源、纤维植物资源、油脂植物资源、淀粉植物资源、树脂植物资源、树胶植物资源、鞣质植物资源、农药植物资源、观赏植物资源和其他植物资源（包括甜味剂植物资源、经济昆虫寄主植物资源、皂素和木栓植物资源及能源植物资源）等 18 类重要植物资源的开发利用与保护管理。教材图文并茂，吸收了相关教材、专著及最新学术论文成果。

编 写 人 员

主　编　杨利民

副主编　李长田　王建书　郭凤根

编　者　（按姓名笔画排序）

于　英　王建书　王瑞云　刘　霞

李长田　杨利民　张永刚　林红梅

孟　丽　耿世磊　晏春耕　郭凤根

郭金耀　盛晋华　董　然　韩　梅

主　审　戴宝合　赵淑春

前　言

植物资源学是植物科学与技术、野生动植物保护与利用、森林资源及生物科学类和农学类等相关专业的重要课程之一，是一门新发展起来的边缘学科，是植物学向应用领域拓展，并与化学、农学、药学、食品学、生态学等多学科相互交叉渗透，研究和挖掘各种有用植物的科学。它的形成和发展是我国自然科学和社会经济发展的必然趋势，同时也标志着我国植物资源的教学、研究、开发、利用和保护工作进入了一个崭新阶段。

我国疆土辽阔、植物种类繁多、植物资源极其丰富，识别、研究、保护和持续开发利用这些宝贵资源，充分发挥其应有的作用，对于发展我国植物资源产业、振兴经济、增加国民收入、活跃城乡市场、扩大对外贸易、保护生物多样性都有着重要意义。

本教材是在吸收了现有植物资源学、野生植物资源学、野生植物资源开发与利用学、中药资源学、药用植物资源开发利用学等教材和《中国高等植物图鉴》、《中国植物志》、《中国经济植物志》与各地方经济植物志、《中国资源植物利用手册》、《中国野生果树》及其他有关专著和最新学术论文的基础上编写而成。

本教材内容丰富，全书共分19章，包括总论和各论两大部分。其中，总论部分5章，按植物资源的研究层次和重点，编写了植物资源分类、分布与特点，植物资源的开发与利用，植物资源的调查与评价，植物资源的可持续利用与野生抚育和植物资源的保护与管理；各论部分14章，并根据各类植物资源的研究进展和重要性，编写了药用植物资源、野果植物资源、野菜植物资源、芳香油植物资源、色素植物资源、纤维植物资源、油脂植物资源、淀粉植物资源、树脂植物资源、树胶植物资源、鞣质植物资源、农药植物资源、观赏植物资源和其他植物资源（包括甜味剂植物资源、经济昆虫寄主植物资源、皂素和木栓植物资源及能源植物资源）等18类重要植物资源。各类重点编写的每个资源植物种类按教学环节分为植物名、形态特征、分布与生境、利用部位与化学成分（或营养成分、利用价值及功能等）、采收与加工、近缘种、资源开发与保护等7部分分述。

本教材图文并茂，黑白图精选自全国或地方的有关《植物图鉴》、《植物志》或其他专著等。

本教材是多所农业及相关院校长期从事植物资源教学和科研工作者集体智慧的结晶，在吉林农业大学戴宝合教授主编《野生植物资源学》基础上编写而成。由吉林农业大学杨利民教授任主编，吉林农业大学李长田博士、河北工程大学王建书教授和云南农业大学郭凤根教授任副主编，参加编写人员有吉林农业大学于英教授、董然教授、韩梅教授、刘霞教授、张永刚讲师、林红梅讲师，河南科技学院孟丽教授，华南农业大学耿世磊副教授，湖南农业大学晏春耕副教授，山西农业大学郭金耀副教授、王瑞云讲师，内蒙古农业大学盛晋华副教授。吉林农业大学戴宝合教授、赵淑春教授任主审。

在教材编写过程中，得到吉林农业大学、云南农业大学、华南农业大学、湖南农业大学、山西农业大学、内蒙古农业大学、河北工程大学和河南科技学院等单位领导的大力支持，得到中国农业出版社的高度重视与热心指导。在此，对领导和同仁的关怀与支持，谨表诚挚谢意。

植物资源学内容范围广，知识面宽，涉及许多相关学科领域，限于编者的水平，缺点错误在所难免，敬希读者提出宝贵意见，以便进一步修改和补充，使教材内容更加充实和完善，更好地适应教学和学科发展要求。

编　者

2008年5月

目　录

绪　　论

一、植物资源的概念

1983年在中国植物学会50周年年会上，我国著名植物学家吴征镒教授把植物资源定义为：一切有用植物的总和。所谓“有用”就是对人类有益的植物，并把植物资源分为栽培植物和野生植物两大类，其中有商品价值的称为经济植物。又进一步将植物资源按用途分为：食用植物资源、药用植物资源、工业用植物资源、保护和改造环境用植物资源和植物种质资源等5类。当然，有用与无用，有益与无益，也是相对而言的，我们研究植物的重要任务之一，就是化无用为有用，发现和发掘不同植物种类的各种用途，尽可能地满足人类不断提高的生产和生活水平的需要。英国学者Wickens（1990）将经济植物定义为：对人类直接或间接有用的植物，直接有用是指满足人类或家畜并维持其生存环境条件所需要的植物；间接有用指可被驯养的、工业用的、保护环境或被人喜爱的（如花卉、耳饰头饰等妆饰用）植物。二者在概念上和研究对象上是极为相似的。

植物资源就是指在一定时间、空间、人文背景和经济技术条件下，对人类直接或间接有用植物的总和。其中在市场上出售，具有商品价值的称为经济植物；国家特有、珍稀、濒危物种，或是重要栽培植物的野生原种或近缘属种，具有巨大的科学价值和潜在社会经济价值的称为种质植物；在环境保护、培肥地力和降解环境污染等方面，具有重要价值的称为环境植物或生态植物。时间性是指植物的不同生长发育时期其利用途径和价值的差异，“三月茵陈四月蒿，五月砍了当柴烧”，说的是茵陈蒿只有在早春采收才能药用，晚了就失去了药用价值，这一民间谚语充分地表达了植物资源利用价值的时间性。空间性是指植物在其分布区域内，由于环境条件的变化导致利用价值的差异，如许多名贵传统的药用植物具有明显的地道性，另外植物的某些有用次生代谢产物也会随环境条件的变化发生量的波动。人文背景是指不同民族不同地域的人们，在长期的生产生活实践中所积累的利用植物种类及经验与方法的多样性和差异。一般植物的可利用程度是随着人类的经济条件和技术水平而改变的。

二、研究植物资源的意义

植物与我们人类的关系最为密切，它是生物界的主要组成成分，是各类生态系统第一性生产力的“创造者”。绿色植物能以太阳光能作为能源，用二氧化碳、水和其他无机盐类为原料，经过复杂的生理生化过程，建造植物体和形成本种所特有的产品及其成分，这是人类和其他生物赖以生存的基础。

据植物分类学研究，世界上现存的植物种类约有50万种，其中高等植物近30万种。我国在地球演变过程中，受冰川期影响较小，幅员辽阔，横跨寒温带、温带、暖温带、亚热带和热带，气候、地形复杂多样。因此，植物种类也较多，仅高等植物就3万余种，仅次于巴西和哥伦比亚，居世界第三位，植物资源极其丰富。这些植物种类是在地球漫长的演化变迁过程中，由简单到复杂，由低级到高级逐渐形成的，并在进化过程中通过植物本身的遗传变异和自然的选择，适者生存繁衍下来。在众多的植物种类中，栽培植物仅占植物资源的一少部分，绝大多数仍处于野生状态，不同程度地被人类利用的仅有1%～2%。随着人类社会的发展，现有的栽培植物已不足以满足人类生活的需要，因此，开发利用野生植物资源是不断满足人类生产、生活需要的必由之路。

每种植物在长期的适应进化过程中都形成了不同的形态结构和相同或不同的化学物质，如糖、淀粉、纤维、油脂、蛋白质、维生素和核酸等物质是植物生活中必需的代谢物质，每种植物虽然都含有，但所含的质量和数量不同。又如生物碱、芳香油、树胶、苷类、甾体、黄酮类、色素、鞣质等，是植物新陈代谢的次生产物，不同植物含有的种类、数量不同。植物有何用途，是由它们的形态、结构、功能和所含的化学物质所决定的。在人类的生产、生活资料中，很大一部分来源于植物，可以说人类的衣、食、住、行无不与植物有着密切的关系。

植物资源是人类的食物来源之一。不仅现在栽培的主要粮食、蔬菜、水果和油料作物都来源于野生植物的驯化，而且，其近缘野生属种的优良基因也是培育高产、抗逆、抗病虫害新品种的重要种质资源。随着人们生活水平的不断提高，食物结构也在发生变化，追求山珍野味已成为一种时尚，野菜、野果也已不再是充饥之物，而是作为高营养、无污染和保健性的美味食品。如大量开发的山葡萄（*Vitis amurensis*）、越橘（*Vaccinium vitis - idaea*）、沙棘（*Hippophae rhamnoides*）、刺梨（*Rosa roxburgii*）、无花果（*Ficus earica*）、余甘子（*Phyllanthus emblica*）等野果类植物和蕨菜（*Pteridium aquilinum*）、薇菜（*Osmunda cinnamomea* var. *asiatica*）、桔梗（*Platycodon grandiflorum*）、魔芋（*Amorphophallus rivieri*）、臭菜（*Acacia pennata*）、蒲公英（*Taraxacum* spp.）等野菜类植物。

植物资源是治疗人类各种疾病的主要药物来源。许多植物中含有对人类疾病有药理活性的物质，它们是传统中药、民族药和民间草药的主要来源，也是现代医药工业的重要原料。如人参（*Panax ginseng*）、柴胡（*Bupleurum chinensis*）、甘草（*Glycyrrhiza uralensis*）、草麻黄（*Ephedra sinica*）等植物是人类治疗疾病和增强机体抵抗力的传统中药材，并且许多种类通过植物化学手段提纯有效成分，已开发出新的剂型。目前，在寻找抗癌、抗艾滋病新药中，对植物药理活性成分的筛选已成为重要途径之一。近年来，新筛选的抗癌药用植物有红豆杉（*Taxus* spp.）、雷公藤（*Tripterygium wilfordii*）、美登木（*Maytenus hookeri*）、喜树（旱木莲）（*Camptotheca acuminata*）等。

植物资源是许多工业原料的来源。科学技术高度发达的今天，植物纤维仍是人类所追求的保暖和装饰衣物的主要目标，如棉花（*Gossypium* spp.）、亚麻（*Linum usitatissimum*）、苎麻（*Boehmeria nivea*）等，而芦苇和各种木本纤维植物是造纸的主要原料。天然植物香料和色素也已成为食品和化妆品添加剂的重要来源，它们有无毒无副作用的优点，在食品和化妆品工业中正确地开发和使用天然植物香料和色素成分，减少合成香料和色素的用量，对于提高食品和化妆品安全具有重要意义。如大量开发的香料植物有薄荷（*Mentha haplocalyx*）、花椒（*Zanthoxylum bungeanum*）、百里香（*Thymus mongolicus*）、香茅（*Cymbopogon nardus*）、紫罗兰（*Viola odorata*）等；色素植物有紫草（*Lithospermum erythrorhizon*）、茜草（*Rubia cordifolia*）、菘蓝

（*Isatis tinctoria*）等。非糖植物甜味剂成分也是减肥和糖尿病人的重要保健食品添加剂，如甜叶菊（*Stevia rebaudiana*）、甘草、水槟榔（*Capparis masaikai*）等。另外，许多植物所含的油脂、树胶、树脂、鞣料等成分也是重要的工业原料。

植物资源是新型无污染生物农药开发的热点。化学合成农药的使用给农业生产带来了巨大的经济效益和社会效益，但许多化学合成农药有毒性大、易残留、不易降解等缺点，使用的同时也造成了较严重的环境污染，对人类的健康和生态环境构成了重大威胁。植物农药有低毒、不残留、易降解等优点，因此，植物农药逐步替代化学合成农药是未来的发展方向之一。植物中含有的有毒甚至无毒物质及昆虫的激素类似物等，对农业病虫害有较好的杀灭、驱拒、引诱和防御等作用，如已大量开发利用的除虫菊酯、苦参碱、烟碱、苦楝素等杀虫剂，以及从露水草（*Cyanotis arachnoidea*）中提取的蜕皮激素类物质β-蜕皮激素，从欧洲卫矛中分离出的巢蛾引诱物质卫矛醇，从刺葵（*Phoenix dactylitera*）中提取的雌酮和柳树中的雌三醇等。

植物资源还有许多种类是绿化观赏植物、抗污染和净化环境植物、防风固沙植物、绿肥植物、能源植物等。许多栽培植物的野生原种和近缘属种还是改良农作物品种性状的重要种质资源，如野大豆（*Glycine soja*）、野山楂（山里红）（*Crataegus cuneata*）、新疆野苹果（*Malus sieversii*）、乌苏里梨（*Pyrus ussuriensis*）、东方草莓（*Fragaria orientalis*）等。

植物资源的研究是寻找进口或短缺植物原料的替代品，发现自然界中新的化合物及其用途的重要途径，并可通过化学技术改造和合成该化合物。如田菁（*Sesbania cannabina*）中田菁胶的发现为石油工业配制油井水基压裂液提供原料；香料植物山苍子（*Litsea cubeba*）中山苍子油的发现解决了我国对柠檬醛的来源问题；利血平原料植物萝芙木（*Rauwolfia verticillata*）和云南萝芙木（*R. yunnanensis*）的研究为生产降压灵药物找到了国产原料；除虫菊酯杀虫效果的发现，使目前化学合成除虫菊酯类化合物达 20 余个，是农药的一个大家族；紫杉醇抗癌作用的发现，为化学合成紫杉醇的问世提供了先决条件等。

另外，野生植物资源的研究与开发利用是山区农民脱贫致富，保护天然林资源，调整林区产业结构的重要组成部分。然而，目前各地野生植物资源的开发利用水平还较低，低水平的掠夺式索取，也严重地影响了野生植物资源的自然更新和可持续利用，因此，各种重要野生植物资源自然更新能力与可持续利用技术的研究也是不可忽视的重要问题。

综上所述，研究植物资源对于提高人类生活质量，促进社会经济发展，保护生态环境和物种多样性等均具有重要意义。

三、国内外植物资源研究概况

1. 我国植物资源的研究和开发利用概况　植物资源的研究和开发利用是人类为了谋求生存，以创造美好的社会生活条件为前提。我们的祖先在创造自己悠久历史文化过程中，也积累了植物资源开发利用的宝贵经验。远在公元前 10 世纪前后，我国著名的诗歌集《诗经》中就记载有关植物开发利用的记述 130 多种，如“桃之夭夭，灼灼其华；桃之夭夭，有蕡其实”，“园有桃，其实之淆”。近代考古学家还先后在浙江河姆渡、河南郑州二里岗新石器时代遗址中，发现了野生桃的核，说明桃是我国植物资源开发利用中较早的一个植物种类，经过我们祖先在漫长而辛勤的采集活动中发现，并在长期的选择和培育中使桃成为果形艳丽、营养丰富、滋味鲜美的佳果，在我国民间的神话故事和诗词中常称为“仙桃”。这说明我们祖先经过亿万年与大自然的斗争，为了生存，除渔猎生活外，主要以采集利用野生植物为食。随着历史的演变，我国逐渐利用植物纤维为衣。我国早期的衣着原料主要是兽皮和树皮，以后利用麻类植物和蚕丝，进一步演化到棉纤维。

我国利用植物染料的历史较早，早在春秋时代就有记述。《诗经》中就有“鬯”即姜黄（*Curcuma longa* L.）可染黄色，“茹芦”即茜草可染红色，“蓝”即蓼蓝（*Polygonum tinctorium* Ait.）可染蓝色等。

我国利用植物与疾病斗争的记述较多，历史悠久。从传说“神农尝百草”起，先人就开始了药用植物的探索。最早的《神农本草经》是一部以药用植物为主的药物专著，书中收集药物365种，药用植物252种。明代伟大的医药学家李时珍的《本草纲目》是我国16世纪以前药学的全面总结，也是世界医药学的一部经典著作，书中收载药物1 892种，其中药用植物有1 094种。这充分说明我国药用植物的研究和开发利用是非常广泛而深入的。

我国对植物资源的研究在一些古书中记述较多，但近百年来随着社会的进步，科学事业的发展，近代植物学和化学从19世纪中叶传入我国后，我国生物科学工作者对植物资源的研究虽然有了一些进展，但在新中国成立之前，成果较少。新中国成立后，政府对野生植物资源的调查、研究和开发利用非常重视，特别是1958年以来，政府制定了许多有关野生植物资源开发利用的政策，1958年4月国务院发出了“关于利用和收集我国野生植物原料”的指示后，在全国范围内掀起了“入山探宝取宝”的高潮，开展了普查野生植物资源的群众运动。中国科学院和原国家商业部为了进一步贯彻国务院指示，于1959年2月向国务院提出关于“开展野生植物普查和编写经济植物志的报告”，经国务院批准后转发各省（自治区、直辖市）和有关单位执行。全国各地在当地政府的支持下，以植物研究单位和商业部门为主，组织有关大专院校、轻工和生产部门的专业人员，与当地群众一起，开展了全面深入的野生植物资源普查和成分分析工作。据统计，一年内就动员了3万多人，进行上万次的野生植物资源普查，采集了20多万号植物蜡叶标本，完成了3万个成分分析化验工作，初步摸清了我国野生植物资源的基本情况，为以后开展研究和综合利用野生植物奠定了良好基础。由50多个单位协作编写出版了《中国经济植物志》，按单项用途1种1次计，共达2 411种。此外，许多省（自治区）还编写了地方野生经济植物志或经济植物手册等，如《吉林省野生经济植物志》、《黑龙江省经济植物志》、《河南经济植物志》、《安徽经济植物志》、《河北野生经济植物》、《青海经济植物志》、《山东经济植物》等。有些资源植物还编写了专志，如《中药志》、《中国造纸植物原料志》、《中国油脂植物手册》、《东北资源植物手册》、《东北药用植物志》、《四川中药志》、《江苏省植物药材志》等。以后又陆续出版了《中国香料植物》、《中国蜜源植物》、《中国有毒植物》、《中国油质植物》和《中国资源植物利用手册》等。1982年，商业部南京野生植物综合利用研究所创办了《中国野生植物》（后改名为《中国野生植物资源》）学术刊物，专门报道植物资源的研究成果。这些重要植物资源专著和刊物的出版为科学地研究和开发利用植物资源奠定了基础。

新中国成立半个多世纪以来，国家为了保护和开发利用我国丰富的植物资源，除开展了大量的调查研究工作外，为了保护植物资源，以利于资源持续利用，国家还把一些珍贵的野生植物种类列为国家保护植物，如人参、水杉、金花茶、量天树等；为了保护自然植物资源的生态环境，还在有代表性的山区如长白山、太白山、鼎湖山、天目山、神农架和西双版纳等地区成立了自然保护区。中国科学院所属植物研究所还建立了植物资源研究室，各地的植物园都重视植物资源的发掘和保存工作，并注意保护植物种质资源，国家和有关的省（自治区）还成立了专门研究野生植物资源综合利用的研究所。1982 年由全国供销总社委托，吉林农业大学创办了野生植物资源开发与利用专业，专门培养从事野生植物资源研究和开发利用的高级技术人才。现在，在许多农业院校和林业院校设有此类人才培养的专业，在一些综合院校和师范院校的生物科学等专业也开设了植物资源学课程。所有这些措施，对植物资源的保护、开发和利用都发挥了积极的作用。

我国植物资源极其丰富，许多种类及其产品的开发已成为当地经济发展的支柱，如吉林的人参和五味子（*Schisandra chinensis*）、浙江的竹笋、陕西的沙棘、宁夏的枸杞等。总之，植物资源的开发利用为我国的经济建设和改善人民的生活质量起了很好的作用，已成为各地脱贫致富，发挥地方资源优势的重要途径之一。

2. 国外对植物资源研究的概况 植物资源的研究工作各国都非常重视，多数国家都设置了植物资源研究机构，并颁布了保护植物资源的法规或条例，出版了具有世界性的植物资源研究刊物，如英国的大英博物馆，邱园植物园，收藏着全世界的植物蜡叶标本，并出版了邱园植物名录，是世界各国研究和考证植物的重要参考资料；日本也在收集和保藏世界植物标本如延胡索属（*Corydalis*）植物的原始标本就珍藏在日本。世界各国都出版了本国的《植物志》，有的国家还专门出版了研究植物资源的书刊，如前苏联出版的《苏联野生有用和工艺植物》和《植物资源》杂志，专门报道前苏联国内和世界研究植物资源的最新成果和研究方法。美国出版了《Economic Botany》杂志，专门报道经济植物的研究成果。

前苏联报道了许多野生小浆果类资源的综合利用情况，特别对沙棘资源的综合开发利用的资料较丰富；欧洲一些国家对芳香植物的研究较为深入；日本在植物的染色体，化学成分上研究的较多，特别对抗癌植物的筛选研究取得了可喜的成果。美国从野生植物中筛选出与地中海地区野生的长角豆中所含相同成分半乳甘露聚糖胶的瓜尔豆，从而保证了美国在第二次世界大战期间造纸工业的正常生产，也促进了美国石油工业和糖业的发展。此外，在食用菌的研究上，德国、日本、前苏联等国家都取得可喜成果。另外，近年来，美国等国家特别重视对抗癌和抗艾滋病药用植物的筛选，他们对 4 716 属中 20 525 种植物进行了化学成分及其药理活性的研究，获得了 6 700个粗制剂，筛选出了紫杉、长春花、喜树、美登木、雷公藤等许多具有开发潜力的新药或新线索。西方国家由于经济比较发达，对食品、化妆品等天然植物添加剂成分的研究也非常重视。美国国会 1994 年通过了关于营养补充剂健康及教育案。

总之，世界各国都在开展植物资源的保护、开发和利用的研究工作，收集世界各地有重要经济价值的野生植物种类，建立和完善各种植物的种质库，从而达到不断提高现有各种栽培植物的遗传品质，创造各种高产、质优、抗逆性强的新栽培类型。

四、植物资源学的概念与任务

植物资源学是一门新发展起来的边缘学科，是植物学向应用领域拓展，并与植物化学、分类学、中药学、生药学、食品学、生态学、农学等多学科互相交叉渗透，应用现代科学技术、基础理论和方法研究植物资源的种类、分布、用途、品质、贮量、利用方法、产品开发和资源保护与可持续利用的科学。研究的重点对象是野生植物资源。

对植物资源的研究，美、英等国习惯上称为经济植物学，以研究具有商品价值的经济植物为主。Albert Hill（1937）第一部《Economic Botany》专著的出版标志着学科的形成。1946年纽约植物园创办了《Economic Botany》杂志，进一步奠定了经济植物学的学科地位。20世纪40年代后期，前苏联学者把研究有开发利用价值的野生植物，由经济植物学中分离出来，形成了自然经济植物学，并在此基础上首先创立了植物资源学（Растительные ресурсы）和植物原料学（Растительное сырые）两门独立的学科。植物资源学的形成和发展，对促进前苏联经济建设发挥了很好的作用。

20世纪50年代植物资源学的学科名称传入我国，并同时开展了较大规模的全国性野生植物资源的调查和开发利用研究，为学科的建立创造了条件。我国有着悠久的研究利用植物资源的历史，积累了丰富的经验。特别是新中国成立以来，我国学者在植物资源学的理论和方法上的研究，以及在开发利用领域中大量的研究成果和对社会经济发展的贡献，都为我国丰富的植物资源深入研究奠定了良好的基础。

经济植物学与植物资源学的研究范畴相近，但前者更加注重有商品价值植物的研究。前苏联学者将植物资源学与植物原料学划分开来，使前者更加注重应用基础理论的研究，而后者更加侧重应用技术和方法的研究。我国植物资源学的研究范畴更加宽泛，不仅包括有直接商品价值的植物，而且包括对人类间接有用的植物；不仅重视植物资源应用基础理论的研究，也重视植物资源开发的应用技术和方法的研究；不仅重视植物资源开发利用的研究，而且重视植物资源的保护管理和可持续利用途径的研究。

五、植物资源学的主要研究内容

植物资源学研究范围广泛，是采用多学科手段和技术方法研究植物资源的种类、分布、贮量、用途、采收加工方法，有效成分及其性质、形成、积累和转化规律，有用成分的提取、分离、精制的技术方法，以及植物资源的驯化栽培和保护管理等。概括起来，主要有以下几个重点研究内容：

1. 植物资源分类系统的研究 一门独立的学科对其研究对象进行分类，有助于阐明其研究范畴，有助于对其研究对象的认识，这是学科最基本的理论和方法的基础。植物资源分类系统的研究主要是研究其分类的原则、构建研究对象的合理分类系统。

2. 植物资源种类和用途的研究 植物资源从自然界众多的植物中划分出来的决定因素是对人类生产生活是否有用，当然，植物的有用与无用是相对的概念，是与科学技术的发展和人类对植物认识的程度密不可分的。植物资源学的一个重要方面就是挖掘有用植物的种类，研究其形态、结构和功能特点，阐明其用途、利用方法或采收加工技术等。

3. 植物资源有用成分的研究 植物资源中的大多数是利用其含有的各种对人类生产生活有用的化合物，如药用植物是利用对人类各种疾病具有治疗和预防保健作用的药理活性物质；工业原料植物是利用植物体内的芳香油、色素、油脂、树脂、树胶和鞣质的物质；农药用植物是利用其对作物病虫害具有杀灭、控制和干扰作用的物质等。因此，植物资源有用成分的挖掘与筛选，以及有用成分的性质、形成、积累和转化规律，提取、分离和精制技术方法的研究是植物资源学的重要内容。

4. 植物资源驯化栽培的研究　植物资源学研究的重点对象是野生植物资源。然而，野生植物资源在自然界中的贮量是有限的。许多野生植物资源一旦成为重点开发对象，其自然贮量很难满足人类的大量需求。在利用过程中常常影响其自然更新，造成资源破坏，甚至物种灭绝。如人参是非常重要的药用植物资源，有几千年的利用历史，但由于价值高，长期过度采挖，在自然环境中已很难找到野生的人参。为满足人类对重要植物资源的大量需求，保护野生资源，进行野生植物的驯化栽培研究，建立人工集约化栽培生产基地，筛选具有优良资源特性的品系、品种等是开发利用野生植物资源的必由之路。

5. 植物资源综合利用的研究　多数植物资源具有多种用途的特点，如最初月见草（*Oenothera biennis*）仅仅是1种好看的观赏植物，后来研究发现其种子富含γ-亚油酸，对降低胆固醇具有良好的生理活性，对高血脂病和动脉硬化等有显著疗效；沙棘最早开发主要是1种营养丰富，特别是维生素A、B_1、B_2和K含量较高的野果资源，但后来研究发现沙棘种子油具有抗疲劳和增强机体活力的作用；五味子是传统的大宗中药材，具有治疗神经衰弱、失眠健忘、提高机体免疫力和益智的功能，后来研究发现其果实中的红色花青素是很好的天然色素，但在制药中常被废弃。可见植物资源的用途是多方面的，植物资源学的一个重要内容是研究其综合利用的方法，减少加工生产中废物的排放，变“废物”为资源，提高植物资源的利用率。

6. 植物资源开发的生物技术应用研究　现代生物技术的应用是植物资源生产的重要组成部分。植物资源的有用次生代谢产物分布在不同的细胞组织中，应用细胞培养技术生产有用成分是植物资源开发中非常重要的高科技手段。据研究报道，天然人参根含皂苷3%～6%，而细胞培养物中可高达21.1%。利用植物的茎尖、花药、胚胎等组织作为材料，生产无性繁殖苗木，实现幼苗的快速工厂化生产，也是植物资源开发中常用的技术手段。另外，基因工程技术在改造植物优良资源性状和抗逆性等方面也得到了一定的应用。总之，利用生物技术生产植物资源有效成分或为栽培提供大量苗木，具有速度快、生产周期短、不受季节和气候条件限制、可实现工厂化生产等特点，越来越受到重视。

7. 植物资源调查规划与评价的研究　植物资源的分布具有地域性的特点，不同的生态区域分布有不同的植物资源种类或植物资源的贮量不同。对一定地区野生植物资源的种类、贮量、生物生态学特性及地理分布规律、开发利用现状和受威胁状况等进行调查研究，并对区域野生植物资源的现状做出科学的评价，是制定野生植物资源合理开发利用和保护管理规划的基础。因此，植物资源调查规划与评价的研究是植物资源学不可忽视的重要研究内容之一。

8. 植物资源保护管理与可持续利用的研究　植物资源是典型的可更新资源，通过有性和无性繁殖不断产生新的个体。但一个正常的植物种群的增长能力是一定的，是符合生物种群的自然增长规律的。因此，在过度利用的人为压力下，其种群的自然更新将受到负面影响，使个体数量不断减少，导致种群衰退，许多大量开发利用的野生植物都受到了不同程度的威胁。如果深入研究植物种群增长规律和更新能力，制定合理的科学的保护性采挖利用制度和宏观调控政策，每年利用的资源量控制在不超过种群增长量的范围内，植物资源就能得到可持续更新和利用。自然界植物的多样性是挖掘新的植物资源种类的物种库，保护植物赖以生存的生态环境和生态系统是保护植物资源和潜在资源库的重要途径。因此，植物资源的保护管理与可持续利用理论与技术的研究是植物资源学的重要研究内容。

总之，植物资源学研究的领域是极为广泛的，是多学科的理论、方法和技术手段相互渗透而形成的应用基础理论和应用技术学科。随着科学技术的不断进步和人类对植物认识的不断深入，更多的野生植物将成为对人类有重要价值的植物资源。随着植物资源学研究的不断深化，有待研究和回答的问题也越来越多，因此，其研究的内容将更加广泛和系统，研究方法也将更加成熟和完善。学习植物资源学要求同学们理论联系实际，善于把多学科的知识和方法运用到植物资源的研究中。

复习思考题

1. 简述植物资源的概念，并解释其内含。
2. 简述植物资源学的概念。植物资源学与经济植物学有何异同?
3. 研究植物资源有何意义?
4. 植物资源学的主要研究内容有哪些?
5. 简述我国植物资源研究概况。

第一章　植物资源的分类、分布与特点

第一节　植物资源的分类

植物资源种类繁多，用途各异，为了更好地研究、认识和利用，首先要对其进行分类。植物资源的分类就是研究植物资源分类的方法，构建合理的分类系统，使之系统化、条理化，是植物资源学最基本的理论和方法的基础。作为一门独立的学科对其研究对象进行分类，有助于阐明其研究范畴，认识研究对象的差别，并对深入开展植物资源的科学研究和开发生产具有理论指导意义，也是进行植物资源的调查、评价，制定合理开发利用和保护管理规划的重要科学依据。

一、植物资源的分类简史

我国古代研究植物资源的书籍达几百种，较有影响的有东汉时期的《神农本草经》，是我国最早利用植物为药物的著作，收载药物 365 种，对其他植物资源也进行了总结，而把药用植物按其功能分成上、中、下三品。明代李时珍的《本草纲目》，收载药物 1 892 种，其中植物类药物约 1 100 种，并按用途分成草、谷、菜、果、木等；清代吴其濬编撰的《植物名实图考》记载了我国有用植物 1 714 种，按用途分为谷类、蔬菜、芳草类、毒草类、群芳类、果类和木类等。

苏联在 1935 年召开的植物资源科学研究会议上，把植物资源按用途分为工业用植物资源、农业用植物资源、绿化和改造自然的植物资源等 3 大类。1942 年帕甫洛维在他所著的《苏联野生和有用植物》一书中，把植物资源分为 22 类。1946 年格罗斯盖姆又提出了一个分类系统，把植物资源分为工艺植物和自然原料两部分，18 个大类，每个大类下又分若干小类。

1960 年我国植物学家在全国资源植物普查的基础上，编写了《中国经济植物志》，书中记述了 2 411 种植物，按用途分成中药类、纤维类、油料类、饲料类、野菜类、野果类、蜜源类、观赏类等 20 多类。1983 年中国植物学会成立 50 周年大会上，我国植物学家吴征镒把植物资源按用途分为食用植物资源、药用植物资源、工业用植物资源、防护和改造环境植物资源、植物种质资源 5 大类。

综上所述，植物资源按用途进行分类，是目前国内外研究植物资源的主要分类方法。但随着科学技术的不断进步，植物资源研究的更加深入，植物资源的种类和用途也越来越多，其分类研究也更加受到重视，分类系统更趋完善。

二、植物资源的分类系统

我国目前植物资源的分类系统主要有下列几个：

（一）第一种分类系统

1960年《中国经济植物志》一书中按用途将2 411种植物划分为：中药类、兽药类、农药类、纤维类、淀粉类、油料类、芳香油类、鞣料（或单宁）类、橡胶类、树胶树脂类、皂素类、染料类、饲料类、野菜类、野果类、蜜源类、观赏类等20多类。

（二）第二种分类系统

1983年在中国植物学会50周年年会上，吴征镒将植物资源分为5大类，并进一步划分为二十几个小类。

1. 食用植物资源 包括淀粉类、蛋白质类、食用油类、维生素类、饮料类、香料色素类、动物饲料类和蜜源植物类等8个小类。

2. 药用植物资源 包括中草药类、化学药品原料类、兽药类和植物农药类等4个小类。

3. 工业用植物资源 包括木材类、纤维类、鞣质类、染料类、芳香油类、植物胶类、树脂类、工业用油脂类和经济昆虫寄主类等9个小类。

4. 防护及观赏植物资源 包括防风固沙类、绿肥类、绿化观赏类、环境监测及抗污染类等4个小类。

5. 植物种质资源 含各种有用植物的近缘属种的种质资源。

（三）第三种分类系统

1989年王宗训在《中国资源植物利用手册》一书中将植物资源分为纤维植物、淀粉及糖类植物、油脂植物、鞣料植物、芳香油植物、树脂植物、树胶植物、保健饮料食品植物、甜味剂植物、色素植物、饲料植物、农药用植物、皂素植物和寄主植物等14类。

（四）第四种分类系统

1994年董世林在《植物资源学》一书中将植物资源划分为成分功用植物资源型和株体功用植物资源型2个型，并进一步划分为6类，25相。

Ⅰ. 成分功用植物资源型

1. 饮食用植物资源类 包括野果、色素、淀粉、油脂、芳香、野菜、饲用、蜜源和甜味剂等9个植物资源相。

2. 医药用植物资源类 包括药用植物资源相。

3. 工业用植物资源类 包括树脂、鞣质、树胶等3个植物资源相。

4. 农业用植物资源类 包括绿肥、农药2个植物资源相。

Ⅱ. 株体功用植物资源型

5. 株体自身功用植物资源类 包括能源、纤维、木材、寄主、种质等5个植物资源相。

6. 株体效益植物资源类 包括指示、环保、绿化观赏、防风固沙、水土保持等5个植物资源相。

另外，还有一些分类系统分散于植物资源研究的不同领域，并根据各自的研究特点有更细的划分。

（五）本书采用的分类方法

本书在分析借鉴各分类系统的基础上，总结不同用途植物资源的特点、开发利用途径和研究方法的明显差异，并考虑本书的编写重点，以植物资源的用途为基本分类方法，以具有明确的研究方向、丰富的研究成果和重要的开发利用价值为分类的基本原则，采用了如下植物资源的分类，包括17大类。

1. 药用植物资源 按功效分为解表药、清热药、泻下药、祛风湿药、芳香化湿药、利水渗湿药、温里药、理气药、消食药、驱虫药、止血药、活血祛瘀药、止咳化痰药、安神药、平肝息风药、开窍药、补虚药、收涩药、涌吐药、外用药及其他，共20类，在中药学和中药药理学中常用此分类方法。按利用部位分为根与根茎类、茎木类、皮类、叶类、花类、果实类与种子类、全草类、树脂类、藻菌类等，此分类法常在中药鉴定学和药材学中使用。

2. 果树植物资源 主要根据果实形态结构和特征分为仁果类、核果类、浆果类、坚果类、柑果类、热带和亚热带果树类等。还有根据主要利用方法将野果分为鲜食类、干食类和酿造类等。

3. 野菜植物资源 一般按食用部位划分为苗菜类、根菜类、叶菜类、花菜类、果菜类、树芽类、蕈菜类等。

4. 芳香油植物资源 按利用途径划分为食用类、化妆品类和工业原料类等。按芳香化学成分划分为含氮含硫化合物类、芳香族化合物类、脂肪族化合物类、萜类化合物类等。

5. 色素植物资源 按利用途径分为食用类、化妆品类和工业原料类；按色素成分的化学结构分为叶绿素类、胡萝卜素类、叶黄素类、花青素类、花黄素类、醌类衍生物类、吲哚衍生物类、酚类衍生物类等。

6. 纤维植物资源 按用途可分为纺织类、造纸类、绳索类、编织类等；按利用部位可分为韧皮类、木材类、茎叶类、根类、果壳类、种子类、绒毛类等。

7. 油脂植物资源 常划分为食用油类和工业用油类。按油脂成分分为不饱和脂肪酸类和饱和脂肪酸类。

8. 淀粉植物资源 按用途分为食用淀粉类和工业用淀粉类。

9. 树脂植物资源 按提取树脂的性质和产品分为松脂类、生漆类、枫脂类等。

10. 树胶植物资源 按化学成分分为聚糖树胶类、聚烯树胶类。

11. 鞣质植物资源 按所含单宁类别分为凝缩类、水解类和混合类。

12. 观赏植物资源 按观赏特点分为观形类、观花类、观叶类、观茎类、观果类、芳香类等。按生活型分为乔木类、灌木类、草本类。草本类又可分为多年生宿根类、球茎类、块茎类、鳞茎类、一年生类等。按观赏季节可分为春季类、夏季类、秋季类、四季类等。

13. 农药植物资源 按对病虫害防治的方法分为毒杀类、激素类、驱拒类、引诱类和杀菌类等。

14. 甜味剂植物资源 按非糖甜味化学成分分为糖苷类、糖醇类和甜味蛋白类。

15. 皂素植物资源 按有效化学成分分为三萜皂苷类和甾体皂苷类。

16. 经济昆虫寄主植物资源 按昆虫分紫胶虫寄主类、白蜡虫寄主类和五倍子寄主类。

17. 木栓植物资源 是指能生产木栓的一些植物。这类植物木栓层较发达，具有质地轻软、富弹性、不传热、不导电、不透水、不透气及耐摩擦等特性。

为了编写和教学的方便，每类植物资源的细分小类仅渗透在各论植物的利用部位和利用方法中。

第二节　植物资源的特点

植物资源是指在一定地区、一定人文背景和一定经济技术条件下，对人类直接或间接有用的植物，是在众多的植物中，经人类长期的生产生活实践活动，而认识的具有各种特殊使用价值的植物。研究植物资源的特点对于合理开发利用和保护管理植物资源，使其更好地为人类社会的发展服务，是植物资源学的重要内容。植物资源除了具有一般植物的生物学特性、生态学特性、生理学特性和遗传学特性等普遍的植物特点外，也有许多资源意义上的特点，如资源有可更新与不可更新之分，有各种不同的用途之分，有不同的利用方法之分，以及将普通植物开发为植物资源等。这些植物资源的特点是深入认识和合理利用植物资源的理论基础，忽视了这些特点的认识，就会影响挖掘、利用植物资源的成效，就会陷于盲目，导致植物资源的被破坏，甚至物种灭绝。综合起来植物资源主要有以下特点：

一、可再生性

植物资源的再生性，从狭义上讲，是指植物具有不断繁殖后代的能力；从广义上讲，不仅指其繁殖后代的能力，而且还包括其自身组织和器官的再生能力。因此，植物资源的再生性包括两个方面。

（一）产生新个体的再生性

植物产生新个体是通过不同的繁殖方式实现的，即有性繁殖（sexual reproduction）和无性繁殖（asexual reproduction）。有性繁殖是指通过雌雄配子结合，经受精过程，产生后代，如种子植物产生种子繁殖后代。无性繁殖是指不经过两性细胞受精过程而繁殖后代。无性繁殖主要包括营养繁殖（vegetative propagation）和孢子繁殖（spore reproduction）两大类。营养繁殖是许多多年生高等植物常采用的一种繁殖方式，一般可通过变态器官产生新个体，如穿龙薯蓣、莲花（*Nelumbo nucifera*）等可通过根茎繁殖；天麻、半夏、马铃薯（*Solanum tuberosum*）等可通过块茎繁殖；平贝母、小根蒜（*Allium macrostemon*）等可通过鳞茎繁殖；东方草莓、鹅绒委陵菜（*Potentilla anserina*）等可通过地上匍匐茎繁殖。另外，植物的茎、叶等器官也可通过扦插、压条等产生不定根，繁殖新个体。孢子繁殖是真菌、蕨类、苔藓和藻类等，通过产生无性生殖细胞——孢子，孢子在适宜环境条件下与母体脱离后，能够发育成一个新个体。

（二）组织器官的再生性

植物的组织器官受自然或人为损伤后仍能得以恢复和再生。如茎皮部分剥落后仍能得到自身的修复，杜仲是一种以茎皮入药的植物，过去常采用伐树剥皮法收获，但后来改用活树剥皮，这种方法如使用得当，则可以使杜仲皮剥后再生新皮，一生可多次剥取。再如茎和叶片具有发达居间分生组织的植物，收割利用后仍可向上生长，如韭菜（*Allium tuberosum*）和禾本科植物等。植物组织培养实际上也是利用植物细胞和组织的再生能力，培养出植物新个体的。

综上所述，植物具有产生新个体繁殖后代和修复自身组织器官的再生能力。在开发利用过程中我们可以合理有效地利用这些再生能力生产更多的产品，并可利用其再生能力进行人工繁殖，扩大资源量。

二、易受威胁性

植物资源多数是具有直接经济价值的，受到经济利益的驱使，长期以来许多价值较高的物种都受到了不同程度的威胁，如人参、天麻、草苁蓉（*Boschniakia rossica*）等在自然界中已经很难找到，利用的大部分为人工栽培品。野生人参已被列入世界最具灭绝危险的物种之一。前面我们阐述了植物的再生能力，但任何一种植物其再生能力都是有限的，如果利用过度或利用不当，都可能影响其再生能力的发挥，使种群处于衰退状态，甚至导致灭绝。一个正常野生植物种群的增长能力是有一定限度的，采收利用过度，使种群产生后代的数量低于利用的数量，野生资源量就会不断减少。采收利用的时间不合理，如在开花或种子成熟以前采收，也会影响其自然的更新。杜仲活体剥皮，如果剥皮强度超过了其运输代谢物质的要求，就会死亡；或方法不当而采用环剥，阻断了其物质的运输，也要死亡。东北产的刺五加，过去没有开发利用时，在林下分布极其广泛，生长十分繁茂。自20世纪70年代以来，发现刺五加根皮中含有多种苷类，其中刺五加苷与人参中的皂苷有相似的生理活性，而成为医药和保健食品工业的重要原料，由于资源丰富，采挖容易，收购价格高，有较好的经济效益，因没有完善的资源保护措施，造成无计划的掠夺式采挖，使资源受到了极大的破坏。作为上等野菜食品出口日本、韩国等十几个国家的野生薇菜资源也有类似的遭遇。这样的例子举不胜举。尽管在植物的演化史中都要经历产生和衰亡过程，但据有关研究表明，人类活动所造成的物种灭绝速率是其自然灭绝速率的100～1 000倍，有近30%受威胁的物种与直接经济利用有关。为此，研究重要植物资源的自然更新能力、更新周期及其与利用强度的关系，探讨可持续利用的方法、技术和途径，制定合理的轮采制度，加强野生资源的保护管理是不可忽视的重要研究内容。

三、成分的相似性

植物化学分类学是从分子水平来探索各种类群的亲缘关系的一门新兴科学。植物化学分类的大量研究表明，植物近缘属种在所含化学成分上具有相同或相似性。它的理论依据是从生物化学角度研究，发现植物遗传物质DNA中的碱基对的排列顺序，不仅决定植物的形态、结构和遗传，而且决定植物代谢产物的积累。所以在形态、结构相似的植物中，其代谢产物也具有相似性，从而反映出一定的亲缘关系。亲缘关系越近，则所含化学成分越相似。这一规律的发现，不仅是进行植物化学分类的依据，也为植物资源开发利用寻找和挖掘具有相似化学成分的新植物资源提供了依据。例如小檗科植物都含有小檗碱，毛茛科植物都含有毛茛苷和木兰碱，而芍药属原来是毛茛科的一个属，因为不含毛茛苷和木兰碱，从而把芍药属从毛茛科中分出来，单独成立芍药科。利用近缘种化学成分相似性的原理，在相近种中寻找新的资源植物，是一种既省时间又省人力、财力的一条捷径。例如，利血平是20世纪50年代国外研制的一种特效降血压药物，它是从印度蛇根木（*Rauvolfia serpentina*）中提取出来，但我国没有这种植物。需从国外进口原料或直接进口成品药物，价格十分昂贵。为了满足人民群众的需要，我国植物工作者在其同属植物中开展化学研究，找到了我国含有利血平的原料植物萝芙木。目前萝芙木总碱制剂（降压灵）不仅能满足国内需要，而且还有部分出口，打破了国外对利血平的垄断局面。

四、利用的时间性

植物生长发育过程中，不仅形态结构发生变化、体积增大、重量增加，而且其植物体内的化学成分也在不断地变化。不同的植物种类，不同的植物器官在不同的时期所积累的代谢产物都不相同。这就决定了植物资源采收利用的时间性。植物的采收时间直接关系到目的收获物的产量和品质。如民间谚语“三月茵陈四月蒿，五月砍了当柴烧”，说的是茵陈蒿只有在早春采收才能药用，晚了就失去了药用价值。再如小叶章在6月刈割是优良的牧草，晚了就失去了饲用价值只能做苫房草或烧柴了。这些例子说明，为了达到一定的经济目的，必须掌握严格的采收时间。采收时期的确定因植物种类、生长发育阶段和所利用的植物器官而不同。掌握采收时期总的原则是按经济目的要求，选择植物含有效成分最多、产量最高的时期采收，以取得最好的经济效益。例如，利用植物的根、块茎、球茎、鳞茎、根状茎等地下器官的，应在秋季植株地上部分枯萎时或在早春植物返青前进行采挖。这时植物的养分及有效成分多集中在地下贮藏器官中。如果地上部分枯萎后在野外不易寻找的种类，亦可在枯萎之前或早春刚发芽时采收。利用地上部分营养器官的种类，一般在植物生长最旺盛时期采收，但要由经济目的确定。如采收桦树汁应在春季树液活动最旺盛时期进行；采收刺老芽、蕨菜等野菜需要在芽展开后生长到一定大小，含纤维少的时期采收，因为这一时期既有产量，品质又好；利用生殖器官的植物，如利用花的，应在开花期或花蕾期采收。如果利用果实种子类，应在果实种子充分成熟时期采收。若果实种子成熟期不一致的，应分期采收。总之，采收时期服从于经济目的，以获取优质高产的植物原料或产品为目的。

五、用途的多样性

植物种类的多样性和植物功能的多样性，决定了植物资源用途的多样性。这是我们对植物资源进行综合开发，多种经营的重要依据。植物资源是十分丰富的，从整体上看，大部分植物资源是可供直接利用的各种原料植物；还有相当一部分是非原料性质的植物资源，它们以某种植物功能的特殊方式为人类服务。如防风固沙、保持水土、护堤护坡、消除污染、保护环境、绿化观赏以及植物种质等，这些植物虽然不为我们直接提供某种商品，但是却以其特有的生态学功能保护或供养其他植物、动物，甚至为工业生产、交通安全、环境卫生等提供的生产、生活的良好条件。从每个植物种来看，由于植物体内各器官的结构和功能的不同，往往积累代谢产物也不尽相同，而使各器官具有不同的用途。如松树的木材、树脂、松针、松子等，分别具有不同的商品价值。在开发利用时要进行综合利用，可生产多种商品，提高资源的利用率和利用价值，并可降低生产成本，减少“废物”的排放，变废为宝。如用玉米生产味精的企业，废水中含有大量的玉米黄色素，过去被排放掉，造成水体污染，后来利用“废水”提取玉米黄色素，不仅减少了环境污染，而且获得了可观的经济效益。

六、可栽培性

根据植物对环境的生态适应原理，只要人们为其创造与原产地相似的生境，所有野生植物都是可以栽培的。现在的栽培植物，都是野生植物经过人工驯化培养而来的。当前国内外都很重视引种驯化工作，它不仅可以解决野生植物资源零星分布、不易采收的困难，还可以拯救濒危植物、扩大分布区和提高产量；不仅应用于发掘和扩大驯化乡土植物，而且可以引种国外经济价值高的植物，以扩大我国的植物资源。另外，许多分布范围广、生长的生态条件复杂多样的野生植物，在长期的适应进化和地理隔离中，产生了各种各样的变异单株或变异群体，通过驯化栽培和对具有优良资源性状的单株或群体的选育研究，可以培育出优良品种，提高资源产品的质量或数量。

七、分布的地域性

分布的地域性是指植物资源都分布在一个自己适应的区域内。换言之，一定的地区有一定的植物资源。植物在长期适应环境的过程中，形成了自己生长发育的内在规律，并以其自身的变异适应外界条件的变化，称为生态适应。生存在世界上的植物，对其生态环境都各自有着一定的要求，这是生态环境长期作用于植物的结果，也是植物对生态环境长期适应的结果。生态环境是复杂的，主要包括气候（温度、降水、风等）、土壤、地形和其他生物，这些因子的综合构成了一定地区环境的地域性特点。不同的植物分布范围的大小不同，对生态环境要求特殊而严格的种类，一般分布区较窄；反之，对环境要求不很高的种类，分布区较宽。如人参只分布在中国东北、朝鲜、俄罗斯远东局部地区的湿润山地，而荠菜全世界除南极以外都有分布。另外，分布在不同地区的种群大小、资源产量也不同，因此，开发利用的潜力也各异。生态环境不仅影响植物资源的分布，而且影响其有用成分的含量及其结构、功能等特性。如药材的地道性除与其使用历史悠久、质地纯正、行销面广、信誉高有关以外，主要是长期适应分布区域生态环境，有效成分含量比较高并且比较稳也是重要因素。另外，利用香料、树脂等化学成分的植物也有同样的特点。植物资源分布的地域性，是合理开发利用各种植物资源的重要依据，也是引种驯化，变野生为栽培，扩大分布范围和提高品质的重要限制因素。

八、价值的潜在性

植物资源是指植物界中对人类直接或间接有用的植物。所谓有用与无用是相对的概念，随着科学技术的发展，越来越多的植物的各种用途被发现，并为人类服务。仅以药用植物为例，目前认为有医疗作用的植物种类已达 5 000 多种，但人类已经利用的仅仅是一少部分。若从生态效益和社会效益来考虑，几乎所有的植物种类都具有一定的作用。若从科学的角度来看，野生植物为发现新的有用成分和有用功能等提供了物种多样性。所以从植物资源利用价值的潜在性上认识植物界，就必须对每一种植物进行研究和保护，特别是每一种植物都有自己特定的遗传基因、任何种都不能代替他种的基因库。对这一点必须有清楚的认识，否则就会失去一些极有价值的植物种类。

第三节　中国植物资源的分布

如前所述，植物资源的分布有明显的地域性特点，这种分布的地域性不仅反映在植物种的分布上，而且表现在植物有用成分的质量和数量，以及有用形态、结构和功能的变化上，从而影响各种植物资源在不同地区的利用价值。我国地域辽阔，气候变化多样，地形结构复杂，加之因植物发生历史的因素，形成了我国丰富多彩的植物资源种类。据统计，我国有维管束植物398科，3 421属，32 000种，其中乔木树种达2 000余种，材质优良、经济价值较高的树种近1 000种，药用植物6 000种，已发现的香料植物有350余种，油脂植物800余种，酿酒与食用植物300余种，工业用植物200余种，尚有大量的其他植物资源。研究我国植物资源的分布规律，首先应了解影响植物资源分布的环境因素。

一、影响植物资源分布的环境因素

植物资源的分布与生态环境密切相关，它的分布受多种环境因素的影响，但其中起主导作用的是温度和水分状况的不同。

温度的变化主要受太阳高度角及其季节变化的影响，并因纬度而不同，一般从赤道向两极，每移动1个纬度，平均111 km（在0°～10°低纬地区1纬度约110.57 km，90°时为111.7 km），气温平均降低0.5～0.7℃。我国南北跨纬度近50°，相距约5 500 km。大陆区（包括海南省和台湾省）南北延伸也近35°。自南向北，年均温度逐渐下降，从海南省及两广沿海年均温度可达22～24℃以上，到最北端的大兴安岭年均温度0℃以下的多年冻土区，地跨寒温带、温带、暖温带、北亚热带、中亚热带、南亚热带、热带和赤道带等8个热量带或亚带。东部季风森林区的降水量也呈现一定的纬度变化，从仅300～400 mm的大兴安岭山地，经降水量可达700～1 000 mm的长白山区，到降水量1 600～2 000 mm以上的台湾省、海南省山地及广东中部，降水量增加了1 200～1 600 mm。自北向南，在水热的共同作用下，依次形成了亮针叶林、针阔叶混交林、落叶阔叶林、常绿落叶阔叶混交林、常绿阔叶林和热带雨林等多样的森林生态系统，其中分布有丰富的适应不同气候特点的植物资源，称为植被与植物分布的纬度地带性。

水分的变化主要受海陆位置和大气环流的影响，在北美和欧亚大陆常沿经向变化。我国位于欧亚大陆的东南端，地处东经73°40′～135°05′之间，东西纵深5 200 km。自东部沿海到西北内陆，降水量逐渐减少，从东部沿海降水量700～2 000 mm的湿润区，到西北内陆降水量多在100～300 mm的干旱、半干旱区，最西部的荒漠地区降水量可在100 mm以下，吐鲁番盆地的托克逊年雨量仅3.9 mm。在水分主导因子的作用下，自东向西，依次形成了各种森林、草甸草原、典型草原、荒漠草原、半荒漠和荒漠生态系统，其中分布着适应不同水分条件的温带及暖温带植物资源，称为植被与植物分布的经度地带性。

另外，在较大的山地中，温度和水分的变化受海拔高度及山地走向和坡向的影响，一般海拔每升高100 m，气温下降约0.6℃，或每升高180 m，气温下降约1℃左右。而降水量最初随高度的增加而增加，但达到一定界线后，降水量又开始降低，形成由山麓到山顶植被类型分布的垂直变化。不同地区的山地，植被与植物的垂直分布受所在经、纬度地带规律的影响而不同。一般山地海拔高度超过3 000 m有终年积雪现象，而4 000～5 000 m以上为终年积雪带。植被和植物的分布随海拔高度升高而有规律变化的现象称为垂直地带性。

地形对植物分布的影响是非常复杂的，如阳坡常分布一些耐干旱高温的植物，而阴坡多分布喜阴冷潮湿环境的植物。山地的走向常成为水热的重要分界线，影响植物的分布。如热带森林常限于北纬23°30′以南，但我国西南地区由于地形的复杂变化，成为热带森林的最北界，达北纬29°左右，使热带森林向北延伸了5°，原因是青藏高原的隆起使来自西伯利亚和蒙古的寒潮受阻于北侧，而印度洋暖湿气流受到横断山、无量山等大山的阻隔后，沿着怒江、澜沧江河谷上移，造成较高纬度区域的暖湿环境所致。再比如，吉林省集安市地处温带长白山地区，但海洋暖湿气流沿鸭绿江河口从东南进入长白山，使这里分布着具有暖温带气候特点的小花木兰（*Magnolia sieboldii*）和板栗（*Castanea mollissima*）等野生植物。

我国是一个多山地的国家，并且多为东西走向，这对北来的寒冷气流有很好的阻隔作用。这一特点曾在植物区系的历史变迁中起到了重要作用，使我国未遭受第四纪冰期大陆冰川的影响，而且，欧洲和西亚大陆的植物可向东直接迁入我国，因而，我国是世界上物种多样性高度丰富、特有属种繁多、古老残遗成分多、可利用的植物资源极为丰富的国家之一。因此，无论在地质历史变迁的过程中，还是在现代人类活动影响压力极大的条件下，山区地形的复杂性，是野生植物的重要避难所，也是各地野生植物资源最为丰富的地区，是其合理开发利用和保护管理的重要地区。

二、中国植物资源的区域分布

我国自然地理学家从多学科角度，根据中国自然情况的最主要差异，首先把全国区分为东部季风区、西北干旱区和青藏高原区 3 大自然区，并进一步根据气候、土壤、植被类型及农业分布等，将全国划分为东北、华北、华中、华南、西南、西北、内蒙古和青藏等 8 个自然地区（图

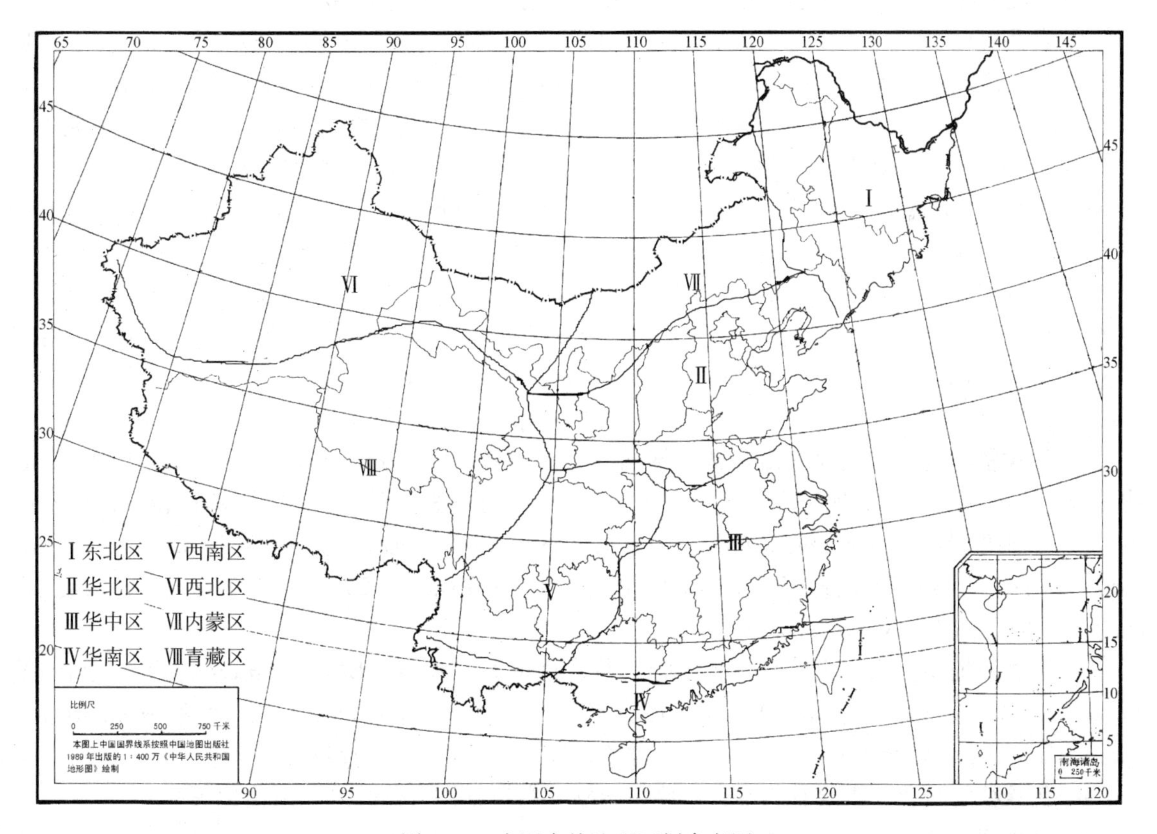

图 1-1　中国自然地理区划参考图

（仿自任美锷等，1980）

1-1）和36个副区。中国自然地理区域划分的主要依据是自然地理环境的差异，特别是水热条件的分布规律。而植物的分布是与自然地理环境密切相关的，为此，我们依据8个自然地区，重点阐述7类主要植物资源种类的区域分布。

（一）东北区

本区包括黑龙江、吉林、辽宁东部和内蒙古大兴安岭地区。本区南、东两面邻近太平洋，西、北两面则与蒙古高原和西伯利亚接壤。大、小兴安岭以人字形崛起在本区北部，东南侧有绵延的长白山，中央为富饶的东北平原，地形上形成一个巨大的向西南方向开口的簸箕形。本区是我国最冷的地区，大部分属于寒温带和温带的湿润和半湿润地区，冬季严寒而漫长，夏季从太平洋和亚洲边缘海洋上吹来比较湿热的季风，年平均温度在－4℃左右，1月平均温度常低于－20℃，7月平均温度一般不高于24℃，绝对最低温度为－30.0～－40.0℃，有的地方可达－50℃；雨量集中在6、7、8月，年降水量在350～700mm，长白山东南可达1 000mm，相对湿度70%～80%。海拔高度从东北平原的120m到长白山白云峰为2 691m。本区又进一步划分为大兴安岭寒温带针叶林、东北东部山地针阔叶混交林和东北平原森林草原3个副区。

本区气候冷湿，冻土、沼泽广布，森林及草甸、草原植被。土壤在平原上为黑土和黑钙土，山地为暗棕色森林土，在低洼的中西部地区有大面积盐碱土发育。本区土地肥沃，农业发达，植物资源比较丰富，是我国地道植物药材“北药”基地。主要植物资源种类有：

1. 药用植物资源 主要有人参、细辛（*Asarum heterotropoides* var. *mandshuricum*）、五味子、柴胡、甘草、黄芪（*Astragalus membranaceus*）、防风（*Saposhnikovia divaricata*）、平贝母（*Fritillaria ussuriensis*）、粗糙龙胆（*Gentiana scabra*）、三花龙胆（*G. triflora*）、东北龙胆（*G. manshurica*）、草麻黄、天麻、远志（*Polygala tenuifolia*）、黄柏（*Phellodendron amurense*）、紫草、木通（*Aristolochia manshuriensis*）、马兜铃（*A. contorta*）、党参（*Codonopsis pilosula*）、知母（*Anemarrhena asphodeloides*）、藁本（*Ligusticum jeholense*）、刺人参（*Oplopanax elatus*）、刺五加（*Acanthopanax senticosus*）、黄芩（*Scutellaria baicalensis*）、北苍术（*Atractylodes chinensis*）、关苍术（*A. japonica*）、朝鲜淫羊藿（*Epimedium koreanum*）、穿龙薯蓣（*Dioscorea nipponica*）、返魂草（*Senecio cannabifolius* var. *davuricus*）、紫杉（*Taxus cuspidata*）等。

2. 果树植物资源 主要有山葡萄、越橘、笃斯越橘（*Vaccinium uliginosum*）、山里红、山荆子（*Malus baccata*）、秋子梨（*Pyrus ussuriensis*）、红松、毛榛子、软枣猕猴桃（*Actinidia arguta*）、狗枣猕猴桃（*A. kolomikta*）、蓝靛果、桑（*Morus alba*）、东方草莓、东北杏（*Prunus mandshurica*）、西伯利亚杏（*P. sibirica*）、欧李（*P. humilis*）、蓬蘽悬钩子（*Rubus crataegifolius*）、库叶悬钩子（*R. sachalinensis*）等。

3. 芳香油植物资源 主要有藿香、野薄荷、百里香、香薷（*Elsholtzia ciliata*）、细叶杜香（*Ledum palustre* var. *angustum*）、宽叶杜香（*L. palustre* var. *dilatatum*）、铃兰（*Convallaria majalis*）、缬草（*Valeriana officinalis*）、香蓼、青蒿（*Artemisia apiacea*）等。

4. 色素植物资源 主要有茜草、紫草、越橘、笃斯越橘、蓝靛果、山葡萄等。

5. 纤维植物资源 主要有芦苇（*Phragmites communis*）、苘麻（*Abutilon theophrasti*）、亚麻、大叶章（*Calamagrostis langsdorffii*）、糠椴（*Tilia mandshurica*）、胡枝子（*Lespedeza bi-*

color)、罗布麻(*Apocynum venetum*)、马蔺(*Iris lacteal* var. *chinensis*)等。

6. 树脂树胶植物资源 主要有红松、臭冷杉(*Abies nephrolepis*)、黄花落叶松(*Larix olgensis*)、兴安落叶松(*L. gmelini*)、鱼鳞云杉(*Picea jezoensis*)、红皮云杉(*P. koraiensis*)等。

7. 农药植物资源 主要有草乌头(*Aconitum kusnezoffii*)、苦参、大叶藜芦、兴安藜芦(*Veratrum dahuricum*)、瑞香狼毒(*Stellera chamaejasme*)等。

(二) 华北区

本区包括辽宁西部、河北省(张家口地区除外)、山西、陕西(北以长城为界,南以秦岭为界)、宁夏南部、甘肃东南部、山东、河南和安徽淮河以北、江苏黄河旧河道以北、北京和天津。本区有中国第一大平原华北平原,广阔的华北平原,地势低平,一般不超过50m,华北平原的北缘为冀北山地,西缘以太行山、中条山为界,这些山地通常海拔在600~1 000m之间。山东低山丘陵多数在海拔500m左右,少数山峰超过1 000m。华北区具有暖温带气候特征,夏热多雨,冬季晴朗干燥,春季多风沙。年平均温度为9~16℃,1月平均温度为-2 ~ -13℃,7月平均温度为22~28℃,绝对最低温度为-30 ~ -20℃;降水量一般在400~700mm,沿海个别地区可达1 000mm。土壤为棕壤,沿海、河谷和较干燥的地区多为冲积性褐土和盐碱土,山地和丘陵为棕色森林土。本区又进一步划分为辽东、山东半岛落叶阔叶林,华北平原半旱生落叶阔叶林,冀晋山地半旱生落叶阔叶林草原和黄土高原森林草原干草原等4个副区。

本区为半湿润向半干旱过渡植被,农业发达,人类活动影响深刻,是苹果、梨、桃、枣、山楂等暖温带水果的主产区,是我国地道药材"北药"和"怀药"的主产区。主要植物资源有:

1. 药用植物资源 主要有党参、甘草、黄芪、半夏(*Pinellia ternata*)、知母、连翘(*Forsythia suspensa*)、宁夏枸杞(*Lycium barbarum*)、枸杞(*L. chinensis*)、穿龙薯蓣、地黄(*Rehmannia glutinosa*)、黄精(*Polygonatum sibiricum*)、草麻黄、柴胡、藁本、远志、五加皮、马兜铃(*Aristolochia contorta*)、北苍术、白芷(*Angelica dahuria*)、杏仁、防风、银柴胡(*Stellaria dichotoma* var. *lanceolata*)、黄芩、甘肃黄芩(*Scutellaria rehderiana*)、大叶龙胆、淫羊藿(*Epimedium breviconum*)。

2. 果树植物资源 主要有山葡萄、山里红、山荆子、毛榛子、桑、东方草莓、东北杏、悬钩子(*Rubus* spp.)、酸枣(*Ziziphus jujuba* var. *spinosa*)、君迁子(*Diospyros lotus*)等。

3. 芳香油植物资源 主要有柏木(*Cupressus funebris*)、天女木兰(*Magnolia sieboldii*)、野薄荷、百里香、香薷、缬草、铃兰、青蒿、罗勒(*Ocimum basilicum*)、薰衣草(*Lavandula angustifolia*)、枳(*Poncirus trifoliata*)等。

4. 色素植物资源 主要有茜草、紫草、蓼蓝、山葡萄、菘蓝(*Isatis indigotica*)、栀子(*Gardenia jasminoides*)。

5. 纤维植物资源 主要有芦苇、苘麻、亚麻、青檀(*Pteroceltis tatarinowii*)、构树(*Broussonetia papyrifera*)、胡枝子、罗布麻、马蔺、旱柳等。

6. 树脂树胶植物资源 主要有漆树(*Rhus verniciflua*)、华北落叶松(*Larix principis-rupprechtii*)、华山松(*Pinus armandii*)、油松(*P. tabulaeformis*)、黑松(*P. thunbergii*)、皂荚(*Gleditsia sinensis*)、臭椿(*Ailanthus altissima*)、香椿(*Toona sinensis*)、槐(*Sophora japonica*)等。

7. 农药植物资源 主要有苦参、藜芦、草乌头、泽漆（*Euphorbia helioscopia*）、大戟（*Euphorbia pekinensis*）、瑞香狼毒、臭椿等。

（三）华中区

本区包括安徽淮河以南、江苏旧黄河河道以南、河南东南小部分地区、浙江、上海、江西、湖南、湖北东部、广西北部、广东北部、福建大部。即指秦岭淮河一线以南，北回归线以北，云贵高原以东的中国广大亚热带地区。华中区位于副热带高压带的范围，世界上同纬度的其他地区大多为干燥的荒漠，但我国亚热带地区由于季风环流势力强大，行星风系环境系统被改变，形成了温暖湿润的气候，冬温夏热，四季分明，冬季气温较低，但不严寒。年平均温度 15～22℃，1 月平均温度均在 0℃以上，7 月平均温度在 20～28℃以上，自北向南，自东向西递增，绝对最低温度−5 ～ −15℃。年平均降水量在 800～1 600mm，由东南沿海向西北递减。土壤主要是黄棕壤、黄壤和红壤，黄棕壤分布于本区北部北亚热带地区，红壤和山地红壤分布于长江以南海拔 500～900m 以下的低山丘陵地区，黄壤则散见于较高山地。本区进一步划分为北亚热带长江中下游平原混交林、中亚热带长江南岸丘陵盆地常绿林和中亚热带浙闽沿海常绿林 3 个副区。

本区属亚热带湿热季风气候，陆地水资源丰富，农业发达，植物资源丰富，是我国地道药材“浙药”和“南药”的主产区。主要植物资源有：

1. 药用植物资源 主要有山茱萸（*Macrocarpium officinalis*）、乌药（*Lindera strychnifolia*）、茯苓（*Poria cocos*）、丹参（*Salvia miltiorrhiza*）、百部（*Stemona japonica*）、何首乌（*Polygonum multiflorum*）、盾叶薯蓣（*Dioscorea zingiberensis*）、厚朴（*Magnolia officinalis*）、吴茱萸（*Evodia rutaecarpa*）、杜仲（*Eucommia ulmoides*）、银杏（*Ginkgo biloba*）、金银花（*Lonicera japonica*）、肉桂（*Cinnamomum cassia*）、浙贝母（*Fritillaria thunbergii*）、巴戟天（*Morinda officinalis*）、杭白芷（*Angelica dahurica* var. *formosana*）、八角茴香（*Illicium verum*）、明党参（*Changium smyrnioides*）、广防己（*Aristolochia fangchi*）、前胡（*Peucedanum decursivum*）等。

2. 果树植物资源 主要有杨梅、山里红、金樱子（*Rosa laevigata*）、缫丝花（刺梨）（*R. roxburghii*）、单瓣缫丝花（*R. roxburghii* f. *normalis*）、酸枣、猕猴桃（*Actinidia* spp.）、华桑（*Morus cathayana*）、鸡桑（*M. australis*）、山枇杷（*Eriobotrya cavaleriei*）、胡氏悬钩子（*Rubus hui*）、高粱悬钩子（*R. lambertianus*）、掌叶悬钩子（*R. palmatus*）、茅莓（*R. parvifolius*）、豆梨（*Pyrus calleryana*）、锥栗（*Castanea henryi*）、木瓜（*Chaenomeles sinensis*）、君迁子、花椒刺葡萄（*Vitis davidi*）等。

3. 芳香油植物资源 主要有香榧（*Torreya grandis*）、柏木、杉木（*Cunninghamia lanceolata*）、马尾松（*Pinus massoniana*）、广玉兰（*Magnolia grandiflora*）、玉兰（*M. denudata*）、黄兰（*Michelia champaca*）、细叶香桂（*Cinnamomum chingii*）、黄樟（*C. porrectum*）、枫香树（*Liquidambar formosana*）、芸香（*Ruta graveolens*）、山胡椒（*Lindera glauca*）、紫罗兰、灵香草（*Lysimachia foenum-graecum*）、薰衣草、罗勒、茉莉（*Jasminum sambac*）、香茅、柠檬茅（*C. citratus*）、香根草等。

4. 色素植物资源 主要有蓼蓝、菘蓝、苏木（*Caesalpinia sappan*）、木蓝（*Indigofera tinctoria*）、栀子、冻绿（*Rhamnus utilis*）、密蒙花（*Buddleja officinalis*）、姜黄、茜草、

紫草。

5. 纤维植物资源　主要有青檀、构树、山油麻（*Trema dielsiana*）、苎麻（*Boehmeria nivea*）、水麻（*Debregeasia edulis*）、菽麻（*Crotalaria juncea*）、苘麻、芦竹（*Arundo donax*）、毛竹（*Phyllostachys pubescens*）、斑茅（*Saccharum arundinaceum*）、棕榈（*Trachycarpus fortunei*）、芦苇等。

6. 树脂树胶植物资源　主要有漆树、马尾松、台湾松（*Pinus taiwanensis*）、落叶桢楠（*Machilus leptophylla*）、刨花楠（*Machilus pauhoi*）、枫香树、亮叶冬青（*Ilex viridis*）、田菁等。

7. 农药植物资源　主要有锈毛鱼藤、厚果鸡血藤、川楝、白花除虫菊（*Chrysanthemum cinerariaefolium*）、百部、水竹叶（*Murdannia triquetra*）、无患子（*Sapindus mukorossi*）等。

（四）华南区

本区位于我国的最南部，包括北回归线以南的云南、广西、广东南部、福建福州以南的沿海狭长地带及台湾、海南全部和南海诸岛。本区属终年高温的热带季风气候，湿热多雨。年平均温度为21～26℃，1月平均温度在12℃以上，7月平均温度29℃，年温差较小，绝对低温一般都在0℃以上，极少数地区冬季有寒流侵袭时可能降到0℃以下；年降水量在1 600～1 800mm，部分地区可达2 000mm以上。地表切割破碎，典型植被为常绿的热带雨林、季雨林和南亚热带季风常绿阔叶林。土壤为砖红壤和砖红化红壤。本区又进一步划分为南亚热带岭南丘陵常绿林，南亚热带、热带台湾岛常绿林和季雨林，琼雷热带雨林季雨林，滇南热带季雨林和南海诸岛热带雨林5个副区。

本区面积虽小，但植物资源极为丰富，仅西双版纳就有高等植物3 000～4 000种，海南省也有高等植物约4 000种。本区是地道药用植物“广药”的主产区。主要植物资源有：

1. 药用植物资源　主要有海南粗榧（*Cephalotaxus hainanensis*）、槟榔（*Areca catechu*）、儿茶（*Acacia catechu*）、巴戟天（*Morinda officinalis*）、益智（*Alpinia oxyphylla*）、阳春砂仁（*Amomum villosum*）、鸦胆子（*Brucea javanica*）、肉桂（*Cinnamomum cassia*）、胡椒（*Piper nigrum*）、龙脑香（*Dipterocarpus aromatica*）、萝芙木（*Rauvolfia verticillata*）、美登木（*Maytenus hookeri*）、三七（*Panax pseudo-ginseng*）、海南龙血树（*Dracaena cambodiana*）、广藿香（*Pogostemon cablin*）、鸡血藤（*Spatholobus suberectum*）、白木香（*Aquilaria sinensis*）、金鸡纳（*Cinchona succirubra*）、广豆根（*Sophora tonkinensis*）、八角茴香、何首乌等。

2. 果树植物资源　主要有椰子（*Cocos nucifera*）、杧果（*Mangifera indica*）、橄榄（*Canarium album*）、番木瓜（*Carica papaya*）、金樱子（*Rosa laevigata*）、桃金娘（*Rhodomyrtus tomentosus*）、腰果（*Anacardium occidentale*）、五月茶（*Antidesma bunius*）、木奶果（*Baccaurea cauliflora*）、人面子（*Dracontomelon dao*）、杨梅等。

3. 芳香油植物资源　主要有香榧、柏木、杉木、黄兰、山胡椒、夜合花（*Magnolia coco*）、依兰（*Cananga odorata*）、九里香（*Murraya paniculata*）、油楠（*Sindora glabra*）、柠檬茅、香茅、香根草等。

4. 色素植物资源　主要有玫瑰茄（*Hibiscus sabdariffa*）、菘蓝、苏木、木蓝、栀子、冻绿、密蒙花、姜黄等。

5. 纤维植物资源 主要有棕榈、木棉（*Bombax malabarica*）、白藤（*Calamus tetradactylus*）、黑莎草（*Gahnia tristis*）、菽麻、洋麻（*Hibiscus cannabinus*）、斑茅等。

6. 树脂树胶植物资源 主要有马尾松、华南五针松（*Pinus kwangtungensis*）、南亚松（*P. latteri*）、糖胶树（*Alstonia scholaris*）、青梅（*Vatica astrotricha*）、橄榄、腰果、格木（*Erythrophleum fordii*）、菩提树（*Ficus religiosa*）、刺田菁（*Sesbania aculeata*）等。

7. 农药植物资源 主要有锈毛鱼藤、厚果鸡血藤、川楝、百部、陆均松（*Dacrydium pierrei*）、露水草（*Cyanotis arachnoidea*）等。

(五) 西南区

本区包括云南、贵州高原北部、广西的北部、四川盆地、陕西南部（秦岭以南）、湖北西部及甘肃和河南南部的小部分地区。本区属于我国的第二级阶梯，地势起伏较大，岩溶地貌十分发育，多数地面海拔 1 500～2 000m，最高可超过 5 000m。气候具有亚热带高原盆地的特点，且受印度洋气流影响，多数地区春温高于秋温，春旱而夏秋多雨。年平均温度为 14～16℃，有些地方可高达 20～22℃，1 月平均温 5～12℃，7 月平均温度 28～29℃，各月平均温度多在 6℃以上，除极少地区外，月平均温度都没有超过 22℃；年平均降水量为 900～1 500mm，绝大部分降在湿季。高原常绿林植被，在四川西部山地有硬叶常绿林分布，垂直变化明显。土壤为红壤、黄壤和黄棕壤。本区划分为北亚热带秦巴山地混交林、中亚热带四川盆地常绿林、中亚热带贵州高原常绿林和中亚热带云南高原常绿林 4 个副区。

本区植物资源极为丰富，是我国地道植物药材“川药”、“云药”、“贵药”的主产区。主要植物资源有：

1. 药用植物资源 主要有茯苓（*Poria cocos*）、黄连（*Coptis chinensis*）、冬虫夏草（*Cordyceps sinensis*）、贝母（*Fritillaria cirrhosa*）、太白贝母（*F. taipaiensis*）、棱砂贝母（*F. delavayi*）、掌叶大黄、厚朴（*Magnolia officinalis*）、肉桂（*Cinnamomum cassia*）、川乌（*Aconitum carmichaeli*）、川芎（*Ligusticum wallichii*）、巴豆（*Croton tiglium*）、麦冬（*Ophiopogon japonicus*）、盐肤木（*Rhus chinensis*）、黄皮树（*Phellodendron chinense*）、滇黄芩（*Scutellaria amoena*）、川黄芩（*S. hypericifolia*）、枸骨（*Ilex cornuta*）、羌活（*Notopterygium incisium*）、秦艽（*Gentiana macrophylla*）、白芨（*Bletilla striata*）、木香（*Aucklandia lappa*）、雪莲花（*Saussurea* spp.）、绵参（*Eriophyton wallichii*）、天麻、杜仲、远志、山茱萸、吴茱萸、丹参、八角茴香、何首乌、盾叶薯蓣等。

2. 果树植物资源 主要有杨梅、山里红、金缨子、酸枣、沙棘、中华猕猴桃、鸡桑、茅莓、蛇莓、君迁子、锥栗、刺葡萄、五叶草莓（*Fragaria pentaphylla*）、西南茶藨（*Ribes emodense*）、米饭花（*Vaccinium sprengelii*）、滇龙眼（*Dimocarpus fumatus*）、神秘果（*Symsepalum dulcificum*）、人面果（*Garcinia tincloria*）等。

3. 芳香油植物资源 主要有柏木、杉木、马尾松、白玉兰、香叶子（*Lindera fragrans*）、香面叶（*L. caudata*）、九里香、肉桂（*Cinnamomum cassia*）、云南樟（*C. glanduliferum*）、黄樟（*C. parrthenoxylon*）、芸香、山胡椒、灵香草、薰衣草、罗勒、地檀香（*Gaultheria forresrii*）、甘松（*Nardostachys chinensis*）、茉莉、柠檬茅、香茅、香根草、芸香草（*Cymbopogon distans*）等。

4. 色素植物资源 主要有蓼蓝、菘蓝、苏木、木蓝、栀子、冻绿、密蒙花等。

5. 纤维植物资源 主要有青檀、构树、山油麻、苎麻、亚麻、苘麻、陆地棉（*Gossypium hirsutum*）、芦竹、毛竹、斑茅、棕榈等。

6. 树脂树胶植物资源 主要有漆树、清香木（*Pistacia weinmannifolia*）、马尾松、云南松（*Pinus yunnanensis*）、思茅松、枫香树、亮叶冬青、田菁等。

7. 农药植物资源 主要有锈毛鱼藤、厚果鸡血藤、川楝、百部、藜芦、水竹叶、露水草等。

（六）西北区

本区包括内蒙古西部、甘肃祁连山以北、新疆大部即昆仑山北部地区。本区属内陆干旱气候，日照丰富，内陆流域面积广大，以山地冰川补给为主，典型的荒漠景观，是我国降水量最少，相对湿度最低，蒸发量最大的干旱地区。年降水量一般不足200mm，有的地区少于25mm。本区是我国的第二级阶梯，境内有天山、阿尔泰山、祁连山等高大山体，在海拔4 000m以上为终年积雪带。本区划分为阿拉善高原温带荒漠、准噶尔盆地温带荒漠、阿尔泰山及天山山地草原和针叶林、塔里木盆地暖温带荒漠4个副区。

本区气候干旱，我国两大沙漠——塔克拉玛干沙漠和巴丹吉林沙漠位于本区。区内植物垂直分布明显，除荒漠外，还有山地森林、灌丛、草原和高山植物。主要植物种类以藜科、禾本科和菊科为主，伴有豆科、蔷薇科、毛茛科等植物。本区植物资源比较贫乏，主要有：

1. 药用植物资源 主要有新疆阿魏（*Ferula sinkiangensis*）、新疆紫草（*Arnebia euchroma*）、沙苁蓉（*Cistanche sinensis*）、肉苁蓉（*C. salsa*）、雪莲（*Saussurea involucrata*）、水母雪莲花（*S. medusa*）、唐古特大黄（*Rheum tanguticum*）、唐古特乌头（*Aconitum tanguticum*）、山莨菪（*Anisodus tangutica*）、阿克苏黄芪（*Astragalus aksuensis*）、天山党参（*Codonopsis clematidea*）、伊犁贝母（*Fritillaria pallidiflora*）、甘肃贝母（*F. przewalskii*）、天山贝母（*F. walujewii*）、甘草、草麻黄、冬虫夏草等。

2. 果树植物资源 主要有沙棘、沙枣（*Elaeagnus angustifolia*）、越橘、笃斯越橘、密刺蔷薇（*Rosa spinosissima*）、宽叶蔷薇（*R. platyacantha*）、腺齿蔷薇（*R. albertii*）、阿尔泰山楂（*Crataegus altaica*）、新疆野苹果、新疆樱桃李（*Prunus cerasifera*）等。

3. 芳香油植物资源 主要有栉叶蒿（*Neopallasia pectinata*）、臭蒿（*Artemisia hedinii*）、玲玲香青（*Anaphalis hancockii*）、乳白香青（*A. lactea*）、珠光香青（*A. margaritacea*）等。

4. 色素植物资源 主要有紫草、茜草、沙棘、越橘、笃斯越橘等。

5. 纤维植物资源 主要有亚麻、苘麻、罗布麻、大叶白麻（*Poacynum hendersonii*）、芨芨草（*Achnatherum splendens*）等。

6. 树脂树胶植物资源 主要有葫芦巴（*Trigonella foenum-graecum*）、沙枣、香椿（*Toona sinensis*）、油松（*Pinus tabulaeformis*）、云杉（*Picea asperata*）等。

7. 农药植物资源 主要有苦参、藜芦、牛膝（*Achyranthes bidentata*）等。

（七）内蒙区

本区包括内蒙古中部、宁夏北部、陕西北部（长城以北）、河北北部（张家口地区）。本区属温带内陆干旱、半干旱季风气候，年均降水量150～350mm，至东向西递减，东部边缘可达400mm左右，北部地区干旱而严寒。整个区域位于内蒙古高原，海拔高度1 000～1 500m，地势高平，变化单调，是我国的第二级阶梯。草原植被为主，经向地带性明显。土壤为栗钙土和棕钙土。本区划分为西辽河流域干草原、内蒙古高原干草原荒漠草原化草原和鄂尔多斯高原干草原荒漠草原3个副区。

本区草原牧业发达，是我国重要畜牧业基地之一，也是我国地道药材“北药”中适应干旱环境种类的集中产区之一，也是中华民族药“蒙药”的发源地。植物资源主要有：

1. 药用植物资源　主要有甘草、草麻黄、防风、蒙古黄芪（*Astragalus mongholicus*）、宁夏枸杞、党参、知母、远志、黄芩、肉苁蓉等。

2. 果树植物资源　主要有沙棘、沙枣、山里红、欧李、刺蔷薇（*Rosa acicularia*）、西伯利亚杏、东北杏、全缘栒子（*Cotoneaster integerrima*）、黑果栒子（*C. melanocarpa*）等。

3. 芳香油植物资源　主要有百里香、细叶杜香（*Ledum palustre* var. *angustum*）、宽叶杜香（*L. palustre* var. *dilatatum*）、香青兰（*Dracocephalum moldavica*）、沙枣等。

4. 色素植物资源　主要有紫草、茜草、沙棘等。

5. 纤维植物资源　主要有亚麻、苘麻、罗布麻、大叶白麻、芨芨草、大叶章等。

6. 树脂树胶植物资源　主要有沙枣、樟子松（*P. sylvestris* var. *mongolica*）等。

7. 农药植物资源　主要有苦参、藜芦、牛膝等。

（八）青藏区

本区包括西藏和青海全境、四川的甘孜和阿坝、云南北部的迪庆、甘肃甘南及祁连山以南和新疆昆仑山以南。这里是世界上最高的高原，被誉为“世界屋脊”，地球的“第三极”，是我国地势的第三级阶梯。平均海拔4 000～5 000m，并有许多耸立于雪线之上的山峰。土壤为高山草甸土及高山寒漠土。东南部地势较低，气候温暖湿润，植被类型为针阔叶混交林和寒温性针叶林，西北部地势升高，气候寒冷，植被为高寒灌丛、高寒草甸、高寒草原，高寒荒漠草原以及高寒荒漠等，高原空气稀薄，光照充足，辐射量大，气温低，干湿季分明，干旱季多大风。

本区划分为喜马拉雅南翼山地热带、亚热带森林，藏东、川西切割山地针叶林高山草甸，藏南山地灌丛草甸，柴达木盆地及昆仑山山地荒漠，阿里昆仑山山地高寒荒漠和草原荒漠5个副区。

本区气候、地形、植被复杂，垂直变化明显，植物资源丰富，仅西藏就有维管植物达6 144种。是中华民族药“藏药”的发源地。主要植物资源有：

1. 药用植物资源　主要有红景天、崖角藤、秦艽、黄连、掌叶大黄、小大黄（*R. pumilum*）、中麻黄（*Ephedra intermedia*）、藏麻黄（*E. saxatilis*）、鸡血藤、雪莲、当归、党参、龙胆、木瓜、三角叶薯蓣（*Dioscorea deltoidea*）、长花党参（*Codonopsis mollii*）、藏南党参（*C. subsimplex*）、梭果黄芪（*Astragalus ernestii*）、西藏木瓜（*Chaenomeles tibetica*）、大花龙胆（*Gentiana szechenyii*）、麻花艽（*G. straminea*）、匙叶甘松（*Nardostachys jatamansi*）、天麻、冬虫夏草、贝母、绵参等。

2. 果树植物资源　主要有沙棘、西藏沙棘（*H. thibetana*）、缫丝花、腺齿蔷薇、黄果悬钩子（*Rubus xanthocarpus*）、库叶悬钩子（*R. sachalinensis*）等。

3. 芳香油植物资源　主要有百里香、栉叶蒿、臭蒿、零零香青、乳白香青、珠光香青、匙叶甘松、松风草、素馨、香茅、花椒、胡椒等。

4. 色素植物资源　主要有紫草、茜草、沙棘等。

5. 纤维植物资源　主要有水麻、水苎麻、紫麻、浪麻、大叶白麻、黄瑞香（*Daphne giraldii*）、白藤等。

6. 树脂树胶植物资源　主要有漆树、云南松、华山松、思茅松、乔松（*P. griffithii*）、高山松（*P. densata*）、雪松（*Cedrus deodara*）等。

7. 农药植物资源　主要有楝树、小刺鱼藤（*Derris microptera*）、毛枝鱼藤（*D. scabricaulis*）、百部、藜芦、牛膝等。

复习思考题

1. 目前国内外对植物资源主要依据什么进行分类？常见的有哪几个分类系统？
2. 植物资源有哪些特点？
3. 如何理解植物资源是可更新资源？
4. 如何理解植物资源利用的时间性？举例说明。
5. 试述影响植物资源分布的环境因素有哪些？
6. 结合你家乡所在地区，谈谈该地区的环境特点，有哪些重要植物资源。

第二章 植物资源的开发与利用

植物资源的开发利用是植物资源学研究的主要目标，即挖掘各种有用植物，研究其利用途径和方法，开发植物资源产品，提高资源的利用率，也就是要在科学、合理、有效、充分利用已有植物资源的同时，不断深入、持久地发掘植物新资源、新用途、增加新产品，满足不断增长的社会需求。

第一节 植物资源开发利用的层次

植物资源开发利用的层次按采用的主要方式分为：针对发展原料的一级开发、针对发展资源产品的二级开发和针对发展新资源、新成分、新产品的三级开发。

一、针对发展原料的一级开发

开发的手段侧重于农学和生物学方面，目的在于不断扩大植物资源产量，不断提高质量。一方面加大对野生资源植物自然更新能力和可持续利用技术的研究，提高野生资源的利用效率，另一方面主要通过引种驯化、组织培养、人工栽培、良种选育、科学管理、病虫害防治、合理采收和初加工等生产手段，为植物资源产品生产的二级开发提供数量更多的、质量更好的原料。

如中华猕猴桃原为野生，主要分布在我国长江流域，其果实营养丰富，被誉为维生素 C 之王。经驯化研究，成为栽培水果，并经不断选育优良品种，使其果实大小和品质不断提高，已成为人们日常生活常用的果品，是野生果树植物开发比较好的例子。

西洋参原产美国、加拿大等地，近年国内采用引种驯化，在东北、华北、陕西、云南等省已栽培成功，为社会提供了大量的国产西洋参。

蕨类植物薇菜（桂皮紫萁）原为野生，由于其价值高，是东北地区的重要出口山野菜资源，长期大量采收使野生资源量急剧下降。近年来，经采用孢子人工繁殖技术，在长白山区人工栽培已初获成功，扩大了资源量，保护了野生资源。

二、针对发展产品的二级开发

开发手段侧重于工业生产方式，但因资源开发目标不同而异，如药用植物资源的开发侧重于药物化学提取、分离、提纯技术以及制药技术等；果树植物资源的开发则更侧重于果品保鲜、酿造、果脯、果冻等食品加工技术；野菜资源则侧重于保鲜、罐藏、腌制及干制等食品加工技术；香料植物则侧重于香料成分的提取、分离、提纯技术等。

如沙棘资源有多种用途，沙棘汁富含维生素 C，沙棘油对癌症有辅助治疗作用等。其产品的开发非常深入，已加工成各种系列产品。如将果汁加工沙棘保健饮料、沙棘粉、沙棘果油；将种子加工成沙棘籽油等。

杜仲是传统中药材，茎皮入药，有补肝肾、强筋骨等作用。但其叶经浸提、浓缩、喷粉、制成粉剂，以杜仲纯粉为主要原料制成的杜仲饮料，已被国家批准为抗疲劳保健功能饮料。

人参主要以根入药，但经过研究发现，其花、果、叶中都含有大量人参皂苷有效成分。目前，已开发成人参果茶、人参花茶等，人参叶也成为人参香烟的辅助原料。

蕨菜过去仅作为鲜食、腌制泡菜和制成干品等在国内外市场销售，通过进一步产品开发，研制出可长期保质、保鲜的罐装、袋装产品，延长了保质期，提高了卫生条件，深受消费者喜爱。

三、针对发展新资源的三级开发

开发手段涉及多学科综合性科学研究，包括区域调查、植物系统分类、植物区系、植物化学、植物生态、植物地理、植物生理等多个学科，目的在于发掘新资源、开发新原料、发现新成分、开发新产品等。

如通过对生产激素的甾体原料植物的调查分析和深入研究，从我国约 80 种薯蓣属植物中发现甾体皂苷元类成分主要集中分布于根茎组植物中，而同属其他植物中含量较少。通过综合比较分析，认为盾叶薯蓣（分布于长江流域）和穿龙薯蓣（分布于我国北方温带、暖温带地区）是比较适宜的开发种类，通过选育、繁殖栽培可得到优质、高产、稳定的药物原料。这是利用植物系统分类和植物化学手段，并运用植物近缘种化学成分相似的特点开发新原料的典型范例。

西洋参（*Panax quinquefolium*）在北美的发现，是源于对中国人参的认识。中国人参具有几千年的利用历史，闻名中外。加拿大人分析了中国人参的生态地理分布规律，认为加拿大南部地区有与中国人参分布区相似的生态环境，于是在加拿大开始寻找中国人参，他们的科学猜测得到了验证，经分类学和植物化学研究，西洋参与人参有相似之处，但它们的功用有一定差异。这是利用植物生态、植物地理、植物分类、植物化学手段发掘新资源的典型例子。

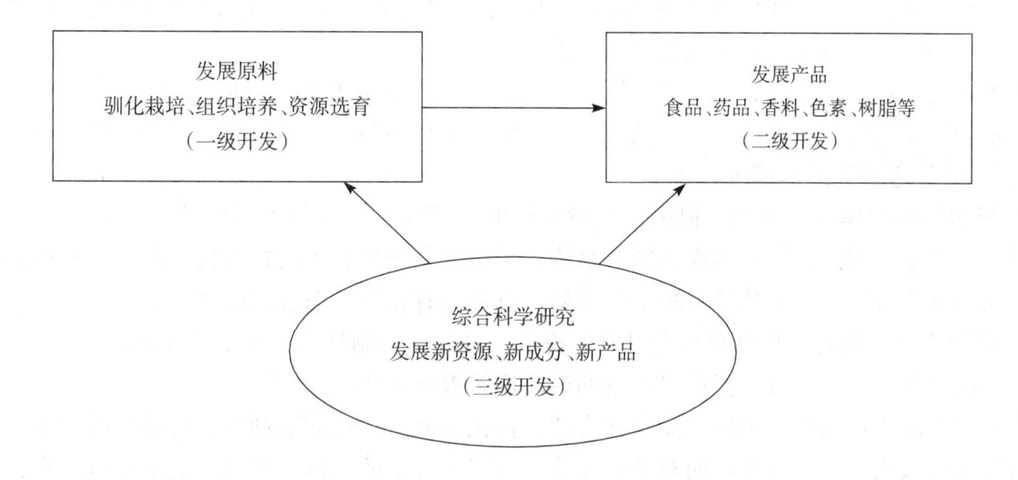

图 2-1　植物资源开发利用的三个层次的关系

综上所述，植物资源开发的三个层次是相互关联的（图 2-1），一种新资源的发现，需要通过生产出产品，才能推向市场，一个好的产品需要优质的原料供应。反过来，为了扩大原料来源，除扩大栽培面积、进行良种选育外，也需要进一步寻找新的原料资源及种质资源。总之，植物资源的开发过程中每一个环节都必须以科学研究工作为基础，在科学理论和方法的指导下才能正确、有效地进行，因此，以科学研究方式为主的三级开发是植物资源开发的科学支撑，以工业生产方式为主的二级开发是植物资源开发的目标，以农业生产方式为主的一级开发是植物资源开发的稳定保障。

第二节　开发新植物资源的方法与途径

我国拥有丰富的植物资源，也是利用植物资源历史最悠久的国家，从几千年的发展中积累了利用植物的丰富实践经验。在现代科学技术高度发达的今天，利用多学科科学技术手段和方法，发掘新资源、开发新产品、发展更多更好的绿色植物原料，是满足社会发展和人民生活需要的重要目标。植物资源开发利用的方法很多，涉及多学科的综合科学研究，包括农学、生物学、植物化学、医药科学、食品科学、植物产品轻工业生产技术、市场经济学等许多方面。这里我们重点探讨一些有关植物资源开发利用的一般方法和途径。

一、系统研究法

（一）研究方法的理论依据

系统研究法的理论依据是植物体内有用成分在植物界中分布与植物系统发育的相关性，即利用近缘属种植物成分的相似性特点，发掘新资源的方法。它是建立在植物区系和植物地理学研究的基础上，运用植物化学研究的科学积累和技术手段，采用植物分类、分布和植物化学等学科结合的一种开发新植物资源的方法。

（二）研究方法的特点和要求

系统研究法常用于寻找已开发利用的植物资源代用品的研究，一般目标性明确，研究周期短，一旦成功，可直接为医药及工业等生产服务。

系统研究法要求实验设施和技术手段必须精良，要求有重大开发价值或潜力的目标化合物；要求对植物区系情况有深入的了解和认识，包括相关植物种类情况、生态地理分布情况等。

（三）研究方法的工作程序

1. 研究目标的确定　首先，根据已开发利用并价值较大的目标产品或成分，确定要研究的目标植物。首选为同属植物，其次为同科植物，再次是系统发育上的相近科。进一步分析研究目标植物与原利用植物在生态环境要求上的差异，首选具有相似生态要求的种类。

2. 研究方法的制定　根据目标物已有的提取、分离、精制技术，制定研究方法。

（1）提取的方法与条件　根据目标物的性质选择提取方法。

①溶剂提取法：原理是植物样品中含有的各种化学成分在提取溶剂中的溶解度的差异，通常选择对所要提取成分溶解度大，而对其他无关成分溶解度小的溶剂。提取溶剂主要包括水、亲水性溶剂和亲脂性溶剂。提取方法包括冷浸法、回流提取法和连续提取法等。

②水蒸气蒸馏法：原理是两种互不相溶的液体构成的混合液体系加热时，体系中的两种液体可显示与各自独立受热时相同的蒸汽压，且当二者的分压之和与外界压力相等时即沸腾。用水蒸

气将目的物质从其与水组成的混合体系中提取出来的过程叫水蒸气蒸馏法。许多不溶于水的液体或固体与水混合时也在低于其各自沸点温度下沸腾。这种方法比较适用于在高沸点下易分解的物质，在低温度下将其提取出来。

③其他提取方法：主要包括萃取法、渗滤法和煎煮法等，也是较常用的提取方法。还有超声波提取、微波提取及超临界萃取等。

（2）分离的方法与条件 提取物绝大多数是混合物，其中含有一些杂质及溶解度相似的化学成分，需要将目标成分从中分离出来，并得到纯化和精制。分离方法主要有：

①溶剂分离法：分为两相溶剂萃取法、制备衍生物法、综合处理法（如沉淀、盐析等）、重结晶法等。

②层析分离法：分为吸附层析法、液—液分层析法、离子交换层析法、液相凝胶层析法等。

③纯度判定方法：分为外观判定、熔点判定、层析法判定和光谱检验等。

3. 研究结果的评价 主要探讨代用成分与原开发利用成分功能的相似性，含量及开发潜力的分析，提取、分离和精制的工艺流程等，为投入生产、研制新产品提供依据。

二、民族植物学法

（一）研究方法的理论依据

民族植物学是研究人与植物之间直接相互作用的一个新的科学领域，它是研究人类利用植物的传统知识和经验，包括植物资源的利用历史、文化和现状，特别是种类及其用途和利用方法。民间利用的植物资源是在长期的生产实践中积累起来的，是寻找新药物、新型食品、新工业原料的巨大宝库。如药用有各种民间单方、验方等；食用有各种加工方法，如朝鲜族食用的桔梗、蕨菜等野菜植物；有些植物被用于食用调味品，如百里香是蒙古族常用的调味料；我国还有不同民族药物，如蒙药、藏药等。

（二）研究方法的特点和要求

民族植物学法是通过调查了解民族、民间利用植物的种类、用途和利用方法等，发掘植物资源，一般目标植物也比较明确，研究成功亦可直接应用于生产。由于民族、民间利用的植物带有不同程度的经验性，常存在同物异名、同名异物等现象，为此要求首先对民族、民间利用植物进行准确的物种考证，确定其分类地位，进而通过现代科学手段分析其利用的科学性和开发利用的价值等。

（三）研究方法的工作程序

根据裴盛基教授的观点，民族植物学法在植物资源开发利用中可划分为描述阶段、解释阶段和应用阶段 3 个不同的研究阶段。

1. 描述研究阶段 主要工作是对民族民间利用植物进行科学鉴定、分类和利用状况的记述。工作程序为：文献资料研究（包括查找与考证）→调查内容设计（包括种类、用途、利用方法、历史、利用特点等）→民间访问调查（包括村社调查、地方集市贸易调查等）→野外调查（包括证据标本的采集、生境条件调查等）→资料整理（包括分类鉴定、调查记录整理等）→描述编目。描述编目的条目应主要包括谁用？什么植物？如何使用？何时使用？分布在哪儿？（即 5W：Who? What? How? When? Where?）重点说明什么民族利用的植物，了解植物的名称，包括地方习惯用名，植物利用的范围和采集或种植的时间，利用的方法和分布地区的生态环境等。这个阶段调查的结果是某一调查地区民族民间利用植物的第一手科学资料，是深入研究和资源开发价值综合评价的基础。

2. 解释研究阶段 本阶段在描述阶段基础上，主要对为什么用，利用的范围及产品或原料的去向等进行深入研究。对民族、民间利用植物的解释有民间解释和科学解释之分。民间解释是建立在实践经验的朴素唯物主义和民族文化信仰基础上的解释，有些还带有迷信色彩。如野生人参的采集方法，有各种神话般的传说。科学解释是通过揭示民族、民间利用植物内在的科学内容，如对有用化学物质、生理机能、生态功能等进行分析，阐明其利用的科学价值。去伪存真，取其精华，弃其糟粕。科学的解释是正确地开发和利用民族、民间利用植物资源的重要前提。而这项工作必须通过多学科的知识和方法配合进行。本阶段的另一个方面是对民族、民间利用植物的市场现状及市场潜力进行科学分析，准确预测开发利用的前景。包括图 2-2 所示环节。

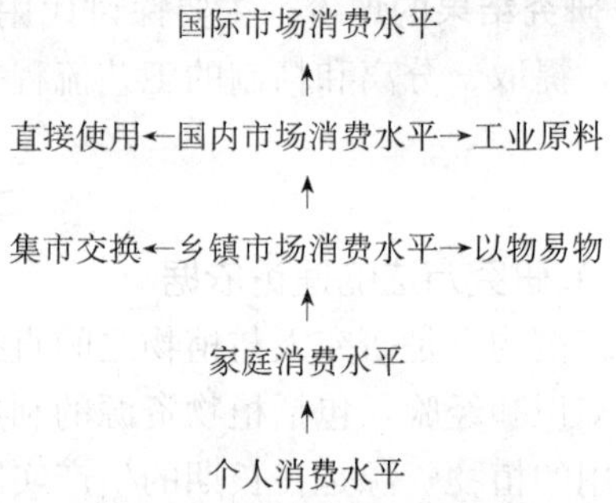

国际市场消费水平
↑
直接使用←国内市场消费水平→工业原料
↑
集市交换←乡镇市场消费水平→以物易物
↑
家庭消费水平
↑
个人消费水平

图 2-2 解释研究阶段的各个环节

被利用植物的社会需求水平越高，人类对该植物的依赖程度也越高，消费数量也越大，进入人工栽培的可能性也越大，稳定性越高。反之，地方性、区域性、民族性越大，稳定性较低，容易遭受主流文化的冲击，而降低开发价值。当然，这是相对的，民间利用植物资源开发的成功，一方面决定其利用价值，另一方面也受市场营销水平的影响。如东北朝鲜族喜食的以野生植物为原料的各种泡菜，从早期朝鲜族喜食，到周围人民广泛喜爱，到国内许多地区喜食，直到制成各种产品远销 10 多个国家，是一个非常典型的民族利用植物的文化走向世界的过程。以中华民族传统医药文化为标志的，药用植物资源开发的例子更是举不胜举。

3. 应用研究阶段 描述阶段和解释阶段提供了丰富的科学资料，研究的性质均以基础和应用基础为重点。应用研究阶段是在此基础上，采用现代科学技术手段，开发新产品、扩大原料资源等，使民族、民间利用的植物进入更广阔的市场，如从民族药中发掘新药。我国 55 个少数民族使用的民间草药有 3 500 种以上，现已陆续出版了中国民族药志专著。从这些草药中开发出了具有现代药物水平的新药数百种，达到地方药物标准的难以计数。这些药物对抗癌等顽症具有很好的疗效。通过民族植物学的研究，扩大了药源、减少了药品进口和增加了出口。从传统食品中开发新型食品和饮料。由于我国各地的地理环境、物产气候、风俗习惯各异，形成了不同的饮食文化类型。我国已从民间食用的野果、野菜中发掘出了一大批果品饮料和蔬菜。如沙棘、刺梨、山楂、越橘、余甘子等。在野菜方面，有薇菜、魔芋、守宫木、香椿等，风味鲜美。吉林省有野菜植物约 200 余种，目前，已成为长白山区重点产品的有近 20 种，并已开始驯化栽培生产。

三、其他研究方法

开发新植物资源的研究方法是多样的，除上述两种方法外，还有：

(一) 从古今中外文献中发现

科技文献资料、电脑信息网络在现代信息社会起着重大作用，从中可以掌握有关植物资源开发利用的动态，了解进展和前沿，吸取理论、思路、技巧、方法、规律和正反经验。

如“月见草油作降血脂药物的研究”，其主要来自英国观察家报（The Observer）一条消息，通过立项研究，完成了新药试制与投产。

又如“以蒺藜为主要原料的心脑舒通胶囊的研制”，源于对我国药用植物资源的有关记述，但后来很少有人研究，近来对蒺藜皂苷成分的药用价值重新认识，进而开发出新型药物，使其从一个名不见经传的野生药用植物，进入药物市场。

紫草、茜草、蓼蓝等色素的应用，来自于中国古代对染料的记载等。

(二) 从基础研究中得到启迪

从事基础研究时或在其完成后，往往可以不断揭示和发现新资源、新成分和新课题，进而研究出新产品。

如以月见草油 γ-亚油酸为底物合成 PGE_1 的研究成功，推广后弥补了猪肾上腺素来源的不足，其源于对中国油脂植物研究的长期工作积累，并总结了不饱和脂肪酸、特殊脂肪酸及前列腺素（PGS）前体的脂肪酸在植物类群中的某些分布规律和寻找途径。

又如“山楂叶系列保健饮料的研制”，源于对山楂叶黄酮成分的提取、分离等基础研究，及对黄酮保健功能的认识等。

(三) 从有用成分中进行结构的修饰

如甾体激素类药物用于治疗心脏病、阿狄森病、风湿性关节炎，并可止血、抗肿瘤等，受到重视，但其药物原料最初从动物中获得，由于来源少、含量低、成本高，不能满足需求。因此，以资源丰富的植物原料作起始原料成为各国努力的目标。我国药物和植物学工作者密切合作，研究出资源丰富、含量高的薯蓣皂苷作为甾体激素合成的前体，既发掘了药物新资源，又满足了市场需求。

第三节　扩大植物资源产量的方法与途径

成功开发植物资源后，市场的大量需求和保护野生资源不被破坏，扩大原料供应是可持续开发利用植物资源的重要保障。

一、野生植物的引种、驯化与栽培

野生植物引种、驯化与栽培研究，建立人工栽培基地，实现的集约化生产，提高植物原料的产量，是扩大植物资源供应的主要途径。

野生植物都有可栽培性的特点，但由于长期生活在大自然中，经过自然选择，已逐渐适应了它自己的生存条件，并形成了自己固有的遗传性。野生植物的引种、驯化与栽培，就是在尊重其固有生态适应性的前提下，使其在人为创造的栽培条件中，通过适应和人工管理等措施，转化为栽培植物的过程。

野生植物资源在自然界中的分布多数是零散的，很少有大面积成片的现象。在自然生长发育过程中常受到自然环境变化的影响，而产量与有用成分含量稳定性较差。另外，野生植物通过对不同生境条件的适应和自然杂交等，常存在各种变异个体或群体，也会影响资源产量和资源性状的一致性和稳定性。更重要的是野生植物一旦成为重要开发资源，仅靠野生资源很难满足市场的需求，在利用的压力下，极易遭到破坏，对物种生存构成直接威胁。因此，野生资源植物的引种、驯化和栽培研究是可持续开发利用植物资源，扩大原料供应的必然结果。

通过野生植物的引种、驯化和栽培研究，不但可以提供丰富的植物原料，而且，可以通过优良资源性状的选育研究，发展新品系或新品种，进一步提高产量和资源产品的稳定性。还可以通过对野生植物有用成分与环境条件（如土壤、水分、温度、光照等）相互关系的研究，人为控制或选择适宜的环境条件定向生产有用成分，提高有用成分含量。如蛇床（*Cnidium monnieri*）是分布于全国各地的野生药用植物，但其所含有用成分呋喃香豆素类成分南北差异明显，北方（辽宁、河北）产，主要含角型呋喃香豆素；而南方（江苏）产，主要含线型呋喃香豆素。月见草种子油中的有效成分 γ-亚油酸含量，生长在较寒冷（吉林省北部）地区的明显高于生长在较温暖（辽宁省南部）地区的。许多野生植物的各种资源特性都与生态环境有不同程度的相互关系，在资源生产中值得注意，深入研究，加以利用。

目前，从野生植物的驯化栽培方式上看，主要有两种途径。一个是典型的农业栽培方式，另一个是仿生栽培方式。仿生栽培是指利用野生植物的原始生境条件，通过野生抚育、人工播种、营养繁殖、剔除竞争种等人为措施，扩大其生长面积、种群规模和资源产量的一种半人工栽培技术。仿生栽培方式有充分利用自然条件、减少人工管护、较少破坏天然植被（特别是天然林）、不与农业争地、少农药化肥污染等优点，并在实施中亦可采取优良资源性状选育和生态定向生产等技术措施，在扩大原料生产中，是值得重视和研究的方向。

二、生物技术在扩大植物资源生产中的应用

生物技术（biotechnology）是20世纪70年代初，在分子生物学和细胞生物学基础上发展起来的新兴技术领域，包括组织培养或细胞工程、基因工程、酶工程和发酵工程等。其中组织培养或细胞工程已在扩大原料生产和种质保存等领域得到广泛应用。

组织培养技术是应用植物细胞的全能性原理，利用植物体某一部分组织或细胞，经过培养，在试管内繁殖试管苗（微繁殖）和保存种质。组织培养有不受季节限制，可大量快速繁殖植物幼苗，进行工厂化生产，并可进行脱病毒和育种等工作。

吉林在越橘属野生浆果资源许多种或品种的组织培养繁殖方面获得成功，并建立组织培养繁育基地，进行种苗生产；山东怀地黄脱毒苗已在生产上应用，增产5～7倍；安徽、广西对石斛种子进行无菌萌发形成试管苗，并在产区移植成功。

生物技术应用于原料生产的另一个重要方面，是利用细胞工程生产次级代谢产物。这是扩大原料生产非常有前途的途径，并已取得显著成果。如利用紫草培养细胞生产紫草素，利用人参根培养物生产食品添加剂等已进入商品市场；利用植物培养细胞产生黄连有效成分小檗碱、长春花成分蛇根碱及阿吗碱以及洋地黄成分地高辛等均进入了工厂化生产阶段。

利用细胞工程生产次生代谢产物是在控制条件下进行的，因此，可以通过改变培养条件和选择优良细胞系的方法得到超越整株产量的代谢产物，而且减少占用耕地，并不受地域性和季节性

限制。培养是在无菌条件下进行的，因此，可以排除各种污染源（农药及其他），提高产物质量；并可深入探索有用物质的合成途径，生产出含量高、均一的有用成分，减少提取分离的难度。应用细胞工程技术生产有用成分的前提是要求细胞生长和生物合成的速度在较短时间内得到较高产物，并可在细胞中积累而不迅速分解，最好能自然释放到液体培养基中，并且培养基、前体及化学提取生产费用要尽可能低，可获得最大经济效益。

三、合成、半合成有用成分在扩大原料生产中的意义

原则上讲合成有用成分的途径并不属于扩大植物产量的范畴，而是采用化学工程手段直接生产有用成分。虽然，目前绝大多数植物有用成分还是来自于植物生产，但随着科学技术水平的不断提高和对有用成分结构的认识，化学合成途径是减少对野生或栽培植物资源的依赖，保护植物资源的重要手段之一。特别是对一些在植物体内含量较低的有用成分的化学合成，可很好地解决原料来源不足的困难，达到降低成本，保护野生资源的目的。但化学合成途径难度较大。

从除虫菊中提取的除虫菊酯制成杀虫剂，有广谱，低毒，易降解，少污染，且杀虫效果好等特点，由于资源需求量大，经化学合成研究，目前，已人工合成出二十几种除虫菊酯类化合物，应用于农药生产，不仅合成了除虫菊体内原有的除虫菊酯成分，还人工创造出了一些新的化合物。

半合成是利用植物体内含量较高的半合成前体化合物合成有用成分的方法。半合成可提高资源的利用率，扩大有用成分的利用范围。

如紫杉醇是新型有较好抗癌效果的成分，主要来自于红豆杉科红豆杉属的植物，但其在植物体内的含量仅有 0.05%左右，即使其半合成前体的含量也只有 0.1%，并且野生资源量极少，全世界仅有 11 种，且多为濒危物种。据估计，提取可以用于 1 名患者的 1g 紫杉醇，约需要 3～6 株 60 年生大树的树皮才能得到，1991 年美国癌症研究所为了获得 25kg 紫杉醇，毁树 3.8 万株。可见紫杉醇抗癌效果虽好，但其生产的经济成本和生态成本之高，已达到无法利用的程度。目前，正在探讨细胞培养、半合成和利用红豆杉与真菌关系生产紫杉醇等途径，已有一定进展。

扩大原料生产的另一途径，是通过对某一成分的修饰改变结构，使之成为需要化合物的方法，如元胡镇痛作用的有效成分延胡索乙素仅含 0.1%～0.2%，而从黄藤（*Fibraurea recisa*）茎提取的巴马汀（palmatine），再经氢化为延胡索乙素则可大大提高产量，降低成本。

复习思考题

1. 试述植物资源开发利用的 3 个层次及目标。
2. 系统研究法的理论依据是什么？如何采用系统研究法寻找和开发植物资源？
3. 什么是民族植物学？如何采用民族植物学法寻找和开发植物资源？
4. 寻找和开发植物资源还有哪些方法？
5. 如何利用生物技术开发植物资源？
6. 举例说明如何采用合成、半合成途径扩大植物资源原料生产。

第三章　植物资源的调查与评价

植物资源的调查是以植物科学，包括植物分类学、植物资源学、植物生态学和植物地理学等，为基本理论指导，通过周密的调查研究，了解某一地区植物资源的种类、用途、贮量、生态条件、地理分布、利用现状、资源消长变化及更新能力，以及社会生产条件等，挖掘新资源，揭示植物资源利用工作中存在的问题。植物资源调查是制定区域植物资源开发利用和保护管理计划的第一手资料。植物资源评价是在调查研究的基础上，通过对植物资源的自然现状和利用现状的综合分析，对区域植物资源的开发利用潜力和现状进行科学的评判，进而为制定区域植物资源的持续开发利用和保护管理计划提供理论依据。

第一节　植物资源调查概述

一、植物资源调查的目的和意义

我国幅员辽阔，自然条件复杂多样，蕴藏着丰富的植物种类，为了充分开发利用丰富植物资源，并能做到合理采挖，持续利用，必须首先对全国、各省、乃至不同的区域进行植物资源的调查研究，掌握调查地区植物资源的种类、贮量和生态地理分布规律，了解植物资源利用的历史、现状和发展趋势，并在调查研究的基础上，对区域植物资源开发利用和保护管理状况做出科学评价，进而在市场经济规律和自然生态规律的指导下，制定持续开发利用和保护管理植物资源的总体生产计划。植物资源调查对摸清区域植物资源家底，有计划地开发利用和保护植物资源，并为医药、食品及其他工业生产部门提供持续稳定的原料供应，以及对地方经济的稳定发展和提高人民的经济收入等均有重要的现实意义。

一个先进的国家或地区，对其本土的资源状况应该一清二楚，只有这样才能更加充分地开发和可持续利用这些资源。植物资源在利用过程中是不断变化的，为此，调查应定期进行，了解开发利用和保护管理过程中植物资源的动态变化，掌握其变化规律，以便不断地修正保护和利用的措施。新中国成立以来，除1958年对全国的植物资源进行了全面普查，1966年和1983年对药用植物资源又进行了2次全国性普查以外，至今较大型有影响的调查工作没有再进行过。特别是最近20年里植物资源的开发利用强度是非常大的，除了给地方经济带来可观的效益以外，植物资源也受到了严重的破坏。为此，植物资源调查和对各地资源状况的评价工作已到了刻不容缓的程度。

植物资源调查分为国家、省、县（市）和局部区域等不同级别，还可分为普查性（包括所有重要植物资源）、专业性（如仅调查药用植物资源）和生产性（仅针对一两个重要种，以生产基地建设为目的）等不同性质。

二、植物资源调查应注意的事项

植物资源调查是一件细致、复杂的工作，而且工作量大，不是一两个人能够完成的工作。它的成果直接应用于指导植物资源的生产规划，对利用和保护植物资源有现实而深刻的影响，为了提高调查工作的质量，必须注意以下几个方面：

（1）必须有正确的思想方法，遵循辩证唯物主义原则，尊重经济规律和自然规律，要善于分析矛盾，具有时间动态观念，历史地、发展地分析问题，要熟悉国家有关政策和有关植物资源利用与保护的法律法规，从调查地区的全局出发。

（2）掌握植物资源及有关学科的基本理论和专业知识，明确植物资源调查的科学方法，制定周密的调查工作计划，在对调查地区植物资源的自然状况、利用状况和市场状况做出全面分析的基础上，明确调查的重点内容。

（3）植物资源调查是认识自然的过程，以制定植物资源持续开发利用和保护管理的总体生产规划为最终目标，因此，植物资源调查应与资源评价紧密结合，应与生产和保护的需要紧密结合，要注意防止脱离生产实际的单纯资源调查。

三、植物资源调查的工作程序

植物资源调查的工作程序分为准备工作、调查工作和总结工作 3 个阶段。

（一）准备工作阶段

调查的准备工作是顺利完成植物资源调查任务的重要基础，是在调查开始前搜集和分析有关资料，准备调查工具，明确调查范围、调查内容和调查方法，制定调查计划的过程。较大型的调查，还应健全组织领导，落实责任制度，做好后勤准备工作。

1. 资料的搜集分析

（1）搜集调查地区有关植物资源调查、利用和生产企业等现状和历史资料，包括文字资料和各种图件资料，如植物资源分布图、利用规划图等；分析了解调查地区植物资源种类、分布及利用情况，以及以前的调查结果。

（2）搜集调查地区有关植被、土壤、气候等自然环境条件的文字资料和图件资料，包括植被分布图，土壤分布图等；分析了解调查地区植物资源生存的自然环境条件。

（3）搜集调查地区有关社会经济状况的资料，包括人口、社会发展情况及交通运输条件和行政区域地图等。分析了解植物资源生产的社会经济和技术条件。

2. 调查工具的筹备

（1）仪器设备的筹备　包括①测量用仪器设备，主要有 GPS 定位系统（或罗盘仪、经纬仪、海拔高度表）、树木测高仪、求积仪、测绳、各种卷尺等；②采集标本用设备，主要有标本夹、采集箱、吸水草纸、标本号牌、野外记录本和各种采集刀、铲具等；③称量植物产量用设备：包括天秤、弹簧秤等；④野外记录用工具，主要有各种样方调查用表格、野外日记本、铅笔等；⑤收集分析样品用各种袋具，如纸袋、布袋和塑料袋等。

（2）交通工具　包括各种车辆和地图等。

（3）野外医药保健用品　包括防护蚊虫叮扰、自然损伤事故和一般疾病治疗类各种医药和包扎用具。

3. 人员组织与责任分配 调查工作中人员较多，应作好人员和组织管理和调配。一般应组成调查队，并按调查内容分成组，明确责任和任务。调查人员应包括有较高水平的植物分类学、植物资源学、植物生态学和地理学等学科专业人员，还应配备当地有经验的生产技术人员。

4. 制定调查工作计划 通过分析搜集的有关资料和调查任务，明确调查范围、调查内容和调查方法，制定调查计划，包括日程安排、资金使用等。掌握各种调查仪器设备的使用方法。

(二) 调查工作阶段

调查工作阶段是通过对植物资源的种类、分布、贮量等实际调查，掌握植物资源自然状况第一手资料的过程，是调查工作的基本阶段（详见本章第二、三节）。

(三) 总结工作阶段

总结工作属于内业工作，主要工作内容是系统整理调查所得到的各种原始资料、采集的各类标本和样品等。资料应按专题分类装订成册，编出目录。并进一步分析研究各种调查资料，进行数字统计，绘制各种成果图件，对调查地区植物资源现状、开发利用中存在的问题，以及开发利用的潜力和保护管理等，做出科学的评价，并提出意见和建议。编写植物资源调查报告（详见本章第四、五节）。

第二节 植物资源调查的基本方法

植物资源调查的基本方法包括现场调查、路线调查、访问调查和野外调查取样技术等，概括起来就是点、线、面、访问相结合的综合调查法。

一、现场调查

现场调查是植物资源调查工作的主要内容，分为踏查和详查两种方式。

(一) 踏查

踏查也称概查，是对调查地区或区域进行全面概括了解的过程，目的在于对调查地区野生植物资源的范围、边界、气候、地形、植被、土壤，以及野生植物资源种类和分布的一般规律进行全面了解。踏查应配合分析各种有关地图资料进行，如植被分布图、土壤分布图、土地利用图和地形图，甚至遥感图像资料等，这样可达到事半功倍的效果。

踏查，从调查全局来讲是认识整个调查地区，选择重点取样区域的过程；从调查局部来讲是认识取样区域，选择具体调查样地的过程。踏查应由有关专业人员与熟悉当地情况的生产技术人员共同进行，以便更好地了解情况，少走弯路。可见踏查是贯穿整个调查过程的方法。

(二) 详查

详查是在踏查研究的基础上，在具体调查区域和样地上完成野生植物资源种类和贮量调查的最终步骤，是植物资源调查的主要工作内容（详见本章第三节）。

二、路线调查

植物资源的调查是遵循一定的调查路线有规律地进行的，并在有代表性的区域内选择调查样地，进行植物资源种类及贮量的详查。

（一）选择调查路线的基本原则

植物资源的分布及其种群数量受区域生态环境的影响，特别是地形的变化，而植被类型是植物资源分布的重要参考依据。不同的植被类型分布有不同的植物资源种类或资源量不同，因此，选择调查路线的基本原则是能够垂直穿插所有的地形和植被类型，不能穿插的特殊地区应给予补查。

决定调查路线必须进行慎重的研究，因为植物资源种类分布的调查和资源储量的详查基本上是在调查路线上，通过选择有代表性的样地进行取样获得的，调查路线对调查区域的覆盖及代表性直接影响调查结果的客观性和准确性。踏查、访问和各种参考图件资料，如地形图、植被分布图等，是正确确定调查路线的必要保证。

（二）路线的布局方法

路线的布局方法分为路线间隔法和区域控制法两种。

1. 路线间隔法 是植物资源路线调查的基本方法，是在调查区域内按路线选择的原则，布置若干条基本平行的调查路线。这种方法采用的基本条件是地形和植被变化比较规则，植物资源的分布规律比较明显，穿插部位有道路可行。调查路线之间的距离，因调查地形和植被的复杂程度，植物资源分布的均匀程度，以及调查精度的要求而决定（表 3－1）。

表 3－1 常用不同精度调查路线间距参考数据

调查精度（比例尺）	中比例尺			大比例尺			超大比例尺		
	1∶25 万	1∶20 万	1∶10 万	1∶5 万	1∶2.5 万	1∶1 万	1∶0.5 万	1∶0.25 万	1∶0.1 万
路线间距（km）	7～8	5～6	2～3	1～1.5	0.5	0.2	0.1	0.05	0.02

2. 区域控制法 当调查地区地形复杂，植被类型多样，植物资源分布不均匀，无法从整个调查区域按一定间距布置调查路线时，可按地形划分区域，分别按选择调查路线的原则，采用路线间隔法进行路线调查。

（三）在调查路线上的主要工作内容

在调查路线上，选择具有代表性的地段作为样地，并做一定数量的样方，记录植物资源种类的各种数量要素，主要包括密度、盖度、高度、生物量、利用部位生物量、植被类型、地形条件和土壤条件等，为定性和定量分析调查地区野生植物资源储量及其变化规律准备数据资料。代表性样地的选择既要反映植物资源分布的普遍意义，又要反映其集中分布的特点。

在调查路线上，应按一定的距离，随时记录植物资源种类的分布情况和多度情况，并采集植物标本和需要做实验分析的样品。

路线调查按在地图上布置好的调查路线进行，在野外首先找到路线的位置，对好方位，沿路线前进，借助汽车里程表，记录前进距离，当路线有所修改时，在地图上应及时注明。

三、访问调查

访问调查是向调查地区有经验的干部、生产技术人员、采集者和集贸市场及收购部门等，进行口头调查或书面调查。这是调查工作中不可忽视的重要手段，许多有关植物资源利用现状的资料，就是通过访问调查，收集有关部门的资料获得的。

访问调查应贯穿调查工作的始终，同时，也可以集中一批问题，组织调查会和个别访问，作为一个独立的阶段，安排在路线调查和现场调查时穿插进行。访问调查应有详细的提纲，事先提供给被调查人，以便有所准备，提高访问调查的质量。无论采用座谈会或个别访谈的方式，都要认真做好记录，并及时整理出调查专题材料。对被调查人员的身份、经历、工作单位等也应做好记载，以便今后核实有关内容。并对一些名称上或不认识的植物采到证据标本（表 3-2）。

表 3-2 植物资源访问调查记录表

访问日期：	被访问者姓名：		年龄：	职业（职务、单位）：
植物学名：			俗名：	科名：
证据标本号：	采集人：		采集日期：	采集地点： 省 县 乡
生境条件：				海拔高度：
习性：	体高：	胸径：	发育阶段：	多度：
根：	茎：		叶：	
花：			果实：	种子：
用途：	利用部位：		利用方法：	
市场销售情况：				
加工处理方法：				
备注：				

四、取样原则、技术与方法

在植物资源调查中，我们所面对的是一个分布零散的、各物种之间相互作用的和几乎无法确知其真实数量的庞大群体，由于时间、空间和人力的限制，我们不可能将全部对象进行调查研究，只能从中选取一小部分作为样地，从样地调查数据的分析中得到对总体的判断。对选取样地的要求应该是既能代表总体，又要使样地的数目尽可能少，以减少人力和物力，怎样同时较好地满足这两个要求，是取样要解决的问题。

（一）取样原则

植物资源调查非常关键的一步是选择调查样地，这是决定研究结果可靠性、准确性和代表性的核心部分，一般有如下应注意的原则：

1. 二个步骤 先踏查，后详查。即一般了解，重点深入；大处着眼，小处着手；动态着眼，静态着手；全面着眼，典型着手。

2. 三个一致 外貌一致，种类成分一致，生境特点一致。

3. 五个接近 种类成分接近，结构形态接近，外貌季相接近，生态特征接近，群落环境接近。

（二）取样技术

取样技术分为主观取样和客观取样两种。

1. 主观取样 主观取样是根据主观判断选取“典型”样地，其优点是迅速简便，有经验的工作者来做有时可以得到很有代表性的结果。其缺点是无法对其估量进行显著性检验，因而无法确定其置信区间，应用的可靠性无法事先预测。主观取样常受到工作熟练程度、精力饱满程度、偏见以及种群分布格局等影响，容易出现误差，但主观取样通过有经验的判断可减少一定的取样数目。

2. 客观取样　客观取样也称为概率取样，这是因为每一个样地被选择的概率是已知的。它不但可以得出一个估量，而且能计算估量的置信区间和进行样本间显著性检验，并可明确知道样本代表性的可靠程度。因此，我们应该尽可能采用客观取样方法。

一般常用的客观取样有以下 3 种：

（1）随机取样　要求每一样本有同等选择的机会。可在相互垂直的两个轴上，利用成对随机数对作为距离来确定样地的位置。一般认为随机取样是最理想的取样技术。

（2）规则取样　也称系统取样。首先确定一个样地，然后每隔一定距离取一个样。在植物资源分布基本上是随机分布，变异不大的情况下，规则取样可获得满意的结果。

（3）分层取样　是根据对总体特性的了解，将总体分成不同的区组，在区组内随机取样或规则取样。在植物资源变化比较复杂的情况下，特别适用分层取样。

（三）取样方法

取样方法可分为无样地取样和有样地取样。所谓无样地取样是指没有规定面积的取样，如点四分法；所谓有样地取样是指有规定面积的取样，如样方法、样带法等。这里我们重点介绍植物资源调查中最常用的取样方法——样方法。

样方法是适用于乔木、灌木和草本植物的一种最基本的调查取样方法。一般采用正方形样方。调查时样方大小，一般草本植物采用 1～4m^2；灌木为 16～40m^2；乔木和大型灌木为 100～200m^2。取样数目因调查地区特点和群落复杂程度而不同，但一般不能少于 20～30 个。在一个新的地区进行植物资源调查，建议首先研究应采用的取样面积（即样方大小）和取样数目。

（四）取样面积

取样面积是指调查中样方面积的大小，一般根据植物群落最小面积原则确定，最小面积是指基本上能表现出群落植物种类的面积。在调查时如果超过最小面积当然很好，但加大了工作量，如果小于最小面积则不能充分反映各种野生植物资源的实际数量特征。确定最小面积的方法是巢式样方法（图 3-1）。其具体做法是逐渐扩大样地面积，随着样地面积的增大，样地内植物的种数也在增加，但当增加到一定程度时，种类增加变缓，通常把种—面积曲线陡度转折点作为取样最小面积（图 3-2）。

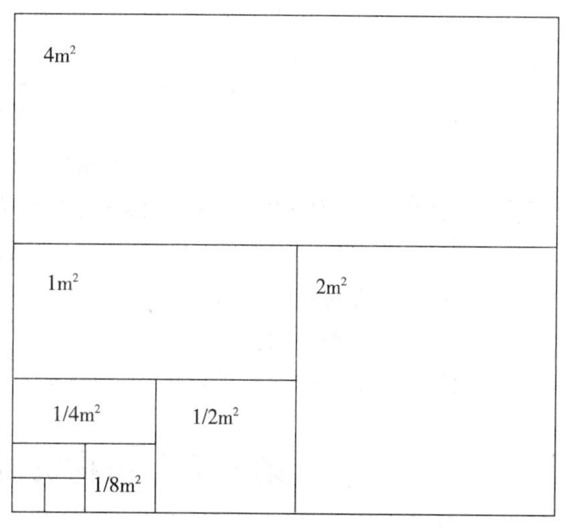

图 3-1　巢式样方法模式图

（五）取样数目

取样数目的问题是比较复杂的，它取决于研究对象的性质和所预期的数据种类。一般来讲，取样数目越多，代表性越好。但取样的目的是为了减少所花费的时间和劳动。取样误差和取样数目的平方成反比，如想减少 1/3 的误差，就要增加 9 倍的取样数目。为了使取样数

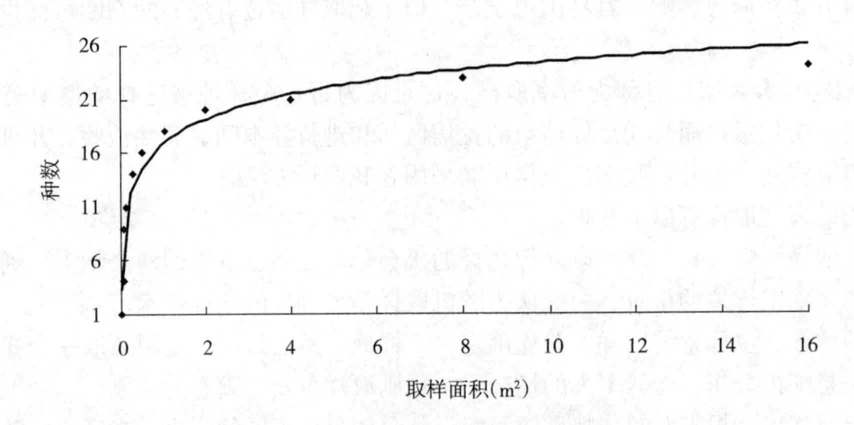

图 3-2 草本野生植物种-面积曲线参考图

目具有代表性，又能节省劳动和时间，应确定适宜的取样数目。

取样数目可在确定最小取样面积的基础上，用取样数目与野生植物资源某种的相对贮量特征关系曲线确定。具体做法是用最小取样面积样方测定野生植物资源储量，换算成相对量，即占取样单位所有植物生物量百分比，并不断累加样方计算累加后平均相对量，以取样数目为横坐标，相对贮量值为纵坐标作图，得到取样数目与野生植物资源某种的相对贮量特征关系曲线。野生植物资源相对贮量最初变化较大，但随取样数目的增加其平均值逐渐趋于平稳，其转折点即为最小取样数目（图 3-3）。

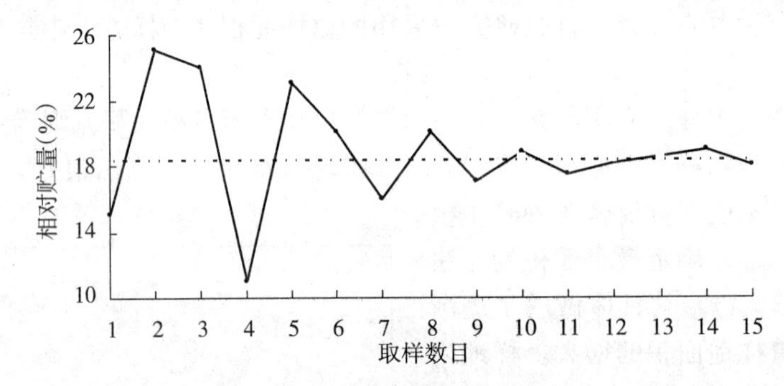

图 3-3 草本野生植物相对贮量-取样数目曲线参考图

前苏联学者瓦里西耶夫（1974）提出了确定植物调查取样数目的公式：

$$n = V^2/P^2$$

式中，n ——所需要的样方数；

V ——所测得的标准差；

P ——要求的标准差。

第三节 植物资源调查的主要内容

植物资源野外调查的内容主要有种类及其分布和生态环境，不同区域植物资源的贮量和更新能力等。

一、植物资源种类及分布调查

植物资源的种类及分布调查是在路线调查、现场调查和访问调查过程中，通过采集植物标本，记录其分布地点、生长环境、群落类型、大致数量（多度）、花期、果期及主要用途等，了解调查地区的野生植物资源种类数量、分布规律、种群数量和用途用法及开发利用情况等。采集标本应制成腊叶标本，一般3～5份，并应做好野外记录（表3-3），挂好号牌。每份标本必须包括利用部位。必要时选择适当的时期，收集利用部位实验分析样品，阴干品2～5kg。

表3-3　采集标本野外记录表

标本室：		标本编号：	采集人：	采集日期：
采集地点：　省　县　乡		海拔高度：	生境条件：	
习性：	体高：	胸径：	发育阶段：	多度：
植物学名：			俗名：	科名：
根：	茎：		叶：	
花：			果实：	种子：
用途：	利用部位：		利用方法：	
备注：				

完成植物资源种类与分布调查，应着手编写植物资源名录。编写前，要仔细核对植物标本，对不能确认的种类，应送有关单位专家协助鉴定。统计每种植物资源在调查区域内的分布情况，分布地最好以乡镇为单位。植物资源名录应按某一分类系统编写，先低等后高等。每种植物应包括植物名、俗名、拉丁学名、生境、分布、花果期、用途、利用部位和利用方法等。

二、植物资源贮量调查

植物资源贮量调查是植物资源调查的重要内容。它对于认识植物资源现状，评价植物资源在开发利用中存在的问题及其资源潜力，制定充分开发利用和保护植物资源计划，均是第一手详实的资料，是一个极其重要的数量指标。植物资源的调查不可能也没有必要对所有的野生植物都调查，而是主要调查一些重要、有开发潜力、供应紧缺或已受到威胁的资源种。

（一）植物资源贮量调查方法

植物资源的调查一般采用样方法。按照本章第二节选择样地的原则、取样技术和调查的植物的性质（草本、灌木或乔木），以及调查地区的特点，选用相应的样方大小，并取一定数量的样方。按调查表记录有关内容，主要包括样地地理坐标、样地与样方号、样方面积、调查地点、时间、群落类型，以及样方内植物的高度、盖度、密度、生物量、利用部位生物量、物候期、生活力、生活型、胸径、冠径等。如样地总记录表（表3-4）、草本样方记录表（表3-5）、灌木样方记录表（表3-6）和乔木样方记录表（表3-7）。

各表中记录内容说明：

1. 调查样地总记录表

（1）样地号　指调查中有许多调查样地，为防止混乱而给每个样地在调查中人为拟定的代号。

（2）地理坐标　要求写明调查样地的经、纬度位置。

（3）所在行政区　要求写明样地所处的省、市、县、乡、林场等名称。

（4）群落类型　根据组成群落各层的优势种命名，野外调查时先初步确定，室内可根据样方数据，重新命名。

（5）主要层优势种　指群落的建群种，如森林群落指乔木层优势种。

（6）调查者　指调查的主要人员。

（7）外貌特点　指群落外貌整齐否，层次清楚否，层片清楚否，色调一致否。

（8）群落动态　指群落为原生还是次生等不同演替阶段。

（9）小地形及样地周围环境　指地形微小变化，包括洼地、小丘等不超过1m的地面起伏。周围环境指是否有河流、侵蚀沟、居民点及其他群落类型等。应尽可能反映对群落及野生植物资源分布可能产生的影响。

（10）土壤及地被层特点　指土壤的类型、地被物（枯枝落叶）覆盖情况及地表岩石裸露、风化情况等。

（11）突出生态现象　指树形和植物体的变化，动物影响，病虫害发生情况，特殊自然现象，如风、雪影响等。

（12）人为活动影响　指砍伐、采集、放牧、挖掘等。

表3-4　调查样地总记录表

样地编号：	地理坐标：东经　北纬	所在行政区：　省　市（县）　乡（镇、场）
调查者：	调查时间：　年　月　日	海拔高度：　坡向：　坡度：
群落类型：	主要层优势种：	
外貌特点：		
群落动态：		
小地形及样地周围环境：		
土壤及地被层特点：		
突出生态现象：		
人为活动影响：		
备注：		

2. 样方调查记录表

（1）样方编号　应包括所在样地号和样方号，如样地号为10，样方号为5，应记为10-5。

（2）样方面积　指调查时所采用的面积。

（3）总盖度　指草本（层）、灌木（层）或乔木层对地面的总覆盖度，用占百分比表示。

（4）物候期　指调查时每种植物所处的发育阶段，如营养期、现蕾期或抽穗期、开花期或孢子期、结果期、果实成熟期、种子成熟期、落叶期、休眠期和枯死期等。

（5）生活力　通过对生长发育态势的判断，如生长繁茂与否、与周围植物竞争能力强弱及受到病虫危害情况等。但一般生活力是指在生长地能否顺利良好地完成有性和无性繁殖等生活史过程。可分为三级：生活力强、中、弱。生活力强是指生长旺盛，能用种子繁殖，营养繁殖也好；生活力中是指能正常生长，但不结实或弱，主要靠营养繁殖；生活力弱指不能正常生长，不结实，营养繁殖也差。但在调查中由于各种植物处于不同的发育生长阶段，很难准确判断生活力情况，但可根据长势做出初判断。

（6）高度　指植物生长的自然高度，包括生殖枝高（花序、果序等高）和营养枝高。

（7）盖度　指样方中每个植物种的分盖度，即其枝叶所能覆盖的地面面积比。

（8）密度　指样方内每个植物种的株数。

（9）生物量　指样方内每个植物种收割地上现存量。

（10）利用部位生物量　指样方内每个作为资源种利用部位重量。利用部位生物量是比较复杂的，不同种利用部位不同，且利用季节不同，一次调查很难理想地获得全部植物资源的利用部位生物量。而用树皮、大树果实、树根等，就更难获取了，可用取样办法进行估计。但无论如何利用部位生物量是植物资源调查中非常重要的指标，应尽可能地获得准确全面的数据。

（11）冠径（幅）　主要指灌木和乔木种类树冠的直径。但树冠一般不是绝对圆的，每株应至少测量 2 个直径，即长和宽度。

（12）胸径　指乔木从地面算起 1.3m 高度处的树干直径。如遇到有多个萌干的大树，必须测量每一个萌干的胸径，并记录其萌干数。树高在 2.5m 以下的小乔木一般放在灌木层调查。

（13）基径　指乔木树干距地面 30cm 处的直径。

表 3-5　草本样方调查记录表

样方号：　　　　样方面积：　　　　总盖度：

序号	植物名称	物候期	生活力	高度（cm）		盖度（%）	密度（株）	生物量（g）	利用部位生物量（g）
				营茎	生殖茎				
1									
2									
3									

表 3-6　灌木样方调查记录表

样方号：　　　　样方面积：　　　　总盖度：　　　　群落名称：

序号	植物名称	物候期	生活力	高度（cm）		盖度（%）	冠径（cm）	密度（株）	利用部位生物量（g）
				营枝	生殖枝				
1									
2									
3									

表 3-7　乔木样方调查记录表

样方号：　　　　样方面积：　　　　总盖度：　　　　群落名称：

序号	植物名称	物候期	生活力	高度（cm）	基径（cm）	胸径（cm）	密度（株）	冠幅（cm）	利用部位生物量（g）
1									
2									
3									

（二）植物资源贮量的计算方法

计算植物资源贮量主要有下列几种：

1. 单株产量 指一株植物利用部位（如全草、根、根茎、茎、叶、花、果实和种子、茎皮、汁液等）的平均产量（g/株）。调查株一般不得少于30株，并应具有随机性。

2. 单位面积产量 指植物资源种单位面积或样方平均利用部位生物量。有时可以用全株地上生物量估计或换算。因无论利用什么部位，其一般与全株生物量成正比，只有个别例外应加以注意。这样可以减少调查的工作量。

3. 贮藏量 指某一时期内一个地区某种野生植物资源的总利用部位生物量。可通过下列方式计算：

（1）用实测利用部位单位面积生物量计算 贮藏量＝单位面积平均产量×分布面积。这是最准确的计算方法，但工作量大。

（2）用单株产量计算 贮藏量＝单株平均产量×单位面积平均密度×分布面积。这是其次选择使用的方法。

（3）用盖度估计法计算 贮藏量＝1％盖度产量×平均盖度×分布面积。这是最快捷的方式，一般可不做典型的样方调查，但准确度较差。

4. 经济量 指某一时期内一个地区有经济效益那部分贮藏量。即只包括达到采收标准和质量规格要求的那部分贮藏量，不包括幼年株、病株和未达到采收标准和质量规格要求的那部分贮藏量。经济量＝贮藏量×达到采收标准的比率。要求在调查中分别统计达到和未达到采收质量标准植株所占比例。

5. 年允收量 指在一年内允许采收的贮藏量，即不影响其自然更新和保证持续利用的采收量。年允收量需在植物资源种群更新能力或种群增长能力的基础上确定，是最理想的采收强度，但目前多数植物资源没有这方面数据资料，需加强研究。可采用下式估计：年允收量＝经济量×比例。比率参考经验数据，茎叶类为0.3～0.4，根及根茎类为0.1（周荣汉等，1993）。

三、植物资源更新能力调查

植物资源更新能力的调查关系到野生植物采挖后能否迅速得到恢复和确定合理的年允收量等问题，也是保证植物资源持续利用和保护的重要技术依据。植物资源的更新能力与采挖利用强度有直接关系，应设计不同的采挖强度加以研究，才能更好地认识在利用过程中，植物资源的变化情况和种群的增长潜力，为制定持续利用生产计划和提高植物资源的利用效率提供理论和技术依据。另外，还应注意研究植物组织，如茎皮等利用部位的更新能力研究。下面仅介绍有关地下和地上器官更新能力的一般调查方法。

更新能力的调查一般采用设置固定样方跟踪调查的方法。其样方的大小和数量与一般调查相同。样方的布局也应随机设定，或有经验的工作者可主观选择代表样地。

（一）地下器官的更新调查

在固定样方进行地下器官更新能力的调查时，首先要考虑采挖强度。如果样方内株数较少就不能全部采挖，否则更新便不可能。地下器官更新调查主要是调查其根及地下茎的每年增长量。由于地下器官不能连续直接观察，需采用定期挖掘法和间接观察法。定期挖掘法是在一定时间间隔挖取地下部分，测量其生长量。经过多年观察得出其更新周期。这种方法适用于能准确判断年龄的植物。

间接观察法又称相关系数法。许多野生植物其地下器官和地上器官的生长存在着正相关。因此可以找出其相关系数。调查时，只调查其地上部分的数量指标，通过有关公式，推算出其地下部分的年增长量。下面以刺五加为例子说明。

伊兹莫捷诺夫研究了刺五加茎的高度和根的产量的关系，提出了一个相关方程。其方程式为：

$$M = 10 - 3N(1.12h - 37)$$

式中，M ——刺五加根的产量（kg）；

h ——刺五加茎的高度（cm）（适用于茎高在1～2.6m之间）；

N ——单位面积上茎的数量。

为了求得更新周期可以借助数学模型来计算。毕缅诺夫对升麻（*Cimicifuga dahurica*）提出了这样一个数学模型：

$$T = \{-(2P_1 - \Delta P) + [(2P_1 - \Delta P)2 - 8\Delta PN\bar{p}]^{1/2}\}$$

式中，T——更新周期；

N——采收时挖取的节数；

$\bar{p}$——正常根茎每节的平均值；

P_1——再生根茎第一节的重量；

ΔP——再生根茎每节每年增长的平均值。

（二）地上器官的更新能力调查

地上器官的更新调查，由于每年增长的数量可以连续测量，因此比地下器官的更新调查容易得多。此外在采收后仍可能继续生长。地上器官更新调查首先要调查它的生活型、生长发育规律，然后调查它的投影盖度和伴生植物。调查要逐年连续进行，一般应包括单位面积植物资源产量、单位面积的苗数及苗的高度等，并分析各种生态因子对野生植物生长发育和产量的影响。

四、植物资源利用现状调查

植物资源利用现状调查的数据资料主要是通过对收购利用企业、收购者、集市和采集者等的访问调查获得。

主要调查内容有利用种类、用途、利用方法、产品性质、销售去向、市场价格、栽培情况、保护情况、收购量和需求量等（表3-8）。表中内容说明如下：

（1）植物名称　指植物学名、中文名、俗名及商品名。

（2）用途　指按植物资源用途划分，见第一章分类系统部分。

（3）利用方法　指采收加工方法和生产的产品。

（4）产品性质　指在当地是以原料、半成品还是成品形势出售。

（5）销售去向　指进入国际市场、国内市场、地方市场、乡镇集市、民间利用等。

（6）市场价格　指近几年来的市场价格情况及其变动。

（7）栽培情况　指栽培种类、面积、品种选育、栽培基地及在产品中所占比例等。

（8）收购量　指年收购量及近几年收购变化情况。

（9）需求量　指年需求量及近几年需求变化情况。

（10）生产企业　包括规模、产品和综合利用情况等。

（11）保护情况　指制定的一些保护措施和保护区建设情况等。

表 3-8　植物资源利用现状调查

序号	植物名称	用途	利用方法	产品性质	销售去向	市场价格	栽培情况	收购量	需求量	生产企业	保护情况
1											
2											
3											
4											

另外，植物资源利用现状调查还应注意非经济用途种类情况，环境保护用种类和植物种质资源等，应根据调查的任务要求有重点的进行。

五、植物资源调查成果图的绘制

植物资源调查的成果图主要有植物资源分布图、植物资源贮量图和植物资源利用现状图等。无论哪一种成果图，都是将一定的内容转绘到一定比例尺地理底图上所制成的。地理底图是指用来转绘专题内容的地图，它可以是地形图、行政地图或植被分布图等，并在转绘专题内容时，原地理底图上与专题内容及使用目标无关紧要的内容被简化掉，以便更清晰的表达专题内容。这里所指的专题内容就是植物资源的分布、贮量和利用现状。采用地图的形式表达植物资源的区域变化规律有一目了然、信息量大、现势性强等优点，并容易比较不同地区（行政区）植物资源的差异。植物资源调查的各种成果地图不仅是调查结果非常好的表达形式，而且是进行植物资源总体生产规划的重要参考资料。

（一）植物资源分布图的绘制

植物资源分布图是表达调查地区植物资源分布特点和规律的地图，是在植物资源种类和分布调查的基础上，将调查结果按一定的行政区划绘制到地理底图上制成的。一般我们可以用行政地图，如能选用植被分布图当然更好，因为植物资源的分布与植被分布有着极其密切的关系，但遗憾的是目前我国不是所有的地区已制出植被分布图。

植物资源分布图通常用范围法来表达。所谓范围法就是指用来表示地面间断而成片分布面状现象的一种表示方法。并用各种符号、着色、晕线和文字注记等形式表示不同现象的区别。范围法表示现象的分布规律有精确范围和概略范围之分，精确范围要求尽可能地表示现象的分布界线；而概略范围只用一些零散符号或文字注记来表示（图 3-4）。植物资源从个体角度看是零散

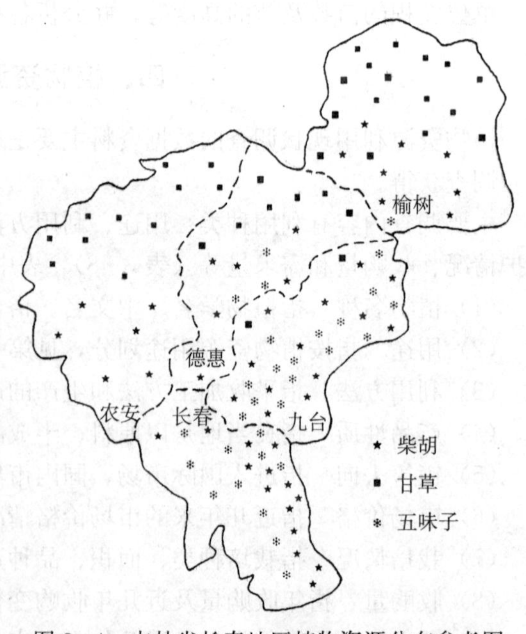

图 3-4　吉林省长春地区植物资源分布参考图

分布的，但从种群角度看都有一定的分布面积和区域。

（二）植物资源贮量图的绘制

植物资源贮量图是表达调查地区植物资源贮量特点及区域变化规律的地图，是在植物资源贮量调查的基础上，将调查结果按一定的行政区划绘制到地理底图上制成的。选用的地理底图一般可与范围法相同。

植物资源的贮量图与分布图不同，贮量是一种数量特征，一般可用分区统计图法来表达。分区统计图法是把制图区域分成若干小区，根据各区统计资料，绘制统计图，以表达并比较各区现象的数量差异的方法。采用这种方法，首先要有清晰的分区界限（这里可以是不同的行政区），然后，根据统计资料设计相应的统计图形，并将统计图形放在相应的分区中部。统计图形的形式各异，但一般习惯用圆形图形，易于表达现象的相对特征，所能表达的信息量较大（图 3-5）。

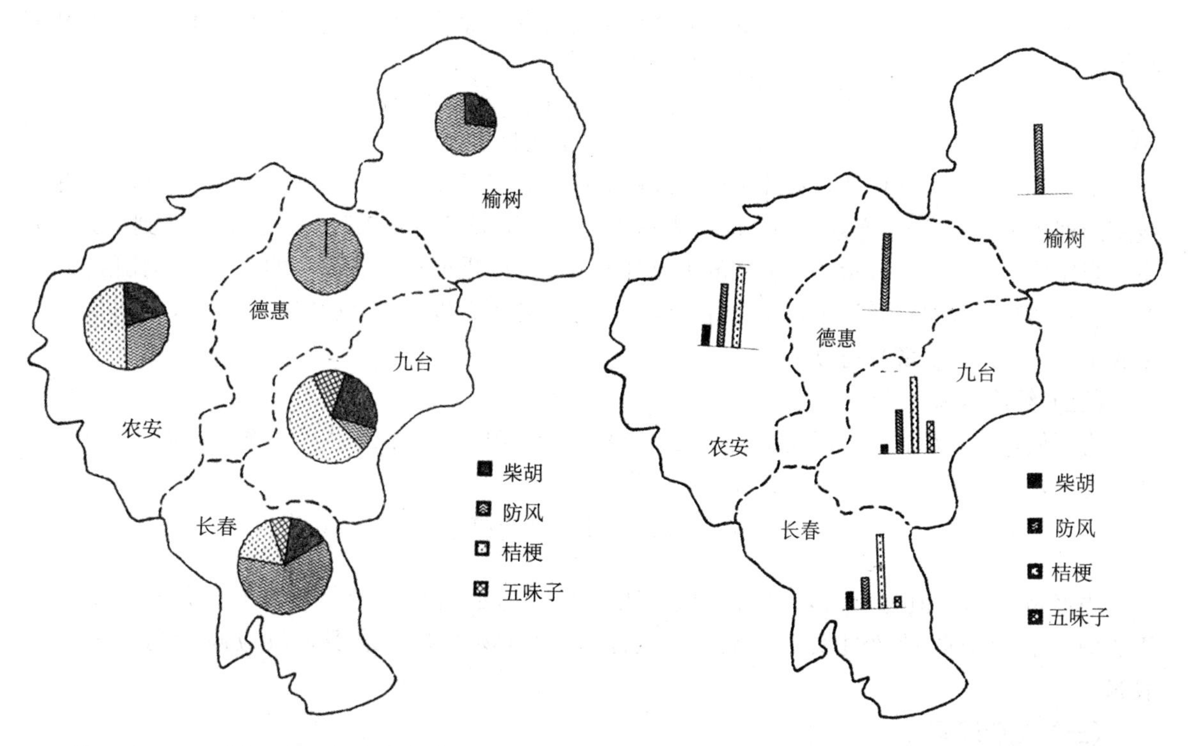

图 3-5　吉林省长春地区植物资源贮量参考图　　图 3-6　吉林省长春地区植物资源利用现状参考图

（三）植物资源利用现状图的绘制

植物资源利用现状图是表达调查地区植物资源利用情况及区域差异的地图，是在植物资源利用现状调查的基础上，将调查结果按一定的行政区划绘制到地理底图上制成的。选用的地理底图一般可与范围法相同。

植物资源利用现状图与贮量图相似，是一种数量特征，一般可用分区统计图法和定位图表法来表达。定位图表法是将固定地点的统计资料用图表形式画在地图的相应地点上，以表示现象的数量特征和变化。常见的定位图表有柱状图和曲线图等（图 3-6）。

第四节　植物资源综合分析与评价

植物资源综合分析与评价是在调查研究的基础上，对调查地区植物资源种类、贮量、开发利用现状和开发利用潜力等进行综合分析和评价，为进一步制定植物资源开发利用总体规划提供理论和技术依据。

一、植物资源开发利用效率评价

在完成植物资源调查工作后，必须对植物资源开发利用效率进行评价，以保证制定出合理的开发利用规划。主要包括生产效率、经济效率和生态效率 3 个方面。

（一）生产效率

一个地区或一个部门采收植物资源的数量是否合理，除了考虑年允收量外，还应调查当年实际采收数量，计算其生产效率，其计算公式为：

$$\text{生产效率}=\frac{\text{年实际采收量}}{\text{年允收量}}$$

生产效率是作为评价植物资源生产合理性的指标，又可作为控制年采收量的评价指标。生产效率的理想值＝1。当生产效率为 1 时，表示可利用的资源已全部采收，植物资源得到了充分开发。当比值小于 1 时，表示资源利用的不充分或由于实际需要量少，采收的不多。当比值大于 1 时，表示实际采收量已超过了每年允许采收的限度，是不合理的，今后应严格控制，减少年实际采收量，以便做到资源的持续利用。

（二）经济效率

为了使植物资源收购部门能正确制定出每年最佳采收数量，仅以生产效率作依据还是不全面的。为此，应计算其经济效率，其计算公式为：

$$\text{经济效率}=\frac{\text{年实际采收量}}{\text{年总消耗量}}$$

当经济效率比值为 1 时，是最佳值，表明采收的植物全部销售而没有积压；当比值大于 1 时，表示采收量超过实际需要量，将会造成植物资源的浪费，故应减少每年实际采收量。

（三）生态效率

为了保证植物资源的持续利用和品种的均衡生产、保护野生资源，还必须从生态学角度去评价资源开发利用的合理性，其生态效率的计算公式为：

生态效率＝（年允收量－年实际采收量＋资源恢复或更新量）/年实际采收量

生态效率的比值较复杂。在目前情况下有两大类情况。第一类为通过计算确定资源恢复量的大小，以便保证自然界的植物资源得到保护。第二类是用资源恢复量来调节年允收量，愈是资源恢复工作搞得好的，年允收量将能扩大。如果此比值为负值，说明采收量过大，将会造成资源逐渐减少或枯竭；如比值为正值说明利用未超过资源种群更新能力，可进一步评价其利用潜力（根据周荣汉等，1993）。

二、植物资源利用潜力综合评价

植物资源利用潜力的综合评价是一个非常复杂的问题，一般可分为经验判断法、极限条件法和定量评价法（董世林等，1994）。经验判断法是评价者根据植物资源调查资料和多年经验，判定植物资源潜力等级。该法的优点在于简便易行，可以考虑某些非数量因子及变化情况。缺点是主观性较大，判定误差较大，不易进行横向比较。极限条件法是将植物资源利用潜力评价的最低指标作为标准的一种方法。例如某种资源植物虽然在经济价值、生态幅、再生能力、有效成分含量等方面都被评为一级开发目标，但如果总贮量较小，被评为三级，则该资源植物的综合评价也为三级。该方法在逻辑上有一定的合理性，方法也比较简单，易于掌握，但在多数情况下，因未能考虑如栽培方案等因素，而综合评价结果较悲观。定量评价法是采用数学分析手段对植物资源开发利用潜力进行评价，因为此法在上述两种方法的基础上，考虑问题是综合的，并具有一定的数量化标准，减少了主观性和悲观性，而受到重视，主要包括累加体系、乘积体系、模糊综合评判和聚类分析等。

表 3-9　评价项目划分等级标准

（张朝芳，1984）

要　　素	等　　级
生境（*H*） （对生境的要求或生态幅度）	1. 对生境要求严格，即生态幅度极窄 2. 对生境有一定要求，但不严格，即生态幅度较宽 3. 对生境无甚要求，即生态幅度宽
再生能力（*R*） （再生能力强弱及生长势）	1. 生长十分缓慢的小型植物或稀有植物 2. 生长一般的小型植物。中型植物 3. 生长迅速的大，中型植物
频度（*F*） （在一个自然或行政区域内调查时根据见到次数评定）	1. 稀有植物 2. 常见到，但不出现在整个调查区域 3. 调查区域内的随遇种
多度（*A*） （根据在一个自然或行政区域内调查时见到的数量评定）	1. 个体数量稀少，个体小 2. 个体数少，但个体大或个体数多，个体小 3. 个体数多，个体又大
利用程度（*U*） （在一个自然或行政区域内对这一植物利用状况的评定）	1. 大量被用作药用或供其他用途 2. 利用不多，用量大；利用得多，用量小 3. 极少供药用或其他用途

下面介绍一种常用的累加体系即指数和法。该种方法是在分析植物资源自然和经济特点的基础上，选择评价项目，并对第一个被评价植物资源进行指标评价，分成等级分，把等级分相加的和作为每种被评价植物资源可利用潜力的估计值。下面以张朝芳（1984）对药用植物资源利用前景评价为例，介绍此方法的应用。

影响药用植物利用前景的因素很多，在大量调查研究基础上，确定生境、再生能力、频度、多度与利用程度 5 项为评价因素，然后，各项因素分成 3 个等级分（表 3-9）。每个植物在 5 个项目中的等级分相加，作为野生药用植物利用前景的估计值（表 3-10）。

表 3-10 浙江省部分药用蕨类植物的可利用量估量值

（张朝芳，1984）

药用蕨类植物		生境 H	再生 R	频度 F	多度 A	利用程度 U	可利用量估量值 V
序号	种 名						
1	蛇足石杉 *Huperzia serrata*	3	1	3		1	9
2	闽浙马尾杉 *Phlegmariurus minchegensis*	1	1	2		1	6
3	石松 *Lycopodium clavatum*	2	2	2		1	9
4	扁枝石松 *Diphasiastrum complanatum*	1	2	1		2	7
5	灯笼草 *Palhinhaea cernua*	3	3	3		2	14
6	藤石松 *Lycopodiastrum casuarinoides*	3	3	1		1	9
7	细毛卷柏 *Selaginella braunii*	3	2	2		2	11
8	薄叶卷柏 *S. delicatula*	3	2	1		2	9
9	深绿卷柏 *S. doederleinii*	3	2	2		2	11
10	异穗卷柏 *S. heterostachys*	2	2	2		2	9
11	兖州卷柏 *S. involvens*	3	2	1		1	8
12	细叶卷柏 *S. labordei*	2	1	1		3	8
13	江南卷柏 *S. moellendorfi*	3	3	3		1	13
14	伏地卷柏 *S. nipponica*	2	1	2		2	8
15	卷柏 *S. tamariscina*	2	2	2		1	9
16	翠云草 *S. uncinata*	3	3	2		1	11
17	问荆 *Equisetum arvense*	2	2	1		2	8
18	笔管草 *Hippochata debile*	3	3	2		2	11
19	节节草 *H. ramosissimum*	3	3	3		1	12
20	松叶蕨 *Psilotum nudum*	1	2	2		1	7
21	华东小阴地蕨 *Botrychium japonicum*	3	2	1		1	8

本方法即属累加体系的指数和法。这种方法获得的结果，除了能为大量的资源植物利用估量值排列出开发利用和保护等的序列外，还可为建立植物资源档案提供有益的信息。其简单易行，效果比较明显（表 3-11）。然而，该方法对参评项目同等看待，未对其重要程度加以区别。因此，难免出现评价结果不尽如人意的问题。为此，应根据参评项目对评价目的（即药用蕨类植物资源利用前景）影响程度的大小分配以相应的权重系数，而后再对某资源植物的诸评价项目求和。权重系数可以根据经验人为确定（即经验判断指数和法），亦可运用数学方法求取（如回归分析指数和法等）。这样得到的评价结果就会更加客观合理。

表 3-11 药用蕨类开发利用潜力及管理意见

等级	可利用估量值	利用管理意见
第一类	≤8	严加保护，保存种源
第二类	9～11	予以控制，酌量利用
第三类	≥12	可供开发利用

$$T = \sum_{i=1}^{n} \alpha_i m_i$$

式中，a_i——第 i 个项目的权重系数；

m_i——第 i 个项目的得分值。

三、植物资源受威胁状况评价

由于植物资源开发利用的压力以及物种本身和其他各种自然、人为因素的影响，使一些野生植物资源处于受威胁状况。植物资源受威胁状况评价的一个重要问题就是哪些属于稀有濒危植物资源的范围？在它们之中，应该受到保护的必要性和迫切性又各是怎样？也就是应当如何判断和评价各种植物资源的稀有濒危程度和保护价值。只有解决好这个问题，才能使稀有濒危植物资源的保护工作科学地、全面地进行下去。王年鹤等（1992）通过对药用植物稀有濒危程度及保护价值的研究，根据近年进行稀有濒危药用植物调查，并参考部分有关资料，从药用价值、分类学意义、分布与生境要求、野生资源量、野生资源减少速率、栽培状况、保护现状和综合利用现状等8个方面提出了初步定量化的评价标准。这里引用此评价方法，探讨植物资源受威胁状况的评价。

（一）利用价值

很显然，没有利用价值的植物，即使是稀有濒危的种类，也不能归入植物资源这一范畴之中。而利用价值的大小，不仅从资源保护的角度来看有轻重缓急的意义，就是从濒危标准的角度来看，利用价值越大的，也越容易遭到破坏而趋于危险。因此，可根据资源利用的程度分级打分。即：

一级：常用种类（3分）；

二级：较常用种类（2分）；

三级：少常用种类，地方标准收载的种类，但已形成商品（1分）；

四级：一般民间利用（0分）。

（二）分类学意义

分类学意义在一般植物的稀有濒危评价标准中占有较重要的地位，在植物资源中也是这样。在前者中，中国特有的单种科、属植物排在优先地位，而从利用的角度来看，这类植物所含的成分常较特殊，其利用功效为其他植物所不能替代，众所周知的例子有杜仲、银杏等，因而也应置于优先位置，其次是少种属植物；而那些同一属中种类较多的植物资源，通常也确实有数种植物同作一种商品或代用品收购利用的现象，因而应置于次要地位。拟作评分标准如下：

一级：单种科型　科内仅1属1种植物（3分）；

二级：单种属型　属内仅1种植物（2分）；

三级：少种属型　属内有2～10种植物，国产仅1～5种或属内种数虽多，但国产种类仅为1～3种（1分）；

四级：多种属型　属内种数多，国产种数亦多（0分）。

对于国产特有种类，在原级别上加1分，对于同属植物种数虽多但仅以一种作某种用途，而绝无或极少代用现象的种类（如人参），亦可在原有基础上加1分。

（三）分布及生境要求

某种植物的分布区域的大小及其对生境的要求，与其濒危程度有较密切的关系。一般来说，分布得越广，对生境的要求越宽，就越容易保存下来，而本来分布就窄，对生境的要求又严格

（这两者常是相互关联的）的植物，在有人类活动和自然灾害破坏时就比较脆弱。因而，在全国范围内作评价时，可分为如下四个等级（分布均指自然分布，不包括引种栽培）：

一级：区域性种类　分布于一个或相邻的两个省某山地局部区域内，生境特殊（3 分）；

二级：地区性种类　分布于 3～6 个省或某一大区内，生境有一定的特殊性（2 分）；

三级：地带性种类　几个大区内分布，但所占省份数不到全国的一半（1 分）；

四级：广布性种类　分布省区数超过全国的一半（0 分）。

（四）野生资源量

野生资源的多少直接反映了某种植物在自然界中的活体数量。即使是那些主要依靠家种植物资源，也应该注意到其野生种质的存在与否。如果有充分的资料，不难照已有的数据来划分等级；但这类资料常常不全或是缺乏，则可凭借综合估算（如历史收购量、局部样方推算、专家或生产者经验等）分为四级：极少、少、尚多、多，依次打分为 3、2、1、0。

（五）野生资源减少速率

某种植物资源在近年来的减少速度，包括自然因素的影响和人为因素的破坏。对于野生植物来说，后者的影响更为明显。一些种类，虽然目前野生资源量尚大，但因为对它的需求量也大，若不及时加以注意，在不长的时间内就会使资源锐减，供求矛盾逐渐尖锐，引起恶性循环，使之濒危，甚至绝灭。

与上一种情况相似，受到资料的有无或全面与否的限制。通常在缺少历史资料的情况下，可用可供资源量与需求量的比例来代替。这里的可供资源量应按目前现状允许，即可维持野生资源正常繁衍的前提下每年可提供的商品量或生产量计算，对利用部位、生长周期的长短都应加以考虑，对于有栽培品混用的种类应把栽培品的年产量亦包括在内。需求量则是指正常情况下每年的使用量，对于近年来的紧缺品种，应参考过去未紧缺年份的使用量的平均值。上述两类资料，在大多数商品资源中均可参考历年的购销量，但要注意因市场波动而出现的一些假象。

在所有上述资料都不完备的情况下，仍可按市场的供求比例调查进行分级，但要注意一些种类的供不应求并非因为资源减少而是因为价格因素，应去伪存真，按实际可供资源量进行估计，对于未形成商品的野生植物资源，则应主要根据专家、生产者的经验来分等级。拟作如下处理：

一级：市场紧缺，常年供不应求，可供量不足需求量的 1/4，资源消失快（2 分）；

二级：时有供不应求现象出现，相当于上述比例为 1/4～4/5，资源趋于减少、消失（1 分）；

三级：基本上没有供不应求现象，相当于上述比例＞4/5，资源减少不明显（0 分）。

在进行本项评价时，尚有必须加以注意的一点，这就是与资源减少速率、可供资源量有密切关系的野生资源的再生能力。这一点主要是由各种植物的生物学特性决定的。有些靠种子繁殖的一、二年生草本植物，即使遭到较严重的破坏，只要停止采挖、稍加保护，就可能在较短时期内恢复到原来水平；但有些种类，难于生成成熟的种子，种子发芽率又低，主要依靠有限的无性繁殖来进行世代延续，或是一些木本植物，要长到一定年龄才能开花结子，从种子到形成幼株又比较困难，这样的种类，一旦遭到破坏，就很难恢复；更有少数种类，由于本身的生理缺陷，繁殖能力极弱，在生物界中处于被淘汰的地位，即使不受到破坏，也会日趋绝灭。可惜的是，对于大多数植物资源，尤其是众多的民间利用的，对于这方面的研究尚少，有待进行深入细致研究，目前尚难于分级打分。因此，暂拟对已知自然更新能力弱的种类在原有基础上加 1 分。

（六）栽培状况

这一点也是植物资源与一般的稀危植物所不同的。不少资源植物已经有较长的栽培历史，而近年来有更多种类的野生变家种研究获得成功或正在进行。从长远来说，这是解决植物资源可持续利用问题的必然方向。这些工作很大程度上缓解了相应种类的濒危状况，原因是栽培化减轻了对野生资源的需求压力。因此，在评定濒危程度时也应加以考虑。拟作如下分级：

一级：尚无栽培品，使用的全部是野生资源（2分）；

二级：有栽培品，但仅占使用量的少部分（1分）；

三级：栽培品占使用量的大部分或全部（0分）。

不过，对于个别资源如人参，虽有大面积栽培，但其野生品与栽培品在使用及价格上有很大的级差，对其野生资源的需求压力并未明显减轻，则不宜列入全部家种类而仍应作野生类处理。

（七）保护现状

全国已建立了不少各种自然保护区，其中有少数是针对某种野生经济植物如人参、石斛、川贝母等的专题保护区，对于在保护区内存在的野生植物资源自然起到了一定的保护作用。但有一些分布、生境特殊的种类可能并不存在于保护区内，另有一些草本野生植物，即使在一些保护区内有分布，也并没受到严格的保护。因为不少保护区主要保护对象是森林、树木或动物而不是草本植物，有的保护区甚至允许采挖收购草本药材、野菜、野果等。这样的状况对不同种类的野生植物所面临的减少绝灭的威胁起着不同的作用。但目前这方面的资料较缺乏，在评分时较难掌握。拟初步分为如下三级：

一级：未受到保护（2分）；

二级：已受到一定保护（自然保护区内有分布或有一定的迁地保存数量）（1分）；

三级：已重点保护（已有专题保护区或在保护区内已作重点保护）（0分）。

（八）综合性开发现状

本项指在某种植物资源有多种用途，如有药用、轻化工、化妆品、香料、食用等多方面的价值，开发利用量较大，使得一些本来资源量较大，但有综合利用压力，例如生产牙膏用的两面针和草珊瑚、提取黄连素的小檗科小檗属多种植物、甾体激素原料用的盾叶薯蓣和穿龙薯蓣等，其资源减少速度极快，使得对它们的稀有濒危现状也应加以注意。拟分为二级：

一级：已被综合开发利用（1分）；

二级：尚未被综合开发利用（0分）。

根据上述8项标准计算每种被评价植物资源的总得分，即可比较出各种植物资源稀有濒危程度和保护的重要性与迫切性。显然，总分越高的，其保护价值就越高。拟分为3类：

第1类：总分为各项满分之和的约2/3以上，为濒危种类，亟待加以保护；

第2类：总分在各项满分之和的1/3～2/3间，为渐危种类，应积极加以保护；

第3类：总分少于各项满分之和的1/3，为受威胁或渐稀种类，应注意保护。

四、植物资源价值重要性评价

在国际自然保护联盟（IUCN）和世界自然基金会（WWF）联合植物保护研究计划中，特别强调野生经济植物和遗传资源的保护，并要求达到提供持续利用和促进工农业生产发展的目的。但是，大家都知道，任何一种植物都会有它的一定用途，甚至多种多样的经济价值，没有任何用途的植物几乎是不存在的，但是，毕竟有许多植物对当前人类的生产和生活比较重要，它们经常被人类所利用，有些直接采自野生的条件下，有些虽有栽培但还未正式被列入栽培植物当中，它们具有潜在的价值，在不久的将来可能对人类具有重要的作用，因此，需要制定加强保护和开发的措施。按照植物经济用途的重要程度，编制一个名录，让决策者和广大人民群众对此心中有数是一项十分迫切的任务。如何确定植物经济价值的重要性，这就需要制定一些标准，再根据其不同的用途来判断其重要程度，从而得出比较客观的结果。联合植物保护研究计划所属的植物专家组组织专人制定了一个初步评价方法草案。草案制定的野生经济植物价值重要性的评价方法如下：

（一）判断植物经济价值重要程度的标准和评分问题

任何植物常常不单只有一种经济用途，以致有时很难把它归属到某一类经济植物中去，因此，要比较客观地判断其经济价值对人类的重要程度，常常就不是某一个标准所能概括的，必须制订一套比较完整的标准，并通过若干专家具体评分，在此基础上再进行综合讨论判断才有可能。一般说，可考虑下列几方面：

1. 分布和利用地区范围的大小 这个标准可能比较容易得到客观的确定，关键在于掌握其分布和栽培区域以及利用情况的实际材料。可从下列6个等级来考虑：

（1）分布广泛（例如泛温带，泛热带乃至全球范围），而且，在大多数国家都有普遍的利用（100分）。

（2）分布广泛，但在大多数国家只是一般的利用而且不太普遍（75分）。

（3）分布广泛，但在大多数国家利用较少（50分）。

（4）局限于分布在一个国家或一个大区域之内，但利用较普遍（30分）。

（5）分布局限，利用也只在少数地方（20分）。

（6）分布局限，利用也局限（10分）。

2. 时间上的利用情况 这个标准主要表示植物与人类的密切关系，有些植物及其产品人们每天都要吃用，不能缺少的，而且要有储备，以供不时之需；有些虽然每天也不能缺少，但其可用时间很长，更换期长。有时暂时缺少也影响不大，甚至没有也无关系。这样，它们的重要程度就可判断出来，可分下列7级：

（1）属于日常应用的东西，几乎所有时间都不能缺少（100分）。

（2）全年经常要用的（75分）。

（3）季节性要用的（50分）。

（4）偶然要用的（30分）。

（5）很少利用的（20分）。

（6）不怎么用的（10分）。

（7）几乎不用的（0分）。

3. 对当地居民和社会的重要性 这个标准主要考虑哪些人要用，怎样用法，在人们的生活、食品、风俗和宗教信仰等占有什么地位。可划分下列4级：

（1）重要　在人们的生活中不能缺少，如没有将给他们带来诸多困难和不便（100分）。

（2）较重要　在人们的生活中，在一定程度上说具有相当的位置，实在没有也不太重要（50分）。

（3）不太重要　在人们的生活中有没有关系不是太大（25分）。

（4）不重要　在人们的生活中，没有也可，在利用上逐渐变少乃至消灭（10分）。

4. 商业贸易或实物交换情况　对于这个标准各地可能会得到不同的结论，因为有些植物及其产品在一些地方销售频繁，在另一些地方情况刚好相反，这就要全面衡量，必要时只好取其平均值，得出相对的结果。可分下列6级：

（1）在国际上广泛销售（100分）。

（2）在一定程度上说也在国际上销售（80分）。

（3）只在一国范围内广泛销售和交换，而在国际上销售很少（60分）。

（4）在一些区域内销售或交换（40分）。

（5）偶然在一些区域内销售或交换（20分）。

（6）还未进行销售或交换（0分）。

5. 发展成为一种世界商品的现实性和潜在可能性　从采集野生产品到局部地方栽培，培育新品种乃至发展成为全球性的栽培植物，创造各种各样的繁殖和培育方法，是考虑的线索，可划分下列6级：

（1）已经发展成为世界性商品（100分）。

（2）有很大的潜在价值，正在向世界性商品发展（80分）。

（3）具有明显的发展潜力，但还未发展为世界性商品（60分）。

（4）可能有潜在的发展价值（40分）。

（5）潜力不大（20分）。

（6）没有或还未弄清楚（0分）。

6. 应用的范围　这个标准主要指用途的广泛性，可划分下列4级：

（1）具有多种用途（10种以上）（100分）。

（2）用途较多（5～9种）（75分）。

（3）少数几种（2～4种）（50分）。

（4）只有一种（30分）。

（二）关于评分和资料综合整理问题

这项工作必需建立一个5～7人的评定委员会负责完成，主要由知识较广博的植物学家组成。首先，把上述评定标准和用途种类的参考资料，并编制一个简单的评分表，连同需要评定的植物名单一起，送给比较熟悉的专家，凭其广博的知识恰如其分地给予评定。每种植物至少由3～5人分别予以评定，当然各个专家可根据自己的设想、需要和有关人员讨论确定。评定委员会收齐这些表格后，对每种植物评分的若干份表格，逐一进行集体讨论，综合整理。如果意见一致，当然问题就解决了，如果有较大分歧，必要时还要进行实地调查，再行确定，不必匆匆草率从事。最后按不同标准排列次序，再进行总的次序排列，得出名单。同时，要把所有这些评定材料进行排序分类处理，并与人们的综合评定进行对比，调整得出最后的名录。这样，以后通过阅读有关材料，可参考应用。

第五节　植物资源调查报告的撰写

植物资源调查报告是调查工作的全面总结资料，内容包括工作任务、调查组织与调查过程的简述，调查地区自然地理条件概述，调查地区社会经济条件概述和植物资源调查的各种数据、标本、样品及各种成果图件等，最后应对调查地区植物资源开发利用与保护管理工作中存在的问题进行分析评价，并提出科学可行的意见建议。植物资源调查报告的主要内容及写作格式如下供参考。

一、前　　言

1. 调查的目的和任务
2. 调查范围（地理位置、行政区域、总面积等）
3. 调查工作的组织领导与工作过程
4. 调查内容和完成结果的简要概述
5. 调查方法

二、调查地区的社会经济概况

包括调查地区的人口、劳动力、人民生活水平、植物资源在社会发展中的地位、有关生产单位等。

三、调查地区的自然环境条件

1. 气候　包括热量条件、降水和生长期内降水的分布、霜冻特征和越冬条件等。

2. 地形　地形变化概貌，巨大地形和大地形概貌，地形特征与植物资源分布的关系，可附地形剖面图加以说明。

3. 土壤　包括土壤类型和肥力条件，调查地区土壤侵蚀、盐碱化、沼泽化等生态因素，植物资源与土壤条件的关系，以及在开发利用中对土壤环境的影响等。

4. 植被　调查地区植被的类型（森林、草地、农田、荒漠等）及其分布，以及各种植被条件与植物资源的关系等。

四、调查地区植物资源现状分析

主要包括植物资源种类、数量、贮量、用途、地理分布规律、开发利用现状、引种栽培生产现状、保护管理现状。附各种数据表格及分析结果。

五、调查地区植物资源综合评价

1. 种类情况评价　种类数量、利用比率、利用潜力及科学研究等。

2. 生产效率评价　生产效率、经济效率和生态效率等。

3. 开发利用潜力　受威胁状况、经济价值重要性等评价。

六、开发利用和保护管理植物资源的意见或建议

根据上述分析结果提出意见和建议。

七、调查工作总结与展望

对调查结果的准确性、代表性做出分析和结论，对调查工作中存在的问题，今后要补充进行的工作，要明确提出。

八、各种附件资料

1. 调查地区植物资源名录。
2. 调查地区植物资源分布图、储量图和利用现状图等成果图。
3. 分析测试数据及各种统计图、表等。

复习思考题

1. 试述植物资源调查的概念与植物资源评价的概念。
2. 为什么要进行植物资源的调查与评价？
3. 试述植物资源调查的工作程序。
4. 什么是现场调查、路线调查和访问调查？
5. 选择调查路线有哪些原则？调查路线如何布局？
6. 什么是主观取样和客观取样？各有何优缺点？客观取样有哪些方法？
7. 如何确定取样面积和取样数目？
8. 如何计算植物资源的贮量？不同方法各有何优缺点？
9. 植物资源调查主要有哪几种成果图？如何绘制？
10. 植物资源利用现状调查主要有哪些指标？
11. 怎样评价植物资源的利用状况？
12. 植物资源受威胁状况评价有哪8项指标？如何计算评价结果并认定3种受威胁状态？

第四章　植物资源的可持续利用与野生抚育

植物资源是可更新资源，其可持续利用的思想在学术界和生产领域早已提出，但是，由于缺乏对绝大多数植物资源更新规律的研究，加上资源采收的不合理，抢采、抢收、掠夺式利用现象十分严重。特别是野生植物资源成本低、质量好，人工栽培尚不能完全替代野生资源，甚至许多种类尚未实现实质性人工栽培，导致几乎所有经济价值较高的野生植物资源都遭到了不同程度的破坏。为此，植物资源可持续利用问题已经受到管理层、专家层、企业层等社会各界的高度重视。对受威胁较大的植物种类应尽快开展深入系统的资源种群更新机理以及可持续利用理论、模型、方法和技术等研究，阐明其更新规律和最大持续产量，确定最大年允收量，建立植物资源的科学采收制度和可持续利用理论与技术体系，实现在保护中开发利用植物资源，保护我国植物资源的生物多样性（杨利民等，2006、2007）。

第一节　植物资源可持续利用的概念与意义

一、植物资源可持续利用的概念

植物资源的可持续利用也称为永续利用，是指在人类利用植物资源的过程中，尊重自然规律，充分研究和利用植物的再生能力，在不影响植物自身正常繁衍生息的条件下，既能满足当今人类对植物资源的需求，又不影响后代的需要，实现植物资源的保护性开发。

二、研究植物资源可持续利用的意义

中国是植物资源大国，特别是在药用植物方面是利用种类最多、利用量最大的国家，由于野生资源过度利用导致物种受到威胁的程度越来越大。我国处于濒危状态的近 3 000 种植物中，具有较高经济价值的资源植物占 50%～70%。吉林省列入《珍稀濒危保护植物名录》（1984）和《国家重点保护野生植物名录（第一批）》（1999）的 28 种植物中，有较高经济价值的资源植物有 14 种，占 50%。因此，植物资源的利用情况不仅受到国内的重视，也引起了国际社会的关注。在 1992 年公布的《中国植物红皮书》中收载的 398 种濒危植物中，具有较大药用价值的植物达 168 种，占 42%。我国已有 169 种药用植物被列入《野生药材资源保护条例》、《濒危动植物国际公约》和《国家野生植物保护条例》，在贸易和利用上受到相应的管制和限制（黄）。近年来，除中国以外，北美、欧洲、东南亚、日本等国植物药的利用量也呈逐年增加的趋势。为此，在世界自然保护联盟发起的《濒危野生动植物物种国际贸易公约》（CITES）第十届缔约国大会上，专门通过了有关传统医药的决议，要求普遍使用传统医药的国家必须密切关注受威胁的物种，并对过度利用的物种采取有力的保护措施。

植物药在中国的利用已有数千年的历史，对周边国家乃至世界都产生了深远的影响，为人类健康做出了巨大贡献。随着人口的不断增加和科学技术的不断进步，植物药对人类健康的作用也越来越大。与此同时，药用植物资源也面临着前所未有的物种生存压力。除了一些濒危动物及特殊生态区域的物种以外，在所有的生物资源中，药用植物资源是受利用威胁最大的生物资源，因此受到世界各国和各界人士的广泛关注。甚至世界自然保护联盟专门为此通过了有关传统医药的决议，要求普遍使用传统医药的国家，必须密切关注受威胁的物种，并对过度利用的物种采取有力的保护措施。这既是一种重视，同时也是一种国际压力。我们应该正视和面对各种野生资源植物生境不断恶化的状况和资源的可持续利用问题，如果绝大多数重要资源植物都像野生人参那样面临灭绝危险的境地时，再去保护和挽救就已经来不及了！为此，实现包括药用植物在内的各类植物资源的可持续利用，需要社会各方面的协作和长期不懈的努力，需要多学科理论、方法和相关技术的支撑，需要各级政府相关政策的引导和实施，需要开展全民资源保护意识的普及教育使其积极参与。保护、开发和利用好我国丰富的植物资源，对于保护我国的生物多样性及促进我国植物资源产业的可持续发展均具有极其重要的意义。

第二节　植物资源受威胁的因素

尽管包括植物资源在内的生物资源可持续利用思想早已提出，但是，至今许多植物资源的可持续利用未能完全实现，其影响因素是多方面的，主要因素有以下几个方面。

一、资源利用过度

以药用植物资源为例，目前我国每年药用植物的需求量高达60万t，许多重要药用植物种类的资源利用量超过种群更新能力，导致资源不断减少，甚至受到灭绝的威胁。如野生人参已到了灭绝的边缘，但是，每年仍有相当数量的野生人参进入市场。

二、资源利用不合理

资源利用不合理现象主要表现在以下3方面：

1. 采收地点不合理　采收地过于集中，使资源利用不均匀，导致居民地周边资源枯竭后，逐渐向远离居民地扩展，形成从居民地周边到远离居民地渐次过度的采挖现象。

2. 采挖时间不合理　由于一些资源植物经济价值高，导致采挖者抢采抢收，影响了其种群的自然更新，如长白山区的北五味子，近年来青果期抢采、抢收现象严重，幼苗更新受到很大影响。

3. 采挖收获时不注意对资源的保护　特别是对资源更新器官的破坏严重，如采收过程中对植物的种子、根茎、块茎、鳞茎等有性和无性繁殖器官的破坏，对北五味子的采收甚至出现了割藤采果的现象。

三、人工栽培未能完全代替野生资源

目前资源植物栽培存在许多问题，一是人工栽培成本高，而野生资源的采收，除劳动力和简

单工具外，几乎是无成本生意。二是栽培资源植物质量和价格低于野生品，如人参、天麻、灵芝等。三是栽培种类的优良品种选育研究严重滞后，导致栽培资源植物在产量上特别是质量上不能满足市场需求，不能从根本上取代野生资源。因此，目前资源植物人工栽培现状还未能从根本上缓解野生资源的压力。

四、资源经营体制的影响

我国对森林木材资源有严格的采伐控制，而对林下植物资源虽然也制定了《野生动植物保护法规》，但由于受“资源是国家的，采收回来是自己的”错误观念影响，抢采、抢收、掠夺式利用等破坏资源的现象严重，导致植物资源的可持续利用难以实现。野生人参是国家一级保护物种，已被世界自然保护联盟列入最具灭绝凶险物种行列，但每年仍在采挖利用。

五、资源更新能力研究不够

尽管我国各地已开始实施“天然林保护工程”，林业转产、产业结构调整、林下植物资源实行经营权承包责任制等，为实现植物资源的可持续利用提供了政策保障。但是，目前几乎对所有植物的种群更新能力没有系统的研究，对其更新过程了解甚少，资源的可持续利用缺乏理论和技术指导，因而无法科学地控制资源利用量和制定合理的采收制度，导致植物资源的可持续利用依然难以实现。

六、资源生境的破坏

生境是指物种或物种群体赖以生存的生态环境。对资源植物物种生存的另一大的威胁就是生境的破坏，如森林的砍伐、草原和湿地的开垦以及由此带来水土流失、干旱化和养分的减少等。据报道，目前我国70%的天然林已被采伐；50%的草原被破坏，其中1/4受到沙荒化威胁；大量的湿地面临干涸。森林和草原是我国资源植物物种生存的最主要生境，由于生境的破坏，导致资源植物物种局部灭绝，特别是导致野生资源量减少，不能满足市场需求，从而进一步加剧了资源过度利用的压力，形成恶性循环。

第三节　植物资源可持续利用研究途径

一、开展植物资源现状的调查研究

植物资源调查是掌握资源现状、制定合理的资源开发与保护规划、实现资源可持续利用最重要的基础工作。我国植物资源大规模的普查工作共进行了3次，最后1次普查工作于1983—1985年完成，到目前为止已有近20年没有开展系统的资源普查工作。然而，这一时期是我国植物资源产业发展最快的时期，也是植物资源利用量最大的时期，在这一时期绝大多数资源植物的野生资源量明显减少，破坏十分严重。因此，进行第4次植物资源的普查工作，查清我国重点地区和重要植物资源的现状，已成为当前的重要任务之一。

二、开展驯化栽培与优良品种选育研究

野生资源植物的驯化栽培是减轻野生资源压力、保护植物资源的最重要途径之一。但是，目

前绝大多数资源植物的人工栽培还处于野生变家植的驯化阶段，其产量、质量和抗逆性研究还很不够。特别是资源植物优良品种选育工作与其他农作物相比相差甚远，即使已人工栽培数十年的种类，也几乎没有主栽的优质高产品种，严重制约了植物资源产业化生产。因此，今后应大力加强重要资源植物优良种质资源的筛选和优良品种的选育工作，对野生或已经栽培的资源植物开展种质资源调查、收集、鉴定、评价和选育研究。

三、开展资源植物野生抚育技术研究

资源植物的栽培成本较高，并且与粮食作物存在争地问题，这对我国这样一个土地资源十分短缺的人口大国来说是一个十分现实的问题。野生植物为土著物种，对产地气候及水土环境适应性强，也有许多种类为林下阴生或耐阴生植物。我们应该充分利用资源植物的生态特点，采取围栏封育、仿生栽培和人工管护等技术措施，对资源量较少而重要的资源植物进行野生抚育，可以充分利用其野生生境，扩大野生资源量，既能满足市场需求，又能避免与农业争地。

四、开展资源植物种群更新能力研究

植物资源是可更新资源，如果利用得科学合理，就可以不断提供产品，不利用反而会造成资源浪费。目前一些重要资源植物逐渐减少的根本原因是利用量超出了种群更新能力，使种群不能正常补充新个体，或利用不合理，破坏了种群更新器官或更新器官尚未成熟即被采收，导致种群更新受阻。为此，我们应深入开展重要资源植物的种群数量、年龄结构、空间结构、更新规律及其与环境因子相互关系的研究，建立资源植物种群的最大持续产量生产模型，确定最大年允收量，将利用量控制在种群能够自然更新繁殖的范围内，制定实现野生植物资源的可持续利用的合理的采收制度。

五、开展资源植物有用成分形成机理与质量控制研究

在第一章我们讲过，许多资源植物有用成分的形成受各种因素的影响，导致资源植物利用价值的差异。以药用植物资源为例，中药材就有道地性的说法，它是指人们传统公认的且来源于特定产区的具有中国特色的名优正品药材，其本质是药材质量好、疗效好，在长期使用中得到了医者与患者的普遍认可。然而，中药材道地性的划分标准主要来源于实践经验，是人为的、相对的、模糊的，许多道地药材质量形成的科学机理尚不清楚，只知其然，不知其所以然，特别是在道地产区内同种药材的质量也参差不齐。药用植物的这种道地性特点，在许多资源植物中都存在，如芳香油植物的香气形成等。各种有用成分形成的背景是繁杂的，有生态因素、遗传因素、技术因素和传媒因素等。其中，不同产地生态环境差异导致药材质量差异的生态因素被认为是道地药材形成的主要因素。因为生态因素是药材质量形成的原始特征，它综合影响其他因素，如物种形成的遗传特征以及在环境影响下形成的基因表型变化等。另外，产地生产与加工技术也同样依赖于原始药材质量的优劣。因此，应深入开展各类资源植物有用成分形成的生态学基础研究，其内容包括：植物种类及其生态地理分布规律的调查研究，不同产地不同生态环境下野生资源植物质量的比较研究、生态因子调控对质量的影响研究，最终实现人工栽培的质量控制，选育优良品种，提高栽培植物的质量和产量。

六、开展资源植物的野生原生境保护研究

资源植物原生境的破坏是资源量减少、利用过度和物种受威胁的另一重要因素。为此，应加强对重要资源植物野生原生境的研究与保护工作。通过资源调查和资源植物生态地理分布规律及质量形成机理的研究，在我国各生态地理区域，选择重要资源植物集中分布的地区，建立资源植物野生原生境保护区。其目的是保护资源植物的物种多样性和遗传多样性，保存丰富的野生植物种质资源，保留重要资源植物形成的原始生境，为开展植物资源学、植物资源生态学、植物资源种质学和植物资源保护生物学等多学科综合研究提供原始场所。

第四节　植物资源可持续利用与种群生态学

实现植物资源的可持续利用涉及以上各种研究途径，但是，这些途径多属于减轻需求量过大对野生资源的压力，并不能从根本上解决野生资源本身的可持续利用问题。特别是无论从质量上还是从成本上野生资源均有优势，而且野生资源必须得到合理利用，否则将造成资源浪费。因此，我们应该正视野生资源在今后相当长时期内在植物资源产业可持续发展中的主流原料地位，直接面对野生植物资源的可持续利用问题。目前，我国关于植物资源可持续利用的问题，在驯化栽培、种质资源收集、优良品种选育、野生抚育、药材道地性形成机理、资源调查与预警及原生境保护等领域均得到了较高程度的重视。但是，对资源植物种群生态学研究的重要性尚未引起足够重视，对重要资源植物种群的更新问题几乎没有实质性研究。因此，种群生态学是研究植物种群的数量、分布以及种群与栖息环境中的非在植物资源收获过程中存在很大的盲目性生物因素和其他生物种群之间的相互作用的科学。长期以来，种群生态学以基础理论研究为主流，研究领域涉及种群中的变异、遗传与进化，种群的数量动态、年龄结构与增长模式，种群的空间结构、地理分布与区域种群动态，种群的种内竞争、种间竞争与物种共存、种群的繁殖、生长、衰老、死亡与生活史对策。随着种群生态学基础理论研究的不断深入，也逐渐将种群生态学理论与方法应用于生产实践领域，如种群收获理论与最大持续产量模型的应用。从某种意义上讲，野生植物资源的可持续利用问题，就是种群的更新、收获和如何控制利用量的问题，即特定资源植物的种群是怎样更新的？每年种群的净补充量有多大？不同种群规模和不同生境条件下，在维持种群现有规模或增长的前提下，在保证资源植物质量的同时，每年可以采收多大量？什么时间采收？如何采收？在持续利用过程中，资源植物质量与产量的动态关系如何？每年资源的最大持续产量怎样决策？如何在生产中应用？这些问题的阐明涉及种群的繁殖系统、个体数量、年龄结构、更新能力、增长模式、收获技术及其与生物和非生物环境的关系等。

第五节　植物资源可持续利用的理论与方法

收获经济学的目标是要求从资源种群中获得最大可能产量（maximum possible yield，简称MPY)，然而，生物资源不同于矿产资源，它可以再补充自身，使自身可以不因收获而消失，如果不利用反而会造成资源的浪费。好的管理不应因收获使各生物种群接近灭绝（如长期的过度利

用导致野生人参面临灭绝的危险，已被世界自然保护联盟列为最具灭绝危险物种），因为这样需要一个很长恢复期才能再收获，甚至不可能再收获。但是，如果不利用，反而会使种群出现过剩，导致死亡率增加。收获理论所关心的是研究收获后保留多大种群可以实现长期最大持续产量（maximum sustainable yield，MSY），即年收获量应不超过种群的净补充量。

一、最大持续产量的理论与模型

在生态学中，我们讲过种群增长的逻辑斯谛模型（图 4-1）是一种理论上预测最大持续产量的方法。即：当种群密度增加时，最初出生率超过死亡率，但是当种群密度接近环境容纳量 K（环境可支持的最大密度）时，死亡率增加（图 4-2）。在环境容纳量水平上，出生率与死亡率相等，种群稳定。出生率、死亡率之差为净补充量。因此最大净补充量发生在中等密度时，这时种群有许多繁殖个体，而种内竞争又相对较低的情况下。这一最大净补充量发生在种群密度 N_m（图 4-3），代表人们可长期从种群中收获的最大数量——*MSY*。这种建立在简单的净补充量模型基础上的收获理论法叫做过剩产量（surplus yield）法（Mackenzie 等，1999）。

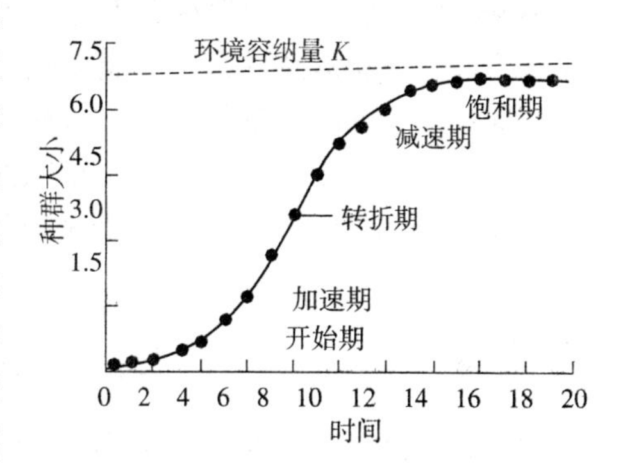

图 4-1　种群增长的逻辑斯谛模型

（引自孙儒泳，2002）

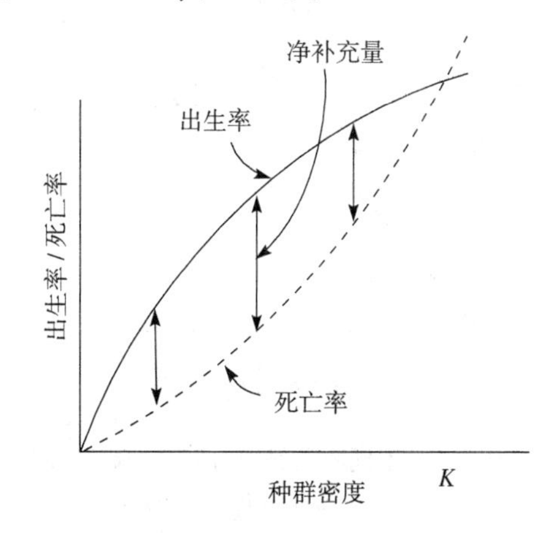

图 4-2　种群密度有关出生率与死亡率变化模型

（引自 Mackenzie 等，1999）

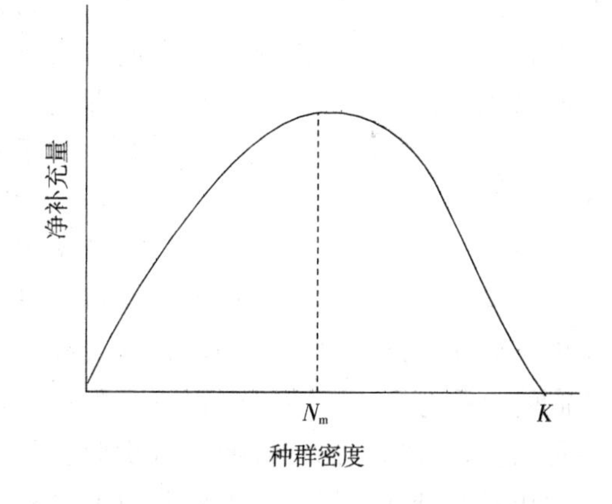

图 4-3　净补充量随种群密度变化模型

（引自 Mackenzie 等，1999）

上述最大持续产量原理有以下限制：①假设一个恒定不变的环境和一条不变的补充量曲线；②忽略种群的年龄结构，不考虑存活率和繁殖力随年龄的变化；③用于估测补充量曲线的种群数据通常不是很好。尽管有这些重要不足之处，*MSY* 一直是捕捞渔业、捕鲸业、野生植物和森林业的优势模型。

二、最大持续产量的控制与风险

收获得到最大持续产量的途径是控制在一定时期内收获对象个体的数量或生物量，即允许收获者在每一季节或每年收获一定数量的资源个体。收获的个体数量正好平衡净补充的部分（图 4-4）。如果收获保持在这一水平，种群的补充量正好被收获，种群将稳定在密度 N_m。但是，这种收获方法实际上有一定风险，因为平衡点是不稳定的。如果种群受到干扰使 N_m 降低，而收获仍保持在 *MSY* 水平，收获所取走的个体数量将超过种群的更新能力而导致种群灭绝（图 4-4）。只要 *MSY* 控制量稍微过大，就能直接导致种群灭绝。这种最大持续产量的控制方法称为配额限制（Mackenzie 等，1999），只有当配额充分低于 *MSY* 配额时，才能产生稳定的种群平衡与资源可持续利用结果。

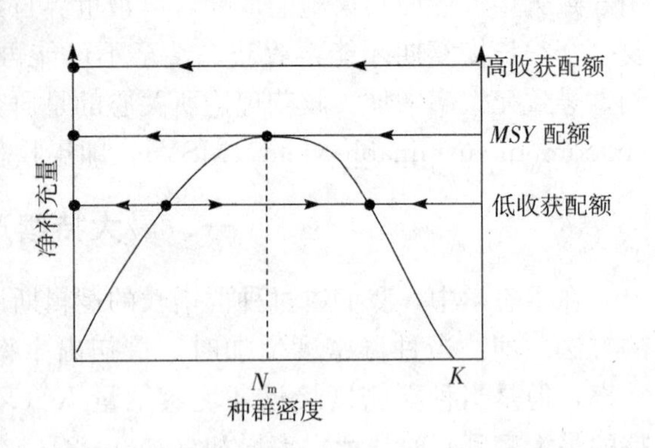

图 4-4　不同收获配额对种群的影响模型
（引自 Mackenzie 等，1999）

三、最大经济产量的理论与模型

调节收获努力可以减少配额限制带来的潜在危险。这一方法具有明显的直观优点——资源种群数量减少后，势必要增加收获努力来获取正在降低中的数量。图 4-5 显示对同一资源种群的四种不同收获努力的影响。在一定的收获努力条件下，收获量随种群大小而改变，因此可表示为一条通过原点，随努力强度而变化的直线。*MSY* 努力正好平衡种群的净补充量。但是，如果种群密度下降到低于 N_m，收获量继续保持在 *MSY* 水平，则收获量将降低，不会导致种群灭绝。同样，如果收获努力略高，种群密度会在较低水平建立稳定平衡。这是对资源的浪费性收获，因为在较低的收获努力水平下可获得更高的持续收获量。实际上，对降低的种群密度减少收获努力的收获意味着在低于 *MSY* 收获努力的下面有一最适经济努力，在这一最适经济努力下获得的收获量称作最大经济产量（maximum economic yield，*MEY*）。努力控制一般用于渔业或野生动植物的捕获、收获与采伐。努力控制方法可以通过控制资源收获的持续时间、收获者数量及收获工具的效率等，实现资源收获的最大经济产量。

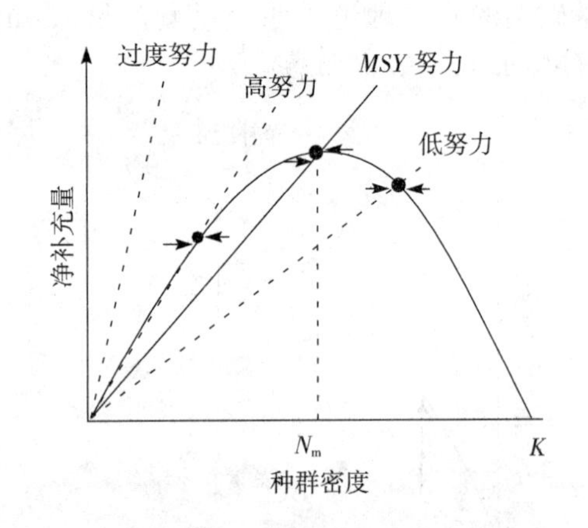

图 4-5　不同收获努力对种群的影响模型
（引自 Mackenzie 等，1999）

上述模型统称为剩余产量模型，其缺点是没有考虑种群个体的年龄、大小和环境波动的影响，由于生物种群的死亡率和繁殖力都与年龄、个体大小及环境条件有关，因此，该模型的预测能力受到限制，存在风险。目前，生物资源收获理论与技术研究的目标更加注重对种群成员差异及环境波动影响的研究，以进一步减少收获决策与技术应用的风险。

第六节 野生抚育的概念与特征

一、野生抚育的概念

野生抚育是根据资源植物生长特性及对生态环境条件的要求，在其原生境或相类似的生境中，人为或自然增加种群数量，使其资源量达到能为人们采集利用，并能继续保持群落平衡的一种资源植物仿生态的生产方式。野生抚育是野生资源植物采集与驯化栽培的有机结合，是资源植物农业产业化生产经营的新模式。野生抚育可以充分利用原始野生生境、提高土地利用率、降低生产成本、提高经济效益、保护野生种质资源，具有较大的发展潜力，越来越得到重视。如川贝母、甘草、麻黄的围栏养护，人参、黄连、天麻的林下栽培，雪莲、冬虫夏草的半野生栽培，都是野生抚育的成功实践（陈世林等，2004）。

二、野生抚育的特征

（1）野生抚育的目的是增加野生资源植物种群数量，给人类提供可采集利用的植物资源，由此区别于单纯的生物多样性保护、自然保护区建设或植被恢复，具有直接的经济目的性。

（2）野生抚育是对特定经济价值较高资源植物种群在人工抚育下增加数量，可以在种群遭到破坏或没有遭到破坏的基础上进行，而植被恢复指已遭到破坏的植被重新生长和恢复。

（3）野生抚育种群数量的增加方式有 2 种，一是人工栽植；二是创造条件，使原有野生种群自然繁殖更新。野生抚育的场地是资源植物的原生环境，不同于在退耕还林等人工林下栽培资源植物。

（4）野生抚育增加了资源植物种群的数量，改变了群落中各物种的数量组成特征，有时要对有影响的种类进行清除处理，但以不改变群落的基本特性为目标，尽可能保护生态环境。

（5）野生抚育与种群更新研究相结合，为生产者提供决策技术，根据最大持续产量，确定合理的采收方法，轮采轮收，实现野生资源的可持续利用，而人工栽培一般一次性采收。

三、野生抚育的意义

野生抚育有效解决了如下矛盾：资源植物采集与种群更新的矛盾，野生资源供应短缺与需求不断增加的矛盾，资源植物生产与生态环境保护的矛盾，当前利益与长远利益的矛盾。具有如下意义：

（1）提供高品质的优质野生资源植物产品。野生抚育植物在原生境中生长，人为干预少，不易发生病虫害，远离污染源，产品为近乎天然的野生植物，质量好。

（2）能较好地保护珍稀濒危植物，促进植物资源可持续利用。通过科学采挖方法控制，种群自然繁殖或及时补种，实现了抚育资源植物种群的可持续更新，实现资源的保护性开发。

（3）有效保护植物资源生长的生态环境。野生抚育模式下资源植物采挖和生产是在生物群落动态平衡的基础上进行，野生抚育基地所有权承包责任制克服了野生资源滥采滥挖对生态环境的严重破坏，有利于资源植物生产与生态环境保护的协调发展。

（4）有效节约耕地，低投入获高回报。野生抚育不占用耕地，只在补种和资源植物生长过程中实施最低限度的人为干预，充分利用了资源植物的自然生长特性，大幅降低了人工管理费用。

第七节　野生抚育的基本方法

根据不同资源植物种类及其野生种群特点，选择围封、人工管理、人工补种、仿生栽培等技术措施，采用其中的一种或多种。

一、封　禁

封禁指以封闭抚育区域、禁止采挖为基本手段，促进目标资源植物种群的扩繁。即把野生目标资源植物分布较为集中的地域通过各种措施封禁起来，借助资源植物的天然下种或萌芽增加种群密度。封禁的措施有划定区域、采用公示牌标示、人工看护、围封等各种方式。此方法易于在个体或集体承包地或野生药材原生境保护地进行。

二、人工管理

人工管理指在封禁基础上，对野生资源植物种群及其所在的生物群落或生长环境施加人为管理，创造有利条件，促进资源植物种群生长和繁殖。人工管理措施因资源植物不同而异，如五味子的育苗补栽、搭用天然架、修剪、人工辅助授粉及施肥、灌水、松土、防治病虫害等；野生罗布麻的管理措施有清除混生植物、灭茬更新等；刺五加采用间伐混交林的方式等。

三、人工补种

人工补种指在封禁基础上，根据野生资源植物的繁殖方式和繁殖方法，在资源植物原生地人工栽种种苗或播种，人为增加资源植物种群数量。如野生黄芪抚育采取人工撒播栽培繁育的种子，刺五加、淫羊藿采用带根移栽，种子催芽直播或育苗移栽等。

四、仿生栽培

仿生栽培指由于过度采挖在基本没有野生目标资源植物分布的原生环境或相类似的天然环境中，完全采用人工种植的方式，培育和繁殖目标资源植物种群。仿生栽培时，资源植物在近乎野生的环境中生长，不同于资源植物的间作或套种。如目前林下栽培人参、天麻等。

野生抚育适合如下资源植物种类：①目前人们对其生长发育特性和生态条件认识尚不深入、生长条件较苛刻、种植成本相对较高的种类，如平贝母、天麻等；②人工栽培后资源植物性状和质量会发生明显改变的种类，如防风、黄芩、人参等；③野生资源分布较集中，通过抚育能迅速收到成效的种类，如刺五加、五味子、淫羊藿等。

植物资源的野生抚育突破了传统的植物资源生产经营模式，将资源植物的野生采集和驯化栽培的优势有机地结合了起来，较好地解决了当前植物资源生产面临的质量差、资源濒危和生态环境恶化的三大难题，实现了生态环境保护、资源再生和综合利用及资源植物生产的三重并举，有广泛的前景和生命力。随着这一植物资源生产方式为人们所认识和接受，相关基础研究的陆续展开，以及更多有远见企业的加入，将开辟一个富有生命力的植物资源生态产业新模式。但资源植物野生抚育的资源学、生物学、生态学及管理学等方面的研究还很欠缺、零散，亟须国家加强资助力度，开展系统研究（陈世林等，2004）。

复习思考题

1. 植物资源可持续利用的概念。
2. 为什么说植物资源的可持续利用问题，就是种群的更新、收获和如何控制利用量的问题？
3. 什么是最大持续产量？什么是最大经济产量？
4. 为什么说最大持续产量的配额控制存在一定的风险？
5. 什么是野生抚育？什么是仿生栽培？
6. 植物资源的野生抚育有哪些技术措施？并简述各技术措施的内容。

第五章 植物资源的保护与管理

植物资源的保护管理是实现其可持续利用的重要环节和手段，也是生物多样性保育的重要组成部分。所谓生物多样性就是指生命有机体及其赖以生存的生态综合体的多样化和变异性。包括所有的植物、动物和微生物等各种生命形式，以及各种生命形式之间及其与环境之间多种相互作用的生态过程和所形成的各种生态综合体，如生物群落、生态系统和景观系统等。现在地质时期是地球上生物多样性最丰富的时期，但我们也正处在生物多样性迅速消亡的历史时刻。由于人类对生物资源的过量开发及不合理利用，使许多物种的生存与繁衍受到极大的压力，大量物种已经灭绝或处于濒临灭绝的危险，甚至有许多物种在我们还没有认识到其利用价值之前就已经灭绝。当然，物种的灭绝是自然规律之一，没有哪一个物种能够永久长存，由于气候变化、演替、疾病和一些偶然事件，每一个物种最终的命运都是灭绝，这是不可抗拒的自然规律。但问题是在人类的影响下现代的物种灭绝速度是其自然灭绝速度的100～1 000倍。据化石记录推算，在农业刚刚出现的10 000年时间里，平均每10年消失1个物种；到最近100年里，平均每10年消失100个物种。照此发展速度有人预测今后平均每10年将有近1 500个物种消失，而且不包括大量未被发现和命名的物种。这一灭绝速度是令人震惊的，而且其中99%灭绝物种或受威胁物种与人类的影响有直接或间接关系。作为生物多样性为人类服务的重要组成部分，野生植物资源也正处在过度利用和各种其他人类活动的压力之下，可以说任何一种野生植物资源一旦开发成功，那么受不同程度威胁甚至灭绝的压力同时也就产生了。为此，保护野生植物资源是人类面临的重大科学、社会、经济和政治问题，也是植物资源学的重要研究内容之一。

第一节 物种灭绝或受威胁的人为因素

物种和它们所属的生物群落是与当地的环境条件相适应的。只要条件保持不变，物种和群落就能在该地长期生存下去。物种的分布范围也会随着散布过程有所扩张，或者，由于其他物种的捕食和竞争而缩小。物种的分布范围也会随着景观和气候的变化而变动。然而，过去这种变化是极缓慢的，即使在发生冰川的时代，当冰川反复波动时发生的重大气候变化曾持续数千年，物种也能随着气候的变化来调整其分布区。而近半个世纪以来，人类的活动大大破坏了生物群落缓慢变化的模式，它们在巨大的范围内使景观发生改变、逆退以至于毁灭，使物种的种群变得很小以至于不能继续繁衍生存而趋于灭绝。人类活动对物种的威胁主要来自于生境的破坏、片断化、退化，外来种的引入，疾病和资源的过度开发利用等。

一、生境的破坏、片断化和退化

（一）生境的破坏

生境是指物种或物种群体生活地段上的生态环境。

生态环境是指对生物生长、发育、生殖、行为和分布有直接或间接影响的环境要素的总和。包括温度、湿度、食物、氧气、二氧化碳、土壤及其元素、水分和其他相关生物等。对物种灭绝最大的威胁是生境的丧失，如水土流失、干旱化、食物和营养的减少等，在热带平均已有50%的野生生境被破坏，亚洲热带生境平均破坏达80%以上。中国70%的天然林已被采伐；50%的草原被破坏，其中1/4受到沙荒化威胁；还有大量的湿地面临干涸。因此保护生物最关键的手段是保护其生境。

（二）生境片断化

生境片断化是指原来覆盖面积很大的生境，由于道路、农田、城填及其他较大的人类活动场所而分割成小块。在生境破坏时常常留下补丁一样的生境残片，这些原生生境片断常与那些高度改变的逆退景观相互隔离。这种状况常被形象的比作生境岛屿。

生境岛屿与原有生境之间的差异主要存在以下两方面：①片断化的生境面积具有更大的边缘面积；②片断化后的各个部分的中心距边缘更近。

生境片断化对物种的威胁主要表现在：①对物种流动的影响，使物种扩散以及群落的建立受到限制，对物种的正常散布和移居活动产生直接障碍，物种间交流的机会减少；②边界效应，生境片断化导致增加了许多新边界，这些新边界的小环境明显不同于生境的内部，如光、温度、风和偶然发生的火灾及其他事件等，对物种的生存常可带来巨大的影响。

（三）生境的退化与污染

即使某个生境没有受到明显的破坏和片断化的影响，其生物群落和物种仍然会受到人类活动的明显干扰，从而走向灭绝。对生境退化具有最微妙影响的因素是环境污染，杀虫剂、化工产品及废物、工厂和汽车排放的废气等。包括农业污染、水体污染、大气污染（酸雨、臭氧和有毒金属）及全球性气候变化等，都对物种的生存构成威胁。

二、外来种的引入和疾病

生境破坏、片断化和退化与污染对物种有明显的不利影响。然而，即使生物群落未显著受害，由其他间接人类活动也可能带来物种灭绝。

（一）外来种引入

由于无法跨越大环境的障碍进行扩散，许多物种的分布因此受到限制。但随着人类交通工具的发展，人类的交流越来越多，有很大一批物种被有意无意地引入到非乡土的外地。某些外来种更加适应引入的环境条件而生长茁壮，并且没有了原生境中经长期相互适应协同进化所产生的天敌等制约因素，以致抑制和排挤了当地种。如被引进的草食动物会过度取食当地的植物，对本地植物、动物物种构成威胁；被引进的肉食动物大肆吃尽那些毫无防卫能力的本地动物。引进植物由于更能适应新环境，大量繁殖，而对当地其他物种构成威胁。如紫茎泽兰（*Eupatorium adenophorum*）原产墨西哥，新中国成立前由缅甸、越南进入我国云南，现已蔓延到北纬25°33′地区，并向东扩展到广西、贵州境内。它常连接成片，发展成单种优势群落，侵入农田，危害牲畜，影响林木生长，已成为当地的害草。

（二）野生生物疾病的增加

人类的各种活动可促使野生生物疾病发生率增加。当动物不是散布到一个广阔的地区，而是被人为或被迫地密集在一个狭窄自然空间时，它们被感染和发病的机会要高得多。栽培植物或片断化生境上的植物也有相似的增加疾病发生率的机会。

三、资源的过度利用

过度开发利用动植物资源对世界上濒危物种中约三分之一的种类和其他某些物种构成威胁。农村贫困的加剧和经济的全球化、人口数量的压力和利用资源技术上的更加先进等问题结合胁迫，使物种濒临灭绝。即使过度利用未使某物种完全灭绝，但其种群数量剧减，致使该物种不能恢复。表 5-1 列出了目前导致物种灭绝或受威胁的原因及其所占比重。

表 5-1　导致物种灭绝或趋于灭绝的因素

（引自 Primack R. B.，1993）

物种状况	原因及占百分率（%）			
	生境丧失	资源过度利用	引进外来种	其他
灭　绝	28	25	25	22
趋于灭绝	47	28	15	10

第二节　物种受威胁与保护等级的划分

物种受威胁的原因是多种多样的，有自然的因素、物种自身的内在因素，也有人类活动带来的直接或间接影响等。由于任何内外因造成生存与繁衍受到威胁的植物种都称之为受威胁种(Threatened species)。

一、物种受威胁等级的划分

稀有性植物种的生存现在大都处于受威胁的状况，亟须加以保护，然而需要保护的种类绝不是只限于稀有性物种，根据所受威胁程度和状况的不同可分为以下几种。

（一）灭绝的种类（Extinct species）

灭绝的种类指在历史上有过记录，甚至数量曾经很多，但因很多原因，现在其分布区范围内，已经找不到天然生长个体的那些种类。在某些区域内，由于环境急剧改变，导致许多适应能力较弱的植物不能生存而绝迹。我国许多模式标本的产地，现在已很难找到那些物种。但是，要弄清楚那些物种是否在整个分布区范围内已经灭绝，还必须开展较深入的研究，往往要经过多次调查才能确信某种是否已经绝灭。

（二）濒危的种类（Endangered species）

濒危（即临危）的种类指其物种自然种群的数量已很少，它们在脆弱的生境中受到生存的威胁，有走向绝灭的危险，可能是由于生殖能力很弱，其数量减少到快要绝灭的临界水平；或是它们所要求的特殊生境被破坏，或被剧烈的改变已经退化到不能适宜它们的生长，或由于过度开发，病虫害等原因所致，即使致危因素已经排除，并采取了保护恢复措施，数量仍然继续下降或尚存在难恢复的物种，如水杉（*Metasequoia glyptostroboides*），水松（*Glyptostrobus pensilis*）、银杉（*Cathaya argyrophylla*）、杜仲等植物。

（三）渐危的种类（Vulnerable species）

渐危（即脆弱或受威胁）的种类指那些致危因素仍在起作用，在不久的将来确信能进入濒危种范围的物种。即目前还未处在濒危的状态，由于人为或自然原因，在其分布范围内，已经看出其种群有走向衰落的迹象，如发育不完整、幼株正在减少或缺乏等。如果其生长和繁殖的不利因素继续存在的话，例如过分的利用或其生境遭到广泛的破坏，它完全可能在不远的将来，变成濒危的种类。因此，还包括那些由于过度利用、生境极度破坏或其他环境干扰而致使多数种群或全部种群下降的物种；包括那些种群已经严重衰竭或最终安全仍得不到保证的物种，也包括那些种群数量仍然多，但却处于由分布区中各种不利因素而致的受危状态的物种。我国广西西南部石灰岩山地广泛分布的蚬木（*Burretiodendron hsienmu*）就是一个比较典型的例子，它原来是群落的建群种或优势种，分布相当广泛，更新能力也很强，但是由于过分的采伐，而且是采取皆伐方式，使许多地方大树已经很少，环境愈来愈不适宜它的更新，陷入了一种十分脆弱的状态。经常与蚬木伴生的另一种优质用材树种金丝李（*Garcinia paucinervis*）的情况大致也是这样，由于种群的发育总是受到种种限制，经常处在一种脆弱的状态，如果遭到不合理的采伐，马上就陷入濒危状态。

（四）稀有的种类（Rare species）

稀有的种类指那些全球种群数量很少，现在还不是“濒危种”或“渐危种”，但处于危险之中的物种。也就是说分布区比较狭窄，生态环境比较独特或者分布范围虽广但比较零星的那些种类，当前虽然远没有处于濒危或渐危的状态，但是，由于分布上的局限，分布区内只有很少的群体，或由于分布于非常有限的地区内，可能很快消失；或虽有较大分布范围，但只是零星存在的种类，只要其分布区域发生对它生长和繁殖不利的因素，就很容易造成渐危或濒危的状态，而且比较难以补救。高山、深谷、海岛、湖沼上的许多植物常属于这一类。

（五）未定种（Indeterminate species）

处于受威胁状态，数量有明显下降，但真实数量尚无正确估计，缺乏足够的资料来说明，其他情况也不太清楚的种类。

二、中国珍稀濒危保护植物级别

1984年，国务院环境保护委员会公布了我国第一批《珍稀濒危保护植物名录》，并规定了3个重点保护级别，一级指中国特有，并具有极为重要的科研、经济和文化价值的濒危种类；二级指在科研或经济上有重要意义的濒危或渐危种类；三级指在科研或经济上有一定意义的渐危或稀有种类。1987年，国家环保总局和中国科学院植物研究所出版了《中国珍稀保护植物名录》（第一册），对1984年公布的保护植物名录做了修改，共有389种植物列为国家级重点保护植物，其中一级8种、二级159种、三级222种。主要一级保护植物见表5-2。

表 5-2 中国珍稀濒危一级保护植物名录

科名		种名		类别	分布
桫椤科	Cyatheaceae	桫椤	*Alsophila spinulosa*	渐危	台、闽、粤、桂、滇、黔、川、藏
松科	Pinaceae	银杉	*Cathaya argyrophylla*	稀有	桂、湘、川、黔等局部地区
杉科	Taxodiaceae	水杉	*Metasequoia glyptostroboides*	稀有	鄂（利川）、川（石柱）、湘（龙山）
杉科	Taxodiaceae	秃杉	*Taiwania flousiana*	稀有	黔、鄂（利川）、滇
五加科	Araliaceae	人参	*Panax ginseng*	濒危	吉、黑、辽、冀（灵山、都山）
龙脑香科	Dipterocarpaceae	望天树	*Parashorea chinensis*	稀有	滇（勐腊、马关、河口）、桂
蓝果树科	Nyssaceae	珙桐	*Davidia involucrata*	稀有	陕、鄂、湘、黔、川、滇
山茶科	Theaceae	金茶花	*Camellia chrysantha*	稀有	桂（南宁、邕宁、防城、扶绥、隆安）

摘自《中国珍稀濒危保护植物名录》(1987)。

第三节 植物资源保护管理规划

植物资源保护管理规划的任务就是在调查研究的基础上，把开发利用和保护植物资源的发展方向，按生产单位或行政单位（省、县、乡等）做出时间上和空间上的具体安排，即制定各种植物资源采集、收购、加工等生产环节，以及保护与管理措施的近期与远期计划。由于植物资源的生产过程的复杂化和分散性，以及在利用过程中易遭到破坏，因此，更需要以规划加强对生产管理，使其有计划地生产利用，否则将会发生盲目、掠夺式经营，加剧野生植物资源的破坏。过去由于盲目地采集、收购野生植物，没有合理的生产计划，缺乏保护，造成一些重要野生植物过度利用和严重破坏，进而影响资源的持续生产，其重要的原因是缺少长远规划。

一、植物资源开发利用中存在的主要问题

在植物资源开发利用中，有些是由于发展速度太快，条件没有具备，以及判断失误、决策不当或措施不力，违背了自然发展规律，出现了许多新矛盾、新问题，这些问题主要表现在以下几个方面。

1. 资源破坏严重 在开发利用野生植物资源中，缺乏科学技术的指导，片面追求资源的经济价值，轻视资源的生态价值；注重对现有植物资源的利用，但忽视了对其野生资源的保护与建设。在个别地区还存在从狭隘的功利观念出发，着眼于暂时的局部利益，忽视长远的全局利益，使资源遭到不同程度的破坏。采用不适当的利用手段，抢购套购，转手倒卖，严重干扰了资源有计划的合理利用。

2. 植物资源的可持续利用基础与技术研究严重滞后 对许多重要野生植物种群的自然更新能力缺乏深入系统的研究，使资源利用强度超过种群的自然增长能力，导致种群衰退。

3. 缺乏高质量高品位的新产品 产品开发往往是在未完善加工工艺技术的情况下投入生产，细加工、深度加工等技术没有掌握，生产的多为半成品或低品位产品，在国内外商品市场上缺乏应有的竞争力。

4. 盲目开发 在未探明社会需要量和资源生产量的情况下，一哄而起，盲目建立生产企业，引进大型生产线，加工能力超过资源本身的生产能力，造成资源破坏和经济损失。不掌握信息，缺乏科学的判断和科学的决策，“少了赶，多了砍”，收购价易大起大落，脱销与积压反复出现。

5. 忽视综合开发与利用　尽管我国植物资源的种类繁多，但在开发中往往集中在少数几种，缺乏自己的名、特、优拳头产品，限制了资源优势的发展。另一方面是忽视每种植物资源的多功能综合利用，许多植物往往含有几种特殊的有效成分，只利用其中的1～2种，造成了资源的浪费。

二、针对开发利用中存在的问题应采取主要措施

（1）进一步开展全国性的植物资源普查，摸清家底，评价各类资源的总体利用价值，对具有商品开发潜力的种类进行重点清查，查清资源分布范围、数量、产量水平、产区自然条件和社会条件，以及生产和产品流通的可靠信息，制定合理的开发方案。

（2）建立并完善各级保护机构和保护法规，建立保护区明确保护品种，特别是已有机构应发挥真正的职能作用，已有的法规、条例等应得到切实执行。国家要根据地域生态差异，科学地制定出开发植物资源的区划，实现宏观控制，实行立法管理。

（3）加大科研投入力度，特别是基础研究，如资源种群自然更新能力的研究，有用成分形成、积累和转化的生理机制研究，为植物资源可持续利用提供科学依据。

（4）加强重要植物资源种类的驯化栽培研究，建立资源生产基地，开展优良资源性状选育研究，提高资源产量、质量和有用成分的稳定性。

（5）要协调行业之间的关系，特别要协调资源建设和资源产品加工利用两个方面的利益，要把资源开发中所获得的经济收益，合理地反馈到资源建设上，使资源得到恢复和发展，建立起稳定的工农业生产良性循环。

（6）配套生产技术和加工工艺研究，在提高现有产品质量的基础上，积极研究深度加工、精加工技术，促进新产品开发和资源综合利用，开展国内外商品流通市场的动态研究，创造名牌产品，提高产品的竞争力。

（7）加强保护植物资源的宣传教育，植物资源保护涉及各个层次的人，因此，必须加强宣传教育，首先是要提高领导干部的认识，并且使广大群众都知道保护植物资源不仅是保护植物资源本身的存在和发展，还是保护环境，维持生态平衡和人类生存所必需。增强全民族的资源保护意识，使有限的植物资源得到合理地利用与保护。

三、植物资源保护管理的目标

人类利用植物资源的历史悠久，在长期利用过程中遇到一个最大问题，就是利用与保护的矛盾。实质上保护和利用是矛盾的统一，只要协调的好，是完全可以解决的。保护是为了维持植物的再生能力及其存在与形成的生态环境，有利于人类长期地利用野生植物资源，而不是消极地让其自生自灭，永远处于自然状态。因此，保护也是为了利用。

首先，保护植物资源是保护植物物种的生存。植物是在长期进化、发展和不断对环境的适应过程中形成的。人类无法根据自己的愿望创造出来，这些植物种都是宝贵的种质资源。尽管有些种类目前还没有被利用，那只是限于科学发展水平，还没有发现它的经济价值，随着时间的推移和科学的发展，将来很可能成为重要的资源。

其次，要保护植物资源的再生能力。在利用强度上，一定要考虑到它的恢复能力和再生能

力。要给植物资源以休养生息的机会，使其得到恢复和发展。不能采用掠夺式的经营方式，过度采收利用，那种不顾植物资源承受能力，盲目追求近期经济效益，对植物资源实行砍光、挖绝、剥尽的做法是十分有害的，最终必将导致资源的破坏与枯竭。

第三，要保护植物资源的多样性。植物资源本是丰富多样的，在自然界中植物很少单生，常由多种植物聚集在一起，形成多种资源的群体。在利用某种植物资源时，不应以损伤其他植物资源为前提，顾此失彼，更不要发展成为单一经济的畸形，那种为了利用某种植物资源而将所有植物资源一扫光的做法是极其错误的。如在森林采伐时，要尽量保护林下植物资源不遭破坏，以利于利用林地条件发展多种经营，以短养长。

第四，要保护植物资源形成的生态环境。植物在生长发育过程中，无时无刻不与环境发生关系，它们之间的相互影响，相互制约，综合形成特定的生态环境，对植物产生影响。如莲、芡实需要腐泥沼泽环境，松树需要酸性土，柏树则需要钙质土等等。特别是在它们生长环境里与其他植物之间所构成的群落关系，对植物产生深刻影响。如人参、细辛要乔木树种蔽荫，草苁蓉需要赤杨作寄主，五味子、山葡萄、猕猴桃需要乔木攀缘缠绕等。没有这些生态环境，就会影响植物的生长发育，甚至引起死亡和灭绝。因此，在开发利用植物资源的同时，必须注意保护它们形成的生态环境，以促进其恢复和发展。

四、制定植物资源持续开发利用规划

通过植物资源调查，在已经查清区域植物资源种类、贮量、分布规律和生态条件的基础上，结合市场需求状况，制定出开发利用规划。规划要有科学性、先进性和可行性。要做到保护与利用并举，生态效益与经济效益统一。既有近期开发利用目标，又有长远发展方向，规划的具体内容应包括以下几个方面：

（一）直接开发利用的资源

对已查明贮量大、分布集中、经济效益大的植物资源，应马上组织开发利用，尽快收到经济效益。并根据利用量与再生量相平衡的原则，限定开发强度与生产规模，提出合理开发利用的技术措施与保护措施。

（二）近期开发利用的资源

对于经济效益大，但贮量小的某些植物资源，马上开发利用不能形成一定生产能力的，要先进行引种驯化，野生变家植的试验研究工作，扩大资源量以后再组织生产。因此，对这一类植物资源可列入近期开发利用目标。

（三）远期开发利用的资源

对于贮量较大、分布集中、还没有探明利用途径的某些野生植物资源，或者利用深度广度不够，加工工艺水平低下，造成严重资源浪费的种类，也不急于开发。要针对存在问题提出科学研究课题，组织攻关，经过论证后再行开发利用，因此，将这一类资源列入远期开发利用的资源。

五、植物资源的就地保护与迁地保护

对已受到威胁处于濒危或具有重要经济和科学价值的野生植物应加强保护管理，对野生植物的保护目前主要采取两种形式，即就地保护和迁地保护。所谓就地保护是指在其自然原生地通过建立自然保护区进行保护的措施；迁地保护是指在其适宜生存的区域建立植物园进行人工保护的措施。

中国野生生物类自然保护区的建立始于20世纪60年代，至1993年，全国共建立野生生物类自然保护区284个，面积1 904万 hm^2，国家公布的“重点保护野生动植物名录”中的大多数物种已得到就地保护。其中已建立野生植物类自然保护区70个，面积104万 hm^2，其中许多保护区是专门保护某一植物种群或群落的。例如，建设专门保护水杉原始林和保护珙桐、银杉、桫椤、金花茶、苏铁、百山祖冷杉、银杏、人参、望天树、连香树、水青树、龙血树等植物的专门自然保护区；还建立了许多野生药用植物资源的保护区，仅黑龙江省就建立了36个药用植物保护区。

至1994年，全国共建立植物园和树木园110个，引种各类高等植物23 000种，其中属于中国区系成分的13 000种以上。还在华南植物园建立了木兰科、姜科、苏铁科植物保存园；在昆明植物园建立了杜鹃花科、山茶科保存园；在西双版纳植物园建立了龙脑香科、肉豆蔻科植物保存园等。此外，还在广州、昆明、九江、南京、北京等许多地区建立了地区性珍稀濒危植物引种基地和人工繁育中心。

物种迁地保护已取得显著成效，但从目前情况看，尚存在两点不足，一是迁地保护偏重于大型动、植物种，忽略了其他生物；二是迁地后繁育的种群尚未得到充分利用，特别是绝大多数迁地繁育物种尚未实施野化引种试验。

第四节　自然保护区及其功能

自然保护区是指在不同的环境区域内划出一定范围，将自然资源和自然历史遗产保护起来的场所。它包括陆地、水域、海洋和海岸。自然保护区为观察研究自然界的发展规律，保护和发展珍稀濒危物种，引种驯化本地有经济价值的生物种类，开展生态学、分类学、资源学和环境科学研究、教学和参观游览提供良好场所。

一、自然保护区建立的原则和标准

筹建一个自然保护区必须明确以下问题：

（一）选择建立自然保护区的条件和标准

自然保护区不是随便由人的主观意志确定的，必须要选择一个典型有代表性和有科学或实践意义的地段，并使其布局形成科学和体系。因而下列区域可作为选择建立保护区的条件。①不同自然地带和大的自然地理区域内，天然生态系统类型保存较好的地段，应首先考虑为自然保护区；有些地区天然生态系统类型已经破坏，但其次生类型通过保护仍能恢复原来状态的区域，也可考虑选为保护区。②国家一级、二级保护野生动物或有特殊保护价值的其他珍稀濒危动物的主要栖息繁殖地区。③国家一级、二级保护野生植物或有特殊保护价值的其他珍稀植物的原生地或集中分布地区。④有特殊保护意义的天然和文化景观等。⑤在维持生态平衡方面具有特殊意义，而需要加以保护的区域。⑥在利用方面具有成功经验的典型地区。上述条件和标准不是孤立或相互排斥的，遇到几个条件同时体现在一个区域内，这样就更应选为自然保护区。

（二）自然保护区的具体地点及审批

各级主管部门可根据上述条件和标准，在自己所管辖的范围内，选择适宜地点，建立国家级自然保护区，要通过省主管部门报请国家主管部门批准。其他各级保护区分别由省、市和县批准。但凡选定建立自然保护区的地区，必须组织多学科专家开展综合考察，弄清其自然条件、自然资源和社会经济条件、存在的问题和发展潜力等，以确定建立自然保护区的类型、面积大小和制定相应的管理措施。

（三）自然保护区名称的确定

名称虽然可以由人们根据不同的目的和要求去命名，但作为蓬勃发展的自然保护区事业，在命名上应有一个统一的规定。一般可实行三名制，即保护区所在省、县名＋保护区所在地名＋保护区类型名组成。例如：吉林省长白山温带森林国家自然保护区（以森林生态系统和自然环境为主要保护目标）；保康县野生腊梅自然保护区（以野生腊梅为保护对象）；四川省卧龙国家自然保护区（以生态系统、大熊猫等珍稀动物为主要保护对象）等。

（四）自然保护区面积与布局的确定

自然保护区究竟要多大面积，主要取决于它所要保护的对象和建立的目的。如果是为了保护一个区域的天然生态系统及其组成的物种，面积大小就显得格外重要。只有足够的面积才能达到保护其整体性的目的。一般来讲，集中一起面积较大的保护区比同样面积分成几个小的隔离区要好；分设相似几个聚集相近的布局比聚集较远或排列布置在一条直线的布局要好；小面积连接的比相同面积而分散开的好。经验证明，在生物量低的北方地区，其自然保护区的最适面积要比物种丰富的南方地区大。以保护生态系统的保护区为例，在未开发的北方或高寒地区，需要划出20万 hm^2 或更大面积；已开发的北方或高寒地区，应有10万 hm^2；未开发的南方山地，应有5万～20万 hm^2；已开发的南方山地，最好在1万～5万 hm^2，至少要有3 000 hm^2。自然保护区的边界应通过地面或航测调查确定，最好沿分水岭划定，尽量使它分布在一条或若干条河流流域之内，以便管理。

二、自然保护区的作用

自然保护区是一种新型的管理自然的单位，它不同于单纯的开发利用资源的农场、林场和牧场等管理自然的机构，又不同于过去只单纯考虑保护而忽视经济效益的“死”保护的自然保护区。这种新型的自然保护区提倡用生态开发的观点来经营，要求在不影响保护的前提下，把生态学的目标和经济学的目标很好地结合起来，逐步发展成为一个综合的管理自然的机构。可以说，它是在当今人口不断增加，科学技术日益发展迫切要求合理利用和保护自然资源的新形势下产生的，它最重要作用有下列几个方面：

（一）保护自然和文化遗产

自然界里的原生性生态系统、濒危野生动植物资源是人类的宝贵财富。什么是原生性生态系统？这个系统不仅能反映一个区域环境的特点，还能反映出该区域环境中的生物资源状况，这种状况对科学研究和经济发展都具有重要的意义，如果毫无计划地把它们破坏殆尽，人们不能认识自然界的真正面目，将对人们的生产发展极不利。自然保护区就是保护和管理自然资源、保护生态多样性、保护丰富的物种及其遗传资源的重要场所。各种各样的物种是生态系统的重要组成部分，生态系统中生物之间以及它们与环境之间有着能量转化、物质循环和信息传递相互依赖、相互制约的辩证关系。一个生态系统中某些物种的消失，就可能导致整个生态系统的破坏，生态平衡难以维持。值得注意的是，昔日不知名的种类，今天可能发现它的新的用途，有些一直到了濒危灭绝时刻才被人注意到。因此，让自然界尽可能把生存的物种保存下来，是建立自然保护区最根本的目的。因而就必须选择有代表性的原生性生态系统类型和生物多样性的区域建立自然保护区，同样保护文化景观、自然遗迹、有价值的历史和考古区域也是非常迫切的。

（二）提供科研、教学和环境监测场所

要利用和改造自然，必需首先认识自然，了解自然，弄清原生性生态系统的基本规律。自然保护区正是完成这个任务的一个最理想场所。它是生物学、地理学、环境科学、农林科学和环境监测最好的地区。因此，许多学科的定位试验站、环境监测站、气象观测站、水文站和实习基地等都可以设在自然保护区范围内的适当区域。

（三）提供土地合理利用示范

从生态开发的观点来看，自然保护区的任务当然首先是保护，但它是一个拥有土地和资源的管理单位，应该在不违反保护的前提下发挥自己的优势，尽力生产自己的优势产品，供应社会的需要，并做出示范，以促进各地生产的发展。大家都知道，当前人们饲养的动物种类和栽培的植物种类十分有限，大量有潜力的经济动植物有待人们去发掘，自然保护区恰是完成这项任务的重要的中间试验站。同时，应结合试验研究，把自己的经验和技术推广出去，促进自然保护区事业的发展。

（四）提供旅游和疗养场所

在不影响保护的前提下应向广大群众开放，特别是国家公园类型的保护区更该如此。它既是游览场所，也是对广大群众进行环境教育和爱国主义教育的好地方。随着人们文化、科学和物质生活水平不断的提高，旅游和疗养活动将会不断发展，更多的人奔向自然环境去欣赏大自然风光。当然，一个小区域接受大量游人的进入势必会导致某种形式的破坏，这就必需事先规划好，划出一定的游览区域制订出相应的管理制度，供大家遵守，以尽量减轻可能的破坏。

一个区域既要保护，还要开放，似乎是难以兼顾的事情。实际上，只要指导思想明确，通过有效的管理，完全能够把看来是矛盾的东西使其有机地协调起来。如果把自然保护区建设成为一个既是保护有代表性的原生性生态系统及其物种的自然资源库，又为土地合理利用和改造提供示范，又是进行科学研究、环境教育、普及科学知识和旅游的基地，能为国家创造一定的物质财富，有利于群众的生产和生活的需要，它就具有无限的生命力。随着国家经济建设的发展，国家就愈迫切需要建立这样一种管理自然的机构。

三、自然保护区功能区域的划分

为了使自然保护区达到多功能的目的，一般应划分下列四个区域：

（一）核心区

它是自然保护区的核心，是一个各种原生性生态系统类型保存最好的重要地段。在这个区域

里，严禁任何采伐、采集和狩猎等，使之尽量不受人为干扰，让其自然生长和发展下去，成为一个物种资源库，是研究生态系统基本规律和监测环境的场所。

（二）缓冲区

它应位于核心区周围，可包括一部分原生性生态系统和由演替类型所占据的半开发地段。它一方面是防止核心区受到外界影响和破坏，起一定的缓冲作用；另一方面可用于某些试验性或生产性科学试验研究，但不应破坏其群落环境，如植被演替和合理采伐更新试验实验研究等。

（三）实验区

缓冲区的周围最好要划出相当面积的实验区，包括荒山荒地在内。主要用作发展本地特有生物资源。主要开展一些经营性生产，如群落多层多种经营、野生经济植物仿生栽培和野生经济动物仿生饲养等。

（四）旅游区

自然保护区一般自然环境好，野生生物种类多样，是旅游观光的好场所。因此，自然保护区旅游已成为生态旅游的重要场所。应在核心区、缓冲区及实验区内，根据自然环境和资源特点划出一定区域作为旅游场所开发利用，但应注意自然保护区的宗旨是保护。

第五节　中国的植物多样性特点及其受威胁概况

中国是地球上生物多样性最丰富的国家之一。Mittermeier（1988）提出，地球上少数国家拥有世界物种的巨大百分数，包括中国在内的 12 个国家应被称为“巨大多样性国家”（megadiversity country），它们拥有世界生物多样性的 70%以上，应受到特别的国际注意。

一、中国植物多样性的一般特点

中国是植物多样性最为丰富的国家，概括起来有下列特点：

（一）物种高度丰富

中国有高等植物 30 000 余种，仅次于世界高等植物最丰富的巴西和哥伦比亚，居世界第三位。其中苔藓植物 2 200 种，占世界总种数的 9.1%，隶属 106 科，占世界科数的 70%；蕨类植物 52 科，约 2 200～2 600 种，分别占世界科数的 80%和种数的 22%；裸子植物全世界共 15 科，79 属，约 850 种，中国就有 10 科，34 属，约 250 种，是世界上裸子植物最多的国家；中国被子植物约有 328 科，3 123 属，30 000 多种，分别占世界科、属、种数的 75%、30%和 10%。另外，低等植物和真菌、细菌、放线菌，其种类更为繁多。目前尚难做出确切的估计，因大部分种类迄今尚未被认识。

（二）特有属、种繁多

辽阔的国土，古老的地质历史，多样的地貌、气候和土壤条件，形成了复杂多样的生境，加之第四纪冰川的影响不大，这些都为特有属、种的发展和保存创造了条件，致使目前在中国境内存在大量的古老孑遗的（古特有属、种）和新产生的（新特有种）特有植物种类（表 5-3）。前者尤为人们所注意。例如，有活化石之称水杉、银杏、银杉和攀枝花苏铁（*Cycas panzhihuaensis*）等。高等植物中特有种最多，约 17 300 种，占中国高等植物总种数的 57%以上。

表 5-3　中国植物部分门类特有种属统计表

植物类群	已知属数	特有属数	特有属占总数比例（%）
被子植物	3123 属	246 属	7.5
裸子植物	34 属	10 属	29.4
蕨类植物	224 属	6 属	2.3
苔藓植物	494 属	13 属	2.0

物种的丰富度虽然是植物多样性的一个重要标志，但如前所述，特有性反映一个地区的分类多样性。中国植物区系的特有现象发达，说明了中国植物的独特性。

（三）区系起源古老

由于中生代末中国大部分地区已上升为陆地，第四纪冰期又未遭受大陆冰川的影响，所以各地都在不同程度上保存着白垩纪、第三纪的古老残遗成分。如松杉类植物出现于晚古生代，在中生代非常繁盛，第三纪开始衰退，第四纪冰期分布区大为缩小，全世界现存 7 个科中，中国有 6 个科。被子植物中有许多古老或原始的科属，如木兰科的鹅掌楸（*Liriodendron*）、木兰（*Magnolia*）、木莲（*Manglietia*）、含笑（*Michelia*），金缕梅科的蕈树（*Altingia*）、假蚊母树（*Distyliopsis*）、马蹄荷（*Exbucklandia*）、红花荷（*Rhodoleia*），山茶科（Theaceae），樟科（Lauraceae），八角茴香科（Illiciaceae），五味子科（Schisandraceae），腊梅科（Calycanthaceae），昆栏树科（Trochodendraceae）及中国特有科水青树科（Tetracentraceae）、伯乐树（钟萼木）科（Bretschneideraceae）等，都是第三纪残遗植物。

（四）栽培植物及其野生亲缘的种质资源异常丰富

中国有 7 000 年以上的农业开垦历史，勤劳智慧的中华民族对辽阔国土上复杂多样的自然环境中所蕴藏的丰富多彩的遗传资源，很早就开发利用、培植繁育，因而中国的栽培植物的丰富程度在全世界是独一无二、无与伦比的。人类生活和生存所依赖的植物，不仅许多起源于中国，而且中国至今还保有它们的大量野生原型及近缘种。

原产中国及经培育驯化的资源更为繁多。例如，在中国境内发现的经济树种就有 1 000 种以上。其中枣树（*Ziziphus* spp.）、板栗（*Castanea mollissima*）、饮料茶（*Camellia sinensis*）、油茶（*Camellia* spp.）、油桐（*Vernicia* spp.）、涂料漆树（*Toxicodendron verniciflum*）都是中国特产。中国更是野生和栽培果树的主要起源和分布中心，果树种数居世界第一位。梨（*Pyrus* spp.）、李（*Prunus* spp.）种类繁多，原产中国的果树还有柿（*Diospyros* spp.）、猕猴桃（*Actinidia* spp.）、包括甜橙（*Citrus sinensis*）在内多种柑橘类果树以及荔枝（*Litchi chinensis*）、龙眼（*Dimocarpus* spp.）、枇杷（*Eriobotrya* spp.）、杨梅（*Myrica* spp.）等。所有这些它们大多数都包含多个种和大量品种。

中国是水稻（*Oryza sativa*）的原产地之一，是大豆（*Glycine max*）的故乡，前者有地方品种 50 000 个，后者有地方品种 20 000 个。

中国还有药用植物 11 000 多种，牧草 4 215 种，原产中国的重要观赏花卉超过 30 属 2 238

种等。各经济植物的野生近缘种数量繁多，大多尚无精确统计。例如世界著名栽培牧草在中国几乎都有其野生种或野生近缘种。中药人参有 8 个野生近缘种，贝母（*Fritillaria*）的近缘种多达 17 个，乌头（*Aconitum*）有 20 个等。

（五）生态系统丰富多彩

就生态系统来说，中国具有地球陆生生态系统各种类型（森林、灌丛、草原和稀树草原、草甸、荒漠、高山冻原等），且每种包含多种气候型和土壤型。中国的森林有针叶林、针阔混交林和阔叶林。初步统计，以乔木的优势种、共优势种或特征种为标志的类型主要有 212 类。中国的竹林有 36 类。灌丛的类别更是复杂，主要有 113 类，其中分布于高山和亚高山垂直带，适应于低温、大风、干燥和长期积雪的高寒气候的灌丛，如常绿针叶灌丛、常绿革叶灌丛及高寒落叶阔叶灌丛，主要有 35 类；暖温带落叶灌丛类型最多，主要有 55 类；其他亚热带常绿和落叶灌丛主要有 20 类，这些均为森林破坏后所形成的次生灌丛；热带肉质刺灌丛在中国分布局限，约有 3 类。草甸可分为典型草甸（27 类）、盐生草甸（20 类）、沼泽化草甸（9 类）和高寒草甸（21 类）。中国沼泽以草本沼泽类型较多（14 类），其次为木本沼泽（4 类），并有 1 类泥炭沼泽。中国的红树林，系热带海岸沼泽林，主要有 18 类。草原分为草甸草原、典型草原、荒漠草原和高寒草原，共 55 类。荒漠分为小乔木荒漠、灌木荒漠、小半灌木荒漠及垫状小半灌木荒漠，共 52 类。此外，高山冻原、高山垫状植被和高山流石滩植被主要有 17 类。淡水和海洋生态系统类型尚无精确统计。

（六）空间格局繁复多样

中国植物多样性的另一个特点是空间分布格局的繁复多样。决定这一特点的是，中国地域辽阔，地势起伏多山，气候复杂多变。从北到南，气候跨寒温带、温带、暖温带、亚热带和北热带。生物群域（biomes）包括寒温带针叶林、温带针阔叶混交林、暖温带落叶阔叶林、亚热带常绿阔叶林、热带季风雨林。从东到西，随着降水量的减少，在北方，针阔叶混交林和落叶阔叶林向西依次更替为草甸草原、典型草原、荒漠化草原、草原化荒漠、典型荒漠和极旱荒漠；在南方，东部亚热带常绿阔叶林（江南丘陵）和西部亚热带常绿阔叶林（云南高原）在性质上有明显的不同，发生不少同属不同种的物种替代。在地貌上，中国是一个多山的国家，山地和高原占了广阔的面积。如按海拔高度计算，海拔 500m 以上的国土面积占全国总面积的 84%，500m 以下的仅占 16%，而 500m 以下还分布着大面积低山和丘陵，平原不到 1/10。

中国植物的高度丰富，特有属、种多，区系起源古老，栽培植物种质资源丰富，加上生态系统多样以及植物多样性空间分布格局的复杂都说明了中国植物多样性在全球所处的独特地位，也决定了中国的野生植物资源极其丰富，开发利用潜力巨大，同时保护的任务也十分艰巨。

二、中国植物多样性受威胁概况

中国植物多样性极其丰富，由于人口的急剧增长、不合理的资源开发活动以及环境污染和自然生态破坏，中国的生物多样性损失严重，动植物种类中已有总物种数的 15%～20%受到威胁，高于世界 10%～15%的水平。在《濒危野生动植物种国际贸易公约》所列 640 个种中，中国就占 156 个种。近 50 年来，中国约有 200 种植物已经灭绝，高等植物中濒危和受威胁的高达4 000～5 000 种，约占总种数的 15%～20%。许多重要药材如野人参、野天麻等濒临灭绝。《中国珍稀濒危保护植物名录》确定珍稀濒危植物 354 种，其中，一级 8 种，二级 143 种，三级 203 种。下面仅就在植物资源中占有较重要地位的中国高等植物的多样性及受威胁状况做简要介绍。

（一）苔藓植物

全世界有苔藓植物 23 000 种，中国约 2 200 种，占世界 9.1%。其中中国特有或主要分布于亚洲东部的属有 35 个，占中国苔藓植物属数的 7.09%，共有 48 种，占中国总种数 2.2%。这些物种中，在系统发育上居关键位置的类群多，如分布于西藏的原始藻苔类：藻苔（*Tadakia lepidozioides*）和角叶藻苔（*T. ceratophylla*）。

目前，中国濒危和稀有苔藓植物有 20 科，36 种。已证实灭绝的至少有耳坠苔（*Ascidiota blepharophylla* var. *blepharophylla*）、拟短月藓（*Brachymeniopsis gymnostoma*）、闭蒴拟牛毛藓（*Ditrichopsis clausa*）、拟牛毛藓（*D. gymnostoma*）和华湿原藓（*Sinocalliergon satoi*）等 5 种。另外，分布于海南热带雨林中的细鳞苔科管叶苔属（*Colura*）和紫叶苔科紫叶苔属（*Pleurozia*）的多个种已很难找到。分布于四川峨眉山的锦丝藓（*Actingthuidium hookeri*）、塔藓（*Hylocomium splendens*）和安徽黄山的疣黑藓（*Andreaea*）都受到旅游开发影响已很难找到。

（二）蕨类植物

全世界有蕨类植物 10 000～12 000 种，中国有 2 200～2 600 种，占世界种数 22%，占科属数可达 95%。较原始的种类有：松叶蕨（*Psilotum nudum*）、天星蕨（*Christensenia*）。中国特有种有：柳叶蕨（*Cyrtogonellum fraxinellum*）、光叶蕨（*Cystoathyrium chinense*）、黔蕨（*Phanerophlebiopsis tsiangiana*）、中国蕨（*Sinopteris grevilleoides*）、玉龙蕨（*Sorolepidium glaciale*）和毛脉蕨（*Trichoneuron microlepioides*）。

经济植物有：药用，贯众（*Cyrtomimum fortunei*）、海金沙（*Lygodium japonica*）、骨碎补（*Davallia barometz*）、绵马鳞毛蕨（*Dryopteris crassirhizoma*）、石韦（*Pyrrosia* spp.）、金毛狗脊蕨（*Cibotium barometz*）等；食用，薇菜（*Osmunda* spp.）、蕨菜（蕨）、猴腿菜（猴腿蹄盖蕨，*Athyrium multidentatum*）、广东菜（荚果蕨，*Mattenccia struthiopters*）等。

单叶贯众（*Cyrtomimum hemionitis*）和毛脉蕨已灭绝，光叶蕨和中华水韭（*Isoetes sinensis*）可能已灭绝。濒危和稀有种有 102 种，分属于 39 科，约占中国蕨类总种数的 4.25%。已建立专门保护区（如贵州赤水的桫椤自然保护区）及多处保护对象中包括蕨类植物的自然保护区。

（三）裸子植物

全世界约有裸子植物 850 种，隶属于 79 属和 15 科。我国有 250 种，34 属和 10 科，分别占世界 29.4%、41.5%和 66.6%。裸子植物种数仅为被子植物的 0.8%，但其所形成的森林面积约占森林总面积的 52%。目前重要物种属有三尖杉属和红豆杉属抗癌药用。

中国濒危及稀有种约 63 种，占种数 28%。已灭绝种 1 种：崖柏（*Thuja sutchuenensis*）。已无野生种仅有栽培种 3 种：苏铁（*Cycas revoluta*）、华南苏铁（*C. taiwaniana*）、四川苏铁（*C. szechuanensis*）。分布区窄极危种 13 种：多歧苏铁（*C. multipinnata*）、柔毛油杉（*Keteleeria pubescens*）、矩鳞油杉（*K. oblonga*）、海南油杉（*K. hainanensis*）、百山祖冷杉（*Abies beshanzuensis*）、元宝山冷杉（*A. yuanbaoshanensis*）、康定云杉（*Picea montigena*）、大果青扦

(*P. neoveitchii*)、太白红杉(*Larix chinensis*)、短叶黄杉(*Pseudotsuga brevifolia*)、巧家五针松(*Pinus squamata*)、贡山三尖杉(*Cephalotaxus lanceolata*)、台湾穗花杉(*Amentotaxus formosana*)和云南穗花杉(*A. yunnanensis*)。其中百山祖冷杉和台湾穗花杉被列为世界最濒危物种。

已建立以银杉、百山祖冷杉、攀枝花苏铁、元宝山冷杉和水杉为专门保护对象的自然保护区。还有把裸子植物列为主要保护对象的综合性保护区多处。

(四) 被子植物

全世界约有被子植物 400 多科,10 000 多属,260 000 多种。中国有 300 余科,近 3 100 属,30 000 多种,分别占全世界的 75%、30%、10%。仅次于巴西和哥伦比亚,居第三位。

特点是:①生态类型齐备;②原始古老成分众多;③特有类型极其丰富(特有属 246 个,特有种 17 000 种),如伯乐树(*Bretsclneidera sinensis*)、连香树(*Cercidiphyllum japonicum*)、领春木(*Euptelea pleiospermum*)、昆栏树(*Trochodendron aralioides*)、银缕梅(*Shaniodendron subaequalum*)、水青树(*Tetracentron sinensis*)、半日花(*Helianthemum songoricum*)、四合木(*Tetraena mongolica*)、鹅掌楸(*Liriodendron chinensis*)和珙桐(*Davidia involucrata*)等。

中国被子植物约有 4 000 种受到各种各样的威胁,特别是作为经济植物的物种,如人参、肉苁蓉、草苁蓉、黄檗、贝母、黄芪、楠木(*Phoebe* spp.)、黄连、阿魏、牡丹(*Paonia* spp.)、红豆树(*Ormosia howii*)、核桃楸、水曲柳(*Fraxinus mandshurica*)、格木(*Erythrophleum fordii*)、蚬木、降香黄檀(*Dalbergia odorifera*)、紫荆木(*Madhuca pasquieri*)、油丹(*Alseodaphne hainanensis*)、姜状三七(*P. zingiberensis*)、刺参(*Oplopanax elatus*)、刺五加、巴戟天(*Morinda officinalis*)等。已列入珍稀保护的约 1 000 多种。

被子植物在大型植物中数量最多,而且与人类衣、食、医药、工业原料等关系最为密切。被子植物的大量灭绝无疑会对人类造成很大的威胁,因而我们必须格外重视对被子植物的保护。为了有效保护它们,必须研究其受威胁的方式、程度和灭绝过程,从而制定合理的保护策略。在这方面,进行种群存活力的分析,确定最小能存活种群是核心内容。目前许多自然保护区都把珍稀濒危被子植物作为重点保护对象。与此同时,应该特别重视减少造成物种濒危和灭绝的因素,如防止森林破坏,禁止对经济价值较大种类的过度利用,尽量建立更多的保护区,加强保护区管理,必要时采取迁地保护措施,变野生为栽培等。

复习思考题

1. 简述物种灭绝或受威胁的人为因素。
2. 什么是濒危种、渐危种和稀有种?
3. 什么是就地保护和迁地保护?
4. 中国的一级保护植物有哪些种?
5. 什么是自然保护区?一般自然保护区划分为几个功能区?它们是如何划分的?各有哪些功能?

6. 选择建立自然保护区的条件和标准有哪些?
7. 植物资源保护管理规划的任务是什么?
8. 制定植物资源可持续开发利用规划的具体内容包括几个方面?
9. 针对植物资源开发利用中存在的问题应采取哪些措施?
10. 简述中国植物多样性的一般特点。

第六章　药用植物资源

第一节　概　　述

药用植物资源是指含有药用成分，具有医疗用途，可以作为植物性药物开发利用的一群植物。广义的药用植物资源还包括人工栽培和利用生物技术繁殖的个体及产生药物活性的物质。我国现有药用植物资源 383 科 2 309 属 11 146 种，占中药资源种类的 87%。临床常用的植物药材有 700 多种，大多数传统中药材采用野生资源。我国虽然拥有丰富的药用植物资源，但我国的药用植物物种也是世界上生物多样性受破坏最严重的之一。因此，研究药用植物的种类、蕴藏量、地理分布、时（间）空（间）变化，合理开发利用及其科学管理，为人民保健事业和制药工业不断提供充足而质优的植物性药原料，具有极其重要的意义。

一、药用植物资源研究的主要范围

药用植物资源研究的主要范围有以下几个方面：

（1）调查药用植物的种类、分布和蕴藏量，研究其更新、消长的动态规律，为合理开发利用提供科学依据。

（2）研究药用植物资源的最佳收获期及合理采收方法。药用植物的有效成分含量，药用部位收获时的产量，加工生产率等综合指标都较高的生育阶段为最佳收获期。

（3）研究药用植物有效成分含量，有效成分的提取、分离、纯化技术，以及把药用植物资源的原料变为优质高效新产品或其他产品的工业技术。

（4）研究药用器官形成与更新，种群与群落的生境及演替，有效成分与生态因子的关系，地道药材的特点及其形成因素等药用植物资源的动态规律，保护与发展种质资源，提高科学的经营与管理方法。

（5）药用为主多方面多层次合理利用。所谓多方面的开发利用是指以药用为主的其他方面的开发利用，如保健品、饮料、添加剂（包括多种维生素、多种微量元素、氨基酸、脂肪酸、色素和调味品等）、甜味剂、花粉蜜源、香料、化妆品、鞣料、淀粉、树脂、树胶、观赏、农药、驱避剂及饲料等。所谓多层次的开发利用是指针对紧缺、贵重、稀有药用植物，进行引种驯化与人工栽培及生物技术繁殖；针对需求量大的常用药用植物，特别是滋补和保健用途的药品及饮料精加工，进行制药工业或轻化工业的研究开发；针对药用价值与经济效益高的药用植物，通过多学科综合研究，寻找新药源与开发新品种。

（6）通过药用植物资源调查，从近缘植物和民族植物药中寻找与开发植物性药材的新品种与新资源。

二、药用植物资源的分类

目前我国药用植物资源的分类，各学科根据各自的特点和需要，从不同的角度建立了不同的分类系统，归纳为以下几种：

（一）古代分类方法

1.《神农本草经》分类　以养命、养性、治病三种功效将365种药物归为上、中、下三品。上药120种，为君，主养命以应天。无毒，多服久服不伤人。欲轻身益气、不老延年者，本上经；中药120种，为臣，主养性以应人。无毒、有毒，斟酌其宜。欲遏病补虚羸者，本中经；下药125种，为佐使，主治病以应地。多毒，不可久服。欲除寒热邪气，破积聚愈疾者，本下经。

2.《本草纲目》分类　以药物自然属性与特征，把药物分为水、火、金石、石、土、草、谷、菜、果、木、服器、虫、鳞、介、禽、兽、人等17部。

（二）按药物名称首字笔画分类

此方法将药物按笔画数目人为地归纳入笔画索引中，易于查阅。如一只箭、一匹草等归入一划；丁香、人参等归入二划；三七、大青叶等归入三划等。此方法易查阅，但不能将形态特征、有效成分相近的药用植物归为一类，不便资源的开发利用。代表书籍《中国华人民共和国药典》（以下简称《中国药典》）和《中药大辞典》。

（三）按药物功效分类

此分类方法是在中医理论指导下，按药物功效的相近性进行分类。分为如下20类：

1. 解表药　凡能疏解肌表，促使发汗，用以发散表邪，解除表证的中药材，称解表药。如麻黄、防风、薄荷、桂枝、菊花、柴胡等。

2. 清热药　凡能以清解里热为主要作用的中药材，称清热药。如知母、栀子、苦参、黄连、金银花、黄柏、地骨皮等。

3. 泻下药　凡能引起腹泻或滑润大肠，促进排便的中药材，称泻下药。如大黄、番泻叶、火麻仁、郁李仁等。

4. 祛风湿药　以祛除肌肉、经络、筋骨的风寒湿邪，解除痹痛为主要作用的中药材，称祛风湿药。如秦艽、独活、五加皮、徐长卿等。

5. 芳香化湿药　凡气味芳香，具有化湿运脾作用的中药材，称芳香化湿药。如苍术、厚朴、砂仁、藿香等。

6. 利水渗湿药　以通利水道、渗泄水湿为主要功效的中药材，称利水渗湿药。如茯苓、泽泻、金钱草、海金沙、石韦等。

7. 温里药　凡能温里散寒，治疗里寒症的中药材，称温里药。如干姜、附子、肉桂、吴茱萸、丁香等。

8. 理气药　凡具有舒畅气机，使气性通顺，消除气滞的中药材，称为理气药。如橘皮、枳实、木香、乌药、香附、薤白等。

9. 消食药　凡能促进消化，治疗饮食积滞为主的中药材，称消食药。如山楂、麦芽、莱菔子、阿魏等。

10. 驱虫药　凡以驱除或杀灭寄生虫为主要作用的中药材，称驱虫药。如苦楝皮、使君子、槟榔、南瓜子、雷丸等。

11. 止血药 凡以制止体内外出血为主要作用的中药材，称止血药。如三七、仙鹤草、地榆、小蓟、白茅根、白及等。

12. 活血祛淤药 凡以通行血脉，消散淤血为主要作用的中药材，称活血祛淤药。如川芎、丹参、鸡血藤、红花、益母草、牛膝等。

13. 化痰止咳平喘药 凡能祛痰或消痰，减轻和制止咳嗽、喘息的中药材，称化痰止咳平喘药。如半夏、川贝母、苦杏仁、桔梗、白果、白前。

14. 安神药 凡以安定神志为主要功效的中药材，称安神药。如酸枣仁、远志、柏子仁、合欢皮、夜交藤等。

15. 平肝息风药 具有平肝潜阳、息风止痉为主要作用的中药材，称平肝息风药。如天麻、钩藤、罗布麻等。

16. 开窍药 凡具辛香走窜之性，以开窍醒神为主要功效的中药材，称开窍药。如樟脑、石菖蒲、苏合香等。

17. 补虚药 凡能补益正气，增强体质，提高抗病能力，消除虚弱证候的中药材，称补虚药，又称补益药。如人参、黄芪、甘草、淫羊藿、肉苁蓉、杜仲、何首乌、当归、枸杞等。

18. 收涩药 凡以收敛固涩为主要功效的中药材，称收涩药。如五味子、麻黄根、五倍子、山茱萸、乌梅等。

19. 涌吐药 凡以促使呕吐为主要作用的中药材，称涌吐药。如瓜蒂、常山等。

20. 外用药及其他 凡在体表或某些黏膜部位应用，能杀虫止痒、消肿散结、化腐排脓、生肌收口、收敛止血的一些中药材，称外用药。如蛇床子、大风子等。

这种分类方法便于中医临床应用和学习中药理论。如《中药学》和《中药药理学》用此分类方法。

（四）按药用部位分类

此方法根据药用部位的异同，将药用植物分为如下几类：

1. 根及根茎类 其药用部位为根及地下茎（包括根状茎、鳞茎、球茎、块茎）等。如丹参、竹、百合、贝母、山药、半夏、延胡索等。

2. 茎木类 其药用部位为草本或木本植物的茎藤、枝、木、髓等。如首乌藤、天仙藤、沉香、檀香、通草、川木通。

3. 皮类 其药用部位为树皮或根皮。如杜仲、厚朴、黄檗、五加皮等。

4. 叶类 其药用部位为植物的叶。如桉叶、枇杷叶、侧柏叶、番泻叶、艾叶等。

5. 花类 其药用部位为花、花蕾、花柱等。如辛夷、红花、菊花、金银花、番红花等。

6. 果实和种子类 其药用部位为成熟或未成熟的果皮、果肉或果核、种仁，如五味子、栝楼、山茱萸、木瓜、酸橙、酸枣仁、枸杞等。

7. 全草类 其药用部位为植物茎叶或全株。如薄荷、藿香、细辛、紫花地丁等。

8. 树脂类 其药用部位为来源于植物体的树脂。如安息香、血竭、阿魏、苏合香等。

9. 藻菌类 为药用藻类和真菌。如海藻、冬虫夏草、茯苓、灵芝、猴头菌等。

此方法便于掌握药用植物的形态特征和药材的性状，有利于同类药物的比较。但当同种药用植物有几种药用部位时，则不便归类。如《中药鉴定学》和《药材学》采用此分类方法。

（五）有效成分分类系统

该系统根据药用植物所含的有效成分或主要成分的异同来分类。药用植物含有不同的生物活性物质，据此可分为：

1. 含生物碱类药用植物　如麻黄、川乌、延胡索、贝母、槟榔、黄连等。

2. 含皂苷类药用植物　如人参、甘草、三七、远志、桔梗等。

3. 含醌类药用植物　如大黄、丹参、何首乌、虎杖、紫草等。

4. 含香豆素和木质素类药用植物　如白芷、防风、厚朴、杜仲、五味子等。

5. 含黄酮类药用植物　如黄芩、银杏叶、红花、淫羊藿等。

6. 含强心苷类药用植物　如洋地黄叶、香加皮、黄花夹竹桃等。

7. 含萜类和挥发油类药用植物　如龙胆、地黄、当归、苍术、丁香、薄荷、肉桂等。

8. 含鞣质类药用植物　如五倍子、诃子、儿茶、绵马贯众等。

9. 含有机酸类药用植物　如金银花、山楂、马兜铃、升麻等。

这种分类方法突出各类有效成分理化性质及其在植物体内的形成和在植物界中的分布，有利于药用植物资源的开发利用。但实际应用中由于一种药物有时会含有数种主要有效成分，加之目前很多药用植物的有效成分尚未查清，故不好实际操作。如《药用植物化学分类学》和《中药化学》采用此分类方法。

（六）按亲缘关系分类

该方法根据药用植物形态结构上的相近性，使用植物分类学的界、门、纲、目、科、属、种的分类系统，把药用植物分门别类。此分类方法有助于了解药用植物在植物界中的地位、形态特征和亲缘关系。根据近缘种化学成分相似的原理，便于在同种、同属中研究和寻找具有相类似有效成分的新药和新资源。如《药用植物学》采用此种分类方法。

综上所述，按亲缘关系分类，便于操作，有利于药用植物资源的开发利用。

三、国内外药用植物资源的研究和利用近况及发展趋势

目前对药用植物资源的研究国内外都非常重视，在深度和广度上都有了很大进展。不仅对现有药用植物资源在药化、药理及合理而科学地开发利用与保护等方面均有广泛的研究，还通过调查、引栽和多学科的综合研究，不断扩大新的和高疗效的资源，增加新品种，提高家种品种的产量和质量，解决供需矛盾，使药用植物资源不断丰富和充实，更好地为人类健康事业服务。

（一）我国药用植物资源开发利用研究概况

我国是开发利用药用植物资源最早、最完善的国家。我们的祖先在原始时代，在以野生植物为食的过程中，发现了植物具有防病治病的作用，经过古代医药学家的实践和整理逐渐形成了《本草学》，这是我们中华民族的宝贵财富。我国古代本草书籍较多，现存的尚有400余种，本草虽然包括部分动物和矿物中药，但均以药用植物资源为主。我国历代较重要的本草著作有：东汉的《神农本草经》、唐代的《新修本草》、宋代的《经史证类备急本草》、明代的《本草纲目》、清代的《本草纲目拾遗》和《植物名实图考》等。特别指出的是我国伟大医药学家李时珍以《经史证类备急本草》为蓝本，参考了800多部有关书籍，深入研究，身历深山僻壤，走遍湖

广等八个省区，边行医，边考查，经过 27 年的实践和长期的努力，终于完成了近 200 万字的药学巨著《本草纲目》。这是我国 16 世纪以前药学知识的全面总结，书中载药 1 892 种，其中有 1 000 多种药用植物资源，在我国中医中药史上占有重要地位，也是世界医药学的一部经典巨著。目前《本草纲目》有拉丁、日、法、德、英、俄等译本，对世界药用植物资源的开发利用也有巨大影响。自清朝末期到新中国成立前的 100 多年里，由于帝国主义的不断侵略，国内政治动乱，中医中药事业处于奄奄一息的悲惨境地，药用植物资源的研究和开发利用也处于停止状态。

20 世纪中叶以来，随着医药卫生事业的发展，药材生产得到了迅速的发展。特别是近几十年，中医药被世界许多国家人民认识和接受以来，我国中医药事业发展很快。我国在药用植物资源开发利用方面做了大量工作：

1. 药用植物资源普查 我国中药资源极为丰富，药用植物种类在世界上位居前列，1983—1994 年，进行了全国性普查。通过普查，已鉴定的药用植物种数达 11 146 种。

2. 药用原料植物资源的研究与利用有新进展 在寻找高含量的药用原料植物方面，突出的工作是以有效成分为指标，从我国 80 种薯蓣属植物中寻找出高含量甾体激素原料植物。结果表明，甾体皂苷元类成分主要集中分布在根茎横走的根茎组种类中。综合比较认为，盾叶薯蓣和穿山龙薯蓣是较理想的原料，值得发展；在扩大药源，挖掘新药方面突出的工作是，以有效成分或部分主要有效成分为指标，对亲缘关系相近的植物进行比较，扩大药源。在这方面已研究过有 40 余类：五加属、马兜铃属、细辛属、小檗属、三尖杉属、黄连属、山楂属、轮环藤属、淫羊藿属、甘草属、石蒜属、芍药属、人参属、葛根属、萝芙木属、大黄属、杜鹃属、千金藤属、钩藤属、美登木属、五味子属、莨菪属、柴胡属、砂仁类、紫草类、蒿类、术类、乌头类、厚朴类、辛夷类、金银花类、羊蹄类、黄芩类、苦参类、麦角、麻黄等。

3. 扩大药用部位，药用植物资源的研究向综合利用方面发展 药用植物的不同部位，常含有相同或相似的药用成分。例如人参、西洋参、三七为根类药材，经研究它们的地上部分均含有与根部相似的三萜类皂苷，目前对它们的地上部的茎叶和花果已全面的开发利用；银杏从利用种子扩大到叶，并开发出治疗心脑血管疾病新药；杜仲从利用皮扩大到利用其叶。其他如钩藤、砂仁、杜仲、五味子、小檗、黄连、葛根等都扩大利用了不同药用部位。另一方面，药用植物往往含有多种药理活性物质，开展多种医药用途的综合利用能提高利用率，降低成本，物尽其用。如利用山莨菪中的多种生物碱（阿托品、东莨菪碱、山莨菪碱、樟柳碱、红古豆醇酯、后马托品等）生产眼科散瞳药、中药麻醉剂、镇静药、解痉止痛药等多种医药产品。其他如虎杖、小檗、黄柏、麻黄、山楂、三七、人参、甘草等都是成功的例子。此外，综合利用还包括医药外的其他经济用途。如甘草除药用外，还用作食品及糖果的甜味剂、烟酒的调香发泡剂，其渣为纤维、纺织、造纸等轻化工原料及食用菌培养基，渣液可作石油钻井、灭火器及杀虫药的稳定剂，地上部分茎叶可作冬贮饲料。具有多种经济用途的药用植物还有麻黄、山楂、月见草、橘皮、桂皮、大蒜、黄柏、杏仁、缬草、葛根、马蔺、蒲公英、五味子等。

4. 替代进口药的国产资源开发利用的研究 从进口药同科属亲缘相近的国产植物中，通过有效成分的分析、药理及临床试验研究，成功地找到了一批进口药的国产资源，并且大部分已投产或试生产（表 6－1）。

表 6-1　进口药代用品国产资源研究利用种类

进口药	国产资源
安息香（*Styrax benzoin*）	国产安息香（*S. macrothyrsus*，*S. subnivens*，*S. hypoglauca*）
马钱子（*Strychnos nuxvomica*）	国产马钱（*S. wallichiana*）
阿拉伯胶（*Acacia senegal*）	国产金合欢属植物的树胶（*A. farnesiana*，*A. decurrens*，*A. decurren* var. *mollis*）
胡黄连（*Picrorrhiza kurroa*）	国产胡黄连（*P. scrophulariiflora*）
大风子（*Hydnocarpus anthelminticus*）	国产大风子（*H. hainanensis*，*Gynocardia odorata*）
蛇根木（*Rauvolfia serpentina*）	国产萝芙木（*R. verticillata*，*R. latifrons*，*R. yunnanensis*）
沉香（*Aquilaria agallocha*）	国产白木香（*A. sinensis*）
阿魏（*Ferula assafoetida*）	国产新疆阿魏（*F. sinkiangense*）

5. 通过合成、半合成及修饰活性成分结构途径扩大药用植物资源的研究　应用有效成分的化学合成、半合成及结构修饰等方法，将植物中的某一成分修饰改变，使之成为需要的化合物，这一途径可解决原料来源不足的困难，达到降低成本，获得高效、低毒药物的目的。如三尖杉属（*Cephalotaxus*）植物中提取出的酯类生物碱（三尖杉酯碱、异三尖杉酯碱、高三尖杉酯碱）具有显著的抗癌作用，但它们在植物体内的含量极低。现研究从三尖杉（*C. fortunei*）中提出三尖杉碱，再通过合成途径得到三尖杉酯碱的差向异构体混合物，则能提高产量，大幅度扩大药源；延胡索中含镇痛有效成分延胡索乙索仅 0.1%～0.2%，而从防己科黄藤（*Fibraurea recisa*）茎提出巴马汀，再经氢化为延胡索乙索则可大大提高产量并降低了成本。再如秋水仙碱经氢氧化铵水解得到秋水仙酰胺，后者比秋水仙碱的毒性低，抗癌谱更广，而且安全范围也较大，临床上用于治疗乳腺癌；丹参中提出的丹参酮 $Ⅱ_A$，经过磺化后，则大大地增加了水溶性，从而获得了合适制剂并提高了疗效；对五味子有效成分的研究，发现合成五味子丙素的中间体——联苯双酯有降低谷丙醇的作用，从而研制出治疗肝炎新药——联苯双酯。

6. 生物技术应用研究　细胞培养和细胞工程技术对扩大药用植物资源具有现实的意义。利用组织培养技术：山东怀地黄脱毒苗在生产上获得增产，中国农业大学育成杜仲三倍体新品种，山西育成枸杞多倍体新品种，安徽、广西对石斛种子进行无菌萌发形成试管苗，并在产区移植成功。杜仲利用组培技术生产富含次生代谢物的愈伤组织。利用细胞工程产生次级代谢物：利用紫草培养细胞生产紫草素，利用人参根培养物生产食品添加剂，利用黄连培养细胞产生小檗碱，利用长春花培养细胞生产蛇根碱及阿吗碱，利用洋地黄培养细胞生产地高辛。

7. 中药现代化与无公害化规范化栽培研究　药用植物资源是中药生产的重要原料来源，中药产业是我国最具民族文化特点和优势的传统产业，也是国际医药的重要组成部分，已成为世界范围内快速发展的新兴产业。为加快我国中药产业的现代化、国际化进程，国家起动了“中药现代化科技产业行动计划”，标志着我国中药产业步入了新的发展阶段。中药现代化就是指将传统中医药的优势、特色与现代科学技术相结合，以适应当代社会发展需求的过程。中药材是一种特殊商品，在中药产业体系中，中药材既是原料药，又是成品药，中药材生产规范化及质量标准化是中药产业的基础和关键。可以说没有中药材 GAP（Good Agricultural Practice，药材生产质量管理规范），就没有中成药 GMP（Good Manufacture Practice，药品生产质量管理规范），就没有新药开发 GLP（Good Laboratory Practice，药品非临床研究管理规范）和 GCP（Good Clinic Practice，药品临床试验管理规范），就没有药市 GSP（Good Store Practice，药品经营质量管理规范）。

中药现代化首先要原料生产现代化，因此，野生药用植物资源的引种驯化及其无公害规范化栽培基地的建设显得尤其重要。所谓无公害化就是指原料生产过程中，在土壤和空气环境质量、施肥质量、灌溉水质、农药残留等方面符合国家环境质量标准。所谓规范化就是指原料生产过程中，在选种质量、田间管理、采收加工和运输贮藏等方面实现规范化。无公害化和规范化的最终目标是保证中药材质量，促进中药标准化和现代化，保护野生药用植物资源，坚持“最大持续产量”原则，实现资源的可持续利用。目前，国家已制定出《中药材生产质量管理规范》。

（二）国外药用植物资源开发利用研究概况

近年来，随着科学的进步、医疗卫生和保健事业的发展，越来越多国家发现化学合成药品具有一定的毒副作用，甚至有些化学合成药品出现致癌、致畸、致突变和抗药作用。因此，世界上一些科学发达的国家，一方面宣布废除和淘汰一些西药，另一方面都在积极研究和开发天然药物。由于世界各国的自然条件、种族、动植物区系、历史条件以及对药用植物的认识有较大差异，因此对药用植物的研究和开发利用也有很大差别。20 世纪以来，国外对药用植物资源开发利用的研究比较重视的国家有日本、美国、俄罗斯、印度、巴基斯坦、泰国、墨西哥等。

日本在废止部分西药使用的同时，积极开展天然药物的研究。把分子生物学和分子药理学的一些成就与药用植物学研究结合起来，并注意学习和吸收中医中药的传统经验和理论，开展汉药复方的研究。日本学者对常用的中药材如人参、三七、杜仲、芍药、黄芪、甘草、酸枣仁、地黄、柴胡、升麻、当归等化学成分进行了较深入的研究，把药用皂苷作为主要研究对象。目前日本主要研究基地有东京大学药学部、富山医科药科大学、汉药研究所及日本大学药学部积极开展了汉药品质及寻找新的药用植物资源工作，从而使中药在日本的销售量逐年增加。代表著作有《药用天然物质》、《和汉药物学》等。

美国在 1972 年一次就宣布废止 369 种西药。对药用植物资源开发利用的重点是寻找抗癌、抗艾滋病新药，对新药的使用以纯有效成分为主。他们对 4 716 属中 20 525 种植物进行筛选，获得 6 700 个粗制剂，筛选出了紫杉醇、鸭胆子汀、长春花碱、喜树碱、美登新、雷公藤素等新药或新线索。他们筛选的植物数量是世界其他国家在抗肿瘤植物筛选方面的总和。目前伊利诺伊（Illinos）大学的生药系及药理系是美国天然药物的主要研究机构，设有天然药物的电子计算机数据库，收集储存了世界大部分天然药物的化学药理、植物来源等资料。

以俄罗斯为主的独联体对药用植物的研究也较深入，多年来非常重视药用植物的基础研究和引种栽培技术的研究，特别是对植物性强壮药的研究有了较大突破，如人参、刺五加、红景天、北五味子等。在保健药理方面有所发展，在药用植物资源方面作了许多基础工作：对各大区药用植物资源进行了调查，绘制了药用植物分布图，研究了重要药用植物有效成分的积累动态、生理活性成分的筛选、某些类群的化学分类等工作。设置了药用植物研究所，代表作有《人与生物活性物质》（Man and Biologically Active Substances，1980 Pergamon Press）。

印度对植物性药物的应用有着悠久的历史，是应用天然药物最多的国家，也是植物药材出口国之一，对药用植物资源的开发利用研究也非常重视。近年来，从 100 多种植物中，发现有 29 种有避孕作用的成分。人工栽培的大宗药材有颠茄、金鸡纳、麦角、长春花等。最大的专业研究机构是勒克脑（Lucknow）的中央药物研究所，引起世界重视的是将萝芙木（印度蛇根木）开发为治疗高血压的新药。

巴基斯坦从345种药用植物中筛选出抗癌活性成分，并开展了避孕药的筛选和研究工作。泰国也是对药用植物开发和利用比较好的国家，已经引种栽培的药用植物有豆蔻、藤黄、穿心莲、芦荟等，泰国产的砂仁、豆蔻、槟榔等每年都有出口。墨西哥药用植物资源开发利用的研究中心是药用植物研究所，他们对南美及本国的药用植物进行了系统的调查，其数据存于电子计算机中，并编印出《墨西哥药用植物的名称目录Ⅰ》和《墨西哥药用植物的效用Ⅱ》。

目前，全球植物药市场及发展趋势是，植物药市场销售份额增长迅速，从1994年的125亿美元增长至2002年的244亿美元，增长几乎1倍，主要市场在欧洲和美国。表6-2是《2005高技术发展报告》原于《IMS Market Analysis》和《Phytopharm Consulting》的植物药销售总额及地区分布情况。

表6-2　植物药销售总额及地区分布

地区	销售额（亿美元）			
	1994年	1996年	1998年	2002年
欧洲	60	70	75	95
东南亚国家	27	27	30	40
日本	18	24	24	29
北美洲	15	16	38	70
其他国家	5	3	9	12
合计	125	140	176	244

四、国内外对药用植物资源需求重点方向

有关调查统计资料表明，今后相当长一段时间内，以下十类药用植物资源国内外需求量将会越来越大：①调节机体免疫功能类药用植物资源；②抗心脑血管系统疾病类药用植物资源；③抗风湿病与类风湿病类药用植物资源；④抗肿瘤类药用植物资源；⑤抗过敏类药用植物资源；⑥增强妇幼保健类药用植物资源；⑦防治性病与艾滋病类药用植物资源；⑧抗衰老类药用植物资源；⑨防治肥胖和促进健美类药用植物资源；⑩美容和药膳类药用植物资源。因此，上述各类野生药用植物资源将是未来筛选、研究、开发和利用的重点。

第二节　主要药用植物资源

一、茯苓 *Poria cocos*（Schw.）Wolf

【植物名】 茯苓又名松茯苓、茯灵、云苓、不死面等，为多孔菌科（Polyporaceae）卧孔菌属真菌。药材商品名称“茯苓”。

【形态特征】 寄生或腐寄生。菌核埋在土内，有特臭气，鲜时质软，干后坚硬；球形、扁球形、长圆形或稍不规则块状；表面淡灰棕色或黑褐色，断面近外皮处带粉红色，内部白色。子实体平伏于菌核表面，伞形，幼时白色，老时变淡褐色。菌管单层，孔为多角形，孔缘渐变齿状。孢子长方形至近圆柱状，有一斜尖，壁表面平滑，透明无色（图6-1）。

【分布与生境】 分布几乎遍布全国。主产于四川、湖北、云南、河南、贵州等省。野生茯苓

大多生活在松树根上，在伐下的腐木段上也可生长，是一种兼性腐生真菌。菌体好气，怕积水，土质以沙多、泥少、排水良好为宜。茯苓喜温暖气候，在10～35℃可生长，但25～30℃时生长最快。

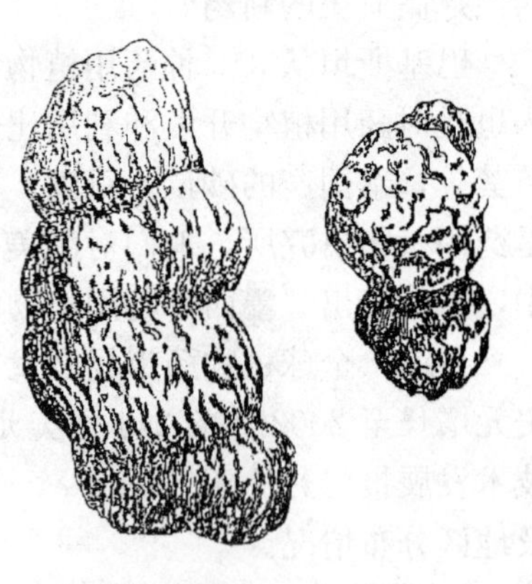

图 6-1 茯苓 *Poria cocos*

【药用部位与功能主治】干燥的菌核入药，为利水渗湿药。性平，味甘、淡。有利水渗湿、健脾和中、宁心安神等功效。用于水肿尿少，便溏泄泻、心神不安、惊悸失眠、健忘等症。茯苓皮健脾，治皮肤水肿。赤茯苓用于小便短赤，淋沥不畅。茯神用于心神不宁，惊悸健忘等症。

【有效成分与药理作用】菌核含 β-茯苓聚糖（β-pachyman)，含量可高达 75%，并含多种四环三萜酸化合物：茯苓酸（pachymic acid)、齿孔酸（ebricoic acid)、块苓酸（tumulosic acid)、松苓酸（pinicolic acid)、松苓新酸（3-β-hydrokylanosta-7，9（11)，24-trien-21-oic acid)、7，9（11）-去氢茯苓酸、7，9（11）-去氢块苓酸及多孔菌酸 C（polyporenic acid C）等。此外，尚含麦角甾醇、胆碱、腺嘌呤、卵磷脂、β-茯苓聚糖酶蛋白酶、脂肪酸等。现代药理研究证明，茯苓具有利水、降低胃酸、镇静、降血糖、强心、保肝、促进细胞及体液免疫、抗肿瘤等作用。茯苓次聚糖（pachymaran）对小鼠肉瘤 S_{180} 抑制率达 96.83%，水浸液及煎剂有利尿、抑菌、镇静活性。

【采收与加工】野生茯苓常在 7 月至次年 3 月到松林中采挖，人工栽培茯苓于接种后第二年 7～8 月间采挖。将鲜茯苓堆放在不通风处，用稻草围盖，进行“发汗”，使水分析出，取出放阴凉处，待表面干燥后，再行“发汗”，反复数次至出现皱纹，内部水分大部分散失后，阴干，称“茯苓个”。以体重坚实、外皮色棕褐、皮纹细、无裂隙、断面白色细腻、黏牙力强者为佳。在稍干，表面起皱时，用刀削下外皮，称“茯苓皮”；鲜茯苓去皮后切片，称“茯苓片”；切成方形或长方形者称“茯苓块”；中有松根者称“茯神”；带棕红色或淡红色部分切成的片块称“赤茯苓”，近白色部分切成的片块称“白茯苓”。

【资源开发与保护】据统计，以茯苓为原料的中成药多达 293 种。如八珍丸、石斛夜光丸、十全大补膏、龟苓补酒、肥儿糖浆、四君子冲剂等。茯苓除作中药外，亦是滋补、强壮、健身的保健食品。目前，野生茯苓资源较少，更新较慢，应注意保护。传统的人工栽培方法是使用新鲜茯苓菌核做种，砍伐松树做培养料，但由于新鲜菌种不易保存和运输，且消耗商品茯苓，自 20 世纪 70 年代以来，以优质菌核中分离、培育出的茯苓纯菌丝做菌种进行新法生产茯苓，不仅产量高，且质量与传统方法一致。

二、冬虫夏草 *Cordyceps sinensis*（Burk.）Sacc.

【植物名】冬虫夏草为麦角菌科（Clavicipitaceae）虫草属真菌。药材商品名称“冬虫夏草”。

【形态特征】冬虫夏草为冬虫夏草菌寄生在蝙蝠蛾科昆虫蝙蝠蛾（*Hepialus armoricanus* Oberthür）越冬幼虫体上的子座与虫体的复合体。子座出自寄主头部，单生，稀 2～3 个，细柱形，子座头部棕色，稍膨，其上密生多数子囊壳，壳内有多数线形子囊，每一子囊内有 2～4 个具隔膜的子囊孢子。夏季子囊孢子从子囊内射出后，产生芽管或从分生孢子产生芽管穿入寄主幼虫体内生长，染病幼虫钻入土中，冬季形成菌核，菌核破坏了幼虫的内部器官，但虫体的角皮仍完整无损。翌年夏季，从幼虫尸体的前端生出子座(图 6－2)。

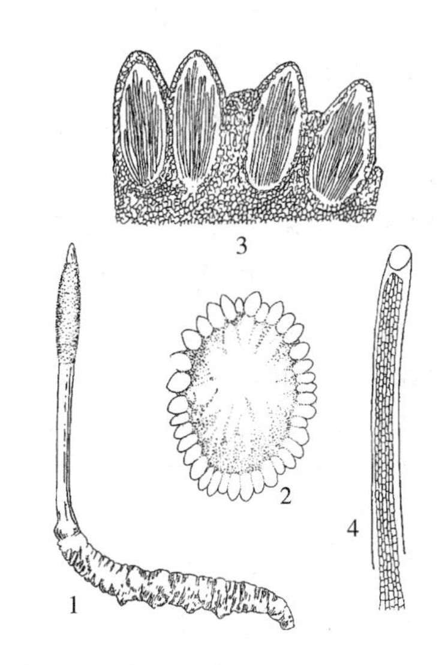

图 6－2　冬虫夏草 *Cordyceps sinensis*
1. 全形：上部为子座，下部为已毙幼虫
2. 子座横切示子囊壳　3. 子囊壳放大示子囊
4. 子囊放大示子囊孢子

【分布与生境】分布于四川西北部、青海及甘肃东南部、西藏东南部及云南、贵州西北部 3 000～4 000m 的高山草甸，并有珠芽蓼（*Polygonum viviparum* L.）生长的地方。

【药用部位与功能主治】子座和虫体一同入药，为补虚药。性平，味甘。有补肺益肾、止血化痰等功能。用于久咳虚喘、咯血、多汗、盗汗、阳痿遗精、腰膝酸痛。

【有效成分与药理作用】冬虫夏草含粗蛋白 25%～30%，游离氨基酸 19 种及多种无机元素、虫草菌素(3－脱氧腺苷，3－deoxyadenosine)、维生素 B_{12}、D－甘露醇、尿嘧啶、腺嘌呤、腺嘌呤核苷、麦角醇、半乳甘露聚糖、软脂酸、胆甾醇软脂酸酯、蕈糖等。冬虫夏草提取物能促进脾脏 DNA 合成，增强机体的免疫和抗病能力，并明显提高动物机体巨噬细胞吞噬功能；水或乙醇提取物能抗小鼠艾氏腹水癌。

【采收与加工】夏初子座出土，孢子未发散时挖取，晒至 6～7 成干，除去杂质，晒干或低温干燥。以完整、虫体丰满肥大、外色黄亮、内色白、子座短者为佳。

【近缘种】作为冬虫夏草入药的菌类植物还有：

（1）虫草头孢菌 *Cephalosporium sinensis*，主产浙江，其深层发酵已获成功；

（2）亚香棒虫草 *Cordyceps hawkesii* Gary，产湖南；

（3）凉山虫草 *Cordyceps liangshanensis* Zang，Liu et Hu，产四川；

（4）蛹草 *Cordyceps militaris*（L.）Link.，习称“北虫草”，产于吉林、河北、陕西、安徽、广西、云南等省（区）。

【资源开发与保护】冬虫夏草是我国名贵传统的强壮滋补药材，由于天然冬虫夏草有其严格的寄生性及特殊的地理环境，因而产量有限，药源紧缺，价格昂贵。所以近 30 年来许多国内外学者致力于冬虫夏草人工培养研究。近年人工培养的冬虫夏草菌丝体获得成功，其化学成分、药理作用与天然虫草一致。从分离单个囊孢子进行培养可获形态相同的真菌，并能长出子座。

三、灵芝 *Ganoderma lucidum*（Leyss. ex Fr.）Karst.

【植物名】灵芝又名赤芝、木灵芝、菌灵芝、灵芝草、万年蕈等，为多孔菌科（Polyporaceae）灵芝属真菌。药材商品名称“灵芝”。

【形态特征】子实体菌盖木栓质，肾形、半圆形或近圆形，黄色渐变红褐色，大小变化较大，大者可达 12cm×20cm，厚可达 2cm；盖面被有革质化并有漆状光泽的皮壳，具环状棱纹和辐射状皱纹，边缘薄而平截，常稍内卷。菌肉白色至淡棕色；菌管淡白色、淡褐色至褐色，长约

1cm，平均每毫米有4～5个。菌柄圆柱形，侧生，少偏生，长7～15cm，直径1～3.5cm，红褐色至紫褐色，光亮。孢子细小，黄褐色、卵形，8.5～11.5μm×5～6.5μm，孢子双层壁，内有油滴（图6-3）。

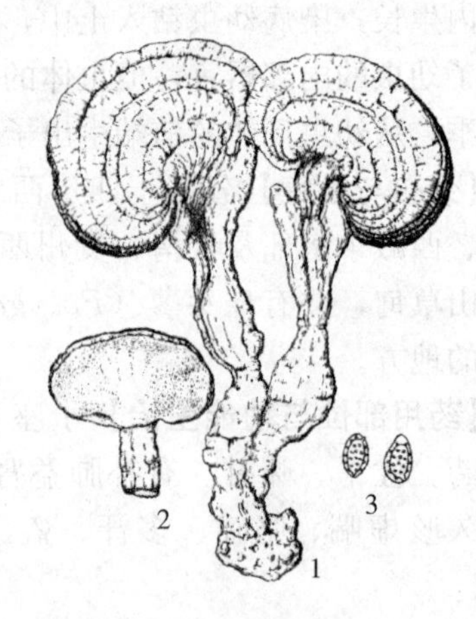

图6-3 灵芝 *Ganoderma lucidum*
1. 子实体 2. 菌盖背面 3. 孢子

【分布与生境】灵芝分布范围较广，以热带及亚热带地区较多，分布于吉林、内蒙古、河北、河南、山东、山西、江苏、浙江、安徽、江西、湖北、湖南、广东、广西、福建、四川和云南等省。野生灵芝多生长在夏、秋两季林内阔叶树的木桩旁或倒木上。近年全国大多数省（自治区）皆有栽培。

【药用部位与功能主治】干燥子实体入药，为安神药。性平、味甘。有补气安神，止咳平喘的功效。用于眩晕不眠，心悸气短，虚劳咳喘。

【有效成分与药理作用】子实体中含有灵芝多糖（Ganoderma lucidum polysaccharide）BN_3C_1、BN_3C_2、BN_3C_3、BN_3C_4；灵芝酸（ganoderic acid）、赤芝酸（lucidenic acid）、灵赤酸（ganolucidic acid）等三萜类化合物；麦角甾醇（ergosterol）等甾醇类化合物；还有氨基酸、多肽、水溶性蛋白质、酸性蛋白酶（acid protease）、真菌溶菌酶（fungal lysozyme）、有机锗、香豆精苷、挥发油等。孢子中除含有多种氨基酸外，并含有甘露醇、海藻糖（trehalose）等。现代药理表明，灵芝有抗肿瘤作用；降血压、降血脂和降血糖的作用；增强免疫力、抗疲劳、提高耐缺氧能力及抗衰老作用；保肝解毒作用；镇静和镇痛作用；抗放射、抗过敏作用；镇咳、祛痰、平喘等作用。

【采收与加工】秋季和冬季采收灵芝子实体。采集时避免损伤子实体，地下部分菌柄应全部挖出。使用采集箱不要使用塑料袋，以免子实体因不透气生霉腐烂。采后灵芝洗净，除尽泥沙，阴干或晒干，但不可久晒。

【近缘种】灵芝属中可做药用的很多，但是目前开发利用的很少。《中国药典》2005版中收载药材灵芝的原植物除灵芝外，还有紫芝（*Ganoderma sinense* Zhao，Xu et Zhang）。紫芝菌盖下方有皮壳覆盖，皮壳和菌柄表面紫黑色，有漆样光泽，菌肉锈褐色，菌柄长17～23cm。

【资源开发与保护】灵芝除药用外，也作保健功能食用。常见的食用方法有泡灵芝酒、切片熬汁、粉末冲剂、孢粉冲剂及速溶茶、制作灵芝系列饮料，菌丝体制作灵芝食品。我国大量栽培灵芝有30年的历史。菌种来源一般为野生种或优良的人工培养子实体。一般栽培2～3个月后得到灵芝子实体。光质对灵芝生产有影响，黄光下灵芝子实体产量最高，达到11.89g/单株干重，蓝光下灵芝孢子产量最高，达到5.25g/单株干重。深层发酵是得到大量灵芝菌丝体的工业化生产的好方法。

四、银杏 *Ginkgo biloba* L.

【植物名】银杏又名白果树、公孙树等，为银杏科（Ginkgoaceae）银杏属植物。药材商品名称“白果”、“银杏叶”。

【形态特征】落叶乔木。树皮灰褐色，树冠圆锥形至广卵形。枝近轮生；叶在长枝上螺旋状排列，在短枝上簇生；叶片扇形，顶端有一深裂或为不规则的波状缺刻，叶脉二歧状分叉。球花雌雄异株，单生或簇生；雄球花葇荑花序状，下垂，雄蕊排列疏松，花药2；雌球花具长梗，梗端常分两叉，每叉顶生一盘状珠座，其上各生1个胚珠，通常仅一个胚珠发育。种子核果状，具长梗，常为椭圆形、卵圆形或近圆球形，外种皮肉质，熟时黄色或橙黄色，外被白粉，有臭味；中种皮白色，骨质，具2～3条纵脊；内种皮膜质，淡红褐色；胚乳肉质，味甘略苦；子叶常2枚。花期3～4月，种子9～10月成熟（图6-4）。

图6-4　银杏 *Ginkgo biloba*
1. 枝条　2. 着生小孢子叶球的短枝
3. 着生大孢子叶球的短枝　4. 着生种子的枝条
5. 小孢子叶　6. 大孢子叶球

【分布与生境】仅在浙江天目山及鄂西山区有野生。生于海拔500～1 000m的天然混交林中。我国广泛栽培。银杏在我国分布较广。主要分布于辽宁、江苏、浙江、陕西、甘肃、云南、贵州和四川等地，其拥有量占世界总量的70%以上。

【药用部位与功能主治】银杏的种子和叶均作药用，分别称“白果”和“银杏叶”。为化痰止咳平喘药。性平，味甘、苦、涩。白果有润肺定喘、止带浊、缩小便的功效。用于痰多喘咳、带下白浊、遗尿、尿频等症。银杏叶有敛肺、平喘、活血化淤、止痛的功效。用于肺虚咳喘、冠心病、心绞痛、高脂血症。

【有效成分与药理作用】银杏中所含化学成分相当复杂，主要包括黄酮类、萜类、生物碱、多糖类、酚类、氨基酸、微量元素等。银杏中总黄酮含量为2.5%～5.9%，主要存在于银杏叶和外种皮，其主要为单黄酮类和双黄酮类。单黄酮主要是山奈素（kaempferol）、槲皮素（quercetin）和异鼠李素（isorhamnetin）3种；双黄酮主要有银杏黄素（ginkgetin）、异银杏黄素（isoginkgetin）、金松双黄酮（sciadopitysin）和白果黄素（bilobetin）等；从银杏叶内分离、鉴定的萜内酯类化合物包括银杏内酯（ginkgolideA、B、C、J、M，属二萜类化合物）和白果内酯（bilobalicle，属倍半萜内酯）两类。黄酮类和萜类是银杏发挥独特药理活性的有效成分。

近代医学研究结果表明，银杏叶中黄酮类化合物和萜内酯具有清除氧自由基、抑制血小板活化因子（PAF）、促进血液循环及脑代谢等功能，对中老年冠心病、高血压等心脑血管疾病具有独特疗效。银杏叶提取物（EGB）对中枢神经有比较明显保护作用，能改善认知功能，有助于延缓老年性痴呆，治疗急性抑郁症，改善睡眠。同时银杏叶提取物还可以改善肝功能、美容护肤、调节胃肠活动等。

【采收加工】种子用银杏在9月份当外种皮呈橙黄色或自然脱落时即可采集。采收后，将种子铺在地上，覆盖稻草或直接置于阴凉处摊放4～5天，待外种皮腐烂，淘洗干净，晾干装好置干燥处备用。银杏叶采收方法分人工、机械和化学采收3种。人工采叶，以手摘为宜，7～9月份分期分批采叶，于10月上旬前采完，适于结果期银杏树；机械采收，采用往复切割、螺旋式滚动和水平旋转勾刀式等切割式采叶机械进行作业，适于大面积的采叶园；化学采叶，于采叶前

10～20天，喷施浓度为0.1%的乙烯利后采收。采后鲜叶要进行自然干燥或机械干燥。

【资源开发与保护】 银杏的种子（白果）供食用，有美容和延年益寿之功效，但多食有毒（小儿7～150粒；成人40～300粒不等）。近年来一批功能性食品及保健品相继问世，如清水白果罐头、白果精、白果粉、银杏低糖羊羹、银杏茶、银杏露、银杏蜜、银杏饮料、银杏叶果汁、银杏果茶、银杏洋姜口服液、康乐乐口服液以及银杏叶片剂——银杏络等银杏食疗产品。银杏树姿优美、形态独特，叶色多变，可作观赏和绿化树种；有的品种还可作盆景；银杏木材也可作建筑、家具、工艺品等用材。

五、草麻黄 *Ephedra sinica* Stapf

【植物名】 草麻黄又名麻黄、华麻黄等，为麻黄科（Ephedraceae）麻黄属植物。药材商品名称"麻黄"、"麻黄根"。

【形态特征】 草本状小灌木，高20～40cm。根茎木质，呈红黄褐色。地上茎丛生，黄绿色；木质茎短，常匍匐；草质茎直立，对生或轮生节间长2～6cm。叶膜质鞘状，先端2裂，裂片三角状披针形，先端渐尖，常向外反曲。雌雄异株，雄花常3～5聚成复穗状，顶生或侧枝顶生；雌球花宽卵形，多单生枝端，雌花序成熟时苞片增大，肉质、红色，成浆果状，味甜可食。种子通常2粒，黑褐色或灰褐色，三角状卵圆形或宽卵圆形，花期5～6月，果期7～8月（图6-5）。

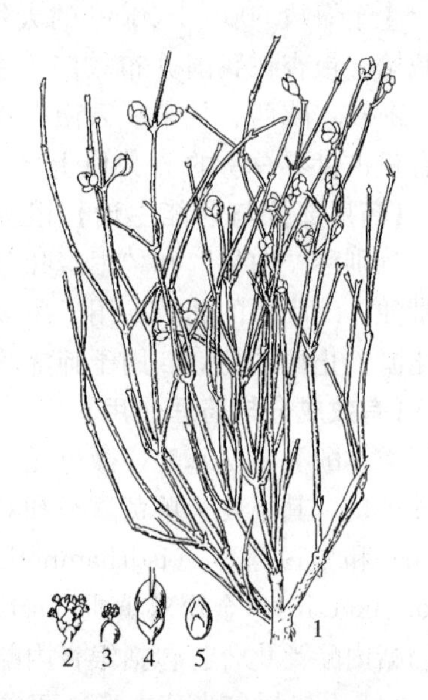

图6-5 草麻黄 *Ephedra sinica*
1. 雌株 2. 雄球花 3. 雄花
4. 雌球花 5. 种子

【分布与生境】 分布于东北、华北和西北的大部分地区。内蒙古科尔沁沙地和毛乌素沙地为其集中分布地。草麻黄适应性很强，喜生于干旱和半干旱沙质土壤，多分布于阳光充足的草原和半荒漠地区。在低洼和排水不良地不宜栽植。从麻黄的分布范围看，麻黄可在－35～42.6℃的极端气温条件下生存、兼有嗜温、耐热、耐寒的特性，为广幅生态种，在极端生境条件下具有较大的生存概率。但是麻黄的正常生长发育仍需要较高的温度。

【药用部位与功能主治】 干燥草质茎、根及根茎均入药，分别称"麻黄"、"麻黄根"。麻黄为解表药。性温，味辛、微苦。具有发汗散寒、宣肺平喘、利水消肿之功能。用于风寒感冒、胸闷喘咳、风水浮肿、支气管哮喘等症。麻黄根为收涩药。性平，味甘。具有止汗功能。用于自汗，盗汗。

【有效成分与药理作用】 全草（茎枝）含多种生物碱，含量为1%～2%，以麻黄碱(L-ephedrine)为主要有效成分，占总生物碱的40%～90%，秋季含量最高达1.3%；其次为D-伪麻黄碱（D-pseudoephedrine）及微量L-N-甲基伪麻黄碱（L-N-methylephedrine）、D-N-甲基伪麻黄碱（D-N-methyl-pseudo-ephedrine）、L-去甲基麻黄碱（L-demethylepbedrine）、D-去甲基伪麻黄碱（D-demethyl-pseudo-ephedrine）、麻黄次碱（ephedine）等。根含生物碱类型与茎枝完全不同，为L-酪氨甜菜碱麻黄素（maokonine）、大环精胺碱类麻黄根碱A-D（ephedradine A-

D)、咪唑生物碱、阿魏酰组胺（feruloylhistamine）。全草还含挥发油。药理作用有发汗、利尿、镇咳、平喘、抗过敏、升高血压、兴奋中枢神经系统、解热、抗病毒、抗急性血淤症、清除氧自由基、影响神经肌肉传递及改善慢性肾功能衰竭的作用。经药理筛选，从平喘作用较强的有效部位中分离得到两个平喘有效单体：2,3,5,6-四甲基吡嗪（2,3,5,6-tetramethylpyrazine）和L-α-萜品烯醇（L-α-terpineol）。

【采收与加工】 9～10月割取草质茎，阴干或晾至7～8成干时再晒干，暴晒过久色变黄，受霜冻则变红，均影响药效。除直接药用外，还可作为提制麻黄碱的原料。

【近缘种】 我国野生麻黄资源丰富。世界有40多种，我国有12种，至少有5种可供药用。《中国药典》2005版收载3种，除草麻黄外，还有中麻黄（*E. intermedia* Schrek ex C. A. Mey.）分布于甘肃、青海、内蒙古、新疆，产量较大；木贼麻黄（*E. equisetina* Bge.）分布于河北、山西、甘肃、陕西、内蒙古、宁夏、新疆，产量较小。另外主产于西南地区作为商品麻黄的还有：丽江麻黄（*E. likiangensis* Florin）、匍枝丽江麻黄［*E. likiangensis* f. *mairei*（Florin）C. Y. Cheng］、藏麻黄（*E. saxatilis* Royle ex Florin）、山岭麻黄（*E. gerardiana* Wall.）、垫状山岭麻黄（*E. gerardiana* var. *digesta* C. Y. Cheng）、矮麻黄（*E. minuta* Florin）、异株矮麻黄（*E. minuta* var. *dioeca* C. Y. Cheng）、西藏中麻黄（*E. intermedia* var. *tibetica* Stapf）。此外，民间作为麻黄药用的同属植物还有膜果麻黄（*E. przewalskii* Stapf），分布较广，甘肃部分地区药用；斑子麻黄（*E. lepidosperma* C. Y. Cheng），产于宁夏；单子麻黄（*E. monosperma* Gmel. ex Mey.）主产于黑龙江、华北、西北、四川、西藏；窄膜麻黄（*E. lomatolepis* Schrenk），是新发现分布于新疆喀什地区的一个种，亦供药用。

采用HPLC法测定12种麻黄中6种生物碱的含量结果表明，麻黄碱和伪麻黄碱是麻黄类生药中生物碱的主要成分。草麻黄、木贼麻黄、单子麻黄以及西藏中麻黄的总生物碱含量高（其中木贼麻黄和单子麻黄的总生物碱含量均超过2.0%），生物碱中麻黄碱为主，伪麻黄碱较少。提取伪麻黄碱则宜选中麻黄，而提取甲基麻黄碱则选东北产草麻黄和西藏中麻黄为好。这样可以避免因用错原料而影响生产效果。

【资源开发与保护】 我国麻黄属植物主要分布在北纬35°～49°范围内，包括东北、华北、西北的部分产区，形成三大产区：一是以内蒙古东部科尔沁沙地为主，东自吉林省白城地区，西至内蒙古通辽市和赤峰市。该区以草麻黄为主，麻黄碱占生物总碱70%以上，是我国开发最早的麻黄生产基地；二是以内蒙古西部毛乌素沙地（鄂尔多斯市）为主，向西顺延与宁夏接壤，麻黄品种主要为草麻黄，总碱含量高，生物碱中麻黄碱含量不占优势；三是青海、新疆、甘肃等地区，该区麻黄生长在山地且种类多，可供药用的有中麻黄、木贼麻黄。天然麻黄碱是我国医药工业特有产品，但其植物资源已遭受不同程度的破坏。要解决好麻黄资源开发与保护之间的矛盾，必须搞好管理、生产、科研等部门之间的协调。目前，主产区正采取轮封轮采麻黄草场的措施，保护野生麻黄资源。有些地区已建立符合GAP标准的无公害化示范栽培基地。

六、东北细辛 *Asarum heterotropoides* Fr. Schmidt var. *mandshuricum* Kitag.

【植物名】 东北细辛又名细辛、辽细辛、北细辛、细参、万病草及烟袋锅花等，为马兜铃科（Aristolochiaceae）细辛属植物。药材商品名称“细辛”。

【形态特征】多年生草本。根茎横生呈不规则圆柱形，下部多生细长的根，具有特异的辛香气味。叶基生，常2枚，有长柄；叶片心形或三角状心形，全缘，革质，基部为深心状耳形，脉上有短毛，背面密被短伏毛。花单一，由两叶间抽出；花被筒部壶状杯形，带绛红色或有时只为绿色，花被片3裂，裂片三角状广椭圆形，绛红色，由基部反曲，花喉部缢缩成环状；雄蕊12，略成交错状排列于合蕊柱的下部周围；子房半下位，合蕊柱圆锥形，花柱6。蒴果浆果状半球形。种子卵状圆锥形，灰褐色。花期5月，果期6月（图6-6）。

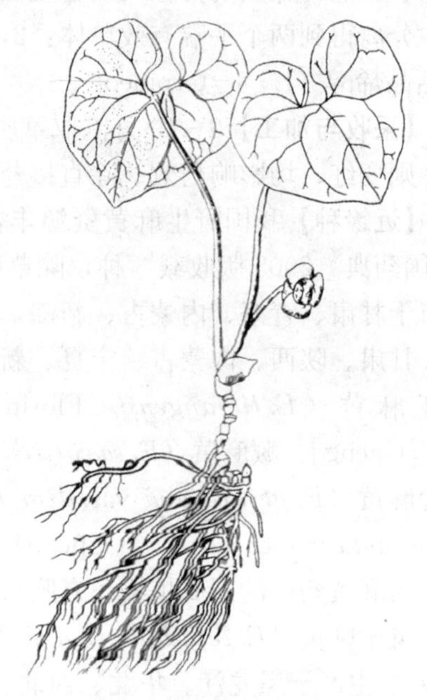

图6-6　东北细辛 *Asarum heteropoides* var. *mandshuricum*

【分布与生境】东北细辛主要分布于东北、山西、河南及陕西，产量大，销全国并出口。东北细辛喜生于针叶林及针阔叶混交林下，繁茂的灌丛间、山沟湿润地，林缘及山坡疏林下稍湿地、岩石边的阴湿地上。

【药用部位与功能主治】根及根茎入药，为解表类药。性温，味辛。具有祛风散寒、通窍止痛、温肺化饮之功能。用于风寒感冒、头痛、牙痛、鼻塞鼻渊，风湿痹痛，痰饮喘咳。临床新用治疗癫痫及慢性支气管炎等症。

【有效成分与药理作用】全草含挥发油约2.5%，主要成分为甲基丁香酚（methyleugenol，占总油的51.60%）及黄樟醚（safraole，占总油的12.03%）、榄香脂素（elemicin，占总油3.39%）、细辛醚（asaricin）等。根中主要辛味成分为异丁基十二烷四烯酰胺［（2E，4E，8Z，10E）-N-isobutyl-2,4,8,10-dedecatetraenamide］和派立托胺（pellitorine），此外，还含L-细辛脂素（L-asarinin）。药理研究表明，细辛挥发油有解热、镇静、镇痛、抗炎、降压和局部麻醉作用。甲基丁香酚对支气管平滑肌有松弛作用；细辛醚有镇静、祛痰及较强的解痉活性，并具有选择性地抑制及杀伤人体癌细胞作用。杨春澍指出黄樟醚除抗霉菌作用外还有致癌作用，应予重视。

【采收与加工】7月下旬，东北细辛果实成熟，挥发油含量最高，为最佳采收期。根与叶中挥发油成分一致，可用叶片代替全草入药，保护资源，使细辛连年生产。以根多、色灰黄、叶绿，味浓辛辣而麻舌者为佳。不宜晒干，勿用水洗，否则会使香气降低，叶变黄、根变黑而影响质量，置干燥通风处，防止霉烂。《中国药典》2005版规定总灰分不得超过12%，挥发油不得少于2%。

【近缘种】细辛属植物全世界有70余种，我国有30种、4变种、1变型。《中国药典》2005版收入北细辛；汉城细辛（*A. sieboldii* Miq. var. *seoulense* Nakai），主要分布于东北；华细辛（*A. sieboldii* Miq.）分布于陕西、山东、安徽、浙江、江西、河南等地。含有效成分较高的除这3种以外，还有马细辛（*A. forbesii* Maxim.），主要分布于长江下游地区，主产于四川、云南。汉城细辛、华细辛和马细辛三者全草挥发油含量分别为2.6%、1%和2.6%，油中含甲基丁香酚分别为 47%、71.82%和 5.58%。

细辛属植物挥发油中的甲基丁香酚、榄香脂素和黄樟醚为属的特征性成分，也是主要生理活性成分，有麻醉镇痛和广谱抗霉菌作用。川滇细辛（*A. delavayi* Franch.）含挥发油 1.4%，油中黄樟醚占 15.03%；短尾细辛（*A. caudigerellum* C. Y. Cheng et C. S. Yang）所含甲基丁香酚高于华细辛，且挥发油含量亦高，民间药用认为该种的镇痛效果明显。其他如鼎湖细辛（*A. magnificum* Tsiang ex C. Y. Cheng et C. S. Yang var. *dinghuense* C . Y. Cheng et C. S. Yang）、灯笼细辛（*A. inflatum* Y. Cheng et C. S. Yang）、青城细辛［*A. splendens*（Maekawa）C. Y. Cheng et C. S. Yang］和五岭细辛（*A. wulingense* C. F. Liang）等含甲基丁香酚和榄香脂素均较多，民间亦早已药用，值得深入研究。另外，对细辛属植物中某些高含量成分的活性研究也值得注意，如 2,4,5-三甲氧基丙烯基苯（2,4,5-trimethoxy propenyl benzene）在金耳环（*A. insigne* Diels）挥发油中含量达 69.69%，反式 β-金合欢烯（trans-β-farnesene）在金耳环挥发油中含量为 32.68%，四甲氧基烯丙基苯（tetramethoxyallylbenzene）在红金耳环（*A. petelotii* O. C. Schmidt）挥发油中含量达 37.13%。金耳环为广东治跌打损伤的著名成药“跌打万花油”的主要原料之一。

【资源开发与保护】大部分细辛在果实尚未成熟时被收购，对种子繁殖影响很大，但果实成熟以后采收的药材挥发油含量又较少。因此要进行合理采收，既保留一部分植株以利更新，又适当采收部分植物供药用。细辛属多属阴生植物，森林的庇护对细辛的生存繁衍非常重要，因此要保护细辛资源，必须保护森林。目前，野生细辛资源量日趋减少，加快新资源种类的开发研究，并积极建设传统地道药源东北细辛、汉城细辛和华细辛绿色无公害栽培生产基地，将有利于野生资源的保护和药物原料的供应。

七、掌叶大黄 *Rheum palmatum* L.

【植物名】掌叶大黄又名北大黄、大黄、将军等，为蓼科（Polygonaceae）大黄属植物。药材商品名称“大黄”。

【形态特征】多年生高大草本，高 2m 左右。地下肉质根及根茎粗壮。茎粗壮，中空，有不明显纵纹。基生叶有肉质粗壮的长柄，叶片宽卵形或近圆形，3～7 掌状中裂，裂片窄三角形；茎生叶互生，较小，具浅褐色膜质托叶鞘。圆锥花序顶生，花小，紫红色或带紫红色；花被片 6，雄蕊 9，花柱 3。瘦果具三棱，沿棱有翅，棕色。花期 6～7 月，果期 7～8 月（图 6-7）。

【分布与生境】掌叶大黄分布于四川西部、甘肃东南部、陕西、青海、云南西北部及西藏东部。多引种栽培，产量占商品大黄的大部分，主产区有甘肃礼县、岩昌、岷县、文县、临夏、武威，青海同仁、同德、贵德，西藏昌都与那曲地区，以四川阿坝与甘孜州的产量最大。野生大黄多分布在我国西北及西南海拔 2 000m 左右的高寒山区，喜干旱凉爽气候，生长最适温度 15～22℃，高温多湿季节根部易腐烂，全年生长期 240 天左右。

【药用部位与功能主治】根及根茎入药，为泻下药。性寒、味苦。能泻热通肠，凉血解毒，逐瘀通经。用于实热便秘、积滞腹痛、湿热黄疸、瘀血经闭、跌打损伤，外治水火烫伤，上消化道出血。

【有效成分与药理作用】掌叶大黄根和根茎含游离型和结合型的蒽醌衍生物总量 1%～5%。

游离蒽醌衍生物有大黄酸（rhein）、大黄素（emodin）、大黄酚（chrysophanol）、芦荟大黄素（aloeemodin）、大黄素甲醚（physcion）。结合型蒽醌衍生物有双蒽醌苷和单糖苷，双蒽醌苷有番泻苷（sennoside）A、B、C、D，大黄酸苷（rheinoside）A、B、C、D；单糖苷有大黄素葡萄糖苷、大黄酚葡萄糖苷、大黄酸-8-葡萄糖苷、大黄素甲醚葡萄糖苷、芦荟大黄素-8-葡萄糖苷。游离型蒽醌类成分为大黄抗菌的主要成分；结合型蒽醌苷是大黄泻下的有效成分，以双蒽醌苷类作用最强。此外，尚含大黄单宁（rhatannin）等鞣质约5%，莲花掌苷（lindleyin）约0.2%等。药理实验证明，大黄具有泻下、抗菌、抗病毒、抗寄生虫、抗肿瘤、止血等作用。此外，对胃肠道功能、肝、胰腺、胆管、血压均有一定活性。番泻苷类是主要泻下成分，它们之间有协同作用；四种大黄酸苷的泻下作用也较强，而其他蒽醌类则较弱。大黄酚、大黄素、大黄素甲醚、芦荟大黄素、大黄酸等对痢疾杆菌、伤寒菌和霍乱菌均有效，以芦荟大黄素效果最强。此外，又新发现大黄提取物对肾功能有显著作用，可能将成为肾功能障碍治疗的新药。

图6-7 掌叶大黄 *Rheum palmatum*
1. 叶 2. 花序 3. 花 4. 雌蕊 5. 果实

【采收与加工】 10～11月间地上部分枯萎时，或4～5月未开花前采挖生长3年以上的植株地下部分，去泥土、顶芽、细根及外皮。根茎按大小横切或纵切成厚片、瓣状、马蹄状、卵圆形或圆柱状；粗根截成段。大黄根及根茎的含水量为58%～60%，必须及时焙干或阴干。出口商品需除尽外皮。四川在7月种子成熟后采挖，以免根茎腐烂。大黄商品以槟榔碴、锦纹、星点明显，质坚实，气清香、味苦而微涩者为佳。

【近缘种】 大黄属植物全世界有约60种，我国产40种，药用有20余种。《中国药典》2005版收载掌叶大黄、唐古特大黄（*R. tanguticum* Maxim. ex Regel.）和药用大黄（*R. officinale* Baill.）3种。唐古特大黄分布于青海、甘肃、四川西北部、西藏东北部。与掌叶大黄区别是茎基部常带紫色斑点，叶片深裂近基部，裂片呈披针形至线形，花被淡黄色。药用大黄分布于湖北、河南、陕西南部、四川。与掌叶大黄区别为叶浅裂，一般仅达1/4，花序分枝开展，花较大，白色或淡绿色，花被长2mm。

此外，同属的一些植物在部分地区或民间称山大黄、土大黄等入药，香气弱，含有游离的和结合的蒽醌类成分，但不含或仅含少量大黄酸和番泻苷，均含土大黄苷（rhaponticin），紫外灯下断面呈亮蓝色荧光，而正品大黄呈浓棕色荧光。土大黄泻下作用均很弱，通常外用为收敛止血药，或作兽药和工业染料。土大黄的基原植物主要有：仅产于西藏的藏边大黄（*R. australe* D. Don）、心叶大黄（*R. acuminatum* Hook. f. et Thoms.）、塔黄（*R. nobile* Hook. f. et Thoms.）、喜马拉雅大黄（*R. webbianum* Royle）和卵果大黄（*R. moorcroftianum* Royle）等；河套大黄（*R. hotaoense* C. T. Cheng et C. T. Kao），分布于青海、甘肃、陕西、山西；华北大黄（*R. franzenbachii* Munt.），分布于河北、山西、河南、内蒙古；天山大黄（*R. wittrockii* Lundstr）和阿尔泰大黄（*R. altaicum* A. Los.），分布于新疆；波叶大黄（*R. undulatum* L.），产东北和内蒙古；网脉大黄（*R. reticulatum* A. Los.），产青海、西藏、四川、甘肃、新疆；穗花大黄（*R. spiciforme* Royle）、红脉大黄（*R. mopinatum* Prain）和卵叶大黄（*R. ovatum* C. Y. Cheng et C. T. Kao），产青海、西藏、四川；小大黄（*R. pumilum* Maxim.），分布于青海、西藏、四川、甘肃；牛尾七（*R. forrestii* Diels），产云南；西藏大黄（*R. tibeticum* Maxim.），产西藏和四川西部。

【资源开发与保护】开展资源综合利用研究，提高资源利用率。目前，中医对大黄的应用偏重于泻下作用，大黄中众多的生理活性成分并未很好地利用。20 世纪 80 年代以来研究有所深入，如临床上试用的大黄醇提片治疗急性消化道出血疗效肯定；大黄注射液、大黄总蒽醌栓剂治疗尿毒症疗效明显。大黄中分离出的莲花掌苷具有抗炎、镇痛作用。最近发现大黄素、大黄酸和芦荟素可抑制细菌胶原酶的活性，为类风湿关节炎、角膜炎提供了福音。因此加强大黄有效成分研究，可有效扩大大黄的应用范围。

八、何首乌 *Polygonum multiflorum* Thunb.

【植物名】何首乌又名首乌、赤首乌、铁秤砣等，为蓼科（Polygonaceae）蓼属植物。药材商品名称“何首乌”。

【形态特征】多年生缠绕草质藤本，茎藤长达 3m 以上。根细长，尖端膨大成不整齐的块状，质坚硬，外面红棕色或暗棕色，平滑或隆起，切面为暗棕红色颗粒状。茎光滑无毛，上部多分枝。单叶对生，具长柄，叶片狭卵形或心形，全缘；叶柄基部有膜质叶鞘抱茎。圆锥花序顶生或腋生，花小而多，白绿色。瘦果三角形，黑色，包于翅状花被之内。花期 7～8 月，果期 8～10 月（图 6-8）。

【分布与生境】分布于我国南方各地。主产于四川、湖北、河南、广东、广西、贵州、江苏等地。主要生长在多石山坡路旁、沟岸、灌丛、山脚阴处或石缝中。何首乌多系野生，亦有栽培。

图 6-8　何首乌 *Polygonum multiflorum*
1. 花枝　2. 块根

【药用部位与功能主治】干燥块根、藤茎均入药。以块根入药称“何首乌”，为补虚药。性温，味苦、甘、涩。分生何首乌和制何首乌。生何首乌有解毒、消痈、润肠通便的功效。用于瘰疬疮痈、风湿瘙痒、肠燥便结，高血脂等症；制何首乌有补肝肾、益精血、乌须发、强筋骨的功效。用于血虚萎黄、眩晕耳鸣、须发早白、腰膝酸软、肢体麻木、崩漏带下、久疟体虚，高血脂等症。以藤茎入药称“首乌藤”，又称“夜交藤”，为安神药。性平，味甘。有养血安神、祛风通络的功效，用于失眠多梦、血虚牙痛、风湿痹痛，外治皮肤瘙痒等症。

【有效成分与药理作用】含蒽醌类衍生物，主要为大黄酚、大黄素。据药理研究证明，何首乌具有促进细胞新生及发育、降低胆固醇在肝内沉积的作用。

【采收与加工】何首乌在秋冬季茎叶枯黄后挖取，先除去藤蔓，由于块根入土较深，须从离根际较远的地方深翻，才能将其完整的挖出，抖去泥土，运回加工。运回后，洗净泥土，大块的切成 1.5cm 厚的薄片，小的可不切开，直接晒干或烘干，以体重、质坚实、粉性足者为佳。夜交藤秋季收割，收割后捆扎成小把，直接晒干或阴干，即成商品，粗细均匀，表皮色紫红者为上品。

【近缘种】蓼科翼蓼属植物翼蓼（*Pteroxygonum giraldii* Damm. et Diels），太行山区作何首乌用。翼蓼属仅一种，产我国西北部。分布于河北、山西、陕西、甘肃、四川等省。多年生草质藤本，块根肉质，褐色。

【资源开发与保护】何首乌嫩茎叶含有丰富的粗蛋白、粗脂肪、膳食纤维、灰分、总黄酮和叶绿素，特别是总黄酮的含量很高，黄酮类物质是国际上过去 10 余年来天然药物和健康产品研究开发的热点之一，它具有降血压、保肝、抗菌和 VP 样作用等多种生物活性。近年来又发现它有对抗自由基、抑制癌细胞和对抗致癌促进因子，防止机体脂质过氧化反应作用。何首乌嫩茎叶还含有丰富的叶绿素，叶绿素具有抗致突变、降低胆固醇、改善便秘等效能。由此可见，何首乌嫩茎叶是一种保健价值较高的营养食品。何首乌嫩茎叶维生素 B_2、维生素 C 和胡萝卜素含量高。何首乌嫩茎叶的胡萝卜素含量高达 48.8μg/g，是“夜盲症”患者理想的首选食品。何首乌嫩茎叶氨基酸组成合理、含量丰富，蛋白质含量达 4.67%，含 17 种氨基酸，其中包含人体必需的 8 种氨基酸。何首乌嫩茎叶的无机营养元素含量高，特别是 K、Ca、Fe、Cu 的含量明显高于一般蔬菜。何首乌嫩茎叶是一种集营养、保健、药用功能于一体的宝贵野菜资源。而且它口感好，资源丰富，几乎遍布全国各地，是一种极具开发利用价值的野生资源。

何首乌块根含淀粉达 28.73%，可以酿酒；由于其具有补肝肾、乌须发的功效，现已研制出多种保健品和洗发、护发用品。何首乌开发前景广阔。

九、黄连 *Coptis chinensis* Franch.

【植物名】黄连又名川连、味连、鸡爪连等，为毛茛科（Ranunculaceae）黄连属植物。药材商品名称“黄连”。

【形态特征】多年生草本，高 20～50cm。根状茎细长柱状，常有数个粗细相等的分枝成簇生长，形如鸡爪，节多而密，外皮棕褐色，横断面金黄色。叶基生，有长柄，叶片坚纸质，三角卵形，长 3～8cm，宽 2.5～7cm，3 全裂，中央裂片有小叶柄，两侧裂片无柄。花葶 1～2，聚伞花序顶生；花 3～8，总苞片通常 3，披针形，羽状深裂；萼片无爪，长大于 7mm，萼片与花瓣长之比大于 1.5；花瓣黄绿色，线形或线状披针形，中央有蜜槽；雄蕊多数；心皮 8～12，离生，具短柄。蓇葖果6～12，具细柄。花期 2～4 月，果期 3～6 月（图 6-9）。

【分布与生境】主要分布于四川、湖北、湖南、贵州、陕西等省，生于山地林中潮湿处，在四川、湖北、陕西有大量栽培。

【药用部位与功能主治】干燥根茎入药，为清热药。性寒，味苦。有清热燥湿、泻火解毒等功效。主治细菌性及阿米巴性痢疾、急性肠胃炎、胃热呕吐、黄疸、高热神昏、口舌生疮、目赤肿痛、烧烫伤等症。

【有效成分与药理作用】黄连的根茎、须根和叶中均含有小檗碱（berberine）、黄连碱（coptisine)、甲基黄连碱（worenine)、药根碱（jatrorrhizine)、巴马亭（palmatine)、表小檗碱（epiberberine）和木兰碱（magnoflorine）等生物碱。另含阿魏酸（ferulic acid）和绿原酸（chlorogenic acid）等酚性成分。黄连中的生物碱具有显著的抗菌活性，以黄连碱作用最强，其次为小檗碱、药根碱和巴马亭；它们还具有显著的抗炎活性和较强的抗溃疡作用，并有降压、利胆、兴奋子宫肌的作用。

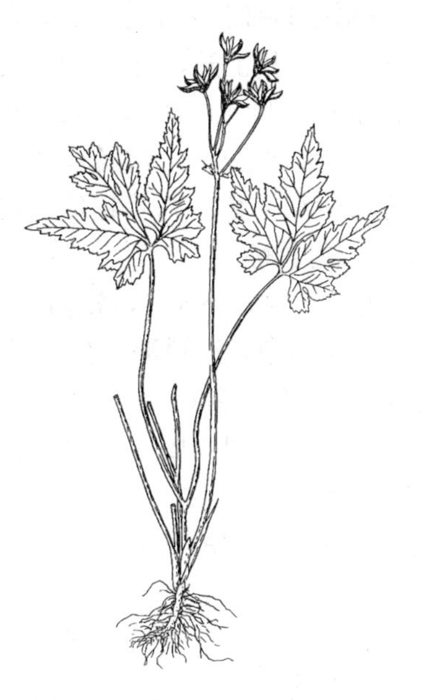

图 6-9　黄连 *Coptis chinensis*

【采收与加工】 家连栽培 4～6 年后均可采挖，但以第 5 年采挖为好；野连在高山地区于第 5 年采收，在低山地区于第 4 年采收。在秋季挖出全株，除净泥土，剪去茎叶及须根后烘干，趁热装在“撞笼”内撞净须根。云连在干燥后再喷水使其表面湿润，用硫磺熏 12～24h，干燥。雅连、味连和云连均以条粗壮、断面橙黄色为佳。

【近缘种】 黄连属植物全世界有 16 种，我国产 8 种 2 变种。《中国药典》2005 版收载 3 种：黄连，习称味连；三角叶黄连（*C. deltoidea* C. Y. Cheng et Hsiao)，习称雅连，特产于四川峨嵋及洪雅一带，以栽培为主，野生已少见；云南黄连（*C. teeta* Wall.)，习称云连，分布于云南北部和西藏东南部。黄连药材的原基植物除上述 3 种外，还有以下 7 个种或变种：①峨嵋黄连［*C. omeiensis*（Chen.）C. Y. Cheng］分布于四川西部和云南东北部，又名凤尾连；②五裂黄连（*C. quinguesecta* W. T. Wang）分布于云南金平；③五叶黄连（*C. quinquefolia* Miq.）分布于台湾省；④线萼黄连（*C. linearisepala* T. Z. Wang et C. K. Hsieh）分布于四川马边，又名草连；⑤古蔺野连（*C. gulinensis* T. Z. Wang et C. K. Hsieh）又名串珠连，分布于四川古蔺；⑥短萼黄连（*C. chinensis* var. *brevisepala* W. T. Wang et Hsiao）又名土黄连，分布于广东、广西、安徽、福建等省；⑦爪萼黄连（*C. chinensis* var. *unguiculata* T. Z. Wang et C. K. Hsieh）分布于四川天全。

【资源开发与保护】 我国黄连药材的产量居世界第一位，并已形成 3 个主要产连区：①川连区：位于四川盆地边缘，以栽培的黄连、三角叶黄连为主，产量约占全国黄连总产量的 90%；②云连区：包括滇南至滇西北和藏东南，以野生云连为主，也有粗放的人工栽培，是我国尚存的野生黄连最多的地区，产量约占全国黄连总产量的 5%；③土连区：为除了上述地区以外的长江以南的其他产连区，多为野生的短萼黄连，数量少，但在不少地区也有味连的引种。由于过度采挖及旅游开发破坏了黄连的自然生境，目前黄连属植物的野生资源已极少，处于濒临灭绝的边缘。除了产于台湾的五叶黄连外，国内黄连属的植物已被全部列入国家重点保护野生植物名录中，云南省也已开展了云连的 GAP 栽培基地建设。

十、朝鲜淫羊藿 *Epimedium koreanum* Nakai

【植物名】 朝鲜淫羊藿又名羊藿叶、三枝九叶草、仙灵脾等，为小檗科（Berberidaceae）淫羊藿属植物。药材商品名称“淫羊藿”。

【形态特征】 多年生草本，高30～40cm。茎直立，基部稍上升，有棱。叶为2回三出复叶，具长柄；小叶9，卵形，长5～10cm，宽3～7cm，基部深心形，常歪斜，先端锐尖，边缘具刺毛状微细锯齿。总状花序与叶对生于茎顶而侧向，较叶短；花较大，径约2cm；萼片8，带淡紫色，2轮，外轮4，较内轮小；花瓣4，淡黄色或黄白色，近圆形，有长距，长约2cm；雄蕊4，花药先端尖；子房1室。蒴果纺锤形，不等2瓣裂，小裂瓣脱落，大者宿存。种子6～8(图6-10)。

图6-10

1. 淫羊藿 *Epimedium brevicorum*
2～4. 箭叶淫羊藿 *E. sagittatum*
(2. 着花植株　3. 花　4. 果实)　5～8. 朝鲜淫羊藿 *E. koreanum*（5. 根茎及根　6. 花枝　7. 叶　8. 果实）

【分布与生境】 分布于吉林、辽宁和黑龙江。多生疏林下、灌丛间或林缘半阴环境中。地下芽无性繁殖能力强，种群结构较稳定，常成片分布。

【药用部位与功能主治】 多以地上茎叶入药，为补虚药类。性温、味苦。有补肾阳、强筋骨、祛风湿之功效。用于阳痿遗精、筋骨痿软、风湿痹痛、麻木拘挛，更年期高血压等症。

【有效成分与药理作用】 淫羊藿属植物主要含黄酮化合物，除淫羊藿苷（icariin）、淫羊藿次苷（icarisid），近年来又从中分离出许多新的黄酮醇苷类化合物。有效成分有明显的增强机体免疫力、增加冠脉流量、促进精液分泌和抗体生成等多种保健及抗衰老作用。

【采收与加工】 根据叶的生长发育和有效成分总黄酮苷的积累动态研究，花期总黄酮苷含量最高，叶成熟后总黄酮苷仅略有降低，叶的最佳采收期在果熟后，约在8月以后（南方同属某些种约在6～8月）。采收时割取地上部分，晒干或阴干后打包贮运。商品药材以梗（叶柄及茎）少或无、叶片多、色黄绿及完整少破碎者为佳。同时可配合化学成分含量测定来检验药材质量，以总黄酮或淫羊藿苷为标准。

【近缘种】 淫羊藿属植物全世界约有50种，我国40种，除朝鲜淫羊藿在朝鲜北部有分布外，其他均为我国特有种。《中国药典》收载有淫羊藿（*Epimedium brevicornum* Maxim.）、箭叶淫羊藿［*E. sagittatum*（Sieb. et Zucc.）Maxim.］、柔毛淫羊藿（*E. pubescens* Maxim.）、巫山淫羊藿（*E. wushanense* T. S. Ying）和朝鲜淫羊藿（*E. koreanum* Nakai）等5种。

淫羊藿主要分布于陕西、甘肃、山西、河南，与朝鲜淫羊藿的区别是花茎具2叶，少有3叶，花白色，有时略带黄色，较小，花径0.8～1cm；箭叶淫羊藿主要分布于浙江、安徽、福建、江西、湖北和四川等省，与上两种区别是常为一回三出复叶，小叶3枚；柔毛淫羊藿主产四川、陕西和甘肃等省，与箭叶淫羊藿区别是叶背面密被细柔毛，而非粗短硬毛；巫山淫羊藿主产四川东部，特点为一回三出复叶，小叶3枚，与上两种区别是花瓣距较内轮萼片长，小叶背面被柔毛或近无毛。

【资源开发与保护】淫羊藿根及根茎的总黄酮含量通常高于叶片，有药用价值。但从野生资源保护和再生角度出发，应提倡用叶。利用叶片也应注意采收季节的选择，因叶片是重要的光合器官，虽应考虑有效成分的积累高峰主要在果熟后，但这时恰是营养成分向根及根茎部转移，为来年更新积蓄物质的时期，长期连续采收对其种群更新也有很大影响，因此，仍要注意轮采及采收强度的限制。目前，长白山区朝鲜淫羊藿野生资源压力已经很大，其他种类的淫羊藿资源也有类似情况，为此，应加强符合GAP标准的无公害栽培基地建设，这样不仅可保护野生资源，而且可充分利用淫羊藿全草，特别是根及根茎。另外，应加强淫羊藿采收强度及更新能力等生物生态学基础研究，为野生资源的持续利用提供依据。同时，我国淫羊藿属植物种类较多，尚有十几个种及变种可作为潜在资源研究利用。

十一、厚朴 *Magnolia officinalis* Rehd. et Wils.

【植物名】厚朴又名川朴、紫油厚朴等，为木兰科（Magnoliaceae）木兰属植物。药材商品名称“厚朴”、“厚朴花”。

【形态特征】落叶乔木，高7～15m。树皮紫褐色，有辛辣味；小枝粗壮，幼时绿色被绢毛，老时灰棕色无毛，皮孔大而显著。单叶互生，叶革质，倒卵形或椭圆状倒卵形，长20～45cm，宽10～20cm，先端钝圆而有小尖头，基部楔形，全缘或微波状，上面绿色无毛，下面幼时有灰白色短柔毛。花两性，单生于幼枝顶端，直径约15cm，花梗短而粗壮且密被丝状白毛；花被片9～12或更多。聚合蓇葖果长椭圆状卵形，长12cm，木质（图6-11）。

【分布与生境】主要分布在广东、四川、湖北、贵州、云南等省，垂直分布在海拔500～1 500m。厚朴喜光，喜凉爽、潮湿的气候，宜生于雾气重，相对湿度较大、阳光充足的地方。产区年平均温度16～20℃，1月平均温度3～9℃，年降雨量800～1 800mm，但多为1 400mm。喜疏松、肥沃、含腐殖质较多、湿润、排水良好、呈微酸性至中性的土壤，一般以山地夹沙土、油沙土和石灰岩形成的冲积钙质土栽培为宜。

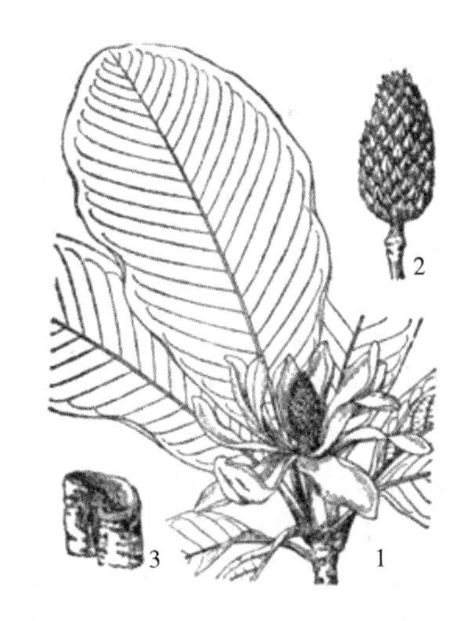

图6-11　厚朴 *Magnolia officinalis* Rehd. et Wils.
1. 花枝　2. 聚合果　3. 干皮

【药用部位与功能主治】干燥干皮、根皮及枝皮入药称“厚朴”；干燥花蕾入药称“厚朴花”。为芳香化湿药。厚朴性温，味苦、辛。具有燥湿消痰、下气除满的功效，用于湿滞伤中、脘痞吐泻、食积气滞、腹胀便秘、痰饮喘咳等症。厚朴花性微温，味苦。有理气、化湿的功效。用于胸脘痞闷胀满、纳谷不香等症。

【有效成分与药理作用】厚朴树皮含厚朴酚（magnolol）、和厚朴酚（honokio1）、异厚朴酚、三羟基厚朴酚、去三羟基厚朴酚等酚类成分，其中以厚朴酚、和厚朴酚为主，约占原药材的5％～12％。厚朴树皮含挥发油0.3％，油中含40％～50％桉叶醇。尚含木兰箭毒碱、木兰花碱、氧化黄心树宁碱、番荔枝碱、白兰花碱等生物碱。厚朴叶亦含厚朴酚。

厚朴有较强的抗菌作用，其煎剂的抗菌谱较广，且抗菌性质稳定，不易受热、酸、碱的破坏。厚朴具有防龋作用，川朴、简朴、根朴的提取物对变形链球菌有高效快速杀伤作用，且根朴的活性最强。厚朴尚有明显的抗炎、镇痛、抗肿瘤作用。

【采收与加工】立夏到夏至期间剥取15～20年以上的树皮，或砍取树枝剥皮。把剥下的树皮及枝皮堆成堆或放在土坑里，上面用青草覆盖，使它“发汗”，取出晒干。用前润透后刮去粗皮，切片、晒干。春末夏初采花，将花蒸10min后取出，用微火烘干或晒干。秋季采果晒干。

【近缘种】木兰属中有多种植物可作厚朴入药。《中国药典》2005版除收载厚朴外，亦收载凹叶厚朴［*Magnolia officinalis* Rehd. et Wils. subsp. *biloba*（Rehd. et Wils.）Law］入药，其形态与厚朴相似，主要区别在于其叶片先端凹陷形成两圆裂，裂深2～3.5cm，主要分布于华东、华中、广西等地。长喙厚朴（*M. rostrata* W. W. Smith）又名大叶木兰，其树皮功效同厚朴，为云南西部习用的商品厚朴。在四川省，用西康玉兰［*M. wilsonii*（Finet et Gagnep.）Rehd.］和圆叶玉兰［*M. sinensis*（Rehd et Wils.）Stapf］的树皮作药，称“枝子皮”；用凹叶木兰（*M. sargentiana* Rehd. et Wils.）的树皮作药，称“姜朴”。在云南大理，以山玉兰（*M. delavayi* Franch.）的树皮作药，称“野厚朴”或“土厚朴”。

【资源开发与保护】厚朴是我国的特产药材，利用历史悠久。开胸顺气丸、藿香正气丸、木香顺气丸、鳖甲煎胶囊、保济丸、香砂养胃丸等传统中药及新药中均以厚朴为主药。厚朴还是一种珍贵的用材树种，其材质轻韧，纹理细密，不反张伸缩，适用作图板、雕刻、漆器、乐器、机械、船具等。厚朴及凹叶厚朴均为我国特产树种，被列为国家三级保护植物。目前，野生厚朴及凹叶厚朴日趋减少，现有者多为人工栽培。由于均为落叶乔木，需生长20年左右后方可剥皮药用，其资源更新极慢，而社会需求量大，故资源日趋紧缺。近年来，科技工作者们研究了厚朴的剥皮再生技术，厚朴剥皮2～3年后再生皮即可达到原生皮厚度，3～5年再生皮基本达到原生皮的药用成分含量，若在厚朴产区推广这项技术，将砍树剥皮改为留树轮剥，将会产生很大的经济效益和生态效益。

十二、五味子 *Schisandra chinensis*（Turcz.）Baill.

【植物名】五味子又名北五味子、山花椒，为五味子科（Schisandraceae）五味子属植物。药材商品名称“五味子”。

【形态特征】落叶木质藤本，高4～8m。嫩枝红棕色，皮孔明显，稍有棱，揉捻有柠檬样香气。叶在幼枝上互生，在老枝的短枝上簇生；叶片薄而带膜质，阔椭圆形、阔倒卵形至卵形，先端渐尖，基部楔形，边缘有小尖齿。花单性，雌雄同株，数朵丛生叶腋间而下垂，乳白色，内侧基部带浅红色，具玫瑰芳香；花被片6～9，雄花雄蕊5，基部合生，雌蕊心皮多数，20～50，分离，螺旋状排列于花托上，成圆锥状，子房倒梨形，无花柱；受粉后，花托逐渐伸长，结果时成长穗状。肉质浆果，球形，熟时呈深红色，内含种子1～2，种子肾形。花期5～7月，果期6～9月(图6-12)。

【分布与生境】五味子在我国分布于东北、华北、湖北、湖南、江西、四川、山西等地，销全国并出口。五味子野生于针阔混交林中，山沟、溪流两岸的小乔木及灌木丛间，缠绕其他树木上，或生长在林缘及林中空旷的地方。在长白山区，五味子最适垂直分布带为海拔 1 000m 以下的区带内，成林分布，生长旺盛，产量也最高。五味子喜湿润环境，但不耐涝，耐寒，需适度荫蔽，幼株尤忌烈日照射，宜生长在腐殖质土或疏松肥沃的壤土。

图 6-12　北五味子 *Schisandra chinensis*
1. 雌花枝　2. 雌花剖开后示花被及心皮
3. 心皮　4. 果枝　5. 果实　6. 种子

【药用部位与功能主治】干燥成熟果实入药，为收涩药。性温，味酸、甘。功能收敛固涩、益气生津、补肾宁心。用于肺虚久咳，气短喘促，津伤口渴，消渴、自汗盗汗，肾虚精滑、神经衰弱、肝炎等症。

【有效成分与药理作用】五味子果实含有效成分木脂素类成分约 5%，主要为五味子素（schizandrin）及其类似物 α-、β-、γ-、δ-、ε-五味子素，去氧五味子素（deoxyschizandrin），新五味子素（neoschizandrin），五味子醇（schizandrol）等。果实含挥发油 0.89%，油中主要成分为柠檬醛、α-依兰烯、α-恰米烯、β-恰米烯和恰米醛等；果实中尚含有多种无机元素及蛋白质、脂肪、还原糖、花青素、酸类。种子含脂肪油 38.29%。

五味子具有兴奋神经系统各中枢作用，能改善人的智力活动；有类似人参的适应原样作用，能增强机体对非特异性刺激的防御能力；促进脑、肝及肌肉的糖代谢活动；扩张血管并强心。

【采收与加工】秋季采摘成熟的五味子果实。近年研究表明，茎也可代果实药用，而且茎中的有效成分木脂素类成分含量以 7 月份采收为最高。采收的果实和茎枝晒干或阴干。

【近缘种】五味子属植物全世界约 30 种，我国产 30 种，其中药用有 19 种。《中国药典》2005 版收载药材“五味子”的原植物仅五味子 1 种。另收载华中五味子（*S. sphenanthera* Rehd. et Wils.）作为药材“南五味子”原植物。同属其他药用植物还有：①红花五味子（*S. rubriflora* Rehd. et Wils.），分布于四川、云南；②滇藏五味子（*S. neglecta* A. C. Smith），分布于云南；③狭叶五味子［*S. lancifolia*（Rehd. et Wils.）A. C. Smith］，分布于云南；④翼梗五味子（*S. henryi* Clarke），分布于四川；⑤铁箍散［*S. propingna*（Wall.）Baill. var. *sinensis* Oliv.］，分布于云南；⑥毛叶五味子（*S. pubescens* Hemsl. et Wils.），分布于四川；⑦绿叶五味子（*S. viridis* A. C. Smith）分布于湖南、安徽；⑧球蕊五味子（*S. spherandra* Stapf）分布于西藏；⑨金山五味子（*S. glaucescens* Diels），分布于湖北；⑩二色五味子（*S. bicolor* Cheng），分布于浙江；⑪小花五味子（*S. micrantha* A. C. Smith），分布于云南；⑫兴山五味子（*S. incarnata* Stapf），分布于湖北；⑬滇五味子（*S. henryi* var. *yunnansis* A. C. Smith）分布于云南；⑭重瓣辛五味子（*S. plena* A. C. Smith），分布于云南景洪；⑮毛脉五味子［*S. pubescens* Hemsl. et Wils. var. *pubinervis*（Rehd. et Wils.）A. C. Smith］，分布于四川。分布于南方的五味子入药多习称南五味子。

【资源开发与保护】五味子果实含挥发油、糖类、苯甲酸、维生素 C 等多种成分，除药用外，五味子果汁用于制酒和饮料已有几十年的历史；叶子可制茶叶和香料；茎中含有与果实相同的成分，可以考虑开发应用。五味子也是天然色素植物，可提取五味子红色素。

十三、肉桂 *Cinnamomum cassia* Presl

【植物名】肉桂又名牡桂、紫桂、玉桂等，为樟科（Lauraceae）樟属植物。药材商品名称“肉桂”、“桂枝”及“桂皮”。

【形态特征】常绿乔木，树皮灰褐色。小枝黑褐色，多少四棱形，被黄褐色短绒毛；树皮、枝、叶柄有辣味。叶革质，互生或近对生，长椭圆形或长圆形，背面淡绿色；离基三出脉，侧脉近对生，在背面凸起。聚伞花序；花白色，密被黄褐色短绒毛；子房卵圆形。浆果状核果，黑紫色，椭圆形（图6-13）。

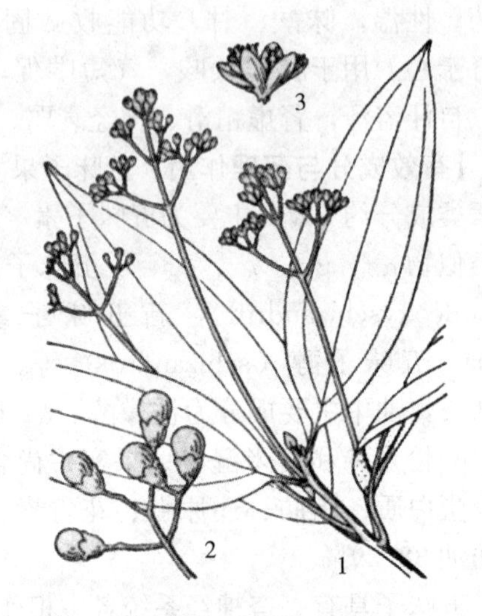

图6-13　肉桂 *Cinnamomum cassia*
1. 花枝　2. 果枝　3. 花

【分布与生境】分布于华南地区，云南、浙江、湖南、江西和四川等地亦有栽培。多生于北回归线以南，海拔100～500m，东向或东南向的山坡或山谷；野生者常与亚热带季雨林常绿阔叶林混生，家种者多形成纯林。

【药用部位与功能主治】以干燥的树皮入药，称为肉桂，为温里药。性大热，味辛、甘。具有补火助阳、引火归源、散寒止痛、活血通经的功效。用于阳痿、宫冷、腰膝冷痛、肾虚作喘、阳虚眩晕、目赤咽痛、心腹冷痛、虚寒吐泻、寒疝、奔豚、经闭、痛经。干燥的嫩枝入药，称桂枝，为解表药。性温，味辛、甘。具有发汗解肌、温经脉、助阳化气、平冲降气的功能。用于风寒感冒、脘腹冷痛、血寒经闭、关节痹痛、痰饮、水肿、心悸、奔豚。

【有效成分与药理作用】肉桂的有效成分主要是挥发油，树皮中其含量为1%～2%，油中主要成分是桂皮醛，占60%～70%，为镇静、镇痛、解热作用的有效成分。尚含其他少量成分，如乙酸桂皮酯、乙酸苯丙酯、香豆素、反式桂皮酸等。现代药理研究显示，肉桂还具有保护肾上腺皮质功能、抗溃疡、镇痛解热、降压、扩冠脉、升白细胞等作用。

【采收与加工】肉桂每年可分为春、秋两季采收，而不同采收树龄和加工方法则与药材商品规格有关，若剥取5～6年生的幼树干皮和粗枝皮，晒1～2d后再卷成圆筒状，阴干即为“官桂”；剥取十余年生的干皮，两端削齐，夹在木制的凸凹板内，晒干即为“企边桂”；剥取老年桂树的干皮，在离地30cm处作环状割口，将皮剥离，夹在桂夹内晒至九成干时取出，纵横堆叠，加压，约1个月后完全干燥，即为“板桂”。

【近缘种】《中国药典》2005版仅收载肉桂一种作为正品药材来源。原产于越南的大叶清化桂（*C. cassia* var. *macrophyllum*）亦作为进口肉桂使用，经鉴定其质量优于国产肉桂，现于我国广东、广西、海南等地有少量栽培。同属植物中，下列几种常作为肉桂的代用品或混淆品：①阴香［*C. burmannii*（C. G. et Th. Nees）Bl.］分布于华南、华东、华中的大部分省区。②柴桂

[*C. tamala*（Buch. - Ham.）Th. G. Fr. Nees] 分布于广西。③野黄桂（*C. jensenianum* Hane - Mazz.）分布于江西、福建、湖南、湖北等地。④香桂（*C. subavenium* Miq.）分布于浙江、福建、湖南等地。

【资源开发与保护】肉桂是我国常用的大宗药材品种，是许多中成药的主要原料，也是我国著名的调味香料。另外，其干燥枝、叶经水蒸气蒸馏得到的挥发油为肉桂油，是常用的祛风药和健胃药，也是许多日用品、化妆品的重要原料。目前，肉桂在我国已有大面积的人工种植，广东、广西是最大产区，其产量占全国的95%以上，已建成规范化种植GAP基地。

十四、菘蓝 *Isatis indigotica* Fort.

【植物名】菘蓝又名大靛、大青叶、板蓝根，为十字花科（Cruciferae）菘蓝属植物。药材商品名称为“板蓝根”及“大青叶”。

【形态特征】草本。主根深长，圆柱形。茎直立，高30～120cm，上部多分枝，光滑无毛，稍带粉霜。叶互生；基生叶莲座状，具短叶柄，长圆状椭圆形，全缘或波状牙齿；茎生叶长圆形或长圆状披针形，基部垂耳圆形或箭形，半抱茎，全缘。圆锥花序，花黄色，花萼4；花瓣4；雄蕊6，四强；雌蕊1。角果长圆形，扁平，边缘有翅。花果期4～6月（图6-14）。

【分布与生境】本种主要产于辽宁、内蒙古、甘肃、新疆、陕西、河北、山东、江苏、浙江等省（自治区）。各地多有栽培。

图6-14　菘蓝 *Isatis indigotica*
1. 根　2. 花果枝　3. 花　4. 果实

【药用部位与功能主治】根及地上部叶均可入药。根入药为“板蓝根”，叶入药为“大青叶”，性寒、味苦，为清热药。菘蓝根和大青叶均有清热解毒，凉血利咽、消斑的功效。用于温邪入营、温毒发斑、黄疸、热痢、痄腮、喉痹、烂喉丹痧、丹毒、痈肿等症。

【有效成分与药理作用】根含芥子苷（sinigrin）、靛玉红吲哚苷（indorylglucoside）、β-谷甾醇、腺苷（adenosine）、2-羟基-3-丁烯基硫氰酸酯（2-hydroxy-3-butenyl thiocyanate）、表古碱（epigoltrin）、多种氨基酸。鲜叶含菘蓝苷约1%，还含有靛玉红（indirubin）、靛蓝（indigo）等。全植物含芥苷、新芥苷、1-磺基芥苷、新游离吲哚醇（indoxyl）及氧化酶等。

【采收与加工】北方6月下旬收割一次菘蓝叶，割时茎基适当留茬，待长一段时间（约8月）可再割一次。在长江流域，每年能割3次叶。收割晒干后为药用大青叶。10月地上部枯萎，刨收根部，深挖以避免伤根。根晒至六七成干，去掉附土，捆成小捆，再行晾晒至干。叶以完整、色暗灰绿色者为佳；根以粗壮均匀、条干整齐、坚实、粉性足者为佳。

【近缘种】同属植物欧洲菘蓝（*Isatis tinctoria* L.），原产欧洲，我国有栽培。与菘蓝的主要区别是叶耳常为锐尖形，角果为宽楔形，功用与菘蓝相同。马蓝［*Strobilanthes cusia*（Nees）

O. Kuntze］为爵床科（Acanthaceae）马蓝属草本植物。它的根和根茎可代菘蓝根入药，叶可代菘蓝叶入药。主要分布于福建、江西、广东、广西、四川等地。商品大青叶还有另外来源，效果与菘蓝叶类同：蓼蓝（*Polygonum tinctorium* Ait.）为蓼科（Polygonaceae）蓼属草本植物，用其叶或地上部分，主要分布于河北、山东、辽宁等省；大青（*Clerodendrum cyrtophyllum* Turcz.）为马鞭草科（Verbenaceae）大青属植物的叶，主要分布于广东、浙江、福建等省。

青黛（indigo naturalis）为上述各种来源的大青叶经水提、石灰处理等加工制得的干燥粉末或多孔性团块。含靛蓝（indigo）5%～8%，靛玉红（indirubin）约0.1%。青黛性寒，味咸。功能清热解毒，凉血，定惊。用于治疗温毒斑、血热吐衄、口疮、喉痹、小儿惊痫；外敷治疗流行性腮腺炎。另外，青黛与靛玉红治疗白血病疗效较好。

【资源开发与保护】应加强菘蓝及大青叶来源的其他植物的地上部分的化学成分及药理活性的深入研究，以便为扩大药用资源和开发新的医疗用途提供依据。同时，应培育高含量的栽培品种。菘蓝也是重要的色素植物，其叶可提取蓝色色素。

十五、杜仲 *Eucommia ulmoides* Oliv.

【植物名】杜仲又名丝棉皮，为杜仲科（Eucommiaceae）杜仲属植物。药材商品名称“杜仲”及“杜仲叶”。

【形态特征】落叶乔木，高10～20m。树皮、枝、叶折断后有银白色胶丝。单叶互生，叶片卵状椭圆形，边缘有锯齿，下面脉上有毛。花单性，雌雄异株，无花被，单生于小枝基部；雄花具短梗，雄蕊6～10枚；雌花具短梗，子房狭长，无花柱，柱头2裂，向下反曲，1室，胚珠2。翅果卵状长椭圆形而扁，长约3.5cm，先端下凹。种子1粒。花期3～4月，果期5～10月(图6-15)。

【分布与生境】杜仲是我国特产药材。主要分布于四川、贵州、云南、陕西、湖北、河南，河北、江西、甘肃、湖南、广西、广东、浙江等地亦产，多为栽培。野生杜仲分布于高山海拔1500m左右，冬季为冰雪覆盖的地区。抗寒力较强，成株在－21℃气温下能自然越冬。适宜生长在土层深厚、疏松肥沃、排水良好的壤土。土壤过黏、过湿或过于贫瘠均生长不良。

图6-15　杜仲 *Eucommia ulmoides*
1. 雄花枝　2. 雌花枝　3. 雄花及苞片
4. 雌花及苞片　5. 种子

【药用部位与功能主治】杜仲的干燥树皮及叶均可入药，分别称杜仲和杜仲叶。杜仲为补虚药。性温，味甘。功能补肝肾，强筋骨，安胎。用于肾虚腰痛，筋骨无力，妊娠漏血，胎动不安，高血压等症；杜仲叶性温，味微辛。功能补肝肾，强筋骨。用于肝肾不足，头晕目眩，腰膝酸痛，筋骨痿软等症。

【有效成分与药理作用】杜仲皮和叶中含有多种木脂素和木脂素苷。其中二苯基四氢呋喃木脂素有：松脂素双糖苷、松脂素苷、丁香脂素双糖苷、1-羟基松脂素双糖苷、杜仲素-A。二苯四氢呋喃木脂素有：橄榄脂素双糖苷、橄榄脂素-4″-苷、橄榄脂素-4′-苷、橄榄脂素。尚含多种环烯醚萜类成分：桃叶珊瑚苷（aucubin）、京尼平苷（geniposide）、京尼平苷酸（geniposidic acid）、杜仲苷（ulmoside）等。此外，杜仲胶（gutta-percha）在陈杜仲皮和落叶中含量甚高，约20%左右。绿原酸在落叶中含量高达5%。其他成分有山柰酚、咖啡酸、杜仲丙烯醇（ulmoprenol）、白桦脂醇、白桦脂酸、熊果酸、β～谷甾醇及多种氨基酸等。杜仲木脂素类成分松脂素双糖苷是降压活性成分，丁香脂素双糖苷具有抗肿瘤活性，尤其对淋巴细胞白血病具有较强活性。环烯醚萜类成分京尼平苷有泻下作用，苷元可促进胆汁分泌；桃叶珊瑚苷具有抗菌、利尿活性。现代药理学证明杜仲具有良好的降压作用，其特点是疗效平稳、无毒、无副作用。杜仲皮和叶的提取物具有镇痛、中枢神经镇静、利尿、机体非特异性免疫等作用。

【采收与加工】栽培杜仲生长第三年时定植，定植15年以上，开始剥皮收获，常4～6月进行。先齐地单锯一环状口深度至木质部，向上量至80cm处，再锯第二道环口，两环口之间纵割，使树皮与木质部脱离。然后再按上述长度剥取第二筒、第三筒，依次剥完。不合长度和较粗树皮，可剥下作碎皮用。采伐后的树蔸，仍可发芽更新，培育新树。剥下的树皮用开水烫后，层层紧实重叠平放在以稻草垫底的平地上，上盖木板，加重物压实，四周加草围紧，使其发汗一周左右，内皮呈暗紫褐色，取出晒干，刮去粗皮即成。定植4～5年后的杜仲，于10～11月间落叶前采摘叶子。去枯叶、叶柄，晒干。

【近缘种】杜仲科全世界仅杜仲1种，为紧缺药材之一。野生杜仲资源因剥皮供药用而逐年减少，栽培杜仲生长年限长，供不应求。因此，民间常以卫矛科、夹竹桃科等多种植物的根、茎皮代替杜仲皮药用，称“土杜仲”。已被《全国中草药汇编》收载的杜仲民间代用品20余种：

1. 卫矛科（Celastraceae）**卫矛属**（*Euonymus*）　①刺果卫矛（*E. acanthocarpus* Franch）（皮藤），产云南；②肉花卫矛（*E. carnosus* Hemsl.）（根皮），产华中、华东地区；③扶芳藤[*E. fortunei*（Turcz.）Hand.-Mazz]（皮），产江苏、陕西、河南、湖北；④大花卫矛（*E. grandiflorus* Wall.）（皮），产甘肃、陕西、湖北、西南；⑤腾冲卫矛（*E. tengyuehensis* W. W. Smith）（皮），产贵州；⑥云南卫矛（*E. yunnanensis* Franch.）（根皮，茎皮），产云南；⑦游藤卫矛（*E. vagans* Wall. ex Roxb.），产云南；⑧疏花卫矛（*E. laxiflorus* Champ. ex Benth.）（皮），产华东、华南和西南。

2. 夹竹桃科（Apocynaceae）　①红杜仲藤（*Parabarium chunianum* Tsiang）（皮），产广西、广东；②毛杜仲藤（*P. huaitingii* Chun et Tsiang.）（老茎皮、根皮），产广东、广西、云南、贵州；③杜仲藤[*P. micranthum*（A. DC.）Pierre]，产广东、广西；④毛叶藤仲（*Chonemorpha valvata* Chatt.）（皮），产云南；⑤糖胶树[*Alstonia scholaris*（L.）R. Brown]（树皮），产云南；⑥清明花（*Beaumontia grandiflora* Wall.）（根、叶），产云南；⑦紫花络石（*Trachelospermum axillare* Hook. f.）（全株茎皮），产华东、华中、华南、西南。

3. 萝藦科（Asclepiadaceae）　①华宁藤（*Gymnema foetidum* Tsiang）（根），产云南；②牛奶菜（*Marsdenia sinensis* Hemsl.）（全株、根），产华东、华南和西南。

4. 樟科（Lauraceae）　潺槁树[*Litsea glutinosa*（Lour.）C. B. Rob.]（树皮），产广东、广西、云南、福建。

5. 五加科（Araliaceae）　常春藤[*Hedera nepalensis* Koch var. *sinensis*（Tobl.）Rehd.]

（全株），产陕西、甘肃、黄河流域以南至华南、西南各省。

6. 紫葳科（Bignoniaceae） 梓树（*Catalpa ovata* G. Don.）（根皮），产东北、华北、西北、长江流域各省。

7. 锦葵科（Malvaceae） 肖梵天花（*Urena lobata* L.）（根），产华东、华南、西南。

8. 漆树科（Anacardiaceae） 盐肤木（*Rhus chinensis* Mill.）（虫瘿），主产于四川、贵州。

9. 蔷薇科（Rosaceae） 三出委陵菜（*Potentilla betonicifolia* Poir.）（地上部分），产内蒙古。

【资源开发与保护】为了保护和开发杜仲药源，一方面对正品杜仲的收获已采用部分环割法，栽培杜仲的面积逐年扩大；另一方面，杜仲叶具有和杜仲茎相似的化学成分和药理作用，故可作杜仲皮的代用品。我国陕西、福建等地都以杜仲叶为原料生产杜仲保健茶等，日本、韩国也有此类产品。

十六、蒙古黄芪 *Astragalus membranaceus*（Fisch.）Bge. var. *mongolicus*（Bge.）Hsiao

【植物名】蒙古黄芪又名黄耆、内蒙黄芪、口耆等，为蝶形花科（Papilionaceae）黄芪属植物。药材商品名称"黄芪"。

【形态特征】多年生草本，高30～70cm。主根粗壮，棒形。茎直立，具细棱，散生白色毛。奇数羽状复叶，互生，小叶12～18对，广椭圆形、长圆状卵形或长圆状卵圆形，背面多少伏生白毛。总状花序腋生于茎顶，散生白色短伏毛，花序基部稀有黑毛；花萼钟形，极偏斜，基部囊状，伏生极短的黑毛，萼齿线状锥形；花冠黄色，旗瓣倒卵形，渐细成爪；翼瓣长圆形，钝尖；龙骨瓣与旗瓣等长，急尖。荚果下垂，有长柄，近半圆状卵圆形，薄膜质，无毛，有显著网纹。花果期6～8月（图6-16）。

图6-16 蒙古黄芪 *Astragalus membranaceus* var. *mongolicus*

1. 植株 2. 果序 3. 旗瓣 4. 翼瓣 5. 龙骨瓣 6. 雄蕊 7. 雌蕊

【分布与生境】主产于黑龙江、内蒙古及山西。分布于东北北部、内蒙古、河北、山西、新疆、西藏等地。喜凉爽气候，耐旱、耐寒、怕热、怕涝。生长于向阳草地及山坡，山地草原、疏林下。蒙古黄芪以栽培的质佳，销全国，并出口。黏土和重盐碱地不适种植。

【药用部位与功能主治】根入药，为补虚药。性温，味甘。功能补气固表，拔毒排脓，利尿，生肌。主治体虚自汗、盗汗、血痹、体虚浮肿、慢性溃疡、痈疽不溃或溃久不敛。炙用，有补中益气功效。主治内伤劳倦，脾虚泄泻，久泻脱肛，气虚血脱，子宫脱垂，慢性肾炎，崩带及一切气衰血虚症。

【有效成分与药理作用】含多种黄酮成分：山奈黄素（kaempforol）、槲皮素（quercetin）、异鼠李素（isorhamnetin ）、鼠李柠檬素（rhmanocitin）、芒柄花素（formononentin）、毛蕊异黄酮（calycosin）及葡萄糖苷、3-羟基-9,10-二甲氧基紫檀烷（3-hydroxy-9,10-dimethoxypterocarpane）、2′-羟基-3′-4′-二甲氧基异黄烷-7-O-β-D-葡萄糖苷、(3R)-2,3′-二经基-3,4-二甲氧基异黄酮和（6aR，11aR）-10-羟基-3,9-二甲氧基紫檀烷。尚含多种多糖，例如黄芪多糖（astragalan）Ⅰ、Ⅱ、Ⅲ。此外，还含有γ-氨基丁酸0.021%～0.046%及多种氨基酸、硒0.23μg/g及多种微量元素、β-谷甾醇、胡萝卜苷及β-天冬氨素（D-β-asparagine）等。药理活性有降压、利尿、强心、促进免疫、保护肝脏、抑菌、抗心血管疾病及癌症等。黄芪多糖和γ-氨丁酸分别是促免疫和降压活性成分，黄酮类化合物是抗心血管疾病及癌症的有效成分。

【采收与加工】黄芪生长4～5年后，从秋季落叶到霜降或春季解冻后萌芽前均可采挖。应深刨，防止折断根部。收获后切下芦头，抖净泥土，晒半干，堆积1～2d再晒，剪去侧根及须根，晒干扎成小捆。以条粗长、断面色黄白、味甜、粉性足者为佳。

【近缘种】全世界黄芪属植物约2 000种，我国有270余种。《中国药典》收载蒙古黄芪和膜荚黄芪2种。膜荚黄芪[*A. membranaceus*（Fisch.）Bunge]（东北黄芪）分布于东北、西北及四川、云南等地。与蒙古黄芪的区别是子房及荚果有毛；根较粗壮，常有少量二级侧根；植物体较高；小叶较少，16～20对。

此外，作为黄芪入药的同属植物还有：①金翼黄芪（*A. chrysopterus* Bge.）（小黄芪，小白芪）分布于河北、青海、甘肃、山西；②多花黄芪（*A. floridus* Benth.）（花生芪、大山芪）主产于四川、西藏；③梭果黄芪（*A. ernestii* Comb.）（甘孜芪）主产于四川西部至西南部的康定、理塘一带；④东俄洛黄芪（*A. tongolensis* Ulbr.）（胡豆芪）分布于四川西北部至西部小金、康定一带；⑤光东俄洛黄芪（*A. tongolensis* var. *glaber* Pet.-Sitb.）分布于四川西北部茂汶、黑水、红原一带；⑥扁茎黄芪（*A. complanatus* R. Br. ex Bunge.）（夏黄芪）分布于东北，河北、山西、内蒙古、西北。此外，还有一种同科植物多序岩黄芪（*Hedysarum polybotrys* Hand.-Mazz.）（红芪）主产于甘肃南部，质量较好。

【资源开发与保护】目前黄芪野生资源日趋减少，主要依靠栽培，但种植面积不大。由于栽培条件不同及收获年限缩短，致使药材性状与传统规格不太相符。因此，上述临床疗效确定的黄芪代用品的野生资源尚待开发利用。同时，黄芪多种药用成分的综合利用也有待于深入研究。

十七、甘草 *Glycyrrhiza uralensis* Fisch.

【植物名】甘草又名国老、甜草，为蝶形花科（Papilionaceae）甘草属植物。药材商品名“甘草”。

【形态特征】多年生草本。具有粗壮多头的根茎，主根直，圆柱形，粗而长，根皮红褐色至黑褐色，内部橙黄色至鲜黄色，有甜味。茎高40～100cm，密被细短毛。奇数羽状复叶互生，小叶7～17枚，卵形或椭圆形，长2～6cm，宽1.5～3cm，全缘，两面有短毛或腺体，腺点黏滞。总状花序腋生；花淡红紫色，萼钟状，5齿裂，旗瓣长圆状卵圆形，翼瓣比旗瓣短，比龙骨瓣长，均具长爪；雄蕊长短不一；子房长圆形，表面具腺状突起。荚果线状长圆形，成镰状或环状弯曲，密集球形，密被毛和腺点或腺状皮刺。种子2～8粒，扁圆肾形，黑色。花期5～8月，果期7～9月（图6-17）。

【分布与生境】 甘草分布于东北、河北、山东、山西、内蒙古、陕西、宁夏、甘肃、青海、新疆等地。主产于内蒙古、宁夏、新疆。甘草是本属植物中适应性最广的种类。喜生于气候干燥或半干燥、阳光充足的温带草原和暖温带半荒漠地区，多生长于土层深厚、排水良好、地下水分条件良好（水位多在3～10m左右）的碱性土壤或轻度盐碱土中，为碱性土指示植物之一。

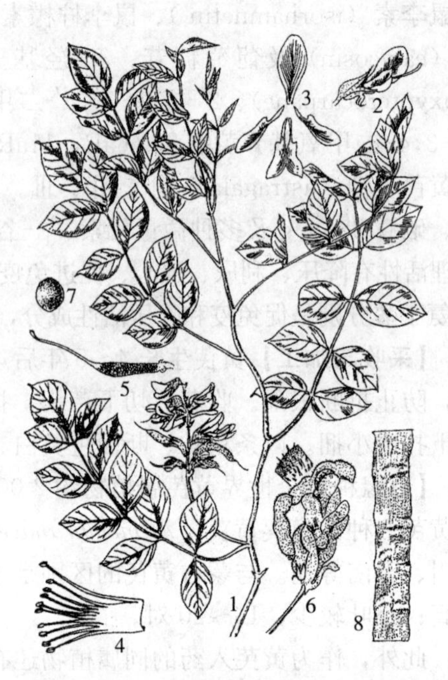

图6-17 甘草 *Glycyrrhiza uralensis*

1. 花枝 2. 花侧面 3. 花瓣 4. 雄蕊 5. 雌蕊 6. 果序 7. 种子 8. 根的一段

甘草商品按其质量和地理分布划分为三大品类和产区：

1. 东草区 一般指内蒙古东部的哲里木盟（现通辽市）、呼伦贝尔盟（现呼伦贝尔市）及以东的辽宁、吉林和黑龙江的部分甘草产区。该区属中温带气候，植被为温带草甸草原类型，年降水量250mm以上，生长的甘草色红味甜，虽然皮色和质地不如西草好但药用成分甘草酸含量较高。

2. 西草区 包括内蒙古西部的伊克昭盟（现鄂尔多斯市）、巴彦淖尔盟、阿拉善盟及甘肃东部、宁夏和陕西等黄河河套两岸与以西地区。该区也属中温带气候，但植被为温带干旱草原类型，年降水量只有250mm左右，蒸发量大，气候干燥，昼夜温差大，生长的甘草条粗均匀、皮红紧细、粉足味甜，质量好，是最佳商品。

3. 西北草区 主要是新疆，其次还包括甘肃西部和青海的甘草产区。该区的新疆南疆为暖温带极端干旱的大陆性气候，北疆和其他地区为中温带气候。植被类型多为温带荒漠，少有温带草原，年降水量多在250mm以下，甘草生长发育所需的水分几乎完全依靠地下水供给和冰雪融化后的水，生长的甘草一般根深2～3m左右，最深达7～8m，许多原生草生长百年以上，根部高度木质化而内部腐朽中空。因气候差异较大，甘草质量优劣差异很大。

【药用部位与功能主治】 根及根茎入药，为补虚药。性平，味甘。功能补脾益气、清热解毒、止咳祛痰、调和诸药。主治脾胃虚弱，中气不足，咳嗽气喘，脘腹虚痛，食少，腹痛便溏，咽喉肿痛，劳倦发热，心悸，惊痫，癔病，肝炎，胃及十二指肠溃疡，痈疖肿毒，缓和药物烈性，解药毒及食物中毒。国外民间用作治疗肺结核、肺炎及动脉硬化药；近年新用途为治疗慢性肝炎、慢性乙型肝炎、甲型郁胆型肝炎及抗肝癌药物。

【有效成分与药理作用】 甘草含有大量的三萜皂苷类成分，主含甘草甜素（glycyrrhizn）5%～11%，系甘草酸（glycyrrhizic acid）的钾、钙盐，并含皂苷元甘草次酸（glycyrrhetinic acid）3%～7%。尚含多种黄酮类成分：①黄酮类：新西兰牡荆苷Ⅱ（vicenin-2）、甘草黄酮（licoflavone）；②黄酮醇类：异甘草黄酮醇（isolicoflavsnol）；③二氢黄酮类：甘草素（liquiritigenin)、甘草苷（liquiritin）、甘草素-7,4′-二葡萄糖苷（liquiritigenin-7,4′-diglucoside）、甘草素-4′-芹糖基（1→2）葡萄糖苷[liquiritigenin-4′-apiosyl（1→2）glucoside]；④查耳酮类：甘草查尔酮甲（licochalcone A）、甘草查尔酮乙（licochalcone B）、异甘草素（isoliquiritigenin）；⑤异黄酮类：甘草利酮（licoricone）、芒柄花苷（ononin）；⑥异黄烷类：甘草西定（licoricidin）；此外含甘草新木脂素（liconeolignan）、非甘草次酸的苷元糖蛋白 Lx、甘露醇、苹果酸、桦木酸（betulic acid）、天冬酰胺，烟酸、微量挥发油、生物素（biotin）296μg/g、葡萄糖3.8%、蔗糖2.4%～6.5%等。

甘草中三萜类成分是主要药理活性成分。甘草甜素和甘草次酸具有抗肝硬化，降低谷丙转氨酶、镇咳、祛痰、镇静、抗炎、抗菌、抗过敏、非特异性的免疫增强及肾上腺皮质激素样作用。甘草甜素还具降血脂及抗动脉粥样硬化及抗癌作用。最近日本学者发现，甘草甜素对艾滋病毒具有抑制增殖的效果。甘草甜素、异甘草苷元、异甘草苷具有解痉及抗溃疡活性。

【采收与加工】春、秋、夏三季均可采挖甘草。需深挖出根，不可刨断或伤根皮，挖出后去掉残茎、泥土，忌用水洗，趁鲜分出主根、根茎，晒至半干，捆成小把，再晒至全干。按质量划分商品规格。①棒草：体形通直，两端粗细无差异。直径1.5cm以上的主根，皮色多为灰棕色至暗棕色，表面显纵皱纹，断面粉性大，甜味纯厚，几不带苦味。②条草：体形和皮色与棒草相似，直径10mm以上的根茎，表面显突起的芽或芽痕，有明显的节和节间。③毛草：条较细，直径5mm以下的根茎，节间短，多分歧，表面显黄棕色，质轻，断面须毛多，粉性弱，甜味薄。另外，也有将外皮除去者，药材名“粉草”。不同采收期收获的甘草，以春采者质量最佳，秋采次之，夏采最次；不同规格的商品甘草，以棒草质量最佳，条草次之，毛草最次。

栽培甘草第一年生长最快，三年生甘草重量大，含甘草酸、水溶性浸出物较高，商品规格较好。故栽培甘草以三年采收较适宜。

【近缘种】甘草属植物全世界约有24种，我国产11种。《中国药典》收载甘草、胀果甘草（*G. inflata* Bat.）和光果甘草（*G. glabra* L.）3种。胀果甘草主产于新疆、甘肃。与甘草的区别是荚果直，明显膨胀；花序、果序等于或长于叶序。光果甘草主产于新疆、甘肃。与上述2种区别为花序、果序较长，可达18～23cm；荚果圆柱形；叶缘绝不皱折。

我国作甘草入药的约有8种。除上述3种外，还有分布于西北地区的黄甘草（*G. korshiskyi* G. Hrig.）和粗毛甘草（*G. aspere* Pall.）；分布于云南的云南甘草（*G. yunnanensis* Cheng f. et L. K. Dai ex P. C. Li）；分布于宁夏的圆果甘草（*G. squamulosa* Franch.）；分布于内蒙古、华东及陕西等地的刺果甘草（*G. pallidiflora* Maxim.）其根味甘、辛，性温，用作催乳药，药用成分有待深入研究。

【资源开发与保护】甘草除药用外，也作为食品和饲料用。在食品和烟酒工业中，是生啤酒的发泡剂，酱油、糖果、香烟及仁丹等的甜味剂。还可提取黄色染料。甘草渣含大量纤维，还可用作食用蕈的培养基。渣提取液可作石油钻井的稳定剂、灭火器的泡沫稳定剂及杀虫药的湿润渗开和粘着剂。甘草种子可作咖啡代用品。茎、叶是滩牛的主要冬贮饲料。

甘草具有突出的生态作用。在世界范围内，大约有21种甘草分布在北纬30°～55°之间，特别是北纬40°左右的干旱、半干旱地区，被称为“甘草分布带”。甘草是多年生、耐旱、耐盐碱的深根性草本植物。在瘠薄干旱的土壤或荒原中，常连片生长，形成密群，密盖地面，防风固沙，改良盐碱，其菌根含氮达30%，能很好地提高土壤肥力。甘草植物资源的保护是个世界性问题。全世界对甘草的需求量大，资源破坏严重，造成土地沙化面积速增，草场质量恶变，由于挖草出坑而损伤放牧羊只和马匹。因此，甘草是干旱、半干旱地区亟待保护的植物资源。

十八、黄皮树 *Phellodendron chinense* Schneid.

【植物名】黄皮树又名川黄柏，为芸香科（Rutaceae）黄柏属植物。药材商品名称“黄柏”。

【形态特征】落叶乔木，高10～15m。树皮木栓层薄，开裂，内层黄色。奇数羽状复叶对生，小叶7～15片，矩圆状披针形至矩圆状卵形，顶端渐尖，基部宽楔形或圆形，不对称。花单性，雌雄异株，排成顶生圆锥花序，花序轴密被短毛；萼片5，花瓣5～8；雄花有雄蕊5～6枚，退化雄蕊钻形；雌花有退化雄蕊5～6枚。浆果状核果球形，熟时黑色。花期5～6月，果期10月（图6-18）。

【分布与生境】主要分布于四川、贵州、云南，陕西、湖北、湖南、甘肃、浙江、广西等地亦产。黄皮树适应性强，常生于深山、河边、溪旁的树林中，喜凉爽湿润气候，耐寒、耐阴。

图6-18　黄皮树 *Phellodendron chinensis*

【药用部位与功能主治】黄皮树以树皮入药，药材名川黄柏，为清热类药。性寒、味苦，具有清热燥湿、泻火解毒的功效，可治疗痢疾、肠炎、黄疸、尿路感染、带下、痔漏等症，外用可治疮疡、口疮、湿疹、黄水疮。果实也可入药，称黄柏果，有镇咳、祛痰、平喘、消炎等作用，治疗老年慢性气管炎疗效较好。

【有效成分与药理作用】黄皮树的树皮中含有4%～8%的小檗碱，还含有黄柏碱（phellodendrine）、木兰碱（magnoflorine）、掌叶防已碱（palmatine）、黄柏酮（obacunone）等多种生物碱和内酯。其果实中含少量小檗碱、掌叶防已碱，另含2.16%的挥发油，油中主要成分为香叶烯（myrcene）。黄皮树的水煎液或醇浸剂在体外有广谱抑菌作用，并对多种致病性皮肤真菌有抑制作用；其所含的小檗碱和黄柏碱具有降压活性；果实中的挥发性成分香叶烯是镇咳祛痰的有效成分。

【采收与加工】黄皮树生长10～15年后就可收获树皮入药，最佳采收树龄为20年左右。一般在5～6月间剥皮，先用快刀上下间隔一定距离纵向条剥，注意减少树木输导组织的破坏，使树木仍可继续生长，形成新的皮部，供再次收获。如果结合林区伐木收获黄皮树药材，可将树砍倒，按66 cm左右依次剥下全部树皮。将剥下的树皮置阳光下晒至半干，重叠成堆，用石板压平，去掉外层粗皮至显露黄色，再晒干为成品。

【近缘种】黄柏属植物全世界有10种，我国产6种4变种，《中国药典》2005版收载药材“黄柏”的原植物仅黄皮树1种。另收载黄檗（*Ph. amurense* Rupr.）作为药材“关黄柏”的原植物。黄檗主产于东北和华北等地，多生于杂木林中，其树皮入药，称关黄柏，也是地道药材。黄檗与黄皮树的区别在于其树皮的木栓层厚、小叶5～13枚。

黄皮树有以下多个变种，它们的树皮均可入药：① 秃叶黄皮树（*Ph. chinense* Schneid. var. *glabriusculum* Schneid.）分布于湖北、四川、贵州、陕西等省，也为商品川黄柏的主流品种；②峨嵋黄皮树（*Ph. chinense* Schneid. var. *omeiense* Huang）分布于四川；③云南黄皮树（*Ph. chinense* var. *yunnanense* Huang）分布于云南；④镰刀叶黄皮树（*Ph. chinense* Schneid. var. *falcatum* Huang）也分布于云南。黄檗的变型毛叶黄檗［*Ph. amurense* Rupr. f. *molle*（Nakai）Y. C. Chu］主要分布于东北长白山区，树皮也作关黄柏入药。

【资源开发与保护】黄柏类药材容易栽培繁殖，建立山区栽培基地对于山区绿化和保护野生黄柏类药材具有重要意义。黄皮树中的小檗碱盐酸盐、巴马亭的氢碘酸盐、黄柏内酯、苦楝子酮等成分都具有白蚁拒食活性；黄皮树果实中的异丁基酰胺类化合物有较强的杀灭家蝇的活性。黄檗为东北地区的珍贵用材树种，木材可作家具、枪托及飞机用材，树皮的木栓层是优良的软木原料，花是优良的蜜源，综合利用前景较好。

十九、远志 *Polygala tenuifolia* Willd.

【植物名】远志又名细叶远志、山扁豆根、小鸡草等，为远志科（Polygalaceae）远志属植物。药材商品名称“远志”。

【形态特征】多年生草本，高 20～40cm。根圆柱形，粗而长。茎由基部丛生，斜生或直立。叶互生，线形或狭线形，近无柄。总状花序顶生；花淡蓝紫色；萼片 5，宿存，外轮 3 片小，内轮 2 片花瓣状，绿白色；花瓣 3，中间龙骨瓣较大，呈鸡冠状，先端有丝状附属物；雄蕊 8，花丝基部合生成鞘，基部与两侧花瓣贴生。蒴果扁平，倒圆心形，边缘有狭翅。种子黑棕色，上面有白色茸毛。花果期 5～9 月（图 6-19）。

【分布与生境】分布于黑龙江、吉林、辽宁、河南、河北、内蒙古、山东、安徽、湖南、四川，主产于山西、陕西、吉林、河南。远志野生于较干燥的田野、路旁、山坡。喜凉爽气候，忌高温，耐干旱，向阳、排水良好的沙质壤土有利其生长。

【药用部位与功能主治】根入药，为安神药。性温，味苦、辛。功能益智安神，祛痰消肿。用于心悸、健忘、失眠多梦、痰多咳嗽、疮疡肿毒等症。另外，远志地上部分也可入药，具有益精补阴之功效。

【有效成分与药理作用】根含多种三萜皂苷。主要有远志皂苷（onjisaponin）A、B、E、F、G，以皮部含量最高。此外，尚含远志碱（tenuidine，$C_{21}H_{31}O_5N_3$）、远志糖醇（polygalitol，$C_6H_{12}O_5$），及 N-乙酰基-D-葡萄糖胺（N-acetyl-D-glucosamine）、氧杂蒽酮、桂皮酸及其衍生物、6-羟基-1,2,3,7-四甲氧基咄酮及脂肪油、树脂等。含

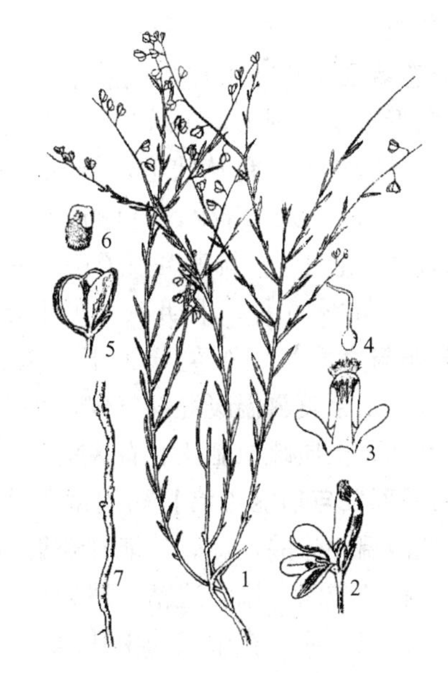

图 6-19 远志 *Polygala tenuifolia*

1. 果株 2. 花侧面 3. 花冠剖面示雄蕊花丝大部愈合 4. 雌蕊 5. 果实 6. 种子 7. 根

有植物皂苷，能刺激胃黏膜，引起轻度恶心，因而反射地增加支气管的分泌而有去痰作用；具有兴奋子宫的作用；有溶血作用。

【采收与加工】春、秋两季采挖根，以立秋后采收为宜。去泥土和杂质。传统的远志药材有远志肉、远志筒和远志棍之分。趁水分未干时，用木棒敲打，使其松软，抽去木心，晒干，称远志筒；将皮部剖开，除去木质部，晒干，称远志肉；直接晒干，不去木质部者，称远志棍。

【近缘种】全世界远志属植物有500余种，我国有40余种。《中国药典》2005版收载远志和卵叶远志（*P. sibirica* L.）2种。卵叶远志（西伯利亚远志）分布于全国，主产于东北。与远志的区别是植物体较矮，叶不为线形，常椭圆状卵形或长圆形；萼片3枚，种稃不发达，常膜质。此外，同属瓜子金（*P. japonica* Houtt.）也作远志入药，分布于东北、华北、华东、华中、华南、西南及陕西。叶较卵叶远志宽，花丝近全部合生，而卵叶远志下部2/3合生。

【资源开发与保护】野生远志因生长缓慢、植株矮小、单株产量很低、生长分散和不易采寻等原因而使收购日趋困难。同时，大量采挖的结果也势必破坏天然资源。为保护资源，必须开展远志的人工栽培、良种繁育以及有效成分积累与变化的研究工作。远志果实成熟开裂，种子易散落地面，难于采收，给人工栽培带来一定的困难。目前利用远志叶片作为外植体进行人工培养，为远志的人工栽培及良种繁育提供了新的途径。远志地上部分也可入药。有研究认为叶可益精补阴，春夏采收为宜。我国野生远志分布广，主要产区是山西和陕西，而以山西产量最大，主产于山西阳高、闻喜、榆次、芮城等地。陕西主产于韩城、大荔、华阴、绥德、咸阳等地。

二十、山茱萸 *Cornus officinalis* Sieb. et Zucc.

【植物名】山茱萸又名枣皮、萸肉等，为山茱萸科（Cornaceae）山茱萸属植物。药材商品名称“山茱萸”。

【形态特征】落叶小乔木或灌木，高3～10m。单叶互生。叶片椭圆形至长椭圆形，顶端尖，基部楔形，全缘，叶背被白色伏毛，脉腋有黄褐色丛状毛，侧脉5～8对，弧形，平行排列。伞形花序，枝顶着生，具卵形苞片4，花先叶开放，黄色；花萼4；花瓣4；雄蕊4；子房下位。核果长圆形，成熟时红色。花期2～6月。果期4～10月（图6-20）。

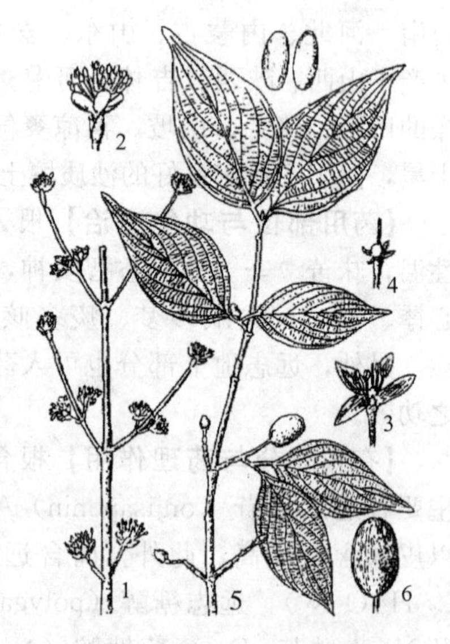

图6-20 山茱萸 *Cornus officinalis*
1. 未开的花枝 2. 花序 3. 花
4. 雌蕊和萼片 5. 果枝 6. 果实

【分布与生境】山茱萸分布于河南、浙江、安徽、陕西、四川等省。山茱萸喜温暖湿润气候，畏严寒。适宜在温差变化不大、湿润、土质疏松肥沃、背风的环境生长。

【药用部位与功能主治】药用部位为干燥成熟果肉，为收涩药。性微温，味酸、涩。功能补益肝肾、涩精固脱。用于头晕耳鸣、腰膝酸痛、阳痿遗精、遗尿尿频、崩漏带下、大汗虚脱、内热消渴等症。在中成药中凡以六味地黄汤为基础的各类药物，其主要原料为山茱萸。

【有效成分与药理作用】山茱萸含莫罗苷（morroniside）、7-O-甲基莫罗苷、獐牙菜苷（swerosido）、番木鳖苷（loganin)、皂苷、山茱萸鞣质Ⅰ、Ⅱ、Ⅲ（cornus - tanin Ⅰ、Ⅱ、Ⅲ），尚含熊果酸及其他有机酸。药理实验有明显的降压、利尿及抗菌作用。

【采收与加工】树龄10～20年以下者产量极低，20～25年进入结果盛期，能结果100多年。果熟期9～11月，果实红色即可采收。通常用文火烘、沸水煮或水蒸气蒸果实。各种加工方法均以果实放冷后能捏出种子为度，然后将果肉晒干或烘干即为成品。

【资源开发与利用】目前世界上山茱萸资源普遍缺乏，分布稀少，主要集中分布于中国。近几年，我国山茱萸的种植面积正在逐渐扩大，但产量有限，国际药材贸易市场上仍供不应求。山茱萸适应性较强，除花期怕寒流侵袭外，产量一般较稳定，平均产量约300kg/hm²，结果后随生长年龄增加而产量增大，百年后仍能硕果累累。可见山茱萸一次栽植，多代受益，具有极高的经济效益。

二十一、刺五加 *Acanthopanax senticosus*（Rupr. et Maxim.）**Harms**

【植物名】刺五加又名刺拐子、老虎镣子，为五加科（Araliaceae）五加属植物。药材商品名“刺五加”。

【形态特征】落叶灌木，高1～6m。树皮淡灰色，纵裂。根茎发达，根圆柱形。掌状复叶互生，小叶3～5，通常5枚，椭圆状倒卵形或长圆形，先端渐尖，基部楔形，边缘具尖锐重锯齿。伞形花序顶生，单一或2～4个聚生；花雌雄异株或杂性；花萼绿色，与子房合生，5齿裂；花瓣5，早落；雄花淡紫色，雄蕊5，花药大，白色；雌花淡黄色，雌蕊比花瓣长2倍；花柱合生，柱头肥大5裂，子房5室。核果浆果状，球形，熟时紫黑色，具明显5棱，花柱宿存。花期6～7月，果期7～9月（图6-21）。

【分布与生境】主要分布于我国东北、华北以及朝鲜、俄罗斯远东及日本北海道地区。生于山地针阔叶混交林和落叶杂木林下或林缘。

【药用部位与功能主治】刺五加以干燥根及根茎或茎入药，为补虚类药。性温，味辛、微苦。有益气健脾，补肾安神的功效。用于脾肾阳虚，体虚乏力，食欲不振，腰膝酸痛，失眠多梦等症。临床用于治神经衰弱、失眠、食欲不振、冠心病、白细胞减少、风湿性关节炎、老年病及癌症辅助治疗。另外，根皮代“五加皮”作祛风湿药。其干燥根及根茎是东北民间药。

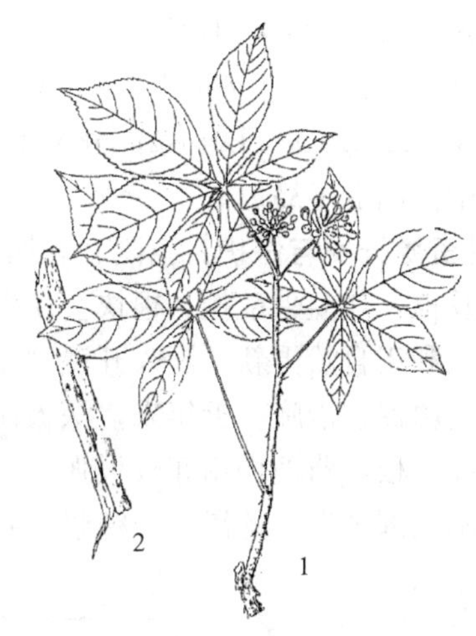

图6-21　刺五加 *Acanthopanax senticosus*
1. 上部花枝　2. 根皮

【有效成分与药理作用】刺五加根含刺五加苷（eleutheroside）A、B、B_1、C、D、E、F、G等。总含量0.6%～0.9%，根苷A～E依结构分别命名为β-谷甾醇葡萄糖苷、紫丁香苷（syringin）、异秦皮定葡萄糖苷（isofraxidinglucoside），乙基半乳糖苷（ethyl - d - Δ - galactoside）及构型不同的紫丁香树脂酚（syringaresinol）双糖苷；叶含齐墩果酸型刺五加苷（senticoside）A、B、C、D、E、F、I、K、L、M及新刺五加苷（ciwujianosides）B、C_1、C_2、C_3、C_4、D_1、D_2、E、A_1、

A_2、A_3、A_4 和 D_3，其中新五加苷 A_3、A_4 和 D_3 是首次从自然界中分离出的 mesombryan themoidigenic acid 型三萜皂苷。此外，还含金丝桃苷、芝麻素和刺五加多糖 PES-A 及 PES-B。

近年药理研究表明，刺五加苷类有类似人参的适应原样作用，即具有抑制和兴奋中枢神经、抗疲劳、抗应激、增强适应性、抗菌，防辐射、调节白细胞免疫及抗癌作用；刺五加总苷无毒性，能促进肝的再生，提高核酸及蛋白质的生物合成，有降低基础代谢及促进性腺作用。刺五加多糖具有提高机体免疫功能及解毒、抗感染作用。

【采收与加工】 5～6 月采收，刨根去泥。剥下根皮，晒干。刺五加地下根茎发达，从根茎可发育出较茂盛的植株灌丛。应计划采收。注意保留部分根茎于土内。以利自然更新，永续利用。但目前尚未制订出合理的刺五加药材质量规格。

【近缘种】 五加属植物全世界约有 40 种，分布于亚洲，我国有 30 余种，广布于南北各省区，以长江流域最多。《中国药典》仅收载刺五加 1 种，但我国各地供药用而形态与刺五加近似的同属植物有多种，常见的有：

1. 五加（*A. gracilistylus* W. W. Smith） 产长江以南、云南西北部、山西西南部。子房 2 室，花柱 2，离生。根皮入药称“五加皮”。

2. 无梗五加（短梗五加）［*A. sessiliflorus*（Rupr. et Maxim.）Seem.］ 产东北、华北和朝鲜及俄罗斯远东。子房 2 室，花柱合生成柱状，仅柱头分离；伞形花序小花梗较短紧密呈球形。

3. 红毛五加（*A. giraldii* Harms） 产四川、陕西、宁夏、甘肃、青海、湖北和河南等省（自治区）。子房 5 室，花柱 5，基部合生。

4. 倒卵叶五加（*A. obovatus* Hoo） 分布于陕西、甘肃和宁夏等省区。子房 5 室，花柱全部合生成柱状；枝刺较刺五加粗壮而下弯。

还有轮伞五加（*A. verticillatus* Hoo），分布于西藏东西部；蜀五加（*A. setchuenensis* Harms ex Diels），分布于甘、陕、豫、鄂、川及黔；藤五加［*A. leucorrhizus*（Oliv.）*Harms*］，分布于长江流域以南；糙叶五加［*A. henryi*（Oliv.）Harms］，分布于晋、陕、川、鄂、豫、皖及浙；刚毛五加（*A. simonii* Schneid.），分布于赣、鄂、川、黔及滇；锈毛吴茱萸五加（*A. evodiaefolius* Franch. var. *ferrugineus* Smith），分布于桂、黔、川、滇及藏；康定五加（*A. lasiogyne* Harms），分布于川、滇、藏；白簕［*A. trifoliatus*（L.）Merr.］，分布于秦岭以南至南亚半岛。

【资源开发与保护】 我国刺五加野生资源及其近缘代用种虽然较丰富，但其主要药用部分为根茎及根，如滥采乱挖，很快会使资源破坏，因此，控制采挖量，采挖时注意保留部分根茎于土内，以利于自然更新，深入开展驯化栽培研究，扩大人工栽培面积，建立无公害化生产基地是重要的资源保护措施。近年来，深入研究发现刺五加茎皮、叶及果实中的有效成分与根相同，而且含量高于根，药理作用亦较根强。因此，用茎、叶和果实代根入药，保护和扩大了药源。利用刺五加不同部位生产的浸膏、糖浆、胶囊及片剂及药酒等已用于临床。

二十二、人参 *Panax ginseng* C. A. Mey.

【植物名】 人参又名棒槌，为五加科（Araliaceae）人参属植物。野生人参称山参，栽培人参称园参。药材商品名称“人参”及“人参叶”。

【形态特征】多年生草本，主根肥大，根上部具深而紧密的横纹，须根较长。根状茎短，直立或斜生，具明显的茎痕，称芦头。地上茎单生，高 30～60cm，有纵纹，无毛，基部紫色，具宿存鳞片。叶的形态、数目随生长年限有一定的变化。一年生一枚三出复叶（俗称“三花”），二年生一枚掌状复叶（“巴掌”），三年生二枚掌状复叶（“二甲子”），以后随年龄增加叶数，三复叶称“灯台子”，四复叶称“四批叶”，五复叶称“五批叶”，一般到“六批叶”，即使年龄增加，叶数通常亦不再增加。掌状复叶轮生茎顶，中间 3 小叶较大，正中小叶最大，椭圆形至长椭圆形，外侧一对小叶片较小，卵形或菱状卵形；小叶片先端长渐尖，基部阔楔形，下延，边缘有细锯齿，齿有刺尖，表面深绿色，散生少数刚毛，背面淡绿色，无毛。伞形花序单个顶生，总花梗长 15～30cm；花序由 10 余朵小花（山参）或 30～70（120）朵小花（园参）组成；花萼无毛，钟状 5 裂，绿色；花瓣 5，卵状三角形，淡绿色；雄蕊 5，雌蕊 1，柱头 2 裂，子房下位，2 室，每室 1 粒种子。果实为浆果状核果，红熟。种子倒卵形或略呈肾形，扁，乳白色或淡黄棕色。花期 6～7 月，果期 7～9 月（图 6－22）。

图 6－22　人参 *Panax ginseng*

1. 根及根茎　2. 着果的植株　3. 花

【分布与生境】野生人参主要分布在中国东北长白山地区和毗邻的朝鲜，另外记载在辽宁省绥中，河北青龙、兴隆（雾灵山）及内蒙古喀沁旗山区也有零星分布，在日本富士山也发现了野生人参。在我国的地理分布大约在北纬 40°～48°，东经 117°6′～134°。分布区平均气温－10℃～10℃，年生育期 120～125d，年降雨量 500～1 000mm，土壤为棕色森林土或山地灰化棕色森林土。植被常为针阔叶混交林和杂木林。

栽培人参主要产于中国、朝鲜和前苏联等国家。我国园参的主产区是东北三省，以吉林省抚松县产量最高。此外，河北、山西、北京、湖北、甘肃和云南等省也有种植。山参和园参两者地上部分形态基本相同，地下部分形态有一定区别，二者参根的区别见表 6－3。

表 6－3　山参与园参参根的区别

种类 / 区别 / 部位	山　参	园　参
根茎（芦）	细长，芦碗（茎痕）四面着生，多不明显，除马牙芦外，具堆花芦或圆芦	短粗，芦碗大且两面着生，数目少，多为马牙芦，无堆花芦和圆芦
不定根（芽）	短，纺锤形	粗长，圆锥状
表皮（皮）	皮志纹深，纹细呈螺旋状，连续不断	皮嫩发白，纹粗且不连贯
主根（体）	短粗，多为菱角形或疙瘩形	顺长，粗大，挺直，呈圆柱形
侧根（腿）	短粗，2～3 个，腿间分岔角度大，称跨海式	粗大，顺长，2～3 个或更多，腿间分岔角度小
须根（须）	稀疏，细长呈皮条状，韧，珍珠点多，大，明显，全部参须顺体展开呈扇形	多密，短，脆嫩易折断，珍珠点小，不明显，全部参须顺体展开呈笤帚状

【药用部位与功能主治】人参主要入药部位是根和根茎，为补虚药。性温，味甘、微苦。有大补元气、固脱生津、安神等功效。人参在临床治病上有广泛的疗效。①滋补强壮。对各种原因

引起的疲劳、体衰、代谢机能下降均有治疗作用；②治疗神经衰弱和精神病；③治疗性机能障碍；④治疗高血压和动脉粥样硬化症；⑤治疗糖尿病；⑥保肝，治疗急性肝炎；⑦治疗贫血；⑧治疗老年病，如改善心脑血管循环，防止老年动脉硬化，对老年多发病如老年斑色素沉着、脱发、糖尿病等均有疗效；⑨治疗各种癌症。

【有效成分与药理作用】人参的主要药理活性物质是人参皂苷（ginsengnoside）。从 20 世纪 50 年代中期到 80 年代末期，国内外学者从栽培人参的根、茎、叶、花和果实中分离鉴定了 30 余种人参皂苷单体化合物见下表。其中，人参皂苷-Ra_1、-Ra_2、-Ra_3、-Rg_3、-Rh_2、-Rs_1、-Rs_2、-Rh_3，20（R）-人参皂苷-Rg_2、-Rh_1、-Rh_2，20（s）-人参皂苷-Rg_3、丙二酰基人参皂苷-Rb_1、-Rb_2、-Rc、-Rd，三七皂苷-R_1、-R_4，西洋参皂苷-R_1 等 19 种微量单体皂苷是 80 年代从人参中分离出的新的人参皂苷，一般野生人参皂苷含量高于栽培参（表 6-4）。

表 6-4　人参中的人参皂苷单体化合物

原人参二醇组	原人参三醇组	齐墩果酸组
G-Ra_1（1）、-Ra_2（2）、-Ra_3（3）、-Rb_1（4）、-Rb_2（5）、-Rb_3（6）、-Rc（7）、-Rd（8）、-Rg_3（9）、-Rh_2（10）、-Rh_3（11）、-Rs_1（12）、-Rs_2（13），20（R）-G-Rh_2（14），20（S）-G-Rg_3（15）、MG-Rb_1（16）、-Rb_2（17）、-Rc（18）、-Rd（19），Q-R_1（20），N-R_4（21）	G-Re（22）、-Rf（23）、-Rg_1（24）、-Rg_2（25）、-Rh_1（26），20（R）-G-Rg_2（27）、-Rh_1（28），N-R_1（29）	G-Ro（30）

人参的另一重要药理活性物质是人参多糖（panaxans），以及倍半萜类化合物组成的挥发油也是人参药理活性成分，但不同部位的挥发油组成成分差异较大。

近代药理研究表明，人参具有多种药理活性。①具有适应原样作用，能增强机体对各种有害刺激的防御能力和抵抗能力，提高机体的适应性。②具有调节中枢神经作用，Rb 类人参皂苷有镇静作用，Rg 类有兴奋作用。③人参二醇、人参三醇和各种人参皂苷均有抗疲劳作用，人参三醇的作用强于人参二醇。④具有调节血压和心脏机能的作用。⑤具有促进蛋白质、DNA 和 RNA 及血红素合成及降低血糖和血脂的作用。⑥具有促性腺、调节性机能作用。⑦人参皂苷、人参多糖均有增强机体免疫力的作用。人参果胶、人参皂苷-Rh_2 及其差向异构体 20（R）-Rh_2 均有较强的抗肿瘤活性。⑧麦芽酚和麦芽酚葡萄糖苷具有抗过氧化脂质抗衰老作用。

【采收与加工】栽培人参在播种 6～9 年后于秋季收获。最佳收获期应是鲜根产量高，鲜根的折干率高，有效成分含量高的时候。人参的最佳收获期因不同地区人参的发育时期不同而异。吉林省靖宇县第二参场试验证明，9 月 16 日至 9 月 21 日为该场的人参最佳收获期，辽宁省新宾、桓仁县则认为 9 月上旬收获最好。起收时，不要刨断参根或损伤芽胞，每天起收鲜参的数量要根据加工能力来确定，因为起收的鲜参存放时间过久，加工出的红参抽沟深（参体纵沟深），质地不实，干出的成品也少。当年起收参根的地块应在收根的同时采收茎叶，其余参地的茎叶，应在人参地上部分枯萎或霜打前收获。采收茎叶时，严禁硬拽，以防参根拉出或芽胞损伤。

人参加工的品种很多，有生晒参、红参、糖参、汤参、冻干参和保鲜参等。生晒参：经熏制干燥而成。红参：经蒸制干燥而成。糖参：经沸水烫后扎孔灌糖汁再干燥而成。汤参：经沸水烫后干燥而成。冻干参：又称活性参，经真空冷冻干燥而成。保鲜参：经 ^{60}Co 射线照射灭菌或酒浸加入保鲜剂制成。

【近缘种】人参属植物全世界有 8 种，我国有 6 种，5 变种，引种西洋参（*P. quinquefolium* L.）1 种。《中国药典》收载仅人参 1 种，其余种均民间习用或收入地方药志。

西洋参原产北美，我国亦有栽培。与人参的主要区别是花茎比叶柄短或近等长；叶几无毛，叶缘锯齿较粗大且不规则；根有芳香气，折断面平齐，质致密，而人参根有土味，折断面斜，质较疏松。

我国分布同属植物主要还有：①姜三七（*P. zingiberensis* C. Y. Wu et K. W. Feng）产云南。小叶不分裂，根姜块状。②三七［*P. notoginseng*（Burkill）F. H. Chen］云南、广西栽培，国内未发现野生种。小叶不分裂，两面均生刚毛；花梗有微毛。③屏边三七（*P. stipuleanatus* H. T. Tsai et K. M. Feng）分布于西藏、云南、四川、湖北、陕西、甘肃。与上各种区别小叶羽状分裂。④假人参（*P. pseudo-ginseng* Wall.）分布于西藏。根茎横走，细长，根纤维状，有肉质圆柱形或纺锤形根。⑤珠子参［*P. japonicus* var. *major*（Burkill）C. Y. Wu et K. W. Feng］分布广泛，西北、西南、华东、华南等。根串珠状。

近年来，随着对人参及其主要有效成分人参皂苷的研究不断深入，"人参样—适应原样"植物新资源的研究正向三个方面展开，国内外的天然药物化学工作者们对之投入了极大的兴趣：①从人参不同部位（尤其是茎、叶），不同加工品的副产物或废弃物中多提出或再提出总皂苷，而栽培人参的叶、须根和根茎富含的单体皂苷资源也将会很快吸引制药厂家的兴趣，大力投资以深入挖掘单体皂苷资源：②五加科内、人参属内及其近缘植物中皂苷类成分的研究，如：红景天属（*Rhodiola* L. spp.）植物、刺参（*Oplopanax elatus* Nakai）、刺五加［*Acanthopanax senticosus*（Rupr. et Maxim.）Harms］、绞股蓝［*Gynostemma pentaphyllum*（Thunb.）Makino］、五味子［*Schisandra chinensis*（Turcz.）Baill.］、蛇足石杉［*Huperzia serrata*（Thunb. ex Murray）Trev.］、黄皮树（*Phellodendron chinensis* Schneid）等。③以"适应原样"药效为导向，在其他科中广泛寻找植物资源，目前已寻找出如上 7 种适应原植物（表 6-5）。

表 6-5　人参近缘植物中新的皂苷成分

皂　苷	植　物	部位	来源
刺五加叶苷 senticosides A、B、C、D、E、F、I、K、L、M	刺五加 *A. senticosus*	叶	野生
刺楸皂苷 kalopanaxsaponins A、B、C、D、E、F	刺楸 *K. septemlobus*	根	野生
龙牙楤木皂苷 aralosides A、B、C	龙牙楤木 *A. elata*	根	野生
刺人参皂苷 oplosides A、B、C、D、E、F	刺人参 *O. elatus*	根	野生
无梗五加皂苷 acanthoside K_2、K_3	无梗五加 *A. sessiliflorus*	根	野生
人参皂苷——Rh_3、20（R），人参皂苷——Rh_2	人参 *P. ginseng*	叶	栽培
人参皂苷 RA	西洋参 *P. quinquefolius*	根	栽培

【资源开发与保护】人参除制成各种名贵、特效的中成药和保健药外，还是轻工和食品工业的原料。人参含多种维生素、多种氨基酸和微量元素，营养价值极高，所以人参可制成各种食品和高级补品，人参糖、人参饼干、人参麦乳精、人参蜂王浆、人参蛤蚧油、人参汽水、人参茶、人参酒和人参花果冲剂等。人参的根、茎、叶、花及果实均可作为人参烟、人参香皂、人参牙膏、人参化妆品等轻化工原料。但是，对人参单体皂苷资源的挖掘利用和综合开发仍远远不够。

人参是一种古老的植物，现在野生人参已很少见，自然资源非常贫乏，濒于灭绝，对野生种斩草除根的采挖方式应立即停止。第二届国际人参会议已宣布人参为有灭绝危险的物种，少数有野生人参分布的地区应封山育林。严格保护人参的自然资源，以便保存基因。人参已列为国家一级保护植物，濒危种。

二十三、三七 *Panax notoginseng*（Burk.）F. H. Chen

【植物名】 三七又名田七、参三七、金不换等，为五加科（Araliaceae）人参属植物。药材商品名称“三七”。

【形态特征】 多年生草本，高 30～60 cm。根状茎（芦头）短，具有老茎残留痕迹；主根粗壮肉质，倒圆锥形或短圆柱形，长约 2～5 cm，直径约 1～3cm，有分枝和多数支根，表面棕黄色或暗褐色，具疣状小凸起及横向皮孔。茎直立，单生不分枝，近圆柱形，有纵条纹。掌状复叶 3～6 片轮生茎顶，小叶通常 5～7 片，膜质。夏季开淡黄绿色花，伞形花序单生于茎顶叶丛中；花 5 基数，花瓣长圆状卵形，先端尖；子房下位，2 室，花柱 2，基部合生，花盘平坦或微凹。果扁球形，熟时红色。种子扁球形，1～3 粒，种皮白色。花期 6～8 月，果期 8～10 月（图 6-23）。

【分布与生境】 三七为我国特产药材，主产云南和广西，在四川、江西、湖北、贵州等省也有少量种植。三七多系栽培，喜温暖湿润气候，怕严寒、酷热、多雨，野生植株罕见。

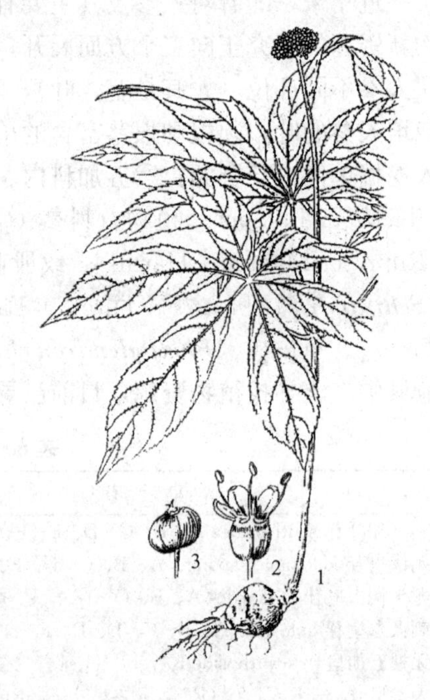

图 6-23　三七 *Panax notoginseng*
1. 全株　2. 花　3. 果实

【药用部位与功能主治】 三七始载于《本草纲目》，作药用已有 500 年的历史。三七以干燥根及根茎入药，为止血药。性温，味甘、微苦。有散淤止血、消肿止痛的功效，用于咯血、吐血、衄血、便血、崩漏、外伤出血、胸腹刺痛、跌扑肿痛。云南白药的主要原料为三七。三七花能清热、平肝、降压。

【有效成分与药理作用】 三七的药效成分主要是达马烷型四环三萜皂苷，目前已分离鉴定出 20 多种皂苷，总皂苷含量为 9.75%～14.90%。三七不同部位所含皂苷的种类不尽相同：根和根茎中人参皂苷 Rb_1 和 Rg_1 含量最高；叶和果中人参皂苷 Rb_3 含量较高；花中人参皂苷 Rc 含量较高。三七的根中还含有止血特效成分三七素（dencichine）、挥发油、黄酮等，云南产三七的根中三七素的含量达 0.87%。

近年的药理研究表明，三七所含的人参二醇皂苷类（如 Rb 组）对中枢神经有抑制作用、止血作用；三七素也是止血有效成分之一；人参三醇皂苷类（如 Rg 组）对中枢神经有兴奋作用，能抑制血小板凝聚而有活血作用。三七总皂苷和黄酮成分具有扩张动脉、降压、减慢心率、降低心肌耗氧量等作用；三七总皂苷尚能抗休克、抗炎症，并对脂肪、糖、蛋白质及核酸代谢等都有一定的促进作用。

【采收与加工】 开花前采收 3 年以上的鲜三七，去茎叶泥土，摘下芦头、侧根、须根，分开大小，晒至六七成干时用谷壳掺和，边晒边搓揉，使其体质结实，再晒至足干。夏季采花，阴干或熏蒸晒干。三七药材以“铜皮铁骨”者为佳。

【资源开发与保护】三七中成药开发及综合利用进展很快，云南白药集团股份有限公司以三七为原料生产“云南白药”系列产品和“三七冠心宁”、“田七花精”、“田七丹参茶”等三七系列产品，作为中成药正远销国内外；其他制药企业也以三七为原料在生产“血塞通注射液”、“三七胶囊”等产品。三七药材主要靠人工栽培，野生资源保护工作不太重要。目前应从三七药材的GAP生产、三七的深度开发和综合利用等方面开展研究，把三七产业做大做强。

二十四、白芷 *Angelica dahurica*（Fisch. ex Hoffm.）Benth. et Hook. f.

【植物名】白芷又名大活、兴安白芷、祁白芷、香白芷等，为伞形科（Umbelliferae）当归属植物。药材商品名称“白芷”。

【形态特征】多年生草本。根粗大，分枝，有香气。茎直立，中空，具细纵棱。基生叶和茎下部叶具长柄；叶片2～3回羽状全裂，末回裂片椭圆状披针形至披针形，边缘有不整齐尖锯齿与白色软骨质；中、上部叶渐简化，叶柄几乎全部膨大成叶鞘。复伞形花序，无总苞片或有1片椭圆形鞘状总苞片；伞辐20～40；小伞形花序具多朵花；小总苞片10余片，披针形；无萼齿；花瓣白色。双悬果椭圆形，背腹压扁，背棱和中棱稍隆起，钝圆，侧棱具宽翅，棱槽中各具1管油，合生面2。花果期7～9月（图6-24）。

【分布与生境】分布于东北、华北、华中。生林缘草甸、山沟溪旁灌丛下。

【药用部位与功能主治】根入药，为解表药。性温，味辛。散风除湿、通窍止痛、消肿排脓。主治感冒头痛，眉棱骨痛，鼻塞，鼻渊，牙痛，白带，疮疡肿痛等症。

图6-24　白芷 *Angelica dahurica*

1. 花、果枝　2. 根　3. 花　4. 果实　5. 分果横切面

【有效成分与药理作用】

1. 白芷的根含香豆精类化合物　白芷素（即比克白芷素byak-angelicin，$C_{17}H_{18}O_7$）有较显著的扩张冠状动脉的作用，白芷醚（byak-angelicol，$C_{17}H_{16}O_6$）、氧化前胡素（oxypeucedanin，$C_{16}H_{14}O_5$）、欧前胡素（imperatorin，$C_{16}H_{14}O_4$）、珊瑚菜素（phellopterin，$C_{17}H_{16}O_5$）。

2. 杭白芷［*Angelica dahurica*（Fisch. ex Hoffm.）Binth. et Hook. f. var. *formosana*（Boiss.）Shan et Yuan］**根含6种呋喃香豆精类化合物**　异欧前胡素、欧前胡素、香柠檬内脂、珊瑚菜素、氧化前胡素、水合氧化前胡素。药理研究表明，总香豆素类成分具有明显的镇痛和解痉作用。

【采收与加工】如为人工栽培，秋季下种者在次年秋季叶黄时采收，如在春季下种者则在当年寒露时采收。挖出根后，除去须根，洗净泥土，晒干或趁鲜切片，晒干备用。

【近缘种】《中国药典》2005版收载药材“白芷”的原植物白芷和杭白芷两种。杭白芷与白芷很接近，但植株较矮小，一般不超过2m。主根的侧根略排成四条稍斜纵行，侧根基部的木栓突起粗大而高。花稍小黄绿色，伞幅较少，通常12～17个，小总苞片多数，窄披针形。花梗多数，花黄绿色。果有疏毛。我国福建、台湾有分布；浙江等省区有栽培。同属狭叶当归（*A. anomala* Ave-Lall.）有明显小叶柄，复伞形花序的伞幅30～70个，不等长，被短柔毛；花梗多数；花小，白色，花瓣长圆形。我国南北部各省区有引种栽培，主要栽培于四川。入药称川白芷或库叶白芷。

【资源开发与保护】根的主要化学成分为香豆素类成分和挥发油成分，香豆素类成分在白芷中含量远较挥发油类高，可达1%左右。重庆市银屑病防治协作组由白芷酒精浸膏制成的冲剂以及由白芷有效成分制成的胶囊剂内服加黑光照射治疗银屑病痊愈率为47.2%。江苏植物研究所用杭白芷根提取物酊剂或软膏剂治疗白癜风。国内外学者对白芷香豆素类成分做了大量分离工作，白芷香豆素类成分具有多种药理作用，但临床应用仅限于治疗某些皮肤病。而白芷及其复方制剂在临床上广泛用于治疗头痛、牙痛、三叉神经痛、风湿痛、腰腿疼等多种疼痛，疗效显著。但目前白芷镇痛的有效成分尚无进行深入研究，有必要加强白芷镇痛有效成分及其作用机理的研究。

二十五、当归 *Angelica sinensis*（Oliv.）**Diels**

【植物名】当归又名秦归、云归等，为伞形科（Umbelliferae）当归属植物。药材商品名称“当归”。

【形态特征】多年生草本，高40～100cm，全株有特异香气。主根粗短，有数条支根。茎直立，带紫红色，有明显纵槽纹。叶互生，二至三回奇数羽状复叶，叶柄基部膨大成鞘状抱茎，紫褐色；小叶3对，卵形或菱形，叶脉及叶缘有白色细毛。复伞形花序顶生，总苞片2或缺；伞幅9～14，不等长；小苞片2～4；每一小伞形花序有花12～36朵；小伞梗密生细柔毛；花白色。双悬果椭圆形，分果有5棱，侧棱成宽而薄的翅，翅缘淡紫色。花期7～8月，果期8（图6-25）。

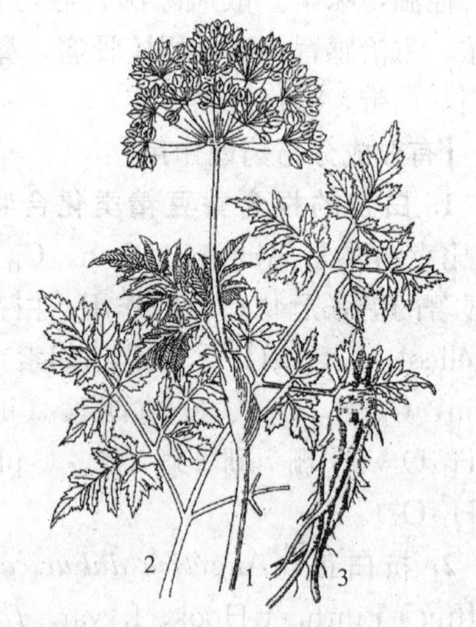

图6-25　当归 *Angelica sinensis*

1. 着果的植株　2. 叶　3. 根

【分布与生境】野生当归少见，分布于陕西、甘肃、湖北、四川、云南、贵州。主要栽培于甘肃岷县、武都、淳县、成县、两当、舟曲、文县等及云南，销全国并出口，四川、陕西、湖北亦有栽培。当归喜高寒凉爽气候。甘肃在海拔2 000m以上，云南在2 600～2 800m以上地区栽培。宜选择高寒潮湿山区，土层深厚肥沃，排水良好的沙质壤土栽培。

【药用部位与功能主治】根入药，为补虚药。性温，味甘、辛。功能补血活血、调经止痛、润肠通便。主治血虚眩晕、月经不调、经闭痛经、虚寒腹痛、肠燥便秘、痈疽疮疡、跌打损伤、风湿痹痛。

【有效成分与药理作用】根含挥发油达0.4%，有29种成分。其中，藁本内酯（ligustilide）约47%，正丁烯基酞内酯（n-Butylidene-phthalide）约11%，此外尚含两种未知倍半萜A、B，香荆芥酚（carvacrol）、当归酮、月桂烯、β-水芹烯、α蒎烯、莰烯、β-蒎烯、对巨散素、Δ^3-长松针烯、愈创木酚、异丁香酚、大茴香酸、肉豆蔻酸、樟脑酸、正丁基酞内酸、葵二酸、壬二酸等；另含正十二烷醇、佛手柑内酯、十四烷醇、豆甾醇-D-葡萄糖苷、钩吻荧光素（scopletin）等新成分。水溶性成分有阿魏酸、烟酸、丁二酸、尿嘧啶、腺嘌呤。含总氨基酸6.5%。维生素B_{12} 0.25～40μg/100g，维生素A 0.067 5%。

当归的药理研究表明，当归水提物及其阿魏酸能增加心脏血液供应，降低心肌耗氧量；水提物和乙醇提取物具抗心律失常作用；最近发现挥发油是降压有效成分之一；当归粉具有抗动脉粥样硬化作用；当归的“补血”作用与含维生素B_{12}有关；阿魏酸是当归抑制血小板聚集的有效成分之一；当归具镇痛抗损伤作用，对肝损伤有保护作用和增强免疫作用；其正丁烯酞内酯和藁本内酯具有气管平滑肌松弛作用；当归挥发油（藁本内酯）具有抑制子宫平滑肌作用，能引起子宫平滑肌收缩增强、张力增高或节律加快；当归还有一定的抗V_E缺乏作用；当归毒性较低，挥发油对肾脏有刺激作用，霉变的当归可引起中毒。

【采收与加工】在10月上旬，当归叶已发黄，割去地上部，使太阳光直接晒到地面，促使根部成熟。10月下旬挖当归，除去地上茎、须根和泥土，晾至半干后，捆成小把，上棚，用煤火慢慢熏干。

【近缘种】同属植物东当归［*A. acutiloba*（Sieb. et Zucc.）Kitagawa］，吉林省延边地区有栽培，东北以其根作当归入药；华北地区引种欧当归（*Levisticum officinale* Koch），亦作当归代用品。

【资源开发与利用】当归属传统中药材，具有补血和降低心肌耗氧量的作用，是治疗心血管疾病的药物来源。当归野生资源比较丰富，应深入研究开发新药。

二十六、北柴胡 *Bupleurum chinense* DC.

【植物名】北柴胡又名柴胡、硬苗柴胡、竹叶柴胡等，为伞形科（Umbelliferae）柴胡属植物。药材商品名称“柴胡”。

【形态特征】多年生草本，高40～70cm。主根粗硬，有较多侧根，顶部常灰褐色。茎直立，2～3个丛生，稀单生，上部多分歧，略呈“之”字形弯曲。基生叶线状倒披针形或倒披针形，茎生叶剑形、长圆状披针形至倒披针形，先端渐尖或短尖，最终呈短芒状，具平行脉（5）7～9条。花序多分歧，腋生兼顶生，复伞形花序，伞梗4～10，不等长，总苞片1～2，披针形；小伞形花序的小伞梗5～10，小总苞片5，披针形，常具3条脉；花瓣黄色；花柱基扁平。双悬果广椭圆形至椭圆形，左右扁，果棱明显，稍锐，棱槽中常各具3条油管，接着面有油管4条。花期7～9月，果期9～10月（图6-26）。

【分布与生境】分布于中国、朝鲜、前苏联沿海边疆地区。在中国主要分布于东北、华北、西北及华东等地区。北柴胡野生于较干燥的山坡、林缘、林中隙地、草丛及沟旁等处。土壤多为壤土、沙质壤土或腐殖土，耐寒耐旱，但忌水浸。

【药用部位与功能主治】根入药，为解表药。性微寒，味苦。功能解表退热、升阳、舒肝。

用于感冒发热、上呼吸道感染、寒热往来、胸满肋痛、口苦耳聋、头眩呕吐、疟疾、肝炎、胆管感染、胆囊炎、气郁不舒、久泻量脱肛、月经不调、子宫下垂等症。

【有效成分与药理作用】根含皂苷约 2%～2.5%，主要皂苷有柴胡皂苷（saikosaponin）a、c 及 d，苷元有柴胡皂苷元（saikogonin）f、e 及 g，龙吉苷元（longispinogenin），还含侧金盏花醇（adonitol）、柴胡醇（bupleurumol）、白芷素（angelicin）及多种甾醇。茎，叶含芸香苷、二十九烷-10-酮（nonacosan-10-one）及甾醇。根和果实还含挥发油及脂肪油，果实尚含多种皂苷。

柴胡皂苷是主要药效成分，其中柴胡皂苷 a 和 d 活性显著，具有解热，镇静、镇痛、保肝、降压，抗菌、抗炎、预防消化道溃疡、抑制流感病毒及促进肝细胞核的核糖核酸和蛋白质的合成等多种药理作用。

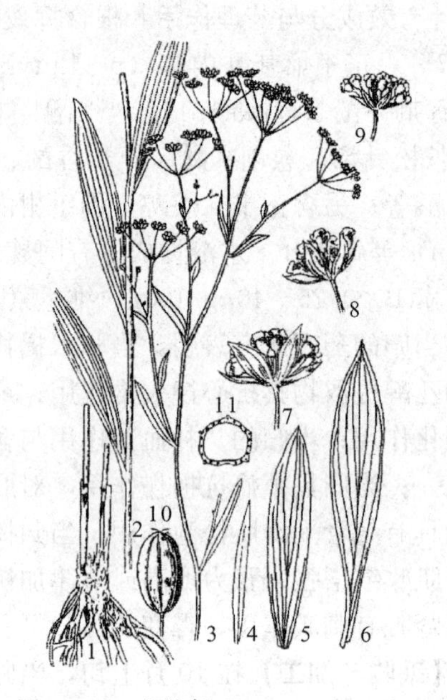

图 6-26　北柴胡 *Bupleurum chinense*
1. 根　2. 茎下部　3. 茎上部　4～6. 叶
7～9. 小伞形花序　10. 双悬果　11. 分生果横切面

【采收与加工】秋季植株开始枯萎或春季新梢未长出前采根，去残茎及泥土，晒干。柴胡以身干、根粗长、无茎苗、须根少者为佳。同时，可配合药材中柴胡皂苷含量的测定结果来判断其质量优劣。据研究，柴胡皂苷多集中存在柴胡根的韧皮部、中柱鞘及射线等薄壁组织中。

【近缘种】柴胡属植物全世界有 120 种，我国有 40 种 17 变种，《中国药典》2005 版收载药材“柴胡”原植物 2 种，除本种外，还有狭叶柴胡（*B. scorzonerifolium* Willd.），药材习称“南柴胡”，主要分布于我国东北、西北和华北地区，华东也有少量分布。

除此之外各地还有一些种类作柴胡入药，常见的有：①狭叶柴胡的变种（*B. scotzonerifolium* Willd. var. *stenophyllum* Nakai），主产于东北，根含柴胡皂苷约 3%；②膜缘柴胡（*B. marginatum* Wall. ex DC.），产四川、甘肃，全株含柴胡皂苷 2.5%～3.15%；云南发现 3 个新种，根中柴胡皂苷含量均为 0.1%；③多枝柴胡（*B. polyclonum* Y. Li et S. L. Pan）；④韭叶柴胡（*B. kunmingense*Y. Li et S. L. Pan）；⑤泸西柴胡（*B. luxiense* Y. Li et S. L. Pan）；西北药用柴胡尚有：⑥线叶柴胡［*B. angustissimum*（Franch.）Kitagawa］；⑦锥叶柴胡（*B. bicaule* Helm）；⑧黄花鸭跖柴胡（*B. commelynoideum* var. *flaviflorum* Shan et Y. Li）；⑨阿尔泰柴胡（*B. krylovianum* Schischk. ex Kryl.）；⑩小叶黑柴胡（*B. smithii* var. *parvifolium* Shan et Y. Li）；⑪银州柴胡（*B. yinchowense* Shan et Y. Li）；还有 12 种其他植物，西北也作“柴胡”但非主流种类：⑫金黄柴胡（*B. aureum* Fisch.）；⑬多伞北柴胡［*B. chinense* f. *chiliosciadium*（Wolff）Shan et Y. Li］；⑭新疆柴胡（*B. exaltatum* Marsch.-Bieb.）；⑮空心柴胡（*B. longicaule* var. *franchetii* de Boiss.）；⑯秦岭柴胡（*B. longicaule* var. *giraldii* Wolff）；⑰马尔康柴胡（*B. malconense* Shan et Y. Li）；⑱竹叶柴胡（*B. marginatum* Wall. ex DC）；⑲马尾柴胡（*B. microcephalum* Diels）；⑳长伞红柴胡（*B. scrozonerifolium* f. *longira* *diatum* Shan et Y. Li)；㉑黑柴胡（*B. smithii* Wolff)；㉒天山柴胡（*B. tianschanicum* Freyn)；㉓紫花鸭跖柴胡（*B. commelynoideum* de Boiss.)；东北药用柴胡还有：㉔柞柴胡（*B. longiradiatum* Turcz.)，分布于黑龙江和吉林；㉕百花山柴胡［*B. chinense* var. *octoradiatum*（Bunge）Kitag.］，分布于东北南部、华北及华中。东北及内蒙古地区的有：㉖大叶柴胡（*B. longiradiatum* Turcz.)，根中柴胡皂苷含量为2.5%～3.8%，高于柴胡和狭叶柴胡，但因大叶柴胡含有柴胡毒素（bupleurotoxin）和乙酰柴胡毒素（acetyl-bupleurotoxin)，有剧毒，其半数致死量分别为3.03mg/kg和3.13mg/kg，限制了其应用，应对去毒处理加强研究，以便资源得到充分利用。

【资源开发与保护】柴胡为一种常用中药，需求量较大。我国柴胡属植物资源丰富，种类繁多，从中开发新资源潜力很大。目前，国产药用柴胡种类已近30种，西北地区开发了5种柴胡，云南也发展了8种柴胡，东北地区应加强对大叶柴胡及其变种和变型的毒性成分处理及药用开发研究。柴胡主要药用其根部，地上部分未被充分利用，应进一步开展全草有效成分及应用研究。并深入开展多种药用柴胡种类中的柴胡皂苷及其他药用成分研究，以寻找和利用高含量高活性的新资源。柴胡属植物不同部位的综合利用研究也很有前途。如柴胡果实含多种柴胡皂苷，茎叶含心血管活性成分芸香苷及抗衰老活性成分二十九烷-10-酮，可以开发其新用途。

二十七、新疆阿魏 *Ferula sinkiangensis* K. M. Shen

【植物名】新疆阿魏又名阿魏、沙茴香，为伞形科（Umbelliferae）阿魏属植物。药材商品名称“阿魏”。

【形态特征】多年生一次结果的草本植物，全株有强烈的大蒜样特异臭气。根粗大，纺锤形或圆锥形。茎粗壮，有毛，带紫红色，枝下部互生，上部轮生。叶片三角状广椭圆形，三出三回羽状全裂，裂片广椭圆形，基部下延，上部具齿或浅裂；基生叶有短柄，叶柄基部鞘状；茎生叶较小。复伞形花序，多生于茎枝顶端，伞幅有密毛，小伞形花序有脱落的小总苞片；花萼有齿，花瓣黄色。果实椭圆形，果棱突起，油管在棱槽间3～4个，在合生面上12～14个。花期4～5月，果期7～9月（图6-27)。

图6-27　新疆阿魏 *Ferula sinkiangensis*
1. 根　2. 果枝上部　3. 茎生叶
4. 果实　5. 果横切面　6. 花

【分布与生境】新疆阿魏只见新疆伊宁县白石墩的河岸阶地上，海拔约750～1 000m。新疆阿魏分布区的年平均温6.7～7.8℃，年降水量230～300mm，春季和夏初雨量较多，土壤为灰钙土，pH7.5～8.2，腐殖质层较薄，新疆阿魏在荒漠植物群落中，形成早春的优势层片，伴生植物有滩母、块茎大戟、天山海罂粟等短命和类短命植物，共生以藜科植物为主，主要有小蓬、木地肤、角果及蒿属植物等。

【药用部位与功能主治】树脂入药，为消食药。性温，味苦、辛。有消积、杀虫、祛湿、止痛、散痞块的功能。主治虫积、肉积、胸腹胀痛、痢疾、慢性肠胃炎、风湿性关节炎、解食物毒等。阿魏油供外用，主要治疗关节疼痛。

【有效成分与药理作用】新疆阿魏的主要成分为挥发油（8%～12%）、树脂（4%～60%）、树胶约（25%），其中仲丁基丙烯基二硫化物是阿魏特异葱蒜臭的成分。在挥发油已鉴定的成分中，萜类是挥发油的重要成分，占80%以上，其中分布最广的是豆蔻醚，其次是愈创木醇、榄香烯、樟脑等。阿魏所含的树脂、树胶和挥发油三类成分均有各自的生理活性，树脂中的阿魏酸具有抗菌、止痢、止血和升高白细胞作用；挥发油具有止咳、平喘、祛痰、祛风、杀虫、抗菌和镇痛作用；阿魏内酯具有抗菌、血管扩张、抗凝血、安眠、镇静、退热的作用。阿魏水煎剂能引起动物离体子宫的强烈收缩；水浸剂静脉注入动物体内有抗凝血作用。

【采收与加工】阿魏药材是在其开花的年份，春末夏初盛花期至初果期，用快刀在其主茎的中上部向下环切，待乳汁渗出，收集到容器内，第二天再在刀口下方对侧环切，如此反复收集。每株可采收5～8次，至无乳汁渗出为止。将收集的乳汁树脂在通风处阴干，即成块状凝固的阿魏药材。如将鲜乳汁放在太阳下晒，上层会出现一层黄色油状物，即为阿魏油。其根亦有治疗作用，采挖后切片晒干即可入药。

【近缘种】世界上约有150种，现主要分布于地中海、中亚及其邻近地区；我国有26种1变种，主要分布于新疆。《中国药典》2005版收载新疆阿魏和阜康阿魏（*Ferula fukanensis* K. M. Shen）2种。

【资源开发与保护】新疆阿魏是进口阿魏的代用品。开展新疆阿魏的深入研究，利用现代科学技术手段进行研究开发，创出阿魏药物高科技品牌，改变局限于民间及民族药小范围应用的现状。划出保护区范围，严禁在保护区内开荒和放牧。引水灌溉，采收种子，就地种植，制定合理可行的采收方案，逐步扩大新疆阿魏生长面积。同时从新疆阿魏的生物学特性入手，摸清新疆阿魏的生长习性，继而进行人工栽培试验及药材提取加工试验。

二十八、防风 *Saposhnikovia divaricata*（Turcz.）Schischk.

【植物名】又名关防风，为伞形科（Umbelliferae）防风属植物。药材商品名“防风”。

【形态特征】多年生草本，高30～80cm。根粗壮，直而长，茎基密生褐色纤维状叶柄残基。茎单生，二歧分枝。基生叶有长柄，二至三回羽状分裂，裂片楔形，3～4缺刻。顶生叶简化，具扩展叶鞘。复伞形花序顶生，聚成聚伞状圆锥花序；总苞缺，或少有1片；伞幅5～9个；小总苞片4～6个，披针形，花梗4～9；花小，白色。双悬果椭圆状卵形，分果有棱，幼果有海绵质瘤状突起，成熟后裂开成二分果。花期8～9月，果期9～10月（图6-28）。

【分布与生境】防风产于东北、内蒙古、河北、山东、山西、陕西、甘肃、宁夏。黑龙江省以杜蒙为中心的西部草原地区，是我国最大的防风产区，当地习称“小蒿子防风”，销全国，并出口。防风生于草原、干草甸子、丘陵草坡、干山坡、多石质山坡、固定沙丘及路旁沙质地。耐寒、耐旱，忌过湿和雨涝，适宜在夏季凉爽、地势高燥的地方种植。

【药用部位与功能主治】根入药，为解表药。性温，味辛、甘。有解表祛风、胜湿、止痉的功能。用于主感风寒、头痛、身痛、风湿关节疼痛、皮肤瘙痒、风疹、破伤风等症。

【有效成分与药理作用】防风根含多种香豆素类成分、补骨脂素（psoralen）、佛手柑内酯

(bergapten)、前胡内酯（imperatorin)、珊瑚菜素(phellopterin)、dehoin 及其水解产物前胡苷元(marmesin，nodakenetin)。此外，尚含挥发油0.3%～0.6%、多种色酮及甘露醇、β-谷甾醇及其苷、多糖类及有机酸等。

药理研究表明，防风具解热、镇痛、镇静、抗炎、抗过敏、抗惊厥、抑菌和增强机体非特异性免疫功能的作用。

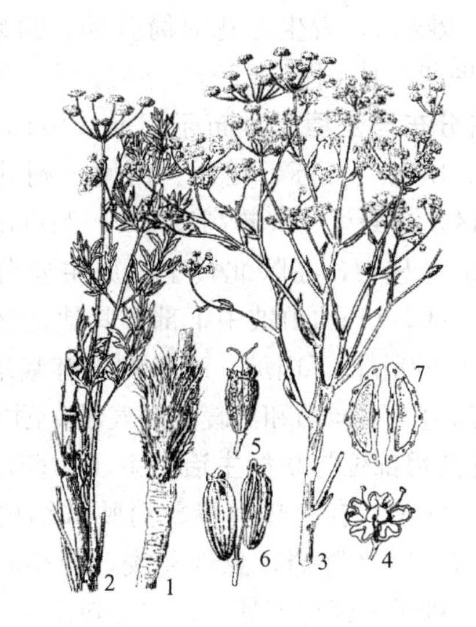

图 6-28　防风 *Saposhnikovia divaricata*
1. 根　2. 植株　3. 花序
4. 花　5～6. 双悬果　7. 果横切面

【采收与加工】防风收获期是春季开花前或秋季。在防风未抽花茎前，其根无木心，质佳，俗称“公防风”；抽茎后，根形成粗大的木质心，质次，俗称“母防风”。实际上无公、母之分，而是植株不同发育阶段所具有的形态特点。为了避免有些植株在秋季开花而影响药材质量，群众多在春季植株返青时采收，故有“春采防风，秋挖桔梗”之说。收获的防风去须根及泥沙，晒干。加工时除去杂质，洗净，润透切成厚片，晾干为防风片。

【近缘种】防风属植物仅防风 1 种，并被《中国药典》2005 版收载。但作为商品防风还有伞形科其他属的 10 种植物，其植物来源比较复杂，主要有：①北防风类：包括防风和小防风（硬苗防风、绒果芹）[*Eriocycla albescens*（Franch.）Wolff]，主产于河北怀安县，当地及湖南等省混同正品防风入药。②水防风类：有宽萼岩风（*Libanotis laticalycina* Shan et Sheh.）；华山前胡（*Peucedanum ledebourielloides* K. T. Fu)。③云防风类：包括竹叶西风芹（竹叶防风）(*Seseli mairei* Wolff)；松叶西风芹（松叶防风）(*Seseli yunnanense* Franch)；杏叶防风（*Pimpinella candolleana* Wight. et Arn.）。④川防风类：有竹节前胡（竹节防风）*Peucedanum dielsianum* Fedde ex Wolff；华中前胡（竹节防风）*P. medicum* Dunn。⑤西北防风类：包括葛缕子（小防风）*Carum carvi* L.；田葛缕子（狗英子）*C. buriaticum* Turzz.。

【资源开发与保护】防风尽管分布比较广泛，甚至在轻度盐碱地上也能生长，而且代用品也比较多。但防风属大宗常用药材之一，需求量大，并且采挖防风对草原有一定的破坏。目前，防风资源也在日趋减少，进行地道防风药材无公害规范化符合 GAP 标准的栽培基地建设势在必行，在吉林省、黑龙江省及西北的有些省份都已建立地道防风的种源及药材生产栽培基地。

二十九、连翘 *Forsythia suspensa*（Thunb.）Vahl

【植物名】又名黄寿丹、黄绶丹、绶带、连壳、黄花条、黄链条花、黄奇丹、青翘、落翘等，为木犀科（Oleaceae）连翘属植物。药材商品名称“连翘”。

【形态特征】灌木。茎直立，枝条通常下垂，枝节间通常中空。叶对生，单叶或羽状三出复叶，顶端小叶大，其余 2 小叶小，卵形、宽卵形或椭圆状卵形，叶缘除基部外，有不整齐锯齿。先花后叶，花黄色，1 至数朵腋生，通常单生；花萼裂片 4，有睫毛，与花冠筒略等长；花冠裂片4；雄蕊2，着生在花冠筒基部。蒴果卵球状，二室，长约2cm，表面散生瘤点。花期3～4月，果期9月（图6-29）。

【分布与生境】分布于河北、山西、陕西、甘肃、宁夏、山东、江苏、江西、河南、湖北、四川、云南等省区。多野生于海拔高度600～2 000m、半阴坡和半阳坡灌木丛中，在陕北黄土高原主要分布于海拔高度1 100～1 500m的山坡中下部，其他地区常生长于海拔高度1 000m以下山坡。现各省均有栽培，多栽培于山坡、沟边。喜向阳和温暖湿润气候，耐寒。

【药用部位与功能主治】果实入药，为清热药。性微寒，味苦。有清热解毒、消肿散结的功效。主治风热感冒，咽喉肿痛，急性肾炎，肾结核，斑疹，丹毒等症。种子入药称连翘心，清心热。

图6-29 连翘 *Forsythia suspensa*

1. 花枝 2. 果枝 3. 花萼及雄蕊 4. 花冠展开 5. 种子

【有效成分与药理作用】果壳含连翘酚（forsythol，$C_{15}H_{18}O_7$）、6,7-二甲氧基香豆精、齐墩果酸、白桦脂酸、连翘苷、连翘苷元、罗汉松树脂酚苷、甾醇化合物、黄酮醇苷及皂苷等。种子含三萜皂苷；枝、叶含连翘苷（forsythin、phillyrin，$C_{27}H_{34}O_{11}$）及乌索酸；花含芦丁。连翘对黄色葡萄球菌、痢疾杆菌、伤寒杆菌、副伤寒杆菌、结核杆菌、金黄色葡萄球菌、肺炎双球菌、钩端螺旋体等有抑制作用。齐墩果酸有轻微的强心、利尿作用。本植物尚含维生素P。维生素P能增强毛细血管的致密度，故对毛细血管出血、皮下溢血有效。连翘煎剂有镇吐作用。

【采收与加工】秋季果初熟尚带绿色时采收，除去杂质，蒸熟、晒干，称“青翘”；熟透的果实采收晒干、除去杂质，称“老翘”。

【资源开发与保护】野生连翘主要分布于我国中西部地区99个县（市），其蕴藏量达1 600万kg，其中山西、陕西和河南3省占全国蕴藏量的80%以上。其群落主要分布于山西省中南部、河北省南部、河南省西部和北部、陕西省秦岭和晋陕黄土高原区域。20世纪70年代始毁林开荒使连翘野生面积剧减，导致连翘资源紧缺，由于连翘果实药用价值高且经济效益好，需求量逐年增加，市场供求缺口大，致使其收购价格一再攀升。连翘根部虽能萌生新枝，但需生长4年方能开花结果。对连翘掠夺式采集，严重破坏了连翘资源。连翘是良好的生态建设植物，保护野生连翘资源可有效防止水土流失，在自然情况下连翘主要靠种子繁殖和扩大其种群数量进行繁衍，若连年采收，必将断绝其繁殖来源，使连翘种群萎缩直至消失。除药用外还有保健功效，民间常采集其嫩茎叶制成清凉祛火的“连翘茶”，“连翘菜”，果实常食有益；其种子约含25%脂肪油，可食用，约含4%的挥发油，是生产日用化工品的重要原料。连翘属早春观花植物，花色金黄且艳丽，其嫩茎叶还可作牛羊饲草。连翘作为药用珍贵树种，必将充分发挥其最大的生态、社会和经济效益。

三十、龙胆 *Gentiana scabra* Bunge

【植物名】龙胆又名龙胆草、粗糙龙胆、关龙胆等，为龙胆科（Gentianaceae）龙胆属植物。药材商品名称“龙胆”。

【形态特征】多年生草本，高30～80cm。根状茎短，节密集，周围簇生多数细长圆柱状根，淡黄褐色。茎直立，常带紫褐色，长10～15cm。叶对生；叶片卵形或卵状披针形，先端渐尖，基部阔，楔形，全缘，无柄，基部叶较小，常呈鳞片状，中部以上叶片变大，卵状披针形或宽披针形，全缘，长3～7cm，宽1～3cm，常具3～5条明显主脉。聚伞花序密集茎的顶部或上部叶腋中；花冠筒状钟形，长4～5cm，先端5裂，蓝色。雄蕊5，雌蕊子房长圆形，柱头2裂；蒴果长圆形。种子多数，扁长圆形，边缘有翅。花期8～9月，果期9～10月（图6-30）。

【分布与生境】龙胆主产东北地区，为多年生宿根性草本植物，全国除西北及西藏外均产。野生龙胆常生于山坡草地、荒地、林缘及灌丛间，喜温和凉爽气候，耐寒冷，地下部可忍受-25℃以下低温。喜光照，忌强光，忌夏季的高温多雨，在干旱季节，叶片出现灼伤现象。对土壤要求不严格，适宜生长温度20～25℃。

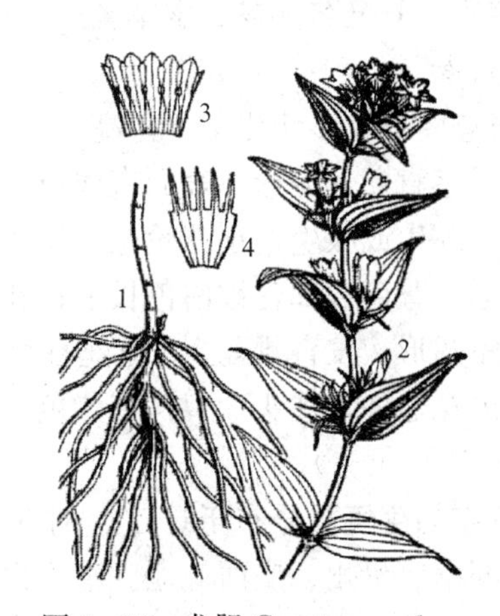

图6-30　龙胆 *Gentiana scabra*
1. 根　2. 花枝　3. 展开花冠及雄蕊　4. 展开花萼

【药用部位与功能主治】根及根茎入药，为清热药。性寒，味苦。有清热燥湿，泻肝胆火。主治头晕耳鸣、胆囊炎、急性传染性肝炎、阴肿阴痒、带下、耳聋、湿热黄疸、疮疖痈肿、口苦和惊风抽搐等症，为保肝利胆之良药。

【有效成分与药理作用】含龙胆苦苷（gentiopicroside）约2%，当药苦苷（swertiamarin）、当药苷（sweroside）、苦龙胆酯苷（amarogentin）和苦当药酯苷（amaroswein）、四乙酰龙胆苦苷（gentiopicroside tetraacetate）、三叶龙胆苷（trifloroside）和龙胆三糖（gentianose），此外含有龙胆黄碱（gentioflavine）和龙胆碱（gentianidine）。具有保肝、利胆、利尿、抗炎、抗菌等广泛的药理作用。

【采收与加工】3年后开始采收。龙胆在花期有效成分积累达到高峰，药材产量在枯萎期达到最高，考虑到综合效益人们通常在果后期到土壤封冻前或春天萌动前采收。采收用叉子或铁锹依次翻起，龙胆根系长而脆，翻时易折断。挖出的鲜根洗去泥土，阴干，至七成干时将根条顺直，捆成小把，再阴至全干。

【近缘种】龙胆属全世界约400种，我国有247种，遍布全国，大多数种类集中在西南山岳地区。《中国药典》2005年版收载药材“龙胆”原植物龙胆、条叶龙胆（*G. manshurica* Kitag.）、三花龙胆（*G. triflora* Pall.）、坚龙胆（*G. rigescens* Franch. ex Hemsl.）四种。前三种习称“龙胆”。后一种习称为“坚龙胆”。

【资源开发与保护】龙胆由于毁灭性的盲目挖掘，其资源的蕴藏量日趋减少，亟待人工驯化栽培和合理保护利用，提高全民的生态意识，加大保护资源教育的力度，有计划、有组织地进行采集，避免造成不必要的资源浪费。龙胆繁殖方式有种子繁殖、分根繁殖法、扦插繁殖。栽培一年生幼苗多为根生叶，很少长出地上茎，二年生苗株高 10～20cm，多数开花，但结实数量较少，一般三年可以采收，栽培四年的植株平均单株鲜根重可达 30g 以上，龙胆苦苷的含量高于野生品，故四年采收的根质量要好于三年根。越冬芽萌动期和花、果期生根效果最好，我们可以采取断根取药再植，在秋季（或春季）采收的同时进行。根系挖出后自根基 2～3cm 处将根的大部分切下入药，根茎及根茬随即再次栽入生产田，当年或翌春可同时产生大量再生根。再生根经过 1～2 年的发育，便可以在适宜的采收期采收入药。同时应加强对本地龙胆属植物的综合开发利用及产品的精深加工，以避免资源的浪费，获得更大的经济、生态和社会效益。

三十一、丹参 *Salvia miltiorrhiza* Bunge

【植物名】又名赤参、木羊乳、郄蝉草等，为唇形科（Labiatae）鼠尾草属植物。药材商品名称“丹参”。

【形态特征】多年生草本，高 30～80cm。全株密被黄白色柔毛及腺毛。根细长圆柱形，外皮朱红色。茎直立，方形，表面有浅槽。奇数羽状复叶，小叶 3～5，小叶片卵形、广披针形。总状花序，顶生或腋生；小花轮生，每轮有花 3～10 朵，小苞片披针形；花萼带紫色，长钟状，先端二唇形，萼筒喉部密被白色长毛；花冠蓝紫色，二唇形，长约 2.5cm，上唇直升略呈镰刀形，下唇较短圆形；发育雄蕊 2，花丝柱状，退化雄蕊 2，花药退化成花瓣状；子房上位，4 深裂，花柱伸出花冠外，柱头 2 裂，带紫色。小坚果 4，椭圆形，黑色，长 3mm。花期 5～8 月，果期 8～9月（图 6－31）。

【分布与生境】分布于辽宁、河北、河南、山东、山西、陕西、安徽、江苏、浙江、江西、湖北、湖南、贵州、广西等地。生于山坡、林下或溪旁。喜温暖、湿润、土壤以土层深厚肥沃，排水良好，富含腐殖质的沙质壤土为佳。

【药用部位与功能主治】根和根茎入药，为活血化淤药。性微寒，味苦。功能祛瘀止痛、活血通经、清心除烦。用于月经不调、经闭痛经，癥瘕积聚、胸腹刺痛、热痹疼痛、疮疡肿痛、心烦不眠、肝脾肿大、心绞痛等症。

【有效成分与药理作用】根含呋喃并菲醌类色素丹参酮Ⅰ（tanshinoneⅠ）、丹参酮$Ⅱ_A$（tanshinone$Ⅱ_A$）、丹参酮$Ⅱ_B$（tanshinone$Ⅱ_B$）、隐丹参酮（cryptotanshinone）、异丹参酮Ⅰ（isotanshinone Ⅰ）、异丹参酮Ⅱ（isotanshinone Ⅱ）、异隐丹参酮（isocryptotanshinone）、丹参新酮（miltirone）。另分离出丹参醇Ⅰ（tanshinol Ⅰ，$C_{19}H_{24}O_2$，溶点 129℃）和丹参醇Ⅱ（tanshinolⅡ）。此外尚含维生素 E，效用和麦芽相当。

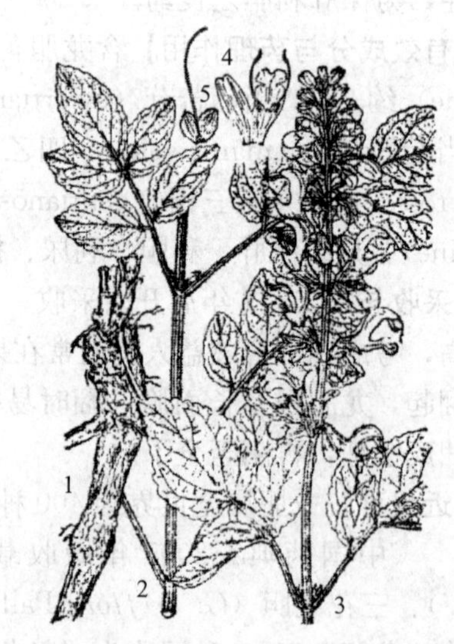

图 6－31　丹参 *Salvia miltiorrhiza*
1. 根　2. 枝条　3. 花枝
4. 花的纵剖示雄蕊　5. 示雌蕊

丹参有扩张血管，增加冠脉血流量，缩短心肌缺血时间，改善心脏功能。降低胆甾醇，降压、抗菌等作用。从其酯溶性成分中分离出丹参酮，经磺化后生成易溶于水的丹参酮磺酸钠，具有增加冠脉流量等作用。可见丹参酮是治疗心脑血管疾病的有效成分。

【采收与加工】丹参药材自 11 月上旬至第二年 3 月上旬均可采收，以 11 月上旬采挖最宜。将根挖出，除去泥土、根须，晒干。干燥根茎顶部常有茎基残余，根茎上生 1 至多数细长的根。根略呈长圆柱形，微弯曲，有时分支，其上生多数细须根，根长约 10～25cm，直径约 0.8～1.5cm，支根长约 5～8cm，直径约 2～5mm，表面棕红色至砖红色，粗糙，具不规则的纵皱或栓皮，多呈鳞片状剥落。质坚脆，易折断，断面不平坦，带角质或纤维性，皮部色较深，呈紫黑色或砖红色，木部维管束灰黄色或黄白色，放射状排列，气弱，味甘微苦。以条粗、内紫黑色，有菊花状白点者为佳。

【近缘种】干燥根和根茎入药。《中国药典》2005 版收载药材“丹参”原植物只丹参 1 种。作为丹参入药的同属植物有：①甘西鼠尾草（*Salvia przewalskii* Maxim.）根呈圆锥形。叶多基生或生于茎的下部。叶片三角状卵形或卵状被针形，基部心形或戟形。使用于甘肃、宁夏、青海、云南、西藏。另有褐毛变种［*S. przewalskii* var. *mandarinorum* (Diels) Stib.］叶背面密生褐色柔毛。使用于甘肃、宁夏、青海、云南。②云南鼠尾草（*S. yunnanensis* C. H. Wright）根肉质，肥厚，纺锤形，数个簇生。叶根生，单叶或羽状复叶，单叶叶片卵形或长圆状卵形，基部微心形，两面多皱纹及微柔毛，边缘有圆齿；羽状复叶有小叶 3～5。轮伞花序有花 4～6，于茎顶排成疏生的总状花序；花冠青紫色，使用于云南地区。

【资源开发与保护】丹参根为常用中药及中成药原料，但野生资源日趋减少，现已开始引种栽培，可缓解丹参野生资源减少。在引种栽培中应注意收集、保存丹参的种质资源，以便永续利用。同时要进一步引入新方法与新技术，特别应积极引进和发展生物技术，发展工厂化生产，以满足日益发展的医疗保健事业的需要，其次在传统用药的基础研究开发新药，研制不同剂型的丹参药。

三十二、黄芩 *Scutellaria baicalensis* Georgi

【植物名】黄芩为唇形科（Labiatae）黄芩属植物。药材商品名称“黄芩”。

【形态特征】多年生草本。根粗大，圆锥状或圆柱状，外皮暗褐色，内部深黄色。茎高 20～60cm，上升或直立，钝四棱形。叶对生，叶片披针形至线状披针形，全缘，叶背面密布凹陷的腺点，叶缘常反卷。总状花序顶生，花偏向一侧；花萼上方有一盾片；花冠唇形，蓝紫色、紫色或蓝色，花冠筒基部膝曲，下部狭而向上渐宽，上唇盔瓣状，明显弯曲，下唇中裂片较宽大，顶端微凹，短于上唇；雄蕊 4，前雄蕊较长，药室裂口具白色髯毛，背部有泡状毛；子房 4 裂，花柱先端锐尖，微 2 裂。小坚果椭圆形，近黑色，表面被锐尖的瘤状突起。花期 7～8（6～9）月，果期 8～9 月（图 6-32）。

【分布与生境】分布于中国的东北、华北、内蒙古、西北、华东、西南等地区，前苏联、蒙古、朝鲜和日本也产。生于草甸草原、砂质草地、丘陵坡地及干山坡，以在贝加尔针茅（*Stipa baicalensis* Roshev.）群落中生长者为最好，数量最多。

【药用部位与功能主治】根入药，为清热药。性寒，味苦。具有清热燥湿、泻火解毒、止血、安胎的功能。用小量又有苦味健脾的作用。主治感冒，目赤红肿，吐血，高血压病，湿热黄疸，头痛，肠炎，胎动不安，烧伤、烫伤等症。

【有效成分与药理作用】黄芩根含多种黄酮类衍生物，其中主要有黄芩苷（baicalin）4.0%～5.2%，汉黄芩苷（wogonoside）、黄芩素（baicalein）、汉黄芩素（wogonin）、黄芩黄酮（skullcapflavone）Ⅰ、Ⅱ、木蝴蝶素A（oroxylin A）等。另含β-谷甾醇、油菜甾醇、豆甾醇等。其有效成分主要是黄酮类化合物。

黄芩具有抗炎作用。黄芩苷、黄芩苷元具有抗炎及抑制过敏性浮肿的作用和抗微生物作用。而且有较广的抗菌谱，对痢疾杆菌、白喉杆菌、绿脓杆菌、葡萄球菌、链球菌、肺炎双球菌及脑膜炎球菌均有抑制作用。黄芩的浸剂有解热作用；黄芩还具有降压、利尿作用，对血脂、血糖也有一定的作用；此外黄芩还有利胆、解痉、镇痛作用。

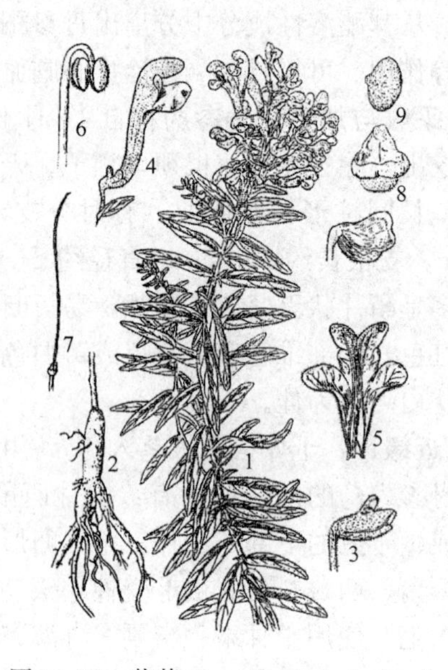

图6-32　黄芩 *Scutellaria baicalensis*

1. 花枝　2. 根　3. 花萼　4. 花　5. 花冠
6. 花药　7. 雌蕊　8. 果熟期增大的花萼　9. 小坚果

【采收与加工】春秋两季采挖，除去须根及泥沙，晒至半干，撞去外皮后晒干。栽培黄芩主根在前三年生长正常，其根长、根粗及单根鲜重是随生长年限的增加而增加，而到第四年，部分产根开始枯心，以后逐年加重。黄芩生长到2～3年采挖为宜，3年生根比2年生可增加一倍，商品根产量高出2～3倍，而且主要有效成分黄芩苷含量也较高，故生长3年收获最佳。

【近缘种】黄芩属植物全世界有300种，我国约有100种，南北均产。《中国药典》2005版仅收载黄芩1种。目前，各地作黄芩入药的主要有9种。

①滇黄芩（*S. amoena* C. H. Wright）产云南、贵州、四川等省。②粘毛黄芩（*S. viscidula* Bge.）产河北、山西、内蒙古、山东等省（自治区）。③连翘叶黄芩（*S. hypericifolia* Levl.）产四川西部。生900～3 200m山地草坡。④甘肃黄芩（*S. rehderiana* Diels）产甘肃、山西、陕西。生1 300～3 500m山地向阳草坡。⑤丽江黄芩（*S. likiangensis* Diels）产云南西北部，2 500m山地旱燥灌丛草坡。⑥展毛韧黄芩［*S. tenax* var. *patentipilosa*（Hand.-Mazz.）C. Y. Wu］，产云南、四川。生溪边草地、灌丛、林中。⑦念珠根茎黄芩（*S. moniliorrhiza* Komarov），产中国吉林、朝鲜、俄罗斯。生草丛沼泽地。⑧乌苏里黄芩［*S. pekinensis* var. *ussuriensis*（Regel.）Hand.-Mazz.］，产东北、内蒙古。生林间草甸湿地。⑨狭叶黄芩（*S. regeliana* Nakai），产东北、河北。生沼泽地。

【资源开发与保护】黄芩一般只药用根，东北民间广泛用其叶作茶饮，有清热解毒作用，近年从黄芩叶中分离出3种黄酮成分，应注意全草研究利用。黄芩属植物种类多，许多种类有清热、燥湿、解毒等与黄芩相似的药效，如半支莲（*S. barbata* D. Don）等，特别对根或根茎粗大，断面黄色的种类，尤应加以重视。

三十三、宁夏枸杞 *Lycium barbarum* L.

【植物名】 宁夏枸杞又名茨果子、明目子等，为茄科（Solanaceae）枸杞属植物。药材商品名称“枸杞子”及“地骨皮”。

【形态特征】 灌木或小乔木状，高 2.5m 左右，有棘刺。树皮灰黑或灰白色，主枝数条，粗壮；枝条细长，先端通常弯曲下垂，刺状枝短而细，生于叶腋。叶互生或丛生于短枝上，披针形或卵状圆形。花腋生，2～6 朵簇生于短枝，花冠漏斗状，5 裂，粉红色或深紫红色，具暗紫色脉纹，雄蕊 5，着生于花冠管中部，雌蕊 1。浆果椭圆形或卵圆形，熟时多为红色，种子扁肾形。花期4～10月，果期 5～11 月，陆续开花结果（图 6 - 33）。

【分布与生境】 分布于宁夏，甘肃、青海、新疆、内蒙古等地，主产于宁夏、甘肃、青海、新疆，多系栽培。野生宁夏枸杞适应性强，生于山坡、田野向阳干燥处，耐寒、耐碱、抗旱，对土壤要求不严，但怕渍水。根的萌蘖性和地上部分发枝力强。生长第二，三年便可开花结果，5～6 年后进入盛果期，40～50 年后树势及结果能力渐衰。

图 6 - 33 宁夏枸杞 *Lycium barbarum*
1. 花枝 2. 果枝 3. 花展开示雌蕊 4. 雌蕊

【药用部位与功能主治】 干燥成熟果实入药，为补虚药。性平，味甘。功能滋补肝肾、益精明目。用于虚劳精亏、腰膝酸痛、眩晕耳鸣、内热消渴、血虚萎黄、目昏不明。对慢性肝病和糖尿病有一定疗效。干燥根皮亦作地骨皮入药，为清热药。性寒，味甘。凉血除蒸、清肺降火。用于阴虚潮热、骨蒸盗汗、肺热咳嗽、咯血、衄血、内热消渴等症。此外，其果柄与叶具显著的降压活性，有效成分和新用途有待深入研究。

【有效成分与药理作用】 宁夏枸杞含甜菜碱（betaine）约 0.1%，据报道含枸杞多糖，有促进免疫作用，为主要有效成分之一；另含玉蜀黍黄素（zeaxanthine）、酸浆红素（physalein）、胡萝卜素、烟酸、维生素 B_1、B_2 及 C、微量 Ca、P、Fe 等、多种游离氨基酸、脂肪油约 19.5%。药理实验表明，宁夏枸杞水提取物及多糖有增强非特异性免疫作用及雌激素样作用；水提物还有促进造血功能，显著增加白细胞数、降低胆固醇及显著持久性降血糖作用，水提物和甜菜碱还具保肝活性。果柄与叶有显著降压作用，但果实作用不明显。

【采收与加工】 夏、秋两季，当果实变红、果蒂较松时采收。采下的鲜果及时摊在果栈上，两日内不宜在中午强光下曝晒，不能用手翻动。烘干分三个阶段：第一阶段 40～45℃，经 24～36 小时，果实开始出现皱纹；第二阶段 45～50℃，经 36～48 小时，全部果实呈现收缩皱纹；第三阶段 50～55℃，烤至全干。干果含水量标准为 10%～20%，果皮不软不脆。

【近缘种】 枸杞属植物全世界约 80 种，以南美洲分布种类最多。我国有 7 种 3 变种。《中国药典》2005 版收载药材“枸杞子”原植物仅宁夏枸杞 1 种，另收载宁夏枸杞及枸杞（*L. chinensis* Miller）为药材“地骨皮”的原植物。

市场上还有一些宁夏枸杞代用品，习称为甘枸杞，主产甘肃、新疆。主要有：①土库曼枸杞（*L. turcomanicum* Turcz.）；②西北枸杞（*L. potaninii* Pojank.）；③毛蕊枸杞（新疆枸杞）（*L. dasystemum* Pojank.）。

【资源开发与保护】枸杞子既是传统常用大宗中药材，又是很好的保健食品。近年来，除开发出各枸杞医药产品外，尚有枸杞巴戟酒、枸杞酒、枸杞水晶糖、保鲜枸杞、枸杞精、枸杞露、枸杞膏等系列产品。另外，枸杞子天然红色素颜色纯正鲜艳，可作为尚好的食品添加剂开发应用。含有的甜菜碱作为饲料添加作剂具明显提高乳牛产奶量和家禽产蛋量的作用。宁夏枸杞和枸杞及其本属的多种植物的根皮都可为中药地骨皮，应加以重视开发。

由于宁夏枸杞主要生长在瘠薄干旱生境中，生长、更新缓慢，加上采集利用过度，影响了其自然更新，野生资源分布及枸杞子产量日趋减少，目前，只在人迹罕至的荒漠、戈壁可见较小枸杞灌丛生长，人类活动区仅能在农田地头、房舍前后零星见到。虽然宁夏枸杞已大面积人工栽培，但应加强保护野生枸杞种质资源。

三十四、地黄 *Rehmannia glutinosa*（Gaert.）Libosch. ex Fisch. et Mey.

【植物名】地黄又名怀地黄、酒壶花、生地等，为玄参科（Scrophulariaceae）地黄属多年生草本植物。药材商品名称“地黄”。

【形态特征】多年生草本，高10～40cm，全株密被灰白色柔毛和腺毛。块根肉质肥厚，圆柱形或纺锤，有芽眼。花茎直立。叶多基生，莲座状，叶片倒卵状披针形至长椭圆形，叶面皱缩，边缘有不整齐钝刺，无茎生叶或有1～2枚，远比基生叶小。总状花序单生或2～3枝；花多少下垂，花萼钟状，长约1.5m，先端5裂，裂片三角形，略不整齐，花冠筒稍弯曲，长约3～4cm，外面暗紫色，内面杂以黄色，有明显紫纹，先端5裂，略呈二唇状；雄蕊4，二强；蒴果卵形，外面有宿存花萼包裹。种子多数。花期4～6月，果期5～9月（图6-34）。

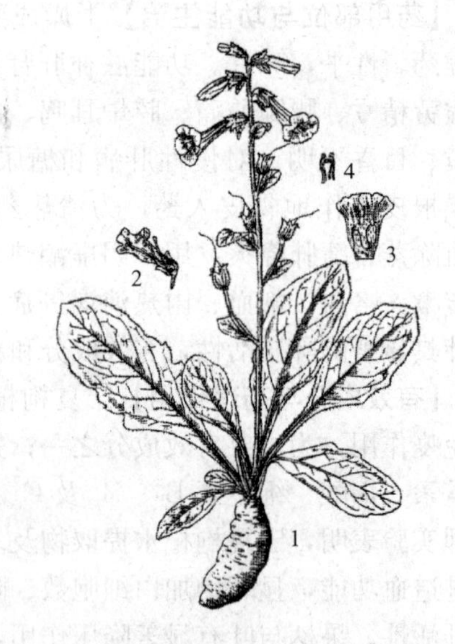

图6-34 地黄 *Rehmannia glutinosa*
1. 植株全形 2. 花的纵剖面 3. 花冠纵剖开，示雄蕊着生部位 4. 雄蕊

【分布与生境】野生地黄分布于辽宁、华北、西北、华中、华东等地区，主要生长在山坡、山脚、路旁、墙边等干燥的环境。我国栽培地黄的历史近1 000年，河南、山东、山西、陕西等地均有大量生产，但以河南怀庆府（温县、孟县、沁阳、武陟等）一带栽培的怀地黄最为著名，为道地产区，系著名“四大怀药”之一。

【药用部位与功能主治】地黄以干燥块根入药，药材名地黄。性寒，味甘、苦。鲜者入药称“鲜地黄”；干燥者入药称“生地黄”，习称“生地”。酒浸拌蒸制后再干燥者称“熟地黄”，习称“熟地”。生地为清热药，有清热凉血、养阴、生津的功效，用于热病舌绛烦渴、阴虚内热、骨蒸劳热、内热消渴、吐血、衄血、发斑发疹；熟地为补虚药，则有滋阴补血、益精添髓的功效，用于肝肾阴虚、腰膝酸软、骨蒸潮热、盗汗遗精、内热消渴、血虚萎黄、心悸怔忡、月经不调、崩漏带下、眩晕、耳鸣、须发早白等症。

【有效成分与药理作用】地黄含有多种苷类成分，其中以环烯醚萜苷类为主，为梓醇（catalpol），二氢梓醇（dihydrocatalpol），乙酰梓醇，桃叶珊瑚苷（aucubin），单密力特苷（danmelittoside）地黄苷 A、B、C、D（rehmanniosideA、B、C、D）等。此外，地黄中含有糖类，其中地黄多糖 RPS-b 是地黄中兼具免疫与抑制肿瘤活性的有效成分，并含有 20 种氨基酸、甘露醇、β-谷甾醇、地黄素（rehmannin）等，还含有多种微量元素、卵磷脂及维生素 A 类。据药理研究证明，地黄有抗辐射、保肝、降血糖、强心、止血、利尿、抗炎、抗真菌的作用。

【采收与加工】采收以秋后为主，春秋亦可采收。一般在叶逐渐枯黄、茎发干、萎缩，停止生长，根开始进入休眠期，嫩的地黄根变为红黄色时即可采收。生地黄加工方法有烘干和晒干两种。

晒干：指块根去泥土后，直接在太阳下晾晒，晒一段时间后堆闷几天，然后再晒，一直晒到质地柔软、干燥为止。由于秋冬阳光弱，干燥慢，不仅费工，而且产品油性小。

烘干：开始烘干温度为 55℃，2 天后升至 60℃，后期再降至 50℃。在烘干过程中，边烘边翻动，当烘到块根质地柔软无硬芯时，取出堆堆，“堆闷”（又称发汗）至根体发软变潮时，再烘干，直至全干。一般 4～5 天就能烘干，烘干时，注意温度不要超过 70℃。生地以货干、个大柔实，皮灰黑或棕灰色，断面油润、乌黑为好。

熟地加工方法：取干生地洗净泥土，并用黄酒浸拌（每 10kg 生地用 3kg 黄酒），将浸拌好的生地置于蒸锅内，加热蒸制，蒸至地黄内外黑润，无生芯，有特殊的焦香气味时，停止加热，取出置于竹席或帘子上晒干，即为熟地。

【资源开发与保护】地黄已成为我国重要的创汇产品之一，产品远销东南亚、日本及港澳地区，在国际市场上享有盛誉。近年来，地黄栽培面积越来越大，但道地地黄产区由于地黄种植不能重茬，严重制约了道地产区地黄的生产与发展，解决地黄重茬问题则可持续开发利用地黄资源。

三十五、巴戟天 *Morinda officinalis* How

【植物名】巴戟天又名巴戟、鸡肠风、鸡眼藤等，为茜草科（Rubiaceae）巴戟天属植物。药材商品名称“巴戟天”。

【形态特征】藤本。根肉质肥厚，圆柱形，呈结节状，横切面淡白色，干时淡紫色。单叶对生，叶片长椭圆形，托叶干膜质。顶生头状花序 3～7 个排成伞形花序状；花萼倒圆锥状，先端不规则的 2～3 齿裂；花冠白色，顶端 3～4 裂，花冠管喉部收缩，内面密生短粗毛。核果红色，近球形（图 6-35）。

【分布与生境】分布于我国华南及福建、江西等地。野生巴戟天生于热带、亚热带山地林下或灌丛中。人工种植时应选择土层深厚（>80cm）、钾肥和腐殖质含量丰富的微酸性至中性土壤，有利于其肉质根生长，产量高；苗期需遮荫，荫蔽度 70%～80%；喜雨量充沛、土壤湿润的环境，忌积水。

【药用部位与功能主治】以干燥的根入药，为补虚药。性微温，味甘、辛。具有补肝肾、强筋骨、祛风湿的功效。用于阳痿遗精、宫冷不孕、月经不调、少腹冷痛、风湿痹痛、筋骨痿软。

【有效成分与药理作用】目前已从巴戟天中分离得到11类化合物及24种无机元素。其中，蒽醌类化合物是其主要有效成分，包括甲基异茜草素（rubiadin）、甲基异茜草素-1-甲醚（rubiadin-1-methylether）、1-羟基蒽醌（1-hydroxyanthraquinone）等14种蒽醌；采用紫外分光光度法测得药材中游离蒽醌含量为0.011 2～0.062 1mg/g、结合蒽醌含量为0.004 9～0.017 7 mg/g，总蒽醌含量为0.016 8～0.067 0mg/g。相关药理研究表明，巴戟天除具有补肾壮阳、祛风湿等作用外，还有抗抑郁、提高细胞免疫功能、防治冠心病、降低胆固醇、抗癌、补肾健脑和抗炎镇痛等的生理活性。

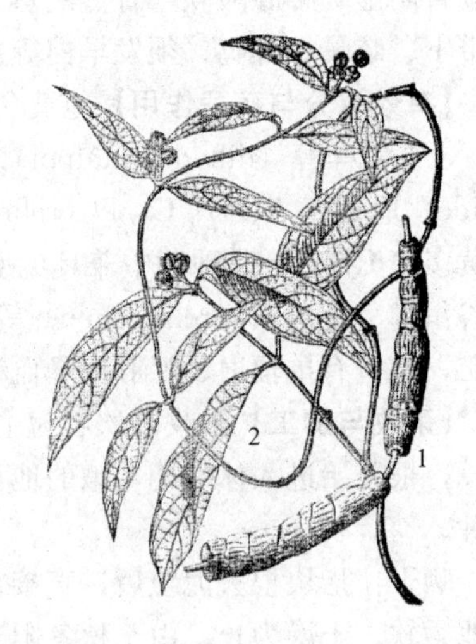

图6-35 巴戟天 *Morinda officinalis*
1. 根 2. 果枝

【采收与加工】巴戟天定植5年后才能收获，过早收获，根不够老熟，水分多，产量低。全年均可采挖，但以秋冬者为佳。采挖时应避免断根和伤根皮。采挖后尽快用水洗去表面的泥土，去除侧根及芦头，晒至6、7成干，用木锤轻轻打扁，将根剪成10～12cm的短节，再按粗细分级后分别晒至足干，即成商品。

【近缘种】巴戟天属全球约102种，分布于热带、亚热带地区；我国有26种。《中国药典》2005版仅收载巴戟天1种。由于中药巴戟天临床用量较大，现有资源仍满足不了需求，市场上屡屡出现混伪品。常见混伪品主要有同属植物：羊角藤（*M. umbellata* L. subsp. *obovata* Y. Z. Ruan）分布于华南及江西、湖南等地区；假巴戟天（*M. shuanghuaensis* C. Y. Chen et M. S. Huang）分布于广东。亦有同科虎刺属（*Damnacanthus* Gaertn. f.）植物：四川虎刺（*D. officinarum* Huang）分布于四川、湖北等省区；虎刺（*D. indicus* Gaertn. f.）分布于华东、华南至西南；浙皖虎刺（*D. macrophyllus* Sieb. ex Miq.）分布于华东、华南至西南。

【资源开发与保护】巴戟天为著名南药之一，除药用外，在滋补保健品中也有着广泛的应用。巴戟天含有丰富的营养成分，如维生素C、多糖、胶质和11种水溶性氨基酸等，已开发出"巴戟乌鸡精"、"巴戟黑米酒"、"虫草巴戟酒"、"首乌巴戟酒"、"巴戟高级可乐"等产品，深受国内外消费者欢迎。巴戟天还是著名的药食同源药材，素有南方"高级参"之称，可用其蒸鸡、炖肉，作为药膳进补。因此，今后对巴戟天的开发应在进一步揭示其药理作用的物质基础上，研发新药；同时，应加强产品的多层次深度开发。目前巴戟天供应主要依靠人工种植，主产于广东德庆、高要等地，年产10万kg以上，已建成规范化种植GAP基地，广西、福建的一些地区亦有一定的种植规模。但目前巴戟天野生资源已十分稀少，已被列为广东省级保护植物，需加强对其种质资源的收集和保护工作。

三十六、肉苁蓉 *Cistanche deserticola* Y. C. Ma

【植物名】肉苁蓉又名苁蓉、大芸、寸芸等，为列当科（Orobanchaceae）肉苁蓉属植物。药材商品名称“肉苁蓉”。

【形态特征】多年生根寄生草本。茎肉质、有时从基部分为2～3枝，圆柱形或下部稍扁。鳞片状叶多数，肉质，淡黄白色，螺旋状排列，下部的叶紧密，宽卵形或三角状卵形，上部的叶稀疏，披针形或狭披针形。穗状花序伸出地面，具多数花；花萼钟状，5浅裂，裂片近圆形；花冠管状钟形，长3～4cm，管内弯。雄蕊4，二强，近内藏；子房椭圆形，白色，基部有黄色蜜腺，子房上位。蒴果卵形，2瓣裂，褐色；种子多数，微小。花期5～6月，果期6～7月（图6-36）。

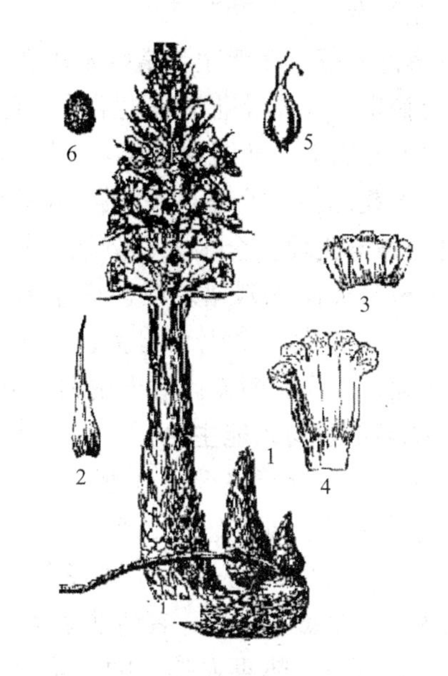

图6-36　肉苁蓉 *Cistanche deserticola*
1. 植株　2. 苞片　3. 花萼　4. 花冠纵切
5. 果实　6. 种子

【分布与生境】我国肉苁蓉属植物主要分布于北纬36°～37°范围内的乌兰布和沙漠、腾格里沙漠、巴丹吉沙漠、河西走廊沙地、塔克拉玛干沙漠和古尔班通古沙漠。东西横跨内蒙古、陕西、甘肃、宁夏、青海及新疆等地。寄生于黎科梭梭属盐旱生植物梭梭［*Haloxylon ammodendron*（C. A. Mey）Bunge］根上。从资源的常见度和群聚度来看，内蒙古西部和新疆的南疆是我国肉苁蓉资源的现代分布中心。肉苁蓉是生长在荒漠草原带和荒漠区，其生长环境严酷，日照强烈，气候极端干旱，年降水量少于250mm，冷热变化大，风沙多，土壤缺乏有机质，土层薄。

【药用部位与功能主治】干燥带鳞叶的肉质茎入药，为补虚药。有“沙漠人参”之称。性温，味甘、咸。有补肾阳，益精血，润肠通便的功能。用于虚劳内伤，阳痿，滑精，女子不孕，腰膝冷痛，肠燥便秘等症。现代研究表明，肉苁蓉还具有调节免疫功能、抗老年痴呆、抗衰老等作用。

【有效成分与药理作用】肉苁蓉中主要的活性成分是苯乙醇糖苷类化合物、肉苁蓉多糖和甜菜碱。苯乙醇糖苷类化合物主要包括海胆苷、麦角甾苷、2’-乙酰麦角甾苷和肉苁蓉苷A。其主要作用是调节内分泌，促进代谢和强壮作用及清除自由基、抗衰老作用；肉苁蓉多糖有增强机体的免疫功能；甜菜碱有抗肿瘤、抗脂肪肝及降压作用。

【采收与加工】春、秋季苗未出土或刚出时采挖，除去花序，洗净泥土，晒干、切片。

【近缘种】肉苁蓉属的植物约有20种，我国有5种。2005版《中国药典》收载肉苁蓉和管花肉苁蓉［*C. tubulosa*（Schenk）Whigt］2种。此外三种为盐生肉苁蓉［*C. salsa*（C. A. Mey.）G. Beck］、兰州盐苁蓉（*C. lanzhouensis* Z. Y. Zhang）、沙苁蓉（*C. sinensis* G. Beck）。

【资源开发与保护】因地制宜，合理规划，确定肉苁蓉寄主植物——梭梭保护区，建立种植、培育基地，实行科学管理，规范化集约经营，有组织、有计划地轮采轮歇，维护资源平衡，实现永续利用。

三十七、忍冬 *Lonicera japonica* Thunb.

【植物名】忍冬又名银花、双花等，为忍冬科（Caprifoliaceae）忍冬属植物。药材商品名称“金银花”及“忍冬藤”。

【形态特征】多年生半常绿木质藤本，高约 9m。茎中空，多分枝。叶对生，卵形至长卵形。花成对腋生，花梗及花均有短柔毛；苞片叶状，卵形；萼 5 齿裂，花冠初开时白色，后变黄色，外被柔毛和腺毛；花冠筒细长，上唇 4 浅裂，下唇狭而不裂；雄蕊 5，雌蕊 1，花柱棒状，与雄蕊同伸出花冠外；子房下位。浆果球形，熟时黑色。花期 5～7 月，果期 7～10 月（图 6-37）。

【分布与生境】全国大部分地区均有分布。主产于河南、山东，大面积栽培。以河南金银花品质最佳，山东金银花产量最大。野生于路旁、山坡灌丛或疏林中。适应性较强，喜光、耐寒。对土壤和水分要求不严。

【药用部位与功能主治】干燥花蕾或带初开的花入药称“金银花”为清热药。性寒，味甘。功能清热解毒、凉散风散。用于风热感冒、咽喉肿痛、痈肿疮疖、腮腺炎、丹毒、菌痢、肠炎、乳腺炎等；干燥茎枝入药称“忍冬藤”。性寒，味甘。有清热解毒、疏风通络的功效。用于温病发热、热毒血痢、痈肿疮疡、风湿热痹、关节红肿热痛。鲜叶及茎枝含多种黄酮类化合物，功效与花类同。常用于风湿热痹、关节红肿热痛。

图 6-37 忍冬 *Lonicera japonica*

1. 花枝 2. 果枝 3. 花剖开

【有效成分与药理作用】花蕾含挥发油 0.6%，油中含 30 种以上成分，主要成分为双花醇（-）-顺 2,6,6-三甲基-2-乙烯基-5-羟基四氢呋喃及其反式异构体和芳樟醇；总黄酮含量约 3.55%，尚含黄酮类化合物木犀草素（luteolin）及其葡萄糖苷。此外，还含绿原酸、异绿原酸及皂苷、马钱素、肌醇等。已证明金银花具广谱抗菌作用，抗菌有效成分主要为绿原酸和异绿原酸。此外，还具降低胆甾醇作用。茎枝含黄芩苷元、黄芩苷、汉黄芩素、汉黄芩苷、黄芩新素，还含苯甲酸、β-谷甾醇等。茎叶中含黄芩素苷。

【采收与加工】5～10 月及时采摘花蕾，微火烘干，也有蒸晒、炒晒和用氮气熏等加工方法。由于主要有效成分绿原酸为具有邻二酚羟基结构的化合物，在晒、烘过程中易氧化而改变颜色，如采用氮气熏蒸可使药材外观及质量不受影响。

【近缘种】忍冬属植物全世界约 200 种，多分布于北半球温带。我国有 98 种，广布于全国各省区。《中国药典》2005 版收载“金银花”原植物只忍冬 1 种；另收载下列 3 种植物的干燥花蕾或带初开的花以“山银花”入药：灰毡毛忍冬（*L. macranthoides* Hand. - Mazz.），主产贵州、四川，含绿原酸 1.28%～11.14%；红腺忍冬（菰腺忍冬）（*L. hypoglauca* Miq.），产于浙江、江西、福建、湖南、广东、广西、四川等地，含绿原酸 1.01%～7.08%；华南忍冬（山银花）（*L. confusa* DC.），主产于广东、广西，含绿原酸 1.83%～4.19%。

【资源开发与保护】忍冬属可利用的资源种类较多，有效成分含量差异较大，对一些重点种类应加强研究利用。

三十八、绞股蓝 *Gynostemma pentaphyllum*（Thunb.）Maki.

【植物名】绞股蓝又名七叶胆、七叶参等，为葫芦科（Cucurbitaceae）绞股蓝属植物。

【形态特征】多年生草本攀缘植物。须根白色，根茎肉质。茎细弱分枝，被短白毛。叶互生，膜质，小叶5～7（9），中间小叶大；叶片卵状长圆形或披针形，先端急尖或短渐尖，基部渐狭，边缘具波状缘或圆齿状牙齿。雌雄异株。雄花圆锥状花序，花冠淡绿色或白色，5深裂，雄蕊5，花丝合生。雌花圆锥花序较雄花短小，花梗基部有1～2mm长的苞片，雌花直径4mm；子房下位，球形，2～3室，花柱3，短而叉开，柱头2裂。浆果球形，肉质不裂，直径5～10mm，初为淡绿色，成熟后黑色，光滑无毛，内含种子1～3粒，种子卵状心形。花期3～11月，果期4～12月（图6-38）。

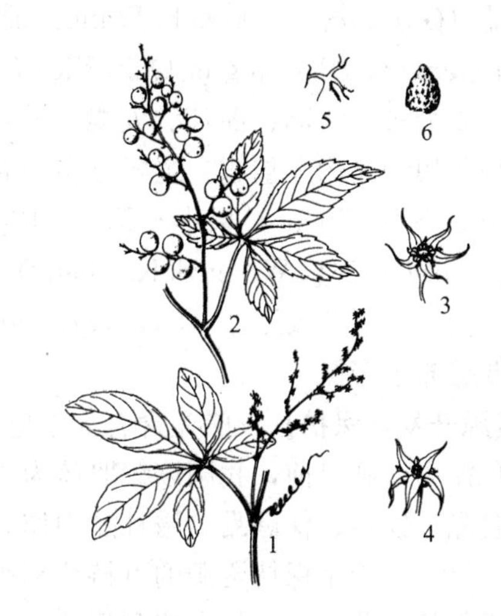

图6-38　绞股蓝 *Gynostemma pentaphyllum*
1. 雄花枝　2. 果枝　3. 雄花
4. 雌花　5. 柱头　6. 种子

【分布与生境】本属植物主要分布在亚洲温带及亚热带地区。我国长江以南地区，尤其是西南地区，绞股蓝属植物的分布最集中。绞股蓝主要生长在山坡疏林、灌丛溪边，具有一定的耐阴能力，喜散射光，以疏松肥沃、富含腐殖质的中性沙壤土。

【药用部位与功能主治】地上茎、叶入药。性寒，味苦。具清热解毒、止咳去痰；降血压、抗疲劳、增强肌体免疫力等作用，对肥胖症、老年性支气管炎也有很好的疗效。

【有效成分与药理作用】现已从绞股蓝分离鉴定出80余种皂苷。其中绞股蓝皂苷3、4、8、12分别与人参皂苷Rb_1、Rb_3、Rd、F_2结构相同，从而揭示了绞股蓝具有和人参相似药理功能的奥秘。绞股蓝皂苷的基本化学结构为四环三萜达玛烷型，糖基均为低聚糖，主要有β-D-吡喃葡萄糖基（β-D-glucopyranosyl），α-L-吡喃鼠李糖基（α-L-rhamnopyranosyl）β-D-吡喃木糖基（β-D-xylopyranosyl）和α-L-吡喃阿拉伯糖基（α-L-arabinopyranosyl）。叶中总皂苷含量最高，茎次之，根茎最低。绞股蓝中还含有17种以上氨基酸和23种无机元素。绞股蓝皂苷具有降血脂、对学习记忆的损伤有改善作用；还具有抗癌、降压、增加冠状动脉血流量和脑血流量的作用；最近研究发现绞股蓝皂苷还具有抗衰老、增强肌体免疫力的作用。

【采收与加工】绞股蓝为多年生宿根草本植物，地上部分可连年采收多次。8～9月结果前为绞股蓝的最佳采收期，也有1年采2次的，分别在开花前和霜冻前采收。采收时在绞股蓝植株距地面20～25cm处割取，出去杂草杂物，洗净置通风处晾干。在干燥阴凉处密闭储藏。产品以体干、色绿、叶全、无杂草为佳。

【近缘种】绞股蓝属植物全世界有16种，中国产14种，其中10种为中国所特有。

除绞股蓝外其余种为：①单叶绞股蓝（*G. simplicifolium* Bl.）叶单叶。主要分布于广东、云南。②光叶绞股蓝［*G. laxum*（Wall.）Cogn.］复叶具3小叶，叶两面无毛且光。主要分布于安徽、广东、广西、云南。③缅甸绞股蓝（*G. burmanicum* King ex Chakr.）复叶具3小叶，叶两面及茎密被柔毛。主要分布于云南。④毛绞股蓝［*G. pubescens*（Gagnep.）C. Y. Wu］复叶具5小叶，叶两面密被短柔毛。主要分布于云南。⑤长梗绞股蓝（*G. longipes* C. Y. Wu）果球性，小叶7～9。主要分布于广西、四川、贵州、云南、陕西。⑥广西绞股蓝（*G. guangxiense* X. X. Chen et D. H. Qin）果三棱状扁球性，小叶3～7。主要分布于广西。⑦扁果绞股蓝（*G. compressum* X. X. Chen et D. R. Liang）果压扁，倒三角形，小叶7。主要分布于广西。⑧五柱绞股蓝（*G. pentagynum* Z. P. Wang）雌蕊由5心皮组成。主要分布于湖南。⑨喙果绞股蓝［*G. yixingense*（Z. P. Wang et Q. Z. Xie）C. Y. Wu et S. K. Chen］蒴果具长喙，种子边缘不沟及狭翅。主要分布于江苏、浙江、安徽。⑩心籽绞股蓝（*G. cardiospermum* Cogn. ex Oliv.）蒴果喙短，种子边缘具沟及狭翅。主要分布于湖北、四川、陕西。⑪小籽绞股蓝（*G. microspermum* C. Y. Wu et S. K. Chen.）果小，无毛，成熟时具黑色深斑点。主要分布于云南。⑫聚果绞股蓝（*G. aggregatum* C. Y. Wu et S. K. Chen.）果大，具白色长柔毛，成熟时不具黑色深斑点。主要分布于云南。⑬蔬花绞股蓝（*G. laxiflorum* C. Y. Wu et S. K. Chen.）雌花排列成疏松的圆锥花序。主要分布于安徽。

【资源开发与保护】绞股蓝含有人参皂苷，因此和人参具有相似的药理作用，滋补强壮、增强肌体免疫力。到目前，我国以绞股蓝为主要原料的产品已达30多种，特别是在抗衰老、美容、减肥的食品、饮料、保健品、滋补品中作为添加剂正在得到不断的开发利用。尽管我国绞股蓝资源比较丰富，但为了保持资源的可持续利用，应该有计划地采收，应主要采收皂苷含量高的叶和嫩茎，而保留皂苷含量低的老茎和根茎，以利植株更新。此外，绞股蓝的人工繁育也有待进一步研究。

三十九、党参 *Codonopsis pilosula*（Franch.）Nannf.

【植物名】党参又名东党参、三叶菜，为桔梗科（Campanulaceae）党参属植物。药材商品名称“党参”。

【形态特征】多年生草本，有白色乳汁，具特异臭气。根肥大，纺锤状圆柱形，顶端有膨大的根头呈瘤状。茎缠绕，有多数分枝。叶互生，叶柄有疏短刺毛，叶片卵形或狭卵形，两面被疏密不等的短伏毛或柔毛。花单生于枝端；花萼5裂，裂片宽披针形或狭矩圆形，花冠阔钟状，黄绿色，内有明显紫斑；雄蕊5，花丝基部微扩大；子房半下位，3室，每室胚珠多数。蒴果下部半球形，上部短圆柱形，成熟后室背3瓣裂，具宿萼。种子多数，卵形，细小。花期8～9月，果期9～10月（图6-39）。

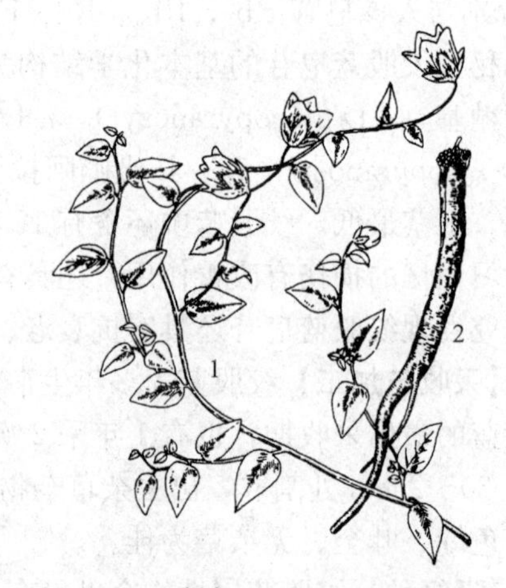

图6-39 党参 *Codonopsis pilosula*
1. 花枝 2. 根

【分布与生境】分布于东北、华北、西南、西北地区，全国各地有栽培。因产地不同而形成多种商品：

“西党”主产于四川、甘肃、陕西，“台党”主产于山西，“东党”主产于东北，“潞党”为栽培品种，主产山西潞安、长治等县。除“台党”因产量小供内销外，其余均有出口。野生党参生于海拔 1 560～3 000m 的山地林边及灌丛中。喜气候温和，夏季较凉爽的地方。幼株喜湿、喜荫，怕高温高湿和强光；成株喜光。党参适应性较广，我国南北各省已引种成功。

【药用部位与功能主治】根入药，为补虚药，中医方剂常代替人参用。性平，味甘。有补中益气，健脾益肺功能。用于脾肺虚弱、气短心悸、食少溏便、虚喘咳嗽、内热消渴。

【有效成分与药理作用】根含三萜类化合物：蒲公英萜醇乙酸酯（taraxeryl-acetate）、木栓酮（friedelin）、脲基甲酸正丁酯（n-butyl allophanate），尚含皂苷、多种甾醇和甾苷；含 17 种氨基酸，其中 8 种人体必需氨基酸；含 14 种无机元素，其中 7 种人体必需微量元素；全草含生物碱约 0.04%。

党参具有多种药理活性：①抗放疗与化疗，使白血球升高；②抗缺氧、抗放射线损伤、抗低温，调节机体全身各方面功能活动，包括垂体肾上腺皮质、心血管系统、消化道运动和免疫功能；③升高血糖、抗炎、镇痛、降压及抗衰老作用。

【采收与加工】秋季采挖党参，洗净、分等。晒至柔软时用手顺向搓揉，使皮与木部紧贴，再晒；反复 3～4 次，至干透。以参条粗大、皮肉紧、质柔润、味甜者为佳。

药材因产地不同有西党、东党、潞党等三种。①西党：根部类圆柱形，末端较细，长 8～20cm，直径约 5～13mm，根头部有许多疣状突起的茎痕，俗称“狮子盘头”，每个茎痕呈凹下点状，表面灰黄色或浅棕黄色，有明显纵沟，近根头处有紧密的环状皱纹，逐渐稀疏的占全体之半。皮孔横长、明显，略突出，长约 0.3～0.8cm。支根脱落处常见黑褐色胶状物，系内部乳汁溢出干燥所成。质稍坚脆，易折断，断面皮部白色，有裂隙，木部淡黄色。气特殊，味微甜。以根条肥大，粗实，皮紧，横纹多，味甜者为佳。②东党：根类圆柱形，常分枝，长 12～25cm，直径约 5～22mm，根头大而明显，根外皮黄色及灰黄色，粗糙，有明显纵皱，皮孔短而突出，呈点状突起，质疏松，易折断。断面皮部黄色，木部黄白色，皮部占木部 1/3，皮部有横向裂隙，木部射线亦成裂隙。以根条肥大、外皮黄色、皮紧肉实、皱纹多者为佳。③潞党：根类扁圆柱形，单一，长约 8～22cm，直径约 7～10mm，亦有较长大者。根头部无明显“狮子盘头”，根表面浅灰棕色，有深而不规则的纵皱沟，近根头处有较稀横纹。质较轻，易折断，断面不规则。气微，无香气，味甜。以独支不分叉、色白、肥壮粗长者为佳。主产于山西，多为栽培品。野生于山西五台山等地者称“台党”。

【近缘种】党参属全世界约有 40 余种，我国有 39 种。《中国药典》2005 版收载 3 种。除党参外，还有素花党参［*Codonopsis pilosula*（Franch.）Nannf. var. *modesta*（Nannf.）L. T. Shen］，主产四川、青海、甘肃、陕西；川党参（*C. tangshen* Oliv.），主产四川。

【资源开发与保护】党参为常用的补益药材，它具有多种药理活性，但其化学成分研究尚不很深入，要进行学科间的协作攻关，进一步搞清有效成分，开发新药。党参以根入药，近年来随着保健事业的发展，党参的需求量加大，野生的资源已满足不了市场需要，一方面要扩大栽培面积，特别在山西省适宜党参生长的晋东南地区建立党参生产基地，可收到较好经济效益；另一方面研究党参除根以外的茎，叶部分的化学成分，对其进行综合利用。

四十、茅苍术 *Atractylodes lancea*（Thunb.）DC.

【植物名】茅苍术又名苍术、南苍术等，为菊科（Compositae）苍术属植物。药材商品名称“苍术”。

【形态特征】多年生草本，高30～80cm。根状茎横走，呈结节状。叶互生，革质，叶卵状披针形至椭圆形，长3～8cm，宽1～3cm，顶端渐尖，基部渐狭，正面深绿色，背面浅绿色，边缘有刺状不规则锯齿，上部叶无柄，一般不分裂，下部叶有柄，常3裂，顶裂片较大，卵形，两侧较小。头状花序顶生；叶状苞片1列，羽状深裂，裂片刺状，总苞片5～7层，花冠管状，白色或稍带紫色。瘦果，有柔毛，冠毛羽状。花期8～10月，果期9～10月（图6-40）。

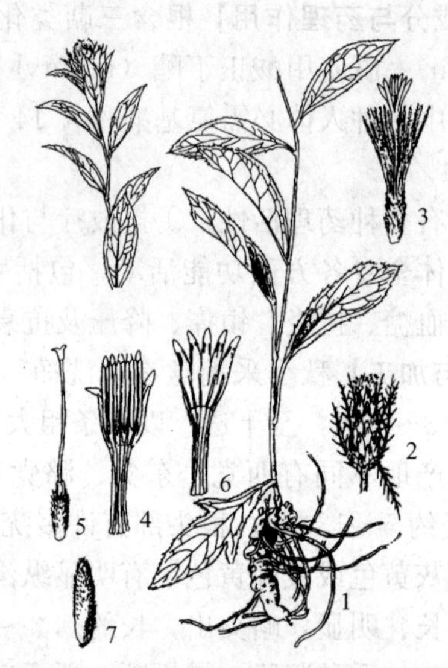

图6-40　茅苍术 *Atractylodes lancea*
1. 植株　2. 花序示穗苞及羽裂叶状苞　3. 管状花
4. 管状花纵剖面　5. 雌蕊　6. 管状花剖开示退化雄蕊　7. 苞片

【分布与生境】分布于四川、湖北、河南、山东、江苏、安徽、浙江、江西等地。主要生长在山地常绿落叶阔叶混交林下。

【药用部位与功能主治】干燥根茎入药，为芳香化湿药。性温，味辛、苦。有燥湿健脾、祛风散寒、明目的功能。用于脘腹胀痛、泄泻、水肿、脚气痿躄、风湿痹痛、风寒感冒、夜盲等症。

【有效成分与药理作用】根茎含挥发油5%～9%。油中主要成分有苍术素（atractylodin）、茅术醇（hinesol）、β-桉油醇（β-eudesmol）、榄香油醇（elemol）、苍术酮（atractylon）等。又含聚伞花素（cymol）、α-异岩兰烯（α-isvetivene）、β-芹油烯（β-selinene）、姜油烯（curcumene）、β-甜没药烯（β-bisabolene）、苍术素醇（atractylodinol）、乙酰苍术素醇（acetylatractylodinol）等。

据药理研究证明，苍术油对食管癌细胞有抑制作用；苍术醇与β-桉油醇协同作用显示较强的催眠作用；苍术多糖有较强的降血糖作用。

【采收与加工】春秋两季挖取根茎，除去细叶、泥土，晒干，去其须根。以质坚实，折断面朱砂点多，香气浓者为佳。药典规定总灰分不得超过7%。

【近缘种】苍术属植物全世界约7种，我国产5种。《中国药典》2005版收载苍术（南苍术）与北苍术2种。北苍术［*A. chinensis*（DC.）Koidz.］分布于东北、华北、山东及河南、陕西。北苍术根茎中含挥发油3%～5%，油中主要成分为苍术素、茅术醇、β-桉油醇及微量苍术醇。

另外，同属植物中的关苍术（*A. japonica* Koidz. ex Kitam.）和朝鲜苍术［*A. coreana*（Nakai）Kitam.］也常作北苍术入药。关苍术分布于东北及河北、内蒙古。根茎含挥发油1.5%，油的主要成分为苍术醇、苍术酮。苍术酮在油中含量约占20%，为关苍术中特有的香气成分。药理研究关苍术含有具降压作用的苍术聚糖A、B、C。据报道，朝鲜苍术有防治链霉中毒功效。

同属另一种植物白术（*A. macrocephala* Koidz.）亦药用，药材称白术。白术原产地已绝迹，现广东、安徽、江苏、浙江、湖南、四川广泛栽培。白术与苍术药性与功效不同。白术善于补脾，而苍术长于散邪泄湿。但日本和朝鲜将关苍术与白术同用。据研究证明，关苍术与白术均富含苍术酮，而与茅苍术和北苍术以苍术素较多不同。

【资源开发与保护】苍术属植物药理活性多样，应加强其药性与功效差异的研究，扩大使用，创制新药。开发苍术野生资源应注意保护措施，野生苍术种群主要靠种子繁殖。如采收应于9月种子成熟落下后进行，可促其自然更新。苍术从种子萌发到药材采收大约要3～4年，应采取轮采轮收措施，加强对野生资源的保护。关苍术在我国北方资源丰富，储量大，而白术野生种已濒于灭绝，完全靠人工栽培提供商品，如起用关苍术代替白术，可充分发挥关苍术的资源优势。

四十一、短葶飞蓬 *Erigeron breviscapus*（Vaniot.）Hand. -Mazz.

【植物名】短葶飞蓬又名灯盏细辛、灯盏花、地朝阳、双葵花、土细辛等，为菊科（Compositae）飞蓬属植物。药材商品名称“灯盏细辛（灯盏花）”。

【形态特征】多年生草本，高10～40cm。根茎粗壮，具纤细的须根。茎直立，单生或数茎丛生，上端稍弯曲，表面有浅棱线。基生叶密集，匙形，两面密被毛，全缘；茎生叶互生，长圆形至条状披针形。夏、秋开花，头状花序单生茎顶，直径1.5～2cm，总苞片3层，窄披针形，边缘有2～3列紫色雌性舌状花，中央为黄色两性管状花。瘦果扁平，有柔软的白色冠毛2层，外层极短（图6-41）。

图6-41　短葶飞蓬 *Erigeron breviscapus*
1. 植株　2. 花　3. 果实

【分布与生境】分布于四川、云南等省。生于海拔1 600～3 500 m的山地疏林下、草丛和向阳坡地。

【药用部位与功能主治】全草入药，为祛风湿药。性温，味辛、微苦。祛风散寒、活血通络止痛。用于风寒湿痹痛、中风瘫痪、胸痹心痛、牙痛、感冒等症。

【有效成分与药理作用】全草含焦袂康酸、飞蓬苷和黄酮等，所含黄酮类的混合结晶称为灯盏花素，是主要的活性成分。现代药理研究表明，灯盏花所含的灯盏花素有减少血小板数量、抑制血小板聚集、抑制体内凝血或血栓形成、增加冠脉流量、降低血液黏稠度、抵抗心肌缺血或缺氧性心电变化、提高机体巨噬细胞吞噬功能等多方面的药理作用。

【采收与加工】秋季茎叶茂盛花开放时采收，洗净；鲜用或晒干备用。

【资源开发与保护】在国内已有云南生物制药厂等10多家制药厂以云南省产的野生灯盏花为原料生产“灯盏花注射液”、“灯盏花素片”、“灯盏花口服液”、“灯盏花冲剂”等系列产品，经过多年的开发生产，野生灯盏花资源日益减少，灯盏花已处渐危状态。云南省已启动了灯盏花栽培基地建设项目，但在规范化无公害栽培技术方面尚有部分关键性技术未能突破。采取措施进行野生灯盏花资源的保护和引种栽培已是迫在眉睫的工作，否则灯盏花产业将因无原料供应而中途夭折。

四十二、川贝母 *Fritillaria cirrhosa* D. Don

【植物名】川贝母又名卷叶贝母，为百合科（Liliaceae）贝母属植物。药材商品名称“川贝母”。

【形态特征】多年生草本，高15～50cm。鳞茎圆锥形，由3～4枚鳞片组成，直径1～1.5cm。叶通常对生，少数在中部兼有互生或轮生，条形或条状披针形，先端不卷曲或稍卷曲。花单生茎顶，紫红色至黄绿色，有浅绿色的小方格斑纹，少数仅具斑点或条纹；叶状苞片3枚，先端少卷曲；花被片6，长3～4cm；雄蕊长约为花被片的3/5；子房上位，3室。蒴果棱上具宽1～1.5mm的窄翅。花期5～6月，果期7～8月（图6-42）。

【分布与生境】川贝主要分布于西藏、云南、四川、甘肃、青海等省。川贝母和暗紫贝母是商品川贝的主要种，主产于西藏、四川和云南。甘肃贝母亦称岷贝，主产甘肃南部、青海东部和南部，以及四川西部。棱砂贝母亦称炉贝，产于青海玉树、四川甘孜、德格等地的，色白、质实、粒匀，称白炉贝；产于西藏昌都、四川巴塘和云南西部者，多黄色，粒大，质松，称黄炉贝。

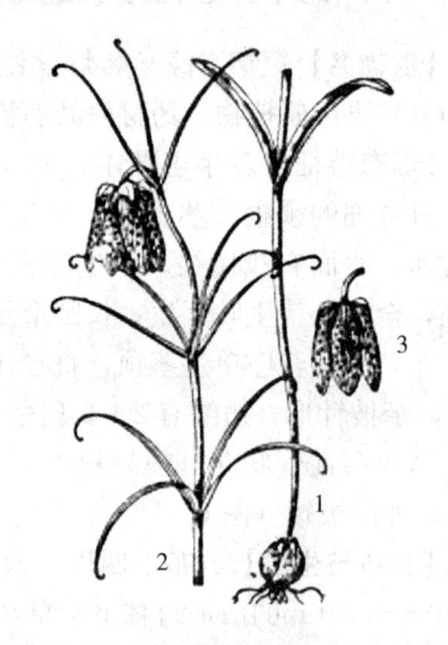

图6-42 川贝母 *Fritillaria cirrhosa*

1. 植株 2. 花枝 3. 花

贝母喜生于温暖湿润的气候，不适宜高温干燥的环境。贝母喜肥，既怕旱又怕涝，无主根，喜欢在疏松、肥沃、富含腐殖质的沙质壤土长。

【药用部位与功能主治】干燥鳞茎入药，为化痰止咳平喘药。性寒，味苦、甘。有清热润肺、化痰止咳的功效。用于肺热燥咳、干咳少痰、阴虚劳嗽、咯痰带血等症。

【有效成分与药理作用】川贝母的主要成分为异甾体类生物碱和生物碱。川贝生物碱成分有川贝碱（fritimine）、西贝素（sipeimine）。青贝中有青贝碱（chinpeimine），白炉贝中有白炉贝素，黄炉贝中有炉贝碱（fritiminine），白松贝中有松贝碱（sonpeimine），甘肃贝母中有岷贝碱（minpeimine），棱砂贝母中有新贝甲素（singpeinine），暗紫贝母中有松贝辛（songbeisine）等。贝母碱和去氢贝母碱均有镇咳、镇静作用及扩张支气管平滑肌、降压、升高血糖及扩瞳作用。贝母碱还对子宫有较强的兴奋作用。

【采收与加工】川贝种植2～3年后就可以采收，每年7～8月间收获。选晴天挖出，用筛子筛出泥土，及时运回干燥。在挖掘过程中避免损伤、挖烂。加工时，将运回的鲜贝母薄摊于木板上，或竹篱笆上，在阳光下曝晒时不要翻动，争取一天晒至半干，次日再晒使其变为乳白色为好。晒前不水洗，晒时不用手直接翻动，已经曝晒过，但还未干的鳞茎不能堆存，否则泛油发黄，品质变劣。晒后搓去泥沙、即为成品。如遇雨天，可将挖取的鳞茎窖藏于水分较少的沙土内，待天晴时抓紧时间晒干。

【**近缘种**】贝母属植物，全世界约有60种，我国产20种和2个变种。除南方几个省外，全国大多数地区都有分布，其中以四川和新疆种类最丰富。《中国药典》2005版收载药材“川贝母”原植物川贝母、暗紫贝母（*F. unibracteata* Hsiao et K. C. Hsia）、甘肃贝母（*F. przewalskii* Maxim. et Batal.）棱砂贝母（*F. delavayi* Franch.）四种。

根据各地医药市场用药习惯和商品特点，药材贝母主要分为浙贝（大贝、珠贝）、川贝（松贝、青贝）、炉贝、伊贝（生贝）、平贝五大类（表6-6）。表6-6中21种贝母属植物，除代用品外，其他均作商品贝母药用。

表6-6　商品贝母与原植物对照表

商品名	原植物		产地	产量	异甾生物碱（%）
	中名	学名			
川贝	暗紫贝母	*F. unibracteata*	四川、青海	++	0.002 2
	川贝母	*F. cirrhosa*	主产四川、云南和西藏，甘肃、青海、宁夏、陕西和山西也有	++	0.051 4
	甘肃贝母	*F. przewalskii*	甘肃、青海、四川	+	0.003 5
	棱砂贝母	*F. delavayi*	四川、云南、青海、西藏	+++	0.006 6
浙贝	浙贝母	*F. thunbergii*	浙江、江苏	+++	0.050 4
伊贝	伊犁贝母	*F. pallidiflora*	新疆	++	0.043 2
	新疆贝母	*F. walujewii*	新疆	++	
平贝	平贝母	*F. ussuriensis*	吉林、黑龙江、辽宁	+	0.012 1
其他	东贝母	*F. thunbergii* var. *chekiangensis*	浙江（广东作川贝用）	+	0.100 5
	天目贝母	*F. monantha*	浙江、河南（作浙贝用）	少量	
	湖北贝母	*F. hupehensis*	湖北、四川、湖南（亦称板贝、窑贝作川贝用）	少量	0.252 9～0.532 9
	峨眉贝母	*F. omeiensis*	四川（作川贝用）	少量	
	粗茎贝母	*F. crassicaulis*	云南（作川贝用）	少量	
	高山贝母	*F. fusca*	西藏	少量	
	黄花贝母	*F. verticillata*	新疆	少量	
	乌恰贝母	*F. ferganensis*	新疆	少量	
	阿尔泰贝母	*F. meleagris*	新疆（种的鉴定尚有疑问）	少量	
代用品	轮叶贝母	*F. maximowiczii*	河北、辽宁、吉林、黑龙江、四川	少量	
	米贝母	*F. davidii*	河北、辽宁、吉林、黑龙江、四川	少量	

【**资源开发与保护**】贝母属植物都有共同的次生代谢产物异甾体生物碱，类型繁多，代用品也较多，应加强药化、药理和临床研究，搞清不同种类的疗效，进行科学归类。药用贝母除其鳞茎含有异甾体生物碱、皂苷外，其地上部分也存在同类成分，应研究利用。有研究表明，浙贝母地上部分含生物碱verticine和verticinone、皂苷β-chaconine，且花茎中含量高于商品元宝贝。用此部分制成的浸膏片对呼吸道感染所引起的咳嗽和慢性支气管炎有较好疗效。另外，贝母中淀粉占其干重的90%以上，而这些淀粉在成药生产中有时被当作浸出残渣丢弃，应研究其综合利用途径。贝母野生资源日趋减少，多个原植物已被列入国家三级保护物种。

四十三、云南重楼 *Paris polyphylla* Smith. var. *yunnanensis* Hand. -Mazz.

【**植物名**】云南重楼又名重楼一支箭、宽瓣重楼、阔瓣蚤休、七叶一枝花、独脚莲、两把伞、重台、虫楼等，为百合科（Liliaceae）重楼属多年生草本。药材商品名称“重楼”。

【形态特征】多年生直立草本，高约50cm。根茎横生，皮黄色，切面白色，粉质，表面粗糙有节。茎单一，带紫色，基部具白色膜质鞘。叶轮生，一般为7片，生于茎上部，叶柄常带红色，长1～2 cm。叶片坚纸质，椭圆形或倒卵状长圆形，长7～9cm，宽4～5 cm，常具1对明显的基出脉。茎顶抽出顶生花1朵；萼片绿色叶状，6～9枚；花瓣通常较宽，上部常扩大为宽2～5mm的狭匙形，与花萼同数；雄蕊除2轮外，也有3轮；子房紫色。浆果状蒴果，近球形，暗紫色（图6-43）。

【分布与生境】分布于云南、四川、贵州等省。生长于海拔1 400～3 100m的常绿阔叶林、云南松林、竹林、灌木丛或草坡中。

【药用部位与功能主治】干燥根茎入药，为清热药。性微寒，味苦，有小毒。有清热解毒、消肿止痛、凉肝定惊得功效。用于疔疮痈肿、咽喉肿痛、毒蛇咬伤、跌扑伤痛、惊风抽搐。

【有效成分与药理作用】根状茎中含有多种甾体化合物，主要为甾体皂苷及其配糖体。甾体皂苷水解后能产生薯蓣皂苷元（diosgenin）和偏诺皂苷元（pennogenin）。滇重楼所含的甾体皂苷有很强的使子宫平滑肌收缩的活性，可用于妇科止血；此外，甾体皂苷水解后产生的薯蓣皂苷元对肉瘤白血病L759和艾氏腹水癌（ECA）等均有较强的抑制和毒杀作用，是有应用前途的抗癌药物之一。

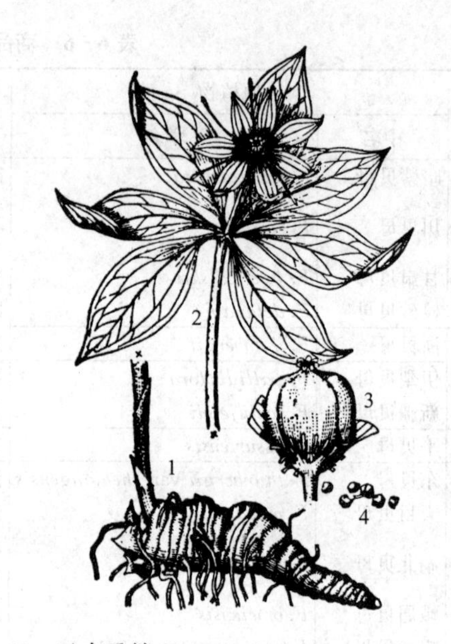

图6-43　云南重楼 *Paris polyphylla* var. *yunnanensis*
1. 根茎　2. 植株上部及花　3. 果实　4. 种子

【采收与加工】秋季采挖根茎，除去茎叶须根，洗净鲜用或切片晒干备用。

【近缘种】云南重楼所属的重楼属包括2亚属8组24种，《中国药典》2005版收载“重楼”原植物云南重楼和七叶一枝花（*Paris polyphylla* Smith var. *chinensis* Hara）2种。七叶一枝花与云南重楼的主要区别花瓣狭线型，明显短于萼片，常反折，长度是萼片的1/3～2/3，上部不扩宽；叶片狭长，长圆形至披针形，基部通常楔形，长7～9 cm，宽2～5 cm。分布于华南、西南、华东、华中等地。

另外，重楼属中具有粗厚根状茎者甚多，生境和功效与云南重楼近似。其中多叶重楼（*P. Polyphylla* Smith）形态变异很多：

1. 多叶重楼（七叶一枝花）（*P. polyphylla* Smith.）　与云南重楼的区别是该变种花瓣较细长，叶较狭长，雄蕊2轮。分布于西藏南部、云南、四川、广西、广东等地。

2. 狭叶重楼（*P. polyphylla* Smith. var. *stenophylla* Franch.）　叶通常10～22片，窄披针形，长9～13 cm，宽1～3 cm；花基数4～7，雄蕊2轮，雄蕊常在1.5 cm以下，药凸不明显；花瓣丝状，比萼片长。分布于华东、中南、西南等地。

3. 短梗重楼（*P. polyphylla* Smith. var. *appendiculata* Hara.）　叶 7～9 片，无柄或短柄，广披针形或长椭圆形；花梗较叶片短，花瓣宽约 1～1.5 mm。分布于西南、华中。

4. 长药隔重楼（*P. thibetica* Franch.）　叶 7～12 片，披针形，多数无柄，长 3.5～7 cm；花药药隔凸出部分显著伸长，长 6～16 mm；种子近球形，有红色多汁的外种皮。分布于四川、云南、贵州等省。

【资源开发与保护】滇重楼为名贵药材之一，云南白药集团股份有限公司以滇重楼为原料生产“云南白药”系列产品和“宫血宁胶囊”等产品。经过半个多世纪的开发利用，滇重楼的野生资源量日趋减少，目前已处于濒危状态。加强滇重楼快繁技术研究，建立无公害规范化栽培基地并进行 GAP 生产已迫在眉睫，这是保护野生滇重楼资源、保证优质药材供应的必由之路。

四十四、穿龙薯蓣 *Dioscorea nipponica* Makino

【植物名】穿龙薯蓣又名穿地龙、穿龙骨、穿山龙等，为薯蓣科（Dioscoreaceae）薯蓣属植物。药材商品名称“穿山龙”。

【形态特征】多年生缠绕性草本。根状茎横生，茎左旋，疏生细毛或近无毛。叶互生，有长柄，叶片掌状心脏形，边缘三角状浅裂、中裂或深裂，顶部叶较小，近全缘。雌雄异株，花集成穗状花序，雌花序单一，下垂；花序基部常 2～4 朵簇生，顶端常为单生；花被碟形，6 深裂，裂片三角状卵形；雄蕊 6，较花被裂片短；雌花有短梗，常单生于花轴，花被较雄花小。子房下位，长卵形，3 室，中轴胎座，花柱 3，柱头先端 2 裂。蒴果倒卵状椭圆形，有 3 宽翅，着生在下垂的花轴上，先端朝上。种子每室 2，四周生有膜质翅。花期6～8 月，果期 7～10 月（图 6-44）。

图 6-44　穿龙薯蓣 *Dioscorea nipponica*

1. 植株　2. 根茎

【分布与生境】分布于河北、山东、山西、内蒙古、辽宁、吉林、黑龙江、陕西、甘肃、河南、湖北、浙江等地。主产于东北、华北，蕴藏量大，通常销华北提制薯蓣皂苷元，少部分直接供药用。

穿龙薯蓣野生于落叶阔叶林和针阔叶混交林及林缘灌木丛中。适应性很强，耐严寒，生长适宜温度约 15～25℃，开花结果期遇高温（20～28℃）有提早开花和加速果实增长作用，休眠期则适宜较低温度。对土壤要求不严，以中等肥力、弱酸至弱碱性的砂质壤土为宜。

【药用部位与功能主治】干燥根茎入药，为祛风湿药。性温、味甘、苦。功能祛风湿、止痛、舒筋活血、止咳平喘、祛痰。用于风湿性关节炎、腰腿疼痛、麻木、大骨节病、跌扑损伤、闪腰岔气、慢性支气管炎、咳嗽气喘。自从发现甾体激素类药物在临床上用于治疗风湿性关节炎、心脏病、阿狄森病、红斑狼疮效果较好，并可以止血、抗肿瘤和作避孕药以后，受到很大重视。

【有效成分与药理作用】根茎主含薯蓣皂苷（dioscin）及其水解终产物薯蓣皂苷元（diosgenin）是合成激素类药物的重要原料。此外，含甾醇、尿囊素、对羟苄基酒石酸（piscidic acid）、多糖及树脂等。

根茎中的水溶性苦味成分有镇咳、祛痰及平喘作用。水煎剂对流感病毒及多种病菌有明显抑制作用。总皂苷有强心、增加冠状动脉血流量、增加耐缺氧能力及抗凝作用。

【采收与加工】春、秋两季采挖根状茎，去外皮及须根，晒干，或切段、切片晒干。作为激素原料的薯蓣类药材品质的好坏应以薯蓣皂苷元的含量和质量为标准。一般皂苷元含量不得低于1.5%，溶点195～210℃，呈白色。

【近缘种】我国仅薯蓣属1属，分布较广，以西南各省区种类较多，可分为根状茎组、丁字形毛组、顶生翅组、复叶组、基生翅组、周生翅组等6组，其中以根茎组种类药用价值最大，我国约有17种1亚种2变种。各地通过对薯蓣野生资源的分布、生态、蕴藏量及甾体皂苷元含量等综合比较，其中薯蓣皂苷含量在1%以上的有12种，可供工业生产利用的近10种，盾叶薯蓣和穿山龙薯蓣是最有开发价值的种类。

盾叶薯蓣（*D. zingiberensis* C. H. Wright）主产西南、中南、陕西、甘肃等省，生于低、中山丘陵的落叶阔叶与常绿阔叶混交林中。在云南主要分布于金沙江河谷、怒江河谷和红河河谷，生长于海拔700～1 800m的干热河谷地区的稀树灌丛。与穿龙薯蓣主要区别是种子生于蒴果每室中轴中央，四周有薄膜质状翅；叶柄盾状着生；花被紫色。其薯蓣皂苷元含量一般较穿龙薯蓣高，可达1.05% ～16.15%。

在薯蓣属植物中，叶柄盾状着生的仅有盾叶薯蓣和小花盾叶薯蓣（*D. parviflora* Ting）两种，两者的区别是：盾叶薯蓣花大，长1.2～1.5cm，宽0.8～1.0cm，叶片三角状卵形，蒴果长宽几相等；小花盾叶薯蓣花小，长0.8～1.2cm，宽0.6～0.8cm，叶片常卵圆形，蒴果长超过宽。另外，还有一些种类有较大的开发潜力表6-7。

表6-7　国产薯蓣属根茎组植物的分布及利用前途

植 物 名	分 布	皂苷元含量（%）	主要皂苷元*	利用前途**
盾叶薯蓣（*D. zingiberensis*）	陕西、甘肃、西南、中南	1.05～16.15	D	Ⅰ
穿龙薯蓣（*D. nipponica*）	华北、东北、西北、华东	1.36～5.78	D	Ⅰ
小花盾叶薯蓣（*D. parviflora*）	云南、四川	3.40～3.90	D	Ⅱ
三角叶薯蓣（*D. deltoidea*）	云南、四川、西藏	1.80～8.00	D	Ⅱ
纤细薯蓣（*D. gracillima*）	华东	1.03～2.39	D	Ⅱ
叉蕊薯蓣（*D. colletti*）	西南、陕西	0.50～2.70	Y、D	Ⅱ
粉背薯蓣（*D. colletti* var. *hypoglauca*）	华东、中南、广东、四川	0.53～2.02	Y、D	Ⅱ
黄山药（*D. panthaica*）	西南、湖南	1.03～4.62	D	Ⅱ
山萆薢（*D. tokora*）	华东、中南、西南	1.20～2.10	D	Ⅲ
蜀葵叶薯蓣（*D. althaeoides*）	西南	0.50～2.30	D	Ⅲ
细柄薯蓣（*D. tenuipes*）	华东	1.30～3.05	D	Ⅲ
绵萆薢（*D. septemloba*）	广东、广西、中南、华东	0.30～0.50	D	Ⅲ
福州薯蓣（*D. futschauensis*）	浙江、福建、湖南	0.30～0.50	D	Ⅲ

* Y：约莫皂苷元 yamogenin　D：薯蓣皂苷元 diosgenin

** 从资源、生产工艺、有效成分含量等综合考虑的利用前途　Ⅰ最好　Ⅱ较好　Ⅲ一般

此外，作为穿龙薯蓣的代用品资源还有：柴黄姜［*D. nipponica* Makino subsp. *rosthornii* Pr. et Burk.）C. T. Ting］，分布于河南南部、四川东部、贵州、湖北、湖南、陕西南部、甘肃

南部。菝葜属（*Smilax*）植物：菝葜（*S. china* L.）、长托菝葜（*S. fero* Wall. x Knuth）、无刺菝葜（*S. mairei* Levl.），分布于陕西、四川、云南。

【资源开发与保护】穿龙薯蓣和盾叶薯蓣均以地下根茎入药，野生资源也在日趋减少，质量下降。挖掘药材应注意取大留小，以促进其自然更新，实现野生资源的持续利用。另外，挖掘药材对森林土层破坏比较严重，应加强符合GAP标准的栽培基地建设研究，促进对森林资源及生态环境的保护。根茎提取有效成分后，还含有50%以上的淀粉，应注意其综合利用。不含甾体皂苷元的同属其他植物，如薯蓣组山药类也是常用中药，主要功效是滋补强壮及健脾助消化。其中所含的多糖可辅助治疗肿瘤、增强机体免疫力。并含有大量人体必需氨基酸及维生素等营养成分，有的已作为天然保健食用植物资源开发利用。

四十五、阳春砂仁 *Amomum villosum* Lour.

【植物名】阳春砂仁又名春砂仁，为姜科（Zingiberaceae）豆蔻属植物。药材商品名称“砂仁”。

【形态特征】多年生草本，高1～2m，具匍匐茎。叶互生于直立茎两侧，叶片披针形，顶端具细尖头，无柄；叶舌小，长3～5mm，紫红色，后变绿。穗状花序1～3个，由根茎上抽出，具7～13朵花；花白色，唇瓣圆匙形，顶端2裂、反卷。蒴果近球形，直径约1.5cm，紫红色，干时红褐色，果皮具不分枝柔刺（图6-45）。

【分布与生境】分布于华南及云南南部地区。道地产区为广东阳春，故名阳春砂仁。现主产于云南南部、广西南部及广东阳春、阳江等地。

阳春砂仁原生长于热带亚热带季雨林中，因而性喜温暖、湿润的半荫蔽环境，忌干旱、霜冻。要求年均温21℃以上，年降雨量1 700mm以上，并以年均温22～28℃、年降雨量2 400mm～2 500mm，隐蔽度80%～50%，土壤疏松肥沃的沙质或黏质壤土地区生长最为适宜。开花期间，如气温<20℃或>32℃则影响开花；如果干旱少雨，则会出现干花、幼果发育停滞以致严重落果；但若连绵阴雨，又不利昆虫传粉，造成自然授粉率低或严重烂花、烂果。

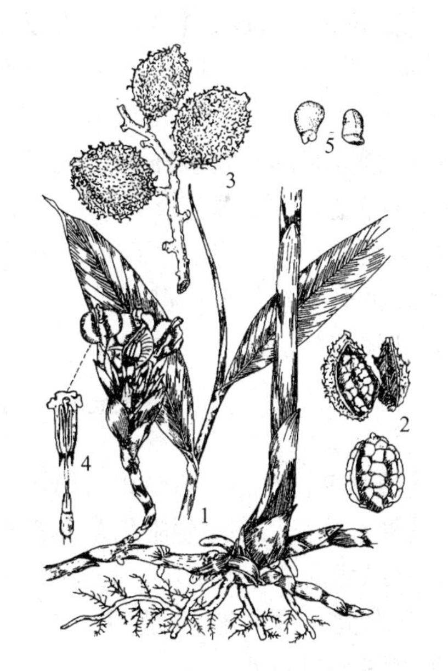

图6-45 阳春砂仁 *Amomum villosum*
1. 花枝 2. 种子团 3. 果实
4. 雄蕊与雌蕊 5. 种子

【药用部位与功能主治】以干燥成熟果实入药，为芳香化湿药。性温、味辛。具化湿开胃、温脾止泻、理气安胎等功效，用于湿浊中阻、脘痞不饥、脾胃虚寒、呕吐泄泻、妊娠恶阻、胎动不安等症。花亦供药用，称春砂花，具有利淋快膈、调中和胃、理气化痰等功效。从茎叶中可提取砂仁油，出油率约为0.2%，砂仁叶油药效与砂仁果实相似，尤其是止痛作用比果实疗效更好。

【有效成分与药理作用】阳春砂仁果实的主要成分为挥发油，其种子含油量在3%以上，油中主要成分为乙酸龙脑脂（bornylacetate），占含量的 54%，以及樟脑、樟烯、柠檬烯、β-蒎烯、苦橙油醇等 10 余种挥发性成分；尚含黄酮、皂苷类成分。砂仁对消化系统、免疫系统和神经系统有确切的药理活性，还具有抗炎、利胆和镇痛等作用。

【采收与加工】阳春砂仁种植后 2～3 年可收获。于每年 7～8 月采收成熟的果实，火焙，每 2h 将鲜果翻动一次，焙至 5～7 成干时，把果实放入桶内或麻袋内压实，使果皮与种皮贴紧，再文火慢慢焙干。

【近缘种】除阳春砂仁外，《中国药典》2005 版亦收载同属植物绿壳砂（*A. villosum* var. *xanthioides* T. L. Wu et Senjen）和海南砂仁（*A. longiligulare* T. L. Wu）作为“砂仁”药材的正品来源。其中，绿壳砂习称西砂仁或缩砂仁，在我国云南南部、广东和广西等地有少量分布，目前主要是从越南、缅甸等国进口；海南砂仁主产于海南，广东有分布。

豆蔻属尚有多种植物的果实作为砂仁的代用品而在地方上使用，主要有：红壳砂仁（*A. aurantiacum* H. T. Tsai et S. W. Zhao）分布于云南；海南假砂仁（*A. chinense* Chun ex T. L. Wu）分布于海南；九翅豆蔻（*A. maximum* Roxb.）分布于广西、云南及海南；疣果豆蔻（*A. muricarpum* Elmer）分布于广东、海南、广西；香豆蔻（*A. subulatum* Roxb.）分布于广西、云南、西藏墨脱；长序砂仁（*A. thyrsoideum* Gagnep.）分布于云南、广西。

另外，山姜属（*Alpinia* Roxb.）植物山姜（*A. japonica* Miq.）、华山姜（*A. chinensis* Rosc.）等的果实，也在一些地区作为砂仁的代用品药用，习称土砂仁。

【资源开发与保护】阳春砂仁为我国著名的“四大南药”之一，药用历史悠久，是贵重的药食同源药材品种，除直接用于配方外，还是百余种中成药和保健品的生产原料，年需求量达 1 700t 左右。但目前由于砂仁的单产较低，仅有 15～45kg/hm²，而云南等地大面积种植砂仁对热带雨林的生物多样性造成了极大的破坏。因此，提高砂仁单产、减少种植面积，对于天然林保护具有重要意义。现广东、云南等地已建立了砂仁药材规范化种植生产基地，将其作为重点药材进行发展。今后对砂仁类资源的开发方向主要是加强产品的二级开发，如利用其挥发油开发新剂型的健胃药，以及加强资源的综合利用，特别是茎叶和茎纤维的综合利用，提高其经济附加值。

四十六、石斛 *Dendrobium nobile* Lindl.

【植物名】石斛又名金钗石斛，为兰科（Orchidaceae）石斛属植物。药材商品名称“石斛”。

【形态特征】多年生附生草本植物。茎丛生，直立，黄绿色，上部稍扁而略成“之”字形弯曲，具纵槽沟。叶近革质，3～5 片生于茎的上端，长圆形或长圆状披针形，先端 2 圆裂，叶鞘紧附于节间。总状花序，腋生，有花 2～4 朵；花大，下垂，花萼及花瓣白色带淡紫色，先端紫红色（图 6-46）。

【分布与生境】石斛分布于我国西南、华南及台湾、湖北等地。石斛喜温暖、湿润及阴凉的环境，生长期平均温度 18～21℃，以深山老林中有充足散射光、半阴半阳之处较为适宜，常附生于布满苔藓植物的山岩石缝或多槽皮松的树干上。其根一部分固着于附主上，起固定、吸收作用，另一部分则暴露在空气中吸收水分。石斛与附主虽然不是寄生关系，但附主不仅与其生长发育相关，而且对其所含的化学物质有一定影响。

【药用部位与功能主治】 以新鲜或干燥的茎入药，为补虚药。性微寒，味甘。具有益胃生津，滋阴清热的功效，用于阴伤津亏，口干烦渴，食少干呕，病后虚热，目暗不明等症。

【有效成分与药理作用】 石斛的药用成分主要是生物碱及多糖类物质，其主要药理活性为抗炎、明目、增强免疫等。茎中含生物碱 0.41%～0.46%，主要为石斛碱（dendrobine）、石斛次碱（nobilonine）、6-羟基石斛碱（6-hybroxydendrobine）等，还含有 5 种季铵型生物碱。而金钗石斛是石斛属植物中唯一含有石斛碱的石斛中药品种。

近 10 年来从石斛属植物中提取分离了一系列新的化学成分，包括香豆素、菲醌类等化学成分，揭示了一些新的药理活性，如抗突变、抗肿瘤、抗血小板凝集、活性氧清除等活性，为从该属植物开发出具有新的药用和保健功能的产品提供了可能。

图 6-46　石斛 *Dendrobium nobile*
1. 植株　2. 花枝

【采收与加工】 石斛生长 2～3 年即可收获，一年四季均可采收，但以秋后采收的质量为佳。采收时，用剪刀或镰刀从茎基部将老枝条剪下，注意采老留嫩，以利连续收获。石斛药用分为鲜石斛和干石斛两大类，其加工方法各异。①鲜石斛加工：采回的鲜石斛可除去叶及须根（或不去除），用湿砂贮存备用；也可平装于竹筐内，盖以蒲席贮存，注意空气流通，忌沾水而致腐烂变质。②干石斛加工：常使用水煮或热炒等方法，以利去除叶鞘，再经烘干去除水分即可长期贮存。另外，浙江乐清等地药农利用一种传统加工方法将石斛原料加工成“枫斗”，尤以“铁皮枫斗”名满海外。

【近缘种】 石斛属为兰科较大的类群之一，全世界约 1 500 种，我国有 74 种 2 变种，其中 50 余种入药。除石斛外，《中国药典》2005 版亦收载铁皮石斛（*D. candidum* Wall. ex Lindl.）、马鞭石斛（*D. fimbriatum* Hook. var. *oculatum* Hook.）及其近似种作为药材“石斛”的原植物。药用石斛的原植物非常复杂，主要来源于石斛属植物，有些地区尚将金石斛属（*Flickingeria* Hawkes）、石仙桃属（*Pholidota* Lindl. ex Hook.）、石豆兰属（*Bulbophyllum* Thou.）的一些植物作石斛用。

【资源开发与保护】 石斛的药用历史悠久，是我国重要的传统道地药材及出口商品，除中医临床配方用药外，也是重要的中成药工业原料，如广西的“石斛精”、贵州的“口香液”、江苏的“脉络宁注射液”及传统成药“石斛夜光丸”等都需要大量石斛。石斛商品主要来源于野生资源，但由于受生长、环境等因素制约，资源量十分有限，一向是紧俏的药材品种，野生资源将有濒临枯竭的危险，铁皮石斛已被列为国家保护植物。因此，为满足市场需求，应加强对石斛资源的保护，积极开展规范化 GAP 种植，尝试利用组织培养、基因工程等生物技术进行快速繁殖。同时，应加强资源的综合利用研究，如石斛加工过程中剥除丢弃的叶鞘、根茎和部分残叶，以及加工“枫斗”中剩余的断节和根，可考虑制成浸膏利用。

四十七、天麻 *Gastrodia elata* Bl.

【植物名】天麻又名赤箭，为兰科（Orchidaceae）天麻属植物。药材商品名称“天麻”。

【形态特征】多年生共生草本，高60～100cm。地下块茎横生，肥厚肉质，长圆形或椭圆形，先端有主芽，通常主芽萌发不出土，在地下发育成新的块茎；成熟块茎的主芽为混合芽，萌发后抽薹出土形成花茎。花茎直立，圆柱形，黄赤色，稍带肉质；节上叶呈鳞片状，淡黄褐色，膜质，长1～2 cm，基部成鞘状抱茎。6～7月开花，总状花序顶生；花多数，黄绿色；两性花，花冠不整齐，呈歪壶状；雌雄蕊合生成合蕊柱，发育雄蕊1枚，位于合蕊柱顶端，花药2室，每室具1花粉块；子房下位。蒴果长圆形至长倒卵形，有短梗。每果内约有种子2～5万粒，粉尘状，无胚乳（图6-47）。

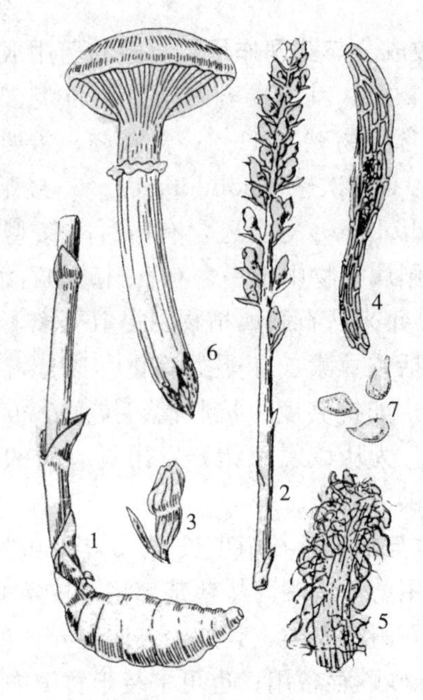

图6-47 天麻 *Gastrodia elata*

1. 植株下部及块茎 2. 植株顶部（示总状花序） 3. 花 4. 种子（放大） 5. 菌材 6. 密环菌的子实体 7. 孢子

【分布与生境】野生天麻分布于四川、云南、贵州、西藏等省区，在陕西、河北、安徽、江西、湖北及东北各地也产。天麻多生于常绿——落叶阔叶混交林、落叶阔叶林和针阔叶混交林下，枯枝落叶层深厚的阴湿环境中；要求腐殖质深厚、排水良好的微酸性土壤；喜凉爽湿润气候，一般年平均温度在10℃左右，年降水量800～1 000 mm，空气相对湿度70%～90%；分布的海拔高度为600～2 000m。

天麻无根和叶，不能自养，必须依靠密环菌与其共生才能得到营养而繁殖生长。密环菌是一种兼性寄生菌，主要寄生在活树根或朽木上。天麻和密环菌对温湿度均有一定要求：密环菌在6～8℃开始生长，天麻在10～15℃才开始发芽，两者都在20～25℃时生长最快，超过30℃就停止生长；土壤含水量过低或过大，两者均生长不良。

【药用部位与功能主治】干燥块茎入药，为平肝息风药。性平，味甘。能平肝、息风、止痉，用于治疗头痛晕眩、肢体麻木、小儿惊风、癫痫抽搐、破伤风。

【有效成分与药理作用】含天麻苷（天麻素 gastrodin）及天麻苷元、香草醇、派立辛（parishin）、天麻醚苷（gastrodioside）、β-谷甾醇、香荚兰醛、对羟基苯甲醇、对羟基苯甲醛、琥珀酸、胡萝卜苷、柠檬酸、柠檬酸单甲酯、棕榈酸等。

天麻浸膏、天麻苷及香草醇均有抗惊厥、抑制癫痫作用；天麻注射液和天麻苷有镇静、安眠作用，与水合氯醛、硫喷妥钠有协同作用；天麻苷及苷元均有镇痛作用；天麻注射液可使动物血压下降、心率减慢、心输出量增加、心肌耗氧量下降。临床上用天麻素片治疗神经衰弱、神衰综合症和血管神经性头痛，疗效较好；用天麻素注射液治疗不同病因所致的头痛、晕眩、神经痛、癫痫抽搐、特发性突聋等也有良好疗效。

【采收与加工】春季4～5月间采挖为春麻，质量差；立冬前9～10月采挖的为冬麻，质量较好。挖起后趁鲜去泥土，用清水或白矾水略泡，刮去外皮，水煮（大者10～15min，小者3～5min）或蒸至透心，捞出后慢火烘干或晒干，也可切片后烘干或摊开晾干。天麻的块茎从外形上可分为4类。①箭麻：能抽茎开花的天麻块茎。肉质肥厚，长圆形，个较大，一般长4～12cm，有顶芽，俗称"鹦哥嘴"；②白麻：为不抽茎出土的块茎。一般比箭麻小，长尖圆形，长2～11cm，顶芽不明显；③米麻：为长2cm以下的小白麻，其形态与白麻相似；④母麻：也称"母子"，箭麻抽茎开花或白麻发出新麻后，原麻体衰老，皮变褐色，麻体内有很多蜜环菌的菌索和新生小天麻。春季采挖时，常见母麻残体。

【近缘种】天麻属全世界有20多种，我国产天麻（*Gastrodia elata* Bl.）、原天麻（*G. angusta* S. Chow et S. C. Chen）、细天麻（*G. gracilis* Bl.）、南天麻［*G. javanica*（Bl.）Lindl.］和疣天麻（*G. tuberculata* F. Y. Liu et S. C. Chen）等5种，《中国药典》2005版收载天麻1种。天麻在我国大部分省区均有分布，质量较优的有以下4个变型：①乌天麻（*G. elata* f. *glauca* S. Chow）主产云南、四川和贵州西部；②红天麻（*G. elata* Bl. f. *elata*）主产于黄河及长江流域诸省及西南至东北的大部分地区；③绿天麻（*G. elata* Bl. f. *viridis* Makino.）主产于西南和东北，常与乌天麻和红天麻混生；④黄天麻（*G. elata* Bl. f. *flavida* S. Chow）主产于云南东北部和贵州西部。

【资源开发与保护】天麻是我国的大宗名贵药材之一，昆明制药股份有限公司以天麻为原料生产天麻素片、天眩清注射液、颐康片等系列产品；全国还有许多从事天麻系列药物产品开发的制药企业。据中国科学院昆明植物研究所报道，密环菌发酵和培养液亦具天麻的功效，故以密环菌发酵物和培养液制成的制剂已用于临床。

目前，天麻的野生资源量日趋减少，已被列为国家三级保护物种，现商品天麻主要靠栽培。采挖野生天麻应注意方法，因为天麻与土壤中的密环菌、树根、竹根之间关系密切，采挖时切勿破坏原有土层，以利幼麻迅速生长繁殖。

复习思考题

1. 简述药用植物资源的概念及其研究范围。
2. 根据各学科各自的特点和需要，叙述药用植物资源的分类方法。
3. 简述国内外对药用植物资源需求重点方向。
4. 简述各主要代表资源植物的分布生境、药用部位、有效成分、加工方法及近缘种。

第七章　野果植物资源

第一节　概　　述

野果植物资源是指一些提供人类食用的鲜、干果品和作为饮料、各种食品加工原料的野生果树植物。目前栽培果树种类源于野生种类的引种驯化。据统计，世界约有果树种类 2 792 种，分属于 134 科，659 属，其中野生果树的种类约占 90%。虽然野生果树作为人类主要食物来源的时代已成过去，但随着人们生活水平的提高，回归自然的渴望，养生保健意识的增强，资源开发的不断深入，野果植物资源以其庞大的数量、丰富的遗传多样性、突出的抗性和适应性，其果品显著的食疗价值、新颖的风味，以及纯天然、无污染、富有营养等独特优势，受到了广大消费者的青睐，引起了有关部门和专家学者的重视。目前，野生果树除直接提供可食果品和食品加工原料外，其中许多还是栽培果树的优良砧木、抗性育种材料以及重要的药用、香料、蜜源、观赏、油料、用材、水土保持树种。

一、果树的分类

栽培果树资源一般按用途分为鲜食、加工原料、砧木和种质资源；也可按生长习性分为乔木果树类、灌木果树类、藤本果树类和多年生草本果树类；也可分为落叶果树和常绿果树。目前通用的分类方法，主要是根据果实形态结构特征以及生态分布情况进行分类，即园艺学分类法，简要介绍如下：

1. 仁果类　食用部分主要是由花萼筒和花托发育而成的肉质部分，心皮形成果心，果心内有数个小型种子，属植物学假果中的梨果。花芽多为混合花芽，多数种类有明显的中心主干，分枝多呈层性。如苹果、梨、山楂、榅桲、木瓜等。枇杷在植物学上也属于梨果，因多分布在亚热带地区，所以园艺学多把它列入亚热带和热带果树类。

2. 核果类　食用部分主要是由子房发育成的肉质中果皮部分，个别的种类食用其种仁，内果皮木质化形成坚硬的核，属植物学真果中核果。花芽多为纯花芽，多数种类没有明显的中心主干，树冠多呈开心形。如桃、李、杏、梅、樱桃等。杨梅、橄榄、核桃等果实在植物学上也属于核果，但在果树学上前两种列入亚热带和热带果树类，后一种列入坚果类。

3. 浆果类　食用部分主要为内果皮，果实柔软多汁，种子小而数多。果树学上的浆果是一个复合词，除包括植物学中的浆果外，还包括一些聚合果、聚花果和其他一些柔软多汁的果实，如葡萄、猕猴桃、醋栗、穗醋栗、越橘、树莓、草莓等。

4. 坚果类　食用部分多系种仁，果实外部多具坚硬或革质的外壳。此类除包括植物学上的坚果外，还包括其他一些果实类型，如核果类的核桃和山核桃以及裸子植物中的种子类型银杏和香榧等，常见的坚果类有板栗、榛子、核桃、银杏、香榧等。

5. 柑果类 食用部分主要为果实内的多汁肉质瓤瓣，由多心皮的子房发育而成，外果皮革质坚韧具油室，中果皮疏松为白色海绵状，其间分布许多橘络（维管束），内果皮膜质，分为若干室，其内壁向囊内生出许多肉质多汁的囊状毛，称为汁胞，是主要食用部分。如橘、橙、柚和柠檬等。

6. 热带及亚热带果树类 此类主要是根据生态条件，把产于热带和亚热带的果树均包括在内。果实构造、树体结构及生长习性等差异均较大，是一种习惯分类的方法。如香蕉、凤梨、椰子、龙眼、荔枝、杧果、杨桃、番木瓜、番荔枝、木菠萝、油橄榄、腰果、鳄梨、面包果、人心果等。

上述分类方法，仅仁果类、核果类、柑果类分类界限比较清楚，另外三类都是一个广泛综合名称。此外，也有的学者按植物分类学系统，将果树植物资源列入不同的科、属内。

二、野果植物资源的特点

1. 种类繁多，遗传多样性丰富 野生果树资源的种类无论从世界范围看，还是国内范围看，均远多于栽培果树，大约占全部果树总数的 80%～90%。由于长期的环境选择和实生变异等，种内遗传多样性极为丰富。

2. 纯天然，无公害 野生果树大多数生长在森林、山野，远离城市，且自然生长，不施肥，不喷药，为纯天然绿色食品。

3. 口味独特，营养丰富 尽管野生果树果实小，产量低，有些口感较差，但其营养丰富，有些还有较高的医疗保健价值。还有些野生果树种类尚未形成规模化生产且具有较好的色、香、味，对消费者来说具有新奇感。

4. 具有较强的抗逆性 野生果树在长期的适应环境和自然选择的过程中逐渐形成的较强的抗逆性，如抗旱、抗寒、抗病等，这是野生果树最宝贵的特征。因此，野生果树在抗性育种和抗性砧木方面具有较高的开发利用价值。

5. 具有广泛的综合利用价值 作为果品生产，野生果树远不如栽培果树。但从其综合利用方面看，野生果树具有更多的用途和更大的综合利用潜力，除果实可鲜食外，还可加工成各种食品，有的可作保健食品，有些可入药，有些可作防风固沙树种，有些还可作工业用原料，如提取精油、树脂、树胶、淀粉、榨油、作饲料等。

三、我国的野生果树种质资源

据统计，我国有果树种类 1 282 种，81 科，223 属（包括从国外引进的 148 种，属 41 科，80 属），其中野生果树种类为 1 076 种，73 科，173 属，占果树总数的 84.85%。野生果树大多数为被子植物，且以双子叶植物为主，主要分布于蔷薇科（434 种）、猕猴桃科（63 种）、虎耳草科（54 种）、壳斗科（49 种）、芸香科（43 种）、胡颓子科（26 种）和桑科（24 种）等。

在我国野生果树资源中，还有许多具有优良性状的优异种质资源，如抗旱、耐贫瘠、营养丰富的酸枣（*Ziziphus acidojujuba*）；耐寒、丰产、矮化的笃斯越橘（*Vaccinium uliginosum*）；抗风固沙的白刺（*Nitraria schoberi*）、沙枣（*Elaeagnus angustifolia*）；苹果、梨、柑橘的抗性砧木分别为山定子（*Malus baccata*）、杜梨（*Pyrus betulifolia*）和枳（*Poncirus trifoliata*）；

苹果和桃的矮化砧木分别为锡金海棠（*Malus sikkimensis*）、毛樱桃（*Cerasus tomentosa*）；富含维生素C的猕猴桃（*Actinidia* ssp.）、沙棘（*Hippophae rhamnoides*）、刺梨（*Rosa roxburghii*）、西北蔷薇（*Rosa davidii*）、酸枣；富含油脂的核桃楸（*Juglans mandshurica*）、果松（*Pinus koraiensis*）；富含淀粉的橡子（*Quercus*）；富含磷的杈杷果（*Lonicera standishii*）；富含铁的水麻（*Debregeasia edulis*）；富含维生素*E*的悬钩子（*Rubus*）；富含钾的胡颓子（*Elaeagnus*）等。

另外，在我国的果树资源中，还有一些处于濒危状态。列入国家级保护的珍稀濒危植物中野生果树有39种2变种，占受保护种子植物的10.93%，其中属二级保护植物的有16种1变种，属三级保护植物的有23种1变种。我国的野生果树资源分布很广泛，全国各地几乎都有分布，从整体上看野生果树有从北到南密度逐渐加大的趋势，以华南和西南山区野生资源最为丰富。

四、我国野生果树资源的开发利用现状及前景

在新中国成立前，关于植物资源的研究成果较少。新中国成立后，政府对植物资源的调查、研究、开发和利用非常重视。20世纪50年代开展了全国性的植物资源的普查工作，初步摸清了我国野生植物资源的基本情况，为以后开展研究和综合利用野生植物资源奠定了基础。80年代全国掀起了野生果树热潮，对野生果树资源进行了深入调查和整理工作，报道了许多野生果树的新种、新分布、新用途等。对野生果树的研究广泛而深入，并发展了一批新兴果树（有人称第三代果树），如刺梨、沙棘、银杏、酸枣、越橘、醋栗、欧李、余甘子等。但从我国野生果树的整体发展上看还是存在一定问题的。

首先，对野生资源的基本情况缺乏研究，且科研滞后于生产。以前只侧重于栽培果树种类的研究，而对于野生果树研究得较少，尤其是在性状评价方面，只侧重做砧木的野生果树的抗性、矮化、嫁接亲和性等方面，而对于其开花结果习性、早实性、丰产性、贮藏加工等缺乏足够重视。在科研方面也只侧重于分类、植物化学、生物学特性等方面的基础理论研究。而对与生产密切相关的丰产栽培和深加工等实用技术的研究则较少，使科研工作远滞后于生产。

其次，缺乏科学化管理，致使生产效率低下，且造成资源的极大浪费。由于对野生资源不够重视，且缺乏科学性的管理，致使大多数野生果树资源处于野生或半野生状态，年复一年、自生自灭，造成资源的极大浪费，已开发利用的野生果树种类较少。目前，已有一定开发规模的野生果树种类尚不足10%，野生果树资源综合利用率只有1%左右。在综合利用中产品种类单一，科技含量较低，生产效率低，造成资源的浪费。

另外，对野生果树资源的保护不够，破坏严重。由于受认识水平的限制，许多地区对当地的野生果树资源的利用价值缺乏认识，而将野生果树当作篱笆或烧柴。而当认识到某种野生果树非常有利用价值后，又采取掠夺式开发利用，致使野生果树资源遭到严重破坏，甚至导致部分稀有野生果树种类从此绝迹，造成永远无法挽回的损失。

综上所述，今后我国野生果树资源的开发和利用应在以下几方面发展：

1. 做好野生果树资源的普查工作，掌握我国野生果树资源概况 通过普查，了解我国野生果树的种类、分类地位、分布区域、化学成分、开发利用价值与潜力、经济性状等。全面了解我国野生果树的基本概况，为其开发利用提供坚实的理论基础。

2. 做到资源的开发利用与保护并重，保证野生果树资源的可持续发展和利用 在野生果树

资源开发利用的同时，应加强其资源的保护工作。应制定合理的、高效的、科学化的开发管理计划，以保证野生果树资源在动态平衡中稳定增长，保证资源的可持续发展和利用。另外，在适合地区建立野生果树资源圃。收集、保护有用的种质资源，对一些稀有宝贵的、濒危种质资源应以保护为主，严禁开发或限制开发，以保护野生果树遗传种质资源的多样性和永久性。

3. 加大科研投入，研究制定适合野生果树的优质、高产栽培技术，培育新的果树种类　通过资源调查与评价，选择有开发利用价值的野生果树种类，可以就地改造或进行仿生栽培，提高野生果树的产量、品质等，以提高生产效率。另外，通过对野生果树的选优和改造，可望选育出新型果树，促进我国果树的发展。

4. 因地制宜，走综合开发的道路　充分利用当地的野生果树资源优势和特色，因地制宜，物尽其用，进行综合开发和利用。如酸枣改变仅用种仁的模式，可综合开发其叶（提取叶酮或制茶）、花（蜜源、入药）、果皮（提取红色素）、果肉（保健食品或饮料）、核壳（加工活性炭和糖醛）、种仁（入药或深加工）。

5. 发挥野生果树资源优势，打绿色品牌，带动产业发展　随着人们生活水平的提高，人们对现代食品的公害问题，如污染、农药、化肥和防腐剂、色素等食品添加剂的危害问题的认识日益深刻。人们日益渴望能吃到纯绿色、无公害的食品，而野生果树正好能满足人们这一强烈的需求。与栽培果树相比，野生果树的绿色、无公害是其资源的一大特点和优势。我们在发展野生果树产业时，应紧紧抓住这一特点，变资源优势为产业优势。若能选择一些野生果树种类加以培育和发展，集营养成分、保健功效、天然风味与绿色食品于一身，相信野生果树定会在未来的果树产业中大有作为，成为果树产业发展的新生长点。

五、野果的采收及贮运

（一）野果的采收

采收是生产的重要环节，关系到野果的产量、质量和贮藏性，应做到适时采收，保证质量，减少损失。

1. 采收期的确定　野果的采收期主要取决于它们的成熟度。而采收成熟度又要根据野果的种类、生物学特性、用途、运输加工条件等综合因素来决定。一般作为当地销售的野果，可在成熟度较高，接近最佳鲜食程度时采收；作为长期贮藏和长途运输的野果，则应适当提前采收。判断野果成熟度的主要依据有野果色泽变化、果梗脱落的难易程度、质地和硬度、果实形状大小、果实生长期、果实主要化学物质的含量等。

2. 采收方法　野果大多生长在山区，目前采收的方法主要有：

（1）人工采收　用手摘、用采果剪剪或振动树干、用枝条暴打等。

（2）化学采收　在野果采收前先行喷洒果实脱落剂，然后振动树干（枝）使果实脱落。常用的脱落剂有环己酰亚胺、抗坏血酸、萘乙酸等。

（3）机械采收　在采收前一般要喷洒果实脱落剂，利用强风压或者强力振动机械迫使果实与树体分离脱落。

（二）野果的贮运

1. 贮运前的准备工作　做好分级、包装、预冷等。

2. 野果的运输 应遵循快装、快运、轻装轻卸、防热防冷的原则。

3. 野果的贮藏 野果采收后仍是活的有机体，各种代谢活动仍在进行，贮藏时应注意保持野果有生命，最大限度地降低呼吸作用，延缓衰老，延长贮藏时间。

（1）影响野果贮藏的因素 野果的种类或品种、温度、湿度、气体成分（主要是 O_2、CO_2 组成）、机械损伤等。

（2）贮藏的方法 常温贮藏、冷藏、气调贮藏、其他贮藏方法（如减压贮藏、辐射贮藏、电磁处理）等。目前主要以庭院式的常温贮藏为主，较先进的冷藏、气调贮藏等也逐渐在野果中应用。

六、野果的加工利用

野果及其加工制品含有丰富的营养物质，具有较好的医疗保健效能，是加工果汁、果酒、各种冲剂、果酱、果冻、果膏、果干、果脯、蜜饯和罐头等的上好原料，发展野生果树生产和开发利用野生果树资源，对促进食品和饮料工业的发展具有重要的意义。

（一）野果的预处理

野果在加工利用时要对原料进行预处理，预处理包括原料的选择、洗涤、去皮、去核、去心、分切与破碎、热烫等。

1. 原料的选择 野果的加工对果实的种类、成熟度、品质都有一定的要求。罐藏、糖制其原料要求应该选肉厚，可食部分大，质地紧密，糖酸比适当，色香味好的种类和品种；制作果汁及果酒的产品时，原料的选择一般选汁液丰富，取汁容易，可溶性固体物高，酸度适宜，风味芳香独特，色泽良好及果胶含量少的种类和品种；干制品的原料应选择干物质含量较高，水分含量较低，可食部分多，粗纤维少，风味及色泽好的种类和品种。

2. 原料的洗涤 野果在采、分、包、运过程中会混入杂质、泥沙、污物以及受到杂菌污染等，加工前应严格清洗。单纯的浸泡洗涤效果较低，也不易洗净，如果配合适当的机械进行洗涤，则洗涤效果更好。对污染较重的果实可用0.5%～1.5%的稀盐酸溶液或0.1%的高锰酸钾溶液，也可用0.05%的漂白粉溶液浸泡，而后漂洗干净。

3. 原料的去皮、去核、去心、分切与破碎 对于外皮较厚、粗糙的野果，有时必须将外皮除去才能提高制品的质量和制品风味。去皮的方法很多，有机械去皮、碱液去皮、热力去皮、酶法去皮、冷冻去皮等。以碱液去皮应用较多，碱液浓度2%～12%，温度经常保持沸腾，时间60～120s。根据果实的种类、成熟度来确定所用的碱液浓度、处理温度和时间。至于果实的去核、去心、分切要视果实的大小而定，小型果一般不进行去核、切分，原料切分可用手工，但大量生产时可用机械，果实常切分成两半，或圆片和小瓣。破碎的方法可以用破碎机进行，这是果酒、果酱、果汁加工不可缺少的工序。

4. 热烫 将野果原料在热水或蒸汽中进行短时间的热处理，而后立即用冷水冷却，这种处理是野果干制和罐装加工时的一项处理，又称预煮、烫漂。其作用有如下几点：破坏氧化酶活性，并排除组织中的空气，防止果实变色；软化果肉组织，改变透性，增加装罐容量；去掉果实不良风味；杀灭原料上所附着的微生物和虫卵。热烫有热水和蒸汽处理两种方法。热烫温度一般80～100℃，时间2～8min，蒸汽处理时间30～60s，因原料种类品种而异。

（二）野果的加工

1. 野果罐藏　野果罐藏是将野果经预处理，再经装罐、排气、密封、杀菌、冷却从而达到长期保存的一种加工方法。野果种类不同，加工适宜性不同，可加工成糖水野果罐头、糖浆罐头、果汁罐头、果酱罐头。

（1）野果罐头的生产工艺流程

空罐 → 清洗、消毒 → 检验 ↓

原料 → 预处理 → 分选 → 称重 → 装罐 → 排气 → 密封 → 杀菌 → 冷却 → 保温检验 → 贴标 → 质检 → 装箱 → 成品

罐液配制 → 注液 ↑

（2）野果罐头的生产操作要点

①空罐的准备：空罐在使用前要进行清洗和消毒，以清除污物、微生物及油脂等。马口铁空罐可先在热水中冲洗，然后放入清洁的沸水中消毒30～60s，倒置沥水备用。罐盖也进行同样处理。玻璃罐容器常采用毛刷的洗瓶机刷洗，然后用清水或高压水喷洗数次，倒置沥水备用。

②罐液的配制：加注罐液能填充罐内除果蔬以外所留下的空隙，增进风味、排除空气、并加强热的传递效率。果品罐头的罐液一般是糖液。糖液的浓度，依果品种类、成熟度、果肉装量及产品质量标准而定。我国目前生产的糖水果品罐头，一般要求开罐糖度为14%～18%。装罐时罐液的浓度计算方法如下

$$Y=(W_3Z-W_1X)/W_2\times100\%$$

式中，Y——需配制的糖液浓度（%）；

W_1——每罐装入果肉重（g）；

W_2——每罐注入糖液重（g）；

W_3——每罐净重（g）；

X——装罐时果肉可溶性固形物含量（%）；

Z——要求开罐时的糖液浓度（%）。

③装罐：经预处理整理好的果蔬原料应尽快进行装罐，确保装罐量符合要求，保证质量，力求一致；罐内应保留一定的顶隙；保证产品符合卫生。装罐方法可分人工装罐与机械装罐。

④排气：排气是要将罐头顶隙中和食品组织中残留的空气尽量排除掉，使罐头封盖后形成一定程度的真空状态，以防止罐头的败坏和延长贮存期限。排气能够防止或减轻加热杀菌时造成容器变形或玻璃罐跳盖；减轻罐内食品色香味的不良变化和营养物质的损失；减轻铁罐内壁的腐蚀和内容物的变质；保证罐头有一定的真空度，形成罐头特有的内凹状态，便于成品检查。排气的方法主要有热力排气法、真空排气法和蒸汽喷射排气法。

⑤密封：罐头通过密封（封盖）使罐内食品不再受外界的污染和影响，虽然密封操作时间很短，但它是罐藏工艺中一项关键性操作，直接关系到产品的质量。封罐应在排气后立即进行，一般通过封罐机进行。

⑥杀菌：杀菌是罐藏工艺中的一道把关的工序，它关系到罐头生产的成败和罐头品质的好坏。依果蔬原料的性质不同，果蔬罐头杀菌方法可分为常压杀菌和加压杀菌两种。其过程包括升

温、保温和降温三个阶段，可用下列杀菌式表示：

$$t_1 - t_2 - t_3 / T$$

式中，T——要求达到的杀菌温度（℃）；

t_1——使罐头升温到杀菌温度所需的时间（min）；

t_2——保持恒定的杀菌温度所需的时间（min）；

t_3——罐头降温冷却所需的时间（min）。

⑦冷却：罐头杀菌后冷却越快越好，但对玻璃罐的冷却速度不宜太快，常采用分段冷却的方法，如80℃，60℃，40℃三段，以免爆裂受损。罐头冷却的最终温度一般控制在40℃左右。

2. 野果制汁　野果制汁保藏是指将野果经挑选、洗净、榨汁或浸提等方法制成的汁液，装入包装容器中，经密封杀菌，而得以长期保藏。果汁可分为原果汁（澄清果汁、混浊果汁）、浓缩果汁、果饴、果汁粉。

（1）野果制汁的生产工艺流程

原料→挑选→清洗→破碎→取汁→粗滤→成分调整→

→澄清→过滤→杀菌→灌装→成品（澄清果汁）

→均质→脱气→杀菌→灌装→成品（混浊果汁）

（2）野果制汁的生产操作要点

①取汁：野果取汁有压榨和渗出两种，以压榨法为多用。果蔬压榨效果取决于果蔬的质地、品种和成熟度。

②粗滤：对于澄清果汁，粗滤后还需精筛，或先行澄清处理后再过滤，务必除去全部悬浮颗粒。对于混浊果汁，主要在于去除分散于果汁中的粗大颗粒和悬浮粒，同时又保存色粒以获得色泽、风味和典型的香味。

③成分调整：为使果汁符合一定规格要求和改进风味，需进行适当的糖酸等成分调整。原果蔬汁一般利用不同产地、成熟期、品种的同类原汁进行调整，混合汁可用不同种类的果汁混合。

④澄清过滤：澄清汁的生产中常用的澄清方法有：自然澄清法、明胶—单宁法、酶法、酶—明胶联合澄清法、加热澄清法、冷冻澄清法、硅藻土法等。为了得到澄清透明且稳定的果汁，澄清后必须经过滤将沉淀出来的混浊物除去。常用的过滤介质有石棉、帆布、硅藻土、纤维等。常用的过滤方法有：压滤法、真空过滤法、超滤法、离心分离法等。

⑤均质：均质即将果汁通过均质设备，使制品中的细小颗粒进一步破碎，使粒子大小均匀，使果胶物质和果汁亲和，保持制品的均一混浊状态。生产混浊果汁时，常进行均质处理。高压均质机是最常使用的设备，胶体磨、超声波均质机等设备也可用于均质。

⑥脱气：果品细胞间隙存在着大量的空气，在原料的破碎、取汁、均质和搅拌、输送等工序中又混入大量的空气，必须加以去除，这一工艺即称脱气或去氧。脱气的目的主要有：脱除果汁中的氧气，防止或减轻果汁中的色素、维生素C、芳香成分和其他营养物质的氧化损失；除去附着于产品悬浮颗粒表面的气体，防止装瓶后固体物上浮；减少装罐（瓶）和瞬时杀菌时的起泡；减少金属罐的内壁腐蚀。脱气的方法主要有真空法、置换法、化学法和酶法等。

⑦杀菌：杀菌的目的在于杀灭有害微生物和钝化酶活性。常用的杀菌方法有：高温或巴氏杀

菌、高温瞬时杀菌。

⑧灌装：果汁的灌装有冷灌装和热灌装两种。多数果汁都趁热灌装或灌装后杀菌。

3. 野果干制　野果干制是采用一些干燥措施将鲜果中的水分大部分排除，使其可溶性物质浓度提高到微生物难以利用的程度的一种加工方法。

（1）野果干制的生产工艺流程

原料→预处理→硫处理→干燥→筛选分级→均湿回软→包装→成品

（2）野果干制的生产操作要点

①硫处理：硫处理是用硫磺燃烧熏果品或用亚硫酸及其盐类配制成一定浓度的水溶液浸渍果品的工序。硫处理可抑制原料氧化变色；抑制微生物活动；可以加快干燥速度；提高营养物质，特别是维生素 C 的保存率。硫处理方法有熏硫法和浸硫法。薰硫法每 1 000kg 原料用硫磺 2kg，果肉内含 SO_2 的浓度不低于 0.08%～0.1%。浸硫法每 1 000kg 果品原料加入 H_2SO_3 液 400kg，要求 SO_2 浓度为 0.15%。

②干燥：包括利用阳光和风力的自然干制及人工控制干燥条件的人工干制。人工干制可有效地缩短干燥时间，获得较高质量的产品。根据机械化水平的高低，可分为烘灶、烘房、人工干制机、冷冻升华、远红外干燥、微波干燥、太阳能干燥。当果干含水量达 15%～20%时，干燥结束。

③筛选分级：剔除大、小不合标准的产品，去杂及有缺陷的产品。并按着标准可分为合格品、半成品（含水量超标）和废品三个等级，分别堆放。

④均湿回软：干燥过程中，干制品的干燥程度不一，为使产品中水分均匀一致，在冷却后立刻装入密闭容器中，以便水分扩散平衡，经 1～4d 可完成。通过检验合格后包装。

4. 果酒酿造　果酒是以果实为原料酿制而成的，色、香、味俱佳且营养丰富的含醇饮料。根据酿造方法和成品特点不同，一般将果酒分为发酵果酒、蒸馏果酒、配制果酒（又称露酒）、起泡果酒。

（1）果酒的生产工艺流程

皮渣→蒸馏→蒸馏酒

↑

原料挑选→破碎、除梗→成分调整→浸提与发酵→压榨→后发酵→过滤→陈酿→调配→装瓶→杀菌→成品

（2）果酒的生产操作要点

①破碎与除梗：破碎时只要求破碎果肉，不伤及种子和果梗。将破碎的果浆转入发酵桶，上留 1/4 的空隙，防发酵时皮渣溢出。除梗在浆液中加入 SO_2，浓度达到 100mg/L 左右。破碎可手工，也可采用机械。

②成分调整：糖分调整，糖是酒精生成的基质。可以通过补加糖达到提高酒精度的目的。按下式计算加糖量。

$$X=\frac{V(1.7A-B)}{100-1.7A\times 0.625}$$

式中　X——应加砂糖量（kg）；

V——果汁总体积（L）；

1.7——产生1°酒精所需的糖量；

A——发酵要求的酒精度（°）；

B——果汁含糖量（g/100mL）；

0.625——单位质量砂糖溶解后的体积系数。

生产上为了简便，可用经验数字。如要求发酵生成12°～13°酒精，则用230～240减去果汁原有的糖量。果汁含糖量高时（150g/L以上）可用230，含糖量低时（150g/L以下）则用240。如果汁含糖170g/L，则每升加糖量为：230－170＝60（g）。

酸分调整：果汁中的酸分以0.5～1.0g/100ml为宜，如酸度低可添加酸度高的同类果汁，也可用酒石酸对果汁直接增酸；如酸度过高，除用糖浆降低或用酸度低的果汁调整外，也可用中性酒石酸钾中和。

③陈酿：新酿成的果酒必须经过一定时间的贮存，以消除酵母味、生酒味、苦涩味和CO_2刺激味等，使酒质清晰透明，醇和芳香。这一过程称酒的老熟或陈酿。分成熟阶段（为6～10个月甚至更长）、老化阶段（成熟阶段结束后，到成品装瓶前）、衰老阶段。

④调配：调配主要包括勾对和调整两个方面。勾对即原酒的选择与适当比例的混合，调整则是指根据产品质量标准对勾对酒的某些成分进行调整。调配的各种配料应计算准确，把计算好的原料依次输入调配罐，尽快混合均匀。

⑤装瓶与杀菌：果酒常用玻璃瓶包装，优质果酒均采用软木塞封口，装瓶时，空瓶先用2%～4%的碱液，在30～50℃的温度下浸洗去污，再用清水冲洗，后用2%的亚硫酸液冲洗消毒。杀菌分装瓶前杀菌和装瓶后杀菌。装瓶前杀菌是将果酒经巴氏杀菌后再进行热装瓶或冷装瓶；装瓶后杀菌，是先将果酒装瓶，密封后在60～75℃下杀菌10～15min。杀菌温度（$T_。$）可用下式估算。

$$T_{。}=75-1.5D_1$$

式中，D_1——葡萄酒的酒度（°）；

75——葡萄酒的杀菌温度（℃）；

1.5——经验系数。

5. 野果糖制 野果糖制是利用高浓度糖液的渗透脱水能力，将果品加工成糖制品的加工工艺。按其加工方法和状态分为果脯蜜饯和果酱两大类。

（1）野果蜜饯、果酱的生产工艺流程

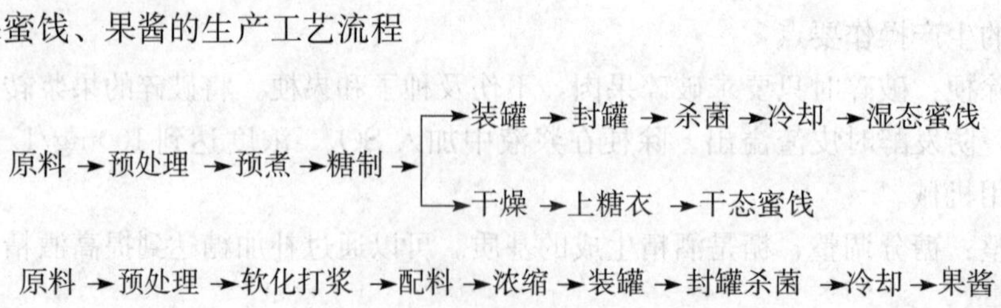

原料→预处理→预煮→糖制→装罐→封罐→杀菌→冷却→湿态蜜饯

原料→预处理→预煮→糖制→干燥→上糖衣→干态蜜饯

原料→预处理→软化打浆→配料→浓缩→装罐→封罐杀菌→冷却→果酱

（2）野果蜜饯、果酱的生产操作要点

①预处理：生产蜜饯时需要对原料分级、清洗、去皮、切分、切缝、刺孔、盐腌、保脆和硬

化、硫处理、染色、漂洗等工序；生产果酱时预处理详见前面野果预处理有关内容。

②糖制：糖制是果品原料排水吸糖过程，糖制分蜜制和煮制两种。蜜制适宜皮薄多汁、质地柔软的原料，方法有分次加糖法、一次加糖多次浓缩法、减压蜜制法等；煮制适宜质地紧密、耐煮性强的原料，方法一次煮制法、多次煮制法、快速煮制法、减压煮制法、扩散煮制法等。

③干燥、上糖衣：干态蜜饯糖制后进行脱水干燥，含水量在18%～20%，烘干温度50～60℃。上糖衣是用过饱和糖液处理干态蜜饯，使其表面形成一层透明状糖制薄膜的操作，常以3份蔗糖、1份淀粉糖浆和2份水配制而成，将混合糖浆加热至113～114.5℃，然后冷却到93℃，即可使用。

④软化打浆：果品首先进行预煮，使其软化便于打浆，软化时间一般10～20min，果块软化后及时打浆。

⑤配料：按原料的种类和产品标准要求而异，一般果浆占总配料量的40%～50%，砂糖占45%～60%，必要时添加柠檬酸和果胶，使成品含酸量控制在0.5%～1%，果胶含量在0.4%～0.9%。

⑥浓缩：方法有常压浓缩法和减压浓缩法。果酱类浓缩终点的判断主要靠取样用折光仪测定可溶性固形物的浓度，或凭经验控制。

第二节　主要果树植物资源

一、红松 *Pinus koraiensis* Sieb. et Zucc.

【植物名】红松又名果松、海松、新罗松、红果松等，为松科（Pinaceae）松属植物。

【形态特征】常绿乔木。圆锥状树冠。叶五针一束，横切面近三角形，两面有白色气孔线，树脂道3。雌雄同株，雄球花椭圆状柱形，红黄色，生于新枝基部，密集成穗状；雌球花绿褐色，圆柱状卵圆形，直立，单生或数个集生于新枝的近顶端；球果甚大，圆锥状卵圆形或卵状长圆形，球果成熟后种鳞不张开或微张，种子不脱落，种鳞菱形，红褐色，向外反曲。种子大，倒卵状三角形，微扁，无翅，褐色成对着生于种鳞腹面。花期5月，种子翌年9～10月成熟(图7-1)。

图7-1　红松 *Pinus koraiensis*
1. 枝条　2. 果球　3. 种鳞　4. 种子

【分布与生境】原产中国（东北）、俄罗斯远东地区、朝鲜和日本。我国主要分布在东北的长白山、小兴安岭、张广才岭及完达山区，辽宁省有散生分布。我国栽培的人工松林已远远超过天然林的分布界限，在东北三省的山区和半山区有大面积的人工林，在河北、山东也有引种栽培，目前红松林面积约有50万km^2。红松喜光性强，对土壤水分要求较高，不宜过干、过湿的土壤及严寒气候。在海拔150～1 800m、温暖多雨，相对湿度较高的气候与深厚肥沃、排水良好的酸性棕色森林土上生长最好。

【营养成分】红松种子含油25%，种仁含油70%，种子还含有至少17种氨基酸，且含量非常丰富，尤其是谷氨酸，其含量高达7.96%。红松针叶（干粉）含粗蛋白8.35%、β-胡萝卜素14mg/100g、维生素E0.35mg/100g、油0.5%、粗脂肪7.78%、粗纤维29.04%、含磷0.06%、钙1.47%，此外还含有黄酮、苷类、苦味素、有机酸、萜类、酚类等。松针、松节油和松脂的成分类同，均有α-蒎烯、β-蒎烯、莰烯、3-蒈烯、香桧烯、月桂烯、二戊烯、β-水芹烯、γ-松油烯等芳香类成分。

【采收加工】于9～10月间待松子（红松种子）充分成熟时采收，将球果摘下后晒干，置干燥阴凉处贮藏，据试验，在密封和标准含水量为7%～8%的条件下可贮藏5年以上。或球果干燥后用木棒敲打或用专用脱粒机脱粒，然后去除杂物，以分离出纯净的种子。

【资源开发与保护】红松的种子是人们所喜食的重要的干果之一。其种子可榨油，油除食用外亦可作工业用油。其种子还可入药，中药称海松子。红松种子、松针叶和花粉均为滋补强壮药。此外，松脂、松针、明子等可提制精油包括松节油、松香等，它们是重要的香料原料及化工原料。松针是畜禽的木本饲料；树皮可提取单宁并可生产水泥纸袋。此外，红松还是重要的珍贵用材树种之一，其树干通直，材质良好，出材率高，耐腐朽，工艺价值高，可供建筑、造船、车辆等用材。

二、香榧 *Torreya grandis* Fort. var. *merrillii* Hu

【植物名】香榧又名玉山果、赤果等，为红豆杉科（Taxaceae）榧树属植物。

【形态特征】常绿乔木，高可达25m，树干直立。树枝斜下伸展，重叠排列。树体呈塔形或广卵形，姿态优美壮观。树皮灰白色，直裂；当年生枝弓背弯度大。叶线状披针形，交互对生或轮生，叶形弯曲或平直，富光泽，色淡绿至浓绿，先端急尖或渐尖，刺手或不刺手，叶被有白色或黄色的气孔线。雌雄异株，稀同株，雄花单生，雌花通常两两成对着生在新梢中下部叶腋处。具假种皮，被或不被白色果粉。种子外形有两类，一类两头尖，中间细长；另一类短粗，基部圆钝。外种皮有棱纹种脐（图7-2）。

【分布与生境】香榧是我国特有的经济树种，零星而又广泛地分布与长江以南10个省区以浙江、安徽、福建、江西等省分布较多，尤以浙江省为主要产区，浙江省的诸暨县的香榧驰名中外，有悠久的栽培历史。目前主产区分布在海拔200～1 000m之间的山地、丘陵及平原亦有引种。

【营养成分】香榧种子的含油率分别为细榧54.48%、米榧53.52%、芝麻榧51.66%、圆榧47.48%。香榧油中油酸和亚油酸的含量约占脂肪酸总量的77.68%～79.79%，这对人体吸收、消化较为有利，特别适用于血脂高的人食用。香榧种子还含有粗蛋白（11%～13%）、糖（3.4%～4.8%）和碳水化合物（28%）等。香榧雌雄株叶片化学成分有明显差异，这对识别幼苗性别有利。雌树干叶片的总氮、

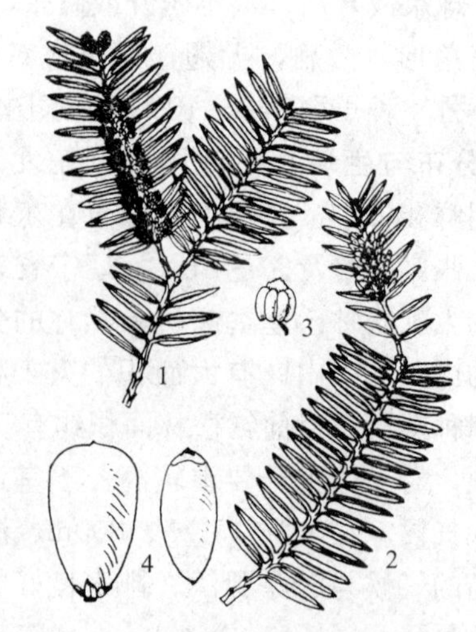

图7-2 香榧 *Torreya grandis*

1. 雄球花枝 2. 雌球花枝 3. 雄蕊 4. 种子

淀粉、糖和多酚含量分别为 0.35%、6.8%、8.1%和 1.4%；雄树的含量分别为 0.53%、7.1%、17%和 0.35%。

【采收加工】在果实完全成熟时采收。由于香榧果实成熟时尚孕育着幼果，为了保护幼果和树体，应上树人工采摘，切忌用击落法采收。香榧种仁含有单宁，必须通过后熟处理才能食用。常用堆积法进行后熟。将采来的鲜果堆放在通风阴凉的房间内（以泥地为好），高度 30～45cm，用柴片桩通风，上覆稻草，7～10 天后假种皮由黄色转为微褐色，种子易与假种皮分离，这一过程为假种皮后熟处理。刚剥出的种子称“毛榧”，毛榧种仁所含单宁尚未转化，须经种子后熟处理。方法是将毛榧堆高 35cm，须 7～10 天，使种壳上残留的假种皮由黄色转化为黑色，同时种皮由红转黑。种子经二次后熟后，选晴天水洗，洗净后立即晒干，晒到 8.25 折（即用 10kg 干果炒熟称种 8.25kg）后，用单丝麻袋包装出售或贮藏。

【近缘种】香榧分为雌树、雄树、雌雄树三种，大多数雌雄异株，极少同株。根据种子的形态可把香榧分为长型和圆型两大类。长型香榧包括细榧、茄榧、米榧、芝麻榧四类。其中细榧品质为上等，茄榧品质中等。圆型香榧包括圆榧、大圆榧和小圆榧三类，品质均较差，经济价值低。细榧具壳薄、仁满、味香、质脆、大小年现象较轻等优良性状，是目前较好的品种，可通过单株选优，有计划地推广。茄榧、米榧、芝麻榧等各有优缺点，其遗传性不够稳定，可择优进行定向培育。

【资源开发与保护】香榧种子炒熟后香脆可口，营养丰富。假种皮是提炼高级芳香油的原料。香榧木材含芳香油，并为造船、建筑和装饰良材，还可用于雕刻工艺品。其种子还可入药称梅子。榧长和榧根亦可入药。

三、杨梅 *Myrica rubra*（Lour.）Sieb. et Zucc.

【植物名】杨梅又名坡梅、火梅木、朱梅、树梅、火实等，为杨梅科（Myricaceae）杨梅属植物。

【形态特征】常绿小乔木，高达 10m。树皮灰色；小枝近无毛。单叶互生，革质，全缘，倒卵状披针形或倒卵状长椭圆形。背面密生金黄色腺体。花单性异株，雄花序穗状，雌花序单生于叶腋，子房卵形。核果球形，直径 10～15mm，表面有小疣状突起，成熟时深红、紫红或白色。花期 4 月，果期 6～7 月（图 7-3）。

【分布与生境】杨梅主要分布在长江以南的江苏、浙江、江西、湖南、福建、广东等省。以江苏、浙江两省面积最大、产量最多、品质最佳。杨梅喜温暖湿润气候，不耐寒，耐阴，不耐强日照；喜排水良好的酸性土，微碱性土壤也能生长。生长于山坡、阳光充足，土层厚的疏林和灌丛中。

【营养成分】杨梅除富含有丰富的碳水化合物、蛋白质、氨基酸、有机酸、矿物质、维生素外，还含有丰富的花色素和类黄酮成分。每 100g 果实含有还原糖 2.78g、蛋白质 0.72g、脂肪 0.31g、钙 18mg、铁 2.71mg、维生素 C 4.50mg、维生素 B_1 0.017mg、维生素 B_2 0.056mg。

【采收与加工】果实成熟时采收，最好在半月内采完，以防果落损失。杨梅收获期短，自然条件下难以保存，果实大部分仍以鲜销为主。利用保鲜技术，延长了保质期，使杨梅可远销到我国北方，甚至出口。杨梅可以加工成罐头、果脯蜜饯、饮料和果酒等。

【近缘种】全世界杨梅科植物有2个属50多种，中国有1属4个种和1个变种，即毛杨梅（*M. esculenta* Buch.-Ham.）、青杨梅（*M. adenophora* Hamce）、云南杨梅（*M. nana* Cheval.）和杨梅4个种，青杨梅有1个变种叫恒春杨梅（*M. adenophora* Hamce var. *kusanoi* Hayata）。

【资源开发与保护】杨梅野生种生长史已有7 000多年，人工栽培史已有2 000多年，是原产中国的亚热带果树之一。杨梅味甘酸、性温，具有生津止渴、和胃消食的功能，对食后饱胀、饮食不消、胃阴不足、津伤口渴等症有较好的食疗效果。同时对高血压、心血管病等有一定的疗效，还有防癌、治癌的功效。杨梅木材质地坚实可做家具；心材可提树胶；叶可提芳香油；树皮含黄酮类物质；根皮入药，有散瘀止血功效；种仁富含油脂。

图7-3 杨梅 *Myrica rubra*
1. 果枝 2. 花枝

四、山核桃 *Carya cathayensis* Sarg.

【植物名】山核桃又名小核桃、山蟹、野漆树等，为胡核科（Juglandaceae）山核桃属植物。

【形态特征】落叶乔木，高可达20m，树皮光滑，灰白色，幼枝被橙黄色腺体，髓部中实；叶为奇数羽状复叶，互生，叶片5～7枚，卵形至卵状披针形，边缘有锯齿；花为单性，雌雄同株异花，雄花柔荑花序通常3个聚生于叶腋，雌花为穗状花序，着生于小枝顶端，小花2～10朵；果为核果状坚果，倒卵形，具4棱，外果皮密生黄色腺体，内果皮坚硬成核，先端短尖，坚果平滑或稍有皱纹。花期4月，果期9月（图7-4）。

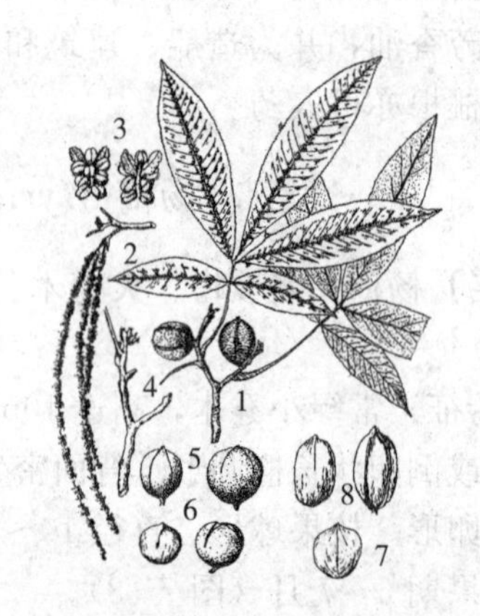

图7-4 山核桃 *Carya cathayensis*
（1. 果枝 2. 雄花序 3. 雄花 4. 雌花 5. 果实）
湖南山核桃 *C. hunanensis*（6. 果实与果核）
越南山核桃 *C. tonkinensis*（7. 果核）
美国山核桃 *C. illinoensis*（8. 果实与果核）

【分布与生境】本种主要产于我国浙江省西天目山区、安徽大别山北麓以及湖南、贵州等省。其中浙江省临安县西部昌化地区和淳安县北部有大面积的人工林。多生长在海拔400～1 200m的针阔叶混交林中。山核桃喜温暖湿润气候，年平均温度在12℃以上，最低温度不低于-5℃的地区，最高温度在38℃左右，年降水量平均在1 000mm左右地区生长较好。

【营养成分】含胡桃醌、黄酮苷和没食子酸。种仁含油量30%～40%，果皮含黄色素。

【采收与加工】9～10月果实成熟后采收，集中堆放，上放柴草，以加快青皮腐烂，脱皮后洗净晒干。山核桃仁有丰富的脂肪酸易生虫和氧化，宜在0～5℃的库内贮藏。春夏季宜放在冷库中贮藏，出库后应尽快加工使用。果仁的加工方法为于11月至翌年3月，将去掉外果皮的果核用清水洗净，自然晾晒至水分7%以下后去壳。在破壳之前，若先用水浸泡，并放在-20℃低温下冷冻一夜，可提高优质核仁率10%～20%。

【近缘种】①湖南山核桃（*C. hunanensis* Cheng et R. H. Chang），落叶乔木，高可达12～14m，与山核桃的主要区别是：叶背面叶脉密生柔毛，果核较大，倒卵形。主要产于湖南、贵州、广西等省（自治区）的平缓山谷、江河两侧土层深厚的地方。②贵州山核桃（*C. kweichowensis* Kuang et A. M. Lu），落叶乔木，高可达20m，与山核桃的主要区别是：冬芽不是绿色而呈黑褐色，果核为扁圆形，顶端凹陷。主要产于贵州省海拔1 300m的山坡密林中。③越南山核桃（*C. tonkinensis* Lecome.），又名安南山核桃，老鼠核桃等。落叶乔木，高达10～15m，与山核桃的主要区别是：复叶叶柄密被柔毛，果核近圆形，顶端扁平。主要产于我国广西、云南等省（区）南部到西北部的海拔1 300～2 200m的山坡处。越南北部也有分布。本属中尚有一个栽培种美国山核桃［*C. illinonensis*（Wangenh.）K. Koch］，又名薄壳山核桃，原产美国，我国南京、北京等地试栽，表现生长良好，已选出了一些优良栽培品种在各地推广试栽。该栽培与我国野生种的主要区别在于前者芽为鳞芽，后者为裸芽，前者小叶片为9～17枚，果实较大，种仁较饱满，果核多呈矩圆形至长椭圆形。

【资源开发与保护】山核桃是重要的干果类果树资源，种仁含有丰富的营养价值，种仁焙熟美味可食、风味独特。也是榨油的良好原料，其脂肪酸主要为油酸、亚油酸和棕榈酸等，可用于加工制造各种糕点。油饼可作精饲料。其果仁、外种皮、根皮和枝都可入药。果壳可供制造活性炭。木材坚韧，可作各种家具。

五、胡桃楸 *Juglans mandshurica* Maxim.

【植物名】胡桃楸又名东北山核桃、核桃楸、楸子，为胡桃科（Juglandaceae）胡桃属植物。

【形态特征】落叶乔木，高可达20m。树皮光滑，具浅裂，灰色或暗灰色，幼枝具腺毛，有明显的猴头状叶痕。叶为奇数羽状复叶，互生，叶片9～19枚，最多有达25枚者，卵状长圆形至长圆形，边缘有细锯齿。花为单性，雌雄同株异花；雄花为葇荑花序，腋生而下垂；雌花序着生于小枝顶端，小花5～10朵。果为核果，卵圆形，绿色，内果皮坚硬成核，先端尖，暗黑褐色，表面有棱角，棱间有不规则凹陷皱纹。种仁具皱褶如脑状。花期5月，果期9月（图7-5）。

【分布与生境】主种产于吉林、黑龙江、辽宁、内蒙古、河北、山西、甘肃等省区。主要分布在长白山山脉海拔1 000m以下，小兴安岭海拔500m以下。本种抗寒性极强，能耐-40℃以上低温，喜生于土质肥沃，腐质层厚，排水良好，微酸性土壤，多野生于山区沟谷两侧或山坡中下部的阔叶林中。

【营养成分】种仁含油高达40%～50%，最高可达60%以上，含蛋白质达15%～20%以上，糖1%～1.5%，还有钙、磷、铁、钾、胡萝卜素和维生素C等多种营养物质。

【近缘种】本属中野生种尚有：野核桃（*J. cathayensis* Dode）又名华胡桃。落叶乔木，高达25m，与核桃楸的主要区别是：叶片背面密被短柔毛，果序长，有核果6～10个，呈总状下垂；主要产于甘肃，陕西、江苏、浙江、安徽、湖北、湖南、广西、贵州、云南、四川、山东等省

(自治区)。多主长在海拔800～2 000m 的山地杂木林中。

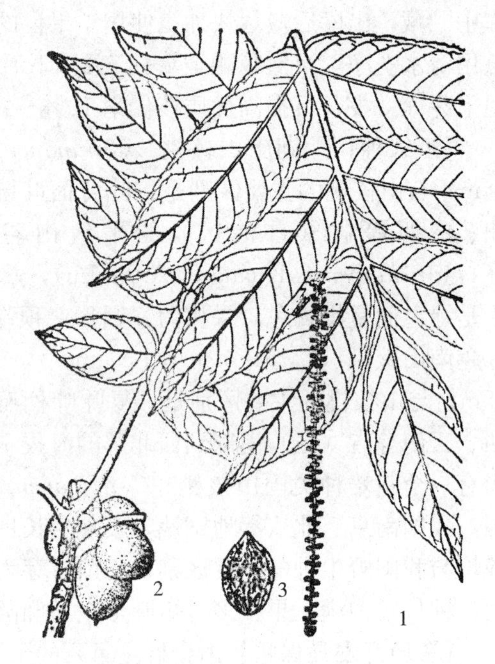

图 7-5　胡桃楸 *Juglans mandshurica*

1. 雄花序　2. 果枝　3. 果核

【资源开发与保护】 核桃楸果实属坚果类果树，其可食部分为种仁，可生食，也可炒食，以生食为好。在食品工业中已广泛用作糕点、糖果等高级滋补食品的添加剂。种仁还可榨油或入药，具有润肺、镇咳和消肿等效用。未成熟果实或果皮、叶、树皮等也可入药，叶和树皮可用于杀虫，果壳可制活性炭。核桃楸树干笔直，木材质地坚细，可用于作枪托等军机用材和建筑用材；树冠广圆形，枝叶繁茂，树形美观，可作绿化树种。胡桃属中栽培种核桃（*J. regia* L.）是世界上著名的坚果类果树，它与榛子、扁桃和腰果并列为世界四大干果，在我国栽培极为普遍，但抗寒性不强。因此，核桃楸是重要的抗寒种质资源，是培育抗寒性强的新品种的良好原始材料。由于核桃楸木材过度采伐，造成资源破坏，应加强保护。

六、榛 *Corylus heterophylla* Fisch. ex Trautv.

【植物名】 榛又名平榛、榛子，为桦木科（Betulaceae）榛木属植物。

【形态特征】 落叶灌木，高 1～3m。小枝和叶柄有腺毛。单叶互生，圆卵形至倒卵形，先端近截形有突尖，边缘具不规则锯齿或有浅裂片。雌雄同株异花，先叶开放，雄花为柔荑花序，着生在枝的上端，下垂；雌花向上着生在雄花序下方叶着生处，雌蕊花柱 2，鲜红色，露出花外。果为坚果，近圆形，包于钟状总苞内，顶端露出。花期 4～5 月，果期 9 月（图 7-6）。

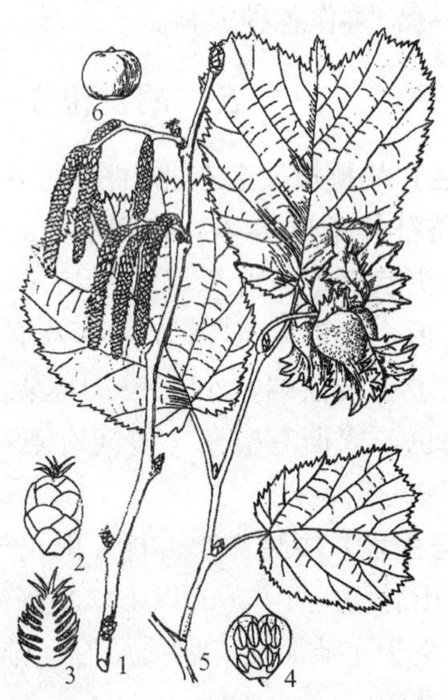

图 7-6　榛 *Corylus heterophylla*

1. 花枝　2. 雌花　3. 雌花纵剖

4. 雄花　5. 果枝　6. 果实

【分布与生境】 产于黑龙江、吉林、辽宁、内蒙古、河北、山西、河南、甘肃、宁夏等省区的山区、半山区。东北三省和内蒙古是主要产区。榛子适应性强，抗寒耐旱，能耐－40℃以上低温，喜光性较强，在林区多生长在林缘路旁，林间空地，森林采伐迹地或受破坏后常出现大片榛林灌丛，在土层厚、湿润、排水良好、微酸性土壤中生长茂盛，结果多，种仁饱满。

【营养成分】据测定榛种仁含油51.6%～63.8%、碳水化合物12.2%～16.5%、蛋白质16.2%～21%、灰分3.5%～4.1%，还富含维生素和糖，其营养价值相当于牛肉9倍。树皮、叶和总苞含鞣质，其中叶含量为5.95%～14.58%。

【采收加工】榛果成熟后，及时用镰刀割下果序，除去总苞和杂质，及时进行阴干或晒干处理，当达到全干状态时才能运输贮藏和加工。

【资源开发与保护】榛子果仁是著名的世界四大干果之一。每100kg榛实可出榛仁30kg，榨油15kg。榛油清亮，橙黄色，味香，是高级食用油和高级钟表油。榛仁可炒食或加工榛子乳、榛子乳脂和榛子粉等高级营养品。榛仁亦可入药，可调和脾胃、助消化、明目。此外，树皮、叶和总苞可提取栲胶和生物碱；叶可养柞蚕，嫩叶煮熟后晒干贮存可作猪饲料；枝干可作手杖和扫把，枝条可供纺织用品。同时，榛还是优良的水土保持树种和较好的蜜源植物。我国榛子资源十分丰富，应加大开发力度。

七、锥栗 *Castanea henryi*（Skan）Rehd. et Wils.

【植物名】锥栗又名珍珠栗、尖栗等，为壳斗科（Fagaceae）栗属植物。

【形态特征】落叶乔木，高达25～30m。树皮深灰色，纵裂，小枝无毛。叶互生，短卵圆形至矩圆状披针形，边缘有刺毛状锐齿。雌雄同株，花序穗状，单生叶腋，雄花序细长，直立；花被6裂，密生细毛；雄花通直，12枚；雌花序生于近枝端，基部有5枚苞片，有毛，花被6片，两面及边缘密生细毛。总苞有刺，全包坚果，直径约3cm。坚果单生，卵圆形，先端尖，直径1.5cm，味甜，可食。花期5～6月，10月果熟（图7-7）。

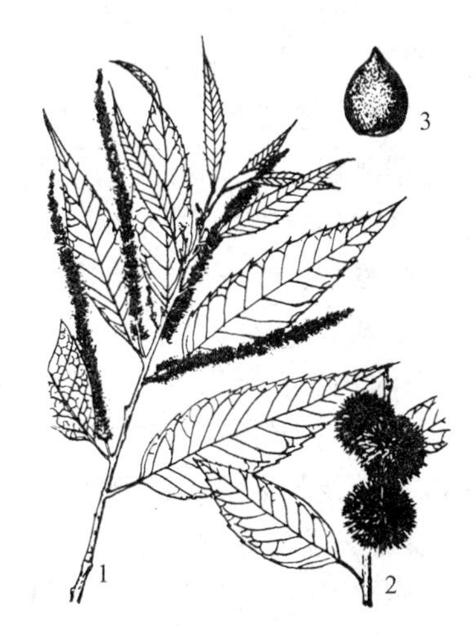

图7-7 锥栗 *Castanea henryi*

1. 花枝 2. 果枝 3. 果实

【分布与生境】锥栗原产我国，分布范围很广，在秦岭、淮河以南，五岭、武夷山以北的浙江、安徽、福建、江西、湖南、湖北、四川的东部，广西西北部，广东北部，贵州东南部和云南东北部都有分布，尤以福建北部山区，江西庐山等较为著名。垂直分布可达2 000m以上。多与其他针阔叶树混交。

【营养成分】锥栗坚果中含淀粉64.7%、含蛋白质6.2%、脂肪2.8%。

【采收加工】于10月待果实成熟后采收，其树体高大，果实成熟后不易脱落，但经日晒，人工敲打可脱去总苞。如食用应晒至失水30%～40%时再进行贮藏或出售。

【近缘种】同属中还有茅栗（*C. seguinii* Dode）多分布于长江流域以南名省，以华中、华东地区比较集中，茅栗是一种木本粮食树种，果实香甜可食，可制淀粉或酿酒。其果仁、总苞、树皮和根均可入药，壳斗、材皮可提制栲胶，木材可作农具，家具等。茅栗还是水土保持的优良树种。

【资源开发与保护】锥栗坚果可生食或炒食，也可脱壳磨粉制糕点、豆腐等副食品，还可作代乳粉的主要原料。果仁、果壳还可入药，还可作板栗的砧木，同时还是速生用材树种。我国现有锥栗林多为天然萌生，且多与其他针阔叶树混交，结实量低，采收不方便，需抚育改造。根据具体情况可分别改造为用材林和结果林。同时也可以用锥栗为砧木，嫁接其他优良栽培品种，变野果为家果，以提高产量和经济效益。

八、桑 *Morus alba* L.

【植物名】桑又名白桑、桑树，为桑科（Moraceae）桑属植物。

【形态特征】多为乔木或小乔木。枝条细长而直立，侧枝多，皮青灰或灰褐色。叶片长心形，全缘或裂叶，或二者混生，叶面平滑而有光泽。花单性，多雌雄异株，稀同株或同序；雌花常数十朵聚为穗状花序，无花柱或很短，柱头二裂，其上密生乳头状突起，子房外仅包被4个萼片，无花瓣；雄花序为葇荑花序，雄花为4个萼片内生4枚雄蕊。果穗大，聚花果，成熟后为玉白色、紫黑色或粉红色（图7-8）。

图7-8　桑 *Morus alba*

1. 果枝　2. 花枝　3. 雄花

【分布与生境】原产我国，各地栽培。广布于华北至西南地区。桑树对温度适应范围较大，分布范围较广，从东北的吉林至西南的云南，从广东到新疆都有果桑的自然分布。

【营养成分】桑的果实（桑椹）富含葡萄糖、果糖、鞣酸、苹果酸、亚油酸、多种维生素、多种氨基酸及矿物质元素等。据测定，每100g鲜果中含糖21g，维生素C 39mg，维生素B_1 169μg、维生素B_2 285μg、蛋白质1.69g（其中含有苏氨酸、缬氨酸、蛋氨酸、异亮氨酸、赖氨酸、色氨酸等6种人体必需氨基酸）。

【采收加工】果实较小，汁液较多，大多用人工采摘或果剪剪，忌用木棒敲打树枝，以免损伤果实。若用于鲜食，可在果实完全成熟时采收，采收后立即销售或加工。若需贮运，则可稍提前采收，并及时运输。贮运期间应注意保鲜，注意桑椹不耐贮运。

【资源开发与保护】桑椹成熟期早，采收期20～30d，可以填补5月下旬至6月上旬水果淡季。桑椹除鲜食外还可加工成桑椹酒、桑椹汁、桑椹口服液、桑椹晶、桑椹干等。

桑椹汁可防止人体动脉的提早硬化，并可治疗风湿和关节硬化，使人的寿命明显延长。另外，桑叶、桑根、桑白皮（根皮）、桑枝（嫩枝）、桑皮汁（树皮中的白色汁液）、桑叶汁（叶中的白色汁液）、桑椹（果穗）均供药用。桑叶可饲蚕，茎皮纤维可制桑皮纸。

目前，从整体上看，果桑的生产水平和开发利用程度还很低下。今后应组织力量，系统研究和开发，尤其是鲜桑椹的保鲜、贮运和加工以及丰产配套栽培技术的开发研究。

九、中华猕猴桃 *Actinidia chinensis* Planch.

【植物名】中华猕猴桃又名猕猴桃、藤桃、藤梨、阳桃、苌楚等，为猕猴桃科（Actinidiaceae）猕猴桃属植物。

【形态特征】落叶藤本，枝蔓可长达10m以上，具宿存的刺状毛或残存的毛基，髓部大、片状；芽包于隆起的芽座中。叶为单叶，互生，叶片较大。花单性，雌雄异株，花序腋生；雄花通常由3～7花组成聚伞花序，也有单生；花瓣5，白色至淡黄色；雌花稍大，通常单生，形似两性花，雄蕊外形完整，但花粉粒退化，无萌发能力，花柱放射状，分离或联合成数束，柱头呈毛刺状。果实为浆果，球形或长圆柱形，一般密被黄褐色毛，也有无毛者。种子多数，小而呈长椭圆（图7-9）。

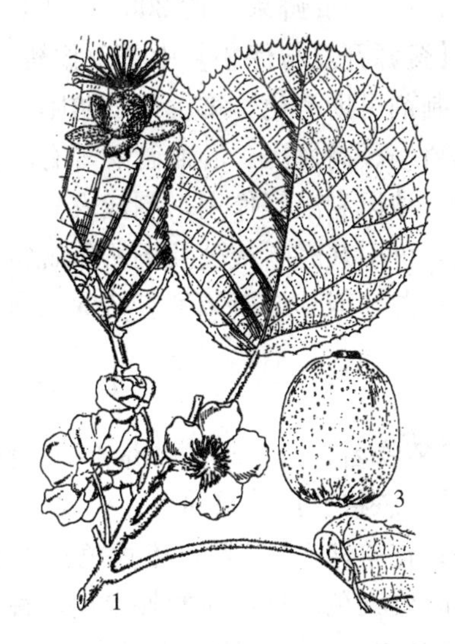

图7-9　中华猕猴桃 *Actinidia chinensis*
1. 花枝　2. 花　3. 果实

【分布与生境】中华猕猴桃是我国特产的珍贵果树资源植物，在我国主要产于长江流域各省，以陕西、河南、甘肃、湖北、江西、安徽、江苏、浙江、湖南、四川、贵州、云南、福建、广西、广东等省区较多。多生长在林边或丛林中。中华猕猴桃在我国以野生为主，近年来各地都进行了资源调查和人工引栽试验。喜生温带和亚热带气候区，喜光照充足，气候温暖，雨量充沛，土壤较肥沃，呈酸性或微酸性，排水良好的环境条件。

【营养成分】中华猕猴桃果实中含有较丰富的营养成分，并具有一定的医疗作用。据分析，每100g鲜果中含维生素C 100～420mg；含糖10%左右，主要为葡萄糖和果糖，含总酸1.8%左右，主要为柠檬酸；蛋白质1.1%～1.2%，含有12种氨基酸。此外，还含有猕猴桃碱（actinidine，$C_{10}H_{13}N$）以及钙、磷、铁、钾等多种矿质元素。种子中一般含油22%～24%，含蛋白质15%～16%。叶中含槲皮素（quercetin）、咖啡碱（caffeine）、山柰醇（kaempferol），对香豆酸（p-cumaric acid）等。

【采收加工】一般在9月至10月上旬采收，果实有生理后熟期，应准确掌握采收时期，一般在可溶性固形物达到7%～8%时采收为宜。采收后应尽快分级、包装和贮运。采收后的果实进行催熟处理，常用方法有：①恒温催熟法：将果实置于15～20℃的恒温条件下使其自然成熟。②化学催熟法：采用浓度为10～100mg/L乙烯利对果实进行喷雾催熟处理。

【近缘种】猕猴桃属植物约有54种，分布于东亚，我国是主要产区，有52种分布于我国各地，除中华猕猴桃硬毛变种（*A. chinensis* var. *hispida* C. F. Liang）已成为世界上热门新兴果树外，还有一些种类可作为果树资源进行开发利用。①软枣猕猴桃［*A. arguta*（Sieb. et. Zuzz.）Planch. ex Miq.］又名软枣子、藤枣、藤瓜等。落叶藤本，长可达30m左右。枝蔓无毛或近于无毛，髓部白色至褐色，片状。花药紫色。果实卵圆形至长圆形，黄绿色，无毛，不具斑点。主要分布于吉林、黑龙江、辽宁、河北、河南、山西、山东、安徽、浙江、陕西、江西、湖北、云南等省。②狗枣猕猴桃［*A. kolomikta*（Maxim. et Rupr.）Maxim.］又名狗枣子、深山木天蓼等。落叶藤本，长可达10m左右。枝蔓暗灰色，无毛或幼嫩蔓上微具短柔毛，髓部褐色、片状。叶先端有时具白色或粉色斑。花药黄色。果实长圆形或椭圆形、卵圆形，小而无毛，不具斑点，绿色或黄绿色。主要分布于吉林、黑龙江、辽宁、河北、陕西、湖北、江西、四川、云南等省。③毛花猕猴桃（*A. eriantha* Benth.）又名毛杨桃、毛冬瓜、白毛桃、红花猕猴桃等。落叶藤本，枝蔓呈褐色，幼枝密被白柔毛，髓部白色，片状，单叶，叶片厚，呈宽卵形至长圆形，叶下面密生灰白色星状绒毛，叶柄、萼片均生白柔毛。花瓣粉红色，花药黄色。果实卵圆形，表面密被灰白色长绒毛。主要产浙江、湖南、江西、广东、广西、贵州、福建等省（区）。上述几种猕猴桃均可鲜食，亦可加工制成果汁、果酱、果酒、果脯、糖水罐头等，本种果实有香味，含维生素C较高，每100g鲜果汁达200mg以上。果实和根亦可入药。

【资源开发与保护】中华猕猴桃的果实在医疗上认为有理气、生津、润燥、解热之功效，食用其制剂可助消化，增食欲、防呕吐、防治维生素C缺素症等。近年来经临床试验，对麻风病、消化道癌、高血压、心血管病等有较好的医疗效果。其根和根皮作中药材，还有清热解毒、活血消肿、祛风利湿等作用，制成农药，对毛虫类昆虫有一定杀伤作用。中华猕猴桃枝叶繁茂，株形优美，可引栽庭园或公共场所作观赏植物。中华猕猴桃是目前国内外开发利用比较好的一种野生果树资源，但其他近缘种有待深入研究利用。

十、山竹子 *Garcinia mangostana* L.

【植物名】山竹子又名莽吉柿、倒捻子或凤果等，为藤黄科（Guttiferae）藤黄属植物。

【形态特征】常绿乔木。树皮黑褐色。单叶对生，叶革质有光泽，椭圆形，侧脉密生。聚伞花序；花单性，4基数，橙黄色；雄蕊多数；子房上位，形成多室，每室胚珠1枚。浆果球形，成熟时紫红色，具革质的外果皮。种子有白色肉质的假种皮（图7-10）。

【分布与生境】原产于马来群岛，现于东南亚各热带国家有广泛栽培，我国华南及台湾、云南的热带地区亦有引种栽培。山竹子适宜种植于低海拔（＜1 000m）的热带地区，适宜温度为4～37℃，幼苗期温度不能低于7.22℃；适宜年降雨量为2 000～2 500mm，且要求全年分布均匀；以土层深厚、pH5.0～6.5、有机质含量高的冲积土或壤土为宜；需要适度遮荫，可于行间间种速生的隐蔽树。

【营养成分】山竹子果肉白色透明，每100g可食部分中，水分为80.20～84.90g、蛋白质为0.50～0.60g、脂肪为0.10～0.60g、碳水化合物为14.30～15.60g、灰分为0.20～0.23g、纤维为5.00～5.10g；含钙0.02～8.00mg、磷0.025～12.00mg、铁0.20～0.80mg；含维生素B_1约0.03mg、维生素C 1.00～2.00mg。

图7-10 山竹子 *Garcinia mangostana*
1. 花 2. 果

【采收与加工】山竹子种植后7～12年才能结果，果熟期为每年6～7月，当果皮由青灰色转为紫红色时即可采收，采收时应避免碰伤果实，传统上使用梯子或带袋子的长竹竿进行采收，国外已有专门的采收机械装置。采后应注意果实的贮藏保鲜，果实在常温下可贮藏7天左右；在3.89～5.56℃、相对湿度85%～90%的条件下，可贮藏49d。

【近缘种】同科同属中我国有2种野生植物的果实亦可食用，风味可与山竹子相媲美。①多花山竹子

(*G. multiflora* Champ. ex Benth.)：分布于华南及西南、华中、台湾的部分地区。果实成熟时黄绿色。②岭南山竹子（*G. oblongifolia* Champ. ex Benth.）：分布于华南地区。果实顶部常有宿存的柱头，基部常有宿存的花萼。

【资源开发与保护】山竹子果实美味、营养丰富，有“热带果后”之称，深受人们喜爱。果实除了可鲜食外，还可制成果汁、果酱、蜜饯、罐头等；果皮含有丰富的果胶，可制成果冻；果皮中含有大量色素，可在鞣革工业中作为黑色染料；木材坚硬、耐久、呈暗褐色，可作为木制品和建筑用材料。另外，山竹子的果皮和果实还有消炎止痛的功效，可用于治疗痢疾、慢性腹泻、膀胱炎、烧伤、烫伤、口腔炎、牙周炎等症。

十一、山杏 *Armeniaca sibirica*（L.）Lam.

【植物名】山杏又名西伯利亚杏，为蔷薇科（Rosaceae）杏属植物。

【形态特征】落叶灌木或小乔木，高 2～5m。枝条灰褐色或红褐色，无毛。单叶互生，卵圆形，边缘具细锯齿，前端渐尖，长尾状。花芽为纯长芽，单生，一般先叶开放，色稍带粉色，花径 3cm，花萼 5 裂，花瓣 5。核果，两侧多少扁平，有明显纵沟，外被短柔毛，成熟时为黄色或橙黄色，果肉较薄，味酸涩，种仁味苦。花期 3～4 月，果期 6～7 月（图 7 - 11）。

【分布与生境】山杏是亚洲特有种。主要分布在俄罗斯的西伯利亚、蒙古的东部和东南部以及我国北纬 40°以北的辽宁、河北、内蒙古、山西、陕西、新疆等省区海拔 300～1 500m 的山地丘陵山区的阳坡或半阴坡上。抗低温能力强。根系发达，抗旱、耐瘠薄、耐盐碱、不耐涝。

图 7 - 11　山杏 *Armeniaca sibirica*
1. 花枝　2. 果枝　3. 花纵剖　4. 种仁

【营养成分】果实虽苦涩、肉薄，却含较丰实的营养成分和药用成分。据分析，果肉含糖、果胶、酸、多种维生素、矿物质和碳水化合物。杏仁含蛋白质 21%、脂肪 50%、多种游离氨基酸及苦杏仁苷、苦杏仁酶、维生素和矿物盐类。苦杏仁苷水解后生成氰氢酸、苯甲醛和葡萄糖，氰氢酸有毒，食之过量易发生中毒现象。山杏叶含粗蛋白 12%，粗脂肪 4%～8%。

【采收加工】山杏于 6 月下旬至 7 月上旬果实成熟。应在大部分山杏果皮软化，由绿变黄或红黄并有开裂时，突击采收，矮干树和幼龄树可直接采摘，大树和老树可踩板凳或梯子采摘，严禁棒打或折枝采收。根据不同用处进行加工，如用果则直接食用或加工成各种制品；如用杏仁则用石磙碾去果皮，将核洗净晾干贮藏备用。

【近缘种】本属还有东北杏 *A. mandshurica*（Maxim.）Skvortz. 又名辽杏，其主要用途同山杏。主产于吉林、黑龙江、辽宁、河北、山西、内蒙古等省（区）。

【资源开发与保护】青杏味酸能增进食欲。但生吃味道不佳，可加工制成青丝、果脯、果丹皮、话梅、罐头及酒等。我国为苦杏仁出口量占国际市场的 70%。杏仁的营养丰富，可制面糕点、糖果、杏仁露、杏仁霜及冷饮食品，杏仁的主要用途是制取杏仁油（脂肪油）和挥发性杏仁油（苯甲醛）。杏仁油脱毒后清香味美，是优良的食用油。果仁、树根、树皮、树枝、树叶、花果均可入药。苦杏仁油除食用外还可作高级润滑油和化妆品原料。山杏叶可作饲料。杏木可做家具。杏木炭可作绘画用炭黑。杏核壳可做活性炭或提制烤胶。此外，山杏还可做桃、李、杏的砧木。

十二、欧李 *Cerasus humilis*（Bge.）Sok.

【植物名】欧李又名钙果，为蔷薇科（Rosaceae）樱桃属植物。

【形态特征】落叶小灌木，树高 0.3～1.5m。小枝褐色，光滑或有短柔毛。叶互生，具托叶；叶片倒卵形或椭圆形，长 2.5～5.4cm、宽 1.6～3.2cm，尖端急尖，基部楔形，边缘有浅细锯齿。花白色或带浅粉色，径 1.5～2cm，1～2 朵并生。果实近球形，扁圆形或长圆形，直径1.5～2.7cm，紫红色或鲜红色；多汁，味偏酸，稍有香气。核卵圆形。花期 4 月，8～9 月果熟（图 7-12）。

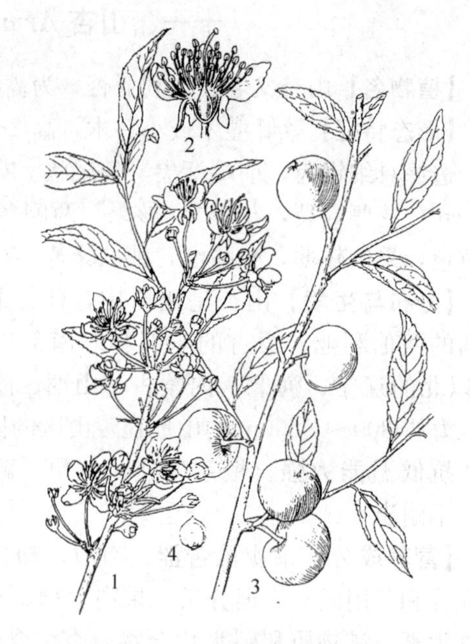

图 7-12　欧李 *Cerasus humilis*
1. 花枝　2. 花纵剖　3. 果枝　4. 核

【分布与生境】欧李分布较广，黑龙江、吉林、辽宁、内蒙古、河北、山东等省区都有分布。欧李适应性及抗寒抗旱性极强，多生长在向阳坡地、草原及沙丘荒地等处。

【营养成分】欧李每 100g 鲜果含蛋白质 1.5g、维生素 C47mg、钙 360mg、铁 58mg。此外，还含有糖、维生素 B、维生素 D 及磷等。种仁主要含苦杏仁、脂肪油、粗蛋白质、淀粉、油酸等。

【采收与加工】7～8 月份，果实成熟后尽早组织采收，防止落地损失。如用于加工，采收后，将果肉与果核分开，果肉用于酿酒或制果酱，果核用来榨油。

【资源开发与保护】欧李为我国特有的果树品种。成熟的种子入药称郁李仁，性平，味苦、辛、甘。润燥滑肠，下气利水。欧李的果实多汁，出汁率 28.3%，果汁鲜红或粉红色，经处理后清澈透明；果肉红色或粉红色，质地细腻，酸甜鲜美，具樱桃和李子的风味。欧李除鲜食外可做果汁、果酒、罐头等。种仁可榨油。另外，欧李可作桃树的砧木，具有抗旱、抗寒、抗盐碱及矮化作用；也可用作防风、固沙、改造风沙盐碱地；还可作绿化观赏树种。欧李现仍处在野生状态，抗逆性强，适应性广，果实营养价值高，种仁药理作用大，是目前水果市场的时尚树种。

十三、毛樱桃 *Cerasus tomentosa*（Thunb.）Wall.

【植物名】毛樱桃又名山樱桃、山豆子等，为蔷薇科（Rosaceae）樱桃属植物。

【形态特征】灌木，高 2～3m。树冠广卵形，树皮灰褐色，通常三芽并生。叶片倒卵形，上面多皱有毛，下面密被柔毛。花先叶开放或与叶同时开放，花瓣白色，初时淡粉色。果实球形，深红色或黄白色，稍被短柔毛。果核椭圆形，先端急尖，表面光滑或有浅沟。花果期 5～6 月（图 7－13）。

【分布与生境】分布于黑龙江、吉林、辽宁、内蒙古、河北、河南、山西、山东、江苏、四川、云南等地。以东北和西北地区最为普遍。

【营养成分】果实含可溶性固体物 15.2%，每 100g 鲜果含蛋白质 1.5g、果酸 2.32g、维生素 C 32.5mg、氨基酸 0.501g、铁 593.9mg、钙 160.7mg、铜 76.9mg、锰 194.9mg、锌 91.0mg，尚含丰富的胡萝卜素、硫胺素、尼克酸等。种子含油 34.14%。

图 7－13 毛樱桃 *Cerasus tomentosa*
1. 果枝 2. 花枝 3. 去掉花瓣的花
4. 花瓣 5. 果实

【采收加工】于 6 月果实成熟时采收，大多用人工采摘。毛樱桃果皮薄、汁液多，不耐贮存，采收后立即销售、食用或加工成其他制品。

【资源开发与保护】毛樱桃是落叶果树中成熟最早的一种，可补充北方水果淡季。除鲜食外，还可加工成果酱、果酒、果汁、蜜饯以及糖水罐头等。种子可榨油，供制肥皂和润滑油。种仁入药。另外，北方果产区利用毛樱桃做桃、李等核果类栽培果树的矮化砧木。据研究，用毛樱桃做李树矮化砧木，具明显的矮化效果，且结果早、丰产、嫁接亲和力强等特点。另外，毛樱桃还可做观赏、绿化树种。

十四、山楂 *Crataegus pinnatifida* Bge.

【植物名】山楂又名山里红，为蔷薇科（Rosaceae）山楂属植物。

【形态特征】落叶小乔木，高可达 3m 左右，枝有刺或无刺，幼枝灰白色，老枝深灰色。单叶互生，叶片宽卵形或三角状卵圆形，具 3～5 羽状深裂，边缘呈不规则的重锯齿。花为伞房花序，花朵多数，花瓣白色或淡粉红色，雄蕊 20，花药粉红色，花柱 3～5，基部被柔毛。果为梨果，近圆形，深红色。花期 5～6 月，果期 8～9 月（图 7－14）。

【分布与生境】山楂为中国原产，主要分布于吉林、辽宁、黑龙江、河北、内蒙古、河南、山西、山东、陕西、江苏等省区。主要生长在山区或半山区的杂木林或灌木丛中。朝鲜和俄罗斯北部地区也有分布。

【营养成分】山楂果实中含有较丰富的维生素 C、维生素 B、碳水化合物、氨基酸、蛋白质和保健微量元素；特别是维生素 C 含量较高，每 100g 鲜果中约含 100～200mg。此外，还含有药用成分如黄酮类物质，包括牡荆素、槲皮素等，还有三萜类成分，绿原酸等。

图 7－14　山楂 *Crataegus pinnatifida*
1. 花枝　2. 去瓣的花　3. 花纵剖　4. 花瓣
5. 雄蕊　6. 柱头

【采收加工】一般在 9 月上、中旬开始采收。鲜食用的山楂应在果实颜色鲜艳，果实软硬适中，风味较好时采收。一般用棒打或手摘，也可考虑用化学方法采摘。

【近缘种】山楂有三个变种：大果变种（*C. pinnatifida* Bge. var. *major* N. E. Br.），本变种又名山里红、大山楂、红果等，是我国特产的栽培果树之一。果大、肉质厚，是我国人民传统喜爱的果树种类之一，目前鲜食山楂及其加工制品，主要以此变种的果实为原料。其主要特点，叶片大而厚，结果枝上叶片缺刻浅，果实较大，果实大小、色泽、形状因品种而异。无毛变种（*C. pinnatifida* Bge. var. *psilosa* Schneid.），本变种的主要特点是叶片、总花梗、花梗均光滑无毛。主要分布于吉林、辽宁、黑龙江和河北等省。长毛变种（*C. pinnatifida* Bge. var. *geholensis* Schneid.），本变种又名热河山楂。主要特点是总花梗和花梗密被长柔毛。

我国山楂属植物共有 17 种，除本种以外，常见的还有以下几种：①野山楂（*C. cuneata* Seib. et Zucc.）分布于河南、河北、江西、安徽、湖南、江苏、浙江等省。果实营养丰富，可鲜食或酿酒，也可加工成其他保健饮品。花和嫩叶可代茶用，用作栽培山楂的砧木具有一定矮化作用。②毛山楂（*C. maximowiczii* Schneid.）产于黑龙江、吉林、辽宁等省。果实小但可食，也可加工成各种保健食品和饮料。也可作栽培山楂的砧木。③甘肃山楂（*C. kansuensis* Wils.）产于甘肃、宁夏、山西、陕西、贵州、四川等省区。其中营养和价值同山楂。

【资源开发与保护】山楂果实可生食或加工制成果糕、果冻、果汁和果酒等，果实深红色，可提取天然红色素。另外，近年来发现山楂叶及果实中有黄酮类、三萜类等成分，可入药，治疗心血管疾病，如可降血压，降血脂等，还有防癌的作用。目前，除山楂的大果变种作为栽培品种以外，山楂属的大多数种类都处于野生状态，每年有大量的野生资源自生自灭，应加强山楂野生资源的开发利用，如可开发为药物、防风林、观赏植物等。

十五、五叶草莓 *Fragaria pentaphylla* Lozinsk.

【植物名】五叶草莓又名泡儿、瓢泡儿等，为蔷薇科（Rosaceae）草莓属植物。

【形态特征】多年生草本，高 8～15cm。匍匐茎阳面红色，被直立细茸毛。羽状复叶，小叶五片，上部三个小叶呈菱形或倒卵形，略大，正面光滑，但无光泽，叶背叶脉上有稀疏平贴柔毛；基部一对小叶呈倒卵圆形，先端钝圆，略小。伞房花序，花葶上被浓密的白色柔毛，每花序 3～5 朵花，花白色；花瓣近圆形；萼片膜质、披针形；副萼片卵圆形，全缘，外被短柔毛。聚合果，卵圆形，果实髓部极小，红色或白色。瘦果锥形、白色，嵌入果面。花果期 4～6 月（图 7－15）。

【分布与生境】五叶草莓适应性强，从海拔 650m 的河沟到 2 300m 的中高山区都有分布，是秦巴山区野生草莓中的优势种。五叶草莓有红色和白色两种类型，但以白色果实较多。

【营养成分】五叶草莓与栽培草莓相比，其有机营养成分基本一致。但在无机营养含量上差别很显著，尤其是钙、钾的含量远超过栽培草莓（表 7-1）。

【采收加工】五叶草莓耐贮性很差，常温下放置一夜即变黏，风味明显下降。因此，采收应在 5～6 月间，采摘成熟的果实，就地销售或加工。如需运输，则采摘即将成熟的果实，或采取保鲜措施。

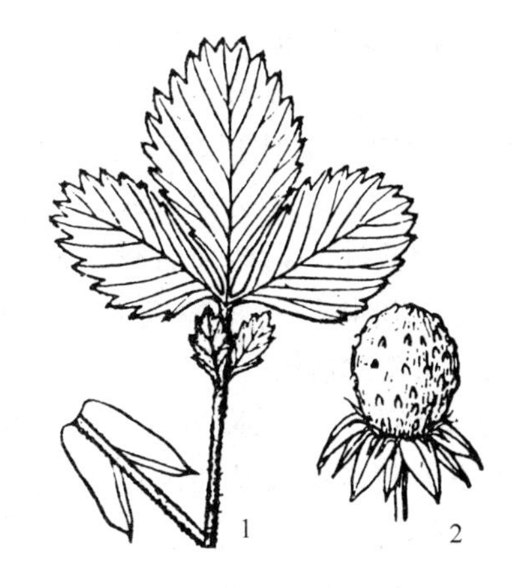

图 7-15　五叶草莓 *Fragaria pentaphylla*
1. 奇数羽状复叶 5 枚小叶　2. 果实

【近缘种】我国有草莓属植物 7 种，其果实均可开发利用。主要有东方草莓（*F. orientalis* Lozinsk.），分布于吉林、黑龙江、辽宁、内蒙古等地，朝鲜、蒙古、俄罗斯也有分布。其果实红色，多汁，有浓郁的草莓香味，可鲜食和加工制成草莓酱、果汁等。还可制作栽培草莓加工制品的调味、调色原料。东方草莓是草莓中最抗寒的一个种，是草莓抗寒育种的原始材料和重要的抗寒种质资源。

表 7-1　野生草莓与栽培草莓营养成分含量比较（100g 鲜重）

种类 \ 项目	含水量 (g)	蛋白质 (g)	脂肪 (g)	糖 (g)	总酸 (%)	维生素 C (mg)	可溶性固体物 (%)	钙 (mg)	钾 (mg)	铁 (mg)
野生五叶草莓	86	0.9	0.36	5.3	4.45	29	10	60.32	285.9	1.5
栽培草莓	90	1.0	0.6	5.7	1.5	35	8～9	3.2	135	1.1

据西北农业大学分析中心测定。

【资源开发与保护】五叶草莓酸味稍重，但香味极浓，鲜食品质优良。果汁抗氧化性良好，适于酿酒。富含钙、钾。全草可入药。五叶草莓大多分布在边远山区，开发利用受到限制，大部分自生自灭。今后应加强研究，开发利用。

十六、山荆子 *Malus baccata*（L.）Borkh.

【植物名】山荆子又名山定子、林荆子、糖李子、石枣等，为蔷薇科（Rosaceae）苹果属植物。

【形态特征】落叶乔木，高可达 10m 左右。树冠幼多呈圆锥形，成年树多呈阔半圆形，枝细，光滑无毛。单叶互生，叶片多椭圆形或卵圆形，边缘有细锯齿。花芽为混合花芽，小花通常 3～5 朵呈伞形状着生小枝顶端；花梗细长无毛，花瓣白色。果实为梨果，近圆形，多红色，也有橙黄色或橙红色，萼片脱落。花期 4～5 月，果期 8～9 月（图 7-16）。

【分布与生境】本种主要分布于黑龙江、吉林、辽宁、内蒙古、河北、山西、陕西、河南、甘肃、宁夏等省区。朝鲜、蒙古、俄罗斯也有分布。山荆子适应性较强，特别抗寒，能耐－40℃以上低温，一般多生在林边、草原岗地、山区河谷两岸，喜微酸性砂质土壤，偏盐碱性土壤，则生长不良，易发生缺绿症，特别苗期表现严重。

【营养成分】果实含糖 9.71%，总酸 2.31%，种子含油 25.6%。

【采收加工】果实成熟后，则手工采摘，可生食亦可加工成制品，可去掉果胶，压成圆饼，晒干后可常年食用或连同果梗采后晒干捆成小把备用。如利用种子，可将果肉捣碎或沤烂，再将种子洗出，剩余果肉可发酵造酒。

图 7-16 山荆子 *Malus baccata*
1. 花枝 2. 果枝 3. 花纵剖 4. 果纵切
5. 果横切 6. 雄蕊

【近缘种】在苹果属里还有些种类，他们的主要用处是作为栽培苹果品种选育或用作嫁接砧木的良好种质资源，主要种类如下：①毛山荆子 [*M. manshurica*（Maxim.）Kom.] 本种主要产于辽宁、吉林、黑龙江、内蒙古、河北、山西、陕西、甘肃等省（自治区）。本种果实稍大，与苹果栽培品种嫁接亲和力强，生长势强，繁殖容易，根系发达，是良好的乔化砧木。亦可作庭院绿化树种。②山楂海棠 [*M. komarovii*（Sarg.）Rehd.] 本种是我国特有的苹果属抗寒种质资源，仅分布于吉林省长白山南坡、长白县境内，海拔 1 100～1 300m 的个别地段内；朝鲜也有分布。山楂海棠抗寒性极强，能耐−40℃的低温，抗霜力也较强，在无霜期 90 天左右的高寒山区，生长和结果也较正常；喜酸土壤，在腐殖层较厚的针阔混交林或杂木林丛中生长较好。果实较山荆子大，有圆果型、长果型、扁果型和五棱形等；果味偏酸有微涩。③新疆野苹果 [*M. sieversii*（Ledeb.）Roem.] 本种主要野生于我国新疆天山支脉河谷地带，在海拔 1 250m 处，有成片的大面积野生林。中亚也有分布。该种耐寒力中等，抗寒力强，具有早果、丰产的特性，果实类型较多，有红果、黄果、绿果和白果等，果实较大，能用根蘖繁殖，其加工利用尚有待进一步研究。④锡金海棠 [*M. sikkimensis* Koehne.] 本种主要产于我国云南、西藏等省（自治区），多生长于海拔 2 300～3 300m 的杂木林中。不丹、锡金、印度等国家也有分布。锡金海棠适应性较强，耐瘠薄，具有无融合生殖特性，用单性形成的种子，进行实生繁殖，其实生苗生长快，与栽培品种嫁接亲和力强，并有一定的矮化倾向，是苹果栽培品种较好的砧木。⑤湖北海棠 [*M. hupehensis*（Pamp.）Rehd.] 本种主要产于湖北、四川、湖南、贵州、云南、西藏、江西、江苏、浙江、山东、安徽、福建、陕西、河南、甘肃、山西、广东等省（自治区）。该种适应性极强，喜温耐湿，具有无融合生殖特性；与栽培品种嫁接亲和力良好，繁殖容易，具有矮化倾向；果实含糖量为 8%；叶可待茶，俗称“花红茶”或“茶海棠”。⑥西府海棠 [*M. micromalus* Makino] 主要分布于陕西、山西、内蒙古三省（自治区），接壤的秦、晋、内蒙古三角区，北方其他省区亦有零星分布。其果实可生食或加工成果丹皮、果脯、罐头、糖葫芦等。可作苹果嫁接的砧木或高接中间砧，还可作绿化和水土保持树种。⑦楸子 [*M. prunifolia*（Willd.）Borkh.] 又称海棠果，主要分布于西北、华北、东北以及长江以南各地。野生或栽培于海拔 50～1 350m 的山区或平原，品种类型很多，各地名称不同。除少数已改良品种可供鲜食外，大部分作为果酒、果酱的加工原料。亦可作为苹果的砧木。

【资源开发与保护】山荆子果实较小，成熟果实变软，可鲜食，酸甜可口，稍有涩味，也可以酿酒，出酒率10%左右；种子可榨油，供制肥皂或其他工业用。果实中种子较多，发芽力强，后熟期短，一般层积处理30d左右，便可以通过后熟作用，播种后出苗较整齐，与栽培苹果品种嫁接亲和力强，因此，东北、华北各地多选作苹果乔木砧木。该种是苹果属最抗寒的种质资源，是育成耐寒苹果新品种的原始材料。由于株型美观，春天开放白色花朵，秋季满树结成红黄色的小果，可作为庭园观赏树种。

十七、山桃 *Amygdalus davidiana*（Carr.）C. de Vos ex Henry

【植物名】山桃又名野山桃、野桃、花桃、山毛桃，为属蔷薇科（Rosaceae）桃属植物。

【形态特征】落叶小乔木。单叶互生或簇生枝顶，叶卵状披针形，边缘具细锯齿；叶柄顶端具2腺体。花单生，先叶开放，花萼钟形，5裂，粉红色或白色；雄蕊多数与花瓣等长；子房密被柔毛。核果球形，稍扁，密被褐色柔毛，果肉薄而干燥，核小，球形，两端圆钝。花期3～4月，果期8月（图7-17）。

【分布与生境】主要分布在陕西、山西、甘肃、宁夏、河北、河南、山东、湖北、江西、安徽、辽宁、吉林、黑龙江和内蒙古等省区也有分布。多生于山坡、路旁、沟边和林缘。

【营养成分】山桃含有维生素B_1、维生素B_2、维生素C，还含有胡萝卜素、碳水化合物、钙、磷、铁、有机酸、蛋白质、脂肪等。含铁量较高，并富含果胶。桃仁含油50.9%。

【资源开发与保护】果实可生食、酿酒、制果酱及果脯；山桃仁可榨油、作食用油，也可制造肥皂及润滑油，桃仁可入药。此外，桃叶、桃花、桃枝、桃根、桃胶、桃肉等均可入药。嫩枝叶可作饲料，成熟果的肉质果皮发酵可做猪饲料。山桃也是蜜源植物。木材可加工成制品，枝干可作薪柴，果核可作工艺品及活性炭，叶可作农药。山桃耐寒、抗旱，可作荒山造林树种，也可作桃、李、梅等果树的砧木，也可作观赏植物。

图7-17 山桃 *Amygdalus davidiana*
1. 叶 2. 花枝 3. 花纵剖
4. 果实 5. 果核

十八、秋子梨 *Pyrus ussuriensis* Maxim.

【植物名】秋子梨又名花盖梨、酸梨、山梨、沙果梨等，为蔷薇科（Rosaceae）梨属植物。

【形态特征】落叶乔木，高可达15m。枝条具刺。叶卵形至广卵形，边缘具刺芒状尖锐锯齿。花芽为混合花芽，伞房花序，小花5～7朵着生于小枝顶端，花白色，花药紫红色。果实为梨果，近圆形，成熟时黄色或黄绿色，果肉石细胞较多，萼片宿存。花期4月，果期8～9月（图7-18）。

【分布与生境】主产黑龙江、吉林、辽宁、内蒙古、河北、山西、河南、陕西、宁夏、甘肃等省区。朝鲜、俄罗斯也有分布。本种适应性强，极抗寒，可耐-40℃以上低温，一般干燥地区也能正常生长，喜中性或微酸土壤，野生于山区、半山区和丘陵地带。

【营养成分】果实含柠檬酸、苹果酸和果糖等，种子含油 24.2%。

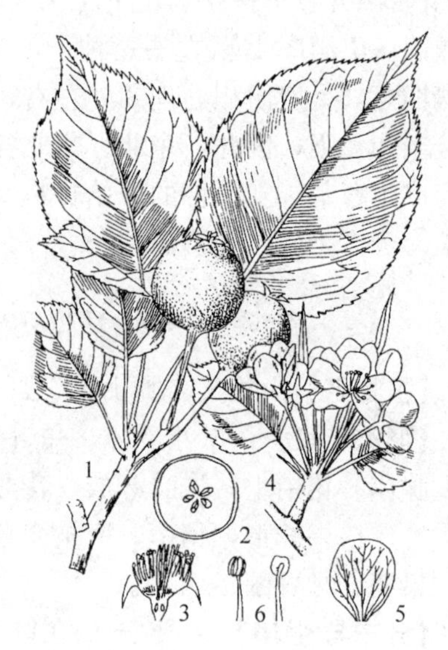

图 7-18　秋子梨 *Pyrus ussuriensis*
1. 果枝　2. 果实横切　3. 花纵切　4. 花枝　5. 花瓣　6. 雄蕊

【近缘种】梨属一些栽培种类，也是世界重要果树资源，其栽培面积和产量在世界果树生产中均占有重要地位。野生种主要还有：杜梨（*P. betulaefolia* Bge.）本种主要产于辽宁、河北、山西、河南、山东、陕西等省。杜梨适应性强，抗旱，较耐寒冷，与白梨（*P. bretschneideri* Rehd.），系统栽培品种嫁接亲和力强，接口愈合牢固，是该品种群良好的砧木，具有结果早，易丰产等优点。豆梨（*P. calleryana* Dcne.）本种主要产于我国长江流域各省（自治区），适于生长温暖潮湿气候条件，多分布于广东、广西、湖南、湖北、浙江、江苏、福建等省（自治区）。豆梨果实较小，果实色泽和形状与杜梨相似，仅小枝光滑，叶缘锯齿钝，分布地区有区别。对梨的腐烂病有较强的免疫力。与沙梨［*P. pyrifolia*（Burm. f.）Nakai.］系统栽培品种嫁接亲和力强，是该品种群良好砧木，有些变型还有一定矮化作用。杏叶梨［*P. armeniacaefolia* Yu］本种为我国新疆塔城特产树种。杏叶梨果实较大，其叶极似普通杏叶，和其他梨属植物有明显区别；果实可鲜食和加工，也是当地栽培梨的良好砧木。

【资源开发与保护】秋子梨野生种果实较小，果肉石细胞较多，采收后经后熟变较软时才可鲜食，甜酸可口，有芳香；栽培种品种较多，果实较大，果实形状和色泽因品种而异，石细胞较少，汁多，品质较佳，是我国鲜食梨的主要栽培种之一。其果实加工制成的梨汁，梨膏，果酒和其他食品颇受人们欢迎，还有一定的医疗作用。秋子梨也是我国极其宝贵的抗寒种质资源，是梨抗寒育种的良好原始材料。野生秋子梨，生长势强，根系发达，与栽培品种嫁接亲和力强，接口愈合良好，是我国东北和华北地区优良的抗寒乔木砧木。

十九、刺梨 *Rosa roxburghii* Tratt.

【植物名】刺梨又名缫丝花、木梨子、刺梨蔷薇等，为蔷薇科（Rosaceae）蔷薇属植物。

【形态特征】落叶灌木，高 1～2.5m。小枝常有成对皮刺。奇数羽状复叶，小叶 5～15 枚，椭圆形或椭圆状矩圆形，无毛；叶柄和叶轴疏生小皮刺；托叶大且帖生于叶柄。花单生或 2～3 朵聚生；花梗、花萼外密生刺；花瓣淡红色或粉红色，微香；雄蕊和雌蕊均多数，花柱离生。蔷薇果扁球形，绿色，外面密生皮刺，宿存的萼裂片直立。花期 5～7 月，果期 8～10 月（图 7-19）。

【分布与生境】刺梨分布于贵州、四川、云南、广西、西藏、湖南、湖北、江苏、江西、浙江、安徽、福建、陕西、甘肃等省区，以贵州省分布最广且产量最高，鲜果年收购量可达

6 000t，实际产量可达 15 000t。刺梨常生于海拔500～1 000m的溪沟、路旁、山林间。

图 7-19　刺梨 *Rosa roxburghii*
1. 花枝　2. 花纵剖　3. 果实

【营养成分】刺梨的果实是维生素 C 和维生素 P 含量最高的果品之一，每 100g 鲜果中含维生素 C 2 000mg，最高可达 3 500mg，维生素 P 达 6 000mg。鲜果中含总糖 4.23%～4.5%，单宁 0.62%，总酸 1.34%，尚有丰富的胡萝卜素、维生素 B_1、维生素 B_2、尼克酸和 16 种氨基酸。此外，刺梨种子含油 7.4%，根皮和茎中含约 20%的鞣质。

【采收加工】在 9～10 月间采收刺梨的成熟果实。为了延长加工时间、保持鲜果质量，多采用聚乙烯薄膜袋包装，贮存于 0～5℃低温库中，可使供应期延长 2 个月。若将鲜果切块熏硫、简易烘房控温干燥、再行熏硫并以聚乙烯薄膜袋密封包装，贮存于冷凉干燥的常温库中，可保藏一年，其维生素 C 保存率在 95%左右。

【近缘种】本种有一变型，称单瓣缫丝花（*Rosa roxburghii* Tratt. f. *normalis* Rehd. et Wils.），又名梨刺、刺石榴、野石榴等，分布于贵州、云南、四川、湖北、广东、广西、江苏、江西、福建、陕西、甘肃等省区，用途、加工方法等与刺梨相同。

【资源开发与保护】刺梨的果实大且营养丰富，可生吃或加工成刺梨汁、果酱、果脯、果酒和饮料等制品，在贵州等 10 多个省区均已开发出刺梨饮料等保健食品，产品远销新加坡、马来西亚、日本、美国等地。刺梨的果实、花、叶、根均可药用；根皮和茎可提制栲胶；花大且花期长，可作绿篱供观赏。

二十、蓬蘽悬钩子 *Rubus crataegifolius* Bge.

【植物名】蓬蘽悬钩子又名托盘、马林果、野树莓、牛迭肚等，为蔷薇科（Rosaceae）悬钩子属植物。

【形态特征】落叶直立亚灌木，高 1～3m。植株丛生，具根状茎。一年生枝多为基生枝，有皮刺。单叶互生，呈掌状，多 3～5 裂，边缘具不整齐的锐牙齿，背面叶脉处被短柔毛和小刺。花为伞房状聚伞花序，数朵小花簇生于小枝顶端，白色。果为浆果状聚合核果，半圆形，红色。花期 5～6 月，果期 8～9 月（图 7-20）。

【分布与生境】本种主要产于吉林、黑龙江、辽宁、内蒙古、河北、山东等省区。朝鲜、日本也有分布。该种适应性和抗寒性均强，能耐－40℃左右低温；生长繁茂，根系和根状茎多生于土壤表层，喜腐殖层厚，保湿但透水性良好的腐殖土壤，多生长在山区杂木林丛中，极易发生根蘖，多成片集生。

【营养成分】蓬蘽悬钩子浆果甜而芳香，营养丰富，据测定果实中含维生素 C 为 25.08mg/100g，总糖 3.634%，有机酸 2.564%，水分 85.93%。

【采收加工】蓬蘽悬钩子浆果成熟不一致，且不耐贮运。应分批采收。应每隔 1～2d 采收一次。由于成熟浆果易受损伤，一般应在充分成熟前1～2d采收。供应当地销售的可不带花托采收；运往外地的必须带花托一起采收，并提前2～3d采收。

【近缘种】全世界悬钩子属植物约有750余种，我国约有194种，分布全国各地具有较高经济价值的悬钩子还有以下几种：①覆盆子（*R. idaeus* L.）分布于吉林、辽宁、河北、山西、新疆等地。本种在欧美已培育出很多栽培品种。②掌叶覆盆子（*R. chingii* Hu）分布于江苏、安徽、浙江、江西、福建及广西等地。是中药覆盆子的基原植物。③蓬蘽（*R. hirsutus* Thunb.）分布于华南和华中。本种抗寒、抗旱、耐瘠薄，可引种栽培，亦可作栽培品种的抗性砧木及育种材料。④石生悬钩子（*R. saxatilis* L.）主产黑龙江、吉林、内蒙古及辽宁、河北、山西等地。可作抗性及矮化育种材料，亦可经济栽培。⑤茅莓（*R. parvifolius* L.）本种变异类型较多，适应性很强，全国各地均有分布，资源较丰富。⑥山莓（*R. corchorifolius* L. f.）除东北、甘肃、青海、新疆、西藏外，全国均有分布。可作树莓直立性状育种材料。⑦黄果悬钩子（*R. xanthocarpus* Bureau et Franch.）分布于陕西、河南、甘肃、湖北、四川、云南等省。本种具有直接引种栽培价值，亦可作为树莓矮化育种材料。

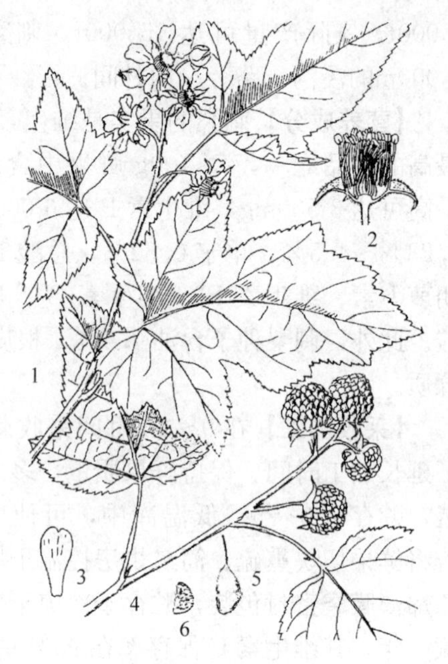

图7-20　蓬蘽悬钩子 *Rubus crataegifolius*
1. 花枝　2. 花纵剖　3. 花瓣　4. 果枝
5. 小核果　6. 种子

【资源开发与保护】蓬蘽悬钩子果实香甜可口，风味独特，营养丰富，适于鲜食和加工成果酱、果汁和果酒等。目前本种资源基本处于野生状态，除当地作为补充性水果外，基本上没有得到开发利用。今后应加强研究，以开发出优质产品。其栽培种称为树莓，浆果甜而芳香，营养丰富，不仅是鲜美的生食水果，还可加工成果酱、果汁、果酒和蜜饯等。其中“马林果酱”和“香莓酒”都是著名的出口物资。树莓还是蜜源植物和药用植物。

二十一、酸角 *Tamarindus indica* L.

【植物名】酸角又名酸豆、酸梅、罗望子、罗晃子、曼姆等，为苏木科（Caesalpiniaceae）酸角属植物。

【形态特征】常绿乔木，高10～30m。树皮灰褐色，不规则纵裂。偶数羽状复叶互生，有小叶10～20对。总状花序有8～12朵两性花；萼筒陀螺形，裂片4，披针形；花冠黄色，有紫红色脉纹，5枚，下部2枚退化成刺毛状；发育雄蕊3枚，其余退化成刺毛状，花药黄色；雌蕊1枚，子房1室，胚珠多数。荚果圆柱状，棕褐色，微弯曲，外果皮硬壳状，中果皮肉质，为食用部分，内果皮白色，革质。每果有种子3～14粒，种子紫褐色，近圆形。花期5～7月，果期次年3～4月（图7-21）。

【分布与生境】酸角在我国主要分布于云南、海南、福建、广东、广西、四川、台湾等省区，多生长于海拔1 200m以下的沟谷杂木林中或村寨路旁，绝大部分处于野生和半野生状态。川滇两省境内的金沙江干热河谷是我国酸角的主要产区，年产酸角100t，单产、品质、风味都优于其他地区。

【营养成分】酸角果实中种子占30%，荚皮占40%，果肉占30%。果肉含总糖21.40%～30.85%、全酸11.32%～18.40%、蛋白质1.40%～3.43%、纤维素1.80%～3.20%，每100g果肉中含钙54.00～113.50mg，含磷95.40～108.00mg，尚有多种维生素。种仁含罗望子多糖65%、蛋白质15.4%～22.7%、脂肪3.9%～7.4%、粗纤维0.7%～8.2%、灰分2.4%～3.3%。

【采收与加工】酸角花期长，果实成熟不一致，应分批在荚果变褐时采收并及时风干贮藏。酸角的果实既可生食，也可加工成酸角汁、酸角蜜饯、酸角果脯、酸角饮料等保健食品。

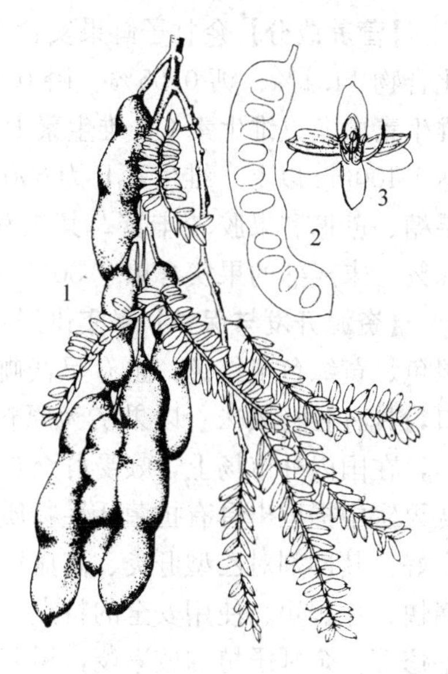

图7-21　酸角 *Tamarindus indica*
1. 果枝及果实　2. 果实纵剖面　3. 花

【资源开发与保护】酸角果实味酸甜，耐贮运，可全年供应，是制作清凉保健饮料的好原料；其树型优美，花量大，花期长，是极好的庭院观赏乔木和蜜源植物；酸角的木材结构致密，防虫、耐用、韧性强，是优质家具、建筑、枪托、车轴、船帮的良好用材，商人们誉之为珍贵的“马德拉红木”；其种子可用于提取罗望子多糖，罗望子多糖可作食品添加剂、胶粘剂和增稠剂，性能优于明胶和瓜尔胶；其树叶是牛羊的好饲料，个别国家还采摘叶子发展养蚕，或供人佐餐食用。酸角耐瘠耐旱，用途多样，在热带和亚热带土壤瘠薄和稍微干燥的地带发展是有前途的。

二十二、余甘子 *Phyllanthus emblica* L.

【植物名】余甘子又名油甘、余甘、山甘、牛甘子、杨甘等，为大戟科（Euphorbiaceae）余甘子属植物。

【形态特征】落叶小乔木或灌木，高可达1～3m。小枝具脱落性。叶互生，条状矩圆形，无毛，托叶小而呈棕红色。花单性，雌雄同株，小而无花瓣，3～6朵簇生于叶腋，多数为雄花，雌花通常1朵，着生于雄花群中；雄花花盘具腺体，雄蕊3，花丝合生；雌花花盘杯状，边缘呈撕裂状。果为蒴果，其果皮肉质而呈浆果状，通常圆形或扁圆形（图7-22）。

【分布与生境】主产于福建、广东、广西、贵州、云南，四川和台湾等省区。其他南方省份也有分布。余甘子喜高温，冬季最低气温不应低于5℃，对土壤适应性较强，在山地的红壤土，沙砾土上生长良好。是荒山荒地的先锋树种。

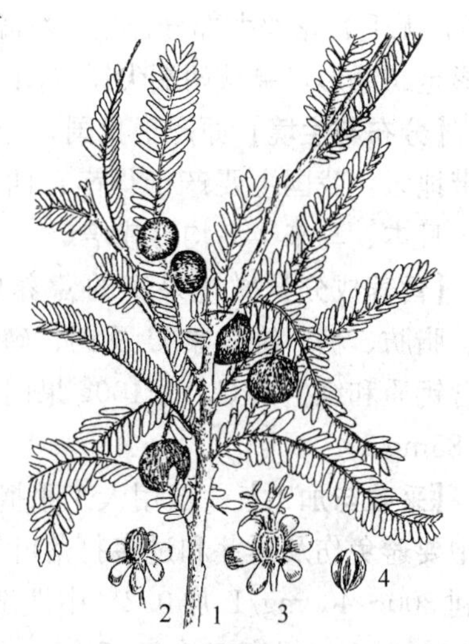

图7-22　余甘子 *Phyllanthus emblica*
1. 果枝　2. 雄花　3. 雌花　4. 种子

【营养成分】余甘子鲜果实含水分81.2%、蛋白质0.5%、脂肪0.1%、矿物质0.7%、碳水化合物14.1%、钙0.05%、磷0.027%、铁1.2mg/100g、烟酸0.2mg/100g、硒10.3mg/100g维生素中尤以维生素C，维生素P的含量较丰富，100g果肉中维生素C为300～500mg，最高可达1 400mg以上，维生素P为600～1 000mg，最高可达3 000mg以上；碳水化合物中以葡萄糖、果糖、蔗糖和果胶较丰富。其根和叶中含有余甘子酸、蛇麻脂醇和β-谷甾醇等。种子含油约16%，未成熟的果实含单宁30%～35%，且纯度高达75%以上。

【资源开发与保护】果实供鲜食。余甘子果实表面光滑，果皮较薄呈半透明状，成熟时呈淡绿色、黄绿色至红色，也有呈浅咖啡色的，果肉坚脆而多汁；食之初具苦酸涩味，回味甜而爽口，具有独特风味。以果实为原料，加工制成罐头、果汁、果酒、果酱、蜜饯、冲剂等系列产品，在国内外市场上，颇受群众欢迎。余甘子果实入药，治疗胃肠和消化不良等疾病。近年来，从果实中提取出具有抗菌活性物质，对一些细菌性病菌有抑制作用，其制剂用于皮肤消毒剂效果良好。其冲剂对乙型肝炎、高血压、动脉硬化和慢性咽炎均有较好疗效。治疗胆道蛔虫病具有止痛快、疗程短、使用安全的特点。树根制剂还有止泻、解热消毒、治风湿等症，树叶可治皮炎、湿疹等。余甘子植株较繁茂，树姿优美，可作庭园绿化树种，全株均可开发利用，既美化环境，又具有较高的经济价值。因此，在适于余甘子生长的地区，可大力提倡人工引栽。

二十三、橄榄 *Canarium album*（Lour.）Raeusch.

【植物名】橄榄又名白榄、山榄、青果等，为橄榄科（Burseraceae）橄榄属植物。

【形态特征】常绿乔木。小枝幼时被黄棕色绒毛，后变无毛。奇数羽状复叶，具7～11枚小叶；小叶长圆状至卵状披针形，顶端渐尖，基部稍偏斜，叶脉两面均明显，叶背网脉上有小疣状突起。聚伞状或总状圆锥花序；花小，单性或杂性；花萼杯状，花瓣3，白色，芳香；雄蕊6，无毛，花丝大部分合生，雌蕊密被短柔毛。核果卵圆形至纺锤形，果核两端尖锐（图7-23）。

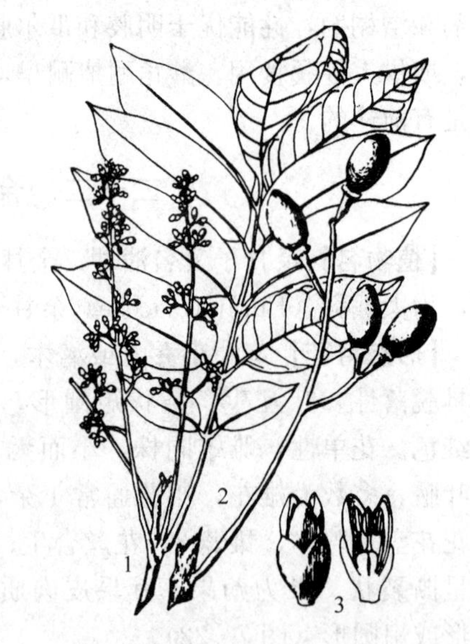

图7-23 橄榄 *Canarium album*
1. 花枝 2. 果枝 3. 花

【分布与生境】原产于我国，分布于东南亚的热带亚热带地区，我国主要产于华南、西南及台湾等地。在越南、日本、马来半岛均有栽培。

【营养成分】橄榄果实的营养成分丰富，含有蛋白质、脂肪、糖、维生素C及钙、磷、铁等矿物质，尤其富含钙质和维生素C，每100g果肉中含维生素C17.26～24.85mg。

【采收与加工】一般用人工采摘，成熟即采，采摘过程中要避免伤及顶芽和过多打落叶片。也有人用40%乙烯利300～400mg/L加0.2%中性洗衣粉作粘着剂，采前喷果，4～5d后振动枝干，可催落果实达95%以上，提高工效3～5倍，但要严格控制浓度，先实验，再推广。橄榄的采果期在霜降至立冬，果实可鲜食，产量大时往往需要贮藏。但橄榄果若长期贮藏（尤其是常温条件下）极易发生褐变，常采用低温贮藏，冷藏温度以 6～10℃为宜，一般可贮存至次年2 月～3 月；在贮藏过程中，果实品质总体上向口感好的方向发展，风味变好，韧度降低，脆度增加。

【近缘种】 同科同属植物的果实亦多有开发利用价值。①乌榄（*C. pimela* Leenh.），分布于东南亚，我国华南及云南南部常有栽培。果涩不易生食，用于制作凉果；种子称榄仁，为饼食及菜肴配料佳品，亦可榨油供食用或工业用。②方榄（*C. bengalense* Roxb.）分布于云南、广西及东南亚。果可食；种子油可用于制皂或作润滑油。另外，橄榄常易与木樨榄（*Olea europaea* L.）相混淆，该植物也被称作油橄榄，为木樨科木樨榄属植物，广布于地中海沿岸国家，我国西南等地有栽培，是橄榄油的原料，在西方文化中其树枝即橄榄枝被视为战神雅典娜的象征，也成为胜利者与和平的象征。

【资源开发与保护】 橄榄因果实成熟时呈青色，故又称“青果”，在我国已有 2000 多年的栽培种植历史。其果可生食，有先涩后甜的特点，明代徐光启在《农政全书》中有述：“橄榄始涩后甘，犹如忠言逆耳，故又称谏果”，常食之对妇女及儿童大有补益；又常加工成各种凉果、饮料和蜜饯。橄榄还可入药，有清肺、解毒、化痰和消积食的作用，也可治鱼骨鲠喉及食物中毒等。另外，橄榄树还是一种优良的防风林和风景树种。

二十四、山葡萄 *Vitis amurensis* Rupr.

【植物名】 山葡萄又名野葡萄，东北山葡萄等，为葡萄科（Vitiaceae）葡萄属植物。

【形态特征】 落叶本质藤本，长达 15m 或更长。树皮暗褐色或红褐色，小枝棕色，有突起的棱线，卷须间歇性；芽尖，自内弯曲。单叶互生，叶柄有疏毛，叶宽卵形，先端锐尖，叶基呈心形，边缘有大牙齿，表面深绿色，无毛或仅叶脉及脉腋处有疏毛，自基部分生掌状五脉，背面叶脉多呈棕红色。花为圆锥花序，雌雄异株，罕为两性花；萼片 5，小形，花瓣 5，顶部愈合；雄花雌蕊退化，雌花雄蕊花丝反卷。果为浆果，圆球形。黑紫色，带蓝白色果霜，种子 2～4 粒。呈卵圆形。花期 5～6 月，果期 8～9 月（图 7－24）。

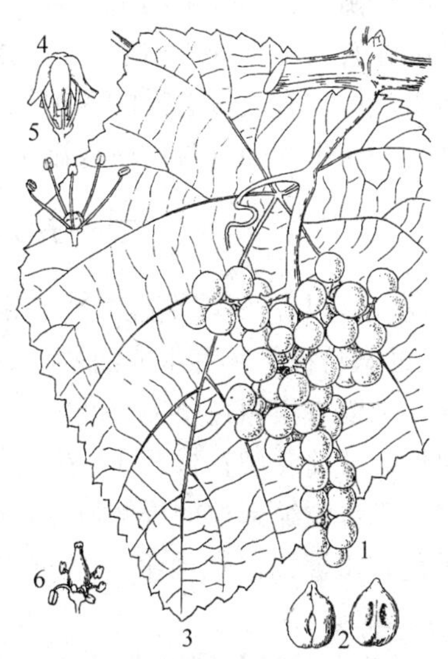

图 7－24　山葡萄 *Vitis amurensis*
1. 果穗　2. 种子　3. 叶片　4. 雄花
5. 雄蕊　6. 两性花

【分布与生境】 山葡萄是葡萄属中分布最北线的一个种。中国、俄罗斯、朝鲜、西欧、北美等地的寒冷山区都有分布。我国山葡萄主要分布于吉林、黑龙江、辽宁、河北、山东、陕西等省，以吉林省和黑龙江省的长白山区和小兴安岭分布较集中。

在自然条件下山葡萄主要分布在海拔 1 500m 以下的林缘、疏林及幼林中，生长在有机质较为丰富、通气、透水良好、微酸至中性的土壤上。喜光、不耐干旱、极抗寒。

【营养成分】 山葡萄果实含糖量在 10％～20％，单宁 0.02％～0.15％，总酸 1％～3％，每 100g 鲜果含维生素 A 80～100 国际单位、维生素 C 1～12.5mg，还有维生素 P 和 H 等。蛋白质含量较少，主要存在于种子和果皮中，而氨基酸多达10余种。此外，还含有钾、钠、钙、镁、铝、锰、铜、锌、硼等。山葡萄酒氨基酸含量较栽培葡萄酒低，但含有栽培葡萄酒没有的酪氨酸和组氨酸。使山葡萄酒更具营养、口味更好、香气更浓。提高了酒的质量。

【采收加工】山葡萄的穗梗与结果枝相连的部位不产生离层。采收时要一手轻拿果穗，一手用采果剪剪断穗梗。山葡萄果实浆汁多，应轻拿轻放，避免果实及树体的机械损伤。采收后应按品种分级包装并注明。若需远距离运输，要在筐内铺好衬垫物，以装得紧而不挤破为宜，并应尽快运往目的地。

【近缘种】我国已知的葡萄属植物约有30个种和变种，除山葡萄外、研究利用较多的还有以下几种：蘡薁葡萄（*V. adstricta* Hance）幼枝和叶背被有锈色绒毛。产于河北、山东、江苏、浙江、湖北、福建、广东、云南等省，日本、朝鲜也有分布。果可生食或加工，抗寒性较强，在华北一带不埋土可安全越冬，是抗寒育种的良好亲本，北京植物园利用蘡薁与玫瑰香和亚历山大杂交结实良好，育成“北丰”，“北紫”两品种。刺葡萄（*V. davidii* Foex.）枝上密被直立或稍弯曲皮刺，产于陕西、甘肃、华中、华南、华东、云南、贵州等地。果实较大，直径约1.5cm，本种在江西玉山县已选有栽培品种，称“塘尾葡萄”，果粒平均重2.9g，穗重118.3g，最大195g，无香味，甜酸适度，品质中等，耐贮运。华东葡萄（*V. pseudoreticulata* W. T. Wang）形态近似网脉葡萄，但叶质地较薄，无明显脉网。雌雄异株，果粒小，平均重0.43g，量重0.83g，但本种含糖量高，果实可溶性固形物平均为18.9%，是培育南方地区高糖度的葡萄品种的重要种质资源。

【资源开发与保护】山葡萄的成熟果实味酸甜，富浆汁，主要用于酿制果酒，亦可生食。据通化葡萄酒厂分析，野生山葡萄果实出汁率44.88%，每100ml果汁含糖9.17g，总酸2.31g，单宁0.0785g。山葡萄酿制的红葡萄酒，酒色深红艳丽，风味品质甚佳。以山葡萄为原料的通化葡萄酒在国内、国际市场上有较高的声誉。山葡萄的种子含油率10%左右，出油率达4.66%。种子中亦含有丰富的蛋白质。据测定，总氮量为14.29%，蛋白质含量为85.74%，蛋白质的氨基酸组成中具有人体必需的8种氨基酸，其中缬、精、蛋、苯丙氨酸的含量都相当于大豆蛋白质的含量。用山葡萄籽蛋白质或用山葡萄籽粕，可作为保健药物、强化食品以及味精原料。

二十五、沙枣 *Elaeagnus angustifolia* L.

【植物名】沙枣又名桂香柳、银柳、红豆等，为胡颓子科（Elaeagnaceae）胡颓子属植物。

【形态特征】小乔木或灌木。嫩枝被银白色鳞毛；老枝栗褐色，具棘刺。单叶互生，披针形，全缘，两面有银白色鳞毛。花常1～3朵腋生，白色或黄色，无花冠，花萼外侧具鳞毛；花两性或单性，萼筒4裂；雄蕊4，花丝与萼筒愈合，着生于花被筒喉部；雌蕊位于花托下部愈合处，在萼筒下部溢缩部位的内侧有花盘包被，花柱长。果实呈圆形、矩圆形或椭圆形，红、黄、白或栗褐色，密被银白色鳞毛。有一枚种子，种子有少量残留胚乳。花期5～6月，9～10月果熟（图7-25）。

【分布与生境】我国南部和西部地区引种栽培。在我国大致分布于北纬34°以北，东起辽宁，经河北、河南、内蒙古到西北各省均有分布。地中海沿岸、亚洲西部及俄罗斯也有。抗旱耐盐，为荒漠地带河岸林的建群种。栽培在通气良好的沙质土壤上，生长良好。

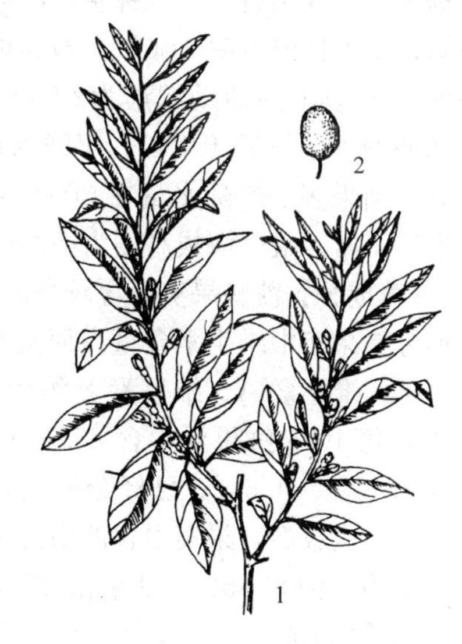

图 7-25　沙枣 *Elaeagnus angustifolia*
1. 花枝　2. 果实

【营养成分】果肉风干重约占全果重的 2/3。果肉含糖 46.99%、水分 20%、蛋白质 5.46%、脂肪 4.20%、灰分 3.28%、游离酸 3.01%、果胶 2.74%、氮 0.87%、维生素 C 0.55%和少量的磷、钙、铁、锌、锰、尼克酸、硫铵素及微量的核黄素、胡萝卜素等。沙枣果肉的营养成分接近玉米和高粱。沙枣果核中含有可溶性糖、粗蛋白、粗脂肪、粗纤维及灰分等，其粗蛋白含量高于高粱和玉米，粗脂肪含量高于高粱。

【采收与加工】秋季果实成熟时采收，除去杂质，晒干备用；春季采收树皮，除去粗皮（栓皮），晒干，切段备用；夏季采收叶，阴干备用；花盛开时采收，晒干，蜜炙用。沙枣果肉可以制糖酿酒、酿醋、发酵谷氨酸、制造果酒、生产饮料；花可以养蜂；果核制作门帘、制作镶嵌画。

【近缘种】胡颓子属（*Elaeagnus* L.）植物全球约有 80 余种，广布于亚洲东部及东南部的亚热带和温带，少数种类分布于亚洲其他地区及欧洲温带地区，我国约有 55 种，我国为本属植物主产区。

【资源开发与保护】沙枣的花、果、叶、皮、枝均可入药，能治疗烧伤、白带、慢性气管炎、闭合性骨折、消化不良等病症，沙枣果汁可作泻药，果肉与车前一起捣碎可治痔疮，根煎汁可洗恶疥疮，叶干后加水服用对治肺炎和气短有效。沙枣抗风沙，抗盐碱、耐贫瘠、耐干旱，繁殖容易，生长适应性强，是防风固沙和水土保持造林的优良树种之一。沙枣还是一种木本粮食树种，其各部分都有较高的开发利用价值。

二十六、中国沙棘 *Hippophae rhamnoides* L. subsp. *sinensis* Rousi

【植物名】中国沙棘又名醋柳、酸刺、黑刺、酸不溜、酸棘等，为胡颓子科（Elaeagnaceae）沙棘属植物。

【形态特征】落叶灌木或小乔木，高达 3～10m，具粗壮棘刺，幼枝密被褐锈色或银白色而带褐色的鳞片，老枝灰黑色。单叶互生、近对生或近三叶轮生，线形或线状披针形。花单性、雌雄异株，雄花先开，花后雄花序轴脱落，雄蕊 4，2 枚与花萼裂片互生、2 枚与花萼裂片对生；雌花单生于叶腋，具短梗，花小而呈淡黄色，花萼囊状，2 齿裂，花柱圆柱形，褐色，伸出花萼外。果为坚果，为宿存的肉质花萼管听包围，果色因类型而异，多为红色、橘红色或橘黄色。花期在适宜生长地区为 3～4 月，果期 9～10 月（图 7-26）。

【分布与生境】沙棘原产于亚洲。在中国主要分布于河北，河南，陕西、内蒙古、山西、甘肃、宁夏、青海、贵州、西藏、新疆、四川、山东、辽宁、云南等省（自治区）。近年来，因对沙棘果实的开发利用，其加工制品具有较高的营养和医疗价值，是当前认为较好的保健食品，在国内和国际市场上颇受欢迎，所以各地都进行了引种栽培。适应性极强，耐干旱、盐碱和严寒。抗高温和风沙，在荒山荒滩和瘠薄的河谷都能正常生长，但较喜光，宜于在较肥沃的沙壤土生长。据调查，我国野生沙棘林主产区年平均气温在4.7～15.6℃；最低极温可耐－50℃，最高地面温度可耐60℃；年平均10℃以上的活动积温为2 500～5 000℃。土壤以中性和弱碱沙土较适于生长，年降水量在500～800mm，生长好，结果多。但降水量在300～400mm的地区沙棘生长也较正常。最适海拔高度为700～3 500m。

图7-26 中国沙棘 *Hippophae rhamnoides* subsp. *sinensis*
1. 雌花枝 2. 果枝 3. 雌花 4. 果实 5. 果实纵剖 6. 种子纵剖 7. 雄花

【营养成分】沙棘果实富含较高的营养成分和药效成分，据分析果实中维生素含量高而且全，其中维生素C、维生素E、维生素A、维生素P等含量较丰富，特别是维生素C每100g鲜果汁中含850～1 500mg；有机酸的含量为3.12%～4.6%，已经分析出含20种氨基酸；脂肪酸的含量也较高，果实中含油率为2%～12%；脂肪酸组成主要为亚油酸36%，亚麻酸27.6%，油酸23.1%，棕榈酸和硬脂酸11.6%；鲜果中可溶性总糖含量为5.44%～12.5%；果胶和无机元素也较丰富，果胶物质主要由半乳糖醛酸、木胶糖、阿拉伯糖和鼠李糖等组成，含有20多种微量元素；果实内还含有异鼠李素、黄酮醇等七种黄酮类物质；沙棘的营养器官还含有较丰富的抗肿瘤的活性物质5-色胺烃，因此，沙棘具有成分全、价值高的特点。

【近缘种】除本种外，该属在我国尚有以下几个种可供开发利用，简介如下：①肋果沙棘（*H. neurocarpa* S. W. Lin et T. N. He），又名黑刺，为落叶灌木或小乔木，果实多圆柱形，弯曲，密被银白色鳞片；种子圆柱，稍弯曲。主产青海、四川等地。②柳叶沙棘（*H. salicifolia* D. Don），小乔木，高达5m，枝多，刺少，叶较长；花、果均较大，果多圆形或椭圆形，种皮黑色，具光泽。主产西藏南部，西北地区也有分布。③西藏沙棘（*H. thibetana* Schlechtend.），矮小灌木，高仅40～50cm，多分枝为帚状或少分枝，叶腋常无刺，枝顶呈刺状；叶对生或三叶轮生，果实多呈阔椭圆形；种子椭圆形，种皮黑色。耐旱耐寒，主产西藏、青海的高寒山区，在四川、甘肃也有分布。

沙棘原种分为9个亚种，其中我国有5个亚种：①中国沙棘（*H. rhamnoides* L. subsp. *sinensis* Rousi）主产河北、内蒙古、山西、陕西、甘肃、四川西部等。②云南沙棘（*H. rhamnoides* L. subsp. *yunnanensis* Rousi）主产云南西北部，四川宝兴、康定以南和西藏拉萨以东地区。③中亚沙棘（*H. rhamnoides* L. subsp. *turkestanica* Rousi）主产新疆。④蒙古沙棘（*H. rhamnoides* L. subsp. *mongolica* Rousi）主产新疆的伊犁、策勒尼勒克、内蒙古西部等。⑤江孜沙棘（*H. rhamnoides* L. subsp. g*yantsensis* Rousi）主产西藏拉萨、江孜、亚东。

【资源开发与保护】沙棘主要利用果实加工各种饮料和食品，目前国内外的加工制品主要有沙棘果汁、沙棘酒、沙棘果露、沙棘汽水、沙棘晶、沙棘果粉、沙棘冰淇淋、果酱、果脯、罐头、饼干、糕点等。沙棘果实制品，长期食用具有增强体质，消除疲劳，提神醒脑，增进食欲等功效。以沙棘为主要原料，制成各种丸、片、膏、散等药剂，可治疗和预防多种疾病，增强机体免疫力；增加肺活量和降低心率等。沙棘油制成的药物对放射病、皮肤灼伤、冻伤、溃疡等有良好的医疗效果。目前国内外医学界正在研究以沙棘为主要原料，提取和制造具有防癌和治癌的新药物。沙棘根系较发达，根蘖性强，有良好的防风固沙能力。其根系还具有大量的根瘤菌，有良好的固氮能力，沙棘生长快，枝叶繁茂，落叶后不但可以增加土壤中的腐殖质，同时还可以调节土壤 pH，由于沙棘根系比较耐盐碱，所以营造沙棘林对中和土壤中的碱性、改良土壤理化性质和增加土质肥力都有较好作用。

二十七、番石榴 *Psidium guajava* L.

【植物名】番石榴又名黄肚子、鸡矢果等，为桃金娘科（Myrtaceae）番石榴属植物。

【形态特征】常绿乔木。树皮平滑，灰色，片状剥落。嫩枝有棱，被毛。单叶对生，革质，长圆形至椭圆形，叶背有毛。花单生或2～3朵组成聚伞花序；萼管钟形，4～5裂；花瓣白色，4～5枚，向外反卷；雄蕊多数；子房下位，与萼管合生。浆果球形、卵形或梨形，顶端有宿存萼片，果肉熟时黄色。种子多数（图7-27）。

【分布与生境】原产于南美洲，现广布于热带及亚热带地区。我国华南、西南地区及台湾有栽培。该种耐旱耐贫瘠力强，有较强的适应性，在平原、丘陵、山地、河谷、荒地、堤岸、路旁、地边等不同生境中均可见其踪迹，甚至在一些植物稀少、土壤贫瘠、高温少雨的地方也能正常生长；分布范围广泛，可垂直分布至海拔1 500m的山地，但以不超过海拔800m为宜，否则果实品质欠佳。

图7-27 番石榴 *Psidium guajava*

1. 花果枝 2. 花纵剖 3. 子房横切

【营养成分】番石榴果实营养丰富，每100g含粗纤维3.8%～5.57%，粗蛋白0.76%～1.06%，粗脂肪0.36%～0.94%；每100g果实含维生素250mg，维生素B_1 0.05mg，维生素B_2 0.03mg，维生素C 200～336.8 mg，最高可达1014mg，胡萝卜素0.69mg，叶绿素0.67mg，叶黄素0.13mg。其中，以维生素C含量最为突出，比柑橘多8～9倍，比香蕉、凤梨、木瓜、番茄、西瓜等多30～80倍，这在热带水果中是罕见的。另外，还含有钙、磷、铁、钾、钠、镁等多种矿质元素，尤以铁含量（1～1.82mg/100g）之多为热带水果所少有。

【采收与加工】番石榴的采收期较长，从6月下旬开始至9月下旬可进行第一次采收，从12月至翌年2月进行第二次采收，东南亚和我国台湾省也有一年四季均可结果者。采收时，宜果实先熟先采，特别是在高温、果实大量成熟期间，每日宜采收一次，以免过熟而降低品质。作鲜果时，以果实有香味、皮色浅黄或向阳部位微红时采摘为宜；若要外销，则不需等到果实全熟便应采收。采摘宜在清晨进行，此时温度较低，果实不致太快变味。番石榴果实的贮藏寿命较短，一般几天以后其品质风味便有所变化，使其商品价值大大降低，故除鲜食外，应尽快就地处理，加工成各种产品，若不能即时加工，在2～7℃下可贮藏一周左右。

【资源开发与保护】番石榴果实香甜带酸、风味独特，很受产地人们喜爱。若作为鲜果食用，以7～8分成熟度、肉质爽脆时最为可口；或将果实除皮、加砂糖、盐水、甘草浸渍食用；或切成薄片混入乳酪食用；或与柑橘、凤梨等混合制成水果沙拉。目前，在国际市场上，由于番石榴鲜果不耐贮藏因而市场较小，大多以加工品的形式出现，如果冻、果膏、果酱、蜜饯、罐头、原果汁、浓缩果汁等，而果冻、果膏、果酱等是热带地区最普通和著名的食品。另外，番石榴果实富含果胶，其果胶属优质胶，提取后可作为食品加工中的稳定剂和增稠剂；种子可榨油供食用，其残渣可作为饲料或肥料；番石榴花粉具有促进机体正常生长、抗衰老、抑制肿瘤生长等多种生理功能，可制成营养制品和滋补药品；番石榴果实、嫩叶等皆可入药，外用治外伤出血、跌打扭伤，内服具治疗糖尿病、高血压的功效；番石榴未成熟果实、叶和茎枝皮富含鞣质，可提取栲胶作染料或制革鞣料；木材可作箱材或用于雕刻。因此，今后应重点探讨综合、高效利用番石榴资源的新途径。

二十八、越橘 *Vaccinium vitis-idaea* L.

【植物名】越橘又名红豆越橘、牙疙瘩等，为杜鹃花科（Ericaceae）越橘属植物。

【形态特征】常绿矮小灌木，株高10～25cm。老枝褐色，新枝绿色有密生短毛。单叶互生，叶倒卵形或近椭圆形，先端圆钝或微缺，基部楔形，表面深绿光亮，背面淡绿有褐色腺点，叶缘中上部有微锯齿，下部全缘，稍背卷，革质，网状脉。花着生于一年生枝先端，总状花序，稍下垂，每花序2～15朵花，花冠钟状，4浅裂，白色或粉色，雄蕊8，花丝有毛。果为浆果，圆形，深红色，花期5～6月，果期8～9月（图7-28）。

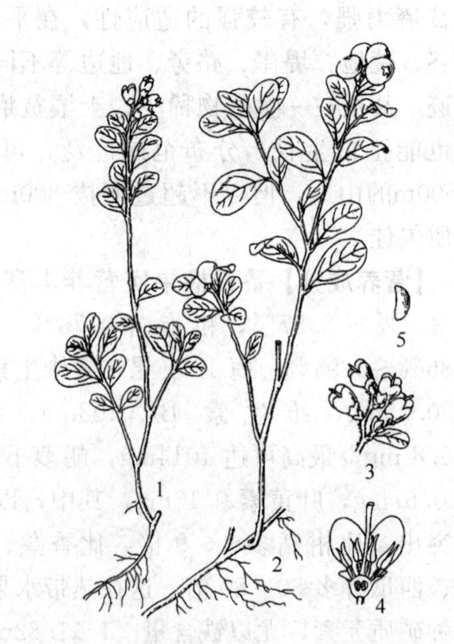

图7-28 越橘 *Vaccinium vitis-idaea*
1. 花枝 2. 果枝 3. 花序
4. 花纵剖 5. 种子

【分布与生境】越橘在欧、亚、美三洲环北极广布。我国主要产于吉林省长白山，黑龙江省、内蒙古的大、小兴安岭和新疆等地的高山湿润台地的针叶林或针阔叶混交林下，特别是内蒙古额尔古纳左旗境内的大兴安岭山区，分布颇为集中。喜生有机质丰富，湿润、酸性土壤，pH4～6为宜。喜光，自然条件下丰产的地块都生长在经过采伐的山林场地、林缘或林穴等光照条件好的地方。越橘的抗寒力极强，大兴安岭额尔古纳左旗和长白山越橘产区的极端低温都曾达－50℃，越橘从未有过冬季冻害。但早春霜冻易使其花器受害。

【营养成分】果实中含糖量为8.57%～11.8%，苯甲酸0.075%，鞣酸0.224%，胡萝卜素0.05～0.12mg/100g，维生素C 25～53mg/100g，还有少量的类胡萝卜素，番茄红素，儿茶精等营养成分和多种矿质元素。越橘果实出汁率可达80%以上。越桔除果实可利用外，叶片亦含多种营养和药用成分，其中熊果苷8%，甲基熊果苷3%，鞣质10%，黄酮类化合物

0.5%～0.6%，维生素 C 277mg/100g 和没食子酸，熊果酸，奎宁酸等。临床上应用越橘叶做利尿药。因叶制剂有抗菌作用，可用于淋病、肾炎、膀胱炎，浸剂可试用于感冒和止血，亦可做为全身强壮药。叶经加工后亦可代茶用。越橘种子内含油达 30%，可制干性油。种子内还有β、γ-羟基-α-丁酮酸及氢醌。

【采收与加工】 成熟后果实易落，应及时采收，皮薄汁多，鲜食越橘宜手工采摘。矮丛越橘的人工采收多用特别带有疏齿的小型簸箕撮摘。加工用蔓越橘在国外常用机械采收。

【近缘种】 我国已知的越橘属植物有 90 余种和 20 余个亚、变种，除越橘外，果实可食者还有 10 余种，简介 3 种如下：①笃斯越橘（*V. uliginosum* L.）主要分布区同越橘，生长在有苔藓的水甸子或湿润的山坡上。落叶灌木，高 40～100cm，果实蓝黑色，球形、径约 1cm。本种果实风味较越橘好，出汁率高，东北地区有商业性的采集利用，但本种丰产性差。②南烛（*V. bracteatum* Thunb.）又名乌饭树，产江苏、浙江、江西、湖北、广东等省。常绿小乔木，高达 1.5m。果球形、紫黑色，径 4～5mm，味甜，可研究开发利用。③黑果越橘（*V. myrtillus* L.）分布于新疆阿尔泰山。落叶矮生灌木，高 15～30cm。果球形，径 6～8mm，黑色覆蓝果粉。国外有育种应用的报道。

【资源开发与保护】 由于越橘果实具有较高的营养价值。较好的加工性状和在自然条件下分布集中，较为丰产、便于采集等特性，我国和世界上一些有越橘分布的国家都有利用其野生果实的历史，并已开始栽培，培育出一些优良品种。越橘可制果酒、果酱、食用色素、清凉饮料等。

二十九、君迁子 *Diospyros lotus* L.

【植物名】 君迁子又名软枣、黑枣、小柿、红蓝枣等，为柿树科（Ebenaceae）柿树属植物。本种又有普通君迁子、无核君迁子等类型。

【形态特征】 落叶乔木，高达 20m。树皮灰色，呈方块状深裂。叶互生，椭圆形至长圆形。花单生，雌雄异株，淡黄色或淡红色；花萼密生灰色柔毛，3 裂；雄花 2～3 朵簇生，雄蕊 16 枚；雌花近无柄，花柱分离。浆果，直径1.5～2cm，果球形或圆卵形，初为黄色，熟时蓝黑色外被白粉，贮藏后变为黑褐色，萼宿存。种子长圆形，扁平，长 1～1.2cm，淡黄色。花期 4～5 月，果熟期 10～11 月（图 7-29）。

图 7-29 君迁子 *Diospyros lotus*

【分布与生境】 产于我国东北南部、华北至中南、西南各地，已有 2 000 多年的栽培史，中国山东、河北、河南、山西、陕西等省分布较多。生于海拔 400～1 400m 的山坡、山谷或栽培于宅旁。喜光、耐半阴；耐寒、耐旱、也耐湿。喜肥沃深厚土壤，但对瘠薄土、中等碱土及石灰质土地也有一定的忍耐力。寿命长，根系发达但较浅，生长较迅速。抗污染性强。

【营养成分】 果实脱涩后可食用。君迁子营养丰富，据测定每 100g 可食用部分含有总糖 45.7%，淀粉 41%，蛋白质

1.83%，果胶3%～3.84%，单宁0.98%，含有各类维生素，其中含维生素C 97.9mg/100g。

【采收与加工】 10～11月果实成熟期适时收采，分别晾晒。君迁子可以加工成果干、果圃、罐头，果丹皮等。君迁子干的制作，选已脱涩（呈紫褐色）而又含水分较少的葡萄枣，洗净后放65℃的烘干箱中，蒸发掉游离水，口味甘甜清脆，即成紫褐色的君迁子干，装入小塑料袋内销售，既不霉烂，又卫生清洁。

【资源开发与保护】 君迁子性平，味甘、涩。止渴，除痰。治消渴。君迁子树的嫩叶含维生素C高达1 148.71mg/100g，在新陈代谢中，能阻止致癌物的形成。君迁子是研制多种食品饮料，药剂的理想原料。君迁子树干挺直，树冠圆整，是良好的庭园树。

复习思考题

1. 简述果树植物资源的概念及其分类。
2. 简述野生果树植物资源的特点。
3. 简述我国野生果树资源的开发利用现状及前景。
4. 野果加工的预处理包括哪些?
5. 简述野果的加工方法。
6. 简述主要果树资源植物分布、利用部位、开发利用。

第八章　野菜植物资源

第一节　概　　述

随着人们生活水平的提高及健康意识增强，生活习惯也由过去的“温饱型”向“营养型”转变。野菜消费热在国内外悄然兴起，成为现代人渴求“回归自然”的野味食品。野菜是指野外自然生长未经人工栽培，其根、茎、叶、花或果实等器官可作蔬菜食用的野生或半野生植物，称野生蔬菜，简称野菜。野菜以其天然无公害、营养价值高、药食同源、风味独特而日益受到人们的青睐，被誉为天然“绿色食品”、“森林食品”。我国野菜资源十分丰富，分布广泛，是亟待开发的绿色资源宝库。

一、野菜植物资源的特点

1. 营养价值高，且无公害　野菜生长于自然环境中，不受或极少受农药、化肥及环境污染的危害，是真正的“绿色”食品。野菜富含人体必需多种营养成分，尤以维生素和无机盐含量更为突出，其含量大多高于栽培蔬菜许多倍。如被誉为“智慧素”的锌元素在干菜中含量，山麋子584.4μg/g、猴腿儿61.2μg/g、刺五加132.0μg/g。

2. 具有医疗、保健功能　许多野菜是著名的中草药，如马齿苋治疗痢疾，近年因其富含去甲肾上腺素，陕西民间用其治疗糖尿病取得一定效果；蒲公英抗菌消炎、清热解毒，用其治疗乳腺炎、乳房红肿、慢性气管炎、肝炎等症，据报道还有一定的抗癌作用；狭叶荨麻可治疗肾炎；刺五加具有“扶正固本”的“适应原”样作用。蕈菜含丰富的多糖类物质，具有增强人体免疫力、抗痛、防癌等保健作用，并用于防治高血压及心、脑血管疾病。

3. 种类多，分布各具特色　我国幅员辽阔、自然条件复杂。野生菜用植物资源达7 000余种。有开发潜力且品质优良的常见种，在全国有200余种，食用部位从根、茎、叶，到花、实、种子及菌类子实体等。有些种是高档山珍精品。有些种分布很广，如蒲公英、苣荬菜、马齿苋等；有的种具有较强的地域性，如松茸、蜂斗菜等。

4. 风味独特，商品价值很高　野菜不同于栽培蔬菜，因其在野生状态下生长，纤维素含量多数偏高而含水量则偏低，加之所含有的一些风味物质，如芳香气味、苦味、甜味等成分，给人以“野味”、“新奇”的感受，能满足人们“猎奇”的心理要求。

5. 种类多，吃用方法多样　有的适合鲜食，如蒲公英、鱼腥草、苣荬菜等；有的适合炒食，如广东菜、香椿芽、竹笋、莼菜、猴腿儿等；还有的可供炝拌、烧汤、作馅、调味或作配料菜，熘、烩、煮、炖及焯后蘸酱食用；也有许多野菜经盐渍或干制后，品质变佳，如蕨菜盐渍后可除去其毒性成分；蕨菜、薇菜干制后炒食比鲜食口感、品味更佳。

二、野菜植物资源的分类

野菜种类多，分属于不同科属中，按植物分类法进行分类，各科间极不平衡，也不便掌握，按食用器官分类是目前应用比较多的方法。

1. 全株菜类 在适宜的采收期食用其全株叶、茎等部位的野菜种类。如蒲公英、荠菜、大叶芹、马齿苋、苋菜等。

2. 叶菜类 在适宜的采收期主要食用其幼苗、嫩芽、嫩茎叶的野菜种类，其中木本植物主要是以嫩芽、嫩叶为食用对象。如薇菜、蕨菜、刺五加芽、香椿芽等。

3. 根和根茎菜类 食用器官为地下根、根茎、鳞茎或块茎的野菜种类。如桔梗、山胡萝卜、莲藕等。

4. 花菜类 在适宜的采收期食用其花序、花蕾或花瓣的野菜种类。如黄花菜、鸡冠花、葛花、槐花、榆钱等。

5. 果菜类 在适宜的采收期食用其果实或果仁的野菜种类。如松籽、山核桃仁、酸浆、龙葵等。

6. 菌蕈及其他菜类 此类是指可供食用的菌类、藻类等。如松茸、猴头、美味牛肝菌、海带、野紫菜等。

三、我国野菜植物资源开发利用现状与展望

（一）开发利用现状

随着社会主义新农村建设及解决“三农”问题，各地纷纷围绕野菜资源开发与深加工问题，探讨产业化发展之路。由原来山区农民自采自食，逐渐发展为企业牵线搭桥，批量收购进行粗、精加工，内销、出口并举的模式。目前，我国的河北、内蒙古、贵州、辽宁、吉林、黑龙江等地均引进日本技术和设备，生产各种保鲜野菜，加工产品直销日本、韩国和东南亚等国家和地区。吉林省相继建起十余家野菜加工企业，加工品的种类及方法出现了多样化、高档化，生产的各种罐制品、小包装干制品、保鲜品、风味小菜制品、松仁露、东北山核桃乳等饮料制品，出口亚洲、欧洲 20 余个国家和地区，同时也注意了国内市场的开发。

（二）目前开发利用中存在的问题

1. 野菜资源的基础研究不够 我国野菜资源丰富，但缺乏对其生长发育、营养成分、生理活性物质等系统研究。具有较高的食用价值和开发潜力的种类，如山糜子、守宫木、黄花松茸、藿香苗等却几乎看不到有关报道。

2. 野菜资源浪费破坏严重，某些种类出现退化现象 由于开发利用的研究相对滞后，野菜资源大多处于自生自灭状态，造成资源的极大浪费。又因缺乏统一管理，品质优良的传统出口野菜资源遭到破坏性采收，如薇菜、松茸等。

3. 人工驯化栽培的研究落后于生产需求 对于有较高商品价值种类，只靠野生资源已满足不了市场需求，必须实现人工驯化栽培。这是保证资源永续利用的唯一途径。目前科研水平及人工驯化栽培技术明显落后于生产，不能适应国际市场形势。

4. 野菜保鲜加工技术较为落后，制品档次较低 国内的大中型野菜加工企业较少，多数为

乡镇企业，其中还有相当一部分属于家庭作坊式，生产设备落后，规模相对小，技术水平低。生产出的多为半成品或低品位的产品，科技含量低，且加工制品种类少、包装简单、档次较低、质量差、市场竞争力弱、经济效益差。

（三）野菜植物资源综合开发思路

1. 加大科技投入，加强野菜的基础研究　政府部门及相关企业应加大科技投入，深入开展资源调查，加强对野菜的营养成分和生理活性物质等的研究，以利于对野菜产品的进一步开发，增加对资源的合理利用。还应加强野菜贮藏、加工的研究，解决野菜贮藏、加工各环节所存在的问题，保持野菜品质，扩大市场优势。

2. 加速引种驯化栽培进程，建立野菜原料基地　规模化的原料基地是食品工业发展的后劲和基础。建立原料基地不仅可以最大限度地满足加工生产对野菜资源的需要，而且可使一些食用价值高、再生能力弱、资源相对不足的优质野菜得到引种驯化，实现野菜的集约化栽培，从而避免资源灭绝厄运。

3. 综合开发野菜，形成规模化大生产格局　野菜加工技术除完善提高现有方法如干制、盐渍、罐制、制汁、速冻、保鲜（真空包装）等外，还应利用现代加工技术，开发出野菜沫、脆片、浓缩汁、汤料、饮料等系列产品；根据其有用化学成分，如生物碱、活性酶，加工成系列功能性营养保健食品，充分发挥其药食两用的优越性。野菜的开发利用要瞄准大市场，与国际市场接轨，生产适应于市场的产品。

四、野菜的采集与贮藏

（一）采集要求与注意事项

野菜因其种类多、生长时期与食用部位的不同，导致采集时间、方法也各不相同。采集时注意以下 3 个问题：

1. 适时采收是保证野菜质量的关键　野菜适时采收其品质、口感与外形处于最佳状态，且产量高，具有较高的商品价值。若过期采收，轻则降等、降级，重则失去商品价值乃至食用价值；过早采收，产量较低，资源利用不合理。

2. 择优而采，使资源永续利用　采集时选择那些生长粗壮、鲜嫩、无病虫危害的完好植株，同时采大留小，尤其挖根类的野菜，更要注意保护资源。

3. 选择适宜采收工具，及时整理　刚采收的野菜，通常鲜嫩、含水量高，为防止造成机械损伤、失水萎蔫，失去商品价值，要选择适宜的采收工具和包装材料，并及时整理，防止损伤或焐菜发黑。

（二）采后贮藏与简易处理

1. 贮藏原理

（1）防止失水　采后的野菜仍存在蒸腾作用与呼吸作用，水分损失很快。而水分直接影响它的鲜度、风味与外观质量，在恒定低温且高湿条件下，能防止失水萎蔫。

（2）控制呼吸　呼吸是一种不可逆的重要生理变化。它直接关系到野菜的成熟度、贮藏寿命、品质和商品价值。保鲜贮藏必须控制呼吸作用，把呼吸强度降到最低水平。有效方法是：

①调节 O_2 和 CO_2 的比例：适度提高 CO_2 浓度，降低 O_2 浓度，可抑制呼吸。

②降低温度：低温可以减弱野菜的呼吸代谢，也能控制其他有害变化。

③防止机械损伤：遭受机械损伤的野菜呼吸作用加快，极易变质。贮藏期要减少搬运次数，包装箱要牢固且装量适度。

（3）遏制褐变　褐变是指野菜在贮藏过程中变色，失去原料固有的颜色。它不仅影响了商品价值，同时还降低了野菜的营养价值，甚至不能食用。褐变有酶褐变和非酶褐变两种，使酶失活和消除氧气或酚类物质，是遏制褐变的关键，目前防止褐变的有效物质是抗坏血酸和亚硫酸盐。

2. 贮藏方法　采集或收购数量大时，对来不及加工处理或准备鲜销的野菜，都要进行必要的保鲜贮藏或进行焯后贮藏。保鲜贮藏一般是短期存放。工厂化保鲜贮藏可分为气调保鲜贮藏、辐射保鲜贮藏、负离子保鲜贮藏、物理及化学保鲜贮藏四大类；焯后贮存绝大多数野菜均可采用此方法保存。

五、野菜植物的原料加工技术

（一）野菜原料加工品类型

目前，野菜原料加工品主要有两大类，即盐渍品和干制品。

1. 盐渍品　利用食盐对野菜进行粗加工的产品。常见的适合加工成盐渍品的野菜有蕨菜、猴腿儿、广东菜、大叶芹、水芹菜、刺嫩芽、刺拐棒芽、柳蒿芽、山胡萝卜、大腿蘑、鸡油蘑及榛蘑等20余种。食用或加工前，脱去盐分即可；出口外销时，直接进行分级加工，重新注入饱和盐水。

2. 干制品　利用太阳能或人工热源，对野菜进行干制加工的产品。如常见的薇菜干、蕨菜干、猴腿干、干桔梗、金针菜等。此外，人们在实践中发现一些适合于干制加工的食用菌种类，如羊肚蘑、黄粘团子、黑木耳、小黄蘑、榛蘑、元蘑等。

（二）盐渍加工原理与技术

1. 盐渍原理　盐渍就是利用高浓度溶液所产生的渗透压，一方面使附着在野菜表面的各种腐败菌的细胞内水分渗出，造成质壁分离，抑制其活动并使之死亡；另一方面使野菜本身所含水分外渗；降低其含水量和水分活度，使体内的各种生命活动停止，从而达到防止野菜腐败变质的目的，以利较长时间贮存。食盐溶液具有较高的渗透压，1%食盐溶液可产生6.1个大气压的渗透压。

2. 食盐浓度的确定　野菜加工与食盐密切相关，食盐用量与许多因素有关，通常1%的食盐溶液，能使各种腐败微生物停止活动，15%时可使大部分有害微生物死亡。但用盐量还要视野菜组织的老嫩程度、盐渍环境的酸碱度及盐渍品的用途、贮藏期、是否过夏等情况而定。此外，野菜含水量低于一般蔬菜，且含有丰富的蛋白质、糖类及单宁等干物质，故用盐量要多于普通蔬菜。表8-1是1kg野菜不同腌渍期限所需的盐量及浓度。

表8-1　1kg野菜不同腌渍期所需食盐量及浓度

腌渍期限	食盐量（g）	食盐浓度（%）
立即食用	20～25	2～2.5
放置一夜	30～35	3～3.5
2～3日	40～50	4～5

（续）

腌渍期限	食盐量（g）	食盐浓度（%）
7～15日	50～70	5～7
1～2个月	100～120	10～12
3～6个月	150～200	15～20
6个月以上	250～350	25～35

3. 盐渍方法　野菜、食用菌盐渍方法大体分为水渍法和两次盐渍法两种。

（1）水渍法　也称一次盐渍法，适合食用菌和部分组织细嫩、多汁或易褪色的野菜使用。如鸡油菌、美味牛肝菌、密环菌及荚果蕨、鹿药等。具体步骤：

整理：野菜加工前要及时进行清理和分选，去除老化部位和杂质，有条件的将菜按质量分类，分别进行盐渍处理。

漂烫或杀青：食用菌及一些易老化变色的野菜盐渍前需用煮沸的盐水进行杀青或漂烫，通常盐水浓度为5%～10%，个别达15%，有些野菜种类可不加盐。漂烫或杀青时间视种类、老嫩程度而定。漂烫或杀青后要迅速冷却并降至16℃左右的室温，然后沥水20～30min后方可盐渍。

盐渍：每100kg鲜菇或鲜菜需要40～50kg粉碎洗盐。取2/3盐配制饱和盐水。先在大缸底层撒2cm厚的碎盐垫底；另在一个大盆中将沥去水分的蘑菇或野菜用碎盐搅拌均匀后倒入大缸。装满后，用2cm的盐层封口，盖上竹帘，压上重石，慢慢注入配好的饱和盐水，浸过菇体表面4cm左右，盖好遮光膜，2～3d后，上、下翻动一次，并测定盐液浓度，需补充盐分，使其达到20波美度。盐渍过程中，每6～7d，翻动一次，随时补盐，直到盐水浓度保持20波美度不变时，可不再加盐。整个盐渍时间在20～25d之间。

（2）两次盐渍法　也称层盐层菜法，适合大多数具有一定组织强度的野菜类使用。如蕨菜、水蕨菜、猴腿儿、大叶芹、柳蒿芽，水芹菜等。

第一次盐渍，每100kg野菜准备30～35kg碎洗盐。先在盐渍容器（大缸或水泥槽子）的底部，均匀铺2cm厚的盐，在盐层上开始均匀铺一层处理好的野菜，一层盐一层菜直到把容器装满，最上面再均匀撒一层2cm厚的盐封口。最后盖上略小于缸口或槽口的帘子，压上重石。直到压石不再下沉时第一次盐渍完毕，此过程一般需10～15d。

第二次盐渍，取出第一次盐渍好的野菜，沥净盐水后，按照第一次的方法重新盐渍，仍然使用碎洗盐，用量掌握在每100kg菜，25～30kg盐，压石可比第一次轻。然后注入饱和盐水，盐水沉到容器底部并浸过菜体4～6cm左右，盐渍时间再需10～15d即可全部完成。

以长期贮存为目的原料加工，用盐量宁多勿少，以保证菜或菇不变质、不褐变为原则。盐渍好的野菜应放置有遮光条件、低温冷凉的环境中，最好是山洞、地下室或菜窖中。

（三）干制加工原理与技术

1. 干制原理　水分是微生物赖以生存、繁殖及吸收营养物质的介质。减少水分，提高野菜自身可溶性固形物的浓度，亦即提高它本身的渗透压，当水分减少到一定程度后，微生物的生命活动受到抑制，同时也抑制了野菜体内各种酶的活性，微生物无法在高渗透压的野菜表面存活。从而使它得以长期保存不变质。

2. 干制方法　包括自然干制和人工干制。

(1) 自然干制　有晒干和晾干两种形式，前者是原料直接在日光暴晒中形成干品的加工方法；后者是原料在通风良好的室内或荫棚下进行干制的方式。自然干燥设备简单，只需晒场、竹席或竹帘即可。但此方式受外界条件影响较大，卫生条件差，且干制品外形不美观，复水性能和吸水率较差。

(2) 人工干制　就是人为控制干燥环境，在烤房或其他烘干设备中制成干品的加工方式。它不受外界气候条件的限制，干燥速度快，产品质量好，外形美观，保证了干制品的质量，并提高了干制率。适合野菜干制加工的设备有红外线干燥机、隧道式和箱式干燥机。

3. 干制加工技术要点　不同野菜种类，不同干制方式，其工艺流程也不相同。概括起来包括以下几个步骤：

(1) 原料分选　采集或收购的野菜首先清理除杂，按大小、粗细分选后，剪去老化部分，洗去泥土、杂物，沥干水分。

(2) 热处理　有些野菜，加工前必须进行热烫处理，以破坏其酶系统，使野菜体内一切生命活动停止。同时热烫还可以使细胞质壁分离，增加膜的透性，防止菜组织老化变质。热烫处理后的干品复水时吸水快，不易破碎，色泽、组织形态好。

(3) 烘烤或晾晒　烘烤时，注意温度要逐渐升高，从35～40℃开始，每2～4h提高2～3℃维持10～12h直到55～60℃为止，最高不超过65℃。干燥10～12h后降温，注意要逐步进行。晒干则选择阳光充足，通风良好的场地，将菜体均匀摊开，以利水分散失。

(4) 通风排潮　对于人工干制的产品，必须定时进行排潮，降低空气湿度，加大通风量。而晾晒的产品，需注意翻动或倒盘，有时还要人工揉搓，疏松菜体组织，加速干制进程，使同一批产品干燥速度快而均匀。

(5) 分级与包装　产品充分干燥后，需适当回潮，进行人工挑选分级，复烤后方能包装。通常用塑料膜作内包装袋，放在纸箱中密封，要做好防潮、防虫工作，放在干燥、荫凉、通风的环境中可长期贮藏。

六、野菜植物的产品加工技术

(一) 野菜罐藏加工技术

罐藏保存野菜，贮藏期长，食用方便，是野菜产品开发中最重要的加工工艺。

1. 工艺流程　原料→预处理（选择、预煮、冷却）→装瓶（袋）→灌汤汁→排气→真空密封→杀菌→冷却→成品贴标→外包装→质检→入库贮存。

2. 操作步骤

(1) 原料预处理　野菜的制罐加工可用新鲜原料（如刺拐棒芽、莼菜、土当归等）或盐渍原料（蕨菜、刺嫩芽等）。盐渍过的野菜，需进行脱盐处理，保留2%左右的盐分。预煮（护色）野菜脱盐后，多失去鲜绿色泽而变成黄绿色，须进行复绿，保脆处理。方法是把脱盐的野菜投入含0.2% $ZnCl_2$，0.05% $CaCl_2$，0.01% Na_2SO_3 的溶液中，料：液（1：2～3倍），浸泡6～8h后进行热漂烫，漂烫液为0.01% Na_2SO_3 溶液，水温95～100℃，处理3～4min，取出后迅速置冷水中冷却至室温。

(2) 装瓶（袋）　野菜罐制的固液比要根据材料的性质进行调整，通常液量为固形物的

1/2～1/3。常用的调味液：4%的盐、1%的糖、0.2%的醋、8%的酱油、1.5%的调味品。调味液不宜太浓，否则食品外观不好，材料的色泽不明显。

（3）排气　已处理的野菜装入瓶（袋）内，注入调味液后去掉残留空气的操作叫排气或脱气。工业批量生产时，使用真空泵排气；家庭瓶装时，往往采用加热排气。

（4）密封　排气后马上密封。工业化生产时，排气和密封采用真空封罐机一步完成。家庭制作时，要在加热排气后，趁瓶内没有冷却时立即加盖密封。确定密封是否符合要求，可将瓶子浸入水中没过盖子，产生气泡的为密封不严的产品。

（5）杀菌　瓶装的杀菌要求杀死瓶内的有害微生物，如酵母菌、霉菌、细菌等。杀菌的方法是通过高温处理来进行的。通常采用高温瞬时杀菌法，彻底杀死罐瓶内的有害微生物。这是保证产品质量达到卫生标准的关键工序之一。

（6）冷却　常采用风冷或水冷等快速冷却的方式，冷却至罐内温度为37～38℃为宜，目的是防止余热继续破坏营养成分。玻璃罐冷却，应分段降温，每段温度相差20℃，以防骤然冷却，玻璃罐爆裂。如果是金属或塑料罐则可直接放入冷水中冷却。

（二）野菜制汁加工技术

将新鲜野菜经过挑选和清洗之后，通过压榨处理所获得的汁液称为野菜汁；用单一种类野菜制取的汁液称为野菜单汁；由多种野菜汁液混合而成的称为复合野菜汁。

1. 工艺流程　原料选择→预处理（清洗、预热）→破碎→酶处理→榨汁→粗滤→脱气→均质→装罐→密封→杀菌→冷却→混浊菜汁

2. 操作要点

（1）原料选择　采集来的野菜首先去除杂质，对于嫩茎及鳞茎，还要去掉叶子和根部。适合制汁的野菜：水芹菜、马齿菜、大叶芹、竹笋、莲藕等。

（2）预处理　用软水清洗，或用0.5%～1.5%的稀酸溶液或0.1%的高锰酸钾溶液，在常温下浸泡5～6min，再用清水冲洗。将洗净的野菜迅速升温至70℃以上。

（3）破碎　根据野菜质地，采用破碎机或打浆机分别适度破碎，可提高出汁率。颗粒过大过小会影响出汁。破碎时，同时喷入适量食盐和维生素C配制的溶液，起抗氧化作用。

（4）酶处理　向野菜浆中加入果胶酶，以提高出汁率。酶作用的最佳温度是36～38℃，需要进行保温处理，酶作用时间为1～2h。果胶酶的用量为野菜汁重的0.05%。

（5）榨汁　压榨时压力不应增加太快，逐渐加压有利提高出汁率和缩短榨取时间。

（6）过滤　为使新榨出的野菜汁稳定，需滤出悬浮物。通常分两步进行：首先粗滤，用2mm振动筛或振动筛滤机滤去粗渣，然后用0.1～0.3mm刮板过滤机或离心机过滤。

（7）脱气　用真空脱气机脱气，真空度为79.9kPa，脱气3～5min。

（8）均质　使用高压均质机均质，均质压力在100～130kPa，或用胶体磨进行均质。

（9）调配　在澄清、均质、浓缩工序前，按产品质量标准要求，进行调配。

（10）杀菌　野菜汁装罐前要先杀菌。常使用管式热交换器，采用高温瞬时杀菌法。杀菌温度在105～121℃，维持40～60s，然后立即冷却到90～95℃，装罐。密封倒置10～20min，达到完全杀菌，再迅速冷却到35℃以下。

（11）灌装密封　灌装时保持2～3mm的顶隙，密封时中心温度保持在75℃以上，如果采用

真空封口，汁温可稍低些。

（三）野菜脆片加工技术

脆片工艺是目前世界上较为流行的果蔬深加工方法。野菜脆片以野菜为主要原料，通过真空浸糖、真空低温油炸、速冻、真空脱油、速冷等先进技术加工而成纯天然食品。

1. 生产工艺流程

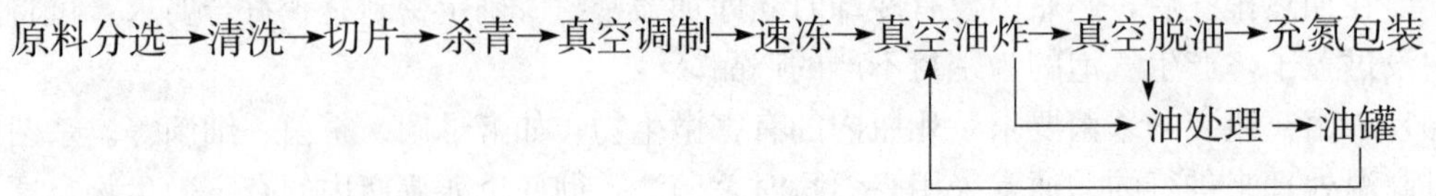

原料分选→清洗→切片→杀青→真空调制→速冻→真空油炸→真空脱油→充氮包装

油处理→油罐

2. 操作要点

（1）原料分选　选用无腐烂、无虫害、肥厚健壮的成熟度适宜的野菜。

（2）清洗　用清水洗净泥沙及杂物，或在流水线上采用水循环式洗菜机，将经过挑选的野菜一边直接冲洗其表面的泥土、农药等杂质，一边随水流漂洗送入输送带，在输送带上经喷淋冲洗后，将野菜直接送入切片机。

（3）切片、杀青　采用手工切片或切段，之后在沸水中预煮杀青 2～3min。或采用旋转刀盘式切片机，调好切片厚度。原料进入切片机后，切成 2～3mm 的薄片。将切片直接落入杀青生产线。杀青生产线采用三台带式输送机串联而成，每台输送机都采用无极变速器带动，因此可根据各类野菜工艺要求调整转速，以适应杀青时间的不同。水通过蒸气直接由加热器加热，控制直接加热器进气量和进水量即可达到调整水温的目的。完成杀青后，直接送入下道工序进行真空调制，最大限度地减少了原料与空气接触氧化，避免发生褐变。

（4）调制　将切分好的野菜片投入糖液中浸渍。通常糖液采用 15%的白糖，2.5%的食盐及少量的味精混合而成，液温 60℃，浸渍时间 1～2h。在流水线上，将野菜片（或段）通过不锈钢筐由吊车送入浸糖的（夹层锅中），由蒸气加热，真空泵工作，锅内真空度保持在 0.085～0.09MPa。通过温度控制器和时间继电器，定时定温控制浸糖调制的温度和时间，以确保产品质量。

（5）真空油炸　将经过浸糖调理后已速冻的野菜片（段）放入真空油炸机中进行真空油炸。真空度不能低于 0.08MPa，油温控制在 80～85℃。油炸时间与野菜片的品种质地以及油炸温度、真空度有关，具体可通过真空油炸机的观察孔看到野菜片（段）上的泡沫几乎全部消失时，说明油炸完成。

（6）真空脱油　有的真空油炸机具有油炸、脱油双功能，不具备脱油功能的则需要用离心机除去野菜片中多余的油分。

（7）冷却　将脱油后的野菜片迅速冷却至 40～50℃，并尽快送入包装间进行包装。

（8）包装　按片形大小、饱满程度及色泽分选，经检验合格，在干燥的包装间里按一定重量采用真空充气包装，通常采用充氮包装，以便延长产品的保存期，保证色、香、味。

（9）油处理　在流水线上，油经过一段时间的反复使用后，要用油泵将其泵入油处理系统进行过滤处理，以便再使用时不影响产品质量。可采用活性炭过滤机与硅藻土过滤机联用，同时实现油的脱色、过滤，提高油的利用率。

（四）颗粒野菜加工技术

将几种野菜经适当工艺处理后所得的野菜粉浆混合，真空冷冻干燥制成颗粒野菜。

1. 生产工艺流程　选料→清洗→打浆→细磨→均质→真空冷冻→干燥→磨细→绿色野菜粉→多种野菜粉→混合→造粒→干燥→过筛→杀菌→包装→检验→成品。

2. 操作要点

（1）选料　选用无虫害、无农药污染、无腐烂变质的新鲜野菜，清水漂洗，除去泥沙、老黄枝叶及杂质，切除根部粗老纤维部分备用。

（2）烫漂　绿色野菜在采收后的加工过程中容易产生褐变，严重影响产品质量。可用烫漂护色液进行处理。配方：醋酸镁 150mg/kg，亚硫酸钠 150mg/kg，用无水碳酸钠调 pH 至 8～9，加 0.3%维生素 C，95℃烫漂 1.5～2.0min，烫漂液量要大，料：水以 1：3～4 为宜。烫漂效果下降时要及时更换护绿液，烫漂完后及时用流水冲洗。

（3）打浆、细磨、均质　通常采用刮板式打浆机，筛板孔径为 0.4～1.5mm，烫漂后的野菜要趁热打浆 2～3 次。也可用石碾或石磨，磨得越细越好。把野菜浆用真空浓缩锅浓缩至糖浓度18%以上。浓缩后进行高压均质，均质机压力为 15～20MPa。并在浆中加入 1%～2%的食盐以增加风味，加 0.03%的亚硫酸氢钠，保护维生素 C。

（4）喷雾干燥　均质后的野菜浆可放入保温缸保温 65℃左右。当干燥间内温度达到 85℃时，即可进行喷雾。热空气进口温度不低于 160℃，喷雾室温需维持在 80～85℃。干燥粉粒由集粉器随时收集。

（5）造粒　按配方将干燥野菜粉混合均匀，加入适量糊精和净化水造粒，以能通过造粒机造粒为度。

（6）干燥　制粒后产品立即在分散状态下，于 40℃干燥，至含水 5%～7%左右为宜。

（7）杀菌、干燥　烘干后产品于 0.0845MPa 下，于 115℃杀菌 10min，然后采用经 70%乙醇漂洗、风干、紫外线杀菌的棕色玻璃瓶在无菌状态下包装，然后密封即成。

第二节　主要野菜植物资源

一、薇菜 *Osmunda cinnamomea* L. var. *asiatica* Fernald

【植物名】薇菜又名老牛广、牛毛广、牛毛广东、桂皮紫萁等，为紫萁科（Osmundaceae）紫萁属植物。

【形态特征】多年生草本，高 80～100cm。根状茎粗壮，直立或斜生，无鳞片。叶二型，幼时密被锈色绒毛；叶柄长；营养叶簇生，长圆形或狭长圆形，二回羽状深裂，羽片披针形或狭披针形，基部截形，先端锐尖，裂片长圆形或卵状长圆形，基部汇合，先端钝圆，全缘；孢子叶短于营养叶，羽片紧缩，裂片线形，孢子囊圆球形，密生，棕褐色（图 8-1）。

【分布与生境】分布我国东北、华中和西南地区各省（自治区），但以长白山区所产的“中国红薇菜干”最为著名。多生林中湿地、林缘、灌丛、沟旁等。

【食用部位与营养成分】春季拳卷状的营养叶。每 100g 鲜菜内含胡萝卜素 1.97mg、维生素 B_2 0.25mg、维生素 C 69mg。每 1g 干品含钾 31.2mg、钙 1.9mg、镁 2.93 mg、磷 7.11mg、钠

0.51mg、铁 125μg、锰 81μg、锌 62μg、铜 18μg。干品中含 16 种蛋白质氨基酸，其中谷氨酸、天门冬氨酸、赖氨酸、苏氨酸含量突出。

【采收与加工】 5 月至 6 月上、中旬，采集拳卷状态的幼嫩营养叶。要求采集出土 10～30cm 之间，柄粗 0.5cm 以上的营养幼叶。保护好孢子叶，以利其繁殖。鲜菜要及时进行加工，防止继续失水老化。

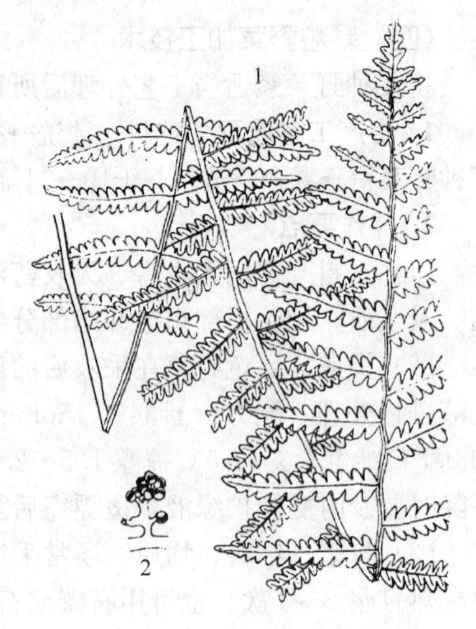

图 8-1　薇菜 *Osmunda cinnamomea* var. *asiatica*

1. 营养叶　2. 孢子囊

1. "薇菜干"加工工艺流程　清理→漂烫→冷却→除毛→晾晒→揉搓→除杂→成品。

(1) 清理　将采集或收购的鲜菜，立即切去已失水老化的叶柄基部，清除异物、杂质，按老、嫩程度分类，以便漂烫时同一锅能受热均匀，水煮彻底。

(2) 漂烫与冷却　用 3%～5%的盐水作漂烫液，煮沸后放入上述清理好的薇菜。菜、水比例以 1∶5 为好，菜浸入沸水中，应勤翻动，大约 2～3min，菜形固定，呈鲜绿色，手掐揉软而不断、不烂，从基部撕开，能一分两半时，说明菜已漂烫好，应立刻捞出，放到流动的冷水中快速冷却。

(3) 除毛、晾晒　冷却后，及时将表面厚厚的绒毛除去，发现有老化的部分，随时切掉，沥去水分，均匀摊开，放在阳光充足，通风良好的地方，进行自然干制。通常边晒边翻动，拣出死菜、黑菜，待菜晒至外表皮干时，进行揉搓。

(4) 揉搓　通常要揉搓 6～7 次，前 4 次每次搓的时间可长些，每次间隔 40～50min，一边搓，一边拣去绒毛，掐掉老化的叶基，当晒至 8 成干时，最后将菜揉搓成团，使菜表面产生很多皱纹，一直晒到呈鲜艳的棕红色，有弹性，干燥为止。揉搓对于薇菜干制十分重要。"揉搓是宝，不搓是草"。其目的是松解和软化纤维。

薇菜干的质量标准：色泽棕红色或棕褐色，菜质柔软，富于弹性，具有透明感，呈完全卷曲状，要求长度 5cm，粗 0.2cm 以上，含水率 13%以下；浸泡后全部复原，无死菜、黑菜，无老化变硬的叶基，无黑点、斑点和腐烂变质现象，无异味。

2. 即食薇菜软罐头加工工艺　薇菜干→浸水泡发→晒干表水→调味→真空包装→常压杀菌→冷却→检验成品。配方：水发薇菜 100kg、食盐 2kg、食醋 4kg、砂糖 5kg、熟植物油 4kg、蒜泥 1kg、生姜泥 0.5kg。

【资源开发与保护】"中国红薇菜干"近三十年来一直是出口的拳头产品，深受日本、韩国民众的欢迎。干制品浸水泡发后，炒食、炝拌，口味鲜美亦是制作朝鲜族风味泡菜的上好原料。由于连年采收造成主产区资源日渐退化，叶柄也越来越细。近年林区居民利用地下根茎分株繁殖，采取仿生栽培的方法，通过施肥灌水，使干菜的质量便于控制，取得较好的经济效益。目前也开展了孢子繁殖的研究工作，但只是探索阶段。当今薇菜开发主要是在国际市场上，忽略了国内市场，营销和产品研制，应在适口性方面考虑开发半成品净菜，供超市销售。此外，分株紫萁株形较大而美丽，有一定的观赏价值。

二、蕨 *Pteridium aquilinum*（L.）Kuhn. var. *latiusculum*（Desv.）Underw. ex Heller

【植物名】蕨又名蕨菜、拳头菜，为蕨科（Pteridaceae）蕨属植物。

【形态特征】多年生草本、高达1m。根状茎长，横走。叶远生，具长柄；叶片革质，卵状三角形，3回羽状分裂，第一次羽片对生，披针形或宽披针形，下方者具柄，末回小羽片（或裂片）长圆形，先端钝圆，全缘或下部有1～3对波状圆齿，边缘多少反卷。囊群连续不间断，缘生；囊群盖2层，外层为叶缘反卷而成，内盖膜质（图8-2）。

【分布与生境】分布于全国各地，南北均产。生山坡向阳处、林缘、林间空地或火烧迹地等。

【食用部位与营养成分】早春拳卷状态的幼叶。每100g鲜品含蛋白质1.6g、脂肪0.4g、碳水化合物10g、粗纤维1.3g、胡萝卜素1.68mg、维生素C 35mg；干制品中蛋白质氨基酸总含量为15.19%，其中7种人体必需的氨基酸含量为15.90%；1g干制品中含钙1 734.5μg、磷7.97mg、铁1.08mg、铜23.7μg、锌135.2μg、锰42.1μg、锶10.66μg。此外蕨菜根状茎中含淀粉40%～50%。

图8-2　蕨 *Pteridium aquilinum* var. *latiusculum*
1. 叶片　2. 示叶片边缘孢子囊群

【采收与加工】5～6月中旬，采集拳卷状的嫩叶。要求采集柄粗0.5cm以上，长18～28cm之间，质嫩，无病虫危害，叶上部拳卷状态的嫩叶，及时扎成5～6cm小把，在采菜的土地上，将叶柄基部反复擦几下，以促使叶柄基部封口，减少失水老化。另外，采集时注意不要将蕨菜折断或损坏菜头，保持其美观的外形。采集或收购的蕨菜，切去基部老化及有泥土封口的部分，清除杂质，按大、中、小分级，当天进行盐渍加工或干制加工。

1. 盐渍加工　将分级的鲜蕨菜，扎成6cm左右小把，采用两次盐渍法进行加工。在整个盐渍过程中，要经常检查盐液浓度，不足22波美度时，随时补盐。发现腐烂、变味现象，及时倒缸，摘去变质、变色部分、重新盐渍。创造或选择荫凉、通风的干净场地，上面盖好遮光膜，防止产生缸头菜，保证产品质量。

盐渍蕨菜质量标准：菜质柔软鲜嫩，具近似鲜蕨菜的特有绿色，粗度0.4cm以上，长度18～25cm之间，无老化叶基，切口新鲜，无腐烂变质，无杂质，无异味，扎把整齐，菜头完整无严重破损，盐度22波美度以上，紫菜不超过5%。一般18cm以下为等外菜；18～22cm为一级菜；22～25cm为特级菜；25cm以上为超长菜。

2. 干制加工　目前有带“花”蕨菜和不带“花”蕨菜两种干品。

（1）不带“花”干品　即不要求上部拳卷小叶的完整性，有、无均可，常作内销产品。具体加工方法可参考薇菜的干制方法。

（2）带“花”干品　即要求顶部拳卷小叶整齐，不破碎，菜体挺直不弯曲，扎把整齐，常供出口外销。具体加工方法：切去带泥叶基及老化叶柄，用沸水漂烫3～5min，待菜软而有韧性，撕开无硬心时，取出立即放在流动的冷水中冷却，沥去水分，把菜拉直，整齐地摆在晒席或木帘上，注意不要碰坏菜头，置阳光下暴晒，半干时，翻动1～2次，促其干燥均匀。但注意摆放时，要拉直菜体，一直到干燥为止，然后切去老化发硬、发白的部分，按长、中、短扎成小把，装箱。

干制品质量标准：具整齐、干燥如花状的菜头，色泽为棕褐色至棕红色，无老化叶基，扎把好，含水量在13%以下，无杂质，花状菜头破损率不超过2%。

3. 朝鲜风味小菜加工技术　蕨菜干→温水泡发→热水预煮20～30min→冷却→沥干表水→拌配料→低温发酵72小时→装袋→紫外杀菌→冷藏销售。配料：食盐8%～10%，辣椒粉4%～5%，大蒜泥8%，生姜1%，味精2%，糯米汁2%，苹果梨泥2%，牛肉汤汁2%。

【近缘种】在长白山区常将本种称旱蕨菜，而称东北角蕨［*Cornopteris crenulato-serrulata* (Makino) Nakai］的嫩叶为水蕨菜，该种为蹄盖蕨科植物，分布于吉林、黑龙江、辽宁及长白山、小兴安岭等山区、半山区，生林下草地或河边草地。在长白山区蕴藏极为丰富，是大众喜食的珍贵野菜之一。可盐渍、干制或鲜食。干制后风味优于猴腿儿干。炒食与蕨菜口味相似。

【资源开发与保护】蕨的幼叶具有清热、滑肠、降气化痰的作用，用治食隔、气隔、肠风热毒等；蕨的根状茎有清热利湿、消肿、安神的功能，用治高热神昏、湿热黄疸，头晕失眠等。蕨根状茎还可提取高质量的蕨菜淀粉，国人视为补品。

三、猴腿蹄盖蕨 *Athyrium multidendatum*（Doell.）Ching

【植物名】猴腿蹄盖蕨又名猴腿儿菜、猴腿儿等，为蹄盖蕨科（Athyriaceae）蹄盖蕨属植物。

【形态特征】多年生草本，高60～100cm。根状茎短，斜生，密生黑褐色披针形鳞片。叶簇生；叶柄基部尖削，黑褐色；叶片厚草质，长圆状卵形，三回羽裂；第一次羽片密集，披针形，基部对称，平截，有短柄；第二次羽片近平展，基部略与羽轴合生，先端钝尖至渐尖，羽状浅至中裂；裂片顶端有2～4个锯齿。囊群生羽片背部，囊群盏线形，多少弓弯，边缘啮蚀状（图8-3）。

图8-3　猴腿蹄盖蕨
Athyrium multidendatum
1. 植株　2. 示孢子叶

【分布与生境】分布在我国的吉林、辽宁、黑龙江、内蒙古自治区及华北等地，生杂木林下、灌丛间或混交林下稍湿处。在长白山山区、半山区、小兴安岭普遍生长，蕴藏量很大。

【食用部位与营养成分】早春拳卷的嫩叶。每100g鲜品含还原糖0.88g、蛋白质0.7g、粗脂肪1.53g、有机酸0.45g。干制品中含16种蛋白质氨基酸，总含量13.46%，其中人体必需的7种氨基酸含量为4.52%；1g

干制品中含钙 3.45mg、磷 6.12mg、铁 1.38mg、铜 25.6μg、锌 61.2μg、锰 37.1μg、锶 18.5μg。

【采收与加工】 5月上旬至6月初，采集尚未展放的拳卷嫩叶。要求采集长 10～28cm 之间，鲜嫩粗壮、无病虫危害，红褐色或绿色的上部完全拳卷状嫩叶，除杂后扎 5～6cm 小把，在地面上擦几下，防止基部失水老化，最好当天进行加工处理。目前有盐渍加工和干制加工两种方法。

1. 盐渍加工 采用两次盐渍法。首先切去老化的叶基部，按长、中、短分成三个等级，重新扎小把，盐渍操作与大叶芹相同。

盐渍品质量标准：菜质鲜嫩，具猴腿儿固有的色泽、气味，无异味，无腐烂变质，扎把整齐，长度在 8～25cm 之间，盐度在 22 波美度以上。

2. 干制加工 切去老化的叶基，用 5%～7%沸盐水漂烫或直接用 100℃热水漂烫。具体操作方法与薇菜相同。

干品质量标准：棕褐色或棕黑色，菜质柔软有一定韧性，卷曲，长度在 5cm 以上，含水率 13%以下，叶基老化率不超过 1%，2～5cm 短菜、死菜不超过 5%。

【近缘种】 作猴腿儿食用的还有两种：①日本蹄盖蕨［*A. niponicum*（Mett.）Hance］又名绿猴腿，分布中国东北、华北、华东、华中、西北、西南等地，生于山间石缝中或山坡阴湿地。②亚美蹄盖蕨［*A. acrostichoides*（Sw.）Diels］又名绿猴腿，分布在东北、华北、西北、西南等地，喜生在针阔混交林及阔叶林下。

【资源开发与保护】 猴腿儿资源蕴藏量大，无论鲜食、盐渍还是干制，口感风味均符合大众的饮食习惯、脆嫩可口，是深受广大城乡居民欢迎的喜食野菜之一。应在精、深产品上合理开发利用，潜力巨大。①以干制品和盐渍品为原料，开发朝鲜族风味小菜。②生产供炒食的半成品净菜，在各大超市中销售。此外，猴腿蹄盖蕨的根状茎在长白山区入药。具有清热解毒、止血杀虫的功效。两个近缘种也入药，具有相近的作用，因利用其根茎，可综合考虑多层次开发的问题，协调好开发与保护的关系。

四、水蓼 *Polygonum hydropiper* L.

【植物名】 水蓼又称辣蓼，为蓼科（Polygonaceae）蓼属植物。

【形态特征】 一年生草本。茎直立，高 30～80cm，分枝绿色或带红色，无毛，节部有时膨大。叶片披针形，先端渐尖，基部楔形，全缘，两面有密生腺点；叶柄短；托叶鞘圆筒状，膜质，褐色，有时短而不显。花序穗状，顶生和腋生，常下垂，花排列稀疏，下部花间断。苞钟状，浅绿色，口部紫红色，有短缘毛或无。苞内疏生花 3～4 朵；花淡绿色或粉红色，花被 5 深裂，外面密布腺点；雄蕊 6；花柱 2～30。瘦果常扁卵形，少三棱形，暗褐色，微有光泽，包于宿存花被内。花期 7～8 月（图 8-4）。

【分布与生境】 分布于东北、华北、华东、华南、西南、西北。朝鲜、日本、印度、印度尼西亚、北美和欧洲也有。河北常见。生山沟水边，或山谷湿地，平原地区在水沟边、河边、水田边可见，常成片。田野水边。

【食用部位与营养成分】 嫩苗或嫩叶食用。每 100g 鲜品含胡萝卜素 7.89mg，维生素 B_2 0.38mg，维生素 C 235mg。另外，全草入药，叶有辣味，能消肿止痢，解毒。

【采收与加工】3～5 月采嫩苗或嫩叶，开水烫后去汁，炒食。

【资源开发与保护】食用野菜，除了供给人体营养素外，其所含特殊的营养成分还具有保健和医疗价值。我国野菜资源十分丰富有，但常被零星采食，未能形成产业规模。野菜资源仍处于待开发利用状态。野菜的分布一般较广泛，但没有经过生态驯化，也缺乏适应性的生态型品种。通过栽培措施，特别是现代技术的应用，建立起基本上保持野菜原有“野味”的近似野生状态环境，以及野生状态的栽培技术体系，使野菜栽培面积扩大与总量增多。因此，除了一部分以鲜菜的形式上市外，大部分都需要通过不同方式的采后加工处理后进入市场。随着科学技术的发展和深入，野菜的特殊作用将对人类的健康做出新的贡献。

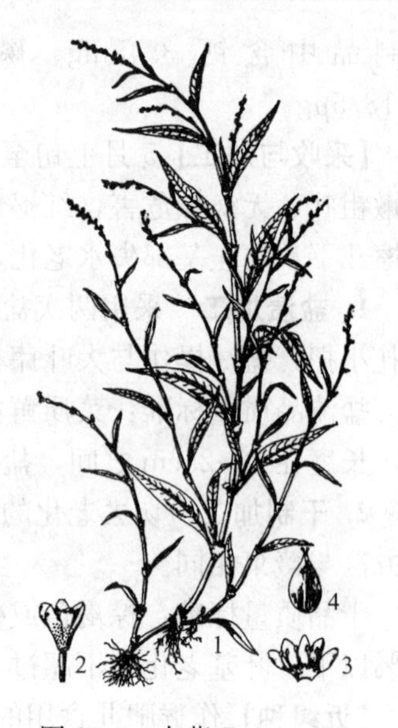

图 8-4 水蓼 *Polygonum hydropiper*

1. 植株 2. 花
3. 花被展开示雄蕊 4. 果实

五、马齿苋 *Portulaca oleracea* L.

【植物名】马齿苋又名马舌菜、马齿菜、蚂蚁菜、马蛇菜等，为马齿苋科（Portulacaceae）马齿苋属植物。

【形态特征】一年生肉质草本，无毛。茎平卧或斜生，由基部分枝，长 10～30cm。叶互生或对生；叶柄甚短；叶片肥厚，倒卵形，基部楔形，先端圆或微凹，全缘。花3～5 朵簇生于枝顶；萼片 2，对生；花瓣 5，黄色；雄蕊 8 或较多；子房半下位。蒴果短圆锥形，盖裂。种子多数，黑褐色。花期 6～8 月；果期 7～9 月（图 8-5）。

【分布与生境】遍布全国，生在田间、地边、路旁等处。

【食用部位与营养成分】地上嫩苗。每 100g 鲜品含水 92g、蛋白质 2.3g、脂肪 0.5g、碳水化合物 3g、粗纤维 0.78g、胡萝卜素 2.23mg、维生素 $B_1$0.03mg、维生素 $B_2$0.11mg、尼克酸 0.7mg、维生素 C23mg。每 1g 干品含钾 44mg、钙 10.7mg、镁 11.57mg、磷 4.43mg、钠 21.77mg、铁 484μg、锰 40μg、锌 72μg、铜 21μg。茎叶中富含重要的营养成分 ω-3 脂肪酸，含量是菠菜的 6～7 倍，同时含去甲肾上腺素等活性成分。

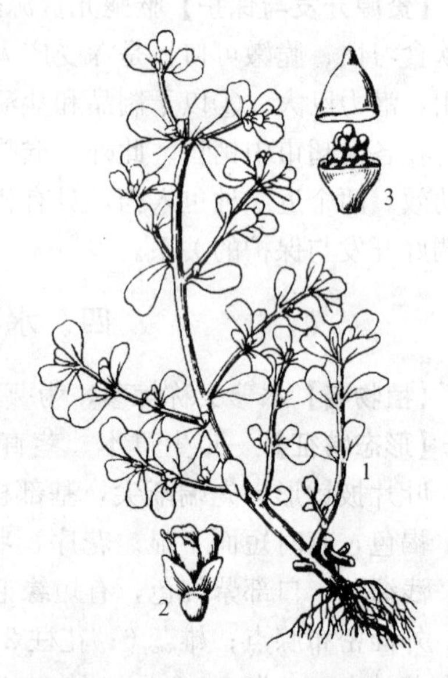

图 8-5 马齿苋 *Portulaca oleracea*

1. 植株 2. 花 3. 盖裂蒴果

【采收与加工】5～6 月采嫩苗，6～7 月采嫩茎叶。嫩苗作速冻保鲜菜。

【资源开发与保护】马齿苋在全国有广泛的分布，是夏初常见野菜，适合做汤，炝拌，清新爽口。马齿苋地上全草入药，有清热解毒，凉血止血的功效，用于热毒血痢，呕吐泄泻，乳房肿痛，痔疮出血等症；陕西民间用鲜菜煮食，治疗糖尿病。此外，它还有抗心血管疾病、降血脂的作用；外用治疗疔疮疖肿，虫蛇咬伤，湿疹，带状疱疹等。可利用种子人工繁殖，使资源得以保护，栽培的成功为马齿苋产业化发展奠定了原料基础。

六、反枝苋 *Amaranthus retroflexus* L.

【植物名】反枝苋又名苋菜、西风谷、银丁菜等，为苋科（Amaranthaceae）苋属植物。

【形态特征】一年生草本，高20～80cm；茎直立，稍具钝棱，密生短柔毛；叶菱状卵形或椭圆卵形，长5～12cm，宽2～5cm，顶端微凸，具小芒尖，两面和边缘有柔毛；叶柄长1.5～5.5cm；花单性或杂性，集成顶生和腋生的圆锥花序；苞片和小苞片干膜质，钻形，花被片白色，具一淡绿色中脉；雄花的雄蕊比花被片稍长；雌花花柱3，内侧有小齿；胞果扁球形，小，淡绿色，盖裂，包裹在宿存花被内；花期6～10月，果实自7月渐次成熟（图8-6）。

【分布与生境】分布于东北、华北、西北以及河南、湖北。多生长在浅山丘陵，以及平原地区的路边、河堤、沟岸、田间、地埂等处。

【食用部位与营养成分】幼苗及幼嫩茎叶。每100g可食鲜茎叶含胡萝卜素70mg、维生素B_2 3.55mg、维生素C 1530mg、尼克酸100mg、蛋白质5.52g、粗纤维1.61g、糖类8g、钙610mg、磷93mg、铁5.4mg。

【采收与加工】在4～8月开花前采集幼苗或幼嫩茎叶。加工方法：①鲜菜，幼苗或嫩茎叶洗净，炒食或做汤，或煮熟、漂洗后凉调食。②制干菜，将鲜嫩茎叶或幼苗直接晒干，或沸水浸烫后，捞出沥出水分，晒干，贮藏。食用时用开水浸泡，炒食或做汤。

图8-6　反枝苋 *Amaranthus retroflexus*
1. 植株　2. 雄花　3. 雌花

【近缘种】本属的其他种类，也均为一年生草本，都可作为野菜开发食用。包括尾穗苋（*A. caudatus* L.）、紫穗苋（*A. paniculatus* L.）、刺苋（*A. spinosus* L.）、苋（*A. tricolor* L.）、皱果苋（*A. viridis* L.）、凹头苋（*A. ascendens* Loisel.）。几乎全国各地均有分布，野生或栽培。种子繁殖力均很强。

【资源开发与保护】反枝苋分布于我国南北各省区，而且繁殖力、生命力都很强，适应性很广，种子易获得。值得一提的是野苋菜类钙含量约为菠菜的3倍，比豆制品高6～10倍，是幼儿、老人的优良营养保健菜肴。可以采集野生种子，植于荒山、荒坡。供给人们食用，又能防风固沙，绿化荒山荒坡。

七、青葙 *Celosia argentea* L.

【植物名】青葙又名野鸡冠花，为苋科（Amaranthaceae）青葙属植物。

【形态特征】一年生草本，高30～100cm。茎直立，多分枝。叶互生，披针形，长5～8cm，宽 1～3cm，先端急尖或渐尖，基部渐狭，全缘；叶柄短或无。穗状花序圆柱形或塔形，长 3～10cm，单生于茎顶或枝端；苞片及小苞片披针形，膜质，白色；花被片矩圆状披针形，长6～10mm；花丝长5～6mm；花柱、花药紫色。胞果卵形，长 3～3.5cm。种子肾形。花期 5～8 月，果期 6～10 月（图 8-7）。

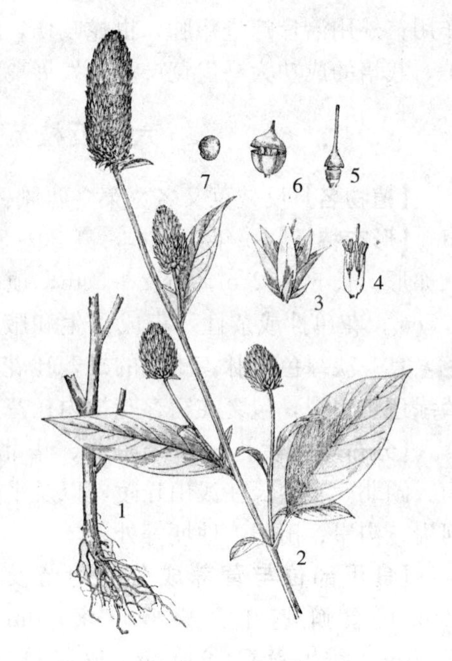

图 8-7 青葙 *Celosia argentea*
1. 根 2. 花枝 3. 花 4. 去花被的花纵剖 5. 雌蕊 6. 果实 7. 种子

【分布与生境】分布几乎遍布全国。喜温暖，耐热，较耐旱。对土壤要求不严，生于田边、山坡、平原、丘陵。

【食用部位与营养成分】青葙嫩茎叶和幼苗可食用。每 100g 鲜菜含胡萝卜素 8.02mg、维生素 B_2 0.64mg、维生素 C 65mg；每 1g 干菜含钾 38.8mg、钙 29.9mg、镁 6.82mg、磷 2.73mg、钠 1.12mg、铁 367μg、锰 166μg、锌 50μg、铜 10mg，还含有一定的蛋白质、脂肪、粗纤维等。

【采收与加工】抽薹开花前多次采收嫩茎叶。浸去苦味后凉拌或炒食、拌面蒸食、作汤，也可制成干菜储藏。

【资源开发与保护】青葙具有凉血、止血的功效，用于治疗眼膜炎、角膜炎、高血压、瘙痒、白带等症，是一种食用安全的高档绿色保健蔬菜。其种子入药称“青葙子”，性微寒，味苦。有清肝、明目、退翳的功效。

八、莼菜 *Brasenia schreberi* J. F. Gmel.

【植物名】莼菜又名马蹄菜、水菜、湖菜、水荷叶等，为睡莲科（Nymphaeceae）莼属植物。

【形态特征】多年生水生草本。地下茎白色、黄色或锈色，匍匐生长于水底泥中；地上茎细长，分枝多。茎各节生一单叶，互生，椭圆形，全缘，叶背绛红色，茎及叶片背面均有透明胶质，叶片漂浮于水面。花紫红色，萼片、花瓣各 3；雄蕊 12～18 枚；雌蕊 6～12 枚，管状柱头扁平，花柱长而粗，雄蕊由伸长的花柄托出水面开放，授粉后花梗向下弯曲，花没入水中。聚合果近纺锤形，内含种子 1～2 粒。种子卵圆形，淡黄色（图 8-8）。

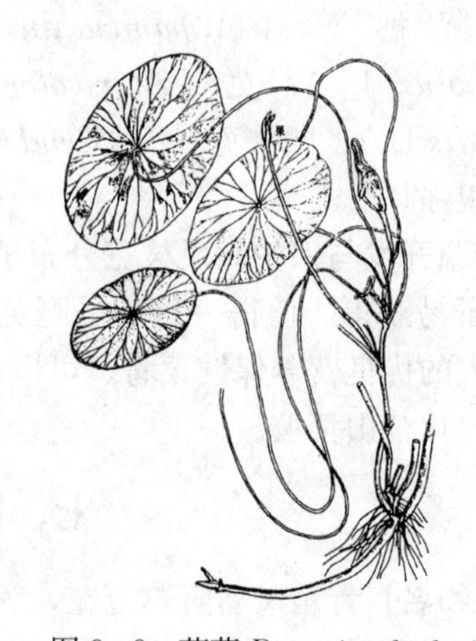
图 8-8 莼菜 *Brasenia schreberi*

【分布与生境】分布于江苏、浙江、湖南、四川、云南、湖北、江西等省区。生长在海拔 1 500m 以下的沼泽或湖泊之中，是珍贵药食两用水生蔬菜。

【食用部位与营养成分】食用部位为生长在水中被有厚胶质的嫩梢和初生卷叶。据测定，莼菜每 100g 鲜菜含水 94.1g，蛋白质 1.4g，脂肪 0.1g，碳水化合物 3.3g，膳食纤维 0.5g，灰分 0.2g，胡萝卜素 330mg，尼克酸 0.1mg，维生素 $B_2$0.01mg，钾 2mg，钠 7.9mg，钙 42mg，镁 3mg，铁 2.4mg 及人体所需的 18 种氨基酸。

【采收与加工】莼菜 5～7 月均可采收，在清明前后开始采摘卷叶状态的鲜叶和部分叶柄。只要天晴每天都可以采。莼菜产品质量以谷雨到芒种采收为佳。通常采摘新菜叶卷合不超 5cm 者，采后当日加工。一般卷叶状态能维持 2～3d，而叶片展开或已松散者，品质不佳，当幼芽上第一片叶长 2.1～3.3cm 时，是质量最佳的采收期。

1. 罐藏加工技术 工艺流程：鲜莼菜→去杂质→分级→漂洗→杀青（热水漂烫，莼菜：水为 1∶20，至酶停止活动，保持菜叶鲜嫩状态）→冷却→固胶（加保鲜剂）→装瓶（袋）→真空封口杀菌→冷却→包装→入库。

2. 速冻冷藏保鲜技术 鲜莼菜→去杂→分级→漂烫→杀青→冷却→固胶→称重→速冻（－36℃）→挂冰衣→套袋→检验→冷藏（－18℃）。

3. 莼菜做汤 鲜美润滑，自古作为珍贵蔬菜之一。

【资源开发与保护】莼菜与鲈鱼、茭白并称江南三大名菜，在国内外久负盛名，以太湖莼菜具有分布广，产量高、质量好，而闻名江南，该品种具有杀青性状好，适合加工等特点，现制成的罐制品，销往全国，并出口日本、俄罗斯及东南亚国家，备受人们的青睐。莼菜全草入药，性寒、味甘，有清热解毒，止呕之功效。民间主要治疗高血压、痢疾、胃炎、胃溃疡等症，是开发保健食品的上好原料。现在太湖、苏州市郊开始种植，主推品种是“太湖莼菜”、“西湖莼菜”，这对该资源的保护起到积极作用。

九、蕺菜 *Houttuynia cordata* Thunb.

【植物名】蕺菜又叫鱼腥草、侧耳根、狗贴耳、折耳根、鱼鳞草等，为三白草科（Saururaceae）蕺菜属植物。

【形态特征】多年生草本，有腥臭味。根状茎发达，常有分枝，为主要食用部位；地上茎高 15～80cm，茎节处着生叶和芽。叶互生，宽卵形，长 3～8cm，宽 4～6cm，全缘。地上茎顶端着生穗状花序，基部有总苞片 4 枚，白色，椭圆形或长椭圆形，宿存；花小，两性，无花被；雄蕊 3 枚，花丝下部与子房合生；雌蕊由 3 个下部合生的心皮组成，子房上位，花柱分离。蒴果顶端开裂，种子球形(图 8－9)。

图 8－9 蕺菜 *Houttuynia cordata*
1. 植株 2. 雄蕊 3. 雌蕊 4. 种子

【分布与生境】四川、贵州、云南及长江流域分布较多，常生长在田埂、路旁、沟边、山坡林下、河边潮湿地。

【食用部位与营养成分】根状茎及嫩茎叶供食用，每 100g 根状茎中含糖 6g、蛋白质 2.2g、脂肪 0.4g、胡萝卜素 2.5mg、维生素 B 0.21mg、维生素 C 6mg、挥发油 0.49mg。1g 干品含钾 36mg、钙 6.4mg、镁 2.61mg、磷 8.1mg、钠 0.51mg、铁 14.1mg、锰 5.9mg、锌 3.5mg。

【采收与加工】蕺菜从早春栽培到地上部枯死约 240～260d，若错季栽培则四季均可收获。嫩茎叶可在 7～9 月分批采摘；采挖根状茎可在当年 9 月至次年 3 月进行，先割去地上茎叶，然后人工挖掘或犁翻。蕺菜食用方法多样，可凉拌、炒食、做汤等。

【资源开发与保护】在长江流域及以南各省区，蕺菜被广泛食用，它不仅是大众喜爱的风味佳肴，也是著名的中草药，有清热解毒、利水、清肺的功效。在产区已有人工栽培，是开发功能食品的优良原料。

十、荠 *Capsella bursa-pastoris*（L.）Medic.

【植物名】荠又名粽子菜、荠菜等，为十字花科（Cruciferae、Brassicaceae）荠属植物。

【形态特征】一或二年生草本，高 15～20cm。茎直立，有分枝。基生叶莲座状，叶柄有狭翼，叶片羽状深裂，顶裂片常较大，侧裂片长三角形，两面被毛；茎生叶无柄，叶片披针形，基部箭形，抱茎。总状花序顶生和腋生；花小；萼片 4；花瓣 4；白色；雄蕊 6；四强。短角果倒三角形，扁平，无毛。种子细小，椭圆形，淡红棕色。花期 5～6 月；果期 6～7 月（图 8-10）。

【分布与生境】广布全国各地。生于田间、路旁、杂草地。

【食用部位与营养成分】地上嫩苗或嫩茎叶。每 100g 鲜菜含蛋白质 5.38g、脂肪 0.48g、碳水化合物 6.0g、粗纤维 1.4g、钙 420mg、磷 73mg、铁 6.3mg，胡萝卜素 3.20mg、维生素 B_1 0.14mg、维生素 B_2 0.19mg、尼克酸 0.7mg、维生素 C 55mg。

【采收与加工】4 月下旬至 5 月采嫩苗。以株高 4～6cm 未开花者为宜。可以干制或速冻保鲜，民间鲜食为主，多作汤或制作饺馅，亦可作炖菜的配料，口味十分鲜美。

1. 鲜品上市 鲜菜放在纸箱里，贮在低温冷凉的库房、菜窖或冷藏库中，保鲜包装及时运往销售地点。鲜菜→除杂→分级→保鲜→低温冷藏→包装→供应超市

2. 速冻保鲜产品 加工方法同龙芽楤木。

图 8-10 荠 *Capsella bursa-pastoris*
1. 植株 2. 花果序 3. 花瓣 4. 开裂短角果

【资源开发与保护】荠菜是大众喜食的美味野菜之一，速冻荠菜饺子已走上都市居民餐桌，“荠菜炖土豆”还上了高级宾馆的宴席。各地早春有用大棚扣膜进行保护地生产，提早上市，取得较好的经济效益。此外，荠菜也是药用植物，全草有凉血止血，清热利水，降压的功效。用治咳血，衄血，呕血，尿血，子宫出血，感冒发热，肠炎，痢疾，肾炎水肿，高血压等。荠菜的开发可以向降压保健产品方向发展，充分利用现有资源。

十一、臭菜 *Acacia pennata*（L.）Willd.

【植物名】臭菜又名羽叶金合欢、蛇藤、倒钩藤、葩哈（傣语）等，为含羞草科（Minosaceae）金合欢属植物。

【形态特征】攀缘多刺木质藤本。小枝圆柱形，有纵棱，具多数倒钩状皮刺，被锈色短柔毛。二回偶数羽状复叶，有小叶30～35对，小叶条形，叶柄基部及叶轴上羽片着生处各有一个凸起的腺体。头状花序，单生或2～4个聚生，组成顶生或腋生的圆锥花序；花白色，萼近钟状。荚果直薄带状，内有种子8～12粒，种子扁，长圆形。花期5～7月，果期7～11月（图8-11）。

【分布与生境】分布于云南、贵州、华南等地，生于海拔1 000m以下的山坡灌丛、低山丘陵、热坝区或村寨附近。

【食用部位与营养成分】食用部位为嫩梢，每100g可食部分含胡萝卜素0.82mg、维生素$B_2$0.58mg、维生素C121mg、钾19.2mg、钙2.6mg、镁3mg、磷5.69mg、钠0.2mg、铁158μg、锰71μg、锌57μg。

【采收与加工】3月下旬至10月上旬采集长约20～25cm的嫩梢，洗净切段后炒食，或烫后加调料凉拌，或切碎炒鸡蛋食用。臭菜嫩尖与鱼、贝类同煮可除鱼腥味。

【资源开发与保护】臭菜是傣族群众特别喜欢食用的一种野菜，其嫩茎叶有一种特殊的臭味，但像臭豆腐一样闻着臭吃着香。一般与鸡蛋炒吃，是餐桌上的一道名菜，据傣族民间单方记载该菜谱可驱小儿蛔虫。由于产量有限，并被越来越多的各民族群众所认识和喜食，目前臭菜在市场上供不应求，价格是一般蔬菜的10～20倍。深入研究臭菜的快繁技术，并计划进行规模化栽培，这对保证市场供应和保护野生资源具有重要意义。

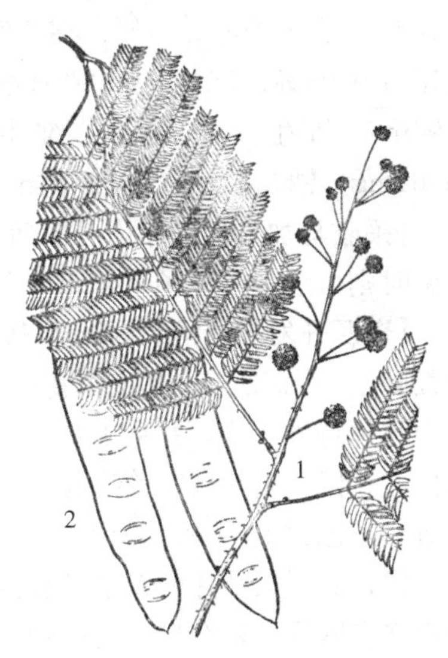

图8-11　臭菜 *Acacia pennata*
1. 花枝　2. 果实

十二、守宫木 *Sauropus androgynus*（L.）Merr.

【植物名】守宫木又名越南甜菜、小甜菜、泰国枸杞、树仔菜、篱笆菜、多维绿、帕汪（傣语）等，为大戟科(Euphorbiaceae）守宫木属植物。

【形态特征】常绿直立灌木，高1～3.5m。小枝初为四棱形，后为圆形，无毛。叶两列，互生，披针形、卵形或卵状被针形，全缘，无毛，薄纸质。花雌雄同株，数朵簇生于叶腋；雌花1至数朵先开，雄花后开；无花瓣，雄花花萼浅盆状，先端6浅裂，雄蕊3；雌花花萼6深裂，裂片在果期增大，无花盘；子房3室，每室2胚株；花柱3，2裂。蒴果扁球形，白色或淡紫色，无毛。种子3棱形（图8-12）。

图8-12　守宫木 *Sauropus androgynus*
1. 果枝　2. 花

【分布与生境】分布于云南、四川、广东、海南、福建等省，东南亚国家也产，生于疏林下或路旁和山脚的草丛或灌丛中，常在村寨附近被栽作绿篱。守宫木喜温暖潮湿气候和深厚、疏松、肥沃、湿润土壤，有很强的耐热、耐旱和耐涝能力，也颇耐土壤瘦瘠和积水，但忌雪害、霜冻和台风，在南亚热带和热带地区能正常生长。

【食用部位与营养成分】守宫木以嫩茎叶为食用部位，粗蛋白含量达4%，氨基酸组成为：天门冬氨酸0.32%、丝氨酸0.16%、谷氨酸0.82%、胱氨酸0.13%、丙氨酸0.19%、精氨酸0.18%、异亮氨酸0.11%、亮氨酸0.25%、酪氨酸0.15%、苯丙氨酸0.14%、赖氨酸0.17%、组氨酸0.08%、苏氨酸和甘氨酸各0.35%、缬氨酸0.31%。每100g嫩茎叶中含胡萝卜素4.94mg、维生素 $B_2$18mg、维生素C180mg、钾401.84mg、钙120.9mg、镁61.98mg、磷56.61mg、钠3.72mg、铁2.54mg、锰1.81mg、锌1.13mg、铜0.12mg。

【采收与加工】全年均可采摘嫩茎叶。鲜食时可作凉拌菜或沙拉，有强烈特有的香味及甜味；烹调时则可炒食或做汤，美味可口，有清香味。

【资源开发与保护】国外于1931年就有民间采食守宫木叶子的记载，我国食用守宫木嫩叶的记载则始于1953年。华南植物研究所对守宫木进行了20多年的人工驯化栽培和品种选育，使其成为一种特种蔬菜，并从1995年起大面积推广栽培守宫木。除作蔬菜外，守宫木也是很好的药用植物，民间用其枝叶治疗肝炎、喉炎、肠炎、便秘、咳嗽和视物模糊等症；用其根治疗痢疾、便血、淋巴结核和疥疮等症；其种子含油21.5%，油中含能抗血栓、降血压的α-亚麻酸51.4%；其干燥叶片的粉末具有强壮剂的功效，在东南亚被广泛用作产妇的催乳剂。因此，开发利用守宫木资源具有良好的前景。

十三、香椿 *Toona sinensis*（A. Juss.）Roem.

【植物名】香椿又名香椿菜，为楝科（Meliaceae）香椿属植物。

【形态特征】落叶乔木，树高可达25m，胸径70cm。树皮灰褐色，枝条红褐色或灰绿色；小枝幼时具柔毛或无。偶数羽状复叶互生，长25～50cm，有香气；小叶对生，10～22片，长圆状披针形，叶缘有锯齿，或近全缘。圆锥花序顶生，花两性，夏季开白花有芳香味。蒴果狭椭圆形或近卵圆形，长1.5～2.5cm；顶端开裂为5瓣，种子多数，扁平，有单翅。花期6月，果熟期9月（图8-13）。

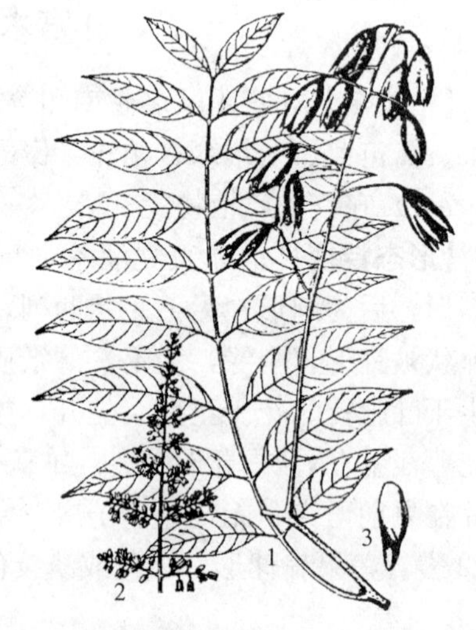

图8-13　香椿 *Toona sinensis*
1. 果枝　2. 花枝　3. 种子

【分布与生境】香椿分布很广，北至辽宁，南至云南都有栽培，尤以安徽、山东、江苏、河南、陕西等省为最多。中心分布区为黄河流域及长江流域之间。香椿喜季节及昼夜温差大的地方，在海拔1 500m以下的山地、丘陵地及广大平原地区均有栽培。喜生长在路旁、河边及房前屋后等空地。

【食用部位与营养成分】早春未完全展叶嫩芽。每100g食用部位含水分83.3g、蛋白质5.7g、脂肪0.4g、糖类7.2g、粗纤维1.5g、灰分1.4g、钙110.0mg、磷

120.0mg、铁 3.4mg、胡萝卜素 0.93mg、维生素 $B_1$0.21mg、维生素 B_2 0.13mg、维生素 C 58.0mg。

【采收与加工】香椿芽采收要结合时令与气候，以第一茬芽最好，色、香、味俱佳，最好在早上 8 点前采芽，用高枝剪、铁丝钩、镰刀等工具采芽。

1. 贮藏保鲜

（1）短期保鲜 平摊冷凉室内凉席上，厚度 10cm 或 0.5kg 一捆，竖放盘中，盘中放清水 3～4cm。

（2）较长时期保鲜 ①恒温冷库保鲜，温度 0～1℃，可放 10～20d。②保鲜剂处理，将香椿芽均匀喷布保鲜剂，如 BA、托布津、多菌灵、大蒜素等。

2. 加工品有 腌制香椿芽、辣味香椿芽、香椿芽粉、香椿芽汁等多种产品。

【资源开发与保护】香椿为我国特有种。香椿芽既是美味的大众野菜，又是上好的保健食疗品种。其叶入药，具有消炎、解毒、杀虫作用。用于治疗痢疾、肠炎等。

从资源保护的角度出发，可进行人工栽培。①实生繁殖：留种树当年不采芽，10 月下旬至 11 月上旬种子成熟时采收，取种，晾晒，贮藏，只能贮半年以内，第二年春浸泡 7～8d 后播种。②扦插育苗：6 月下旬至 7 月从母树基部采半木质化枝条扦插，剪成长 30 cm 左右的段，用生根剂处理。③根插育苗：根段剪成 15～20 cm，上部剪成平茬，下端小斜茬，斜埋插床上。④分蘖育苗：在成树周围将 1～2 年生少壮苗断根，培育成新苗。⑤抚育管理：松土，除草，施肥，灌水，树修剪更新等。

十四、龙牙楤木 *Aralia elata*（Miq.）Seem.

【植物名】龙牙楤木又名辽东楤木、刺嫩芽、刺老鸦、刺龙芽、树头菜、树龙芽等，为五加科（Araliaceae）楤木属植物。

【形态特征】小乔木，高 1.5～3.5m。枝密生长刺，2～3 回奇数羽状复叶大型，常集生于枝端；叶柄、叶轴及小叶轴均有刺；叶片卵形或椭圆状卵形，基部圆形、宽楔形或微心形，先端渐尖，疏锯齿缘。伞形花序集生为顶生伞房状圆锥花序；花萼杯状，萼齿 5；花瓣 5，淡黄色；雄蕊 5；子房下位，5 室，花柱 5，离生或基部合生。浆果状核果，黑熟。花期 8 月；果期 9～10 月（图 8-14）。

图 8-14 龙牙楤木 *Aralia elata*
1. 叶 2. 嫩芽 3. 花枝 4. 花 5. 果实

【分布与生境】主要分布于东北地区，在长白山、小兴安岭、辽宁东部，吉林及黑龙江等地，西北地区有零星分布，日本、朝鲜及俄罗斯等国有少量分布。刺嫩芽喜偏酸性土壤，生长在海拔 250～1 000m 处沟旁。生山地针阔叶混交林下、林间空地、林缘、灌丛或火烧迹地及采伐迹地上，多见于山地阳坡。

【食用部位与营养成分】早春未完全展叶的嫩芽。

每100g鲜菜含蛋白质5.4g、脂肪0.2g、糖质4.0g、纤维1.6g、钙20mg、磷150mg、铁1.1mg、钠1mg、钾590mg、维生素B_1 0.19mg、维生素B_2 0.26mg、尼克酸3.2mg、维生素C12mg。幼嫩树芽中含矢车菊素-3-木糖基半乳糖苷及挥发油。

【采收与加工】 4月下旬至5月中旬，采集未全展叶的嫩芽。要求采集芽粗0.8～1.5cm以上，长度6～15cm之间为宜。

1. 民间食用方法 将新鲜刺嫩芽用沸水焯一下，冷水过凉，炝拌、炒肉丝或用蛋清糊油炸，其中油炸的制品，口味清香，质地脆嫩，在日本颇受欢迎。

2. 盐渍加工 采用两次盐渍方法。首先扒去芽苞，清除杂质和芽基异物，拣出带刺雄芽，最好将4～13cm之间的雌芽作盐渍原料，扎5cm小把或直接盐渍。现行出口盐渍品质量标准：菜质鲜嫩，色泽深绿，粗壮，芽长4～13cm之间，无芽苞，无腐烂变质、无异味、无杂质。扎把整齐，盐度22波美度以上。允许老化率2%以下，带刺雄芽2%以下，超长菜5%以下。

3. 净菜保鲜加工 将采集或收购的鲜菜，除去杂质、芽苞，按长、中、短分级，注意不要损伤嫩芽小叶或揉搓芽体，以免褐变，影响产品外观。在1～4℃冷库中用保鲜膜包装，进入超市。需暂时贮藏，必须放在冷凉潮湿、通风较好的地下窖或冷藏库中，货价期3～5d，保持芽体新鲜。

4. 速冻产品加工 新鲜嫩芽→分级→去芽苞→5%碱性盐水漂烫杀青→冷却→装盒→速冻（−36℃）→挂冰衣→冷藏（−18℃）。

5. 盐水刺嫩芽罐头加工技术 用盐渍原料，经脱盐后方能加工，具体方法同蕨菜。

【近缘种】 常见近缘种主要有：①长白楤木（*A. continentalis* Kitag.）又名东北土当归、草刺嫩芽、苦老芽，分布于东北、华北。幼苗可食，风味与刺嫩芽相同。药用可治疗风湿性关节炎、腰腿痛、腰肌劳损作痛等症。②毛叶楤木（*A. dasyphylla* Miq.）又名头序楤木、雷公种。分布于贵州、四川、广东、广西、湖南、安徽等地。③棘茎楤木（*A. echinocaulis* Hand. -Mazz.）分布云南、贵州、四川、广东、浙江等地。

【资源开发与保护】 刺嫩芽一直是出口野菜的拳头产品，因其营养丰富，风味独特，远销日本、韩国等国家和地区。盐渍品原料出口价格稳中有升，近年国内市场需求上升幅度较大，一度造成野生资源的严重破坏，尽管鲜品收购价一再上涨，但鲜品数量却越来越少。从资源保护的角度出发，应做到：

（1）采取人工仿生栽培的方法，扩大资源蕴藏量，使野生资源得以保护，现已成功地进行了种子繁殖、分株繁殖及根茎移栽。在长白山林区多采取就地抚育的仿生栽培模式，获得了较好的经济效益。

（2）多途径开发，综合利用现有资源，向功能食品领域进军，提高产品附加值。现生产的产品多是初、中级加工品，没有充分发挥其特有的优势。利用幼嫩芽药用具有清火，健胃的药效，开发健胃保健食品及功能饮料，蔬脆片、菜泥等系列产品。为儿童和老年人提供的专用食品，市场前景可观。

（3）根茎、树皮入药，具有补气安神，强精滋肾，健胃，利水，祛风利湿，活血止痛的功能。用治慢性气虚无力，神经衰弱，风湿性关节炎，痛经，糖尿病，肾炎水肿等。可用其提取有效成分，作保健食品的添加剂或速溶冲剂，造福于民。

十五、水芹 *Oenanthe javanica*（Bl.）DC.

【植物名】水芹又名水芹菜、河芹、野芹菜、小叶芹等，为伞形科（Umbelliferae）水芹属植物。

【形态特征】多年生草本，高30～50cm，无毛。茎基部匍匐。茎下部叶有长柄，基部鞘状抱茎。上部叶柄渐短至全部成鞘；叶片三角形，2回羽状全裂，叶片披针形，基部楔形，先端渐尖，边缘具不整齐的尖锯齿。复伞形花序顶生；无总苞或1～3枚早落；伞梗7～18；小伞形花序有花约20朵；花白色。双悬果椭圆形，果棱宽厚。花期7～8月；果期8～9月（图8-15）。

【分布与生境】我国东北、华北、中南均有分布，长江以南栽培面积较大。生于低湿的田边、路旁、沟边及稻田、水泡、沼泽的浅水中。

【食用部位与营养成分】幼苗及嫩茎叶。每100g鲜菜含蛋白质2.5g、脂肪0.6g、碳水化合物4g、粗纤维3.8g、胡萝卜素4.28g、尼克酸1.1mg、维生素B_2 0.33mg、维生素C 39mg。

【采收与加工】5～6月采嫩苗，6～7月采未开花的嫩茎叶。要求10cm以上，把叶去净，不带根，清除杂质异物，扎6～7cm粗小把，及时加工处理。

图8-15　水芹 *Oenanthe javanica*

1. 盐渍品　盐渍加工方法与大叶芹相同。产品质量标准：菜质鲜嫩，色泽翠绿，去净叶片，茎基不老化，不带根，无腐烂变质，无杂质，扎把整齐，盐度在22波美度以上，短菜2%以下。

2. 速冻产品　加工方法同刺嫩芽。

【近缘种】同作水芹菜食用的还有：①西南水芹（*O. dielsii* Boiss.）分布于云南、贵州、四川、广西、湖南等地。②细叶水芹（*O. dielsii* var. *stenophylla* Boiss.）为“西南水芹”的变种，分布于贵州、四川、江西。③中华水芹（*O. sinensis* Dunn）分布于湖南、江西、江苏、浙江。

【资源开发与保护】水芹菜是大众喜食野菜之一，适合做罐头、饺馅及速冻保鲜产品，水芹菜也是朝鲜族民间草药，其地上部分有清热利水的功效，因含有黄酮类物质，用其全草煎汁久服，治疗高血压症。可开发成具有降压作用保健饮料。其盐渍品大量销往国外，可出口创汇。此外，成株是优良的猪饲料。

十六、短果茴芹 *Pimpinella brachycarpa*（Komar.）Nakai

【植物名】短果茴芹又名大叶芹、山芹菜等，为伞形科（Umbelliferae）茴芹属植物。

【形态特征】多年生草本，高50～100cm。根状茎短，密生暗褐色须根。茎直立，节被毛。基生叶有长柄，茎生叶叶柄较短，基部狭鞘状；叶片1～2回三出全裂，裂片菱状卵形、宽卵形或卵形，基部楔形，先端短尾状尖，钝锯齿缘，背面脉上疏生短糙毛。复伞形花序顶生，常单一；无或有1～2枚线形总苞片；花白色。双悬果近圆形，两侧稍扁，分果横切面有油管20余条。花期 7～8 月；果期 8～9 月（图 8-16）。

【分布与生境】 分布于吉林、辽宁、黑龙江等省山区、半山区。喜生混交林及杂木林下及沟谷湿地。

【食用部位与营养成分】 早春嫩苗及地上部去叶嫩株。每 100g 鲜菜含蛋白质 2.6g、胡萝卜素 105mg、维生素 B_2 22.3mg、维生素 C 65.88mg、维生素 E 45.3mg、钙 1 280mg、铁 30.6mg。此外，茎叶中含丰富的黄酮类物质。

【采收与加工】 4 月末至 6 月初采嫩苗或嫩茎叶。出口外销的原料要采摘 10cm 以上的嫩苗，去净叶，不带根，扎成直径 6cm 左右的小把，及时送到收购点或进行盐渍加工。

1. 保鲜净菜加工 去老化根，扎 6～7cm 小把，冷藏保鲜包装，覆保鲜膜，净菜上市。冷链销售，货价期 7～10d。

2. 盐渍加工 采用两次盐渍法。质量标准：色泽正常（近似新鲜色泽），菜质鲜嫩，去根去叶，无老化，无腐烂，无杂质和其他菜，长度 10 cm 以上，扎 6～7 cm 粗小把，盐度 22 波美度以上。

图 8-16 短果茴芹 *Pimpinella brachycarpa*

1. 叶片 2. 花序 3. 果实

【近缘种】 长白山区同作山芹菜食用的还有：①小叶芹（*Aegopodium alpestre* Ledcb.）又名羊角芹，为伞形科植物东北羊角芹。分布于东北三省。②老山芹（*Heracleum moellendorffii* Hance）又名大叶芹、黑瞎子芹是伞形科植物东北牛防风的嫩苗，分布于东北三省及内蒙古等省区。③紫花芹（*Sanicula rubriflora* Fr. Schmidt）又名山芹菜、鸡爪芹，是伞形科植物紫花变豆菜的嫩苗。分布于东北三省及华北部分省区。

与大叶芹易混的两种有毒植物，采食时注意严加区别：①走马芹 *Angelica dahurica*（Fisch. ex Hoffm.）Benth. et Hook. f. ex Franch. et Sav. 又名大活、白芷、兴安白芷、独活。分布于东北、河北、山西、内蒙古。②毒芹（*Cicuta virosa* L.）分布于东北大部分山区。

【资源开发与保护】 大叶芹盐渍品是出口野菜的拳头产品，多年来一直销往国外，国内对其利用也较多，是品质优良深受城乡人民欢迎的珍贵野菜之一，上市季节多鲜销，炒食、炝拌或作馅食用，现已开发的山芹菜罐头、速冻水饺，市场行情看好。此外，民间药用有降压作用，是保健药"芹维康"的主要原料，亦是开发降压保健饮料的好原料。长白山区近年已开展了人工抚育栽培及根茎繁殖工作，建成了一定面积的栽培保护区，为山芹菜的产业化生产及精深加工奠定了产业化基础。

十七、桔梗 *Platycodon grandiflorum*（Jacq.）A. DC.

【植物名】 桔梗又名道拉基、和尚帽子根、包袱花根等，为桔梗科（Campanulaceae）桔梗属植物。

【形态特征】 多年生草本，高 40～80cm，无毛，体内有白色乳汁。根肥大，肉质，长圆锥状。茎直立，上部分枝。单叶 3 枚轮生、对生或互生；无柄或近无柄；叶片卵形或卵状披针形，基部楔形至圆形，先端渐尖，锐锯齿缘。花 1 至数朵生枝端；萼 5 裂；花冠宽钟状，蓝紫色；雄蕊5；子房半下位。蒴果倒卵形，顶部5瓣裂。花果期7～9月（图8-17）。

【分布与生境】分布于东北、华北、华中各省及广西、贵州、云南等地。生向阳干燥山坡草地、丘陵坡地、林缘灌丛间、干草甸子及草原。

【食用部位与营养成分】以根为主，幼苗亦可食。每100g鲜根含淀粉14g、蛋白质0.9g、粗纤维3.19g，14种氨基酸总量为1.22g；并含22种矿物质元素。此外，根还含有桔梗聚糖、菊糖、多种皂苷及α-菠菜甾醇等有效成分。

【采收与加工】早春幼苗刚出土或秋季落叶前采挖地下根部，除去地上部分老化残基及须根、泥土等异物。此时根紧实，浆气足，是采收的最佳季节。夏季也可以挖，但质量较前二时期差些。

图8-17　桔梗 *Platycodon grandiflorum*
1. 根　2. 植株上部

1. 干制加工　先将采集或收购的鲜根洗去泥土，刮去根皮，沥干水分后进行人工烘干或自然晒干，以此贮存原料，其方法与加工生晒参相似。

2. 朝鲜族泡菜的制作　干品→浸水复原→脱味→撕成细条→拌配料→低温发酵→冷藏包装→紫外线杀菌→成品。配料：细辣椒粉4%，白糖5%，食盐5%～8%，味素1%，大蒜泥8%，生姜1%，水果汁2%，糯米汤适量。上述原料复水后要求无涩味，手撕小条均匀整齐，将主料、配料搅拌均匀，发酵36～72h，紫外线杀菌后装袋，进入超市或于4～6℃窖中贮藏。

【资源开发与保护】桔梗药食两用，是东北地区大众喜食野菜之一，尤其适合制作朝鲜族风味小菜。根入药，具有宣肺、祛痰、利咽、排脓的功效。主治咽痛、咳嗽多痰、支气管炎及肠脓疡等症。此外，桔梗花大，美丽，可供观赏；幼苗可食，是难得的集食用、药用、观赏于一身的经济植物。近年在山东、河北及东北三省都开始人工栽培，基本解决了供需矛盾，今后应在保健食品领域多开发一些适销对路的产品，达到资源合理利用。

十八、柳叶蒿 *Artemisia integrifolia* L.

【植物名】柳叶蒿又名柳蒿、水蒿、白蒿等，为菊科（Compositae）蒿属植物。

【形态特征】多年生草本。根状茎横走。茎直立单一，紫褐色，具纵棱，被蛛丝状薄毛。基生叶与下部叶在花期枯萎；中部叶椭圆状披针形或线状披针形；上部叶小，椭圆形或披针形。头状花序多数，总状排列于腋生直立的短枝上且密集成狭长的圆锥状，总苞卵形，总苞片为3～4层；花冠管状，外层为雌花10～15，内层为两性花20～30。瘦果，矩圆形，黄褐色，长1.5mm。花期7～8月，果期8～10月（图8-18）。

【分布与生境】分布于黑龙江、吉林、辽宁、内蒙古及河北等省区。多生于中低海拔湿润或半湿润林缘湿地、森林草原、草甸、河岸湿地、山脚、路旁、沟旁。

【食用部位与营养成分】柳叶蒿以嫩茎叶供食用。每100g鲜柳叶蒿中含蛋白质3.7g。脂肪

0.7g、碳水化合物9g、粗纤维2.1g、胡萝卜素4.35mg、维生素C23mg。每100g干菜中含钾1 960mg、钙960mg、镁200mg、磷415mg、钠38mg、铁13.9mg、锰11.9mg。锌2.6mg、铜1.7mg。

【采收与加工】 野生的柳叶蒿采收一般在5～6月份进行。人工栽培柳叶蒿春季定植的，当株高45cm左右时采嫩茎食用；秋季定植的，翌年春季当苗高10～15cm时可采收。柳叶蒿嫩茎叶有炒、炖、凉拌、包馅、做汤等多种食用方法，尤以炖鱼最为鲜美。稍老的柳叶蒿可腌渍成咸菜或水烫后晾干菜，并可将腌制品加工成多种风味小菜。

【资源开发与保护】 柳叶蒿是北方少数民族达斡尔族喜食的野菜，在民间也称它为达斡尔菜。柳叶蒿以其味道鲜美、营养丰富，安全无公害深受消费者喜爱。为保护柳叶蒿这种野菜资源，充分满足人民的消费需求，现已进行无公害规范化人工栽培。

图8-18　柳叶蒿 *Artemisia integrifolia*
1. 根　2. 花枝　3. 花序　4. 花　5. 雌蕊

十九、蒌蒿 *Artemisia selengensis* Turcs. ex Bess.

【植物名】 蒌蒿又名藜蒿、水蒿、芦蒿等，为菊科(Compositae)蒿属植物。

【形态特征】 多年生宿根性草本植物，高80～120cm。茎直立，常带紫色，无毛。基部叶在花期枯落；中部叶披针形，被面被白色绒毛，上部叶线性，3裂或全缘或具疏锯齿。头状花序直立或稍下垂，多数于茎端组成复总状花序；总花序梗短，具线性苞叶；总苞钟形，直径约3mm，总苞片4层，被黄褐色短柔毛，边缘膜质，外层的较短，长约2mm，内层的长约3mm，花黄色，全部结实。果实圆柱形，长约0.8mm，光滑。花期8～9月；果熟期10月。(图8-19)。

【分布与生境】 分布于东北、华北、华中、华东及云南等地。生于山坡林缘、河滩、溪旁。蒌蒿性喜冷凉湿润气候，耐湿、耐肥、耐热、耐瘠，但不耐干旱。

【食用部位与营养成分】 蒌蒿以鲜嫩茎秆供食用，清香、鲜美，脆嫩爽口，营养丰富。每100g嫩茎含有蛋白质3.6g、灰分1.5g、钙730 mg、磷10.2mg、铁2.9mg、胡萝卜素1.4mg、维生素C 49mg、天门冬氨酸20.4mg、谷氨酸34.3mg、赖氨酸0.97mg及丰富的微量元素等。

【采收与加工】 蒌蒿有露地和设施两种栽培方式。设施栽培蒌蒿采用分期覆盖的方式，分批采收，均衡上市。大棚覆盖栽培蒌蒿，一般覆盖后40～50d，株高20～25cm时即可采收。露地栽培蒌蒿，随着自然界温度的变

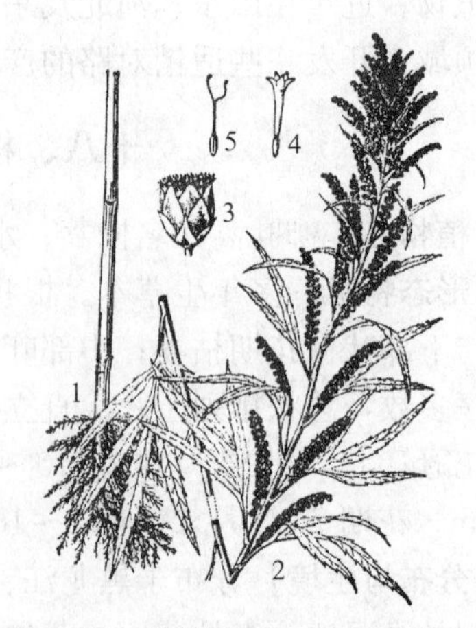

图8-19　蒌蒿 *Artemisia selengensis*
1. 根　2. 花枝　3. 花序　4. 花　5. 雌蕊

化，当日平均气温12～18℃时，嫩茎迅速生长，华东地区4月上、中旬是露地蒌蒿上市高峰。采收时，用利刀平地面在蒌蒿基部割下，嫩茎上除保留极少数心叶外，其余叶片全部抹除，捆扎码放在阴凉处，用湿布盖好，经8～9h的简易软化，即可上市。

【资源开发与保护】早在明朝，蒌蒿与笋同拌肉食之，最为美味。蒌蒿可凉拌或炒食。蒌蒿根性凉，味甘，叶性平，平抑肝火，可治胃气虚弱、浮肿及河豚中毒等病症，以及预防牙病、喉病和便秘等。根茎含淀粉量高，可为肌体提供热量能源。蒌蒿本是野生，长江流域中下游地区现作为一年生蔬菜栽培。蒌蒿抗逆性强，很少发生病虫害，所以是一种无污染的绿色食品。资源保护可通过人工栽培，如种子、压条、扦插或地下茎等繁殖方法扩大资源量。

二十、菊花脑 *Dendranthema nankingense*（Hand.-Mazz.）X. D. Cui

【植物名】菊花脑又名菊花叶、黄菊菜、菊花头等，为菊科（Compositae）菊属植物。

【形态特征】多年生宿根草本。茎直立，高30～40cm，茎较纤细，具地下匍匐茎，多分枝。叶互生，绿色，长卵形或椭圆形，长2～6cm，宽1～4cm，叶缘具粗大的复锯齿或二回羽状深裂。叶柄细长，绿色或带淡紫色。头状花序生于枝端，集成圆锥状。总苞半球形，外层苞片较内层苞片短。花黄色，花小，直径0.6～1.0cm。花期10～11月，果期12月。瘦果，种子及细小，灰褐色（图8-20）。

【分布与生境】江苏、浙江、上海栽培多，北京也有栽种。生房前屋后、田边地头、道边空隙地。菊花脑的适应性强，性耐寒，忌高温，耐瘠薄和干旱，但不耐涝，不择土壤，但在排水良好，有机质丰富的土壤中栽培，产量高，品质好。

图8-20　菊花脑 *Dendranthema nankingense*
1. 花枝　2. 舌状花　3. 管状花　4. 雄蕊

【食用部位与营养成分】菊花脑以嫩茎、嫩叶供食用，具有浓郁的菊香味，食之清凉爽口，可炒食或做汤。菊花脑营养丰富，嫩茎叶1g干品含钙6.56mg，锌35.0μg，锰29.3μg，铜14.0μg，铁134.6μg。

【采收与加工】采收盛期为5～7月份。设施栽培可提早在3月份采收。露地栽培，早春灌水并加薄膜覆盖，4～5月份采收。株高10～15cm，每隔15d采收一次，直到9～10月份现蕾开花，采收次数越多，分枝越旺盛。勤采摘还可以避免蚜虫危害。

采收标准：以茎稍嫩，用手折即断为度，稍长10～15cm扎成小捆上市。采收初期用手摘取或用剪刀剪下，后期植株长高，可用镰刀割取。采摘时，注意留茬高度，以保持足够的芽数，有利于保持后期产量。春季留茬3～5cm，秋季留茬6～10cm。春季可采3～4次，秋季可采2次。

【资源开发与保护】菊花脑是江南三大名野菜之一，口感清香味美，已由寻常百姓家步入高档宾馆、饭店的宴席上，是南京特色野菜。以开发成的特色菜肴如菊花脑鸡蛋汤、菊花脑炒肉片及炝拌肚丝等。保鲜净菜，已上市销售。并开发药膳甘菊粥。菊花脑嫩茎叶配以稻米、冰糖，具有清肝明目，降血压及清热解毒的功效。资源保护可通过人工栽培，如种子繁殖、扦插或组织培养等技术手段扩大资源量。

二十一、蒲公英 *Taraxacum mongolicum* Hand. -Mazz.

【植物名】蒲公英又名婆婆丁、公英、孛孛丁等，为菊科（Compositae）蒲公英属植物。

【形态特征】多年生草本，全株含白色乳汁。根圆锥状。单叶基生，莲座状；叶片线状披针形或倒披针形，基部下延为具狭翼的柄，先端尖或钝，边缘羽状深裂、浅裂或有时近全缘，裂片常为不甚整齐的三角形，疏被蛛丝状毛。花葶数个，上部密被蛛丝状毛；头状花序单生；总苞钟状，总苞片背侧先端有小角状突起；花全都舌状，黄色。瘦果狭倒卵形，上部具小刺状突起，顶端有长喙，冠毛白色。花期5～6月，果期6～7月（图8-21）。

【分布与生境】分布于全国各地为广布种。生田边、路旁、沟边、河岸沙质地。

【食用部位与营养成分】早春地上嫩苗。每100g嫩叶含蛋白质4.8g、脂肪1.1g、碳水化合物5g、粗纤维2.1g、胡萝卜素7.35 mg、维生素B_1 0.03 mg、维生素B_2 0.39mg、尼克酸1.9mg、维生素C 47 mg。1g干品含钾41.0 mg、钙12.1 mg、镁4.26 mg、磷3.97 mg、钠0.29 mg、铁233μg、锰39μg、锌44μg、铜14μg。

【采收与加工】4月末至5月中旬采挖嫩苗；秋季采嫩叶。去泥根，老化残叶与黄化叶，扎6cm左右小把，多供鲜销。

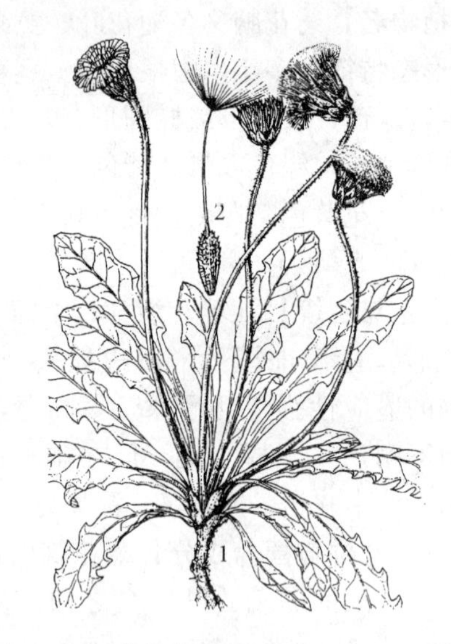

图8-21　蒲公英 *Taraxacum mongolicum*
1. 植株　2. 果实

【近缘种】同属的植物还有：①朝鲜蒲公英（*T. coreanum* Nakai）分布于吉林、辽宁。②白花蒲公英（*T. pseudo-albidum* kitag.）全国各地都有分布。③白缘蒲公英（*T. platypecidum* Diels）分布于辽宁。④丹东蒲公英（*T. dantungense* Kitag.）分布于辽宁。⑤卷苞蒲公英（*T. urbanum* Kitag.）分布于辽宁。⑥芥叶蒲公英（*T. brassicaefolium* Kitag.）全国各地都有分布。⑦红梗蒲公英（*T. erythopodium* Kitag.）全国各地都有分布。⑧斑叶蒲公英（*T. variegatum* Kitag.）分布于黑龙江、吉林、辽宁等地。⑨东北蒲公英（*T. ohwianum* Kitam.）分布于东北、内蒙古等地。⑩兴安蒲公英（*T. falcilobum* Kitag.）分布于内蒙古。⑪光苞蒲公英（*T. lamprolepis* Kitag.）分布于东北各省区。⑫台湾蒲公英（*T. formosanum* Kitam.）全国各地都有分布。⑬辽东蒲公英（*T. liaotungease* Kitag.）全国各地都有分布。⑭华蒲公英（*T. sinicum* Kitag.）全国各地都有分布。⑮凸尖蒲公英（*T. sinomongolicum* Kitag.）分布于黑龙江、内蒙古等地。⑯长春蒲公英（*T. jumpeianum* Nakai）分布于吉林、辽宁。⑰戟片蒲公英（*T. asiaticum* Dahl.）全国各地都有分布。⑱异苞蒲公英（*T. heterolepis* Nakai）全国各地都有分布。

【资源开发与保护】蒲公英现是大众喜食的常见野菜之一，又是著名的中草药。药用蒲公英的全草有清热解毒，软坚散结的功效；头状花序可烧汤食用；畜、禽优质饲草；根可制成类似苦咖啡气味的保健饮料。蒲公英及同属多种幼苗，分布广，产量高，近年，城郊菜农开展保护地大棚生产，抢在春节及早春蔬菜淡季上市鲜销。蒲公英开始走进宾馆的宴席及都室百姓家的餐桌。为民间大众喜食的开发利用较早的野菜之一，蒲公英不仅营养丰富，而且药用价值高，疗效可靠，在保健食品领域，开发潜力大，前景好。

二十二、清明菜 *Gnaphalium affine* D. Don

【植物名】清明菜又名鼠麴草、佛手草、田艾等，为菊科（Compositae）鼠曲草属植物。

【形态特征】1～2年生草本植物，株高10～50cm。茎成簇直生，不分枝或少分枝，表面密布白色绵毛。叶互生，无柄，全缘，叶片倒披针形，表面具白色绵毛。头状花序细小，排成伞房状。瘦果矩圆形，具黄白色冠毛（图8-22）。

【分布与生境】分布于华南、华东、西南及台湾、陕西、河北等地。该种的适应性强，在不同环境条件下均能生长，常见于海拔较低的原野、山坡、田间、地头及路旁。

【食用部位与营养成分】主要食用幼嫩的茎叶。每100g嫩茎叶中含粗纤维2.1g、蛋白质3.1g、脂肪0.6g、糖类7.0g、胡萝卜素2.19mg、维生素$B_1$0.03mg、维生素$B_2$0.24mg、维生素C28.0mg、尼克酸1.4mg，还含有钙218mg、磷66mg、铁7.14mg。

图8-22　清明菜 *Gnaphalium affine*
1. 植株　2. 总苞　3. 花及果

【采收与加工】因其采摘时间多在清明节前后，故名清明菜。采摘的嫩茎叶可用开水烫后炒食，或作成清明菜蒸糕、清明菜糯米饭等；亦可用其煮水，加红糖制成清明菜糖饮，每年初春饮服，可以预防感冒和流感。

【资源开发与保护】清明菜的分布范围广泛，是初春常见的野菜。该种植物具有较高的药用价值，含有生物碱、甾醇、挥发油、苷类等有效成分，具有抑菌、祛风湿、化痰止咳之功效，还具有扩张局部血管、降低血压、治疗消化道溃疡、镇咳、镇痛等作用，是一种较好的药食两用的野菜。但目前对清明菜尚未作深度开发，应加强综合利用方面的研究，提高其产品附加值。

二十三、野茼蒿 *Gynura crepidioides*（Benth.）S. Moore

【植物名】野茼蒿又名革命菜、安南草、飞花菜、野青菜等，为菊科（Compositae）三七草属植物。

【形态特征】一年生草本，株高20～100cm。茎直立，无毛，有纵纹。叶膜质，长圆状椭圆形，边缘有不规则齿或浅裂，具长柄。头状花序少，排成顶生圆锥花序；总苞圆柱形，长约1cm，苞片线状披针形，顶端有小束毛；花全为筒状，粉红色。瘦果狭圆柱形，赤红色，具条纹

(图 8-23)。

【分布与生境】原产于非洲，引入我国后在热带、亚热带地区逸为野生，广泛分布于华南及江西、湖南等地，已成为归化植物。生于荒地、路旁、林间、草地和水沟旁。

【食用部位与营养成分】主要食用幼嫩的茎、叶及幼苗。每 100g 可食部分含粗纤维 2.9g、蛋白质 4.5g、胡萝卜素 5.1mg、维生素 $B_2$0.33mg、维生素 C10.0mg、尼克酸 1.2mg。

【采收与加工】于每年春、夏、秋三季均可采摘。目前野茼蒿多采用鲜食，可分别与肉丝、腊肉、虾仁等一起炒食，甜滑可口，味道鲜美；亦可凉拌、做汤或做馅。

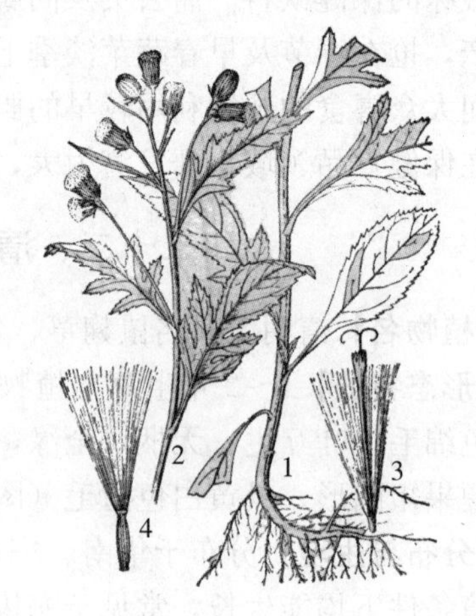

图 8-23　野茼蒿 *Gynura crepidioides*
1. 植株　2. 花枝　3. 花　4. 果实

【资源开发与保护】在革命战争年代，红军曾以野茼蒿充饥，故其又名“革命菜”。野茼蒿具有较高的药用价值，性平，味甘辛，具和脾胃、利二便、消痰渴饮等功效，可治疗感冒发热、痢疾、肠炎、尿路感染、营养不良等症。因此，野茼蒿可作为一种优良的药膳品种而加以开发利用。

二十四、沙葱 *Allium mongolicum* Regel

【植物名】沙葱又名蒙古韭、胡穆利（蒙语）等，为百合科（Liliaceae）葱属植物。

【形态特征】多年生草本。鳞茎和叶簇生于茎盘上。叶为条形半圆柱状，实心，宽 1～2mm，长 15cm 左右；花茎圆柱状，直立，稍高于叶，具细纵纹；花茎先端总苞宿存，白色膜质，伞形花序呈半球状，花淡紫色至紫红色；鳞茎粗短，长 2～4cm，外皮纤维状，松散。8～9 月份开花，10 月份结果。种子黑色，千粒重 3.1g（图 8-24）。

【分布与生境】在内蒙古草原、沙地分布极为广泛，分布于内蒙古兴安南部、岭西、呼—锡高原东部、燕山北部、阴山。生于山坡林下、林缘及林间草甸。

【食用部位与营养成分】叶、嫩茎、花苞均具辛辣味，可以食用，牲畜亦喜食，为催肥饲草，马、驼、羊食后可防治鼻咽腔内寄生蠕虫。全株以叶的生物量最多，其辛辣味较其他葱、韭更浓。人工栽培沙葱粗蛋白含量、粗纤维含量、粗脂肪含量、粗灰分含量分别为 1.86%、1.34%、0.27%、1.27%；β-胡萝卜素含量为 20.44mg/kg；矿物质 Fe、Mn、Zn、Cu、M 分别为 175.62mg/kg、98.26mg/kg、188.17mg/kg、54.36mg/kg、131.72mg/kg。具有抗旱抗寒、抗病性和适应性强、易于栽培等特性，尤其适宜沙壤土栽培。还具有除瘴气排恶毒等重要的药理作用。

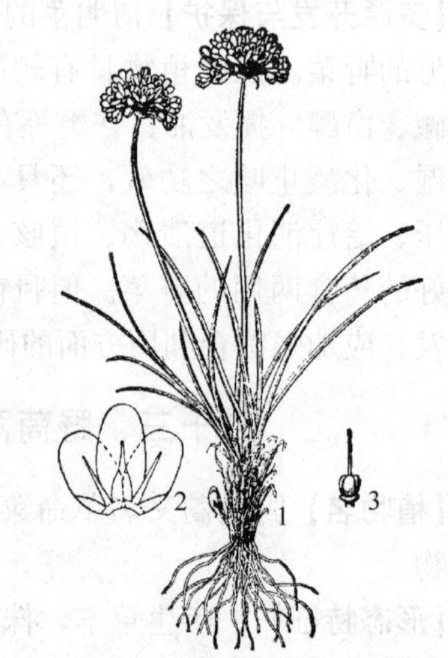

图 8-24　沙葱 *Allium mongolicum*
1. 植株　2. 花被　3. 雌蕊

【采收与加工】沙葱采收后可保鲜贮藏或腌制后即可食用，是一种比较理想的蔬菜。一般采收后贮存时间不宜时间太长，通风干燥处贮存5～7d，在0℃左右可贮存15～20d。

【近缘种】百合科葱属植物有细叶韭（*A. tenuissimum* L.）、野韭（*A. ramosum* L.）。

【资源开发与保护】沙葱作为一种野菜，其所含的营养成分比较全面，矿物质营养、必需微量元素和氨基酸均高于一般的蔬菜。此外，沙葱人工栽培技术简单，易于掌握，无污染，是理想的绿色野菜食品，产业化生产和市场前景十分广阔。

二十五、黄花菜 *Hemerocallis citrina* Baroni

【植物名】黄花菜又名金针菜、小黄花菜、红萱等，为百合科（Liliaceae）萱草属植物。

【形态特征】多年生草本。根多少呈绳索状。叶基生，长30～50cm，宽0.5～1cm，柔软。花葶纤细，与叶近等长，不分枝；花2～6朵顶生，花序短缩成近头状；苞片披针形，先端长渐尖；花梗很短；花黄色，芳香，裂片6，2轮；雄蕊6；子房上位，3室。蒴果椭圆形，稍有3钝棱。花期6～7月。果期8～9月（图8-25）。

【分布与生境】分布于我国北部各地，已有普遍栽培。喜生于草甸、湿草地、林间及山坡稍湿地等。

【食用部位与营养成分】含苞待放的花蕾。每100g黄花菜干品含蛋白质1.47g、脂肪0.4g，糖类6.1g、胡萝卜素5.8mg、维生素C 0.5mg、钙0.7mg、磷17mg、铁21mg，是著名的碱性食品。

【采收与加工】6～7月采待放的花蕾或初开的花朵。以4cm长，充分发育，呈金黄色或橘黄色，坚实而不中空的含苞未放的花蕾为上等品。开花前1～2h质量最好。过早采收，产量低，且干品呈青褐色；过晚采收开放的花，干品肉质下降，易生虫，贮存困难。

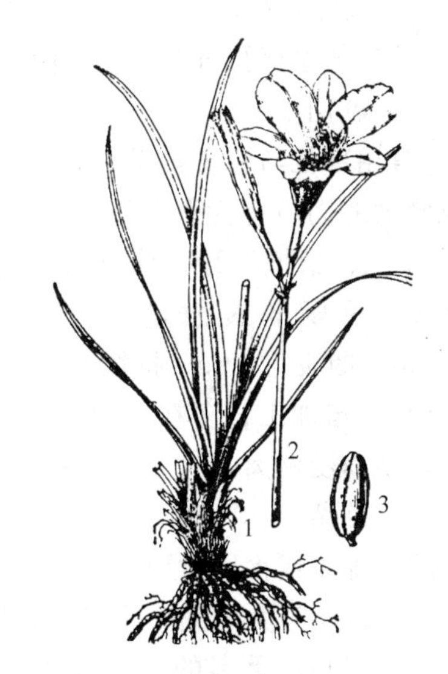

图8-25 黄花菜 *Hemerocallis citrina*
1. 植株 2. 花枝 3. 果实

1. 黄花菜干制加工 干制加工分蒸制和烘晒两道工序。蒸制前，清理分级，将七八成熟及开花的菜分开处理，先在锅内加水至离笼屉7～9cm，水沸时放屉，每层笼屉铺8～12cm厚的花蕾，通常中间薄，四周厚，蒸汽均匀上升，使花蕾受热一致。蒸7～10min，待菜体布满小水珠，手拿花蕾下垂，里生外熟时，即可取出。若有不熟的菜，可放在堆内利用余热烫熟，放12h，使淀粉充分转化为糖，以提高质量。晾晒时选阳光充足、通风良好的地方进行。阳光晒干的产品色泽好，久煮不烂，质量好。如遇雨天，必须进行烤房烘干，温度保持在40～60℃之间，逐渐升温，烘至半干，取出凉后再烘。注意烘干过程，温度不能升得过急、过快，及时排潮，至八成干时，堆成15cm厚的堆，上放塑料膜，用脚踏实，使之成为扁圆形条，提高其外观质量。

2. 速冻黄花菜 工艺流程：原料验收→去花梗→清洗→沥水→漂烫→冷却→沥水→速冻→包装→冷藏。操作要点：选用花蕾饱满、颜色黄绿的幼嫩黄花菜，放入清水中漂洗，于98℃±2℃的水浴中漂烫0.5～2.5min，然后在冷水中漂洗冷却后速冻，用0.06～0.08mm的厚的聚乙烯薄膜包装，于－18～－20℃下冷藏。

【近缘种】同作黄花菜食用的同属植物还有小萱草（*H. dumortieri* Morr.），与上种区别是苞片宽卵形；朝鲜萱草（*H. coreana* Nakai），花序分枝，花梗较短（1～3mm）或近无梗，喜生山坡草地；北黄花菜（*H. lilio-asphodelus* L.），与上种区别是花梗较长（7～20mm）。

【资源开发与保护】黄花菜及其制品深受消费者喜爱，加之有药用价值，根有利水、凉血、清热解毒的功能，市场前景十分广阔。由于其幼苗也可食用，故采收时应注意资源的保护，并应扩大人工栽培面积。可用分株法、种子实生播种、组织培养等方法繁殖，扩大资源储量。

二十六、茭白 *Zizania caduciflora* （Turcz. ex Trin.）Hand.-Mazz.

【植物名】茭白又名茭笋、菰笋、茭粑等，为禾本科（Gramineae）菰属植物。

【形态特征】多年生草本，具肥厚的根状茎。秆高1～2m，叶片条状披针形，宽10～25mm。圆锥花序长30～60cm，分枝近于轮生，下部为雄性，上部是雌性；小穗含一小花；雌性小穗圆柱形，长15～25mm，雄小穗稍两侧压扁，长10～15mm；颖缺；外稃具5脉，在雌小穗中有长15～30mm的直芒；内稃具3脉；雄蕊6枚。颖果圆柱形，长约10mm。花期秋季（图8-26）。

【分布与生境】分布于全国南北各地。生长在丘陵、平原地区湖沼水中。

【食用部位与营养成分】嫩茎，即黑粉菌寄生菰后变成肥大的肉质茎为著名蔬菜。每100g可食部分含蛋白质1.5g、脂肪0.1g、糖类4g、钙4mg、磷43mg、铁0.3mg、胡萝卜素微量、硫胺素0.04mg、核黄素0.05mg、烟酸0.6mg、抗坏血酸2mg。

【采收与加工】多在茎中部明显膨大，叶鞘一侧有裂口，微露茭白肉茎时，及时采收。采收后将茎基部切下，去叶片留2～3张叶鞘作保护茭白的外壳，便于保鲜贮藏。加工或食用时剥去外皮。茭白历来与鲈鱼、莼菜并列为江南三大名菜。民间常凉拌、爆炒、煮汤、炖肉，味美可口；著名的佳肴有“麻辣茭白”、“鱼香茭白”、“茭白炒猪肝”、“清蒸茭白”。

图8-26 茭白 *Zizania caduciflora*
1. 植株 2. 嫩茎

【资源开发与保护】茭白原产中国，是仅次于莲藕的第二大水生蔬菜，味道鲜美，营养丰富，在长江流域等地广泛栽培，尤其太湖流域栽培最盛，产品最佳，主要在初夏和仲秋供应市场。茭白不仅是著名蔬菜，而且药用有解热毒，开胃解酒，除烦渴，利二便的功效。此外，根茎、根，俗称菰根，可治消渴、治烫伤或火伤；果实称菰米，既能食用又可入药，具有解烦热、调肠胃及治疗心脏病的功效。茭白全身均可利用，产区用茎叶作家畜或鱼的饲料，纺织蒲包或麻袋；可用菰作护堤固土之用。

二十七、毛竹 *Phyllostachys heterocycla* （Carr.）Mitford cv. *pubescens*

【植物名】毛竹又名南竹，为禾本科（Gramineae）竹亚科毛竹属植物。

【形态特征】毛竹地下茎为单轴型。秆高11～13（26）cm，粗8～11（20）cm，秆环平，箨环突起，节间（不分枝的）为圆筒形，长30～40cm，节下生有细毛和蜡粉。箨鞘厚革质，背面密生棕色小刺毛和斑点；箨叶窄长形，基部向上凹入；叶在每小枝2～8片，叶片窄披针形，宽5～14mm，次脉3～5对，小横脉显著。花枝单生，不具叶，小穗丛形如穗状花序，长5～10cm，外披有复瓦状的佛焰苞；小穗含2花，一成熟一退化。笋期12月下旬（冬笋）至次年4月上旬（春笋）（图8-27）。

【分布与生境】产长江流域及河南、陕西等省。生海拔800m以下的山谷沟边林中。

【食用部位与营养成分】刚刚出土的茎，称竹笋、笋、竹胎、竹茅。以毛竹为例，每100g鲜笋含蛋白质2.6g，脂肪0.2g，碳水化合物7g，磷76mg，钙10mg，铁0.5mg。

【采收与加工】竹笋采收要“三看”、“三挖”、“三不挖”（湖南经验）。“一看”季节，冬至前形成的笋多数不能转化为春笋，可采挖；“二看”外形，两头尖、中间弯的竹笋可采挖，而上头细下头粗的春天能长成“新竹丫”要留下；“三看”竹林地势，即地势高，竹笋出土晚难成竹，可采挖。毛竹抽生后3～6年为笋盛期。冬季挖冬笋，在清明前后采春笋，8月采鞭笋。笋头刚露出土面为采收最佳时期，过迟采收纤维多、味苦，挖除竹周土壤，露出竹鞭，用刀断笋基，采后将土填平。

图8-27　毛竹 *Phyllostachys heterocycla* cv. *pubescens*

1. 秆箨　2. 花枝　3. 颖和小穗下方的前叶　4. 雄蕊和雌蕊　5. 小花及小穗轴延伸的部分　6. 浆片

竹笋加工著名品种有：①湖南玉兰片（毛竹笋），选幼嫩冬笋加工而成，品质最优，古称贡笋，其形色与玉兰花瓣相似得名。有4个品种，即宝尖、冬片、桃片和春片，以宝尖品质最佳，质软味好。②江西竹笋（毛竹笋、山竹笋），有春笋和冬笋之称，按加工方法分闽笋、烟笋、玉兰片。③浙江竹笋（竹林产区），有毛竹笋、小竹笋、绿竹笋等种。④皖南竹笋（歙县为中心产区），笋干制作精细，经削、煮、烘、揉、卷等工序，品种有笋干罐头、盐渍笋、明挺笋、秃挺笋以及干制珍品—焙熄笋。⑤广西甜笋罐头，由甜竹加工制成。

【近缘种】各地称“竹笋”的同属植物有：①刚竹（*Ph. bambusoides* Sieb. et Zucc.）又名桂竹，分布于黄河以南各省区。②水竹（*Ph. heteroclada* Oliv.）分布于贵州、四川、广东、广西等地。③篌竹（*Ph. nidularia* Munro）又名花竹、枪刀竹、龙竹，分布于长江流域及以南各省区、秦岭南坡。④淡竹［*Ph. nigra*（Lodd.）Munro var. *henonis*（Mitf.）stapf ex Rendle］又名毛金竹、甘竹等，分布于长江流域及以南各省区。

【资源开发与保护】竹笋可食法多样，可炒丝、煎片、炖肉、煲汤、熬粥、作粥，亦可烤、蒸、煮等。著名的佳肴：“冬笋狮子头”、“白玉冬笋”。竹笋不仅味美，而且是著名的功能食品，久食有益气、化热、消渴、爽胃等作用；入药利九窍，通血脉、化痰涎，消食胀，发痘疹，最近已成功地开发出笋汁系列保健饮品。此外，竹竿是建筑用材，可用于编篱笆，制凉席、竹器等各种生活用品及工艺品。竹纤维可造纸或制人造棉。

复习思考题

1. 简述野生蔬菜的概念。
2. 简述我国野生蔬菜植物资源的特点。
3. 简述野生蔬菜植物资源的分类。
4. 简述我国野生蔬菜植物资源开发利用现状与展望。
5. 简述野生蔬菜植物的原料加工技术。
6. 简述野生蔬菜植物的产品加工技术。
7. 简述主要野生蔬菜资源植物分布、食用部位、开发利用。

第九章　芳香油植物资源

第一节　概　　述

一、芳香油植物资源的概念

芳香油植物是指植物体器官中含有芳香油的一类植物。芳香油亦称精油或挥发油，它与植物油不同，主要化学成分有萜烯类化合物、芳香族化合物、脂肪族直链化合物和含硫含氮化合物等，其中萜烯类是最重要的成分，这些挥发性物质大多具有发香团，因而具有香味。在一般情况下芳香油比水轻，极少数（如檀香油）比水重，不溶于水，能被水蒸气带出，易溶于各种有机溶剂、各种动物油及酒精中，也溶于各种树脂、蜡、火漆及橡胶中，在常温下，大多呈易流动的透明液体。

二、国内外芳香油利用概况

芳香油植物资源的开发利用在我国有着悠久的历史，我国是世界上应用最早的国家之一。早在5 000年前神农教人采药时人们便对草药散发的“香”表示出特殊好感，以后香料植物逐渐用于献佛拜神，清洁身心，葬埋死者、雕刻、建筑、观赏和药用。春秋战国时期的孔子家话中说“与善人交，如入芝兰之室”。1972年在湖南省长沙马王堆一号墓中发现存量较多的茅香的根状茎，说明距今2 000多年的秦汉以前早已使用香料。据公元1077年宋神宗熙宁10年统计，从广州、宁波、杭州三处收购的乳香达177 224kg。那时从非洲到中国南海航路以泉州为枢纽形成一条香料之路，使香料的国内外贸易盛极一时。近百年来，我国香料生产最初多偏重于使用植物本身，如小花茉莉用于制作花茶，民间习用的桂花糕、玫瑰羹、檀香扇等，虽受人们欢迎，却只限于使用植物的本来形态。直到16世纪发明了水蒸气蒸馏法制取芳香油后，香料生产才得到飞跃的发展，从固体香料发展到液体香料，从那时起，香料被广泛用于化妆品、饮食品及医药等工业中。到19世纪，随着化学工业的发展，香料生产也得到较快的发展，一方面是天然香料制取方法的改进和提高，另一方面对天然香料进行了成分分析，明确了它们的化学结构和利用途径，从植物性原料制得了许多香料产品，而且在研究香料化学结构的基础上发明了人工合成香料技术。芳香油工业或称香精香料工业有了较大的发展，成为轻工业中一个重要行业。目前，我国一些大宗品种由于野生资源已不能满足香料工业的需求而进行了大面积人工栽培，如薄荷、玫瑰、八角、桂花、山苍子、茉莉、白兰花等。

香精香料工业起源于欧洲，目前，欧洲、美国、日本已构成世界上最先进的香料香精工业中心。并且以香精为龙头产品带动天然香料和合成香料的发展。中国是世界上最大的天然香精香料生产国，具有原料成本低的优势，发展势头十分迅猛，具有非常大的潜力。随着发展中国家人均收入增加，对消费品质量要求也有所提高。这会促使各种芳香油、芳香提取物和合成香精香料需求的增加。因为快餐、饮料和食品需求增加，混合香精在发展中国家市场的发展尤其迅速。

曾经香水被视为是一种高贵的奢侈品，而如今香水越来越多的普及到人们的生活中，成为人们日常生活用品之一。随着人民生活水平及品位的提高，以及各种人群对香水的使用需求不断增加，各大商家也挖尽心思，增加更多不同的品牌与产品，香水市场快速发展，中国将成为世界上最大的香水消费市场。

香熏在欧美已经流行了很多年，堪称经久不衰，香熏疗法所特有的镇定、安抚、舒缓等作用。作为现代人，由于生活的压力、紧张，许多人开始热衷使用香熏美容产品进行美容，并以此排解压力。随着人们对香熏认识的提高，必定加速香熏业的发展。

目前我国香料香精工业虽然形成了一定的规模，但是还满足不了产品配套的需要。配制某些香精产品所需的香料种类不足，有些精油及浸膏还需从法国、意大利、英国、瑞士、印度等国进口一定数量。因此，深入广泛地研究，开发利用我国丰富的香料植物资源，尤其是针对我国目前尚需进口的品种，从野生植物中挖掘潜力，逐步做到不进口或少进口，同时力争扩大出口香料的数量和迅速提高其质量，这是一项重要而艰巨的任务。

2006 年上半年我国生产香精香料产品的销售收入约 100 亿元人民币，比去年同期增加 20%；出口交货值 19 亿元人民币，比去年同期增加 23.8%。行业发展迅速，也涌现了一批自主创新龙头企业。但是，我国目前在世界香料市场中仅占 5%，还不到日本的一半。国际竞争激烈的同时也给我们带来了难得的机遇，我国香料工业从无到有，也不过 50 年的历史，随着亚洲香料工业的发展，预计 2008 年亚洲的香料香精总销售额将达到 2004 年全球的销售额。特别是天然香料的需求呈大幅度上升，天然香料在香料香精中占有的比例从以前的 5%上升到现在的 9%，正是大力发展我国天然香料的契机。

三、我国的芳香油植物资源

我国的芳香植物种类很多，在种子植物中有 260 多个科 800 余个属的植物含有芳香油，其中最重要的有 20 余科，如松科、柏科、樟科、芸香科、唇形科、桃金娘科、伞形科、菊科、蔷薇科、牻牛儿苗科、莎草科、败酱科、檀香科、木樨科、龙脑香科、金粟兰科、金缕梅科、堇菜科、禾本科、姜科、木兰科等，已发现的香料植物近 400 种。

每个省都有近百种或更多的香料植物。如云南省有芳香植物 360 多种，可供开发利用的约有百余种，主要生产桉叶油、黄樟油、山苍子油、樟脑、八角茴香油、香叶油和树苔浸膏等。广西有开发利用价值的芳香植物约 100 多种，现已开发利用 40 余种，主要有山苍子油、茴油、桂油、香茅油、柠檬桉叶油、黄樟油、白樟油等。四川省已在生产上开发利用的有 20 余种，如岩桂、香樟、腊梅、甘松、缬草、黄樟、柠檬、香叶天竺葵等。湖北省有开发利用价值的芳香植物近 110 种，其中猕猴桃、山苍子、野菊花等资源最为丰富。河南省约有芳香植物 90 种，主要有厚朴、紫楠、野花椒、吴茱萸、野胡萝卜、短毛独活、藿香、海州香薷、裂叶荆芥、黄花蒿、魁蒿等。山东省有芳香植物近 100 种，有利用价值的如缬草、山胡椒、赤松、菖蒲、百里香、野薄荷、香附、黄花蒿、白莲蒿等。甘肃省有野生和栽培的芳香植物 214 种，隶属 50 科 122 属，形成工业生产规模的主要是苦水玫瑰油，其他如沙枣、丁香、七里香蔷薇、香薷、油樟、华山松、烈香杜鹃等十余种野生芳香植物资源丰富。辽宁省有芳香植物约 90 种，其中百里香、藿香、裂叶荆芥、香附子、月见草、铃兰等是具有强烈芳香、含精油量高、贮量较多的香料植物。吉林省有芳香植物100余种，如铃兰、杜香、百里香、香薷、黄檗、紫椴花、缬草等香气较浓的种类已经开始开发。

四、芳香油的化学成分组成

芳香油大多是由几十种至几百种化合物组成的复杂混合物。研究其化学成分不仅有利于合理和有效地利用香料，还可对芳香油作进一步改善，也可对合成香料品种提供新方向。很多成分的立体光学异构体对香气有较大的影响，如左旋香茅醇的香气较好，左旋薄荷脑的凉味较强；作为几何异构体与香气的关系，如叶醇和茉莉酮，人们都喜欢它们的顺式体的香气。因此，研究芳香油的化学成分及其结构，是发展香料工业重要的一环。

（一）芳香油化学成分的划分

芳香油（或称精油）在化学上可分为4大类：即含氮含硫化合物、芳香族化合物、脂肪族的直链化合物、萜类化合物等，简要介绍如下：

1. 含氮含硫化合物　含氮化合物常见的有：吲哚、茉莉花油、腊梅花油、苦橙油、甜橙油、柠檬油、柑橘油、柑皮油等。含氮杂环化合物的吡嗪类，是重要的食品香成分，可可制品、咖啡、花生、豌豆、青椒、芝麻中都有，如花生中含有2-甲基吡嗪和2,3-二甲基吡嗪，可可和咖啡中含有2,3,5,6-四甲基吡嗪，茶叶中曾发现34种吡嗪化合物。含硫的芳香成分，姜汁中有二甲基硫醚，大蒜中有二丙烯硫醚，异硫氰酸丙烯酯是芥子油的主要成分，在葱芥属（*Alliaria*）、碎米荠属（*Cardamine*）和大蒜芥属（*Sisymbrium*）等的芳香油中也有；异硫氰酸γ-丁烯酯在油菜子（*Brassica napus* L.）和芸薹（*B. campestris*）中有。

2. 芳香族化合物　苯环化合物一般都有芳香，故一般称为芳香化合物。在香料植物中，这类化合物较多，仅次于萜类。

A. 芳香族烃类：烃类有机化合物仅由碳原子和氢原子构成，故又称碳氢化合物。在香料工业中用的烃类化合物为数不多。如苏合香油中的苏合香烯；山紫苏油中的对-聚伞花烃。

B. 芳香族醛类：醛类的特点在于分子中的烃基及一个氢原子联结在羰基上，此类化合物在芳香油中占有重要地位，其中苯甲醛（C_7H_6O）存在于金合欢浸膏，水仙浸膏以及杏仁油、苦杏仁油、桂皮油、藿香油中均有，而且常以苷的形式存在，有苦杏仁香气，作皂电香精用量很大，在洋茉莉香精、烟草香精中亦有应用；莳萝醛（$C_{10}H_{12}O$）是茴香油的主要成分，在肉桂油、各种桉叶油和荆球花油等芳香油中皆有，有辛辣气味，用于香料工业；洋茉莉醛（$C_8H_6O_3$），多存在于黄樟油，黄樟叶油等芳香油中，用途甚为广泛，在调制化妆品香精，香水香精，皂用香精等时为主剂或定香剂；肉桂醛（C_9H_8O），是桂叶、桂皮及肉桂皮油的主要成分，常作药用或香料工业上用作调制栀子、素馨、铃兰和玫瑰等香精用，亦作定香剂。

C. 芳香族酮类：酮类化合物的特点是联结于羰基上的是两个烃基，许多有价值的香料均属此类。酮类又可细分为芳香族酮类，脂肪族酮类，环萜酮类，倍半萜酮类等几种类型。芳香族酮类如：苯乙酮（C_8H_8O），为 *Stirlingia latifolia* 植物芳香油的主要成分，具强烈的甜香味，用于调和花香型香精，皂用香精及烟草香精；对甲基苯乙酮（$C_9H_{10}O$），存在于含羞草植物的花油中。

D. 芳香族醇类：醇类可以看作是芳香烃侧链上的氢或脂肪族烃上的氢被烃基取代所产生的衍生物。醇类中有许多具有愉快气的化合物，这些化合物是香水和花露水的重要成分，在香料工业中有很大作用。醇类可分为芳香族醇、脂肪族醇、环萜醇类和倍半萜醇类等几种类型。芳香族醇类是芳香油的主要成分，最重要的有苯甲醇、苯乙醇、肉桂醇等。苯甲醇（$C_6H_5CH_2OH$）存在于荆球花、月下香等的芳香油中；乙酸苯甲酯则存在于茉莉、栀子等的花油中。这两类化合物在香精、化妆品和香皂中应用广泛，常作定香剂。苯乙醇（$C_8H_{10}O$），为无色液体，是蔷薇、老鹳草等芳香油中的一种组成成分，具特殊的玫瑰香气，在香精、化妆品和制皂工业中是重要的定香剂，用它能调配出各种香精，特别是玫瑰型香精。肉桂醇（$C_9H_{10}O$），是一种未饱和的一元醇，见于肉桂皮和苏合香中，多以酯的形式存在，肉桂醇是优良的定香剂，在香精、化妆品和皂用工业中用途广泛。

E. 芳香族醚类：是芳香族醇的羟基上的氢被一有机醚根所取代而衍生的一种有机化合物。如存在于石菖蒲中的胡椒酚甲醚和榄香烯，存在于细辛中的α-细辛醚和β-细辛醚。

3. 脂肪族直链化合物 精油成分中除萜类、芳香族化合物外，脂肪族化合物为数不少根据它们所具有的功能团，有醛、酸、酯和烃类，但香料中属于烃类的不多。

A. 醇类：属于脂肪族醇类的直链化合物中有经过发酵的茶叶中有顺式 3-己烯醇，具有青草的清香。2-甲基正庚烯-2-醇-6 存在于伽罗木油中，具有青草鲜果香气。调香时常用少量于配方中作为头香。人参挥发油中含有人参炔醇［$CH_2=CH-CH-(C=C)-CH_2-CH=CH(CH_2)_6-CH_3$］。

B. 醛类：脂肪族醛类在精油中不占重要地位。低级醛类如甲醛、乙醛可能是水蒸气蒸馏时，由于复杂化合物的分解而生成。但乙醛在有些水果香气中起到重要的头香作用。醛类在未成熟的植物中比成熟的植物中含量多些，如在薄荷油和桉叶油的生物合成的中间阶段，有低级醛类生成。由于未成熟的植物常有低级醛类存在，往往使精油带有不适的气味，如庚醛具有显著的脂肪气味。醛类的香气比较强烈，精油中含量虽少，会影响精油香气的格调。在不饱和的脂肪醛中，有 2-己烯醛，又称叶醛，是构成黄瓜青香的天然重要醛类。壬二烯，又称紫罗兰叶醛，存在于紫罗兰叶中，香气浓烈，除用于配制紫罗兰、黄瓜香基外，还用于水仙、玉兰、金合欢等香精配方。

C. 酮类：脂肪族酮类在精油中见到的不多。低级酮可能是水蒸气蒸馏的分解产物。丙酮常常存在于馏出水中。丁二酮存在于香根鸢尾油中。甲基正庚基酮又称芸香酮，是芸香油的主要成分，也存在于白柠檬油中。甲基正己基甲酮又称辛酮-2，微量存在于某些柑橘果实中。后两者都可作为调配剂用于各种配方以增加新鲜感和扩散作用。甲基庚烯酮（$C_8H_{14}O$）存在于柠檬油、柠檬草油、香草油、姜草油等芳香油中，常与芳樟醇、香叶醇和柠檬醛共存，具有类似醋酸戊酯的果香。

D. 酸类：酸类化合物分子内含有羧基，许多精油因有一定数量的脂肪酸，因而有一定的酸值。酸值的增加说明精油质量变劣。脂肪酸通常没有愉快的香气。低级脂肪酸多半以酯类状态存在，酯类在蒸馏中分解成羧酸，游离存在。但有些精油含高级脂肪酸，如鸢尾油中含 85%的肉豆蔻酸，秋葵子油中含棕榈酸。在香料生产上，可用酸类作生产酯类的原料。用酸类制成的酯不仅广泛用于香料工业，也用于食品工业中。羧酸的酯类可以直接用羧酸和醇作用而制得。酯类是天然精油中的组成部分，在食品工业中可使产品有果子香味。酸类及酯类化合物的代表有：桂皮酸（$C_9H_8O_2$），存在于肉桂油中；乙酸龙脑酯（$C_{12}H_{20}O_2$），具有清新香味，为公共场所、室内喷雾香精，存在于多种裸子植物如华山松、华北冷杉、马昆松、云南松、山刺柏等的芳香油中；醋酸芳樟酯（$C_{12}H_{20}O_2$），存在于芸香料植物玳玳花、蟹橙等的芳香油中；牻牛儿醇醋酯（$C_{10}H_{17}O \cdot OC \cdot CH_3$），存在于多种植物的芳香油中，如柴胡芳香油，味甜香，用于香料工业。

4. 萜类化合物　广义地讲，萜不仅包括（C_5H_8）$_n$ 为基础的一切化合物，甚至还包括化学结构上和亲缘上稍远的化合物。像檀香烯只有 9 个碳原子，也看作萜的一种。具有 5 个碳原子的称为半萜（semiterpene），在精油中并不存在。具有 10 个碳原子的称为单萜（monoterpene），存在于精油的低、中沸点的部分。高沸点部分中存在具有 15 个碳原子的，则称为倍半萜（sesquiterpene）。二萜（C_{20}）和三萜（C_{30}）是萃取而得产品的成分。在蒸馏法获得的精油中，因它们沸点较高，都不含有。至于四萜和多萜多半都不属于香料，如四萜类的胡萝卜素及多萜的橡胶等。

（二）精油中的微量成分

在调香中应用最多的高级香料，有玫瑰和茉莉两种天然花香类型。玫瑰花的香气很久就引起人们的兴趣，现已鉴定出 275 个香成分。玫瑰油中含量在 1%以上的香成分有 9 种：香茅醇（38%）、玫瑰蜡（16%）、香叶醇（14%）、橙花醇（7%）、β-苯乙醇（2.8%）、丁香酚甲醚（2.4%）、芳樟醇（1.4%）、金合欢醇（1.2%）以及丁香酚（1.2%），全部含量为 84%。但把它们按上述比例配起来，却不能再现玫瑰油特有的香气，后来经过研究，发现一些微量成分（在 1% 以下），如玫瑰醚（0.45%）、橙花醚、玫瑰呋喃（0.16%）、β-突厥烯酮（0.14%）、β-紫罗兰酮（0.03%），对-烯-1-醛-9（0.000 6%）等，它们对玫瑰花香起重要作用。玫瑰醚、橙花醚具有香叶香气，玫瑰呋喃和对-烯-1-醛-9，有柑橘香韵。这 4 个单萜微量成分对玫瑰油能给予青甜的花香香调，而β-突厥烯酮具有圆熟的水果香气，而且对扩散力有较大的帮助。

在茉莉中发现的微量成分，有顺式茉莉酮、二氢茉莉酮酸甲酯以及茉莉内酯等，它们对茉莉花的香气都起到关键性的作用。

近年来，人们利用气相色谱质谱联用仪、高效液相色谱、核磁共振谱、X-射线衍射以及旋花谱等分析，对晚香玉、铃兰、水仙、百合等鲜花香气成分以及对黄瓜、复盆子、苹果、柑橘、生梨等鲜果的香气成分进行了深入研究，陆续发现了很多微量香成分，对配制上述各种日用品以及食品香精，给予很多新的启示。但无论是鲜花还是鲜果，到目前为止它们的香气成分大多还未搞得很清楚，许多微量成分还有待人们进一步研究阐明。

五、芳香油的提取方法

自植物中提取芳香油时，其方法有下述四种：

（一）水蒸气蒸馏法

芳香油的沸点甚高，但易随水蒸气蒸馏而出，此法操作容易，热度又不会分解芳香油中的香成分，加之设备简单，故应用最广泛。水蒸气蒸馏法所用设备形式很多，可从根、茎、叶、枝、果、种子及部分花类中提取芳香油。提取方法有三种。

1. 水中蒸馏法 将粉碎的植物原料直接放在水中，用直火或封闭的蒸气管道加热，使芳香油随水蒸气蒸馏出来。如玫瑰花，橙花等容易粘着的原料均用此法。

2. 直接蒸馏法 即蒸锅内不放水，只放原料，而将水蒸气自另一蒸气锅通过多孔气管喷入蒸馏锅的下部，再经过原料把芳香油蒸出。

3. 水气蒸馏法 将芳香植物原料放在蒸馏锅内设置的一个多孔隔板上，锅内放水，水的高度在隔板之下。当水蒸气通过多孔隔板和板上的原料时，芳香油便可随水蒸气蒸馏出来。

(二) 溶剂萃取法

目前通用的是挥发性溶剂萃取法。采用该法时，用低沸点而且能很好溶解植物芳香油成分的有机溶剂，如石油醚、乙醚、苯或酒精等，在室温下浸提，再蒸去溶剂，从而得到芳香油。提取出的芳香油因混有一些植物蜡，故常呈固态或半固体状态。这种产品又叫浸膏。此法对易溶于水或遇热易分解而不能采用水蒸气蒸馏法来加工芳香油的植物，如茉莉、晚香玉、香堇、铃兰、水仙、金合欢、玫瑰、白兰、栀子、素馨、月下香等的花朵效果最佳。此外，萃取法还有以下两种：

1. 冷吸法 此法是将精制过的牛油、猪油或橄榄油等涂于玻璃板上，然后将花朵摊在油脂上，让油脂充分吸收花香约24h左右，以后再换一批鲜花直到油脂吸足香气为止。吸足香气的油脂再用温浸法处理。此法不需加热，但成本高，故目前已渐趋不用。

2. 温浸法 此法与冷吸法相似，所不同的是把花朵浸在温热的油脂中，加工时间较冷吸法短，但制品的质量较差。此法现已完全淘汰。

(三) 直接压榨法

此法适用于柑橘类芳香油，如柠檬油、甜橙油、香柠檬油、柑橘油等的制取。用此法得到的芳香油中含有被压碎的细胞和细胞液，如经离心和过滤，可获得纯粹的芳香油。芳香油能保持原有鲜果香味，质量远较用水蒸馏为好。

(四) 生物技术法

这类方法中有组织培养法生产羟基苯甲醇、原儿茶醛、香草酸和薄荷油；微生物发酵法生产萜烯类化合物如香茅醇、香叶醇、里那醇、橙花醇；微生物酶法来游离杧果、西番莲、葡萄中的萜稀类化合物。

六、天然香料产品的种类

天然香料是从香料植物制得，精油是天然香料的代表性产品。天然香料不仅保留着香料植物原有的香气香味特征，而且有着长期使用和比较安全的历史，概括起来，大致有下列一些种类的产品：

1. 粗制原油和精制油 蒸馏植物原料所得的精油称原油，原油常带有令人不快的气味和较深的颜色，其主要成分的含量可能与要求不符，因此必须进行二次蒸馏或处理，使之符合调香、出口的要求。这种经过精制处理的精油称为精制油。

2. 浓缩油、无萜油和无倍半萜油　精油通过真空分馏，双溶剂提取和两者结合并用的方法进行除萜，从而香气得到浓缩，溶解度得到改善，稳定性得到提高，如此获得的精油称为浓缩油、无萜油、无倍半萜油。

3. 酊剂和浸剂　香料植物用溶剂浸渍，如果浸渍时为室温，不加热，所得产品称为酊剂；如果浸渍时加热或沸腾回流，所得产品称为浸剂。酊剂或浸剂可在贮存之前过滤，亦可在使用之前过滤。制酊剂通常使用95%～96%药用规格的乙醇。酊剂中香料的含量常用百分率来表示。其浓度随品种各异，无严格规定。

4. 香树脂　香树脂为天然香料的一种，系指用烃类溶剂浸提天然树脂类物质而得的不含溶剂的物质，在调香中常用作定香剂。鉴于制得的产品为黏稠固体不便使用，有时在制品中配有苯甲酸苄酯或邻苯二甲酸二乙酯、丙二醇等稀释剂，稀释后不仅流动性好，而且溶解度也获得改善。香树脂的原料多半是非细胞性物质，如树脂分泌物。香树脂为黏稠的液体、半固体或固体的均质块状物，其主要成分有松香酸、精油、植物色素、蜡以及烃类溶剂中能溶解的物质。

5. 浸膏和净油　浸膏为常用的天然香料之一。一般系由非树脂或低树脂植物原料采用制备香树脂的同样方法而制得的固体——蜡状物质。在工业生产中，一般用各种鲜花，如茉莉花、玫瑰花、树兰花、金合欢花以及桂花等作原料，溶剂一般使用烃类，最多为60～70℃沸点石油醚，在烃类溶解的物质中，除精油和植物色素之外，还有在乙醇中不易溶解的蜡质。为了改善浸膏在乙醇中的溶解度，可将浸膏用乙醇溶解，用低温冷冻过滤脱蜡，最后回收溶剂，凡浸膏经如上处理后制得的产品称为净油。香树脂经乙醇处理制成溶于乙醇的产品，有时亦称为净油。净油多数是流动或半流动的液体，不仅溶解度获得改善，而且香气得到增浓，是配制高级花香型香精的重要香原料。

6. 油树脂　含精油较多的树脂，称为油树脂，通常是颜色较深的非均质的油状物质。有天然存在的，也有人工制备的。人工制备的油树脂是挥发性溶剂的浸提物。浸提用的溶剂，要特别严格，因为残留的溶剂会影响食品卫生的要求。用浸提法制得的油树脂，因含有不挥发的香味成分，比单纯用蒸馏法获得的精油为佳，例如以蒸馏法制得的姜精油，虽然有姜的香气，但比较平淡，缺乏姜原有的辛辣味，而用浸提法制得的油树脂，在食品中能发挥原有姜的调味作用。

7. 香膏　香膏常与精油共同存在于香料植物中，是属于不挥发以至难挥发的生理或病理分泌物。香膏从植物体流出后与空气长时间接触则形成树脂状块状物质，比较新鲜的则呈半固体或黏稠状液体，不溶于水，完全或几乎完全溶解于乙醇，部分溶于烃类溶剂。如果一部分香膏进行了部分树脂化，则称为香膏树脂。树脂化了的香膏与新鲜分泌出的香膏相比，无论香气还是色泽，前者较后者为差。

8. 香脂和花水　香脂系指用精制脂肪冷吸法制得的产品。采摘来的花朵与脂肪物质相接触，24h后更换花朵，吸附香成分达到饱和程度的脂肪物质即为香脂，可再用乙醇提取其香成分，亦可直接应用。因为脂肪很容易酸败变质，现已不再大批生产。

花水是采用水蒸气蒸馏法蒸馏香花，如玫瑰和橙花，分去精油后的馏出水称为花水。花水中含有亲水性的精油成分。虽然能从花水中回收精油，但不仅不经济，而且得量极微。为此，花水往往直接用于加香。

七、天然香料产品开发应用研究

1. 在香料、香精中的应用 天然香料有着工业合成香料无法替代的独特香韵，而且对人体无害，有取代人工合成香料的趋势。

2. 在医药行业的应用 芳香疗法可以增加人体免疫力，治疗呼吸系统疾病，消除疲劳与忧虑，减轻精神压力，促进睡眠，如迷迭香和熏衣草能治疗气喘病。法国化学家 Renem Gattefesss 于 20 世纪 30 年代首创了植物芳香疗法（Aromatherapy），证明了熏衣草精油有治疗烫伤的作用。

3. 在食品行业的应用

（1）食品添加剂　香精油除药用和芳香成分以外，还含有抗氧化物质、抗菌物质及天然色素等成分，可作为食品行业中的调味调香剂、防腐抑菌剂、抗氧化剂和食用色素。

（2）芳香蔬菜　芳香蔬菜的开发和应用在欧美源远流长。目前芳香蔬菜在国内方兴未艾，各大城市不断出现以芳香蔬菜为主题的餐馆。芳香蔬菜不仅丰富了餐桌的内容，而且含有大量营养成分和微量元素，具有独特的保健功能，如食用艾蒿嫩茎叶有节制食欲作用。

（3）芳香花草茶　早在 300 年前欧洲人已经有意识地选择一些色香味俱全又有保健功能的植物调配成日常饮料，称为花草茶或药草茶（Herbal Tea）。不同于中国传统茶和药用保健茶，其入茶材料全部为芳香植物——具有保健功能而且香甜可口，目前已经发展成为一种休闲情趣饮品，如用桂花、柠檬草、少量西红花配制的茶有活血美颜的功效。

（4）芳香酒　用高度白酒再加适量冰糖泡制，可直接饮用或调制鸡尾酒。适宜制作芳香酒的植物有柠檬草、紫苏、西洋甘菊、薄荷、熏衣草、百里香、罗勒、桂花等。

4. 在杀虫剂中的应用 精油作为一种化学信息物质，对植物和动物具有独特效应。精油对害虫的作用方式大致可归纳为引诱、驱避、拒食、毒杀和生长发育抑制等。澳大利亚生物学家迪克先生利用遗传工程技术，培育出一种兼有两种植物优势性状的特殊植物——蚊净香草。试验证明，1 盆冠幅 20～30cm 的蚊净香草有效驱蚊面积可达 $15m^2$。

5. 在饲料中的应用 食用芳香植物作为饲料的天然添加剂，可以促进家禽、家畜的食欲，集调味增香、抗菌抗氧化、抑菌防病、调节机体、改善畜禽肉质等多种功能于一身，是合成饲料添加剂所无法比拟的。目前应用较多的有丁香、肉豆蔻等。

6. 在园艺和旅游中的应用 多数芳香植物本身就是美丽的观赏植物。“芳香主题旅游”更具有诱人市场潜力，如法国、日本采用“花境”形式经营芳香植物农场，每年都吸引大批游客；国外还有以芳香植物为制作主题的植物园、芳香医院等。此外，还可将芳香植物加工成干燥花、香囊、香枕等旅游纪念品。

7. 此外，还应用于牙膏、洗涤剂、橡胶、塑料、卫生用品、文具、纸张等行业中 芳香油也是电镀工业良好的增光剂和工业助剂。它在油墨、纺织品、建筑材料和革制品等也有应用。

八、国外对芳香植物研究的几个方面

（1）提高精油含有率和改善精油品质，利用改善设施条件和特殊营养液配方的栽培生理研究和品种选育研究，引种驯化培育适合当地气候和土壤条件的芳香植物品种。

（2）油腺细胞形成与分布及发育过程的植物研究。从植物形态学的角度，利用电子显微镜技术，观察油腺在不同植物、不同生长期、不同季节、不同栽培条件下发育的状况及不同种类油腺在植物器官的分布，并以此判断最佳收获期和选择最佳贮藏方式。

（3）芳香蔬菜的营养研究。发现多种芳香植物含有大量人体所需的营养元素和微量元素，其含量高于其他农作物和蔬菜。

（4）芳香植物在抗癌、抗炎、强壮作用，味觉刺激的生理作用和心理作用等临床医学中的应用研究等。

（5）应用生物反应工程及微波辐射诱导等新技术，再根据原料及产品的要求选择合适的工艺路线，以提高精油的提取率，有效利用宝贵的天然资源。

（6）深入研究天然香料提取物的分离、定性工作，开发出高附加值的产品。如制备可以增加免疫力，治疗呼吸系统疾病的药品，或者研制成具有抗癌、抗病毒、抗氧化和抗炎等作用的医药品，以提高产品的经济性。

（7）采用生物技术方法模拟天然植物代谢过程生产出的化合物，已被欧洲和美国食品法认定为“天然的”产品，因此可以采用生物合成技术生产一些用量较大的香料，用以替代化学合成香料。

第二节　主要芳香油植物资源

一、柏木 *Cupressus funebris* Endl.

【植物名】柏木为柏科（Cupressaceae）柏木属植物。

【形态特征】常绿乔木，高达35m。小枝细长下垂，生鳞叶的小枝扁，排成一平面。鳞叶长1～1.5mm。球果圆球形，种鳞盾形，能育种鳞有5～6粒种子，种子边缘具窄翅（图9-1）。

【分布与生境】柏木为我国特有树种，分布很广，产浙江、福建、台湾、江西、湖南、湖北、陕西、四川、贵州、广东、广西等省（自治区），是亚热带地区代表性的针叶树之一。尤以四川嘉陵江流域、渠江流域及其支流自然分布最多。贵州北部、乌江中游、赤水河沿岸以及贵州的东南、东北和中部一带多为人工林。

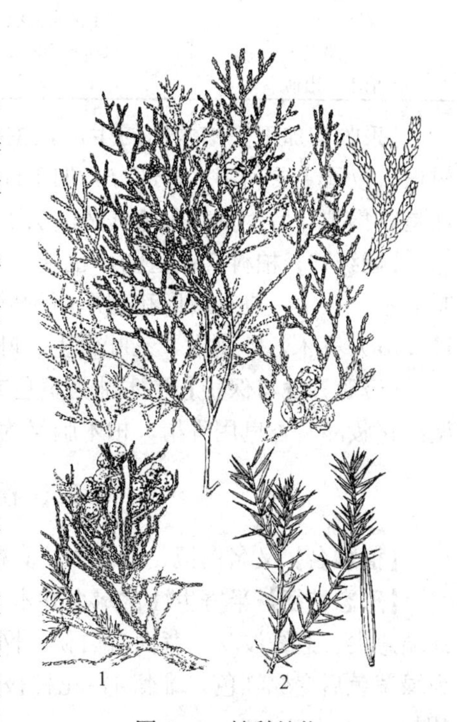

图9-1　柏科植物
1. 圆柏 *Sabina chinensis*
2. 刺柏 *Juniperus formosana*

柏木为阳性树种，在阳光充足的地段生长良好，需上方阳光充足，能忍耐侧方遮荫。在华中、华东地区，分布于海拔1 100m以下；在四川为1 600m以下，云南中部在2 000m以下，均能生长为良好的大乔木。柏木要求温暖湿润的气候条件。自然分布区年平均气温13～19℃，最低月平均温度在2～5℃以上，年降雨量在800～1 800mm以上。对土壤要求不太严，中性微酸性和钙质土均能生长，在土层浅薄的钙质石灰土上也能正常生长。若土层较厚，环境条件良好，则较其他树种生长快。在酸性土上多为散生，因此，柏木纯林是亚热带地区钙质土上的指示植物。柏木生活力强，在疏林下常见天然下种的幼苗。一般情况下主根发达；在土层浅薄的地方，主根生长受到抑制，而侧根发达，在石灰岩山地尤为明显。它最宜生长的土类是较为深厚的钙质紫色土。

【利用部位及理化性质】 树根与树干的含油量为 3%～5%。主要成分有柏木脑（含量为30%～40%）、β-柏木烯、α-柏木烯、松油醇、松油烯等；柏木叶含油量 0.2%～1%，主要成分有侧柏酮、松油烯、樟脑烯等。柏木油经过分离和化学合成，可加工成柏木脑、柏木烯、α-柏木烯等。柏木脑经合成又可获得甲基柏木醚、异丙基柏木醚，乙酸柏木酯、柏木烷呋喃衍生物。β-柏木烯和 α-柏木烯，亦可加工合成为柏木烯醛、柏木烷酮、乙烯基柏木烯和环氧柏木烷等单体香料。各种柏木油的化学成分大体一致，物理性质则各不相同（表 9-1）。

表 9-1 不同柏木树种原油物理性质比较

指标 \ 柏木品种	柏木油	刺柏木油	赤柏木油
颜色	浅黄色或暗红色	比柏木略淡	血红色或暗红
香味	具柏木特有香气味	念佛珠气味带毒气	檀香香味
比重 d_4^{20}	0.940～0.960	0.928 6～0.948 3	0.935～0.960
折光率 n_d^{20}	1.505 0～1.506 5	1.508 5～1.511 5	1.508 0～1.511 0
旋光度 d_d^{20}	$-27°\sim-29°30'$	$-10°42'\sim11°30'$	
脑结晶形状	针状或柱状	无	有时海绵状结晶浮在液中
沸点	255～260℃	250℃左右	250～255℃
柏木蔸出油率	4%～7%	2%～3%	2%～3%

【采收与加工】 柏木油的生产，主要是利用伐桩、树根、木屑以及在伐木区现场收集枝叶。树根、杈干主要利用木材部分，加工前劈成细碎木片。加工采用蒸气蒸馏法提取柏木油。柏木叶油是收集枝叶后，及时用蒸气蒸馏法加工。

【近缘种】 柏科其他植物，也能生产柏木油，如圆柏［*Sabina chinensis*（Linn.）Ant.］也叫赤柏，乔木，兼有鳞形和刺形两种叶，球果肉质（图 9-1-1）；刺柏（*Juniperus formosana* Hayata）乔木，叶刺形，三叶轮生，叶上面有两条白色气孔带，球果肉质（图 9-1-2）。

【资源开发与保护】 柏木油为黄色或黄棕色黏稠液体，在香科工业中占有重要地位，可用于调配化妆品，香皂用香精，柏木脑又为良好的定香剂。此外，还用于医药工业。

二、檀香 *Santalum album* L.

【植物名】 又名白檀、檀香木、真檀等，檀香为檀香科（Santalaceae）檀香属植物。

【形态特征】 半寄生性常绿小乔木。枝圆柱形，具条纹，皮孔及叶痕明显。叶椭圆形，膜质，顶端急尖，边缘波状，背面有白粉，网脉不明显。圆锥花序顶生或腋生；花小，花被裂片 4，初为绿黄色后变棕红色，雄蕊 4，花柱极短，深红色，宿存，柱头 3～4 浅裂。核果熟时深紫红色（图 9-2）。

【分布与生境】 原产于印度、印度尼西亚、马来西亚等地，主要分布于东南亚、大洋洲、太平洋地区。我国自 1962 年由中国科学院华南植物园首次从印尼引入檀香种子并繁殖成功，现已在华南、西南的热带亚热带地区推广种植。

檀香主要生长在海拔600～1 000m的丘陵山地，适宜于炎热、潮湿、强光照的环境。檀香为半寄生性植物，其根可从土壤中吸收部分水分和营养物质，同时，它的寄生根也要从寄主植物的根上吸收养分，特别是在苗期以后必须寄生于适宜的寄主植物的根上，否则在短期内就会停止生长，直至死亡。檀香的寄主植物比较广泛，在华南地区有100多种，以豆科植物为最多，常见的寄主植物有南洋楹、金凤花、苏木、长春花、扶桑、烂头钵等。

图9-2　檀香 *Santalum album*
1. 枝条　2. 花纵剖

【利用部位及理化性质】 主要利用部位是主干心材，其含油率高达4%～5%，一般得油率在4%左右；而根的精油含量更是高达10%。檀香油液黏稠，黄色；比重（15℃）0.974～0.985，折光率（21℃）1.505～1.508，旋光度（20℃）$-16°\sim21°$；主要成分是倍半萜类化合物α-檀香醇和β-檀香醇，含量占90%以上。

【采收与加工】 檀香树一般需生长30年才可以采伐，树越大，心材越多，精油含量越高，品质也越佳。优质的心材主要用来雕刻精细的工艺品或入药，较差部分、碎片及木屑等用来提炼精油。精油的提炼方法常采用水中蒸馏法，即先将木材粉碎成细粉，然后浸入水中进行蒸馏。

【资源开发与保护】 檀香油的香味独特、温馨持久、具东方香韵，可作定香剂，是配制高级香水、香精不可缺少的原料之一。檀香树的心材纹理致密而均匀，能抗白蚁危害，常用来雕刻佛像、首饰、折扇等高级工艺品，目前是世界上最昂贵的木材之一。另外，檀香也是一种重要的药材，其树干心材性温味辛，具理气、温中、和胃、止痛的功效；檀香油有清凉、收敛、强心的作用。

三、八角茴香 *Illicium verum* Hook. f.

【植物名】 八角茴香又名八角。为木兰科（Magnoliaceae）八角属植物。

【形态特征】 常绿乔木，高达15m左右。树皮灰色至红褐色，具不规则裂纹。枝密集，呈水平伸展。叶互生、革质，椭圆形至椭圆披针形，长5～10cm，宽1.5～4cm，顶端渐尖，基部楔形，全缘，表面光滑，具透明腺点，背面生疏柔毛，叶柄扁平、粗大。花单生于叶腋，花被片3～12，数轮，覆瓦状排列，内轮粉红色至深红色；雄蕊11～20，排成1～2轮；心皮8～9枚，离生，轮状排列，芳香。聚合果，八角形，红褐色，蓇葖顶端钝或尖，稍反曲。花期每年二次，2～3月和8～9月，果期8～9月和次年2～3月（图9-3）。

【分布与生境】 自然分布于我国华南及西南的部分省区。生于热带亚热带山区，适宜栽培在北纬23°～34°、年均气温21～23℃的地区，喜较湿润、肥沃、排水良好的土壤，不适于碱性土壤。

【利用部位及理化性质】 主要是利用八角茴香成熟干燥的果实（称八角果），果中含大量挥发油（称八角油或茴香油）。其鲜果的含油量为2%～3%，干果的含油量为8%～12%，鲜叶的含油量为0.3%～0.5%。八角油的比重（20℃）为0.985～0.99，折光率（20℃）为1.553～1.556，旋光度为－2°～1°，凝固点为15～19℃；油中主要成分是大茴香脑（反式茴香醚），含量达80%～90%，其次为黄樟素、大茴香醛、大茴香酮等。

【采收与加工】八角茴香在定植5年后开始采收，盛果期有30～60年。每年果实可采收2次：第1次采果在2～3月，果小而质软，产量低；第1次在8～9月，果肥大而硬，呈红色，产量高，是主要收获期。采摘时多采用“钩枝取果”的方法，采摘的果实应及时集中晒干或烘干。深加工可用水蒸气蒸馏法提取精油。

图9-3 八角茴香 *Illicium verum*
1. 花枝 2. 果实 3. 种子

【资源开发与保护】八角茴香是我国特有的经济树种之一，其主要产品八角果和八角油是我国传统的有竞争力的出口物资，目前八角油产量已占世界总产量的80%。八角油在医药和轻化工方面有着广泛应用，可作为许多产品的原料，如茴香油是中药“十滴水”的主要原料；由茴香油深加工制造的大茴香醛和大茴香醇等单体物质，可作为一种高级香料用于制作香水、香皂、化妆品等。八角果是优良的调味香料。

四、白兰花 *Michelia alba* DC.

【植物名】白兰花又名白玉兰，为木兰科（Magnoliaceae）含笑属植物。

【形态特征】常绿乔木，高达17m，一般矮化，树高4～6m。树皮灰褐色，分枝甚多，新枝及芽密被淡黄色绢毛，一年生老枝无毛。叶革质，卵状椭圆形或披针形，长10～20cm，宽4～10cm，先端渐尖，基部楔形，两面无毛，幼叶背面稀被茸毛；叶柄长1.5～3cm，托叶痕延至叶柄中部以下。花白色，具浓郁芳香，长3～4cm，花瓣片披针形，约10片以上，雄蕊多数，螺旋排列，雌蕊多数，螺旋排列于花托上部，通常不结实。花期主要有两季，第一季是在5～6月，花的产量最高；第二季是在8～9月，花量次之；但在暖和的南方冬季11月还少量花开放，花量极少（图9-4）。

【分布与生境】原产于印度尼西亚的爪哇。我国的引种较早，有几百年历史，现已普遍栽培种植于华南、华东南部及云南等地，在长江流域及以北地区也多作盆栽观赏。喜温暖、潮湿、阳光充沛的环境；土壤以微酸性、排水良好的沙质壤土为好；江浙一带盆栽者，冬季需移入温室，温度以不低于12℃为宜。

【利用部位及理化性质】其花可提制浸膏、挥发油或熏茶，鲜叶可提取挥发油。白兰浸膏得率一般为2.2%～2.5%，白兰花油得率为2.2%～2.6%，白兰花蕊油得率为1%左右，白兰叶油得率为2.0%～2.8%（春叶低，秋叶较高），均透明无杂质；白兰花油为黄至棕黄色、具有白兰花香略带花蕊气息，白兰花蕊油为棕黄色至棕色、具花蕊气息，白兰叶油为浅黄色或浅棕黄色、具有叶的正常气息。白兰花油和叶油中的主要成分为芳樟醇，分别占含量的75.04%和69.65%，此外两种挥发油中均含有其他几十种单萜、倍半萜类成分；但花油中还含有十几种脂类成分，而叶油中无，可能是两种挥发油香气有所不同的差异所在。

图9-4　白兰花 *Michelia alba*

【采收与加工】每年5～7月采摘的为“夏花”，约占年产量的70%，8～9月采摘的为“秋花”，约占年产量的20%。采摘花时，以早晨6～9时微开的花朵为佳，未成熟的花蕾或前一天已开放的花朵则不宜采摘；采摘的花柄宜短；采摘后应集中起来薄层放置，以便上下通气，避免发热变质。采叶应在植株生长旺盛时进行。加工白兰浸膏和精油时多采用低温浸提法制取，以30～60℃精制石油醚作为有机溶剂，在60～70℃下浸提可得之；将回收后的花渣放入蒸馏锅中常压蒸馏约5h，可得白兰花蕊油。白兰叶油可采用常压直接蒸馏方法制取，将叶蒸馏约5h可得之。

【近缘种】同属植物黄兰（*M. champaca* L.）也可提取芳香油。黄兰又名黄玉兰，乔木，形态与白兰花及相似，区别在于：黄兰的叶柄托叶痕较长，延伸至叶柄中部以上，花黄色，香气较白兰花更浓。其分布区与白兰花略同，云南南部有野生。

【资源开发与保护】白兰花的花、花蕊和叶都含有芳香油，其香清新淡雅，广泛用于化妆品及香皂用香精；白兰鲜花香浓而醇，产量高，用其熏制的茶叶称为“白兰花茶”或“香片”，在我国占主要薰茶花木的第2位；白兰花在华南地区也是常见的行道树和庭院风景树之一。

白兰花一般在清晨开放。开放时花瓣微开，散发出清鲜雅致的花香，随着花的逐渐开放，香气也就变成浓郁的白兰特征香，但到全开时，花瓣散开，花蕊暴露，此时香气变得淡而浊，并夹杂着花败气，香气品质变劣。因此，白兰花的采摘时期对其品质的影响至关重要。

五、依兰 *Cananga odorata*（Lamk.）Hook. f. et Thoms.

【植物名】依兰为番荔枝科（Annonaceae）依兰属植物。

【形态特征】常绿乔木，高15～20m，经矮化可降低6～7m。叶大，互生，卵状长圆形或长椭圆形，长15～20cm，宽5～8cm，先端尖，基部圆形，叶缘微波状。花腋生，一朵或数朵丛生，似鹰爪形，花大，下垂，两性，盛开时香气浓郁持久，花初开时青绿色，盛开时淡黄色，末期黄色，由绿转黄需5～7天。萼片3，花瓣6片披针形，雄蕊多数。浆果，橄榄形至椭圆形，内含种子6～12粒，种子褐色，表面光滑，大如绿豆（图9-5）。

【分布与生境】原产于印尼、爪哇、菲律宾等地，现广植于东南亚和热带非洲。目前，云南西双版纳地区、福建、广东、广西等地有成片种植。喜光照、高温、高湿和土壤肥沃疏松的环境。种植过密，光照不足，会影响开花和花的产量。在年平均气温21℃，开花旺季月平均气温25～30℃比较适宜，超过35℃或低10℃则生长受到抑制。要求年降雨量1 500～2 000mm，而且分布均匀。根系发达，要求土层深厚、肥沃、疏松，在偏酸性含有大量矿物质的风化火山质壤土上最为适宜。

【利用部位及理化性质】从开放的花中提取挥发油（称为依兰油）。其中，青花的出油率为1.90%～1.98%，青黄色花出油率为1.83%～2.35%。精油淡黄色，相对密度0.90～0.98，折光率为1.490 0～1.510 0，旋光度−25°～68°，酸值2.8（或小于2.8），有特征香气。油品分为4个等级，一般以比重高、含酯量高、折光率低、酸度低和左旋光度低的为好。精油的化学成分有20余种，决定其特征香气的成分主要有苯甲酸甲酯、对甲酚甲醚、芳樟醇、乙酸苄酯和乙酸香叶酯。

图9-5　依兰 *Cananga odorata*
1. 花枝　2. 花萼　3. 雄蕊与雌蕊　4. 雄蕊　5～6. 心皮　7. 果实

【采收与加工】在我国栽培条件下，依兰的开花期大量集中在5～6月和8～10月。开花时其花朵颜色由绿色逐渐变黄，当依兰花由青转黄时得到的精油质量远较花蕾油、绿花油和黄花油为好，此时期采摘时间最佳，一般在上午9时左右进行采摘，过早或太晚采摘均会影响得油率和精油香气，盛花期可每隔5d采花1次。加工时采用常压回流式的水中蒸馏法，蒸馏时间10～20h，平均得油率为2.4%～2.5%；刚蒸馏出的油有某些不愉快的焦气，应将容器盖子打开24h，然后进行脱水或脱色处理；处理后的油用铝桶贮存于阴凉干燥处。

【资源开发与保护】依兰油因其香气浓郁、持久，素有“花中之王”的美誉，被广泛用于调配各种化妆品香精，特别适用于茉莉、白兰、水仙、风信子、栀子、晚香玉、橙花、紫丁香、紫罗兰、铃兰等花香型香精。目前依兰油供不应求，价格昂贵，我国年需要精油10t，主要依靠进口，是香料工业急需发展的香料植物。

六、腊梅 *Chimonanthus praecox*（L.）Link.

【植物名】腊梅为腊梅科（Calycanthaceae）腊梅属植物。

【形态特征】落叶丛生灌木，高2～4m。老枝灰褐色，皮孔发达。单叶对生，卵状披针形、椭圆状批针形或卵状椭圆形，长5～15cm，宽2～8cm，先端渐尖，基部圆形或楔形，上面有硬毛，下面无毛。花很芳香，蜡黄色，花被多数，外层较小，内层具爪；雄蕊5～6；雌蕊多数，着生于壶状花托内，花托随果实发育增大，成熟时椭圆形或梨形，呈蒴果状宿存。瘦果长卵形。花期12至翌年2月（图9-6）。

【分布与生境】原产我国中部地区。以黄河、长江流域栽培最多，湖北神农架海拔500～1 100m处，最近发现有野生腊梅资源。喜温暖潮湿气候，但又具有一定的耐寒性。可耐极端最低温度−8℃和长达140d的冬季。对土壤适应范围广，酸性或微碱性土壤上均能生长，耐瘠薄。以土层深厚、疏松，富含有机质的土壤上生长较好。

【利用部位及理化性质】腊梅花的浸膏得率为0.19%～0.2%。净油比重（15℃）0.924 3，折光率（20℃）1.471 4，旋光度+1°45′。精油主要化学成分有芳樟醇、桉油素、龙脑、樟脑、蒎烯及倍半萜醇等。

【采收与加工】腊梅花期12月至翌年2月，采花期30～35d，收花期短而集中。每天上午采摘含苞待开的花朵。目前四川地区主要利用腊梅的野生资源，但分布较为分散。腊梅用鲜花加工质量最好，主要能保留其自然香味，但因花期较集中，难以做到全部鲜花同时加工，部分鲜花可采取玫瑰花加盐方法、也可采用医药部门所采用的烘干法或阴干法，前者用木炭文火烘干，以花蕾、花保持黄色为度，但对香气有一定影响。阴干法较好。加工时采用石油醚萃取，制得腊梅浸膏。

图9-6　腊梅 *Chimonanthus praecox*
1. 花枝　2. 花纵剖　3. 雄蕊　4. 花托与花柱　5. 果枝　6. 花托成熟时下垂　7. 果实　8. 花图式

【资源开发与保护】腊梅是我国栽培历史悠久的名花之一，花清香宜人，可提取浸膏，腊梅浸膏可用于调配日用化妆品香精。腊梅品种较多，以素心和罄罄两个品种香气最浓，经济价值最高。花和根可供药用。花蕾和花有清热解毒、润肺止咳的疗效，根治跌打损伤，风湿麻木和咳喘等症。目前四川地区主要利用腊梅的野生资源，但分布较为分散，不利采收和资源保护，当地政府应采取积极措施，进行大面积人工栽培扩大资源量，以利野生腊梅资源可持续利用。

七、樟 *Cinnamomum camphora*（L.）Presl

【植物名】樟为樟科（Lauraceae）樟属植物。

【形态特征】常绿乔木，高达50m。树皮幼时绿色平滑，老时黄褐色，纵裂。叶互生，薄革质，卵形或椭圆状卵形，先端急尖或近尾状，羽状脉，近叶基的第一对或第二对侧脉最长而显著，边缘微呈状，叶背面微被白粉，脉腋有腺体。圆锥花序腋生，花淡黄绿色；花被6，内侧密被柔毛；能育雄蕊6～9枚，退化雄蕊3枚，花药4室，第3轮雄蕊的花药外向，瓣裂；子房近圆球形，无毛。核果球形，熟时近黑色，直径6～8mm，果托盘状。花期4～6月，果期9～10月（图9-7）。

图9-7　樟 *Cinnamomum camphora*
1. 花枝　2. 果枝　3. 第3轮雄蕊
4. 第1～2轮雄蕊　5. 退化雄蕊　6. 花被内面
7. 雌蕊　8. 花　9. 花图式

【分布与生境】樟树原产于我国东南及西南各地。主要分布在我国的台湾、福建、江西、广东、广西、湖南、湖北、浙江、四川、贵州和云南等省区的低山平原地区，台湾的野生分布区可达海拔1 800m左右。喜阳光，但幼树需要适当遮荫。以温暖湿润气候最适宜生长。幼苗耐寒力差。可生长在土壤酸性至中性，土层深厚，肥沃的沙质壤土、轻沙壤土的黄壤、红黄壤、红壤及冲积土壤。不耐干旱瘠薄。树龄可达千年。

【利用部位及理化性质】樟树的树根、树干、树皮和叶均含精油，含量分别为根5%～6%，茎干含油4%左右，下部较多，上部较少（3%），中部（4.23%）；木材3.526%；枝条1%～2%；叶1%左右，叶虽含油量最少，但叶多，总产油量则不少。樟油的比重（15℃）0.915～0.960，折光率（n_D^{20}）1.470～1.480，旋光度+10°～+35°。樟油中含樟脑（右旋樟脑d-camphor $C_{10}H_{16}O$）30%～55%，另含桉叶素（桉油精cincole $C_{10}H_{18}O$）、黄樟素（黄樟油素safrole $C_{10}H_{10}O_2$）、蒎烯（plnene $C_{10}H_{16}$）、莰烯（camphene $C_{10}H_{16}$）、二戊烯（dipentene $C_{10}H_{16}$）、α-萜品烯（α-松油烯α-tcipinene $C_{10}H_{16}$）、香芹酚（carvacrol $C_{10}H_{44}O$）、丁香酚（cugenol $C_{10}H_{12}O_2$）、α-樟脑二萜烯（α-camphorene $C_{20}H_{32}$）等共70余种。

种子含油率42.7%（种仁含油率65.3%），比重0.927，主含癸酸53%，月桂酸32%，还含有少量的肉豆蔻酸、棕榈酸、硬脂酸、油酸、亚油酸等。种子油是较好的皂用油脂及工业润滑油；种子也可入药用于肠胃炎、胃腹冷痛。叶除提取樟油外，还可饲养樟蚕，叶还可治皮肤瘙痒及熏烟灭蚊。树皮有抑菌作用，外用可治下肢慢性溃疡。

同一种樟树，根、茎、叶中的化学成分的含量可能差异很大，根据树干芳香油主要化学组成的不同，可将樟树分为3个生理类型：①本樟，亦称脑樟，其树干的芳香油含樟脑在50%以上。这是我国各地，特别是台湾省生产天然樟脑的主要树种。樟脑是医药工业的重要原料之一。②芳樟，亦称小叶芳樟，树干芳香油的化学组成主要是1-芳樟醇，含量在50%以上。但有些类型也含有一定数量的樟脑。而樟脑含量多少直接影响小叶芳樟油的质量。含脑量越少则芳樟油的质量越好。芳樟醇是配制化妆品和食用香精以及合成维生素E的原料。③油樟，树干的芳香油以含1,8-桉叶油素和松油醇为主。1,8-桉叶油素广泛用于配制镇咳祛痰和清凉药品方面；松油醇除用于香料工业之外，也是合成龙脑的原料。

【采收与加工】采收时间以秋冬季节的樟叶含樟油量最高。此时采其枝叶摊在地上阴干3～5d，待枝、叶柔软时再分别加工。但在采枝叶时每株至少应存留1/5的枝叶，而且幼嫩植株不宜采摘。中龄或接近成熟的树可用间伐或皆伐方式采收。在秋冬或早春进行，不易感染病菌。因伐桩萌发力强，若降低砍伐部位，可促进萌芽，以利更新。以利用芳香油为主的人工林，可在定植后5～6年，离根际20cm处采收，使根株萌发成矮林，以后3～4年采收一次，可连续采收4～5次。樟木是贵重木材，适用于用材林的采收方式是以保存主干剪取枝叶为特点。在造林后10年方开始采收，以后每隔2～3年采收枝叶一次。为了物尽其用，伐桩、树根以及樟树的边角废料、木屑等均可利用。加工时用水蒸气蒸馏法制取樟油。从樟油中制取樟脑、白樟油、红樟油和蓝樟油等可用分馏法。

【近缘种】与樟树同属的植物约有250种，分布在亚洲和大洋洲的热带，我国有46种，其中有的种类已被证实为香料植物资源。樟属含芳香油的植物较多，除樟树外，下列几种较为重要：①黄樟［*C. porrectum*（Roxb.）Kosterm.］通称大叶樟。为常绿乔木，其根、干、枝叶是提取芳香油的原料，黄樟油的主要成分为黄樟油素，特别是根中都含有黄樟油素，还有β-蒎烯、菲兰烯、丁香酚、桂醛等。②阴香［*C. burmannii*（C. G. et Th. Nees）B1.］亦称假桂树，常绿乔木。其叶油主要含有桂醛。③云南樟［*C. glanduliferum*（Wall.）Nees］大乔木。叶出脑3.0%，出油率0.44%；枝出脑0.15%，不出油；根不出脑，出油0.33%。樟油主成分为α-蒎烯。由枝叶提出的樟油呈淡黄色，有强烈的桉叶醇香气，主要成分为α-蒎烯、二戊烯、樟脑、龙脑和桉叶醇等。④岩桂（*C. pauciflorum* Nees）亦称香桂。常绿小乔木，高3～5m。含油量鲜叶约为3%～4%，枝0.92%，茎0.76%，根0.48%，果实0.74%。主要含有黄樟素97.46%～98.62%，另含芳樟醇、丁香酚、α-蒎烯等。⑤肉桂（*C. cassia* Presl）乔木。树干皮、根皮称肉桂，枝皮称桂皮。各部分都含精油，桂油的主要成分为桂醛，含量为75%～95%，另含乙酸肉桂酯、水杨醛、丁香酚、香兰素、苯甲醛、肉桂酸、水杨酸等。

【资源开发与保护】用樟油提取的天然樟脑，优于合成樟脑，用作杀虫防蛀剂；在医药工业上是制造维生素樟脑、樟脑醛、溴化樟脑的原料，医药樟脑酊具兴奋中枢神经、增进呼吸循环、强心及肠胃黏膜缓和刺激作用，为强心兴奋剂及治胃腹疼痛药，外用治龋齿止痛、皮肤痒痛；樟脑是制造赛璐珞的增韧剂；还用于香料、胶片、塑料、人造象牙、橡胶、电气绝缘、无烟火药、爆炸稳定剂等。

八、山胡椒 *Lindera glauca*（Sieb. et Zucc.）Bl.

【植物名】山胡椒为樟科（Lauraceae）山胡椒属植物。

【形态特征】落叶灌木或小乔木，高2～8m。树皮平滑呈灰白色。叶互生或近对生，近革质，宽椭圆形或倒卵形，长4～9cm，宽2～4cm，先端短尖，基部阔楔形，全缘，正面暗绿色，仅脉间有细毛，背面苍白色，密生灰色细毛。伞形花序腋生，有毛，总花梗短或不明显，有3～8朵花；花单性，雌雄异株，花被片6，黄色，雄花有雄蕊9，排成3轮，内轮基部具腺体；雌花的雌蕊单一。核果球形，有香气。花期3～4月。果期9～10月。成熟果实黑色，大如豌豆，干后果皮皱起似胡椒，故称山胡椒（图9-8）。

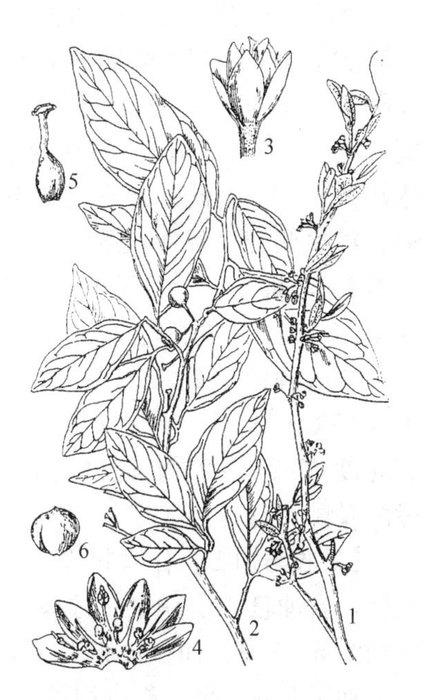

图9-8　山胡椒 *Lindera glauca*
1. 花枝　2. 果枝　3. 花
4. 花展开示雄蕊　5. 雌蕊　6. 果实

【分布与生境】分布于华中、华东、西南及台湾等地。生于海拔900m左右的丘陵、山坡、灌木丛及疏林中。适生于土壤润湿肥沃的地方，耐旱、耐贫瘠土壤。

【利用部位及理化性质】山胡椒叶油的成分有α-蒎烯、β-蒎烯、莰烯、罗勒烯、壬醛、癸醛、1,8-桉叶醇、龙脑、柠檬醛、对-聚伞花素、黄樟油素、醋酸龙脑酯、γ-绿叶烯等。

【采收与加工】在夏秋季采叶和果实。加工采用水蒸气蒸馏法提取芳香油。

【近缘种】同属中还有乌药［*L. strychnifolia*（Sieb. et Zucc.）Vill.］、庐山乌药（*L. rubronervia* Gamble）、三桠乌药（*L. obtusiloba* Bl.）的叶和果实均可提取芳香油。

【资源开发与保护】山胡椒的用途很广，果实含芳香油3.1%；叶含芳香油1%；干果含油40%左右，是提取月桂酸、癸酸和制造肥皂的好原料；核仁含油50%左右，从核仁油的脂肪酸中也可提取月桂酸和癸酸。芳香油用于化妆品及皂用香精。根、果可药用。

九、山苍子 *Litsea cubeba*（Lour.）Pers.

【植物名】 山苍子为樟科（Lauraceae）木姜子属植物。

【形态特征】 落叶小乔木，高8～10m。树皮幼时黄绿色，老时变褐黑色，片状剥落。小枝幼时被毛，老时秃净无毛。叶互生，纸质，有香气，披针形或倒披针形，全缘，先端渐尖，基部楔形。花单生或4～6朵簇生，雌雄异株，雄花有花被片6，排成2轮，雄蕊9，雌花由1枚雌蕊组成。核果近球形，成熟时黑色，种子球形。山苍子结果期较早，3～4年即发育成熟，开花结果，10～15年为盛果期。2～3月开花，花期25～30d，7～8月或8～9月（江西）果实成熟（图9-9）。

【分布与生境】 原产于我国华南及东南地区，广布于长江流域以南各地。目前福建、湖南和四川等地营造人工林面积最大。生向阳丘陵和山地灌丛或疏林中。

图9-9 山苍子 *Litsea cubeba*
1. 果枝 2. 雌花枝 3. 雌花序
4. 雌花 5. 退化雄蕊

【利用部位及理化性质】 山苍子的花、叶和果皮均含精油。叶含量极微，无生产价值。雄花含油量1.6%～1.7%，雌花含油量比雄花低1.0%，果皮含油量以干重计，从6月底至7月上旬可高达13%左右。山苍子果油呈淡黄色，具柠檬草香味，色泽透明。比重（15℃）0.892 5～0.906 3，折光率（20℃）1.478 5～1.486 4，旋光度+5°～+9°45′。果油的主要成分为柠檬醛，含量达70%～80%，此外还含有甲基庚烯酮、芳樟醇、柠檬烯、牻牛儿醇、牻牛儿酯等。山苍子花油比重（20℃）0.878 8，折光率（20℃）1.475 3，旋光度-6°21′，含醛量37.36%。花的精油含柠檬醛54%～61%。山苍子根皮含芳香油0.2%～1.20%，柠檬醛10%左右。油比重（15℃）0.860～0.905，折光率（20℃）1.472 2，旋光度17°21′～21°。此外还含芳香茅醇8%～12%，芳樟醇及酯类等。

【采收与加工】 作香料用时，在采收果时要特别注意果皮由绿开始转黄绿时为宜。此时油质较好，含油量3%～4%，柠檬醛含量80%以上，符合香料工业的要求。四川东部、东南地区采收期为5～7月。而供油脂工业用时，采收期可延迟，到大部分果实果皮已变黑为宜。

加工时花、果、根皮均可用水蒸气蒸馏法提取精油。果实蒸馏精油后，还可用种子提取脂肪，种子含油30%～40%，可作表面活性剂原料。山苍子油为我国外销重要精油之一。

【资源开发与保护】 山苍子精油是香料工业中重要天然香料之一，所含柠檬醛是合成紫罗兰酮的主要原料，可用于化妆品、食品、烟草等香精。在医药方面，山苍子可治胃病、关节炎和溃疡等症。山苍子精油所含的柠檬醛可用于合成维生素。山苍子油有抑制致癌物质黄曲霉的代谢产物黄曲霉毒素的作用。

十、玫瑰 *Rosa rugosa* Thunb.

【植物名】玫瑰为蔷薇科（Rosaceae）蔷薇属植物。

【形态特征】直立灌木，高达2m。枝干、叶柄和叶轴生有皮刺、刺毛和绒毛，幼枝的刺上也有绒毛。奇数羽状复叶，互生，小叶椭圆形或椭圆状倒卵形，上面皱缩，边缘有钝锯齿；托叶大部附生于叶柄上。花单生或3～5朵聚生，紫红色至白色，单瓣或重瓣，单瓣花瓣通常5片，极芳香；萼片5；花托及花萼具腺毛；雄蕊多数；雌蕊多数，包于壶状花托底部。花托花期扁球形，暗橙红色。花期5～6月，果期8～9月（北方各省）（图9-10）。

【分布与生境】原产我国北部，现各地栽培，以山东、江苏、浙江、广东等省为多。常生于我国北部的低山丛林中，适于疏松湿润的中性土壤，喜光、喜阳，耐严寒和干旱。北京妙峰山是栽培玫瑰的主要地区之一。山东地区：平阳县栽培的玫瑰以花大瓣多，色浓，香气浓郁而著称；近年来，文登县和胶县等地利用丘陵山地进行玫瑰栽培。甘肃省栽培的通称苦水玫瑰（*Rosa sertata* Rolfa），从植物分类上认为是杂交种。

图9-10　玫瑰 *Rosa rugosa*
1. 花枝　2. 果实

【利用部位及理化性质】鲜花含油量约0.03%（水蒸气蒸馏法）为透明液体，颜色不一，有淡黄色、淡绿色或淡红色。油比重（30℃）0.848～0.865 6，折光率（25℃）1.453 8～1.464 6，旋光度（25℃）$-2°12'～4°24'$，凝固点16～22.5℃。油的主要成分为香茅醇、牻牛儿醇、橙花醇、丁香酚、苯乙醇、金合欢花醇等40余种。油中左旋香草醛含量越高越好（最高可达60%）。油中香叶醇含量次于香草醛，橙花醇约含5%～10%，丁香酚和苯乙醇约含1%。后两者是玫瑰油中较易溶于水的成分。

【采收与加工】值得注意的是鲜花采摘时间和花朵开放程度与含油率的高低有直接关系。花半开放状态时采摘，白天上午5～9时的含油量最高，12时以后含油量会降低30%～40%。

花采后立即加工，如不能及时加工，应置阴凉处晾干。加工时常用两种方法，一是用水蒸气蒸馏；另一种是浸提法，常用石油醚为溶剂。用蒸馏法得到的油，即为普通的玫瑰油，玫瑰油因为国际已经用惯，所以用量很大。用浸提法得到的油，一般叫玫瑰浸膏。浸膏精制后，即为玫瑰净油。净油香气较好，和原玫瑰花的香气相仿。蒸馏法制得玫瑰油后的水称为玫瑰水。玫瑰水含有玫瑰油较易溶解于水的成分（如苯乙醇）有香味，应用于化妆水之制造。玫瑰花在蒸馏前，可先用20%的盐水或0.1%安息香纳溶液（用量为花的3倍）浸渍24h，并将溶液与花一并蒸馏。这样可避免花腐烂，且得油率提高。

【资源开发与保护】玫瑰油是世界性名贵精油之一。用途极广，价格昂贵，是各种高级香水、香皂等化妆品中不可缺少的原料，也是调配多种花香型香精的主剂，亦用于食用香精。玫瑰花还可入药或掺在茶叶内作饮料。民间作玫瑰酱可作茶食糕点用。

十一、玳玳 *Citrus aurantium* L. var. *amara* Engl.

【植物名】 玳玳为芸香科（Rutaceae）柑橘属植物，是酸橙的变种。

【形态特征】 常绿灌木，高 6～10cm。枝细长，具刺。叶互生，卵状椭圆形至卵状长圆形，先端渐尖或钝头，革质，含油胞，叶长 4～12cm，宽 2～8cm，边缘有不明显的浅波状钝锯齿，翼叶宽、耳状。花单生或数朵簇生于新梢叶腋或顶端；花洁白，通常 5 瓣；花萼短，肉质，5 裂，宿存，成熟时橙红色；雄蕊多数；子房上位。果实扁圆形，味酸，皮厚，橙红色，表面粗糙，具瘤状突起，内有囊瓣 10 个，种子椭圆形，子叶白色。花期 5～6 月，果期 10 月（图 9-11）。

【分布与生境】 江苏、浙江、福建、广东、贵州、四川等省均有栽培。法国、意大利、北非等地也是重要产地。生长于亚热带环境。生长期的最适温度为 20～30℃，较耐寒，最低温不低于－4℃的地区均适宜栽培。能耐湿不耐干旱。对土壤要求不严，在黄壤、红壤、紫色土以及冲积土上均能生长，但以土层深厚、肥沃、疏松、湿度适中而排水良好的土壤最适宜栽培。

【利用部位及理化性质】 花油的主要成分有 1-a-蒎烯、二聚戊烯、1-花烯、罗勒烯、1-芳樟醇、1-乙酸芳樟酯、d-a-松油醇、香叶醇、乙酸香叶醇、橙花醇、乙酸橙花酯、橙花叔醇、金合欢醇、邻氨基苯甲酸甲酯、吲哚、乙酸、苯乙酸、安息香酸、茉莉酮、癸醛等。叶油的主要成分有乙酸芳樟酯和芳樟醇。果皮油主要成分为癸醛、壬醛、十二烷醛、醋酸芳樟酯、醋酸橙花酯、牻牛儿醇醋酸酯等。

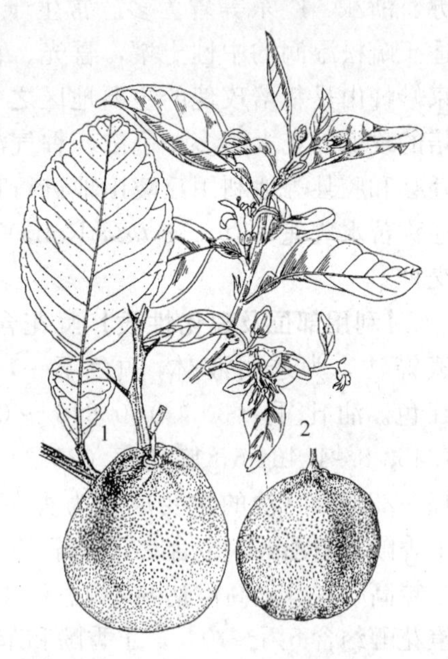

图 9-11　柑橘类

1. 柚 *Citrus grandis*
2. 玳玳 *C. aurantium* var. *amara*

【采收与加工】 在生长旺季采叶，这时叶含油量最高；花在半开时采集；果则熟时采摘。叶和花用蒸馏法加工，花还可用浸提法制取浸膏或精油。果可用压榨法或蒸馏法，前者加工的油质量高，但出油率低，后者则相反。

表 9-2　柑橘属重要香料植物芳香油的含量和成分表

种类＼器官	叶	果实	花
柚	含芳香油 0.20%～0.30%	含油 0.9%。主要成分有柠檬醛、香叶醇、芳樟醇、邻氨基苯甲酸甲酯等	含油 0.2%～0.25%
柠檬	含油 0.2%～0.3%。主要成分有柠檬醛、橙花醇和醋酸橙花酯、牻牛儿醇、芳樟醇等	含油 0.3%～0.4%。主要成分为柠檬烯，含量可达 90%，其次为柠檬醛，含量 3.50%～6.0%。柠檬醛是柠檬油的主要香气成分	花作浸膏，出膏率 0.20%～0.25%

（续）

种类＼器官	叶	果实	花
红橘	叶油得率为0.2%～0.3%。主要成分为N-甲基邻氨基苯甲酸甲酯、香叶醇等	果皮油得率2.7%～3.5%。主要成分有辛醛、癸醛、芳樟醇、柠檬烯等	
甜橙	含油0.2%～0.3%。主要成分为芳樟醇、柠檬醛、柠檬烯等	冷磨整果得油率0.35%～0.37%，蒸馏果皮得油率为0.4%～7%。主要成分为柠檬醛、柠檬烯、癸醛、辛醇等	0.2%～0.25%（浸膏含油）

【近缘种】可供提取芳香油的同属植物有：佛手［*C. medica* L. var. *sarcodactylis*（Noot.）Single］，单叶，果上部分裂成多条手指状；柚［*C. grandis*（L.）Osbeck］（图9-11），单身复叶，嫩枝、叶背、花梗、花萼及子房均有柔毛，翼叶大；柠檬［*C. limon*（L.）Bnrm f.］，各部无毛，花蕾和花瓣背面紫红色；红橘（*C. reticulata* Blanco），花蕾和花瓣均白色，翼叶窄或仅在夏梢叶上有翼叶，果扁圆，橙红色，表面有瘤状突起；甜橙［*C. sinensis*（L.）Osbeck］，花蕾和花瓣均白色，果肉味甜，橙黄色，表面平滑。

【资源开发与保护】玳玳的花、叶、果皮所含的芳香油是重要的调香原料。花精油是调配高级香水、化妆品和香皂用香精，特别是花香型香精的重要原料。橙花水在法国、西班牙、意大利和北美除用于化妆品外还用于饮料、食品的加香剂。叶油香气持久、幽香，与价值较高的花油合用以降低成本，橙叶水净油是橙花水净油的补充剂。果皮油可用于饮料、糕点、糖果、面包等的加香。

十二、九里香 *Murraya exotica* L.

【植物名】九里香又名满山香、过山香、千里香、七里香，为芸香科（Rutaceae）植物。

【形态特征】常绿灌木。羽状复叶，小叶3～9枚，互生，聚伞花序，分枝多，紧密，叶小，常绿亮泽，花白色，径约4cm，花期7月至10月。浆果近球形，肉质红色，果熟期10月至翌年2月（图9-12）。

【分布与生境】原产广东、广西、福建、云南等省区，目前国内长江以南诸省区均有栽培，国外则见于印度、日本、马来西亚等地。喜湿润及阳光充足的环境，以疏松、微酸的土壤为宜，不耐寒。

【利用部位与理化性质】九里香全株含挥发油。内含L-毕澄茄烯、磷氨基苯甲酸甲酯、甜没药烯、9-丁香烯、丁香油酚、香茅醇、水杨酸甲酯、甲氧基欧芹酚、九里香素、考九里香素、8-异戊烯基柠檬油素等。

【采收与加工】成林植株枝条每年可采收1～2次。采摘将开放的花蕾则于每天上午10时后，量少时可短期贮备处理。枝叶和鲜花采收后，要及时提取精油。需短期贮存时，

图9-12 九里香 *Murraya exotica*
1. 花枝 2. 果实

一定要摊放在通风的地方。堆放太厚，时间过长，易发热或毒烂，降低精油质量和得油率。枝叶采用水蒸气蒸馏法，鲜花可制浸膏，或采用直接蒸气蒸馏，提取精油。

【资源开发与保护】九里香是常见的园林树篱植物，作树篱或孤植。修剪的株型美观大方，花香浓郁，为园林景色增加美感。叶及时晒干，包装贮藏，可用于增香剂。根可入药，治风湿痹痛，腰痛，跌打损伤，湿疹，疥癣等。

十三、米仔兰 *Aglaia odorata* Lour.

【植物名】米仔兰又名树兰、四季米兰、千里香等，为楝科（Meliaceae）米仔兰属植物。

【形态特征】常绿灌木或小乔木。幼枝被锈色星状鳞片。单数羽状复叶，叶轴有狭翅；小叶3～5片，对生，倒卵形至长圆形。圆锥花序腋生；花黄或淡黄色，杂性异株，有香味。浆果卵形或近球形，5～12mm，幼时被星状毛。种子有肉质假种皮（图9-13）。

【分布与生境】分布于华南、西南地区，生于低海拔疏林中。喜湿润及阳光充足的环境，以疏松、微酸的土壤为宜，不耐寒。

【利用部位与理化性质】米仔兰花含芳香油0.5%～0.8%，用浸提法制取浸膏的得率为4.0%～4.5%，在台湾被称做“树兰浸膏”。其叶中亦含有芳香油，主成分为β-石竹烯（含量占22.25%）、α-葎草烯（17.58%）、α-古巴烯（3.28%）、β-榄香烯（1.27%）等。

【采收与加工】米仔兰花期在每年5～12月，可于盛花期采摘。加工时以鲜花或干花为原料，用石油醚为溶剂浸提制得浸膏。还可进一步用蒸馏法将浸膏精制而得到精油。

图9-13 米仔兰 *Aglaia odorata*

【资源开发与保护】米仔兰花小而密，黄色，形似小米，故名“米兰”。其花极香，从中提取的芳香油可用于配制各种化妆品、香皂用香精，花还可用作熏制茶叶的香料，枝叶中含有杀虫活性成分，在我国南方常作为观赏植物而广泛栽培。木材细致，供雕刻及家具等用材。米仔兰的花还可药用，有解郁宽中，催生，醒酒，清肺，醒头目作用。

十四、狭叶杜香 *Ledum palustre* L. var. *angustum* N. Busch.

【植物名】狭叶杜香又名喇叭茶。为杜鹃花科（Ericaceae）杜香属植物。

【形态特征】小灌木，株高40～50cm，植株有香味。嫩枝密被红棕色柔毛，后渐脱落，老枝深灰色或灰褐色。单叶互生，革质，条形或狭条形，长1～3cm，宽1.5～4mm，叶缘向下反卷，上面深绿色，多皱纹，中脉下陷，下面密被红棕色柔毛；无柄或具短柄。多花组成顶生伞房花序，花白色，径约1cm；花梗长1～1.5cm，具腺毛；萼片5，分离，宿存；花瓣5，矩圆状卵形；雄蕊10；花柱线形。蒴果由基部向上5瓣开裂。花期6～7月，果期7～8月（图9-14）。

【分布与生境】主要分布在东北地区，尤以大兴安岭分布较广，小兴安岭及长白山、内蒙古也有一定量的分布；朝鲜、日本、前苏联、北美、北欧也产。喜生pH4.5～5的泥炭藓类水甸子上在落叶松疏林下成片生长，成为优势种，在林缘和林间湿地也能生长。为喜光树种，也能稍耐阴。

【利用部位及理化性质】枝叶含有2%的杜香精油，狭叶杜香的叶、幼枝、花、花梗及果实均含挥发油，含量约为2%并有强烈香味。油中主要有单萜烯和含氧化合物，如α-苎烯、α-蒎烯、莰烯、β-苎烯、β-蒎烯、α-水芹烯、β-伞花烯、环烯、δ-3皆烯、γ-松油烯、3,4二甲基苯己烯、α-异松油烯、桉油素、桃金娘烯醛、枯茗醛、龙脑、月桂烯醛、香叶醇、乙酸龙脑脂、榄香醇烯、甲酸香叶脂、愈创木烯、石竹烯、反-δ-盖烯、红没药烯、别香树烯、榄香烯醇等。

图9-14
1. 狭叶杜香 *Ledum palustre* var. *angustum*
2～4. 宽叶杜香 *Ledum palustre* var. *dilatum*
（2. 植株　3. 花　4. 果实）

【采收与加工】采收与加工可在7～8月份进行，将枝叶割下用水蒸馏法提取香精油。

【近缘种】变种宽叶杜香（*L. palustre* L. var. *dilatum* Wahlanberg）高50～80cm，叶长2.5～4.5cm，宽5～15mm。产区相同，生水甸子和湿草原。也可提取杜香油（图9-14）。

【资源开发与保护】目前中国对杜香资源的开发利用还处于起步阶段，对产品的利用也在实验中。1987年额尔古纳左旗6个生产厂共生产杜香油20吨左右，大部分应用于日用化工方面。其香精油除日用化工做香料外，还可药用，民间用其叶制成药膏治月经不调和不孕，用其油涂抹可治多种皮肤病。天津医药研究所采用杜香油治疗五种皮肤病有效率均在80%以上，治疗慢性气管炎祛痰作用也较明显。

十五、花椒 *Zanthoxylum bungeanum* Maxim.

【植物名】花椒为芸香科（Rutaceae）花椒属。

【形态特征】落叶小乔木或灌木，高3～5m。枝具宽扁而尖锐的皮刺和瘤状突起。小叶5～9（3～11），卵形至卵状椭圆形，长1.5～7cm，先端尖，基部近圆形或宽楔形，细锯齿，有透明腺点，正面无刺毛，背面中脉基部两侧常簇生褐色长柔毛，叶柄具窄翅。圆锥花序顶生；花单性或杂性同株，雄花被片5～8，雄蕊5～8；雌花心皮3～4。蓇葖果2～3聚生；种子圆卵形。花期3～5月。果期7～10月（图9-15）。

【分布与生境】除东北和内蒙古少数地区外，各地广为栽培，主要集中于陕西、河北、河南、山东和四川等省。喜温暖气候，不耐严寒。大树在约－25℃低温时冻死，幼苗在－18℃时受冻害，在北方农村多栽培于避风向阳的地方，在酸性土、中性土上也能生长。喜较干冷气候及肥厚湿润的钙质壤土。

【利用部位及理化性质】花椒为北方著名的香料及油料树种。果皮、种子为调味香料，是重要的出口物资。花椒果实含精油4%～7%，精油精制后可用于调配香精。种子含脂肪25%～30%，可作工业用油，木材坚实，可制器具。精油比重0.866 0～0.866 3，折光率1.467 0～

1.469 0，旋光度 7°30′～12°54′。精油主要成分有：花椒烯、水茴香萜、香叶醇及香茅醇等。

【采收与加工】花椒因地区、品种成熟期之间的差异，从而采收期可达1月左右（9～10月）。采摘时应在天气晴朗时进行，以免影响香气和品质。采收的果实应摊开晾晒，切忌堆放，晒干后装袋保存。加工时采用水蒸气蒸馏法提取精油。

【近缘种】同属中的野花椒（*Z. simulans* Hance）干果含芳香油4%～9%，亦可作调料，但质量不如花椒。竹叶椒（*Z. planispinum* Sieb. et Zucc.）果实、枝叶可提取芳香油，果皮可作调味品。

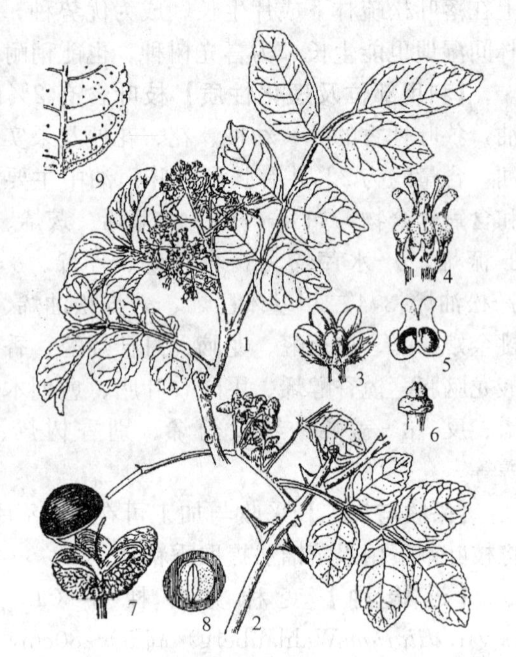

图9-15　花椒 *Zanthoxylum bungeanum*

1. 雌花枝　2. 果枝　3. 雄花　4. 雌花　5. 雌蕊纵剖　6. 退化雌蕊　7. 果　8. 种子横剖　9. 小叶片下面

【资源开发与保护】花椒为分布广的一种既是重要的调味香料，又是油料经济树种。有适应性强、生长快、结果早、栽培管理简便、用途广、收益大、保持水土能力强等特点。果实用作食品调味香料，具特殊的辛辣香味。精油经精制加工后，可作为调制薰衣草香型香料的原料。果实与根可供药用，有温中散寒，助消化、行气、止牙痛、驱虫等功效。种子可提取脂肪油，可用来制肥皂和油漆等。花椒鲜叶民间也作调味料，又能制杀虫农药。因此花椒是一种值得开发利用的植物。对野生花椒有计划采摘，收集种质资源，选育好的品种，结合城乡绿化，栽种花椒，有条件的地方可建立生产基地。

十六、紫罗兰 *Viola odorata* L.

【植物名】紫罗兰为堇菜科（Violaceae）堇菜属植物。

【形态特征】多年生草本，高约15cm。根茎肥大，具节，其上发育许多基生叶和闭花受精的花，地上部有匍匐茎。叶基生，叶片近圆形，顶端钝，基部近心形，叶缘具圆齿。叶柄长5～10cm，托叶宽卵形或披针形，持久不落。花大而芳香，深青紫色。蒴果球形，具3棱，被短茸毛（图9-16）。

【分布与生境】原产欧洲，我国江苏、浙江、云南、四川、福建等省均有栽培。为半阴性植物，喜荫蔽，夏无烈日，冬无严寒的气候。适于肥沃、湿润、疏松的阴棚或温室中。栽培中氮肥宜多。

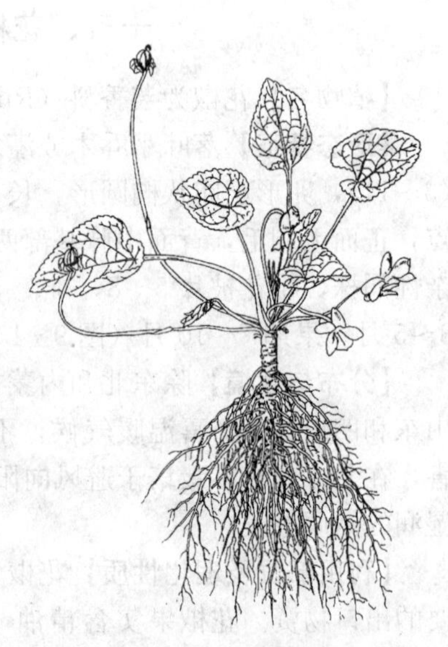

图9-16　紫罗兰 *Viola odorata*

【利用部位及理化性质】花的浸膏为黄绿色膏状物，得率为0.1%～0.12%；叶浸膏为深绿色，得率为0.08%～0.12%。花含芳香油0.07%～0.12%，叶含芳香油0.09%～

0.12%。油比重（15℃）0.942。花油主要成分为香堇花酮、丁香酚和苄醇等。叶油主要成分为堇叶醛及丁香酚。

【采收与加工】 收花是在3月和10月开花期进行，而鲜叶一般在春秋两季采收。每年3～4次。采用浸提法，溶剂是石油醚（60～70℃），将浸膏溶解于乙醇中，在冷冻条件下，经过滤，浓缩而得净油。

【资源开发与保护】 紫罗兰花、叶均含有芳香油，具特别幽雅的香气，是名贵香料之一。可配制花香型香精，作高级化妆品、香皂、香水等的赋香剂。

十七、柠檬桉 *Eucalyptus citriodora* Hook. f.

【植物名】 柠檬桉为桃金娘科（Myrtaceae）桉属植物。

【形态特征】 常绿大乔木。树皮蓝灰色或淡红灰色，片状剥落。叶狭披针形或卵状披针形，稍弯曲，两面有黑腺点，具浓郁的柠檬香气。伞形花序排成顶生或侧生的圆锥花序；萼筒杯状；雄蕊多数；蒴果卵状壶形（图9-17）。

【分布与生境】 原产澳大利亚无霜冻的沿海地带，在我国主要种植于华南及西南等热带亚热带地区，是我国最早引入的桉树种类之一。该种适应于暖热气候，不耐寒，易受霜害，喜深厚、肥沃、湿润的土壤。

【利用部位及理化性质】 主要利用柠檬桉的鲜叶及小枝提取芳香精油（称为桉叶油），其鲜叶及小枝得油率为0.6%～2%。桉叶油为清澈透明的液体，具芳香味，刚提取出时无色，而后变为浅黄色，比重（20℃）0.859 2，折光率（20℃）1.451 1～1.468 1，旋光度（15.5℃）+5°～+16°；是多种有机成分的混合物，大多为萜烯类成分，其主要成分有香茅醛（含量高达65%～80%）、香叶醇和酯类。

【采收与加工】 采收时可用修枝采叶或萌蘖采叶等方式采集，每年可采收2次～3次，或结合用材林进行抚育间伐、主伐更新时大量收集枝叶。加工多采用水蒸气蒸馏法提取精油。

图9-17

Ⅰ. 蓝桉 *Eucalyptus globulus*　Ⅱ. 柠檬桉 *E. citriodora*

1. 花枝　2. 花蕾纵剖　3. 花　4. 果枝
5. 种子　6. 幼树　7. 幼苗　8. 幼苗叶

【近缘种】 桉属（*Eucalyptus*）植物中大约有300多种含有精油，但具商业开发价值的不到20种，目前我国引种用作提取桉油的树种主要还有以下几种：蓝桉（*E. globulus* Labill.）、大叶桉（*E. robusta* Smith）、窿缘桉（*E. exserta* F. Muell.）、细叶桉（*E. tereticomis* Smith）等，其在精油含量、主要成分及用途方面的区别见表9-3。

表 9-3　我国几种主要桉属植物的精油含量、主要成分及用途

种名	精油含量	主要成分	用　途
蓝桉	鲜叶得油率 0.5%～1.1%，干叶得油率 1.5%～3.9%	桉叶醇（含量为 65%～75%）、异戊醇、松油烯及蒎烯、莰烯等。医用主成分是 1，8-桉叶油素（桉树脑）	是医用桉油的主要来源之一，亦供出口
窿缘桉	小枝与叶得油率约 0.82%	主成分是 1，8-桉叶油素（桉树脑）	是医用桉油的主要来源之一，亦供出口
大叶桉	小枝与叶得油率约 0.6%	桉叶醇、α-蒎烯、倍半萜类等	是香料桉油的主要来源之一
细叶桉	叶含桉油 0.82%		是香料桉油的主要来源之一

【资源开发与保护】桉叶油在我国辛香料和精油出口创汇产品中仅次于桂皮和桂油名列第三，年产量在 3 000t 左右。桉叶油在商业贸易中常根据其成分和主要的最后用途被分为 3 种：①医用桉油，主要是桉油治疗剂和其他医药剂，是目前国内生产数量最大和应用最普遍的一种油型，用以生产风油精、清凉油、白花油、十滴水、驱蚊油、止咳糖等常用药品，其来源主要为窿缘桉油和蓝桉油。②香料桉油，主要成分是香茅醛，大量用于生产各种香料、香精、肥皂、化妆品及食品，主要从柠檬桉中蒸制。③工业桉油，主要成分是胡椒酮和 α-水芹烯，在工业上常用作溶剂、杀菌剂、矿物浮选剂和化学原料，主要从柠檬桉油和窿缘桉油中制得。桉树是全球三大速生树种之一，其木材广泛应用于制浆造纸及制造纤维板、胶合板和刨花板等领域。

十八、茴香 *Foeniculum vulgare* Mill.

【植物名】茴香又名香丝菜、谷茴等，为伞形科（Umbelliferae）茴香属植物。

【形态特征】多年生草本，高 0.6～2m，全株有白粉，香气强烈。茎直立，有棱，上部分枝。茎生叶互生，叶片三至四回羽状分裂，终裂片线形至丝状，叶柄基部鞘状，抱茎。复伞形花序顶生，无总苞和小总苞；伞幅 8～30，不等长，开展伸长；花小，无萼；花瓣 5，金黄色，中部以上向内卷曲，先端微凹；雄蕊 5；子房下位，2 室。双悬果卵状长圆形，黄绿色，有 5 条纵棱，具特异芳香气。花期 6～7 月，果期 7～10 月（图 9-18）。

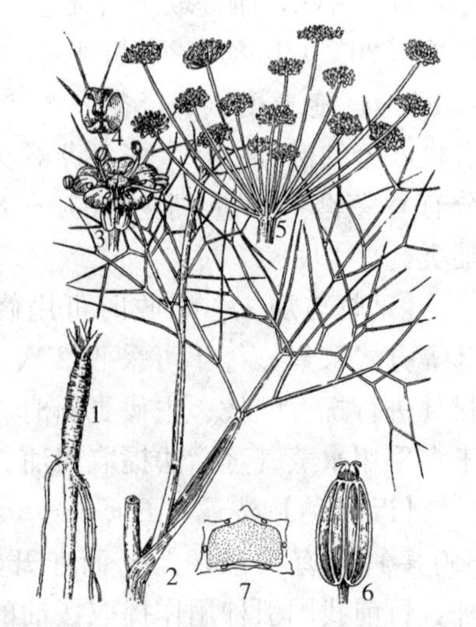

图 9-18　茴香 *Foeniculum vulgare*
1. 根　2. 茎上部叶　3. 花　4. 花瓣　5. 果序　6. 果实　7. 分生果横切面

【分布与生境】主产西北、华北、东北，全国各地均有栽培。茴香适应性强，对气候土壤要求不高。一般在冷凉而中等肥沃的丘陵和山区，生长良好；在温暖的平原地区，茎叶徒长，结果少。

【利用部位与理化性质】茴香全草可提取芳香油，是我国人民喜爱的食品调味香料之一。在香料工业中用茴香提取精油，精油经分离成单体香料可用于化妆品、牙膏、肥皂、香水中。也用于调配香料。精油的理化性质和得率与各地气候条件、品种、果实成熟度和保存，提取方法等有关。精油含

量：成熟果实6.2%，未成熟果实8.6%，有资料报道干果3%～4%，茎叶0.3%，油无色或淡黄色液体，相对密度（15℃）0.965～0.985，折光指数（20℃），1.535～1.560，旋光度（20℃）+11°～+20°。精油中含反式茴香脑（trans-anethole）61.6%～78.3%、顺式茴香脑（cisabethole），小茴香酮（fenchone）18%～20%、大茴香醛（anisic aldehyde）、茴香醛（anisaldehyde）、β-金合欢烯、姜黄烯、α-蒎烯、柠檬烯、莰烯、β-蒎烯、β-月桂烯、α-水芹烯、对-伞花醇、草蒿脑、甲基黑椒酚、对-甲酚、丁酸等。此外，果实尚含脂肪油12%～18%，油中含欧芹酸（petroselinicacid）、棕榈酸、山萮酸、植物甾醇酰基β-果糖呋喃苷（phytosteryl β-fructofuranoside）、7-羟基香豆素、6，7-二羟基香豆素，剂墩果酸（7-hydroxyccumarin）谷甾醇、豆甾醇、Δ^7-豆甾烯醇、菜油甾醇、胆甾醇、Δ^7-菜油甾烯醇、Δ^5-燕麦甾醇、菜油甾二烯醇及豆甾二烯醇等。

【采收与加工】种子成熟期因栽培地区不同，一般7～9月先后成熟，收割果枝晒半干，脱粒，去除杂质，收存晾于通风干燥处备加工用。以茎叶提取精油的，多年生植株可在春季剪取，当年生植株以株高40cm时采收。以果实均匀饱满，黄绿色，香浓味甜者为佳。精油提取，采用水蒸气蒸馏法进行，加工前种子先经碾碎后提取。

【资源开发与保护】茴香既能食用、药用，还具保健作用。茴香果实和茎叶含挥发油功效相近，因此，茎叶也能提取茴香油。果实中富含蛋白质和具有抗氧化作用的脂肪油。茴香的果实和全草还用于医药，具有驱风行气，止痛健胃之功效。随着香料、食品、化妆品趋向于具有营养、疗效和保健型方向的不断发展，以及人们对食品类型结构的改变，对食品调味香料需要量将越来越大。并将对我国食品香料工业的进一步发展起着积极推动作用。因此，积极发展茴香生产具有重要意义。

十九、灵香草 *Lysimachia foenum-graecum* Hance

【植物名】灵香草为报春花科（Primulaceae）珍珠菜属植物。

【形态特征】多年生草本。茎直或下部匍匐生长。一年生茎长40～50cm，二年生可达1～2m以上。叶互生，椭圆形或卵形，长4～9cm，宽1.5～4.5cm，顶端锐尖，基楔形。茎、叶新鲜时香气不显著，干燥后香气浓郁。花单生茎上部叶腋，花梗细弱；萼宿存；花冠黄色，5深裂；雄蕊5；子房上位，花柱高出雄蕊，宿存。果球形。花期5月，果期7～8月（图9-19）。

图9-19　灵香草 *Lysimachia foenum-graecum*

【分布与生境】分布于云南、四川、贵州、广东、广西和湖北等地的深山林下或沟谷旁阴湿处。目前主要利用野生资源。近年来广西、云南等地已引种栽培。灵香草喜阴湿、透气、排水良好和沃土。

【利用部位及理化性质】灵香草全草可提取精油，得油率为0.21%，油为黄绿色。比重

(15℃) 0.909 5，旋光度 (25℃) −18°61′。油中的中性成分和酸性成分约 60 种。

【采收与加工】 采收全草每年 11 月间即可进行。如第一年种植的灵香草到第二年霜降后就可采收。采收后置干燥通风处阴干。切忌日晒，香味大减有损品质。

加工时用浸提法生产灵香草酊剂或浸膏。酊剂以洁净、透明为佳。浸膏以含膏量不少于 6.5%为好。亦可用水蒸气蒸馏制取。

【近缘种】 同属中的川香草（*L. wilsonii* Hemsl）为一年生草本，台湾、广东、广西、湖北、四川、云南等地均有分布。多生林下，茎叶均可提精油。

【资源开发与保护】 全草含芳香油。油芬芳隽永而持久，广泛用于高级香烟、化妆品及日用品的调香。如茅台、山西汾酒和糖果等，定香力很强。如放置箱中可防虫蛀。灵香草油又供药用，具有驱风寒、避瘟疫等功效，用于治感冒、头痛、咽喉肿痛等症。

二十、茉莉花 *Jasminum sambac* (L.) Aic.

【植物名】 茉莉花为木犀科（Oleaceae）素馨属植物。

【形态特征】 常绿小灌木，高 1m 左右，嫩枝青绿色。单叶对生，椭圆至倒卵形或卵形，全缘，先端钝或短尖，基部圆形或楔形，长 1.5～8.5cm，宽 1.1～1.5cm；叶柄短，向上弯，微具柔毛。聚伞花序顶生或腋生；花冠白色，具浓郁芳香，多为重瓣。花期 6～11 月，6～7 月为盛花期，花后通常不结实（图 9-20）。

【分布与生境】 茉莉花品种达几十种，大面积栽培者有 3 种类型：即单瓣、双层瓣和重瓣茉莉。目前，普遍栽培者为双层瓣茉莉。茉莉原产印度，1 000 多年前已传入我国，全国各地均有栽培。长江流域以南可露地栽培，江浙一带则有大量盆栽，而北方以盆栽为主。茉莉为热带和亚热带长日照偏阳性植物，喜炎热、潮湿气候，在 25～30℃生长最宜，月降雨量 250～270mm 和相对湿度 80%～90%左右生长最好。喜肥，忌碱土和熟化差的底土。

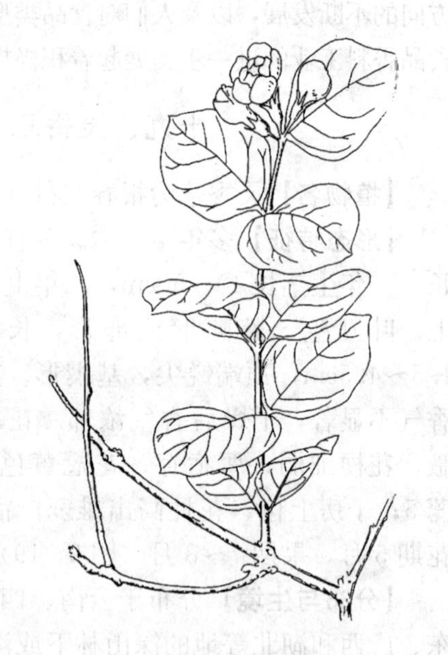

图 9-20 茉莉花 *Jasminum sambac*

【利用部位及理化性质】 茉莉花鲜花含芳香油 0.20%～0.30%。每 1 000kg 茉莉花可得 2.4～2.6kg 茉莉花浸膏，可得茉莉花净油 1.4～1.8kg。茉莉花浸膏为黄绿色或浅棕色膏状物，具有茉莉花香气，熔点 46～53℃，酸值 11 以下，酯值 80 以上，含净油量 60%以上。茉莉花头香含乙酸乙酯等 37 种化学成分。

【采收与加工】 采花时间上午 10 时开始，最好在中午 12 时后进行摘。采摘含苞待放的花蕾（当晚能开放的洁白饱满的花蕾）。采摘花蕾的花柄宜短，因花柄和花萼会给鲜花浸膏产品带入青杂气。采摘下的花蕾应放在洁净无杂味的筐内，不要压实，以免损伤花蕾。经后熟处理使全部花蕾能充分开放和放香。成熟花蕾当花瓣全部开放时，这时香气最浓郁。

一般采用石油醚（60～70℃）浸提法，成品为茉莉花浸膏。如采用湿浸提法生产的浸膏，更具有浓郁的鲜花香气，且香气持久，净油含量也高。

【资源开发与保护】茉莉花香气纯正优雅，是我国人民喜爱的香花之一。花可提取浸膏或净油，也可用来熏制茉莉花茶。茉莉花浸膏或净油是香料工业调制茉莉花香型高级化妆品及皂用香精的重要原料，经济价值较高，使用极广，在香料工业中占有重要地位。茉莉花净油还可用于配制茶叶香精。

二十一、桂花 *Osmanthus fragrans*（Thunb.）Lour.

【植物名】桂花又名木犀，为木犀科（Oleaceae）木犀属植物。

【形态特征】常绿灌木或小乔木，高1.5～8m，树皮灰褐色。叶革质，椭圆形或椭圆状披针形，长4～12cm，宽2～4cm，顶端急尖或渐尖，基部楔形，全缘或上半部有细锯齿。花序簇生叶腋；花萼4裂；花冠淡黄色或金黄色，极芳香，近基部4裂。核果紫黑色。花期9～10月（图9-21）。

【分布与生境】原产我国西南部。据记载已有两千多年栽培历史。华中、华东、华南、西南有栽培和野生。供庭院观赏。适应温暖的亚热带气候地区生长。喜温暖湿润环境，种植地区要求年平均温度15～18℃，7月平均温度24～28℃，1月平均温度0℃以上，年降雨量1 000mm左右。

图9-21　桂花 *Osmanthus fragrans*
1. 花枝　2. 花

【利用部位及理化性质】桂花浸膏得率为0.13%～0.2%，熔点40～45℃，酯值≥40，净油含量≤60%。桂花净油主要成分有α-紫罗兰酮、β-紫罗兰酮等26种。

【采收与加工】采收在桂花盛开时期，于早晨露水未干时，树下铺塑料薄膜，摇动树干及枝条，去除叶和枯枝杂质等，然后收集桂花。鲜花采集后应尽快加工，存放不宜超过10h，否则花朵枯萎、发热、发酵，影响浸膏质量。一般在采后6h，香气显著变淡。因此，为了避免香气散发，一般采用腌制法贮存，然后用腌制桂花提取桂花浸膏。加工时采用石油醚（60～70℃）浸提。如采用低温浸提法，会提高浸膏质量。加工用具宜用不锈钢容器，不能用铁器，否则会影响浸膏的色泽和质量。

【近缘种】桂花因长期栽培变异，现有4个品种：金桂（*O. fragrans* var. *thunbergii* Mak.）叶黄质硬，叶缘有齿或全缘，花金黄色；银桂（*O. fragrans* var. *latifolius* Mak.）叶质薄，全缘，花白色；丹桂（*O. fragrans* var. *aurantiacus* Mak.）叶深黑，质硬，全缘，花橘红色；四季桂（*O. fragrans* var. *semperflorens* Hort.）叶色淡，绿或绿黄色，花白色或淡黄色，一般为丛生灌木，温度适宜，四季开花。以金桂、银桂的香气最佳，丹桂有杂味。

【资源开发与保护】桂花为我国特产之一，花极香。桂花浸膏为黄色或棕黄色，有桂花香气，广泛应用于食品、化妆品、香皂香精。民间常直接掺入米面中制成芳香糕点，或用盐、糖浸渍后做食品香料。桂花种子尚可榨油，出油率达 11.90%，可供食用。

二十二、薰衣草 *Lavandula angustifolia* Mill.

【植物名】 薰衣草为唇形科（Labiatae）薰衣草属植物。

【形态特征】 亚灌木，株高 40～60cm，直立或松散状。老枝灰色，常条状剥落，小枝密被星状毛和绒毛。叶对生，线形或披针形，全缘，先端圆钝，无柄，中脉隆起，表面被星状毛。轮伞花序，有花 4～11 轮，每轮 6～18 朵小花，最多可达 32 朵；花二唇，淡紫色至深紫色，稀粉红色或白色；萼 5 齿，卵状管形，青绿色、深紫色、灰白色或带紫晕，密被星状毛或近光滑；苞棱状卵形，褐色；雄蕊 4；柱头棒状，子房 4 裂。坚果扁椭圆形，深褐色，有光泽。花期，夏季开花 6～7 月，秋季开花 9～10 月（图 9－22）。

【分布与生境】 原产地中海沿岸阿尔卑斯山南麓，在海拔 700～1 500m 之间生长。我国自 20 世纪 50 年代开始引种，目前在新疆伊犁地区、陕西、河南、河北、浙江等地进行栽培。喜温暖气候，耐寒、耐旱、喜光、怕涝，能耐－37℃的绝对低温，也能忍受 41℃的高温。为长日照植物。光照对发育和精油的形成有重要作用。微酸或偏碱性土壤均能生长。

【利用部位及理化性质】 薰衣草油的得率为 0.7%～2.3%，油为无色或略带黄色。油以醋酸芳樟酯含量高，桉叶醇、樟脑和龙脑含量少，花香浓郁，无其他杂味者为上品。比重（15℃）0.891 2～0.927 6，折光率 1.464 8～1.464 9，旋光度（20℃）－1°75′～10°57′，酸值 0.68～1.03，酯值 136.5。主要成分有乙酸芳樟酯、芳樟醇、乙酸香叶酯、香乙醇、乙酸橙花酯、橙花醇、乙酸松香酯、龙脑等。还含有薰衣草醇和薰衣草酯，使其薰衣草油具有独特的香气。

图 9－22 薰衣草 *Lavandula angustifolia*

【采收与加工】 最适宜的采收期是盛花期至末花期。初花期和种子成熟期得油率和含酯量都低，香气也不好。采花部位以花穗下面第一对叶腋处为标准（开花顺序由下而上）。采收后随即加工，或置阴凉处，经常翻动，如堆放不当或在阳光下直晒，则会严重影响得油率和香气。采用水上蒸馏或直接水蒸气蒸馏均可。蒸馏所得精油应放在油水分离器中静置后再注入油桶，贮存在阴凉干燥处。

【近缘种】 同属中用于香料的还有宽叶薰衣草（*L. latifolia* Medin.），以及由它和薰衣草杂交而得的杂交薰衣草（*L. angusitfolia*×*L. latifolia*）。

【资源开发与保护】 薰衣草花中含的芳香油清鲜而宜人，是调制化妆品、皂用香精，尤为橄榄型香皂及花露水香精的重要原料，也是调香中不可缺少的品种。陶瓷工业也有少量应用。薰衣草也是很好的蜜源植物，其蜜含有维生素 A、P。薰衣草花丛艳丽，可绿化庭院。国产薰衣草油加香质量、效果好。如上海的美加净发乳已赶上美国白丽牌发乳质量。

二十三、薄荷 *Mentha haplocalyx* Briq.

【植物名】薄荷又名仁丹草、亚洲薄荷、土薄荷等。为唇形科（Labiatae）薄荷属植物。

【形态特征】多年生草本，高 30～90cm，直立或基部外斜，有香气。茎四棱，上部被茸毛，下部仅沿棱上有少量茸毛。叶对生，卵形或长圆形，长 2～7.5cm，宽 0.5～2cm，顶端短尖或稍钝，基部楔形，边缘有尖锯齿，两面疏生柔毛或在背脉上有毛和腺点。轮伞花序腋生；花小，淡红色、紫色或白色花萼有 5 齿；花冠青紫色。小坚果长圆状卵形。花果期 8～11 月（图 9－23）。

【分布与生境】原产我国，主要分布于江苏、安徽、浙江、河南、台湾等省，产量居世界首位。薄荷适应性强，全国各地（除严重缺少的地区外）均可种植。

图 9－23
1. 薄荷 *Mentha haplocalyx*　2. 留兰香 *M. spicata*
3. 胡椒薄荷 *M. piperita*　4. 香柠檬薄荷 *M. citrata*
5. 花　6. 花展开　7. 花萼展开

【利用部位及理化性质】新鲜茎叶含 0.8%～1.0%，干茎含 1.3%～2.0%的薄荷油，薄荷油为无色至淡黄或绿黄色的油状液体，具纯馥的薄荷香气，带辛辣的清凉，比重（15℃）0.899～0.909，折光率（20℃）1.460～1.465，旋光度－30～37°32′。主要成分为薄荷醇，含量 77%～87%；其次为薄荷酮，含量为 8%～12%，此外还含有薄荷酯等。薄荷素油（提取薄荷脑后的油）淡黄色或黄绿色，具薄荷香气，比重（25℃）0.890 0～0.910 0，折光率（20℃）1.458 0～1.471 0，旋光度（25℃）－18°～24°，总薄荷脑的含量不低于 50%。

【采收与加工】采收时间，华东地区一年可收 2～3 次（大暑前和霜降前）。华南地区每年可收 3 次以上：第 1 次 6 月收割，含油较少；第 2 次在 8 月中旬收割，含油量最高；第 3 次在 11 月收割，油分较第二次低，但薄荷脑含量较高。寒冷地区，每年只收割 1 次（8 月）。收割应在晴天上午 10 时至下午 3 时为宜。收割下的薄荷，去其枯叶及杂物后，应平铺田间晾晒，隔日再行加工。

产区多采用直接火常压水上蒸馏。其操作程序如下：蒸馏前应先检查蒸馏设备的各个部分，然后空蒸（锅中只有水而无原料）1h 左右，去除残存的杂味。锅内加水至蒸垫 20cm 处左右，将已晾干的原料均匀投入锅中，中间松紧适度，周围压紧，顶部呈圆形，盖上锅盖，连接处水封槽内加满水，往冷凝桶内也加满水。放置好盛满水的油水分离器。烧旺火，使锅内水尽快沸腾。待冷凝器口有油水混合液流出时，控制热源使流量保持平稳（一般 $1m^3$ 蒸馏锅每分钟流量为 1 000ml以上），流出液温度为 36～40℃。一般每锅蒸馏 1.5～2h，以流出液澄清、油花极小（似芝麻大小）时为蒸馏终点，停止烧火。

表 9-4 薄荷属重要香料植物芳香油的含量及其主要成分

种名 \ 器官	枝叶和花序
香柠檬薄荷	枝叶和花序枝叶和花序得油率为 0.2%～0.4%（按鲜叶计）。比重 0.885 1，折光率 1.462 0，旋光度 -1.4°，皂化值 115.37。精油主要成分有：乙酸芳樟酯和芳樟醇，还含有 α-蒎烯、β-蒎烯，β-水芹烯，柠檬烯、桉叶素、胡薄荷酮、椒薄荷酮、胡薄荷呋喃、椒薄荷酮氧化物等
胡椒薄荷	胡椒薄荷青茎种得油率为 0.15%～0.30%，紫茎种为 0.1%～0.2%。比重 0.900～0.916，折光率 1.460～1.467，旋光度 -30°～-10°，酯值 11～19 主要成分有：薄荷醇（40%～50%）、薄荷酮、乙酸薄荷酯、异薄荷酮、椒薄荷酮等
留兰香	枝叶和花序得油率为 0.3%～0.4%（按鲜重计）。比重（25℃）0.920 0～0.934 0，折光率（20℃）1.489 4～1.492 0，旋光度（20℃）-54°～ -64°。主要成分有：I-香芹酮、I-柠檬烯、1-水芹烯、桉叶素、I-薄荷酮、异薄荷酮、3-辛醇、3-乙酸辛酯、松油醇、二氢香芹酮、胡椒薄荷酮、二氢香芹醇、α-蒎烯、β-蒎烯

【近缘种】同属植物中可提芳香油的植物有以下 3 种：香柠檬薄荷（*M. citrata* Ehrh.）原产欧洲，1960 年从埃及引进，目前江苏、浙江、安徽等地有栽培。国外主产美国、埃及和印度等国。香柠檬薄荷油具有愉快的薰衣草——柠檬香气。胡椒薄荷（*M. piperita* L.）原产欧洲，1959 年从苏联和保加利亚引进，目前河北、江苏、安徽有栽培。国外栽培的国家有美国、俄罗斯、保加利亚、意大利等。其中以美国产量最多。在生产上胡椒薄荷有两个品种：青茎种（*M. piperita* L. var. *officinalis* Sole）茎呈绿色；紫茎种（*M. piperita* L. var. *vulgaris* Sole）茎呈紫色。留兰香（*M. spicata* L.）原产欧洲。1950 年开始引进，目前主要产区是江苏、安徽、江西、浙江、河南、四川、广东、广西等地。留兰香油具有特殊的香气和香味（图 9-23）。

【资源开发与保护】薄荷茎叶提取的芳香油叫薄荷原油，主要用于提取薄荷脑，薄荷脑与薄荷素油（提取薄荷脑后的油）均具有特殊的芳香、辛辣和清凉感。主要用于制作糖果、饮料、牙膏、牙粉以及医药品如仁丹、清凉油等。我国薄荷脑是国外信得过的免验产品，出口量达 1 000t（国际市场贸易量约 4 000t）居世界第一位。

二十四、丁香罗勒 *Ocimum gratissimum* L.

【植物名】丁香罗勒又名丁香、臭草等，为唇形科（Labiatae）罗勒属植物。

【形态特征】直立亚灌木。茎多分枝，被长柔毛，干时红褐色。叶对生，卵圆形，两面粗糙，密被绒毛和腺点。轮伞花序，每层有苞片 2，花 6 朵，再密集形成总状花序；花萼钟状，结果时明显增大；花冠淡黄至白色，上唇 4 浅裂，下唇矩圆形；雄蕊 4。小坚果黑褐色椭圆形。（图 9-24）。

【分布与生境】原产于非洲热带和西印度群岛等热带地区，现世界各地广泛栽培。在我国华北地区只能 1 年生，长江流域以南地区可作多年生栽培，目前在广东、广西、海南、江苏、上海等地有少量栽培。丁香罗勒生长对土壤要求不严，较耐贫瘠，但喜肥沃的沙壤土；喜温暖湿润的气候，能耐 2～3℃的低温，最佳生长温度为 15～35℃。丁香罗勒为短日照植物，短日照条件下能提早开花和收获。

【利用部位及理化性质】主要利用其茎叶及花序提取丁香罗勒油。花序含油量最高，占全株的 50%～60%，叶次之，茎秆更次。全株平均含油量 0.3%～0.7%。丁香罗勒油的比重（15℃）0.995～1.042，折光率1.526 0～1.532 0，旋光度 -12.7°～14.10°；其精油中的主要成分为丁香酚（含量 60%～70%）、芳樟醇（含量 34%～40%）、罗勒烯等。

【采收与加工】 丁香罗勒的采收主要为提取精油，应在开花初期采收最为适宜，此时植株含油量最多，如在广东和福建种植每年可收割3～4次，最佳采收时期分别为4月、8月、10月中旬和11月下旬，采收时应尽量避免动摇根系，以免影响再生能力，随后加强水肥管理，使其重新萌发新的茎叶。提取加工精油时常采用电水蒸气蒸馏法或土法蒸馏。无论采用哪种方法，在蒸馏过程中要掌握下列操作技术：从蒸馏开始至结束，均需旺火，才能提高出油率；把蒸馏液回流到蒸锅中，不断增加水量，进行再次蒸馏，可增加精油量；蒸馏液的温度宜在30～40℃之间，冷却水的流量要多而流速快，温度在40℃以下。所得挥发油用乙醚萃取，用无水硫酸钠脱水后，回收乙醚，即得。

图9-24　丁香罗勒 *Ocimum gratissimum*
1. 花枝　2. 花

【近缘种】 同属植物罗勒（*O. basilicum* L.）在我国自然分布于亚热带地区，与丁香罗勒的区别为：罗勒是一年生草本植物，叶片较小，长不及5cm，两面无毛或近无毛。罗勒全草含芳香油0.5%～1.1%，主要成分有甲基胡椒酚（又称蒿草素）（含量55%）和芳樟醇（含量34%～40%）。罗勒为著名的药食两用及香料植物，其茎叶具有疏风行气、发汗解表、散淤止痛的功效；亦常作为调味品用于食品加工中；其芳香油是高级化妆品重要原料。

【资源开发与保护】 丁香罗勒精油中的丁香酚含量在60%以上，是制造香兰素的主要原料之一，其芳香油具有杀菌的功效，可广泛用于食品、化妆品及香皂、香精产品生产中。另外，丁香酚还可用来制造治疗肺结核的特效药——异淤肼（雷米丰）。

二十五、广藿香 *Pogostemon cablin* (Blanco) Benth.

【植物名】 广藿香为唇形科（Labiatae）刺蕊草属植物。

【形态特征】 多年生草本植物。茎直立，上部多分枝，密被绒毛。叶对生，卵圆形或长椭圆形，边缘具粗锯齿，两面均被灰色茸毛。轮伞花序，多花密集组成假穗状花序；花萼筒状，外密被柔毛；花冠淡红紫色，上唇3裂，下唇全缘。小坚果近球形（图9-25）。

【分布与生境】 原产于菲律宾、马来西亚、印度尼西亚等地。我国主要栽培于广东、广西、海南等地。广藿香适生于温暖湿润的气候，忌霜冻；以排水良好的沙壤土为宜，不耐强烈日晒，苗期应适度遮荫，忌干旱。因此，不宜栽培于坡地。

【利用部位及理化性质】 通常利用广藿香的茎叶等地上部分提取芳香油，称为广藿香油（派超力）。其干燥茎叶中含油量为2.0%～2.8%，油比重（15℃）0.954 0～0.984 8，折光率（20℃）1.507 6～1.515 6，旋光度－40°～75°30′。油中主要成分为广藿香醇、广藿香酮及丁香酚、桂皮醛等。通常依据商品产地来源不同，将广藿香分为石牌藿香、高要藿香、湛江藿香和海南藿香4种，其主要成分含量变化见表9-5。

表9-5 不同产地栽培类型广藿香挥发油中主要成分含量（%）比较

（李微，2004）

栽培类型	广藿香醇	广藿香酮	总量
石牌藿香（牌香）	7.39±0.47	68.19±0.23	75.58±0.55
肇庆藿香（肇香）	44.65±0.28	10.86±0.18	55.51±0.36
湛江藿香（湛香）	46.90±0.09	5.92±0.85	52.82±0.23
海南藿香（南香）	40.06±0.43	0.34±0.07	40.40±0.51

1977年，F. W. Hefendehl在对广藿香油质量分析的评论中指出，广藿香醇具有该精油的典型香气，其含量多少标志着精油香气质量的好坏。另一微量成分广藿香烯醇也对精油质量起类似作用。

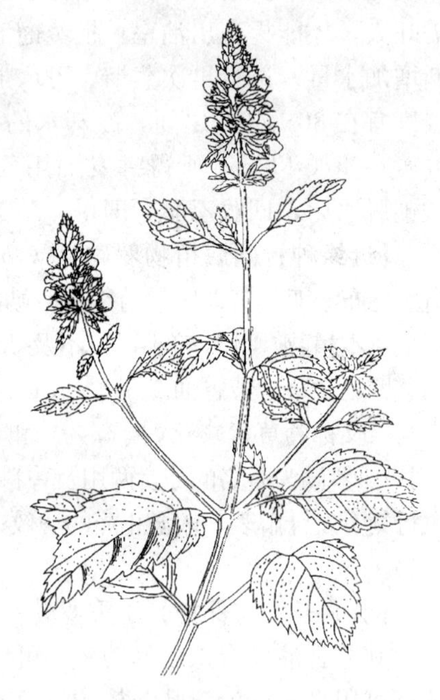

图9-25 广藿香 *Pogostemon cablin*

【采收与加工】广藿香的采收期在不同地区有所不同，如广州地区一般在4～5月种植，到次年5～6月采收；海南海宁县种植7～8个月即可采收，冬季种植者于次年7～8月收割，秋季（8～9月）者于次年4～5月收割。采收时要在晴天进行，连根拔起，切除根部，白天曝晒，晚上堆置发酵。因广藿香采收后需要后熟，经过发酵处理后，不但精油产量增加，而且香气变好。贮存时间长短与精油质量和得率都有直接关系，如贮存时间较短，虽然精油得率高，但含碳氢化合物的萜较多，因而质量相对较差；若贮存时间较长，精油得率虽低，但因沸点较低的碳氢化合物萜烯已挥发，含氧化物的比例相应提高。

【资源开发与保护】广藿香油具有强烈浓厚的香味，是优良的定香剂，也是白玫瑰和馥奇型香料的调和原料，又可与香根草油共同用作东方型香精的调和基础，因此，在香料工业中有着重要用途。同时，广藿香干燥的地上部分（茎、叶）入药，即为著名的南药广藿香，是临床上常用的芳香化湿中药，有芳香化浊、开胃止呕、发表解暑的功效，也是著名中成药“藿香正气丸（水）”的重要组成药物。应注意，广藿香与藿香［*Agastache rugosa*（Fisch. et Mey.）O. Ktze］是同一科不同属的2种完全不同的植物，藿香也可做香料和调味品使用。

二十六、香紫苏 *Salvia sclarea* L.

【植物名】香紫苏唇形科（Labiatae）鼠尾草属植物。

【形态特征】二年生或多年生草本，全株被短柔毛，具强烈的龙涎香气。茎方，高1～2m。叶对生，卵圆形或长椭圆形，皱缩，密被绒毛。轮伞花序长71～80cm，有15～17个小花序，6～12轮花，每轮5～6朵小花；苞片宽卵形，粉红色至白色；花冠雪青色。小坚果灰褐色。花期6～7月。种子成熟期7月（图9-26）。

【分布与生境】原产欧洲。20世纪50年代引入我国，目前陕西、河北、河南等地有栽培。

香紫苏喜光，尤以发育初期为甚。耐寒、耐旱、耐瘠薄，但怕涝。

图 9-26　香紫苏 *Salvia sclarea*
1. 花枝　2. 花

【利用部位及理化性质】精油呈淡黄色或橙黄色。比重（25℃）0.906～0.925，折光率（20℃）1.467 4～1.471 9，旋光度（20℃）－10°～21°，酯值－175，含酯量（以乙酸芳樟酯计）34%～77%。主要成分有乙酸芳樟酯、芳樟醇、香叶醇、α-松油醇、α-水芹醇、α-松油烯、乙酸橙花叔醇酯、橙花叔醇、香紫苏醇等。

【采收与加工】采收时间，不同年度和不同的地区采收期均不同。河南一带一般在 6 月中下旬至 7 月上旬，当花穗下部最先开放的花朵中的种子接近成熟时最宜采收。也可抽样测定其得油率达 0.1%～0.12%时开始。采收应在 15d 内完成，如时间拖长，出油率可减少 50%，严重影响产量和经济收益。一天中以 13～18 时采收为宜。一般随采随加工，切忌烈日下曝晒。采用水蒸气蒸馏或水上蒸馏均可。

【资源开发与保护】香紫苏利用种子提取精油，它具有强烈而持久的龙涎香气，主要用于配制日用化妆品香精。也用于食品和制酒工业。

二十七、百里香 *Thymus mongolicus* Ronn.

【植物名】百里香又名地花椒、山椒、千里香等，为唇形科（Labiatae）百里香属植物。

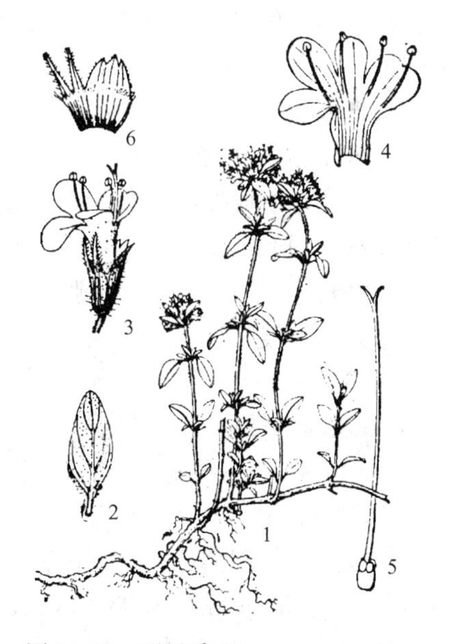

图 9-27　百里香 *Thymus mongolicus*
1. 植株　2. 叶片　3. 花　4. 花展开示雄蕊　5. 雌蕊　6. 花萼

【形态特征】小半灌木。茎木质化，多分枝，匍匐或上升，被有向下弯曲的短柔毛。叶对生，条状披针形、披针形或狭椭圆形，长 4～11mm，宽 0.7～2mm，先端钝或尖，基部楔形，全缘，近基部边缘有少数长缘毛。轮伞花序紧密排成头状；花萼钟形，长 3～4mm；花冠紫红色、紫色或粉红色，长约 7mm；雄蕊 4，前对稍长，伸出花冠；花柱长于雄蕊，先端等 2 裂。小坚果近球形，无毛。花期 7～8 月。果期 9 月（图 9-27）。

【分布与生境】分布于东北、华北、内蒙古及黄土高原各省区。适应性较强，可耐

-20℃低温，耐干旱而不耐涝，尤其不耐高温和多湿，在自然条件下多喜成片生长，生于向阳的沙质山坡，喜光不耐荫蔽。

【利用部位及理化性质】全草含挥发油，油中主要成分为香荆芥酚 53%、对聚伞花素 17%、γ-松油烯 8%、α-松油醇 5%、姜烯 4%，还有桉叶素、芳樟醇、百里香酚、百里酚甲醚、龙脑酸等。叶含游离的齐墩果酸、乌索酸、咖啡酸等。全草含黄芩素葡萄糖苷、木樨草素葡萄糖苷、芹菜素等黄酮成分及鞣质、树胶、树脂、脂肪油。

【采收与加工】地上部分全可提取精油。采收时间以盛花期为佳，此时出油率较高。鲜草或晾干的原料均可。加工时采用直接蒸气蒸馏或水上蒸馏。

【近缘种】百里香属植物种类较多，约有 300～400 种，我国有 11 种 2 变种，多分布于黄河以北地区，均含有芳香油，主要种类有五肋百里香（*Th. quinguecostatus* Celak.），分布于吉林、辽宁、河北、山东等省；普通百里香（*Th. vulgaris*）、柠檬百里香（*Th. citriodorus*）、匍匐百里香（*Th. serpyllum*）、葛缕子百里香（*Th. herba-barona*）、光亮百里香（*Th. nitidus*）、兴安百里香（*Th. dahuricus*）等。

【资源开发与保护】目前主要利用野生资源，香气芬芳，可用以调配日用化妆品香精。尚未人工栽培生产。百里香耐干旱，常在放牧过度的草场上成为群种，野生资源丰富，很有开发潜力。蒙古族常用做“手把肉”的调味品。还有止咳、消炎、止痛等药用价值。也可用于铺设花坛、草坪等。

二十八、香薷 *Elsholtzia ciliata*（Thunb.）Hyland.

【植物名】香薷又名山苏子、水荆芥、野苏麻等，为唇形科（Labiatae）香薷属植物。

【形态特征】一年生草本，高 30～60cm。茎直立，中部以上分枝，钝四棱形，被疏柔毛。叶对生，卵形或椭圆状披针形，长 3～9cm，1～2.5cm，先端渐尖，基部楔形。边缘具锯齿，上面近无毛或被极稀疏短毛，下面沿脉被疏柔毛，密被黄色腺点，叶柄长 5～30mm。轮伞花序，具多花，织成偏向一侧的穗状花序；苞片宽卵圆形或扁圆形（图 9-28）。

图 9-28　香薷 *Elsholtzia ciliata*

1. 花枝　2. 花
3. 花冠展开示雄蕊　4. 展开花萼

【分布与生境】我国除青海、新疆外各省区均有分布。多生于路旁、山坡、林缘、灌从、山地草甸及河岸等处。

【化学成分及理化性质】主要成分为β-去氢香蕾酮（44.32%）、香蕾酮（16.66%）、2 甲氧基-1,3,5-三甲基苯（10.02%）、香橙烯（8.69%）、d-香芹酮（5.70%）、柠檬烯（5.31%）与 4-甲基二叔丁基苯酚（1.34%）等。占总挥发油的 92.03%以上。

【采收与加工】夏、秋季香薷始花时采收，拔起全株，抖净泥土，除去残根及杂质。晒干或阴干至全干，扎成小捆或切段。香薷秋季果实成熟时芳香油含量较高。

【近缘种】香薷属植物约有 40 多种，我国产 33 种。还有野草香［*E. cypriani*（Pavol.）S. Chow ex Hsu］，分布于陕西、河南、安徽、湖北、湖南、广西至西南；吉龙草［*E. communis*（Coll. et Hemsl.）Diels］，主产云南，富含芳香油；海州香薷（*E. splendens* Nakai ex F. Maekawa），分布于辽宁、河北、山东、河南、江苏、江西、浙江及广东等省；湖南香薷（*E. hunanensis* Hand.-Mazz.），产湖南西部；川滇香薷（E. souliei Lévl.），产四川西部和云南等地；紫花香薷（*E. argyi* Lévl.），产华东、华中、华南和西南地区；木香薷（*E. stauntoni* Benth.）为半灌木，产华北和西北；水香薷（*E. kachinensis* Prain），产西南、华中、华南地区。

【资源开发与保护】香薷属植物均含有挥发油，其香气纯正悦人，有开发潜力。另外，全草有发汗解暑，化湿利水、抗菌作用。也是夏季解暑的野菜植物。多功能利用可制成油膏、涂鼻剂、喷雾剂、栓剂、空气净化剂等，在杀灭细菌、抑制流感病毒方面亦前景。

二十九、香青兰 *Dracocephalum moldavica* L.

【植物名】香青兰又名小兰花、香花花、臭兰香、山薄荷、摩眼子等，为唇形科（Labiatae）香青兰属植物。

【形态特征】一年生草本，高 15～40cm。茎直立，中部以上多分枝，常带紫色，被柔毛。单叶对生，三角状披针形或被针形，长 1.5～4cm，宽 5～15mm，先端钝，部宽楔形或近圆形，边缘具粗大锯齿，两面均被短硬毛，下面有腺点；叶柄长 5～15mm，密被短柔毛。轮伞花序生于茎或分枝上部，每节常有 4 花苞片狭长椭圆形，每侧具 3～5 齿，齿尖具 2～4mm 的长刺；花等钟形，长 8～10mm，密被短柔毛及黄色腺点。小坚果矩圆形，长 2.5～3mm。花期 7～9 月，果期 9～10 月（图 9-29）。

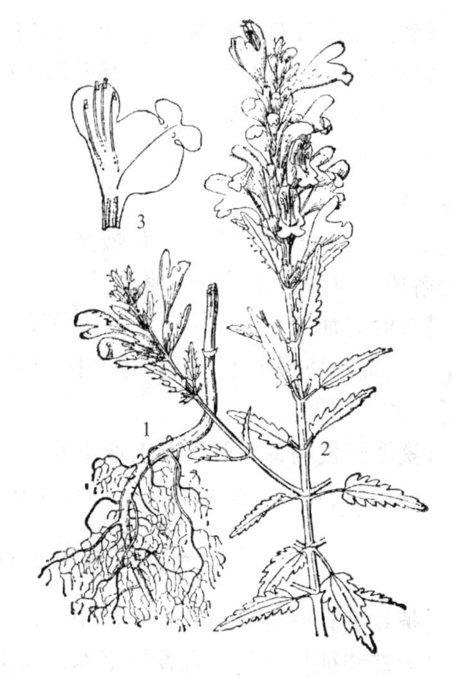

图 9-29　香青兰 *Dracocephalum moldavica*
1. 根　2. 花枝　3. 花

【分布与生境】香青兰分布于东北、华北、西北等省区。常见于干燥山地、丘陵、草地林缘、山坡、路旁、梯田地埂、山崖等地，是一种喜光、耐旱、耐瘠薄植物。

【利用部位及理化性质】香青兰全草含芳香油 0.01%～0.17%，油的主在成分为柠檬醛，含量为 25%～68%，香叶醇含量为 30%，橙花醇含量约 7%，香草醇约 4%，百里香酚约 0.23%，并含有半萜烯和倍半萜烯，在结果初期挥发油含量最高，果实成熟初期柠檬醛含量最高，此外，尚含有香青兰苷和少量胡萝卜素。

【采收与加工】夏、秋季盛花期采割，除去残根及杂质，晒干，切段。

【近缘种】青兰属植物还有光萼青兰（北青兰）

(*D. argunense* Fisch. ex Link)，分布于东北、内蒙古、河北等地；甘青青兰（*D. tanguticum* Maxim)，分布于甘肃西南部、青海东部、四川西部；白萼青兰（*D. isabellae* Forrest)，分布于云南西北部，多生林间石质草甸。

【资源开发与保护】香青兰作为北方新香型的天然香料，香气独特，具有一定开发价值。香青兰亦可药用，全草有清肺解毒，凉血止血功效。

三十、缬草 *Valeriana officinalis* L.

【植物名】缬草为败酱科（Valerianaceae）缬草属植物。

【形态特征】多年生草本，高 0.5～1m，最高可达 2m 多。根茎粗短而浓香。茎中空，有纵棱，被白粗毛，尤以茎节为多。叶对生，第一对幼叶卵形，成叶羽状全裂，长 6.5～16cm，裂片披针形至长卵状披针形，顶端渐尖，基部楔形全缘或具疏锯齿，两面均被毛，基部叶柄较长，上部几无柄。伞房花序顶生，由复聚伞花序组成；花小，有香气，淡紫红色或白色；萼 5 裂，花冠筒状 5 裂，雄蕊 3，插生花冠筒部，雌蕊 1。瘦果扁平，顶端具宿存萼片形成的羽状冠毛。花期 6～7 月（图 9 - 30）。

图 9 - 30　缬草 *Valeriana offcinalis*

1. 植株　2. 花枝　3. 花　4. 果实

【分布与生境】原产亚洲、欧洲和北美。我国产西南、西北和东北的山坡、林下或沟旁。

【利用部位及理化性质】根状茎和肉质根提取的精油，得油率受生长时间、收获时间及加工等多种影响，我国主产区得油率为 0.6%～2%。油比重（15℃）0.920～0.990，折光率（20℃）1.486 0～1.502 1，旋光度$-2°\sim-28°40'$。主要成分为戊酸及其酯类和丁酸酯类等，戊酸酯类以异戊酸龙脑酯为主。此酯类易被酶分解成异戊酸，发出酸败腐味。

【采收与加工】9～10 月采挖其根及根状茎，洗净、阴干并切成小块后加工。我国主产区多采用水蒸气蒸馏，而零散的地方多用土法蒸馏，此法得油率低，能源消耗大。

【资源开发与保护】香料工业上均系利用野生资源。缬草油在香料工业中主要用于调配烟、酒、食品、化妆品、香水香精。缬草在我国、欧洲、北美是传统的药用和观赏植物。

三十一、亚香茅 *Cymbopogon nardus*（L.）Rendle.

【植物名】亚香茅为禾本科（Gramineae）香茅属植物。

【形态特征】多年生有香气草本，簇生成大丛。叶片带状，宽 1～2cm，基部长狭楔形，先端狭细，向下弯卷，表面青绿色，背面粉绿；中脉宽，上面白色，背面绿色；叶鞘青红色，短于节间，圆柱形，革质，光滑，有圆形叶耳；叶舌卵形，粗糙，边缘被睫毛。圆锥花序延伸，紧缩或疏散；佛焰苞革质，无毛，狭披针形，先端渐尖；小穗成对，无芒；无柄小穗具两性花，卵状批针形，背部扁平，有柄小穗不孕。

【分布与生境】原产亚热带和热带地区。我国广东、广西、福建、四川、云南、贵州等省区均有栽培。喜温暖湿润气候，通常栽培于通气良好、土层深厚、肥沃的砂质壤土上。

【利用部位及理化性质】亚香茅茎叶含芳香油1.20%～2.50%。油比重（51℃）0.906 9，折光率（20℃）1.475 2，旋光度（20℃）－0°21′。油的主要成分为香叶醇，含量45%～50%；香草醛含量35%～45%；香茅醇含量约13%左右。

【采收与加工】亚香茅收割次数与收割时间随植龄与各地气候条件而异，当年定植的植株，经过4～5月后，即可采收。春季定植，当年可收割2次；夏秋种植，当年可收割一次。2～4年生香茅，每年可收割4～6次，夏秋季植株生长快，每隔两月可收割1次，冬季生长慢，可3月收割1次，但以冬季收割者含油量高收割应在晴天，并掌握好苗情。干季叶片先端枯黄，叶色由绿变黄，叶长60cm左右即可采割归并及时加工。多采用水蒸气蒸馏，也有部分地区采用小型水中蒸馏方法。此法出油率低，精油质量较差，消耗燃料多，但投资少。

图9-31　爪哇香茅 *Cymbopogon winterianus*

【近缘种】同属中还有以下两种也是重要香料植物：①柠檬茅［*C. citratus*（DC.）Stapf］叶可提取柠檬草油（枫茅油）。叶中芳香油含量为0.40%～0.80%，原油呈赤黄色至赤褐色。主要成分为柠檬醛含量可达75%～85%，其次还有微量的香茅醇和甲基庚烯酮等。柠檬醛用以制造各种紫罗兰酮香料，是桂花型香精的重要原料，广泛用于肥皂及化妆品中。此外柠檬醛又是制造维生素A的原料。②爪哇香茅（*C. winterianus* Jowitt）（图9-31）。叶含精油1.2%～1.4%在香料工业中占重要位置。除直接用于皂用香精外，可单离香茅醛、香叶醇，并合成香茅油系列香料，用于调配化妆品及食品香精，也可合成薄荷脑用于医药工业。主要成分有香叶醇、d-香茅醛、柠檬异丁醇、异戊醇、苯甲醛、I-柠檬烯、丁香酚甲醚、丁香酚、丁酸香叶酯、γ-杜松醇、香兰素、丁二酮、黑胡椒酚、倍半香茅烯等。

【资源开发与保护】香茅油是我国天然香料的骨干种类，年出口上千吨，国际贸易量4 000t左右。香茅油用途极广。油可提取32%～40%的香草醛、40%～45%的香叶醇。香草醛加工后可制成羟基香草醛、香草醇、玫瑰醇及薄荷脑等；香叶醇加工后可制成各种脂，均为调配各种化妆品及皂用香精的重要原料，特别是调制玫瑰型香精不可缺少的物质。因此香茅有“香料之母”的美称。

三十二、香根草 *Vetiveria zizanioides*（L.）Nash

【植物名】香根草为禾本科（Gramineae）香根属植物。

【形态特征】多年生草本。根系发达，粗1～2m，深2～3m，具浓郁檀香香味。杆高1～2m，簇生。叶狭长，条形，质硬，先端短尖，叶舌小，边缘膜质。圆锥花序长15～40cm，分枝多数轮生，总状花序多节，长5cm；第一颖革质或草质，边缘内折，第二颖革质，边缘透明膜质，有睫毛。抽穗期秋季（图9-32）。

【分布与生境】原产于印度、斯里兰卡、印度尼西亚和缅甸等热带、亚热带国家，我国广东也有小面积野生群落分布。自1957年由华侨朱平能从印尼引进后，现于广东、福建、浙江、台湾等十几个省区均广泛栽培。该植物生长适应范围广泛，在气温－10～45℃，年降水量为300～6 000mm的地区均能生长，同时具有极强的抗逆性，如耐水淹、抗盐、抗重金属等。

【利用部位及理化性质】从香根草根中提取精油，其干根含油率2.0%～4.0%。精油淡黄色至棕褐色，黏稠。比重（15℃）1.002～1.003，折光率（20℃）1.525 9～1.526 0，旋光度（20℃）＋24°20′～＋30°40′。主要成分有岩兰草酮、岩兰草酸、岩兰草烯、苯甲酸、棕榈酸等。

【采收与加工】种植用于提取精油者，以生长1～1.5年以上采收为宜，因其根系生长时间长短与精油质量有密切关系，根龄长，所提精油质量较好，香气浓郁，但种植3年以上者，其根含油率反而降低。加工时常采用水蒸气蒸馏，以加压蒸馏为佳，使锅内维持$2\sim3\times10^5$Pa，这样可缩短蒸馏时间和提高出油率。

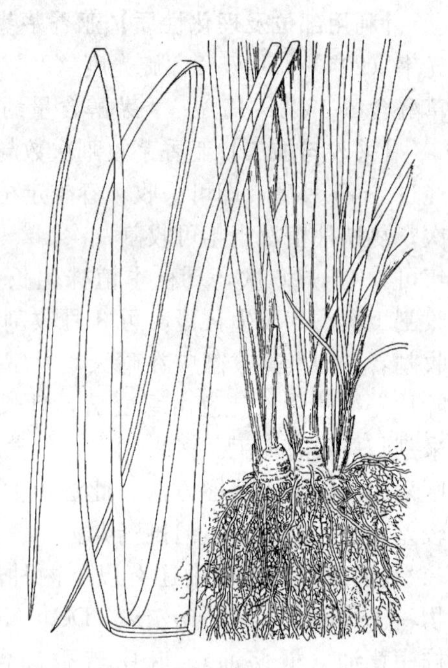

图9-32　香根草 *Vetiveria zizanioides*

【资源开发与保护】香根草油具有类似檀香的香味，香气悦人而持久，常用作定香剂，用来调和皂用香精和化妆品香料，亦常与广藿香油一起使用作为东方型香精的调香基础。民间常以干根用来薰衣物。目前，香根草最为重要的应用是作为水土保持绿篱植物。由于香根草根系发达、簇生成丛、分蘖迅速，从而产生良好的水土保持效果。同时，在改良土壤、恢复退化的生态系统、净化被重金属或有机物污染的环境、调节农田小气候和促进作物增产等方面都有着较好的效果。因而，香根草被誉为“神奇之草”，1989年成立了“国际香根草网络”（Vetiver Network），几乎所有热带和亚热带国家都在种植和利用这一植物。

三十三、铃兰 *Convallaria majalis* L.

【植物名】铃兰又名香水花、草王玲，为百合科（Liliaceae）铃兰属植物。

【形态特征】多年生草本，株高20～25cm。具匍匐地下根茎，节上生须根。叶2枚，极少3，具长叶柄，叶片椭圆形或披针形，长13～15cm，宽7～7.5cm，基部楔形，呈鞘状互相抱着，茎部有数枚鞘状膜质鳞片。花葶高10～30cm，由鳞片腋伸出，顶部外弯。总状花序偏向一侧，苞片膜质，花8～12朵，下垂，乳白色，阔钟状；花被片6裂，芳香；雄蕊6、子房3室。浆果球状，熟后红色。花期5～6月，果期6～7月（图9-33）。

【分布与生境】产北半球温带地区。我国分布于山东、河北、河南、山西、陕西、黑龙江、吉林、辽宁等省。喜潮湿，不耐干旱。多生于稀疏乔灌木中或林边草丛中。

【利用部位及理化性质】铃兰花提取铃兰浸膏，得率为0.9%～1.0%。主要成分有苯乙醇、苯丙醇、香茅醇、肉桂醇、苄醇、香叶醇、棕榈酮、蜂花醇、三十烷-16-醇等。

【采收与加工】铃兰于5月上中旬进入盛花期，自始花逐日上午进行采摘，集中采摘日期仅有15～25d。当天采摘的花，置阴凉通风处，集中运往加工地点。铃兰浸膏的提取是将鲜花用石油醚浸提，中间经过浓缩，减压浓缩后即可。铃兰浸膏1985年10月在吉林省浑江市已通过鉴定，并已投产。

【资源开发与保护】铃兰浸膏，在国际上列为上等名贵香料。浸膏具有清甜鲜幽的香韵，清和的香势，雅淡的香味，留香颇久，故用途很广。可调制各种花香型香精，用于化妆品及香皂等产品。全草及根入药，含铃兰苦苷，有强心、利尿作用。铃兰又是观赏花卉。

图9-33　铃兰 *Convallaria majalis*
1. 植株　2. 花枝
3. 花展开示雄蕊　4. 果实

三十四、香根鸢尾 *Iris pallida* Lam.

【植物名】香根鸢尾为鸢尾科（Iridaceae）鸢尾属植物。

【形态特征】多年生草本，有地下根茎。叶多数基生，叶面有白粉，剑形，常沿中脉对折，基部抱茎，成套折状。花茎直立，单一或分枝，1至多花，单朵顶生或排成总状花序；花淡紫色或淡蓝色，有光泽，具有香气，花由苞片内抽出，花被片6，外轮3片较大，内轮3片小；雄蕊着生在外轮花被片的基部；花柱3分枝，扩大成花瓣状，反折盖住花药，顶端2裂。蒴果革质，有3～6棱。花期4月，果期5～6月（图9-34）。

【分布与生境】原产欧洲。我国引种后仅在浙江、云南、河北等省栽培。国外意大利、法国、摩洛哥、印度有栽培。意大利的Florense地区为香根鸢尾的栽培中心。

性喜温暖，较耐寒，但不能耐盛夏的高温，适于春秋气温生长。种植于肥沃、疏松、地势较高，排水良好的砂质壤土上生长较好。香根鸢尾属多年生植物，地上部分生长期是一年，一般3月萌发新叶，4月抽花茎，并开花，5～6月结果，10月以后地上部分开始枯黄，翌年春又发

图9-34　香根鸢尾 *Iris pallida*
1. 根　2. 花枝

芽，经3年种植后，地下茎部分露出地面，即可采挖。

【利用部位及理化性质】香根鸢尾的根茎可提取鸢尾硬脂，其得率为0.2%～0.3%（干根茎），或作鸢尾浸膏，其得率为0.5%～0.8%（干根茎）。鸢尾硬脂为白色至淡黄色固体状物，熔点40～50℃，比重（20℃）0.912 4～0.929 4，折光率（20℃）1.480 4～1.495 5，旋光度（20℃）+29°～+44°3′，含酮量（以鸢尾酮计）59.5%～79.8%。鸢尾浸膏为棕褐色至棕红色，比重（20℃）0.930～0.946，折光率（20℃）1.495 3～1.498 9，旋光度（20℃）+19°21′～+32°45′，酯值39～72，含酮量（以鸢尾酮计）70.8%～79.4%。主要成分有：C_8～C_{13}脂肪酸及甲酯、苯甲酸、十四酸甲酯、油酸甲酯、棕榈酸甲酯、硬脂酸甲酯、糖醛、萘、苄醇、芳樟醇、香叶醇、苯甲醛、癸醛、油醛、苯乙酮、鸢尾酮、乙醛、丁二酮、十四酸乙酯、丁香酚、倍半萜烯等。

【采收与加工】香根鸢尾的根茎，一般在种植3年后才可采挖，以7～8月采挖为宜。采挖时去其须根腐物，并留下繁殖用的小根茎以利再收获。然后用40℃左右的温水洗去泥土，切成片状晒干，打包贮存于干燥通风处，贮存2～3年后加工。新鲜根茎无香气，在贮存过程中鸢尾酮逐步形成才具有香气，故贮存是保证香气纯正的重要因素之一。表9-6是贮藏与硬脂酸得率及含酮量变化的关系。

表9-6 香根鸢尾贮藏时间与得率、含酮量变化表

批 号	贮藏年限	鸢尾硬脂（‰）	鸢尾净油（‰）	脂肪酸（‰）（按差额计）	酮（鸢尾酮‰）
1	新鲜	2.790	0.234	2.556	0.139
2	贮藏1年	2.850	0.472	2.378	0.316
3	贮藏2年	3.030	0.559	2.471	0.426
4	贮藏3年	3.010	0.557	2.453	0.443
5	贮藏4年	3.180	0.595	2.585	0.474

从表9-6中可以看出鸢尾硬脂得率按绝对值计增加0.390%，按相对值计增加14%，酮得率按绝对值计增加0.335%，按相对值计增加240%由此可见鸢尾硬脂得率增加，几乎是鸢尾根茎内鸢尾酮增加的结果。

加工采用水蒸气蒸馏法和浸提法。前者制取鸢尾硬脂。后者得鸢尾浸膏，溶剂是石油醚（60～70℃），再精制得净油。鸢尾的加工工艺较为复杂，无论采用何种加工方法均要进行加工前的预处理，即把原料粉碎（每块约3～5mm^2）用酸处理或发酵。

酸处理：将粉碎过的原料放于容器内，加入5%盐酸或硫酸（比例1∶6）在间歇搅拌（40℃）的条件下，保持3～4h（室温下12h）。然后用碱中和，甲基橙为指示剂，呈微酸性。

发酵处理；将粉碎过的干料，放置在40℃的条件下6～12个月，让其发酵。

另外在蒸馏时，加入5%食盐且带有搅拌，对蒸馏提取有促进作用。

【近缘种】同属中用于香料的还有德国鸢尾（*I. germanica* L.）从得率和香气比较，香根鸢尾得率高，香气最佳；法国鸢尾有少量精油，香气一般；德国鸢尾精油含量少，香气差，具有一种强烈的不愉快气味。但抗热、抗湿、抗病力强。主要供观赏用。我国目前栽培的品种大部分是德国鸢尾，因抗旱、抗涝，抗病力强，容易栽培。

【资源开发与保护】鸢尾硬脂或浸膏具有紫罗兰木香，是高级香料，可用于化妆品、香皂、香水、食品香精，在薰衣草型、花露水型、科隆型香精中使用尤为适宜。提去香成分之后的鸢尾根茎尚可作消毒熏烛、香囊等填充料，鸢尾也是园林观赏植物。

复习思考题

1. 芳香油植物主要化学成分是什么？
2. 芳香油有哪些提取方法？
3. 直接压榨法适用于哪些原料的加工？
4. 目前市场上值得关注天然香料产品有哪些种类？
5. 芳香油植物资源最新研究动态是什么？
6. 说明我国南北芳香油植物资源的种类差异。

第十章　色素植物资源

第一节　概　　述

一、色素植物资源的概念及其发展概况

色素植物资源是指植物体内含有丰富的天然色素，可以提取用于各种食品、饮料的添加剂以及用作染料的一些植物。色素是植物在新陈代谢过程中的产物，是一些化学结构及其复杂的有机化合物。有些存在于茎叶，有些存在于花和果实，也有些存在于根中。它们是天然色素的主要来源。

我国早在远古时期就开始利用天然色素，当时就有“玄冠黄裳”的名称，东周战国时代，侯王设茜栀园，亦有民间栽培者。《史记·货殖传》载有“茜栀千亩，亦比千剩之家”，说明古代已有黑色、红色和黄色染料。公元6世纪，农学家贾思勰所著《齐民要术》一书就有从植物中提取色素的记载。从古至今，我国一直沿用从植物中提取靛蓝用于染色。民间则有用红曲米酿酒、酱肉、制红肠等习惯。西南一带用黄饭花，江南一带用乌饭树叶汁在阴历4月初染糯米饭食用。

在公元前1500年前后，埃及有些墓碑上就发现绘有染着颜色的糖果，国外一般认为最早使用色素的是大不列颠的阿里克撒人，当时他们用茜草色素做成玫瑰色糖果，以后美洲的托尔铁克人与阿芒特克族人相继从雌性胭脂中提出胭脂红，用于食品着色。但是，由于天然色素着色力低，对光、热、氧气、pH等稳定性差，加之原料和提取成本均较高，所以发展比较缓慢。

随着社会的进步，科学技术的发展，出现了化学工业，随之出现了合成色素，由于人工合成的色素具有色泽鲜艳、性质稳定、着色力强、成本低廉等特点，因而受到人们的极大重视，从而促进了染料化学工业的发展。特别是1856年英国珀金斯（W. H. Perkins）发明了第一个合成有机色素苯胺紫之后，许多新的有机色素被相继合成，其中一些合成色素很快被利用到食品中作着色剂，使天然色素的研究和开发利用受到很大影响。但是随着人们对健康问题的关注以及生态意识的增强，重新评估和开发应用天然色素已成为国际上的热点话题。由于大多数天然色素无毒无害，对皮肤无过敏性、无致癌性，且具有较好的生物可降解性和环境兼容性，因此在高档真丝制品、内衣、家纺产品、装饰用品、食品添加剂等领域中拥有广阔的发展前景。一般合成色素都有程度不同的毒性，有些甚至是致癌物质，特别是发现有些化学结构含偶氮型的色素，在人体内代谢为致癌物质的可能性就更大。如人工苋菜红，多年来公认其安全性高，并被世界各国普遍使用，但自1968年报道本品有致癌性，有些国家如挪威、瑞典已经禁止使用合成色素，美国坚决废除人工苋菜红。现使用的合成色素美国只剩7种，我国批准使用的食用合成色素有6个品种，即苋菜红、胭脂红、柠檬黄、日落黄、靛蓝和亮蓝。另外在合成色素的生产过程中，还有可能污

染有重金属及其有害物质。因此，合成色素在食用方面的应用越来越受到限制。与此同时，天然色素由于其色泽自然，安全性高，有些还有营养和保健功效，并能赋予食品许多新的功能等特点，日益受到人们的青睐，各种天然食用色素产品相继上市，天然色素的研究上日趋活跃。为了保证人体健康，世界各国在食品色素添加剂的研究中，对毒性试验的要求越来越严格，就是天然色素也要作严格的毒性试验，经国家批准后，才可以使用。如美国及中国、日本、EEC、FAO/WHO使用的天然色素见表10-1和表10-2。2005年，我国天然色素年产量达到3 000吨，占世界总产量的22%、亚洲总产量的50%，河北、山东是天然色素生产的大省。

1998年列入“中华人民共和国国家标准食品添加剂使用卫生标准GB2760—1996”中经批准使用的合成色素和天然色素共63种。其中食用天然色素有48个品种，包括天然β-胡萝卜素、甜菜红、红花黄、紫胶红、越橘红、辣椒红、辣椒橙、焦糖色素（不加氨生产）、焦糖色素（加氨生产）、菊花黄浸膏、黑豆红、高粱红、玉米黄、萝卜红、可可壳色、红曲红、落葵红、黑加仑红、栀子黄、栀子蓝、沙棘黄、玫瑰茄红、橡子壳棕、桑椹红、天然芥菜红、金樱子棕、姜黄色素、花生皮红、葡萄皮红、蓝靛果红、藻蓝、植物炭黑、密蒙黄、紫草红、茶黄色素、茶绿色素、柑橘黄、胭脂树橙（红木素/绛红木素）、胭脂虫红、氧化铁（黑）等。当然这些天然色素也远远不能满足现实的需要，亟待我们去进一步开发。中华人民共和国国家标准委员会对外发出2007年第9号（总第109号）公告，GB 2760—2007《食品添加剂使用卫生标准》正式出台。该标准将代替GB 2760—1996《食品添加剂使用卫生标准》和GB/T 12493—1990《食品添加剂分类和代码》。新标准将于2008年6月1日起正式实施。

表10-1　美国许可使用的天然色素

色素名称	色素索引	备注	色素名称	色素索引	备注
胭脂树橙提出物	75120	每磅固体或半固体食品每品脱液体食品最大35mg	葡萄皮提出物		仅限非饮料食品
β-阿朴-8-胡萝卜素醛	40820	每磅固体或半固体食品每品脱液体食品最大35mg	辣椒粉		
斑蝥黄质	40850		辣椒浸提精油		
β-胡萝卜素	75130天然 40800合成		核黄素		
焦糖			藏红花		
胡萝卜油			合成氧化铁	75100 77491 77492	仅限猫狗食，最在大0.25%（W/W）
胭脂虫红提出物和胭脂红			万寿菊粉及提出物	77499	
玉米胚乳油	75497		二氧化钛	75125	仅限鸡饲料
脱水甜菜（甜菜粉）		仅限饲料（鸡）	焙烤的部分脱脂熟棉籽粉	77891	制品中最大1%（W/W）
藻类干粉		仅限鸡饲料	姜黄		
葡萄糖酸亚铁		仅限成熟橄榄	姜黄浸提精油	75300	
水果汁			群青青	75300	
葡萄色提出物		仅限非饮料食品	蔬菜汁	77007	仅限动物饲料食盐，最大0.5%（W/W）

表 10-2　日本、EEC、FAO/WHO 使用的天然色素

天然色素种类	日本	EEC	FAO/WHO	中国	天然色素种类	日本	EEC	FAO/WHO	中国
叶绿素铜钠盐	△	△	△	△	高粱皮色素	△			○
叶绿素铜钾盐	△		△		可可色素	△			○
β-胡萝卜素（合成）	△	△	△		角豆色素	△	△		
核黄素	△	△		△	甘草色素	△	△		
胭脂树橙素	△		△		胭脂虫红素	△	△	△	
栀子黄素	△			○	紫胶色素	△			△
辣椒红素	△	△	△	○	茜草色素	△			
类胡萝卜素（天然）	△	△	△	○	紫根色素	△			
葡萄皮色素	△		△		甜菜红色素	△	△	△	△
葡萄果汁色素	△		△		姜黄色素	△	△	△	△
玉米色素	△				红曲色素	△			△
浆果果汁色素	△	△		△	藻蓝素	△			
紫花色素	△				焦糖色素	△	△	△	△
红花黄色素	△		△		叶绿素	△	△	△	○
红花红色素	△			△					

注：△表示使用；○表示未用；EEC 为欧洲经济共同体；FAO/WHO 为世界粮农组织和卫生组织。

二、天然色素的类型及其特性

天然色素按其化学结构及其特性，一般可分为五类：

1. 四吡咯衍生物类　这是一类卟啉类化合物，普遍存在于植物体幼嫩茎及叶片中，一般称为叶绿素，叶绿素又可细分为叶绿素 a 和叶绿素 b 两种类型，前者为蓝绿色，后者为黄绿色。它是植物进行光合作用的重要成分，不但无毒，而且还对肝炎、胃溃疡、贫血等症具有一定的疗效。因此，提取作天然色素，用于食品添加剂是无害的。叶绿素精品为黑蓝色粉末，兼有强金属光泽，其熔点 120℃左右，易溶于各种有机溶剂。

2. 类二戊二烯衍生物类　这是一类以异戊二烯残基为单元组成的共轭双键长链为基础的色素，又称类胡萝卜素。此类色素在一些植物中分布广、含量高，据研究统计，已知的类胡萝卜素已达 300 种以上，按其结构与溶解性质又分为两类：

（1）胡萝卜素类　结构特征为共轭多烯烃，溶于石油醚，微溶于甲醇、乙醇。例如胡萝卜、番茄、西瓜、杏、桃、辣椒、南瓜、柑橘等蔬菜、水果中普遍存在的色素，就属于胡萝卜素类，其中以胡萝卜在植物界中分布最广，含量最高。

（2）叶黄素类　为共轭多烯烃的加氧衍生物，它分布在植物体的各个部分，如叶子中的叶黄素；存在于玉米、辣椒、桃、柑橘等植物中的玉米黄素；存在于番木瓜、南瓜等果实中隐黄素。此外，还有番茄黄素，辣椒黄素，柑橘黄素、β-酸橙黄素、胭脂树橙色素以及存在于栀子属和藏红花属植物的藏花酸及其苷类食品着色剂。

类胡萝卜素又称为原维生素 A 原，本身无维生素 A 的作用，但在动物体内，尤其在肝脏中被氧化可转变为维生素 A 而产生特殊的生理作用。

类胡萝卜素受 pH 变化的影响较小，具有耐热和着色力强等特点，遇锌、铜、铝、铁等也不易被破坏。但遇强氧化剂易褪色。

3. 苯并吡喃衍生物类　此类色素主要包括花青素类和花黄素类两大类，其化学结构骨架为 $C_6-C_3-C_6$。

（1）花青素类　此类天然色素来源丰富，提取容易，使用方便，是目前普遍应用的一种天然食用色素，据统计已有130余种，已成为商品使用的有：从葡萄皮中提取的紫葡萄色素；从朱槿和玫瑰茄等花瓣和花萼中提取的朱槿色素；从越桔浆果中提取的蔓越橘色素；从紫苏叶中提取的紫苏色素；从紫玉米的穗轴和果种皮中提取的紫玉米色素等。

花青素的颜色稳定性较差，易受pH的变化影响，一般酸性显红色，而且比较安定，碱性时显紫色，近中性时显紫罗蓝色。花青素对光和温度也较敏感，放置时间过久容易褪变成褐色。

（2）花黄素　通常是指黄酮及其衍生物，所以也称黄酮类色素，这是一类黄色的水溶性色素，稳定性较好，有些黄酮成分具有较好的活性。近来研究证明，该类物质普遍存在于植物界，据报道：到1974年止国内外已发表的黄酮类化合物达1 674个，其中苷元902个，苷772个，含这类色素的植物种类较多，常见的有苦楝、草柿、美叶桉等植物中含有的山萘酚；紫云英、茶叶、柿叶等含有的黄蓍苷；烟叶、无花果、玉米、柑橘等含有的槲皮素；杨梅树皮中含有的杨梅树皮素；水仙花及百合属植物中含有的水仙苷，菊科植物中含有的红花黄素；山楂叶中含有的牡荆素等。这类色素具有活化和降低血管通透性能等作用，是维生素P的组成成分。

4. 醌类衍生物类　这是一类含醌类化合物的色素，故又称醌类色，有苯醌、萘醌、蒽醌、菲醌等类型。它们的颜色与分子中带有酚性羟基似乎有一定关系。无酚性羟基表现为黄色，反之则多为橙色或橙红色。这类色素大都溶于乙醇、乙醚、苯等有机溶剂，难溶于水，且有特殊的吸收光谱。醌类化合物能抗菌、抗癌、抗病毒，有的能凝血，有的是生物氧化反应中的辅酶等。

醌类衍生物种类较多，简要介绍以下3种：

（1）萘醌类衍生物　存在于紫草根中的紫根色素，为紫棕色片状结晶。新疆紫草已分析出6种萘醌类色素，均有显著的抗菌作用，近年来用于治疗传染性肝炎和皮肤病，已取得较好疗效。

（2）蒽醌衍生物　蒽醌为黄色结晶，是染料工业的原料。存在于土大黄类植物的大黄素、大黄素甲醚及大黄酚、土大黄苷等。在紫外光下显蓝色荧光。大黄素作黄色染料。

（3）菲醌类衍生物　存在于丹参中的多种色素均为菲醌类衍生物。主要有丹参酮Ⅰ等，为亮棕红色结晶。

5. 其他色素类　天然色素类型较多，除上述几类常使用的天然色素外，尚有一些天然色素不属上述化合物，还有一些动物性的天然色素，如胭脂虫和紫胶虫色素。植物性的色素简要介绍两类：

（1）吲哚衍生物　十字花科的菘蓝、蓼科的蓼蓝、蝶形花科的木蓝，它们的叶含有靛蓝，可制蓝色染料。靛蓝烧灼时有特异臭味，并发生美丽的紫色火焰。

（2）酚类衍生物　从姜黄根茎中提取的一种黄色素，为橙黄色晶体。

三、天然色素的原料处理及简要提取方法

提取天然色素的原料有的从植物的茎叶，如叶绿素；有的从花，如红花红色素和红花黄色素；也有从果实，如越橘红色素、栀子黄色素等。这些原料采收后，首先筛选、清理、干燥，然后根据天然色素的特点采用不同的处理和方法提取色素，提取方法大致可分为以下7种。

1. 粉碎法 原料→筛选→水洗→干燥→粉碎→成品。如可可豆色素。

2. 萃取法 原料→筛选→水洗→干燥→破碎→萃取→过滤→浓缩→干燥、制成粉剂添溶媒成膏状→成品。萃取法所用的溶剂有热水、冷水、乙醇和乙油醚。

3. 酶反应法 原料→筛选水洗→干燥→萃取→酶反应→再萃取→浓缩→溶媒添加干燥粉剂→成品。如栀子蓝色素、红色素。

4. 微生物培养法 培养基→接种培养→脱水分离→除去溶剂→浓缩→喷雾干燥添加溶媒→成品包装。

5. 浓缩法 原料挑选→清洗晾干→压榨果汁→浓缩→喷雾干燥添加溶媒→成品。

6. 超临界流体萃取法 CO_2 经低温冷却成液态，再经高压泵压缩进入萃取器，与其中的原料接触、传质、萃取后，节流膨胀至常压，喷入分离器。此时由于溶质从超临界 CO_2 到 CO_2 中的溶解度迅速降低而析出，而溶剂 CO_2 则从分离器出口引出，通过流量计记录其累积流量和瞬时流量，最后将 CO_2 放空。影响超临界 CO_2 萃取得率及品质的因素包括萃取压力、温度、CO_2 流速、萃取时间等。目前该技术主要用于提取胡萝卜素类色素，如辣椒红、叶黄素等。

7. 组织培养法 用植物组织细胞在人工培养基条件上，进行培养增殖，短期内培养出大量有色素的细胞，然后再用通常上面的常用方法提取。组织培养法生产色素不受自然条件的限制，能在短期内产生大量的色素细胞。

现阶段对水溶性、醇溶性的花色苷、黄酮类色素、脂溶性色素多用萃取法。该法工艺简单，关键是如何提高浸提效率和严格过滤，防止残渣和其他非色素类物质产生沉淀。对红曲霉和藻类色素都需先用培养基先培养原料，再提取分离，精制。天然果蔬汁多用压榨浓缩的方法。由于国内酶制剂产品有限，用于天然色素生产中酶反应法较少。

四、天然色素植物开发中存在的问题

（1）国内现在加工的大部分天然色素，因含有蛋白质、淀粉、脂肪、无机盐等杂质影响天然色素的色价、稳定性和着色度，所以需要改变传统的加工方式，可加酶抑制或抗氧化剂等，提高其稳定性。加稳定剂，增加色素对光、酸、热、金属离子的稳定性，如 Na_3PO_4 可消除 Fe^{3+} 对黄色素的影响；叶绿素的铜钠盐比原镁盐的绿色素稳定，用其铜钠盐增加叶绿素的稳定性。

（2）为提高天然食用色素附加值，通过资源的开发利用，发掘新的利用方向，在加工天然食用色素的同时，从其副产品中开发出新产品；也可进一步研究色素的其他利用价值。如黄酮素对心血管系统疾病及许多疾病有防治作用；番茄红素有预防前列腺癌、结肠癌和子宫癌等显著的作用，最新的研究表明番茄红素含预防心脏病和癌症的物质；北美落叶松中分离出的虾青素有较强的促进抗体产生、增强宿主免疫功能，抗氧化、消除自由基的能力。红曲色素可降血脂、保鲜，同时也能增强免疫力。

（3）增强国内产品的竞争能力，还要进行精加工。如采用溶剂分离、酶精制、膜分离、柱层析、凝胶过滤、微孔过滤、超滤、电渗析、反渗透、超临界 CO_2（或丙烷）流体萃取、分子蒸馏、微胶囊包理、亲和层析、冷冻干燥、超高温瞬时杀菌、无菌包装等高新技术，不断提高产品产量和内在质量，降低生产成本，增加产品的竞争力。如日本化学公司利用植物细胞大规模生产的紫草色素售价已超几千美元/千克；用甜菜根的根头细胞培养产生的红甜菜苷色素，能在短期产生大量的色素细胞，为提供天然色素开辟了一个新的来源。此外，适当运用如超临界萃取技术、膜技术和酶技术等高科技手段，都可以产生显著的效益。利用丰富的辣椒资源，采用超临界CO_2萃取技术提取天然辣椒红色素，同时生产辣椒精、辣椒碱和辣椒籽油，国内已开发成功，经济效益显著。

（4）加强科技立法，进一步限制合成色素的应用范围。贯彻落实国家关于1991年禁止使用人工合成色素的规定，推广天然色素的应用范围，主管部门和舆论界要高度重视和大力宣传。提高管理水平，走规范化、系列化、标准化、实用化道路，综合利用植物资源，有效地保护生态环境，提高经济效益。

（5）加强市场调研，开发产品要因地制宜。了解原料的资源、分布、采收、贮存，以及色素的含量、种类、毒理作用、使用中的化学性能等。选择适宜原料、建立原料基地、有效贮存好原料是天然食用色素生产的保证。

第二节 主要色素植物资源

一、多穗柯 *Lithocarpus polystachyus*（Wall.）Rehd.

【植物名】多穗柯又名多穗石柯。为壳斗科（Fagaceae）石栎属植物。

【形态特征】常绿乔木，高7～15m。小枝无毛。叶卵状披针形至近椭圆形，先端渐尖或尾尖，基部楔形，全缘，下面有灰白色鳞秕，无毛。雌花序常顶生。果密集，壳斗3～5枚联合，具柄或几无柄。坚果栗色，卵形，基部圆形，仅中央和壳斗愈合，果脐深陷（图10-1）。

【分布与生境】分布于长江以南各省区。生海拔400m以上的密林中。

【利用部位及理化性质】棕色素是从多穗柯嫩叶中提制而成，用于糖果、冷饮和糕点着色。嫩叶还可制甜茶。棕色素的主要成分为酚酸类化合物，为棕褐色颗粒。无异味，不吸潮结块而变质，可长期保存。溶于水及70%以下酒精溶液。不溶于脂溶性和有机溶剂。着色力强，对光、热、pH5以上色泽稳定。

图10-1 多穗柯 *Lithocarpus polystachyus*

【采收与加工】随时采摘嫩叶，晒干备用。其提取工艺流程是：嫩干叶（加稀碱液，加热煮沸1h）→分离（加稀酸使棕色素沉淀）→膏状粗色素→精制（加80%食用酒精）→色素稀醇溶液→回收乙醇→色素溶液→干燥（常压80～90℃，或喷雾干燥）→棕色素精制品。

干率占干重的10%左右。其加工特点是提取液不需浓缩，采用酸沉法将色素沉淀，虹吸法去其上部溶液。色素沉淀物再经精制干燥得多穗柯棕色素精品。多穗柯棕色素由商业部南京野生植物研究所研制，已通过使用卫生标准。

【资源开发与保护】多穗科为常绿树种，萌发力强，成年树被砍伐后，仍可在根部萌发新的植株和枝条，因此，从春到秋均可采摘嫩叶加工，为资源开发利用提供有利条件。但为了不破坏资源应开展原料基地的建设，变野生为栽培，人为的控制管理与保护资源。

二、日本红叶小檗 *Berberis thunbergii* var. *atropurea* Chenault.

【植物名】日本红叶小檗为小檗科（Berberidaceae）小檗属植物。

【形态特征】落叶灌木。幼枝紫红色，老枝灰棕色或紫褐色，有槽；刺细小，单一。叶菱形、倒卵形或矩圆形，长0.5～2cm，宽0.2～1.6cm，有时具细小的短尖头，全缘，幼叶上面紫红色，下面淡红色，老叶上面紫色，下面浅绿色。花序伞形或近簇生，有花2～5（12）朵，少有单花，黄色；小苞片3，卵形；萼片6，花瓣状，排列2轮；花瓣6，倒卵形；雄蕊6；子房含2胚珠。浆果长椭圆形，长约10mm，熟时红色，有宿存花柱。花期4～6个月，果期7～10月（图10-2）。

【分布与生境】原产日本，我国各大城市庭园中常有栽培，山西用该树种绿化环境。

图10-2　日本红叶小檗 *Berberis thunbergii* var. *atropurea*

【利用部位与化学成分】日本红叶小檗叶片中含有红色、黄色及绿色多种色素物质，但以红色素含量特别高，叶片中膏状红色素含量可达叶片鲜重的18.7%。其中，老叶含量为14.1%，功能叶含量为17.1%，幼叶含量为25.0%。经分析鉴定，红色素的主要成分为甲基花青素-3,5-双葡萄糖苷。

【采收与加工】5～9月剪取带叶嫩枝或在秋分后及时收集落叶，均可用于红色素的提取，提制方法如下：

（1）用匀浆机或粉碎机将材料破碎。

（2）用1%盐酸化乙醇浸提红色素。

（3）过滤除去残渣。

（4）层析或萃取除去杂色素（绿色素和黄色素）。

（5）减压浓缩红色素溶液，得红色素浸膏。

（6）依据不同使用要求，还可对红色素浸膏作进一步纯化处理。

【近缘种】同属植物幼枝叶中含有红色素者包括：日本小檗（*B. thunbergii* DC.），原产日本，我国各城市有栽培。根茎供药用。川滇小檗（*B. jamesiana* Forrest et W. W. Sm.）分布于四川和云南。生于山间林缘和林中。首阳小檗（*B. dielsiana* Fedde），分布陕西、河南和山西。生于山地灌木丛中，或偏阴山沟里。根和茎含小檗碱，可作为黄连素原料。

【资源开发与保护】日本红叶小檗为落叶灌木，其叶片较厚，呈紫红色是理想的天然色素资源。该植物适应性强，在北方多数地区都能生长，现主要作为园林观赏植物或绿篱树种使用。开发时可结合退耕还林大面积种植。既可防风固沙，美化绿化环境又可提制天然色素。根为重要的药用资源。

三、红甜菜 *Beta vulgaris* L. var. *rosea* Moq.

【植物名】红甜菜又称紫甜菜、紫菜头、紫萝卜。为藜科（Chenopodiaceae）甜菜属植物。

【形态特征】草本，高约50～120cm。块根扁球形或近球形，肥厚，紫红色。叶及柄亦均为紫红色。花生于叶腋，常2至数花结合成球状，形成大圆锥形复穗状花序；花两性，花被片5，包围果实；雄蕊5，生于多汁肥厚的花盘上；花柱3。胞果常2个或数个基部结合。种子横生，种皮革质，红褐色，光亮；胚环形。花果期5～7月（图10-3）。

【分布与生境】我国普遍栽培。北京、天津常见栽培。

【利用部位及用途】根中所含甜菜色素是优良的食用红色色素的来源。甜菜色素在大多数食物pH下比较稳定，易溶于水，所以应用非常广泛。甜菜红可用于香肠、火腿、肉（酱）罐头、鱼（酱）罐头、果（酱）罐头和其他产品中且发色效果较好。甜菜黄可用于加工后蜜饯、果脯、脱水蔬菜等产品的补色，饮品、乳制品、糕点的装饰、点缀等。

图10-3　甜菜 *Beta vulgaris* var. *rosea*
1. 根和叶　2. 花枝　3. 花的纵切

【化学成分及性质】甜菜色素是吡啶类物质，基本发色基团是1,7-二偶氮七甲碱，它们的颜色由共振结构产生。如果氢或芳香族取代基不延长共振，化合物是黄色的，称为甜菜黄质；如果延长共振，化合物就是红色的，称为甜菜红素。甜菜红素在自然条件下与葡萄糖醛酸成苷，称为甜菜红苷，占全部红色素的75%～95%，其余为游离的甜菜红素。在甜菜红苷的糖苷基上还可以连接丙二酸、阿魏酸等有机酸成为酰基化物。甜菜黄素中的主要黄色素是甜菜黄素Ⅰ及甜菜黄素Ⅱ。甜菜红素在碱性条件下可以转化为甜菜黄素。甜菜色素中的甜菜红素在色泽上与花青素很相似，但化学结构截然不同。

【资源开发与保护】民间有用红甜菜的汁液治疗肿瘤、白血病、胃溃疡、贫血、黄疸病等。现代医学研究表明：红甜菜块根中含有的糖易于人体消化吸收，纤维可以促进胃肠蠕动，维生素U可治疗胃溃疡。红甜菜中镁的含量较高，对防治高血压有效。红甜菜中亦含有较多的碘，可以防治甲状腺肿及动脉粥样硬化。

四、菘蓝 *Isatis indigotica* Fort.

【植物名】菘蓝又名板蓝根、大靛等。为十字花科（Cruciferae）菘蓝属植物。

【形态特征】见第五章药用植物资源部分。

【分布与生境】见第五章药用植物资源部分。

【利用部位及理化性质】菘蓝是我国重要的色素植物，其叶含靛蓝素（$C_{16}H_{10}N_2O_2$）。靛蓝素为蓝色结晶，或紫色针晶，具有金属光泽，在170℃时升华。靛蓝素易溶于冰醋酸、硝基苯、喹啉及苯胺中；微溶于乙醇、戊醇、酚、三氯甲烷和三硫化碳的热溶液中；不溶于水、醚、稀酸和稀碱。靛蓝素遇到稀硝酸和铬酸等氧化剂的作用时，变为菘蓝精；受还原剂作用时，变成靛白素，若经氧化，复变成靛蓝素。

【采收与加工】菘蓝在6～7月间，采收叶子加工，采叶时不过量，以免影响生长，第一次采叶后，经过2～3个月，新萌发的叶子长大后，可进行第二次采收。采回的鲜叶用清水洗净后，放在水中浸泡15～30h，待完全发酵后，将残叶捞去，在浸液中加入碱剂（如石灰等），促使靛蓝沉淀加速，并中和发酵时所产生的酸质（碳酸盐沉下除去）。然后搅动，使其氧化，直至上部液澄清为止。此时倾去上层清液，即为浆状靛蓝。如制成粉状，可将沉淀煮沸，加酸中和碱质、滤洗数次，再经压榨烘干即得。

【近缘种】该属中可提取靛蓝的植物尚有欧洲菘蓝（*I. tinctoria* L.）。提取蓝色天然色素的植物尚有蝶形花科中的木蓝（*Indigofera tinctoria* L.）和蓼科中的蓼蓝（*Polygonum tinctorium* Ait.）等。菘蓝也是我国重要的药用植物，详见药用植物资源部分。

【资源开发与保护】菘蓝属约30种分布在地中海地区，亚洲西部及中部，我国约5种，产辽宁、内蒙古、甘肃、新疆等地。本种除可提制靛蓝素外，全草均可入药，为清热解毒凉血药，目前很多地区已有栽培。

五、苏木 *Caesalpinia sappan* L.

【植物名】苏木为苏木科（Caesalpiniaceae）苏木属植物。

【形态特征】灌木或小乔木，高5～13m，树干有刺。叶为二回偶数羽状复叶，羽片对生，矩圆形，偏斜，先端钝形微凹，全缘，表面绿色无毛，有腺点。圆锥花序顶生，花黄色。荚果倒卵状矩圆形，木质，厚，无刺，无刚毛，有喙。种子3～4粒。花期5～6月，果期9～10月（图10-4）。

【分布与生境】分布于台湾、广东、广西、贵州、云南、四川等省（区）。栽培于海拔600～1 800m较炎热地带。

【利用部位及理化性质】枝干可提取有价值的红色染料——苏木，用于染制棉、麻、线、毛等纤维及纸料。也为媒染剂，可作油漆木器的底色。根可提取黄色染料。木材部含无色的原色素——巴西苏木素约2%。巴西苏木素遇空气即氧化为巴西苏木红素。苏木红素为红褐色的片状结晶，有黄绿色金属光泽，可溶于热水，呈桃红色，不溶于有机溶液中，遇碱呈紫红色。

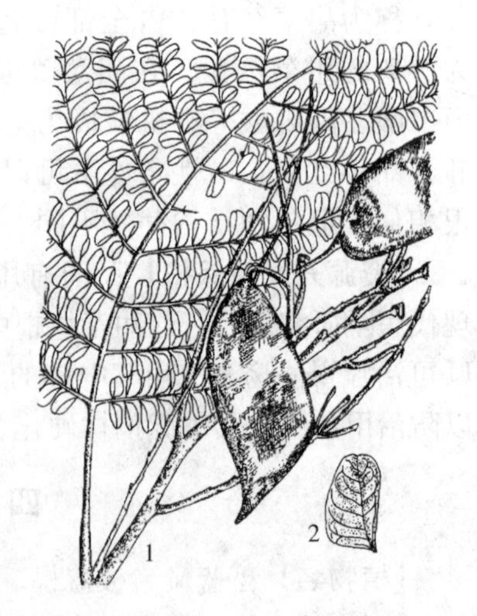

图10-4 苏木 *Caesalpinia sappan*
1. 果枝 2. 小叶

【采收与加工】全年皆可采收。将采回的苏木，首先除去外皮，锯成小段，晒干即可加工。贮存时切勿受雨淋，因木材遇雨后所含红色素溶出即成废品。加工时将干木段浸入水中，煮沸数小时，待浸液变为带棕色的橙溶液时，捞去残渣，过滤浓缩，放置数日，即可析出紫红色的苏木红素粗结晶，粗结晶用亚硫酸及水重结晶，可得纯粹的晶体。

【资源开发与保护】苏木属约100种，分布于热带和亚热带地区，我国约13种，主产西南南部，只有少数分布较广，是主要的生物染料和媒染剂。傣族用苏木心材泡酒，酒汁鲜橙红色，鲜艳悦目，有保健作用。干燥心材入药，能解热清血，收敛祛痰。根还可提制黄色染料。

六、冻绿 *Rhamnus utilis* Decne.

【植物名】冻绿为鼠李科（Rhamnaceae）鼠李属植物。

【形态特征】落叶灌木或小乔木，高达4m。小枝顶端有时成刺。叶互生，或聚生于短枝端，椭圆形或长椭圆形，有时为倒卵状长椭圆形，长5～12cm，宽1.5～3.5cm，顶端渐尖或急尖，基部楔形，边缘有细锯齿。聚伞花序生于枝端和叶腋；花单性异株，黄绿色；雄花花萼4裂，花瓣4，雄蕊4，有退化雌蕊1；雌花花瓣比雄花更小，有退化雄蕊4，花柱2～3裂。核果近球形。花期4～5月，果期8～10月（图10-5）。

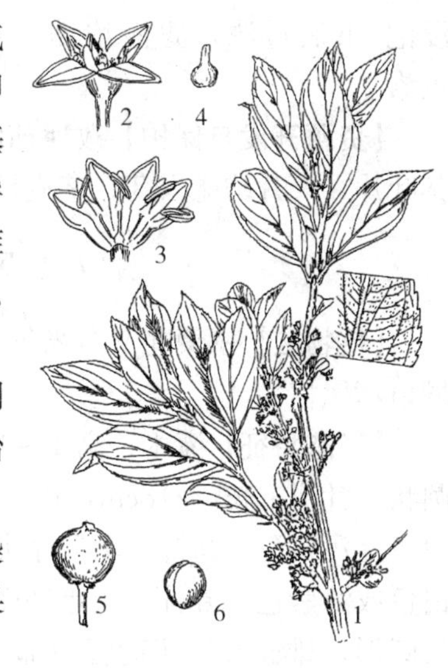

图10-5　冻绿 *Rhamnus utilis*
1. 花枝　2. 花　3. 花纵剖
4. 雌蕊　5. 核果　6. 种子

【分布与生境】分布于安徽、浙江、江西、福建、湖南、湖北、广东、广西、陕西、甘肃、云南、四川、贵州等省（自治区）。生于山丘地灌丛中或疏林中，田边路旁亦有生长。

【利用部位及理化性质】据报道，茎皮含的绿色色素可作染料，用于染棉及丝织品。河南省山区群众惯用茎皮染布。又有果实含黄色染料。

【采收与加工】在有叶时采剥鲜茎皮，用沸水浸泡，即可提出绿色染料。

【资源开发与保护】鼠李属有160余种，广布于全世界，我国有60余种，南北均有分布，其中有些可提制染料、栲胶、药用或观赏用。自然更新容易，可用种子繁殖，秋播或低温层积后春播育苗。

七、玫瑰茄 *Hibiscus sabdariffa* L.

【植物名】玫瑰茄为锦葵科（Malvaceae）木槿属植物。

【形态特征】一年生草本，高1～2m。茎淡紫色。叶异型，下部叶卵形，不分裂；上部叶掌状3深裂，裂片披针形。花单生叶腋，近无梗，花萼紫红色，花冠黄色。蒴果卵球形，果瓣5。种子多数，肾形（图10-6）。

【分布与生境】福建、广东、云南有栽培；热带地区广泛种植。

【利用部位及理化性质】玫瑰茄色素主要利用花萼提取。应用于饮料、果汁着色。茎皮纤维可造纸。色素主要成分为飞燕草素、矢车菊素。玫瑰茄色素溶于水、乙醇，不溶于有机溶剂。在pH4为鲜红色，pH5～6为橙色，不同pH下颜色不同。对铁、铜等金属离子稳定性较差，遇锌离子会产生沉淀。盐酸能提高稳定性，但硫酸则促使褪色。当加热到90℃，60min色素保存率为70%左右；

图10-6　玫瑰茄 *Hibiscus sabdariffa*

100℃，60min 保存率为 60%左右；室温放置 1 个月有褐色沉淀。

【采收与加工】采收时间在 11 月中下旬，种子变黑时采收花果，采收下来的花果先晒 1d，让其失水脱萼，萼片及时晒干，否则会发酵变质。加工时将干花萼用 10 倍量的 1.5%盐酸浸泡 4h 后过滤，滤液浓缩，加乙醇冷冻，除去果胶等杂质，再回收酒精，即得固体红色色素。

【资源开发与保护】玫瑰茄的花萼除了提制色素外，还可制饮料、果汁、果酒、果酱等食品，其叶片，萼片均能入药；茎皮纤维可制绳造纸、采取综合利用措施，以利保护资源。

八、密蒙花 *Buddleja officinalis* Maxim.

【植物名】密蒙花又名米汤花、羊耳朵、黄花醉鱼草、黄饭花等。为马钱科（Loganiaceae）醉鱼草属植物。

【形态特征】灌木，高 1～3m。小枝略呈四棱形，密被灰白色星状毛。叶纸质，长圆形或长圆状披针形，长5～18cm，宽 3～7cm，全缘或有不明显的小锯齿，叶面被疏星毛，叶背毛特密，白色至污黄色。圆锥聚伞花序尖塔形生于较长的叶枝顶端，疏散，密被灰白色柔毛；花近无柄，白色或淡紫色，芳香；花萼外面被较密毛，裂片三角形；花冠管外被星状毛和金黄色腺点，裂片长圆形；雄蕊着生花冠管中部；子房密被柔毛。蒴果密被叉状毛。花期 1～2 月，果期 4～5 月（图 10-7）。

【分布与生境】广布于云南的山坡、河边杂木林中。陕西、甘肃、湖北、广东、广西、四川、贵州等省（自治区）也有分布。

【利用部位及理化性质】西南群众常用密蒙花染饭吃。花中含密蒙花黄碱素，溶于水、乙醇，不溶于乙酸、乙酯、乙醚等有机溶剂。

【采收与加工】初春时，当花未开放，采集簇生花蕾，将枝梗等杂质除净后，晒干即可加工。干花蕾粉碎后，用热水浸泡数次，直至无黄色为止。浸提液经过滤、浓缩，用乙醚除去不溶杂质，再过滤，浓缩、干燥，即得成品干粉。

【资源开发与保护】西南地区的傣族、瑶族、哈尼族、布朗族、布依族及汉族等群众常用密蒙花染饭食用，或用它和糯米粉制成糍粑，色泽鲜艳悦目，食后清凉润口，具有蜜香味。花中所含色素能溶于水和乙醇，不溶于乙酸乙酯、乙醚等有机溶剂，对光、热稳定性好，适用于着色米制品、低度酒和饮料等，具有较好的开发利用前景。

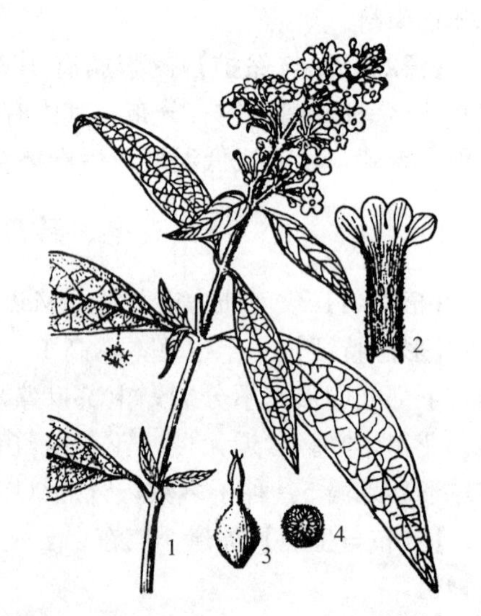

图 10-7　密蒙花 *Buddleja officinalis*
1. 花枝　2. 花展开　3. 果实
4. 果实横切示种子

九、紫草 *Lithospermum erythrorhizon* Sieb. et Zucc.

【植物名】紫草又名紫丹、地血等，为紫草科（Boragiaceae）紫草属植物。

【形态特征】多年生草本，根含紫红色物质，高45～90cm，全株被硬毛。叶披针形，长4.5～8cm，宽1～2cm，无柄或具短柄。花萼裂片线形；花冠白色，喉部有5鳞片。小坚果卵形，灰白色，光滑。花期5～6月，果期6～8月（图10-8）。

【分布与生境】分布于东北及内蒙古、河北、山东、陕西、湖南、湖北、河南、安徽。以东北三省产量较多。生荒山、荒地田野、路边及干燥多石山坡的灌丛中。

【利用部位及理化性质】根可作紫根色素的原料，能染棉、丝织品；能作食用色素。根也能入药。紫根色素（$C_{16}H_{16}O_5$）为玫瑰红色，主要成分是萘醌类，它不溶于水，溶于乙醇等有机溶剂，在酸性条件下呈红色，中性和碱性时呈紫红色到青紫色，故用于饮料作色时应注意pH的影响。

【采收与加工】在4～5月苗初出土时或秋后茎叶枯萎时采挖其根。将根去掉残茎及泥土杂物（但勿用水洗，以防变色）后晒干或微火烘干，存放干燥通风处。品质以根粗长、暗紫色、质软柔、无残茎泥土者为好。加工时将干根粉碎，加4倍乙醇浸泡。浸泡中不断搅拌，以提高色素的浸出率。浸出液进行过滤，如滤渣中尚有残留色素，则仍可加水再次浸渍，滤液浓缩、干燥即得成品。亦可将干根放入植物油中，经加热所得红色素植物油，此油可直接作烹调菜肴及点心用。

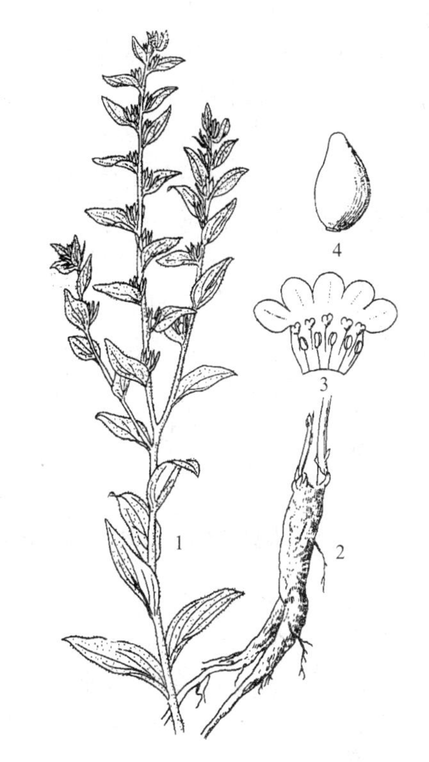

图10-8　紫草 *Lithospermum erythrorhizon*
1. 植株　2. 根　3. 花纵剖，示雄蕊与喉部小突起　4. 小坚果

【资源开发与保护】紫草属植物约60种，分布于温带地区，我国4种，产东北、华北、西北、西南等各省区。其中紫草根自古就作为紫红色印染原料使用，近年来许多地区由于大量采挖紫草，致使产量减少，资源被破坏，应注意人工引种栽培。用种子繁殖，秋季种子成熟后采收储藏，冬初播种第二年春季出苗，幼苗高10cm左右时移植。当年即可开花结实，次年秋季地上部分枯萎后即可采挖。紫草也是重要的药用植物，根入药，有凉血，止血，解毒，透痢等作用。

十、茜草 *Rubia cordifolia* L.

【植物名】茜草为茜草科（Rubiaceae）茜草属植物。

【形态特征】草质攀缘藤本，根紫红色或橙红色。小枝四棱形，棱上有倒生小刺。叶4片轮生，纸质，卵形至卵状披针形，形顶端渐尖，基部圆形至心形。聚伞花序通常排成大而疏松的圆锥花序，簇生或顶生，花小，黄白色。浆果近球形。花期7～9月，果期9～10月（图10-9）。

【分布与生境】东北、华北、西北、西南、华南等地均产。生原野、山地的林边灌丛中，路边、沟旁及草丛中。

【利用部位及理化性质】茜草根中提取的鲜红色茜草素，用于染动植物性纤维，为一种媒染性天然染料，亦是一种天然的红色食用色素。此外根可药用。鲜茜草根含的茜草素常以配糖体的形式存在。配糖体微溶于冷水，易溶于热水、酒精及醚中，溶于碱液内呈血红色，在 130℃时升华成茜草素。与稀酸作用时，分解成茜草素和糖类。茜草素为红色针晶，熔点 289～290℃，一部分能升华。

【采收与加工】在茜草根可于 5～9 月采挖，去其泥土后晒干。加工时，干根用酸液分离杂质，提出茜草素。

【资源开发与保护】茜草属约 70 种，分布于欧洲、亚洲、南非和美洲。我国 36 种，各地均有分布。茜草根除提制色素外还可入药，有利尿通经及行血之功效。根尚可入兽药，用于消炎、镇痉肾虚及尿频等症。茎叶尚可制农药，用种子秋播繁殖。

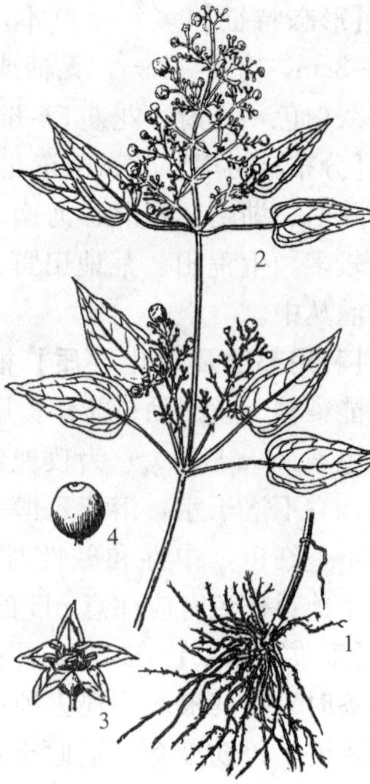

图 10-9 茜草 *Rubia cordifolia*
1. 根 2. 植株 3. 花 4. 果实

十一、栀子 *Gardenia jasminoides* Ellis

【植物名】栀子为茜草科（Rubiaceae）栀子属植物。

【形态特征】常绿灌木，高 1m 左右。叶对生或 3 叶轮生，有短柄；叶革质，顶端渐尖，稍钝头，上面光亮，仅下面脉腋间有簇生短毛。花大，白色，芳香，有短梗，单生枝顶。果黄色，卵状至长椭圆状，长 2～4cm。种子多数，花期 5～7 月（图 10-10）。

【分布与生境】主产浙江、江西、湖南、福建；此外四川、云南、贵州、湖北、江苏、安徽、广东、广西、河南等省（自治区）亦产。适应性强，常生于低山温暖的疏林中或荒坡、沟旁、路边，在土壤肥沃处生长良好。为酸性土壤的指示植物。

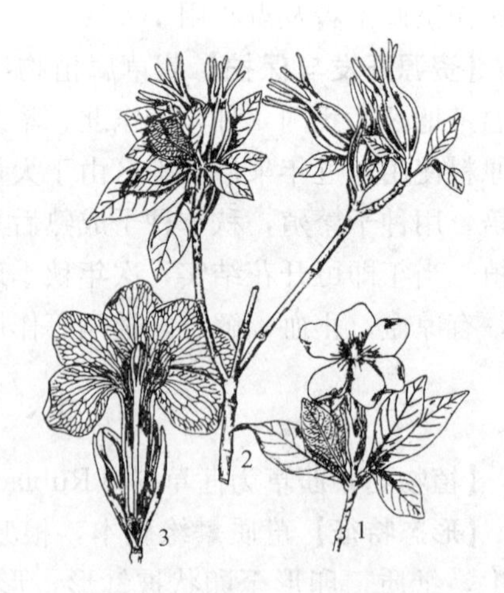

图 10-10 栀子 *Gardenia jasminoides*
1. 花枝 2. 果枝 3. 花纵剖

【利用部位及理化性质】果实中提制的栀子黄色素，应用于冷点、糖果、面乳、水产等制品的着色，也作纤维的染色。栀子黄色素主要成分为藏红花素，分子式为 $C_{44}H_{64}O_{24}$，分子量为 976。该色素易溶于水和酒精，不溶于脂肪，溶液呈亮黄色，色调几乎不受 pH 影响（pH1～4），耐光、耐热，对金属离子的影响相当稳定。着色性也好。据不完全统计日本有 18 家工厂生产栀子黄，原料都从我国进口，认为该色素性质较稳定，无毒性，可安全使用。目前我国已批量生产，由商业部南京野生植物研究所研制，1985 年已列入“食品添加剂使用卫生标准”名册，一般使用量为

0.1%～0.3%。

【采收与加工】秋季果皮呈现黄色时采摘。采下的果实去果柄及杂质外晒干或烘干备用。

【资源开发与保护】栀子属约250种分布于热带亚热带地区。我国有4种，其中本种最常见，果实除提制黄色素外，尚可入药，有解热消炎、止血之功效。花大芳香为庭院观赏植物。长江以南地区有栽培。我国长江流域以南栀子资源丰富，以及食品工业对黄色素的要求，应加速发展，在满足国内市场要求的同时，更多的投放国际市场。

十二、云南石梓 *Gmelina arborea* Roxb.

【植物名】云南石梓又名酸树、埋索（傣语）等，为马鞭草科（Verbenaceae）石梓属植物。

【形态特征】落叶乔木，高达15m，胸径30～50cm。树皮灰色，平滑。叶痕显著，叶宽卵形，全缘，偶有浅裂，上面中脉基部两侧具2显著腺体。圆锥花序顶生；花大形，长达4cm，外面黄色，密被锈色绒毛，内面紫色；花萼针状，5裂，裂片尖三角状，无腺体；花冠呈2唇形，上唇全缘或2浅裂，下唇3裂，中裂片极大；雄蕊与花柱伸出花冠；子房无毛。核果椭圆形或倒卵状椭圆形，平滑，长16～20mm，成熟时黄色，干后黑色，核4室，常具1种子。花期3～4月，常先叶开放，果期5～6月（图10-11）。

【分布与生境】产云南省、海南省和西藏东部，主要生长于热带干性季雨林和半常绿季雨林中，是热带优良速生树种。

【利用部位与理化性质】花含石梓黄色素。

【采收与加工】在花期采集云南石梓的花，晒干后磨成粉。先将该粉过20目筛，再用30%～40%乙醇作溶剂在常温下浸提，挤压、过滤后进行薄膜浓缩，最后喷雾干燥得色素成品。

【近缘种】石梓属约35种，主产热带亚洲至澳大利亚；我国有7种，产华南和西南地区。与云南石梓相近的还有越南石梓（*G. lecomtei* P. Dop），分布于云南省东南部，但不作食用色素利用。两者的区别是：云南石梓花萼具5齿，萼齿为尖三角形，无腺体，子房无毛，果长不超过2.5cm；而越南石梓花萼顶端截形，被纵列黑腺体，子房被毛，果长2.5～4cm。

图10-11 云南石梓 *Gmelina arborea*
1. 花序 2. 花外形 3. 花萼
4. 花冠展开 5. 子房
6. 叶形 7. 叶下面部分放大

【资源开发与保护】云南石梓的花很早就被傣族人民用作糕团的染料，每当傣历新年到来的时候，傣家人将用云南石梓的花加工成的粉加到糯米面中，再加糖和水混合，用芭蕉叶包装，蒸制成糯米年糕“考诺索”（傣语），吃到这种“考诺索”就意味着长了一岁。近年，随着旅游业的发展，傣家人已将它做成风味食品向游客销售。云南省林科院的刘嘉宝等人从云南石梓的花中提取了石梓黄色素，该色素性能好、无异味、在pH为2～8时稳定性高，可用于糕点、冰棒、饮料、果酒、烤鱼等食品的着色。我国西藏东部、云南南部和海南省是云南石梓的天然分布区，可提供丰富的石梓花资源，作为天然色素资源开发具有广阔的前景。此外，云南石梓的木材色泽、纹理与柏木相似，耐腐性能超过柚木，值得在季雨林地区推广种植；花大、美丽而清香，可作庭园观赏植物。

十三、辣椒 *Capsicum frutescens* L.

【植物名】辣椒又名辣子、牛角椒、红海椒，为茄科（Solanaceae）辣椒属植物。

【形态特征】灌木，或栽培成为一年生，高 50～80cm。单叶互生，常为卵状披针形，叶柄长 4～7cm。花单生于叶腋或枝腋；花梗俯垂；花萼杯状，有 5～7 浅裂；花冠辐状，白色，裂片 5～7；雄蕊 5。浆果俯垂；长指状，顶端尖而稍弯，少汁液，果皮和胎座间有空腔，熟后红色。花期 6～7 月，果期 7～10 月（图 10-12）。

【分布与生境】原产南美洲。现我国大部地区有栽培。

【利用部位与理化性质】果实含辛辣成分为辣椒碱（capsaicin）、二氢辣椒碱（dihydrocapsaicin）、降二氢辣椒碱（nordihydrocapsaicin）、高辣椒碱（homocapsaicin）、高二氢辣椒碱（homodihydrocapsaicin）、壬酰香夹兰胺（nonoyl vanillylamide）辛酰香夹兰胺（decoyl vanillylamide）；色素为隐黄素（cryptoxanthin）、辣椒红素（capsanthin）（占色素总量的 50%）、微量辣椒玉红素（capsorubin）、胡萝卜素（carotene）；尚含维生素 C、柠檬酸、酒石酸、苹果酸等。种子含龙葵碱（solanine）、龙葵胺（solanidine）、澳洲茄边碱（solamargine）、澳洲茄胺（solasodine）、澳洲茄碱（solasonine）等生物碱，以及挥发油，脂肪油及蛋白质等。

图 10-12　辣椒 *Capsicum frutescens*

【采收与加工】秋季 8～10 月果实成熟时分次采收、晒干。辣椒红色素的加工方法：干辣椒磨成粉后，用有机溶剂如二氯甲烷、三氯乙烯、丙硐、乙醇或二氧化碳等进行冷渗滤浸提→浸提液→蒸馏除去溶剂→辣椒油树脂→溶剂萃取除掉辣椒素→减压浓缩→辣椒红色素。如需除去橙色素，可通过物理与化学相结合的方法除去，得色价较高的辣椒红色素。

【近缘种】辣椒有数 10 个品种；常见的变种有：指天椒［*C. frutescens* var. *conoides*（Mill.）Bailey.］，果梗直立，浆果小，圆锥状；簇生椒［*C. frutescens* var. *fasciculatum*（Sturt.）Bailey.］，叶和浆果成束地生于枝端，果梗直立，浆果长指状，顶端渐尖；灯笼椒［*C. frutescens* var. *grossum*（L.）Bailey.］，植株粗状，果梗直立或下垂，浆果矩圆状或扁圆状，顶端圆或截形，基部常稍凹入。成熟的果实红色，均可用于提取红色素。

【资源开发与保护】随着科技的进步，人们生活的需要和食物结构的不断改善，对辣椒营养价值的认识愈加深刻，辣椒已成为人们日常生活中普遍用的一种食品辛香调味料，或当蔬菜直接食用。此外，辣椒也具有重要的药用价值。辣椒性辛、温、辣，食后能促进胃液分泌，调节胃口，提神兴奋，增加食欲，帮助消化，促进血液循环，增强机体抗病能力。辣椒还是我国农副产品中一种重要的出口商品，又可供观赏和庭园美化之用。对辣椒进行综合利用，开发辣椒红色素，安全无毒，前景广阔。目前，国家已将辣椒红列为一种无毒的天然食用色素。

十四、番茄 *Lycopersicon esculentum* Mill.

【植物名】番茄又称西红柿。茄科（Solanaceae）番茄属植物。

【形态特征】全株生黏质腺毛，有强烈气味。茎易倒伏。羽状复叶或羽状深裂，小叶大小不等，卵形或矩圆形，边缘有不规则锯齿或裂片。花序常3～7朵花，花萼辐状，裂片披针形，果时宿存；花冠辐状，黄色。浆果扁球状或近球状，肉质而多汁液，橘黄色或鲜红色；种子黄色。花果期夏秋季（图10－13）。

【分布与生境】原产南美洲。我国南北普遍栽培。

【利用部位与理化性质】含量最高的是番茄的果实，可达3～14mg/100g。成熟度越高，番茄红素的含量越多。番茄红素在自然界分布很广，成熟的红色植物果实中含量较高，如西瓜、葡萄柚、木瓜等。番茄红素是开链式的不饱和类胡萝卜素，具有抗氧化、清除自由基、促进细胞间的连接和传导、防癌抗癌等多种生理功能，作为一种功能性天然色素，番茄红素被认为可以广泛利用在功能性食品和医药（原料）中。番茄红素在西方饮食中非常盛行。

图10－13　番茄 *Lycopersicon esculentum*
1. 花枝　2. 花　3. 花萼和雌蕊
4. 雄蕊　5. 雄蕊正背面　6. 果实图

番茄红素是胡萝卜素的异构体，其分子式为$C_{40}H_{56}$。具有独特的共轭双键长链，是胡萝卜素合成过程的中间产物，其他类胡萝卜素的结构都和它有联系，番茄红素经环化就形成β-胡萝卜素。番茄红素具有优越的生理功能，通过中和对体细胞有害的自由基团，可以防止细胞的老化和病变，具有抗癌、防癌作用，能消除香烟和汽车废气中的有毒物质，具有活化免疫细胞的功能。它在保护血液中的细胞、分子和遗传因子方面有较大的作用，对于预防和治疗心脑血管疾病、动脉硬化和肿瘤等各种成人病、增强机体免疫功能和抗衰老等具有重要的作用。

番茄红素不溶于水，难溶于甲醇、乙醇，可溶于乙醚、石油醚、己烷、丙酮，易溶于氯仿、二硫化碳、苯等有机溶剂。暴露在光线、氧气、酸、碱及活性剂的环境中时，易于氧化分解，且温度升高会加速它的分解。番茄红素的抗氧化性质与其具有的免疫调节特性相结合，在防止疾病的发生和传播中发挥着重要的作用。

【采收与加工】番茄的颜色随季节、气候、地区及生长条件而改变，并且随品种的不同也有所不同，使得番茄红素的含量也发生变化。为保持产品质量稳定，特别是色泽的稳定，在番茄红素的提取、贮存、加工中须防止氧化分解和异构化。番茄红素避免暴露在日光下，在提取过程中添加抗氧化剂，脱除溶剂，采用氮气或惰性气体保护以隔绝空气等。以上方法均能有效控制番茄红素的氧化及异构化的发生。

番茄红素是脂溶性色素，可采用有机溶剂提取法、超临界CO_2萃取法、HPLC法、酶法、微生物发酵法及直接粉碎法等提取工艺。目前较为常用的有CO_2超临界萃取法和有机溶剂提取法。

【资源开发与利用】番茄红素（lycopene）是类胡萝卜素的一种，作为一种天然色素存在于自然界中，呈红色，因最早发现于番茄中而得名。番茄红素逐渐成为国际上功能性食品成分和抗癌防癌研究中的一个热点。番茄红素作为一种功能性色素，对人体有十分重要的意义，其价值已逐渐为人们所认识。我国生产番茄红素产品还具有很多可行性的优势。随着番茄红素各种生理活性的逐步发现，其开发和应用必将成为今后的一大热点。因此番茄红素是一种很有开发前途的功能性天然色素。

十五、五指山蓝 *Peristrophe lanceolaria*（Roxb.）Nees

【植物名】五指山蓝又名山兰、红丝线等，为爵床科（Acanthaceae）九头狮子草属植物。

【形态特征】直立草本，高30～50cm；枝梢粗壮，无毛。叶纸质，披针形或卵状披针形，顶端呈弯拱的尾状渐尖，基部稍偏斜，狭楔形，全缘；中脉稍阔，侧脉每边6或7条，两面稍凸起。头状花序被腺毛，常2或3个，居于顶生或腋生的总花梗上；总苞片2枚，剑形或线状披针形，高出萼齿1倍以上，长10～14mm，宽1.5～3mm；萼长约5mm，裂片长4mm；花冠淡红色，长约4.3cm，被柔毛。蒴果长1.3cm，被柔毛。花期10月（图10-14）。

图10-14　五指山蓝 *Peristrophe lanceolaria*

【分布与生境】分布于云南省和海南省，生于中海拔湿地上。

【利用部位与理化性持】叶和嫩枝含山蓝红色素，其主要成分为天竺葵宁-3-β-葡萄糖苷。

【采收与加工】取五指山蓝的叶子和幼嫩枝条用水洗干净，置于锑锅中水煮沸15min，用纱布滤出色素提取液，再加清水煮沸，重复2～3次，将色素液置于磁盘中于水浴锅上加热蒸干，从盘中剥下干燥物，粉碎成粉即为山蓝红色素成品。

【资源开发与保护】五指山蓝作为重要的民族食用色素资源已经有悠久的利用历史，瑶族、傣族、布依族、壮族等使用最为普遍。山蓝红色素可通过调节pH而得到红、紫、黑三种颜色，瑶族等在欢庆传统节日“盘王节”时必须用山蓝红将饭染成红饭、紫饭和黑饭等来欢度节日。山蓝红色素对多种介质稳定，热稳定性好，对光稳定性稍差，适用于低度酒、保健饮料等的着色，有较好的开发利用前景。

十六、大金鸡菊 *Coreopsis lanceolata* L.

【植物名】大金鸡菊为菊科（Compositae）金鸡菊属植物。

【形态特征】多年生草本，高30～70cm。茎直立。叶较少数，在茎基部成对簇生，有长柄，叶片匙形或线状倒披针形，基部楔形，顶端钝或圆形；茎上部叶少数，全缘或3深裂，裂片长圆形或线状披针形，顶裂片大，基部窄，先端钝，上部叶无柄。头状花序单生茎端；舌状花黄色。瘦果圆形或椭圆形；边缘有宽翅，顶端有2短鳞片。花期5～9月（图10-15）。

【分布与生境】长江流域中下游山野资源最为丰富。喜光、耐寒，喜生于排水良好的沙质壤土。

【利用部位及理化性质】菊黄色素是从大金鸡菊花中提制而成，为黄色。主要用于饮料、糖果、糕点的着色，着色性能好，并有芳香气。本品无毒价廉，是一种较理想的食品添加剂，现定名为KPY-78菊黄色素。菊黄色素主要成分为大金菊查尔酮苷、大金鸡菊查尔酮、大金鸡菊噢哢、大金鸡菊噢哢苷。已通过使用卫生标准。

【采收与加工】花期采收头关花序，干燥、粉碎备用。加工时取头状花序干粉，以乙醇冷浸3次，合并浸出液，减压回收乙醇成浸膏状。浸膏加二倍量的沸水溶解，滤除杂质，反复3～5次。合并水洗液，再通过聚酰胺柱层析分离，即先用水洗，再用不同浓度的乙醇洗脱，由30%乙醇洗脱部分，减压浓缩后放置即析出大金鸡菊黄色素结晶。

图10-15 大金鸡菊 *Coreopsis lanceolata*
1. 花枝 2. 花纵剖 3. 花瓣

【资源开发与保护】金鸡菊属约100种，分布于美洲、非洲和夏威夷群岛。早在1923年以前作为观赏植物引入我国，栽培或逸生于广大地区，其中江苏、浙江、江西、安徽、山东及河南南部地区生长繁茂，自播繁殖容易，犹如在原产地一样，成为天然菊花黄色素原料基地。大金鸡菊适应性强，近年来在北纬43°地区也能安全越冬生长良好。大金鸡花还可提取香料，全草可入药，具清凉解毒的功能。

十七、红花 *Carthamus tinctorius* L.

【植物名】红花为菊科（Compositae）红花属植物。

【形态特征】一年生草本，高50～100cm。茎直立，上部分枝。叶长椭圆形或卵状披针形，长4～12cm，宽1～3cm，边缘羽状齿裂，齿端有针刺，顶端尖锐，基部微抱茎，无柄，上部叶渐小，成苞片状，围绕着头状花序。头状花序再排成伞房状；花冠橘黄色，后变橘红色。瘦果椭圆形，有4棱，无冠毛。花期7～8月（图10-16）。

【分布与生境】东北、华北、西北、华中、华南以及西南等地区均产。适应性强。

【利用部位及理化性质】从红花的花中提取红花黄色素。该色素适用于化妆品、饮料、糕点等着色；还可用于棉布印染上。此外红花还可入药，种子能榨油，供食用。药花黄色素成分为红花黄素和少量红色素。易溶于水、稀乙醇，难溶于无水酒精和油脂。在中性条件下为黄色，且对热、对光较稳定，但遇金属铁离子则变黑、遇钙、锌、镁、铜、铝等离子会褪色或变色。我国资源丰富，应加以开发利用。国家规定量为0.2kg。

【采收与加工】当花由黄变红时开始采摘，采摘后阴干。宜清晨及进采收，过期花色不好，则影响色素质量。加工时将花粉碎，用12～14倍水浸泡，浸泡温度20～60℃，将浸泡液过滤浓缩。浓缩物干燥后即为成品红花黄色素。红色素结晶的制取方法：将红花用含微酸性的水浸渍除去黄色素后，在含碳酸钠水溶液中浸渍多时，再加醋酸，则生成细粒沉淀，再加酸使其析出颗粒较大的而鲜艳的红色结晶。结晶用酒精溶解，再加水重结晶，即得纯粹的红色素结晶。

【资源开发与保护】红花属约13种，分布于地中海地区、非洲和亚洲。我国有红花一种。本种适应性强，全国大部分地区都有栽培。主产于河南、浙江、四川等地。干燥花冠入药，是中药中重要的通经活血药。

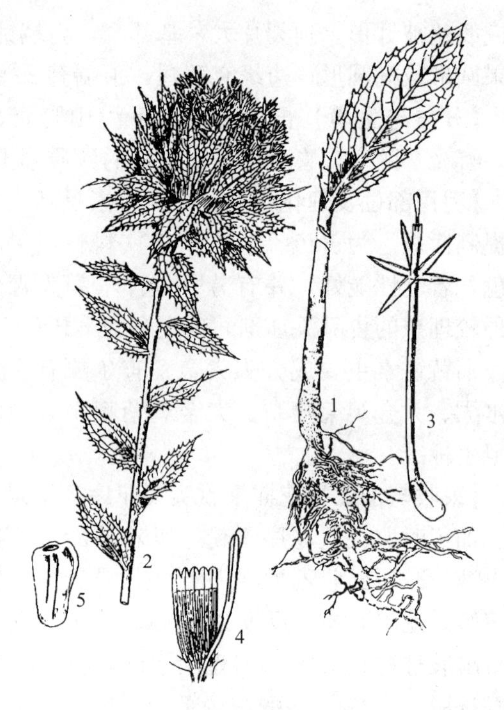

图10-16 红花 *Carthamus tinctorius*

1. 根和叶 2. 花枝 3. 花
4. 雄蕊纵剖及部分雌蕊 5. 果实

十八、万寿菊 *Tagetes erecta* L.

【植物名】万寿菊又名臭菊、臭芙蓉、蜂窝菊、金菊、金盏菊、金花菊、金鸡菊、黄菊、红花、柏花、里苦艾等，菊科（Compositae）万寿菊属植物。

【形态特征】一年生草本植物，高60～100cm。茎直立、粗壮，全体揉之有腐败气味。叶对生，羽状深裂，裂片矩圆形或披针形，边缘有锯齿，近边缘有数枚大腺体，有些裂片的先端或齿端有一长芒，有分枝。头状花序单生，黄色至橙色；花序柄粗壮；总苞钟状，齿延长；舌状花多数，有长柄，外列舌片向外反卷。瘦果线形，冠以1～2枚长芒状和2～3枚短而钝的鳞片。花期秋、冬季（图10-17）。

【分布与生境】各地均有栽培。万寿菊引进我国后，种植规模迅速扩大。我国是世界上万寿菊叶黄素主产地之一，主要分布在内蒙古、吉林、黑龙江、山东、陕西、山西、辽宁、新疆、湖北、四川等地。万寿菊喜温暖阳光充足的环境，在酷暑条件下生长不良，对土壤条件要求不严，但大田栽培应以肥沃、深厚、富含腐殖质、排水良好的沙质土为宜。

【利用部位与理化性质】万寿菊鲜花可提取叶黄素（$C_{40}H_{56}O_2$）。万寿菊花含黄酮苷万寿菊素（tagetiin，0.1%）、β-胡萝卜素、α-三联噻吩（α-terthienyl，15～21mg/kg鲜花）、帖类色素堆心菊素（helenien，0.74%）、毛茛黄素（flavoxanthin）等。万寿菊挥发油中主要成分为石竹烯、斯巴

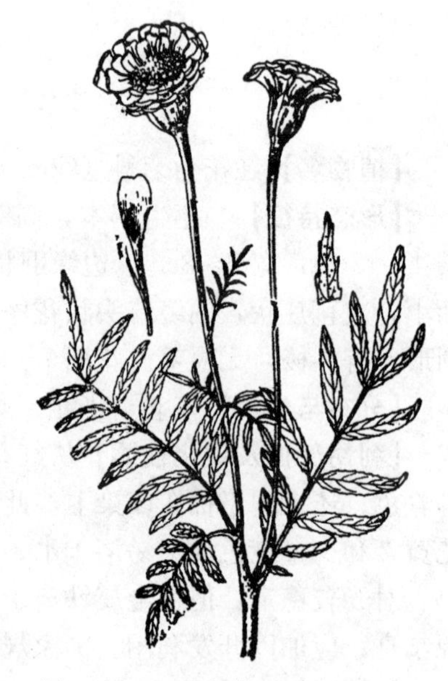

图10-17 万寿菊 *Tagetes erecta*

醇、胡椒酮和胡椒二烯酮。

【采收与加工】采收期一般为75d左右，7月中旬至10月上旬为采收期，7月10日左右开始第一次采摘，首先将充分开放，花瓣平展的花朵连同花托一起摘下，采收过早、过晚都将影响花的产量和品质，一般每隔8～10d采收一次，全生育期可摘6～8次，每公顷可收鲜花200～400kg，做到现收、现售，避免在地中堆放，易造成霉变和降低色素含量。

【资源开发与利用】万寿菊花色鲜艳，开花繁多，花期又长，栽培容易，是园林中常见的草本花卉。具有美化绿化环境的作用，其花朵对氟化氢、二氧化硫等有害气体具有较强的抗性和吸收作用。万寿菊除本身可抵抗线虫危害外，还有杀虫的功能，其根中含有的活性物质可毒杀马铃薯上的金线虫、异皮线虫等；万寿菊根提取物，对抑制辣椒枯萎病菌、山楂叶螨酯酶、白纹伊蚊幼虫作用明显。

十九、姜黄 *Curcuma longa* L.

【植物名】姜黄又名黄姜、生姜、宝鼎香，为姜科（Zingiberaceae）姜黄属植物。

【形态特征】多年生宿根草本。根茎卵形，里面黄色，侧茎圆柱状，红黄色。叶丛生，叶片椭圆形，先端渐尖，基部渐狭，叶柄长约为叶片之半，有时几与叶片等长。穗状花序稠密，花苞卵形，苞片绿色，花淡红色。蒴果膜质，球形。种子卵状长圆形，具假种皮。花期8～11月（图10-18）。

【分布与生境】四川、云南、贵州、陕西、湖北、江西、浙江、福建、台湾、广东等省均有栽培。生于海拔2 000m以下的草坡或松林边缘，或阔叶疏林下，喜温暖环境。

图10-18 姜黄 *Curcuma longa*
1. 根茎 2. 叶及花序
3. 花 4. 雄蕊与花柱

【利用部位与理化性质】姜黄色素是利用肉质地下根茎提取的黄色色素。对各种动、植物纤维，用不同助剂或媒染制均可直接上染，或者加入少量的明矾、酸、酸性盐亦可。姜黄色素是一种很好的天然黄色食用色素，可供食品染色用。成分为二酮类的姜黄素。它不溶于冷水，溶于乙醇和丙二醇，易溶于冰醋酸和碱液。酸性时呈淡黄色，碱性呈暗红褐色。姜黄色素在光下易褪色，对热较稳定，且着色性能良好。我国应大力发展该色素。目前该色素作为调味品少量出口。

【采收与加工】在6～7月采挖根茎，洗净、切片晒干。加工前将干根茎粉碎，然后通蒸气得芳香油，用水提出可溶的杂质，再将残留物干燥，用苯沸液提取，提取液冷却后可析出姜黄素的粗结晶。粗结晶再溶于酒精内，将黄色茸毛状物滤去，然后将酒精溶液用醋酸铅沉淀，并酌情加入少量碱性醋酸铅，可得深红色沉淀。深红色沉淀用酒精洗后置放水中，通入硫化氢气体，以后取出再用沸酒精提取，浓缩，即得姜黄素的结晶。纯粹的姜黄素为橙色棱柱状的结晶体，熔点为178℃。

【资源开发与保护】姜黄属约50种，分布于亚洲东南部。我国有5种，均可入药用，有行气解郁，破瘀止痛之功效。此外具有辛辣味，可健胃，去风寒，对黄疸、溃疡炎症有疗效。同时也是提制芳香油的重要原料。

复习思考题

1. 色素植物主要化学成分是什么？
2. 色素植物资源有哪些加工方法？
3. 色素的稳定性指的是什么？
4. 天然色素植物资源开发中有哪些不足之处？
5. 哪些天然色素植物资源适宜粉碎法？
6. 在工业染料运用之前，人们怎样将布料染成红、蓝等色？

第十一章　纤维植物资源

第一节　概　　述

一、纤维植物资源的概念及其利用概况

纤维植物资源是指植物体内含有大量纤维组织的一类植物。从广义上还包括目前农业中广为栽培的棉、亚麻、苎麻等经济作物。植物纤维是普遍存在于植物体内的一种机械组织，它的存在可使植物体具有韧性和弹性。植物所以能够坚固的生长，并使叶子伸展接触空气和阳光进行正常的生长发育，这种机械组织起着重要的作用。

在纺织品发展的过程中，天然纤维素纤维始终因具有服用舒适性、资源易得性和可利用性、环境友好性而占据重要地位。尽管第二次世界大战以后普通合成纤维的快速发展，20 世纪 80～90 年代后出现了大量的舒适性和功能性合成纤维，但天然纤维素纤维的许多优点仍不可取代，在纺织工业领域中的应用始终占据举足轻重的地位。因而棉纤维在服饰方面仍占相当大的比重，麻类纤维及其与毛、涤纶等混纺品也很受人们欢迎。因此，在化工技术高度发达的今天，对植物纤维的评价仍然是不可低估的。

我国利用纤维植物进行编织已有悠久的历史，现在仍有一定的地位，有许多编织工艺品远销国外，是我国重要的创汇物资。有些编织品如草帽、草席、条筐等应用，在我国南方编制的竹椅、藤椅等是家庭的重要用具，竹筐是重要的用具和包装品。

野生纤维植物应用最广而普遍的是造纸业，我国是世界上最早发明纸浆与造纸技术的国家，早在公元 105 年，东汉时期我国蔡伦就总结了用树皮、麻头等原料制造出纸浆和纸。到了唐代我国造纸技术达到了相当高的水平，利用纤维植物于造纸工业也有了相应的发展。直到现在造纸仍以纤维植物为主要原料。

随着现在科学的飞速发展，纸浆经过深加工还可以制造人造丝、火药棉、无烟火药、塑料、喷漆、乳浊剂、黏合剂等等。可见植物纤维不但可以生产人民日常生活必需用品，而且与国防、电气、化学、建筑等工业也有密切关系。

天然纤维素材料的使用，不但可以提高农产品的附加值，使资源更加优化合理的运用，而且对国家民生有着重大影响。天然纤维素的资源是可再生资源，而且在自然环境中可以生物降解，其扩大使用可以减少对合成纤维的需求，进而节约石油系资源的使用，这有利于经济的可持续发展和人类生存。世界上造纸工业发达的国家，在原料中木材要占 90%以上，我国是个木材短缺的国家，根据 1995 年全国森林资源清查的统计资料，森林覆盖率仅 14%。在经济发展大量需要资源和过度使用单一资源以至破坏生态环境的矛盾中，我们更应该权衡得失，更好地发掘新的天然纤维植物资源。

二、植物纤维的类别

植物纤维在植物体内存在的部位不同，其大小和形状也有很大差异。但它们的共同点是细胞狭长、端尖、壁厚、腔小的死细胞，由纤维素、半纤维素、果胶、木质素、蛋白质、脂肪、蜡质和水分等组成。但决定纤维性能的基本物质是纤维素。蜡质在纤维素的表面，具有保护纤维和增加弹性的功能；脂类包含在纤维分子中；果胶质分布在纤维各部，外层含量最多；木质素浸透于纤维素分子之间，木质化程度越高，纤维的韧性弹性、伸长度都较差，反之则较好。

植物纤维按其存在部位可以分为以下几类：

1. 韧皮纤维 主要指双子叶植物茎干韧皮部的纤维，这种纤维通常采用剥皮去获取。如桑树皮、构树皮、大麻、苎麻、亚麻等的纤维。

2. 木材纤维 主要指裸子植物和双子叶植物树干中的木质纤维，用加工木材的方法获得。如松、杉、杨树等的纤维。

3. 叶纤维及茎秆纤维 主要指存在于单子叶植物叶和茎中的纤维。如剑麻、龙须草、稻秆、麦秸、甘蔗渣、芦苇等的纤维。

4. 根纤维 指存在于根部的韧皮纤维。如马蔺根的纤维。

5. 果壳纤维 指存在于果壳中的纤维。如椰子壳纤维。

6. 种子纤维 指存在于种子表面的纤维。如棉和木棉种子上的毛。

7. 绒毛纤维 如香蒲雌花序上的绒毛，棉花莎草花序上的毛。它们可能是退化的苞片或花被。但形态及经济用途则与纤维相同。

三、植物纤维原料的化学成分

纤维植物中，主要化学成分是指原料中的纤维素、半纤维素和木质素 3 种成分，另外还含有少量的脂肪、树脂、蜡等有机化合物和各种金属元素等。并且，原料的这些成分因植物的种类、产地等的不同而异。因此，植物纤维原料的化学成分也是多样的。

纤维素、半纤维素和木质素 3 种主要成分占植物纤维原料总质量的 80%～95%（棉花高达 95%～97%），纤维素是由 β-D-葡萄糖基通过 1,4-糖苷键联结而成的线状高分子化合物。B-D-葡萄糖基含量即为纤维素分子的聚合度（DP），天然纤维植物的 DP 应该大于 1 000。半纤维素是由多种糖单元组成的，常见的有木糖基、葡萄糖基、甘露糖基、半乳糖基、阿拉伯糖基、鼠李糖基等；并且，半纤维素分子中还含有糖醛酸基（如半乳糖醛酸基、葡萄糖醛酸基等）和乙酰基，分子中还常有数量不等的支链。除棉花纤维基本不含半纤维素外，其他各种植物纤维中均含有一定的半纤维素。木质素是通过醚键，碳—碳键连接而成的芳香族高分子化合物，其结构单元为苯基丙烷（即 C_3—C_6，单元）。随着人们对生物质能源的需求，越来越多的研究针对木质素的降解展开。

四、我国丰富的纤维植物资源

我国纤维植物资源种类多，分布广。据调查全国可作纤维植物开发利用的约有 1 000 多种，野生纤维植物有 100 多种广泛应用于编织和造纸原料，也有些野生种如夹竹桃科的罗布麻，经纺织试验，可以代替棉、麻作纺织工业原料。它具有纤维素含量高，单纤维长度长、细度小，因此具有较好的纺织性。这些特性也是目前广为栽培的棉、麻类作物所具有的特性。这充分证明我国的纤维植物，不论是野生的还是栽培的都在世界上占有重要地位。我国生产的麻类纤维作物中的苎麻和青麻其产量居世界首位，大麻和黄麻的产量在世界市场上也占有重要地位。近年来我国棉花的生产不论产量和品质都有飞跃的进展。我国目前应用纤维植物最多的类型为韧皮纤维，主要有荨麻科、榆科、椴科、卫矛科、瑞香科、桑科、锦葵科、梧桐科和亚麻科等。

我国是木本植物种类较多的国家，木材纤维是造纸的重要原料，所以木材和竹类植物的开发，对我国造纸工业具有重要意义。除木材和竹类植物外，目前用于造纸原料较多的还有禾本科中的芦苇、大叶章、小叶章、龙须草、芭茅、芨芨草等植物。瑞香科、桑科、榆科中某些植物韧皮纤维至今仍然是制造高级文化用纸和特种纸的最好原料。

用于编织、填充料、制绳、制刷等植物种类各地均有分布，这充分说明我国植物种类是极其丰富的。

五、植物纤维的采收处理和一般加工方法

植物种类及其纤维用途不同，采收处理和简易提取方法也有不同。

作为纺织用的韧皮纤维，一般来自多年生的草本或亚灌木，考虑到加工方便，纤维不能木质化，如苎麻，每年可收割其茎秆 2～3 次；大麻一般在 7～8 月收割，罗布麻则可在入冬或隔年采收其枯茎。采收后的处理是剥麻，其方法有两种：

1. 干剥　可以采用专门的机械剥取如罗布麻等。

2. 湿剥　主要采用浸水脱胶方法，其工艺是：选料捆扎→浸料→剥皮捶打（或刀刮）→洗晒→产品

选料捆扎：先将茎干分老嫩扎成小捆，捆不宜太大、太紧，以利发酵均匀。

浸料：先选好水源，以大河的回水湾或常有缓流的小溪为好。这种水源的好处在于能使发酵较快。死水池塘也可浸料，但不要在鱼塘和饮用水源中浸料。浸料是利用水中多种果胶菌溶蚀茎干纤维间及茎皮中果胶等杂质，以利把纤维分离出来。浸料时，茎秆不能露出水面，下层不可沾入污泥。浸泡时间的长短与植物种类、茎秆老嫩、季节温度等都有关系，以浸泡到茎皮松软、茎和皮容易分离为止。

剥皮：取出浸好后的茎秆进行剥皮。剥皮时，可以手剥，也可采用简单的机械工具。剥下的茎皮要及时刮去外层粗皮和杂质，必要时，要把剥下的茎皮放在水中捶打。

洗晒：经剥皮、捶打留下的纤维，应放在流水中充分冲洗，除去杂质，然后理顺、晒干或在通风处晾干，以防发霉变质。晒干后的韧皮纤维即可捆扎，贮运或作进一步的加工。

上述湿剥法适用于一般麻类的加工，如苎麻、大麻、亚麻、黄麻、苘麻等。

乔灌木的树皮纤维，一般用于制绳、造纸或制人造棉，采收时间一般在秋冬季，采收后宜鲜剥。剥下的皮可用上述的“浸水法”进行脱胶。如果原料含胶质较多，或采用浸水脱胶法有困难的地区，可用石灰水煮法脱胶。

石灰水煮脱胶工艺如下：选料捆扎→浸料→熬煮→捶打→洗晒→产品

浸料：把选好的树皮，分老嫩扎成疏松的小把，分层平放在浸料池中，同时每层均匀地铺洒一层生石灰（100kg 原料用生石灰 10～15kg）。料和石灰铺满后加盖。盖用石头压住，灌水浸

泡。约5d后翻动一次，以后再浸上5～8d。若气温较高，浸泡时间可以适当缩短。浸泡到树皮有松软感时，即可捞出进行熬煮。

熬煮：把浸泡好的树皮放入锅内，用10%～20%的生石灰水（10～20kg的生石灰加80～90kg水的溶液）熬煮3～5h。煮到树皮纤维容易分离，即可捞出转入捶打、洗晒等工序。

浸入脱胶法与石灰水煮脱胶法都只能达到脱胶的目的，即加工成原料麻或纤维。

上述脱胶法也适用于叶纤维植物的加工。

造纸原料用的草类和某些灌木，一般都在秋冬采收。收回后只需晒干（灌木多半可以趁鲜剥皮，如瑞香科的某些植物）、整理、捆扎，即可贮运，无需繁杂初步加工。竹、藤、条等原料，一般趁鲜加工而不过干。采收时间随种类和地区而异。

第二节　主要纤维植物资源

一、山杨 *Populus davidiana* Dode

【植物名】山杨又名响杨、白杨、明杨，为杨柳科（Salicaceae）杨属植物。

【形态特征】乔木，高达20m。树冠圆形或近圆形，树皮光滑，淡绿色或淡灰色，老树基部暗绿色；叶芽微具胶质。叶卵圆形、圆形或三角状圆形，长3～8cm，宽2.5～7.5cm，先端圆钝，基部圆形或截形，边缘具波状浅齿，幼时疏被密毛，后变光滑。花单性，雌雄异株，雄花序长5～9cm，苞片淡褐色，深裂，被长柔毛，雄蕊5～12；雌花序长4～7cm；柱头2，再2裂。蒴果椭圆状纺锤形，通常2裂。花果期4～6月（图11-1）。

【分布与生境】分布于黑龙江、辽宁、吉林、内蒙古、河北、陕西、河南、四川、湖北等省区。多生于向阳山地、山路旁的开阔地、火烧迹地上，常与桦木、栎树形成混交林或成纯林。四川、湖北在海拔1 600～2 500m的山上尚有分布。

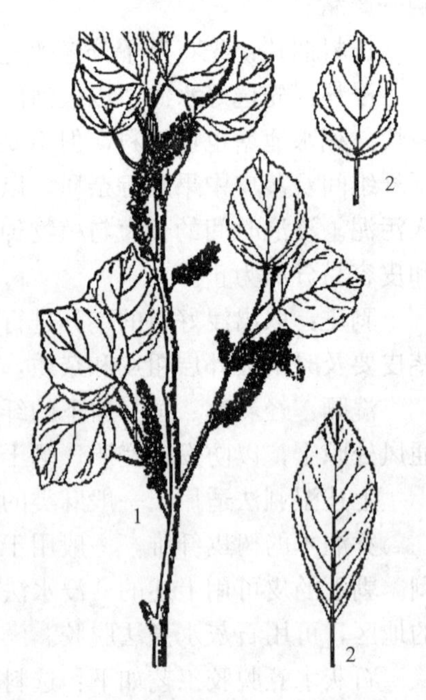

图11-1　山杨 *Populus davidiana*
1. 花枝　2. 叶片

【利用部位及理化性质】山杨木材可生产机制纤维，木材和树皮均可作造纸原料；树皮内尚含有5.16%的单宁。据资料记载：树皮内全部纤维含量为48.62%。纤维长0.975～1.020mm，宽19～30μm；化学成分：水分11.31%，全纤维素43.24%，木质素17.01%，多缩戊糖22.61%，粗蛋白质0.23%，果胶1.76%；冷水水溶物1.38%，温水水溶物2.46%，1%氢氧化钠抽出物15.61%，醚抽出物0.23%。

【采收与加工】栽培者根据成材年限实行轮采，野生者可结合采伐进行。采收后可先提制栲胶，再加工成纤维或造纸。

【近缘种】杨属植物约40种，中国约25种，大部分产于西南和东北东部，有栽培。与本种用途略同的尚有如下种类：小叶杨（*P. simonii* Carr.）主产东北各省；小青杨（*P. pseudo-simonii* Kitag.）主产东北各省；响叶杨（*P. adenopoda* Maxim.）主产华东、华中、西南、陕西等省区；香杨（*P. koreana* Rehd.）主产东北三省及内蒙古东部等省区；大青杨（*P. ussuriensis* Kom.）主产黑龙江省。

【资源开发与保护】山杨可作为造纸、纺织、编织等业的原料。作为先锋树种，为其他植物种的扩展创造了有利条件；从生物多样性的角度上来说，山杨作为植物生态系统中重要的组成成员之一，尤其是它的根蘖能力极强，比其他树种在荒山治理过程中发挥更有效的作用。

二、旱柳 *Salix matsudana* Koidz.

【植物名】旱柳又名河柳、柳树。杨柳科（Salicaceae）柳属植物。

【形态特征】落叶乔木高3～13m，胸径可达80cm。树皮暗灰色；枝细长，黄绿色。单叶互生，托叶披针形或无托叶；叶柄下宽上窄，长2～8mm，叶片披针形，长5～9cm，宽7～15mm，先端长渐尖，基部楔形或圆形，边缘具锯齿，叶中脉显著，黄绿色，叶表面深绿色，有光泽，无毛，背面浅绿色，仅中脉上生有疏毛。雌雄异株，葇荑花序，与叶同时开放，雄花序长1.5～2.5cm，蒴果2裂。种子小，有白色长毛。花期4月，果期5月（图11-2）。

【分布与生境】分布在吉林、辽宁、内蒙古、河北、山西、山东、河南、陕西、甘肃、四川、安徽等省区。适应性颇广泛，干湿地、河岸及高原均能生长，不适宜山地生长。

【利用部位及理化性质】旱柳的树皮、枝条纤维可代麻用，并可作造纸原料；夏季枝条采割后可直接用于编制筐篮等用具。据资料记载：茎皮含纤维素23.42%，α-纤维素20.47%，β-纤维素0.6%，γ-纤维素2.32%，木质素22.42%，单宁3.53%，淀粉1.2%，糠醛5.82%，氮0.32%，磷1.38%，钾1.26%。

【采收与加工】树皮结合采伐进行采收；夏季采割枝条，趁鲜剥皮，皮晒干后可以收藏备用；用于编制用具的枝条，采后保湿待用。

图11-2 旱柳 *Salix matsudana*
1. 雌花枝 2. 雄花枝 3. 雄蕊 4. 雌蕊

【近缘种】柳属植物全世界约500种，主产北半球的温带地区，中国约有200种，各省均产之。与本种用途相似的还有以下几种。垂柳（*S. babylonica* L.）产于华北、西北、西南、湖北、江苏、浙江、广西、广东等省区。东北有栽培；水杨柳（*S. glandulosa* Seem.）产于河北、山东、河南、陕西、安徽、江苏等省区；红皮柳（*S. purpurea* L.）产于东北、华北、华东等省区。

三、枫杨 *Pterocarya stenoptera* C. DC.

【植物名】枫杨又名鬼柳树、水麻柳、元宝柳、麻柳等。胡桃科（Juglandaceae）枫杨属植物。

【形态特征】落叶大乔木，高可达30m。胸径1～2m。树皮灰褐色，纵裂。偶数或稀奇数羽状复叶互生，叶轴具翅，小叶对生，长2.5～9cm，宽1～3cm，基部圆形或偏斜，先端尖或钝，边缘有细锯齿；表面深绿色，无毛，具光泽，背面色稍淡，沿脉有毛，侧脉 9～12 对，无柄。花单性，雌雄同株；雄花序生于去年枝上，柔荑状，长 6～12cm，雄蕊 6 或较多；雌花单生苞腋，左右各有一小苞，后来发育成翅果；果序下垂。小坚果，有 2 长椭圆形至长圆状披针形狭翅。花期 5 月，果期 9 月（河南）（图 11-3）。

【分布与生境】分布于辽宁、山东、河南、陕西、甘肃、浙江、江苏、安徽、湖南、湖北、四川、云南、贵州、广西、广东、台湾等省区。喜湿润，多生长于溪旁、河滩或阴湿山坡地，在沙质壤土及没有水浸的河滩上生长最好。

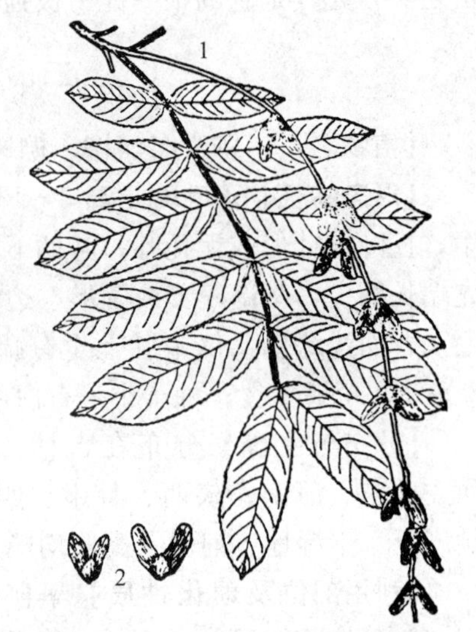

图 11-3　枫杨 *Pterocarya stenoptera*
1. 果枝　2. 果实

【利用部位及理化性质】其纤维可用于造纸和人造棉的原料，也可作麻类代用品制绳和编织用。由于枫杨分布的面广，其化学成分各不相同。据资料记载：枫杨的纤维素含量 28.15%～74.8%，半纤维素 5.26%～32.50%，木质素 4.37%～4.96%，灰分 5.20%～5.46%；纤维长 0.57%～1.76mm，平均长 1.17mm；直径 14.6～39.1μm，平均 25.9μm，比重 1.326 1，束纤维强力最高 18kg，最低 10kg。

【采收与加工】在春秋两季采收树枝，去掉小枝和树叶，趁鲜剥皮，按树枝的老嫩、长短分级整理扎成捆待用。由于本种树皮中尚含有丰富的鞣质，故应先提制栲胶再加工提取纤维，这综合利用可以降低加工成本。

【近缘种】枫杨属共 8 种，分布于北温带，中国约 7 种。南北均产之，尤以枫杨最常见。除作纤维原料外，我国有些大城市用以行道树。本属中尚有如下种类：云南枫杨（*P. delavayi* Franch.）产云南各地；湖北枫杨（*P. hupehensis* Skan.）产湖北、河南、陕西、甘肃、四川等省区；越南枫杨（*P. tonkinensis* Dode.）产于云南、广西。另外，同科化香属植物化香树（*Platycarya strobilacea* Sieb. et Zucc.）产山东、河南、安徽、江苏、浙江、福建、江西、湖南、湖北、甘肃、陕西、贵州、四川、云南、广东、广西等省区。

四、青檀 *Pteroceltis tatarinowii* Maxim.

【植物名】青檀又名翼朴、檀树、青藤等。榆科（Ulmaceae）翼朴属植物。

【形态特征】落叶乔木，高 16m。树皮淡灰色，不规则片状剥落。叶互生，卵形或椭圆形，3～10cm，宽 2～4cm，顶端长尖，基部阔楔形或圆形，略不等；边缘有不整齐的单锯齿，近基部全缘，基部三出脉，草绿色无毛。花单性，雌雄同株；雄花簇生，花被 5 裂，雄蕊 5，药顶有毛；雌花单生于当年生枝条的叶腋，花被裂片披针形；子房侧向压扁，被疏毛，花柱 2。小坚果有翅，熟后黄褐色，果柄长 1～2cm。花期 4～5 月，果期 8～9 月（图 11-4）。

【分布与生境】青檀是我国特有种，它的分布很广泛，从华北、西北、华东至华中、华南、四川、贵州、西藏等省区均有分布。多生长在石灰岩、山地河滩、沟谷、溪旁两岸的杂木林内，树易分枝，喜光，耐干旱和贫瘠土壤，是石灰质土壤的指示植物。

【利用部位及理化性质】青檀木材坚硬，可作建材及各种器具用材；枝条用于编筐篮，叶作饲料，但最有价值的是树枝的韧皮纤维是做宣纸必需的原料，早已驰名中外并且历史悠久。宣纸用于书画具有独特之处，一直为书法家和画家视为珍品。宣纸的润墨性、变形性和耐久性是其他纸张无与伦比的，宣纸之妙就在于他的主要原料是青檀树皮。尤以安徽省泾县一带的青檀皮质量最佳。现在青檀已被列为国家三级保护植物。据资料记载：青檀纤维素含量为 58.67%，木质素 7.06%，多缩戊糖 20.06%，果胶 10.48%；冷水抽出物 11.12%，热水抽出物 15.14%，苯醇抽出物 6.32%；其纤维最长 4.20mm，最短 0.53mm，一般为 1.29～3.31mm，平均为 2.15mm，最宽 22μm，最窄为 5μm，一般为 7～15μm，平均为 11μm；青檀纤维浑圆，强度较大，制成纸后不易产生应力集中现象，因而做宣纸具有非凡的拉力。

图 11-4　青檀 *Pteroceltis tatarinowii*

1. 果枝　2. 雄花序　3. 雄花　4. 雌花

【采收与加工】采收时期在每年 11 月至第二年 2～3 月采割 2～3 年生枝条，去掉小枝、叶，分长短、老嫩，扎成小捆待加工用。将捆好的树枝小捆进行蒸煮、浸泡，然后将树皮剥下晒干，整理捆好即为毛皮，即为制宣纸的原料。

【资源开发与保护】青檀是我国特产，树皮又是宣纸的必需原料，由于近年来宣纸销路广，造纸厂家不断增加，青檀资源受到破坏，宣纸的质量也受到影响。为了保护和更好利用青檀资源，应在保护的基础有效地开展引种栽培，有目的、有计划地建立青檀原料生产基地，使之永续利用。榆科中尚有多种植物可以作为纤维植物资源加以利用。

五、大麻 *Cannabis sativa* L.

【植物名】大麻又名胡麻、野麻、山麻、线麻等。为大麻科（Cannabinaceae）大麻属植物。

【形态特征】一年生草本，高 1～3m。茎直立粗壮，皮部富含纤维，基部木质化。叶对生或互生掌状全裂，裂片 3～11，披针形至条状披针形，叶表面有糙毛，叶背面密背灰白色毡毛，边缘具粗锯齿；叶柄长 4～15cm，被短绵毛。花单性，雌雄异株；雄花排成疏散的圆锥花序，黄绿色；雌花丛生叶腋，绿色；子房球形无柄。瘦果扁卵形。花期南方各地 5～6 月，北方各地 7～8 月，果期 7～9 月（图 11-5）。

图 11-5　大麻 *Cannabis sativa*

1. 根　2. 叶及雄花序　3. 雄花

4. 雌花　5. 瘦果　6. 种子

【分布与生境】我国大麻作物资源分布遍及全国，以长江流域为主要产区有河北、山西、山东、安徽、甘肃、陕西、四川、辽宁等省。从北温带到热带均可栽培，本种喜光不耐荫湿，在排水良好的沙质壤土或略带黏质的壤土上生长最好，产量最高。

【利用部位与理化性质】大麻主要用其茎皮纤维。大麻纤维为高级纤维，白色而柔软有光泽。可单纺或混纺。单纺可纺出 60 支以上的麻纱，与棉以 1∶1 的比例可以纺出更高纱支的纺织品。纤维也是特种纸的原料，种子可榨油（30%），果实入药。根据资料记载：纤维的化学组成：含水量 9.25%，灰分 2.85%，聚戊糖 4.91%，木质素 4.03%，果胶 2.0%，克贝纤维素 69.51%；冷水抽出物 6.45%，热水抽出物 10.5%，乙醚抽出物 5.0%，苯醇抽出物 6.72%，1%氢氧化钠抽出物 30.76%；单纤维长 15～25mm，宽 15～25μm，纤维强力为 42.32g。

【采收与加工】宜在 8～9 月份茎秆充分成熟后及时采收，避免茎秆倒地受潮霉烂，影响纤维质量。采收后去掉枝叶，剥麻分干剥和鲜剥两种。干剥采用机械扎干剥皮，鲜剥可手工剥皮。

【近缘种】大麻属植物中尚有一个变型，叫做野大麻［*C. sativa* L. f. *ruderalis*（Janisch.）Cho］，与大麻的区别是植株较矮小，叶及果实均较小，瘦果表面具棕色大理石花纹，基部具关节，其用途与大麻同；大麻科中尚有律草［*Humulus scandens*（lour.）Merr.］全国各地均有分布；啤酒花（*H. lupulus* L.）产于东北、华北等地。

【资源开发与保护】它可作为纤维产品、服装、绳索、船帆、油脂、纸张及医疗用品的原材料。大麻纤维具有吸湿透气性能、抗静电性能、耐热性、防紫外线性能、抑菌性能。

六、苎麻 *Boehmeria nivea*（L.）Gaud.

【植物名】苎麻又名野苎麻、山麻叫、野麻、大麻等，为荨麻科（Urticaceae）苎麻属植物。

【形态特征】多年生草本或灌木，高约 2m。茎直立，多分枝，青褐色，密生粗长毛。单叶互生，宽卵形至卵圆形，长 7～15cm，宽 6～14cm，基部阔楔形或截形，先端渐尖或长尾尖，边缘具粗钝齿，背面密生白色茸毛，脉上有长柔毛，基部为三出脉。花单性，雌雄同株，淡绿色；雄花成长形下垂的圆锥状；雌花具管状花被；子房一室。瘦果椭圆形，为宿存花萼包裹，内含一粒种子。花期 5～9 月，果期 10 月（图 11-6）。

【分布与生境】主产湖南、湖北、江西、四川、贵州、云南、福建、广东、广西，在河南、山东、江苏、安徽、浙江、陕西南部地区也有分布。多数已栽培，也有野生分布。苎麻喜欢生长在温暖湿润、雨量充沛的山坡、山沟、路旁等地，以肥沃的沙质壤土、腐殖质深厚的壤土或稍黏质土壤上生长最好，在瘠薄的地上也能栽培，但产量和质量会受到影响。

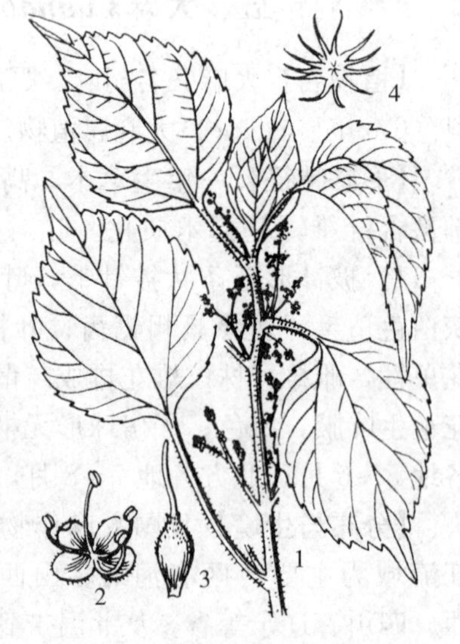

图 11-6 苎麻 *Boehmeria nivea*
1. 花枝 2. 雄花 3. 果实 4. 毛茸

【利用部位与理化性质】主要用其茎皮纤维。苎麻的茎皮纤维细长，洁白有光泽。据《中国经济植物志》记载：苎麻纤维可单纺，适于织夏布、人造棉、人造丝等，也能与羊毛、棉花混纺成高级布料。苎麻茎皮纤维强韧，具有抗湿、耐用、质轻、耐热、绝缘等特性，在国防工业上、橡胶工业有特殊用途。有效成分：据李宗道著《苎麻和黄麻》中记载：原料麻含水量 18%，灰分 2.6%，蜡质 0.2%，果胶 6.1%，纤维素 78%；单纤维最长 620mm，平均 600mm，比重 1.484。束纤维强力 50kg。但由于产地不同，品种不同，原麻的理化性质会有差异。据贵州省资料：茎皮纤维含量 60%；单纤维长 5.98mm，最窄 17.70μm，平均 37.52μm，单纤维强力最高 52.5g。短纤维还可以人造高级纸及火药。

【采收与加工】一般每年可采收 2～3 次。华南地区普遍每年采收三次，第一次在 5～6 月，第二次在7～8 月，第三次在 10～11 月。采收时应选择晴天清晨，雨天采收麻色暗黑。采收方法是用刀在近地面 5cm 处把茎割下，除去叶片，分别长短捆扎成捆，放在阴凉处，防止水分蒸发，或及时送回剥制。加工可用浸水脱胶法浸出麻皮部分胶质，便于剥麻，在气温较高时，浸水时间易短，气温较低时，浸水时间可较长。水浸后，刮去表皮，洗净晒干即成原料麻。

【资源开发与保护】根、叶入药，叶可以养蚕作饲料作肥料等。种子可榨油。荨麻科植物中有 45 属以上，55 种分布于热带和温带地区，我国有 22 属 252 种全国均产之。其中苎麻属 100 种，我国有 35 种；荨麻属（*Urtica*）50 种，我国有 15 种，都是很重要的纤维植物。

七、胡枝子 *Lespedeza bicolor* Turcz.

【植物名】胡枝子又名杏条、笤条等，为蝶形花科（Papilionaceae）胡枝子属植物。

【形态特征】灌木，高 2～3m。小枝有棱，三出复叶互生，小叶宽椭圆形或卵状椭圆形，长 3～6cm，宽 1～4cm，先端圆钝，有小突尖，基部圆形或阔楔形，全缘。总状花序腋生，长 3～10cm，花梗无关节，萼 4 裂；花冠蝶形，红紫色。荚果斜卵形，密生柔毛，有种子一枚。花期 7～8 月，果期 9～10 月（图 11-7）。

【分布与生境】产于东北、内蒙古、河北、山西、山东、河南及陕西等省区。胡枝子为喜光植物，常生于丘陵、荒山坡、灌丛及杂木林间，耐旱性较强。

【利用部位及理化性质】民间常用其枝条编筐、篓等小农具，枝条纤维可造纸、制人造棉及代麻制绳索。有效成分：幼枝中含纤维 55.57%，水分 10.71%，灰分 2.61%；单纤维长 6～18mm，平均 11mm，宽 29～36μm，平均 29μm。茎皮中含纤维 39.7%～41.32%，其中 α-纤维素 34.07%，β-纤维素 3.23%，γ-纤维素 3.43%，水分 7.85%，灰分 5.85%～6.35%，无氮浸出物 32.86%～35.66%，脂肪 5.15%～5.59%，蛋白质 18.84%～20.44%，鞣质 4.68%，糖醛 9.6%，淀粉 10.31%，磷 0.34%，钾 0.35%；出麻率 32.03%。

图 11-7　胡枝子 *Lespedeza bicolor*
1. 植株上部　2. 果枝　3. 花　4. 果实

【采收与加工】在 9～10 月间采割枝条，细嫩枝条作编筐篓用，粗壮的趁鲜剥皮，剥皮时先将枝条扭曲，使木质部和韧皮部分离，然后剥皮。加工：较细嫩的枝条削去小枝及叶，在枝条半干时即可供编筐等用；将剥下的茎皮扎成小捆，浸入水中脱胶，即得半脱胶之纤维。半脱胶纤维可代麻使用。

【近缘种】胡枝子属植物约 90 多种，分布于亚洲、澳大利亚和北美。中国约有 60 种，广布于全国。与本种用途相似的种类还有：短梗胡枝子（*L. cyrtobotrya* Miq.）产吉林、辽宁、内蒙古、河北、山西及陕西等省区；大叶胡枝子（*L. davidii* Franch.）产浙江、江西、湖南、广东、广西、贵州等省区。

【资源开发与保护】 除作纤维用之外，胡枝子叶可代茶用，有"随军茶"之称；根皮可作栲胶原料，种子可用于榨油，同时胡枝子又是防风固沙，改良土壤的绿化树种。

八、亚麻 *Linum usitatissimum* L.

【植物名】 亚麻又名胡麻，为亚麻科（Linaceae）亚麻属植物。

【形态特征】 一年生草本，高 30～100cm。茎直立基部木质化。叶互生，无柄；叶片线形或线状披针形，长 1.8～3.2cm，全缘，叶脉通常 3 出，近于平行。花单生于枝顶及上部叶腋间，花柄长 2～3cm；萼片 5 宿存；花瓣 5 蓝色，易凋谢；雄蕊 5；子房 5 室，花柱 5，分离，柱头条形。蒴果球形且稍扁，成熟时顶端开裂。种子卵形，扁平。花期 7～8 月，果实 8～9 月（图 11 - 8）。

【分布与生境】 产辽宁、吉林、黑龙江、内蒙古、河南、河北、山东、山西、陕西、甘肃、宁夏、青海、新疆、四川、云南、福建、台湾等省区。多生长在山坡、草地，为喜光植物，在沙质壤土上生长良好，不耐水涝。各地均有栽培。

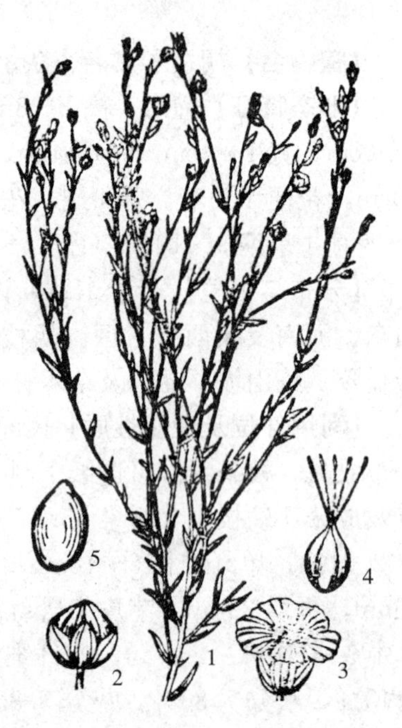

图 11 - 8　亚麻 *Linum usitatissimum*

1. 花枝　2～3. 花　4. 雌蕊　5. 种子

【利用部位与理化性质】 亚麻主要用其茎皮纤维。亚麻的纤维长，具有拉力强，织物耐摩擦，吸水性低，可纺成20～60支纱，常纺制成各种布料；亚麻纤维在其他工业、渔业及国防工业上尚有特种用途。由于产地不同，有效成分不同，据季鸣时、董一忱等研究记载：浸水发酵适宜的亚麻纤维银白色、灰白色或淡黄色，脱胶不均匀的为灰黄色、黄绿色或黄色，有绢丝光泽，劣者无光泽。比重 1.5，比热 0.32，单纤维长 20～30mm，拉力为 35.2kg/cm^2，抗摩性是棉布的 3 倍，含水量 6%～8%，湿时比干时拉力增 25%（棉织物仅增 5%），散热性超过棉的 25%，其布料最适宜作夏装。化学成分：纤维素含量 70%～80%，半纤维素12%～15%，木质 2.5%～5%，果胶 5%～14%，蜡质 1.2%～1.8%，灰分 0.6%～1.5%。另据资料记载：单纤维长 8～40mm，平均长 18mm 左右，宽 8～25μm，平均宽 16μm。化学组成：水分 10.56%，灰分 1.32%，冷水抽出物 5.94%，乙醚抽出物 2.34%，果胶质 9.29%，克贝纤维素 70.75%。

【采收与加工】 亚麻的收获期一般在 7～8 月间进行，收获时需选晴天拔麻，收割亚麻时须将整个植物连根拔起，以便获得完整的纤维长度这样还能防止纤维变色，除去根部泥土，平铺在地上晒至半干，打成直径 10cm 粗小捆堆垛管理，防止雨淋，水浸，避免发酶腐烂。加工：用浸水脱胶法脱胶。主要工业流程：选料→浸水脱胶→捶打→漂洗晾晒→干燥贮藏。

【近缘种】 亚麻属共 230 种，主产欧洲地中海地区，我国原产的有 6 种，产于东北西北及西南地区。与本种用途相近的还有如下种类：野亚麻（繁缕亚麻）（*L. stelleroides* Planch.）产于辽宁、吉林、黑龙江、内蒙古、甘肃、青海及江苏等省区；黑水亚麻（*L. amurense* Alef.）。

【资源开发与保护】根据其用途和形态特征可分为油用型、纤维用型和油纤兼用型。亚麻植物的种子可用来生产麻子油、油漆、清漆、肥皂、化妆品、油布和合成树脂的原料。短纤维用来造纸和生产缆绳。即使是亚麻植物的表皮也可用来制作马鞍、刨花板等。纺织纤维从亚麻的茎部提取。亚麻种子可入药。

九、糠椴 *Tilia mandshurica* Rupr. et Maxim.

【植物名】糠椴又名大叶椴、辽椴等，为椴树科（Tiliaceae）椴树属植物。

【形态特征】落叶乔木，高达 20m。树皮暗灰色。单叶互生，叶近圆形或宽卵形，长 7～12cm，宽 8～13cm，先端渐尖，基部宽心形或近截形；边缘的粗锯齿先端成芒状；表面暗绿色，背面密生黄灰色星状毛；叶柄长 3～9cm。7～10 朵花组成聚伞花序，花梗被灰白色柔毛；苞片倒披针形或匙形，下半部与总花梗愈合；萼片 5，披针形，被灰褐色短柔毛；花瓣 5，黄色，退化雄蕊发育成花瓣状。果实球形，密被星状毛。花期 7 月，果期 9 月（图 11－9）。

【分布与生境】分布于黑龙江、吉林、辽宁、内蒙古、河北、山东、河南、甘肃等省区。为喜光树种，常生于开阔山地或土壤湿润肥沃的柞树林、杂木林内。自然更新容易，是东北林区造林的主要伴生树种。

【利用部位与理化性质】糠椴木材为工业用材，木材也是良好的造纸原料。树皮纤维强韧，可与大麻纤维混纺制绳索及麻袋，制人造棉，枝条韧皮纤维也可造纸。有效成分：水分 8.31％，灰分 0.65％～2.31％，木质素 18.37％，纤维素 65.01％，其中 α-纤维素 76.85％，β-纤维素 10.73％，多缩戊醣 27.48％，单宁 2.87％；苯醇抽出物 7.405％，碱抽出物 41.50％；木材纤维长 0.932～1.626mm，平均长 1.15～1.184mm，宽 16.7～35.1μm，平均宽 25.3μm，树皮出麻率 36.97％～40％。

图 11－9　糠椴 *Tilia mandshurica*

【采收与加工】春秋季节剥取树皮最适宜，但必须结合林业部门采伐同时进行。将剥取的树皮去掉外层老皮，没入水中使之不露出水面，浸沤 10～15d，使其自然脱胶或碱化脱胶，或机制纤维。

【近缘种】椴树属约 50 种，主产北温带，我国有 35 种，南北均产。与本种用途相似的种类还有：紫椴（*T. amurensis* Rupr.）产辽宁、吉林、黑龙江、山西、内蒙古东部大兴安岭等省区；桦椴（*T. chinensis* Maxim.）产河南、湖南、湖北、四川、陕西、甘肃、云南等省；红批椴（*T. miqueliana* Maxim.）产山东、安徽、江苏、浙江、四川等省。

【资源开发与保护】此外，树皮含鞣质，可制栲胶，果实可榨油，花不仅是上等蜜源，同时也可入药。

十、罗布麻 *Apocynum lancifolium* Russ.

【植物名】罗布麻又名红麻、茶叶花、牛茶、野麻、泽漆麻等，为夹竹桃科（Apocynaceae）

罗布麻属植物。

【形态特征】株高50～200cm，最高可达4m，全株具乳汁。直根粗壮。茎直立，圆柱形，多分枝。叶对生，叶片长椭圆形、长圆状披针形或卵状披针形，叶柄腋间有腺体。聚伞花序顶生，苞片披针形；花萼5深裂；花冠筒钟形，粉红色或浅紫红色，5裂，具紫红色脉纹；雄蕊5，着生于花冠筒基部，雄蕊的花药粘合成锯状体；心皮2，离生。果实双生，下垂。种子多数，卵状长圆形，黄褐色，顶端具白色种毛。4～5月出苗，花期6～7月，果期7～10月。种子风播。由根芽及种子繁殖（图11-10）。

【分布与生境】分布于东北、西北、华北以及江苏、安徽北部等省区。多生于河岸沙质地山沟沙地，多石的山坡或盐碱地上。罗布麻对土壤要求不严，抗旱、耐寒，抗盐碱性很强。

【利用部位与理化性质】茎皮纤维可做高级纺织原料，可纯纺或混纺成60～160支高级纱。根据其细度、强力、耐腐和耐湿等性能，可制渔网线、皮革线、高级绘图用纸；其纤维还可用于国防工业、航空、航海、其他机械工业。与棉、羊毛等混纺可织成高级呢绒布料；种子毛可做棉絮的代用品作填充物。有效成分：水分8.64%～10.15%，灰分2.69%～3.34%，木质素9.17%，半纤维素34.7%，纤维素39.96%～54.79%。α-纤维素63.21%，脂肪蜡6.99%，果胶6.25%，多缩戊糖17%；碱抽出物50.0%，水溶物15%；单纤维长约25.19～53.50mm，宽14.75～20.15μm，平均强力18.25～19.53g，出麻率40%～42%。

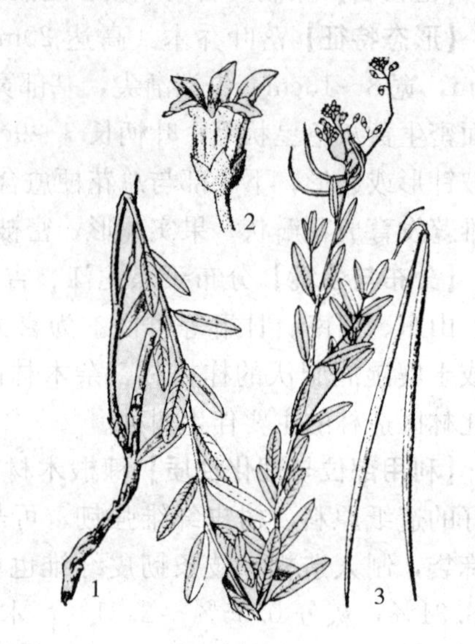

图11-10 罗布麻 *Apocynum lancifolium*
1. 花枝 2. 花 3. 果实

【采收与加工】9月份采收，将全株割下，不要伤及根部，以免影响下一年生长。将采割下的茎秆去掉小枝和叶，放入水中7～8d，取出后将麻剥下，洗净、晒干印为原料麻。也可用剥麻机剥麻，可以提高效率。

【近缘种】与罗布麻用途相同的还有白麻［*Poacynum hendersonii*（Hook. f.）Woodson］产新疆南部，青海的柴达木盆地，甘肃、内蒙古的巴额济纳旗等省区。

【资源开发与保护】罗布麻是首选的治疗高血压天然中草药之一。无论从药、从纤维或两者结合，其市场潜力非常广阔。罗布麻还具极强的抗逆性，耐旱、耐寒、耐暑、耐盐碱、耐大风，能绿化荒滩、防风固沙、防止水土流失及抑制沙漠扩展，具有水土保持的作用。而且，罗布麻花多，色鲜艳，花期长，是良好的蜜源植物。种植开发罗布麻，具有明显的经济效益，尤其罗布麻嫩叶经揉搓发酵可加工成保健茶，作为绿色产业，具有可持续发展性。

十一、宽叶香蒲 *Typha latifolia* L.

【植物名】宽叶香蒲又名蒲棒，蒲草。为香蒲科（Typhaceae）香蒲属植物。

【形态特征】多年生草本，高1～2m。根茎白色，长而横走，节部生出许多须根。茎圆柱形，直立，单一，质硬而中实。叶扁平条形，长达1m余，宽2～3cm，基部成长鞘抱茎。花单性，穗状花序顶生圆柱状，雄花序生于上部，长10～30cm，雌花序生于下部，与雄花序略长或等长，两者之间无间隔；花小，无花被，有毛；雄花序有雄蕊3枚，花粉黄色，每4粒聚成一块；雌花无小苞片；子房线形，有柄，花柱单一。果序圆柱状，褐色；坚果细小，具有多数白毛。花期6～7月，果期7～8月（图11-11）。

【分布与生境】分布于黑龙江、辽宁、吉林、山西、河南、河北、陕西、新疆、四川、湖北等省区。水生植物，生于池塘、河边、湖边及浅水沼泽中。常成丛、成片生长。

【利用部位及理化性质】全草是良好的造纸原料，茎叶和蒲绒可以制人造绵和人造纤维，蒲绒还可以作填充物；茎叶可直接用于编织蒲包、草垫、草鞋、小农具等。有效成分：干燥全株含水分10.20%，灰分6.7%，脂肪及蜡质2%，木质素9.8%，半纤维素16.6%，纤维素56.2%；冷水水溶物1.6%，热水水溶物2%；茎叶含纤维27.14%，单纤维强力21.7mg，平均长20.8mm，整齐度79.82%，平均长（包括短绒）13.94mm，上半部平均长26.17mm，短绒率43.77%。出麻率38.3%。

【采收与加工】7～8月间采收蒲草，采收的茎叶晒干后将叶鞘和叶片切开，分别打捆保存备用，秋季采收蒲绒晒干备用，药用花粉在6～7月间采收晒干即可入药。

【近缘种】香蒲属约18种，除南非外各地均产之，中国约有10种，大部产在北部和东北部。用途相同，常见的种区别如下：

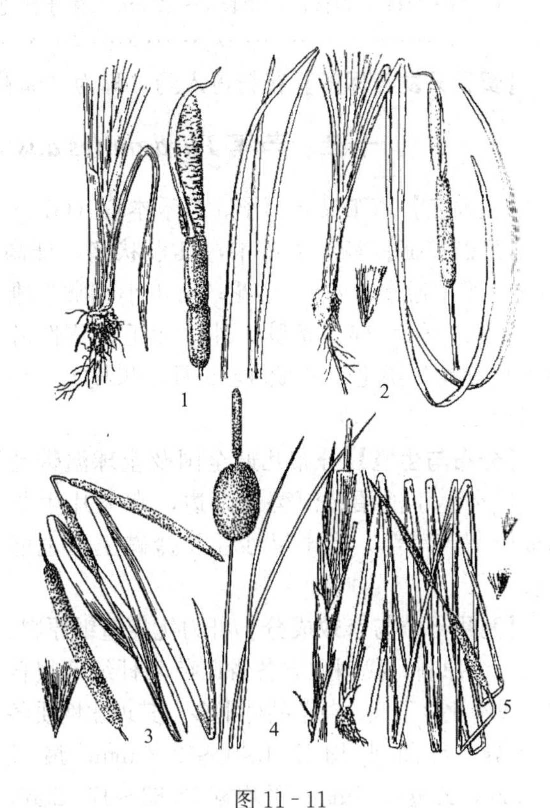

图11-11

1. 宽叶香蒲 *Typha latifolia*　2. 东方香蒲 *T. orientalis*
3. 长苞香蒲 *T. angustata*　4. 小香蒲 *T. minima*
5. 狭叶香蒲 *T. angustifolia*

香蒲属常见种检索表

1. 雌雄花相接
  2. 雌花基部的白色长毛与柱头等长或稍长，无小苞；叶宽7mm余。生于沼泽 ……………………………… 东方香蒲（*T. orientalis* Presl）（图11-11）
  2. 雌花基部的白色长毛比柱头短，有小苞；叶宽1～1.5cm。生于沼泽中 ……… 宽叶香蒲（*T. latifolia* L.）
1. 雌雄花序不相接而离生
  3. 雌花无小苞；植物粗大或较小
    4. 植物体大形；叶宽6～12mm；果穗圆柱形，较大。生于沼泽中 ………… 普香蒲（*T. przewalskii* Skv.）
    4. 植物体较小；叶宽2～3mm；雌穗长约4cm ……………………… 达香蒲（*T. davidiana* Hand.-Mazz.）
  3. 雌花有小苞；植物体小或大

5\. 植物体小，高不超过 1m；叶线形；雄花序轴无毛。生池沼中，为东北产本属中最小的植物 ………………………………………………………………………… 小香蒲（*T. minima* Funk）（图 11-11）

5\. 植物体较大，高 1～4m；雄花序轴有毛

6\. 小苞比柱头短；叶狭线形，宽 4～6（10）mm。生于河岸或池沼中 ………………………………………………………………………… 狭叶香蒲（*T. angustifolia* L.）（图 11-11）

6\. 小苞与柱头等长；叶鞘长 7～12mm 。生于湿地上 ………………………………………………………………………… 长苞香蒲（*T. angustata* Bory et Chaub.）（图 11-11）

【资源开发与保护】花粉可入药，称为"蒲黄"，内服为消炎利尿药，外用止血药。

十二、芦苇 *Phragmites australis*（Cav.）Trin. ex Steud.

【植物名】芦苇又名苇子。为禾本科（Gramineae）芦苇属植物。

【形态特征】多年生草本，具根状茎，秆高 1～3m。叶片宽 1～3.5cm。圆锥花序长 10～40cm；小穗通常含 4～7 小花；第 1 小花常为雄性；颖及外稃均有 3 条脉；外稃无毛；孕性外稃的基盘具长柔毛。花期 4～5 月，果期 9～11 月（图 11-12）。

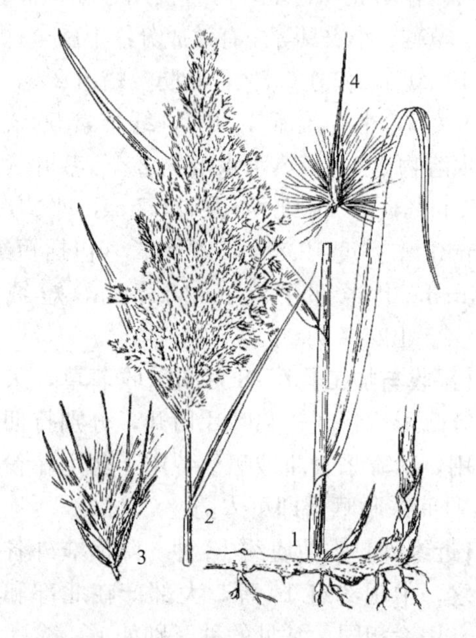

图 11-12 芦苇 *Phragmites australis*

1\. 根状茎 2. 花序 3. 小穗 4. 稃片及基盘的长柔毛

【分布与生境】分布几遍全国及全球温带地区。通常生于池沼、河旁、湖边，常大片生长形成所谓芦苇荡，但干旱沙丘及盐碱土上也能生长。

【利用部位与有效成分】秆为优良造纸原料。也是编织原料，我国北方各省以芦苇秆编席很普遍。成本比竹子低。芦苇品种很多，其理化性质各有差异。纤维平均长 1.40～2.27mm；最长 4.30mm，最短 0.65mm；平均宽 13.83～17.92μm，最宽 35.0μm，最窄 7.0μm，长宽 88.2～12.96μm。各种成分含量如表 11-1。

【采收与加工】作为造纸原料，在秋末冬初收割茎秆为好。收割后，将茎用捆草机压成捆。较长时间保存时，可垛成大垛，垛底要垫起，以防潮湿。

【资源开发与保护】老秆可代替软木作绝缘材料。芦花、芦根可入药。幼茎可作牲畜饲料。根状茎含淀粉，可供食用。地下茎蔓延力强，可作固沙堤植物。

表 11-1 茎秆的化学成分如下表（%）

样品产地（省、自治区）	水分	灰分	SiO_2	抽出物				果胶	纤维素	多缩戊糖	木质素
				冷水	热水	苯醇	1%NaOH				
河北	14.13	2.92	—	2.12	10.69	—	31.51	0.25	43.55	22.46	25.40
辽宁	10.49	5.82	—	—	—	3.77	38.36	—	41.57	25.13	19.26
江苏	9.63	1.42	—	—	—	2.32	30.21	—	48.58	25.39	20.35

（续）

样品产地（省、自治区）	水分	灰分	SiO_2	抽出物				果胶	纤维素	多缩戊糖	木质素
				冷水	热水	苯醇	1%NaOH				
湖北	10.50	2.23	—	—	—	2.39	29.86	—	50.15	23.40	20.72
吉林	—	3.72	—	4.32	6.06	3.89	34.34	—	57.91	—	20.12
新疆	5.91	3.68	3.47	3.33	5.04	—	37.86	—	50.97	22.15	19.58

注："—"表示未测（摘自王宗训主编中国资源植物利用手册）。

十三、小叶章 *Deyeuxia angustifolia*（Kom.）Chang

【植物名】小叶章为禾本科（Gramineae）野青茅属植物。

【形态特征】多年草本，具根状茎，株高60～100（140）cm。叶宽通常1.5～2mm。圆锥花序长8～15cm，狭而紧密；小穗长2.5～3.5mm，含1小花；颖披针形；外稃膜质，先端2裂，中部伸出一细直芒，基盘有丝状柔毛。花果期7～9月（图11-13）。

【分布与生境】产东北三省。生于森林地区的沼泽踏头上或湿地上，通常紧密丛生成片。

【利用部位与理化性质】小叶章用于造纸，被认为是一种极好的原料，其纤维类似竹类，比芦苇优良。中国主要造纸原料，就禾本科植物来说，有稻草、麦草、甘蔗渣、龙须草、芦苇、小叶章和毛竹，小叶章在东北的蕴藏量也很多。用小叶章制成的100g/m² 的水泥袋纸，物理性能很好。小叶章纤维长度为0.99mm，宽度为11.4μm，长宽比为87，纤维含量为39.57%。

【采收与加工】作为造纸原料时，也在秋末采收，晒干即可。

【近缘种】同属的大叶章［*Deyeuxia langsdorffii*（Link）Kunth.］（图11-13）又名苫房草或山荒草。分布在黑龙江、吉林、辽宁、内蒙古、河北、山西、河南、陕西、甘肃、宁夏、青海等省区。生于河流两岸、山谷湿草地或湿润森林中的草地上，常成片生长。其茎秆纤维也是造纸好原料，可作高级文化用纸。株高90～170cm，叶宽3～8mm。圆锥花序长10～18cm，每节具3小分枝，小穗黄绿色或带紫色；小穗也只含1花，外稃中部也伸出1细直芒，基盘上有丝状柔毛。

图11-13

Ⅰ. 小叶章 *Deyeuxia angustifolia* 1. 根 2. 花序 3. 叶 4. 颖片 5. 稃片及基盘的丝状柔毛 Ⅱ. 大叶章 *Deyeuxia langsdorffii* 6. 根 7. 花序 8. 小穗 9. 稃片

大叶章茎秆中部纤维最长1.50mm，最短0.50mm，平均0.87mm，宽度平均13.78μm，最宽19.58μm，最窄6.23μm，长宽比68.1。造纸原料样品学成分（%）：水分11.7，灰分6.0，苯醇抽出物5.4，热水抽出物13.6，1%氢氧化钠抽出物43.5，多缩戊糖22.4，木质素24.0，全纤维48.5。

十四、龙须草 *Eulaliopsis binata*（Retz.）C. E. Hubbard

【植物名】龙须草又名拟金茅、蓑草、蓑衣草、羊草、羊胡子草。为禾本科（Gramineae）拟金茅属植物。

【形态特征】多年生丛生草本，秆高可达1.5m。叶狭长线形，卷成针状；叶鞘基部边缘及根头均密生白色茸毛；叶舌短小，有短纤毛。总状花序，2～4枝总状花序再呈指状排列；小穗成对着生，每小穗长4～6mm，背腹压扁，含二花；第一颖椭圆形，纸质，第二颖膜质舟形，顶端具短芒；第一花雄性或中性，外稃先端被短毛，第二花两性，外稃膜质，第二外稃的裂齿间伸出一稍弯曲的芒，内稃较外稃宽；雄蕊3，柱头2裂，毛刷状。花期5～10月（图11-14）。

【分布与生境】分布于西南、福建、台湾、广东、广西、西北等省区，菲律宾、印度、阿富汗等地也有分布。主要生于向阳山坡、灌丛或乔木植株稀疏的林缘。对环境要求不严，应适应性强。在产区海拔800m以下的荒山瘠地多有自然生长，在向阳干燥而排水良好的山坡，长势更佳。

【利用部位与理化性质】龙须草的纤维含量为49.31%～58.13%，纤维中含α-纤维素84.03%，木质素含量为14.61%～20.67%，纤维强力为49.39g；单纤维长0.64～2.71mm，宽5.3～19.8μm。

【采收与加工】由于全草柔软，民间常用龙须草制作蓑衣、草鞋、绳索等。到19世纪80年代转向编织品外销，其加工程序如下：

原料→选料（除去杂质）→浸泡（温水3～5d，捞出捻干）→碱煮（占原料4%～6%烧碱、70～100℃、3～7h）→流水冲洗（捻干扯松）→皂化（占原料2%～4%肥皂和2%～3%纯碱、80℃、1h）→浸泡（占原料4%小苏打45～60℃、2～3h）→浸酸（占原料0.2%硫酸水溶液30℃、20min）→清水洗净→初漂白（占原料5%～8%漂白粉水30℃、30min）→次漂白（占原料5%漂白粉和4%小苏打液40℃、20min）→脱氯（占原料3%大苏打40℃、30min）→清水洗净→油化（占原料2%太古油水溶液、50℃、3～5h）→梳弹→编织品

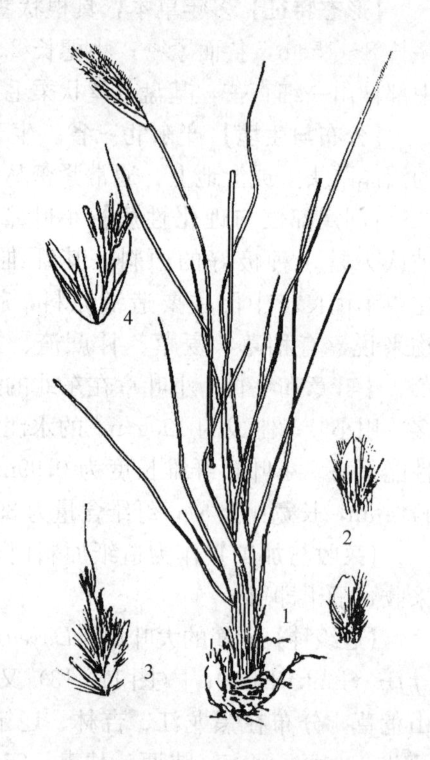

图11-14　龙须草 *Eulaliopsis binata*
1. 植株　2. 颖片　3. 稃片　4. 花

各工序处理剂用量和处理时间应根据原料性质具体情况而定。一般在秋季割取地上部分，晒干即为原料。造纸用则以霜降前收割者其粗得率高，质量也好。

【资源开发与保护】随着现代造纸工业的兴起与发展，龙须草成了造纸原料。但造纸厂往往离产地较远，运输也较困难，因而发展就地中间型加工，将是发展龙须草生产的一项重要措施。由于它无节、纤维细长、韧性好而易于漂白等优点，是造凸版纸、胶纸板、复写纸、地图纸以及打字纸等高级纸张的原料，也可用于生产书写纸、新闻纸、白皮纸、皱纹卫生纸。同时还可作人造棉和人造丝原料。龙须草可用种子或分兜繁殖，其根系发达，长可达1m，须根粗壮而强韧，耐旱、耐瘠，无

病虫害，固土力强，适应性也很强，因而作为秃山、荒坡的水土保持、改善生态环境的植物。

十五、芒 *Miscanthus sinensis* Andorss.

【植物名】芒又名芭茅。为禾本科（Gramineae）芒属植物。

【形态特征】多年生草本，秆高1～2m。叶片条形，宽6～10mm。圆锥扇形，长5～40cm，主轴长不超过花序的1/2；穗轴不断落；节间与小穗柄无毛；小穗成对生于各节，一柄长，一柄短，均结实且同形，长5～7mm，含2小花，仅第二小花结实，基盘的毛稍短或等长于小穗；第一颖两侧有脊，脊间有2～3脉，背部无毛；芒自外稃裂齿间伸出，膝曲；雄蕊3枚；柱头自小穗两侧伸出。花期8～9月，果期11月（图11-15）。

图11-15

1. 芒 *Miscanthus sinensis* 2. 五节芒 *M. floridulus* 3. 荻 *M. sacchariflorux*

【分布与生境】广布于我国南北各省区，日本也有。生于山坡、草地、灌丛、沟边、荒芜田地之中或河边湿地。

【利用部位与理化性质】茎秆化学成分：水分11.40%，灰分2.08%，纤维素51.08%，多缩戊糖34.99%，木质素16.54%，冷水抽出物2.25%，热水抽出物3.84%，苯醇抽出物1.43%，1%氢氧化钠抽出物30.45%。芒的叶鞘纤维最长4.19mm，最短0.75mm，一般2～2.4mm；最宽17μm，最窄13μm。茎秆中部纤维最长3.30mm，最短0.50mm，平均1.49mm；最宽17.8μm，最窄5.37μm，平均10.36μm；长宽比144.6。

【采收与加工】通常在秋季秆叶将黄时割下茎秆晒干，捆成束即可保存。

【近缘种】同属植物荻［*Triarrhena sacchariflora*（Maxim.）Nakai］和五节芒［*M. floridulus*（Labill.）Warb.］在许多地方均当作芒秆原料用于造纸。其化学成分与芒近似，在工业上也常通用。

上述三种植物的区别如下表：

1. 小穗有芒，基盘的毛稍长于、等于或短于小穗
  2. 圆锥花序的主轴长达花序2/3以上；小穗长3～3.5mm（分布于安徽、华南）…………………………………………………………………… 五节芒［*M. floridulus*（Labill.）Warb.］（图11-15）
  2. 圆锥花序的主轴仅达花序中部以下；小穗长5～7mm（广布南北各省区）……………………………………………………………………………… 芒（*Miscanthus sinensis* Andorss）
1. 小穗无芒，或第2外稃具一极短的不露出小穗之外的芒；基盘的丝状毛长约为小穗的2倍(分布于东北、华北、西北、华东） …………… 荻［*M. sacchariflorux*（Maxim.）Benth. et Hook. f.］（图11-15）

【资源开发与保护】可用于防沙、绿篱、放牧；幼茎药用能散血去毒；秆穗可作扫帚，秆皮

可编草鞋或编席；芒秆在工业上是重要的造纸原料，用100%的芒秆浆抄纸，所测定的纸页质量情况如下表11-2。

表11-2　芒秆的纸页质量表

造纸种类	米秤量（g/m^2）	紧度（g/m^3）	断裂长度（m）	撕力（g）
打字纸	29.5	0.74	3 905	9.6
打字纸	35.5	0.72	3 530	12.75
印刷纸	64.5	0.71	3 254	27.8
竹浆打字纸	29.0		3 517	14.0
竹浆印刷纸	62.0	0.75	4 431	26.0

引自王宗训1989年主编中国资源植物手册。

十六、棕榈 *Trachycarpus fortunei*（Hook. f.）H. Wendl.

【植物名】棕榈又名棕树。为棕榈科（Palmae）棕榈属植物。

【形态特征】常绿乔木，高可达10m。茎圆柱形，不分枝，具环纹。叶掌状深裂，直径50～70cm，裂片多数，条形，顶端常浅2裂，不下垂；叶柄细长；叶鞘纤维质网状，暗棕色，宿存。肉穗花序排成圆锥花序式，腋生，总苞多数，革质，被锈色绒毛；花小黄白色，雌雄异株；萼和花冠3裂；雄蕊6；子房3，基部合生。核果肾状球形，直径约1cm，蓝黑色。花期4～7月，果期9～10月（图11-16）。

【分布与生境】自然分布于我国长江流域以南各省区。该种耐干旱，喜生于山地阳坡的疏林中，通常在海拔1 000m以下的温带地区就能生长，而在我国南部亚热带地区则在海拔2 000m以下均能正常生长。

【利用部位与理化性质】主要利用棕榈叶鞘中的纤维（俗称“棕片”）。单根棕纤维是由许多棕纤维细胞紧密排列而成的，杂细胞极少纤维细胞之间结合非常紧密，故在宏观上表现出整体性，不易分解或拉断。棕纤维细胞的宽度一般为十几μm，长度从几百μm到几千μm不等，壁腔比约为0.5，韧性良好，故棕纤维在宏观上具有极好的弹性及韧性，甚至弯曲180°也不会折断。

【采收与加工】每年在夏初和夏末可各采割1次棕片，采收时应注意适度采割，过量则会影响棕榈树生长，因棕皮保留在树干上的时间长，则其茎较粗，形成的棕片也较宽，质量较好，反之质量则略差。采收棕片后，梳出其棕丝，按棕丝长短理成小捆，再加工成各种物品。余下的棕边又名棕夹板，可先压扁，再用浸水脱胶法得丝状纤维。

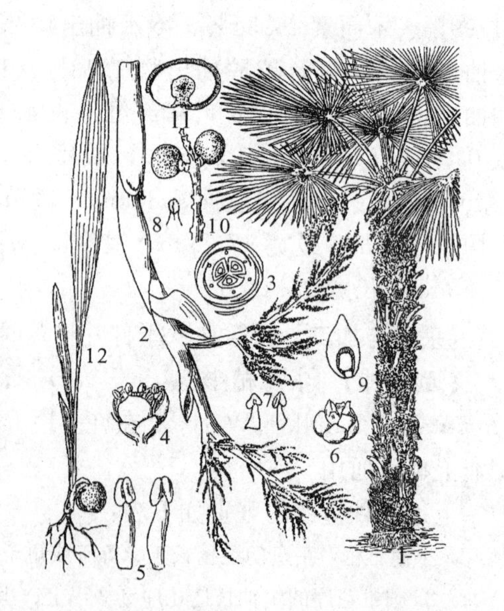

图11-16　棕榈 *Trachycarpus fortunei*
1. 植株　2. 雄花序　3. 雌花图式　4. 雄花　5. 雄蕊　6. 雌花　7. 雌花中退化雄蕊　8. 柱头　9. 子房纵剖　10. 果　11. 果横切面　12. 幼苗

【资源开发与保护】棕榈纤维常用以编织棕箱、棕床垫、棕绳、蓑衣、渔网、棕垫、棕毯、棕刷等制品，因其牢固、耐盐、抗菌、质轻，故在化纤高度发达的今天，仍扮演着重要角色。棕榈树干可做支柱或小器具用材。种子含油4.5%，种皮含蜡15%，含多缩甘露糖胶31.86%，可用来提制棕榈油、制蜡、提胶。棕碳为止血药。

十七、马蔺 *Iris lactea* Pall. var. *chinensis*（Fisch.）Koidz.

【植物名】马蔺又名马莲、马兰等。为鸢尾科（Iridaceae）鸢尾属植物。

【形态特征】多年生草本。根茎短，粗壮，具多数细而坚韧的不定根。基生叶丛生，基部被红褐色纤维状的枯死叶鞘残留物。叶条形，柔韧，灰绿色。花茎自叶丛抽出，有花1～3朵；苞片披针形，长6～7cm；花蓝紫色，外轮3枚花被片较大，匙形，稍开展，顶端钝或尖，中部有黄色条纹，内轮3枚花被片倒披针形，直立；雄蕊3，花柱分枝3，花瓣状，顶端2裂。蒴果长圆柱形，长4～6cm，具6条纵肋，有尖喙。种子近球形，棕褐色，有棱角。花期4～6月，果期8～9月（图11-17）。

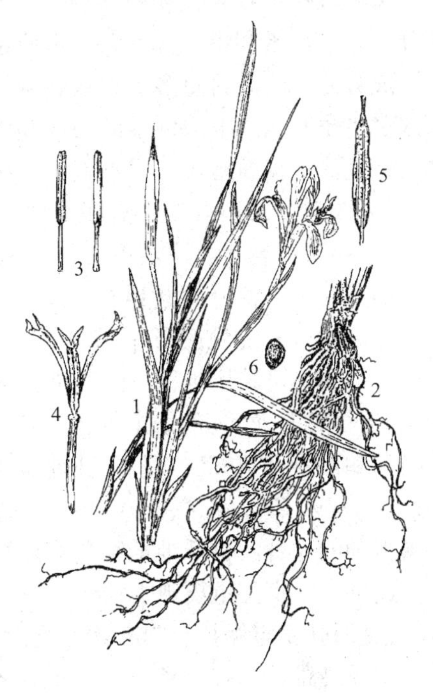

图11-17 马蔺 *Iris lactea* Pall. var. *chinensis*（Fisch.）Koidz.
1. 花枝 2. 根 3. 雄蕊 4. 雌蕊 5. 果 6. 种子

【分布与生境】产于黑龙江、吉林、辽宁、内蒙古、河北、河南、山西、陕西、甘肃、宁夏、青海、新疆、山东、江苏、安徽、浙江等省（自治区）。常见于阳光充足的草原、山坡、丘陵、河边、路边砂质地等。

【利用部位与有效成分】茎叶含纤维50%，纤维素43.39%，水分14.34%，可溶性无氮物26.93%，根含纤维素30.23%，木质素34.79%，多缩戊糖12.15%，灰分5.29%，水分10.73%，苯醇抽出物2.22%，碱抽出物40.25%，纤维平均长49.45mm，宽59.08μm，平均单纤维强力45.10g，公制支数281，出棉率约50%。

【采收与加工】采收时间在8～9月，用镰刀割取茎叶，晒干，打取种子后即可用于造纸等。若采挖其根，以5年以上的老根为好。

【资源开发与保护】马蔺抗寒、耐旱、耐污染、适应性强、分布广，不仅是一种良好的纤维植物，而且也用于城市绿化。

十八、剑麻 *Agave sisalana* Perrin. ex Engelm.

【植物名】剑麻又名普通剑麻、菠萝麻、水丝麻、龙舌兰麻、西纱尔麻、巴哈马麻，为龙舌兰科（Agavaceae）龙舌兰属植物。

【形态特征】多年生植物，茎粗短。叶呈莲座状排列，剑形，肉质，初被白霜，全缘，顶端具一红褐硬刺。雌雄同株，圆锥花序，高达6m；花黄绿色；花被裂片卵状披针形；雄蕊6，花丝着生于花被裂片基本；子房长圆形，下位，3室，胚珠多数。蒴果长圆形（图11-18）。

【分布与生境】剑麻原产于中美洲墨西哥等热带、亚热带高温、少雨的半荒漠地区，现已栽培于20多个热带、亚热带国家，在我国北纬18°～28°的华南及西南的部分地区均有种植。剑麻具有喜高温、耐干旱、抗风侵的生态习性，无论在丘陵、缓坡、山地还是浅滩盐碱地都能正常生长。

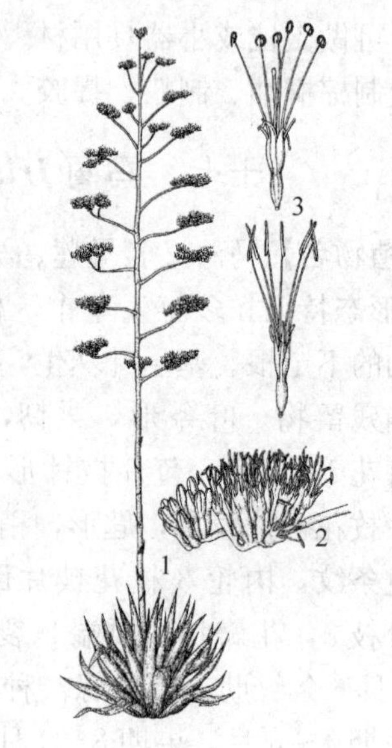

图 11-18　普通剑麻 *Agave sisalana*
1. 植株　2. 花序　3. 花

【利用部位及理化性质】 主要从叶鞘中获取叶纤维。剑麻纤维长度 0.8～8mm，宽度 8～41μm，平均长宽比为 165，与其他麻类纤维（黄麻、亚麻、苎麻）相比，剑麻纤维的宽度较小、长宽比相对比较大，单纤维的细胞壁较厚，灰分少，木质素和果胶含量高。木质素是构成植物细胞壁的主要成分之一，其含量多少直接影响纤维的品质，而果胶含量的多少也直接影响束纤维的强度和硬度。因此，剑麻直纤维的强度高，但质地硬，手感差，纤维粗。

【采收与加工】 当叶片梢部变黄即为成熟象征，从基部 2～3cm 处割下老叶，注意不要伤损嫩叶，以免影响植株生长。加工时可先将叶片边缘的硬刺除去，再把叶片外皮刮去，然后用水漂洗脱胶或用水蒸煮 40～50min，晒干即成。在缺水地区亦可采用堆积发酵法进行加工。

【近缘种】 龙舌兰属植物全世界有 300 余种，分布北、中美洲和西印度群岛。我国引种 3 种，其中作纤维用的除本种外，还有狭叶龙舌兰（*A. angustifolia* Haw.）原产美洲。另一种是观赏植物龙舌兰（*A. americana* L.），有毒。另外，我国引种的龙舌兰科纤维植物还有新西兰麻属的新西兰麻（*Phormium tenax*）原产新西兰，又名金边剑麻，也是重要观赏植物。

【资源开发与保护】 剑麻常为龙舌兰麻类的统称。剑麻纤维是世界上用量最大、范围最广的一种硬质纤维，具有色泽洁白、质地坚韧、拉力强、富有弹性、耐海水浸、耐摩擦、不易打滑、不易产生静电等特性。因此，传统上的应用主要是制成渔航、工矿、运输等所需的各种规格绳索；随着世界性环保意识的增强以及新产品的不断开发，其应用领域得到拓展，如用剑麻纤维生产的地毯、环保包装品或纤维制品、光缆屏蔽材料、电子绝缘层、特种布、纸币等。同时剑麻的综合利用价值也较高，如叶汁可提取贵重药物生产原料海柯吉宁、石蜡；麻糠可生产合成纤维板；乱纤维可生产高级纸张、絮垫，以及用作建筑物防震材料和海底电缆生产材料；在我国南方城市作为绿化植物已有广泛种植。

复习思考题

1. 纤维植物有哪些主要类别？
2. 纤维主要化学成分是什么？
3. 纤维的加工过程中有哪些脱胶方法？
4. 如何利用开发剑麻纤维？
5. 哪些纤维植物资源用来加工纸张？并说明这些纸张的用途。
6. 纤维植物资源有哪些开发利用价值？

第十二章　油脂植物资源

第一节　概　　述

一、油脂植物资源的概念及用途

油脂是油和脂的总称。一般在室温（约20℃左右）条件下呈液体的为油，呈固体的为脂。油脂植物资源是指植物体内含有油脂的一群植物。植物体内的油脂属于各种脂肪酸甘油酯的混合物，但主体部分是甘油酯，除此以外，还有少量的非甘油酯类化合物，如黏蛋白、甾醇、色素、蜡、维生素、磷脂和游离酸等。从甘油酯的结构可以看出，油脂的主要构成部分是脂肪酸，构成植物性油脂的脂肪酸种类较多，但主要是不饱和脂肪酸中的油酸和亚油酸，此外尚有亚麻酸、芥子酸等；其次是饱和脂肪酸中的硬脂酸、棕榈酸、月桂酸和癸酸等，这些化合物都是工业的重要原料。

油脂是人类食物的主要营养物质之一，它所构成的元素具有大量的碳和少量的氧，因此，在人体内能发出更大的热量。

油脂也是工业的重要原料，可直接用于榨油、制蜡烛、肥皂和各种润滑油以及油漆等。将油脂水解后提取的脂肪酸和甘油，可用于日用化工业制造各种化妆品；作橡胶工业的促进剂，以促进硫化，使橡胶软化和防止老化；在纺织印染工业中常用作打光剂；也是食品工业良好的乳化剂；其他如文教用品工业、机械工业、电镀工业、皮革工业、塑料工业和化学工业等都广泛利用油脂及其加工品为原料，制造各种物资。尤其分解出来的甘油，应用更加广泛，在食品、医药、化妆品、纺织、国防等工业中占有很重要地位。

二、我国利用油脂植物的历史和现状

我国是开发利用油脂植物较早的国家之一。现在广为栽培的油料作物，都是我们祖先长期引种驯化由野生变家植的，据一些古代文献记载和近年来发掘的先民遗址与古墓中，都证明油脂植物在我国的利用都有几千年的历史。如我国著名的油脂植物大豆在《诗经》中称为“菽”；油菜在公元2世纪的《春秋左氏传》中称为“芸薹”；在湖南省长沙马王堆西汉古墓中发现过大豆，陕西省西安半坡遗址中发现过菜籽等都是很好的考证。但新中国成立前，我国油料作物生产和油脂工业确十分薄弱，野生油脂植物的研究和开发利用就更谈不到了。新中国成立以来，在党和政府的重视下，我国油脂植物的生产有了飞跃的发展，逐年不断地扩大了种植面积，改进了栽培技术，提高了产量，制定了合理的分配和价格政策，大大促进了油脂工业的发展。同时，在野生植物资源普查的基础上，全国各地有关部门对野生油脂植物资源进行了大量的调查和研究工作。在我国丰富的植物资源中，油脂植物资源近千种，隶属于100多个科，其中尤以樟科、大戟科、芸香科、豆科、蔷薇科、菊科、山茶科、忍冬科、卫矛科、十字花科等包含的油脂植物种类最多，含油率也较丰富，其中有些种类含油率高达50%以上，多数可做工业用油，有的可供食用，也

有的可以入药。

20世纪50年代末至60年代初国际上对生物柴油有了研究，在70年代石油危机之后生物质能源的研究得到重视，生物柴油作为新兴产业在欧美国家得到快速发展。美国和欧洲均建有年产万吨的生物柴油工厂。我国在这方面的研究还在起步阶段，油脂植物资源的挖掘和研究还需要我们积极探索。

我国对油脂植物资源的研究在深度和广度上都有了可喜的进展，陆续出版了许多专著，有关野生油质植物资源的专著《中国油脂植物手册》、《中国油脂植物》，各地区和省（自治区）也有一些论著，如《东北油脂植物及油脂成分测定法》、《甘肃野生油脂植物》、《广东主要野生油脂植物手册》等，为我国开发利用和研究油脂植物资源奠定了良好基础。

第二节　主要油脂植物资源

一、竹柏 *Podocarpus nagi*（Thunb.）**Zoll. et Mor. ex Zoll.**

【植物名】竹柏又名铁甲树、竹叶球等。为罗汉松科（Podocarpaceae）罗汉松属植物。

【形态特征】常绿乔木，高可达20m。叶近对生或交互对生，厚而呈革质，椭圆状披针形或长椭圆形，全缘。花单性，雌雄异株，雄球花穗状，单生于叶腋，常分枝，梗粗短；雌球花单生叶腋，基部有数枚苞片，花后苞片不发育成肉质种托，往往顶端一枚苞片发育成囊状的珠套。种子圆形，核果状，熟时套被紫黑色，有白粉。花期3～4月，果期10月（图12-1）。

【分布与生境】主产于福建、湖南、广东、广西、浙江、江西等省（自治区）。喜夏季炎热多雨的气候条件，年平均温度在15℃以上，最低温度不低于0℃；年降水量平均在1 000mm左右。生于疏松、肥沃、土层深厚的沙质土壤上，多生于海拔1 000m以下的山谷斜坡地带。

图12-1　竹柏 *Podocarpus nagi*
1. 雌球花枝　2. 种子枝　3. 雄球花枝　4. 雄球花　5～6. 雄蕊

【利用部位及理化性质】从竹柏的种仁中提制种仁油，可供工业及食用。据中国科学院华南植物研究所分析：含油量为52.2%，油的脂肪酸组成主要为亚油酸40.8%，二十碳三烯酸25.4%，油酸20.8%，二十碳二烯酸6.5%，棕榈酸2.8%，硬脂酸1.2%。折光率1.483 0（40℃），比重0.916 0（40℃），碘值151.8，皂化值151.8～184.4，酸值0.6。种仁油色淡黄，带苦味，经多次酸洗后，成为橙黄色无苦味的食用油。

【采收与加工】当竹柏核果状种子的假种皮由青绿色变为暗紫色时，表明种子已成熟即可采摘。加工时需先脱去种子骨质的外种皮，晒干种仁，采用压榨法或浸提法提取种仁油，作为工业用油；若用0.5%～1%盐酸溶液多次酸洗以除去苦味物质，再加温至130℃去除油中残留的酸，即可得橙黄色无苦味的食用油。

【近缘种】同科同属植物长叶竹柏［*P. fleuryi*（Hickel）de Laub.］主产于广东、广西及云南，其种仁含油43.3%，油的用途与竹柏相同。

【资源开发与保护】竹柏植物的根、茎、叶及种子含有多种化学成分，具有净化空气、驱蚊虫、抗污染和治疗肿瘤的功效；竹柏木材坚韧、结构致密，不开裂、不变形，为高级建筑、乐器和雕刻等优良用材；竹柏树形美观，可作行道树及庭院绿化树种。

二、三尖杉 *Cephalotaxus fortunei* Hook. f.

【植物名】三尖杉又名山榧树、狗尾松、明杉、藏杉、明油果等。为三尖杉科（Cephalotaxaceae）三尖杉属植物。

【形态特征】常绿乔木，高可达20m。小枝对生，基部有宿存芽鳞。叶螺旋状着生，排成两列，呈线状披针形，通常微弯，表面中脉凸起，深绿色，背面中脉两侧有白色气孔带。雄球花8～10聚生成头状，单生叶腋，梗较粗；雌球花由数对交互对生而各有2胚珠的苞片组成，多生于小枝基部，稀生枝顶，种子常呈椭圆状卵形，顶端有小尖头，熟时外种皮紫色或紫红色。花期4月，果期10～11月（图12-2）。

【分布与生境】本种主要产于浙江、江苏、安徽、江西、湖南、湖北、四川、贵州、云南、福建、广东、广西以及甘肃、陕西、河南等省的南部地区。三尖杉喜温暖湿润的气候条件，多生于溪边或山地密林中，东部各省常见于海拔200～1 000m的丘陵山地，在西南各省区多分布于海拔2 700～3 000m的针阔叶混交林中。喜生于湿润而排水良好的沙质壤土上。

【利用部位及理化性质】三尖杉的种仁含油率较高。据中国科学院云南植物研究所分析：种仁含油量为63.1%～66.1%，油的脂肪酸组成为油酸37.6%～44.9%，亚油酸37.3%～43.9%，棕榈酸6.6%～8.4%，硬脂酸2.4%～2.8%。油为干性油；油的造化值185.60，碘值134，酸值0.78；油的比重（25℃）0.919 7，折射率（25℃）1.470 6；主要用于制肥皂、制漆、蜡及硬化油等。

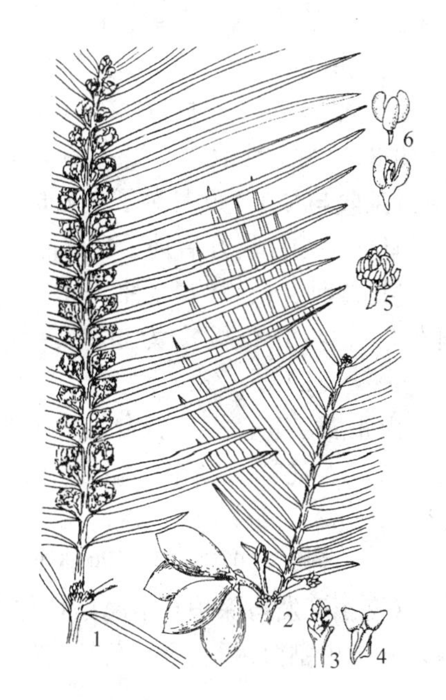

图12-2　三尖杉 *Cephalotaxus fortunei*
1. 雄球花枝　2. 种子枝　3. 雌球花
4. 苞片与胚珠　5. 雄花　6. 雄蕊

【采收与加工】10～11月种子充分成熟后采收。采收后去掉果壳，洗净晒干备用。用压榨法或浸提法提制油脂。

【近缘种】本属植物9种，主产亚洲，我国有7种，产秦岭及黄河以南各省区。与本种用途相近的种有：粗榧[*Cephalotaxus sinensis*（Rehd. et wils.）Li]。

【资源开发与保护】竹柏种仁除榨油外，油粕含氮较丰富，然后可作肥料；木材坚韧，结构细致，富有弹性，材质优良可做器具或农具；成熟的果实可鲜食；枝、叶、根、种子等可提取多种生物碱，对治疗白血病及淋巴肉瘤等有一定疗效。

三、华山松 *Pinus armandii* Franch.

【植物名】华山松又名果松、白松、青松、无须松等。为松科（Pinaceae）松属植物。

【形态特征】常绿乔木，高约25m。树皮幼时灰褐色，无毛，针叶常5针一束（稀6～7针），长8～15cm，鞘早落。球果圆锥状长卵形，长10～20cm，直径5～8cm，成熟时种鳞张开，种子脱落；种鳞的鳞盾无毛，不具纵背，鳞脐顶生，上部不反曲或仅鳞脐反曲。种子倒卵形，长1～1.5cm，宽约0.6～1cm，无翅，有纵脊，茶褐色，有光泽。花期4月，果期9月（图12-3）。

【分布与生境】产山西、河南、广东、福建、台湾等省区、其中云南省产量较大。江西、浙江等地有栽培。华山松为高山树种，喜气候温凉湿润，在酸性土或微钙质土壤上均能生长。在土层深厚，排水良好的东北坡上生长旺盛。幼时稍耐蔽荫，常与阔叶树形成针阔混交林，或成纯林。垂直分布高度约在1 000～3 000m之间。

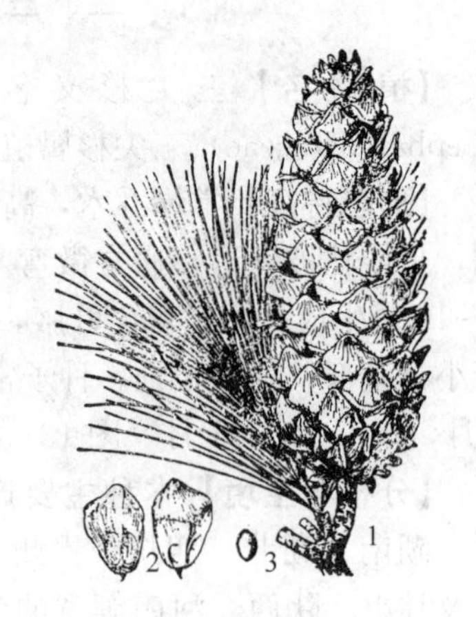

图12-3　华山松 *Pinus armandii*
1. 球果　2. 种鳞背腹面　3. 种子

【利用部位与理化性质】种仁油可食用或制硬化油。据资料记载种仁含油率20.9%～58.1%，油的脂肪酸组成油酸23.4%～27.0%，亚油酸46.0%～48.1%，十八碳三烯酸14.3%～21.2%，二十碳三烯酸1.5%，油的皂比值189.8～191.2，碘值154.4～157.9，酸性7.3，折光率（20℃）1.474 4，比重（20℃）0.919 8；油为干性油。

【采收与加工】9月种子充分成熟后及时采收球果，在阳光下曝晒，待鳞片裂开后种子自然脱出，干燥后贮存于通风干燥处待用。用脱净的种子压榨提油。

【近缘种】松属约80种，分布于北半球，从北极附近至北非、中美及南亚直到赤道以南。我国有22种，分布极广为重要造林树种。本属中比较重要的油用植物还有：红松（*Pinus koraiensis* Sieb. et Zucc.）主产于东北三省。赤松（*P. densiflora* Sieb. et Zucc.）产吉林、辽宁、山东、江苏、福建、台湾等省区。马尾松（*P. massoniana* Lamb.）产于河南、安徽、江西、浙江、江苏、湖南、湖北、陕西、四川、贵州、广西、广东、福建、台湾等省区。偃松（*P. pumila* Regel）产吉林、辽宁、黑龙江、内蒙古等省区。云南松（*P. yunnanensis* Franch.）产云南、贵州、四川、广西西部等省区。

【资源开发与保护】本属植物种子中都含有油脂，除此之外，针叶可提芳香油，树皮提取鞣质，树干可割取树脂。松花粉、松节油入药。有些树种树形美观可做绿化观赏树种。

四、香叶树 *Lindera communis* Hemsl.

【植物名】香叶树又名红果树、红油果、臭果树、香油果、大香果、千斤树等。樟科（Lauraceae）山胡椒属植物。

【形态特征】常绿灌木或乔木，高4～10m。单叶互生，革质，具短柄，叶片通常椭圆形，有时卵形，先端渐尖或短尾尖，背面有疏毛，叶脉羽状；花单性，雌雄异株，花被6片，雄花能育雄蕊9，雌花具退化雄蕊9，子房发育正常；果为浆果状核果，卵形，着生于杯状果托上。花期3～4月，果期9～11月（图12-4）。

【分布与生境】主产云南、四川、贵州、广东、广西、湖南、湖北、福建等省（自治区）。香叶树多生长于我国长江以南气候温暖而土壤湿润的地方，在近海地区的次生林中生长茂盛，是我国较重要的野生木本油脂植物之一。山地以生长在阳坡的植株开花结果良好。

【利用部位及理化性质】香叶树种仁含油率较高。据中国科学院昆明植物研究所分析：种子含油量为56.1%，脂肪酸组成主要为硬脂酸28.4%，月桂酸28.3%，癸酸15.9%，油酸11.8%，肉豆蔻酸8.3%，棕榈酸7.2%等。油的折光率（20℃）1.445 0，比重（20℃）0.917 6，碘值90.4，皂比值228.2，酸性1.2。该油多用于制造肥皂，提取月桂酸和癸酸等的原料。

【采收与加工】9～10月果实成熟呈大红色时即可采收。因果肉中含有芳香油，趁鲜用果肉提芳香油，将果核洗净晒干备用。用压榨法从果核中取油，用浸提法从核仁中取油。

图12-4　香叶树 *Lindera communis*

1. 雄花枝　2. 雄花纵剖　3. 第一、二轮雄蕊　4. 第三轮雄蕊　5. 雌花第一、二轮退化雄蕊　6. 第三轮退化雄蕊　7. 雌蕊　8. 果枝

【近缘种】本属约100余种，分布于亚洲及北美温、热带地区，我国有42种，主产长江以南各省区。大多数种类的种子均富含油脂，而且含油率均较高，各地可进一步研究和开发利用。主要种类有：山胡椒［*L. glauca*（Sieb. et Zucc.）Bl.］产河南陕西、长江以南各省区。乌药［*L. strychnifolia*（Sieb. et Zucc.）Vill.］产河南及长江以南及长江以南各省区。三桠乌药（*L. obtusiloba* Bl.）分布最北达北纬41°，即辽宁南部的千山。

【资源开发与保护】本属大多数种类的种子富含脂肪，果肉富含芳香油，供香料用或药用；根含有多种生物碱可入药，也可做兽药用；还有些种类做材用。

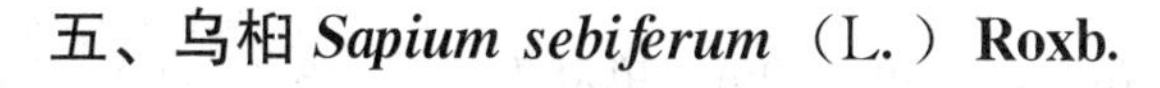

五、乌桕 *Sapium sebiferum*（L.）Roxb.

【植物名】乌桕又名乌桕籽、木油树、桕子树、乌树果、桠树、木梓等。大戟科(Euphorbiaeae) 乌桕属植物。

【形态特征】乔木，高可达15m。单叶互生，菱形至宽菱状卵形，叶柄细长，顶端有2个腺体。花单生，雌雄同株，花序穗状顶生，小花、无花瓣和花盘；雄花小，多着生花序上部，萼杯状，3浅裂，通常具2个雄蕊，稀3，花丝分离；雌花多着生花序基部，具短柄，着生处两侧各有1个近肾形腺体，花萼3深裂，子房光滑，3室。果为蒴果，梨状圆形。种子近圆形，黑色，外被白蜡层。花期5～6月，果期10～11月（图12-5）。

【分布与生境】本种产于陕西、河南、甘肃、山东、江苏、浙江、江西、安徽、广东、广西、福建、湖南、四川、贵州、云南、台湾等省（自治区）。适应性较强，在我国热带、亚热带及温带地区均有分布。但喜湿润、肥沃而土层深厚的土壤，在溪旁、堤岸旁生长旺盛。目前我国各地有引种栽培。可利用荒山进行大面积栽植，在山麓和低丘陵地带生长良好。

【利用部位及理化性质】果肉和种仁含油率均较高，果肉（种皮）含量达70.3%，种仁含油量为31.7%。油的脂肪酸组成：果肉为棕榈酸68.9%，油酸31.1%；种仁为亚麻油酸39.5%，亚油酸24.7%，油酸11.8%，十二碳烯酸16.1%，棕榈酸6.6%。乌桕果肉油是指种子外被有的一层蜡质，一般称为“皮油”或“桕蜡”，可用于制蜡烛、肥皂，也可以作为生产棕榈酸和油酸的原料；种仁油称为“桕油”或“梓油”，黄色，含有毒素，不能食用，一般可作为生产亚麻油酸、油酸以及制漆、润滑油、油墨、化妆品、蜡纸等的原料；用带蜡层的种子榨的油，称为“木油”，多用于制造肥皂和蜡烛的原料。

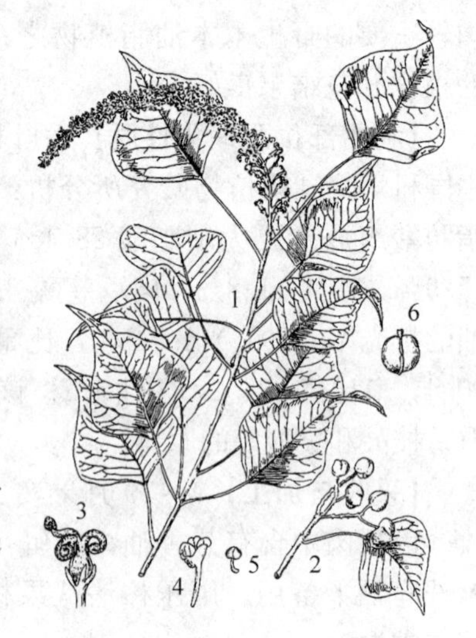

图 12-5　乌桕 *Sapium sebiferum*
1. 花枝　2. 果枝　3. 雌花
4. 雄花　5. 雄蕊　6. 种子

【采收与加工】由于各地气候条件不同，成熟期各异，采收期也不同，一般可在外果皮开裂时进行采收，去掉果皮，取出种子晒干，贮存在干燥通风处，避免发霉腐烂，或即时加工榨油。

【近缘种】本属约120余种，分布于亚热带和热带地区，我国约10种，产西南至华东地区。主要有：①山乌桕［*S. discolor* (Champ.) Muell. - Arg.］；②圆叶乌桕（*S. rotundifolium* Hemsl.）产广东、广西、云南、贵州、湖南等省区。

【资源开发与保护】乌桕种皮表面附有一层白色蜡质，俗称“皮油”或“桕腊”，可用作制蜡烛和肥皂的原料；桕油有毒素，不能食用，中药用少量熬制药膏；油渣含氮素7%，可作肥料，乌桕叶可提制黑色染料，树皮及叶含鞣质可提制栲胶，种子外壳可提碳酸钾，用于制钾玻璃；木材可制农具、小器具、雕刻用材；叶浸出液可作农药；夏季开花为蜜源植物；种子和根皮入药等。

六、油桐 *Vernicia fordii*（Hemsl.）Airy - Shaw.

【植物名】油桐又名三年桐，为大戟科（Euphorbiaceae）油桐属植物。

【形态特征】落叶小乔木，高可达9m。单叶互生，卵圆形或卵状圆形，基部心形或截形，先端渐尖，全缘或1～3浅裂，具5～7条基出脉，叶柄顶部近叶基处有腺体2枚。花单性，同株，花大而具花瓣，雄花有雄蕊8～20枚，花丝基部合生，雌花子房3～8室，每室1胚珠，花柱2裂。果为核果，近圆形，表面平滑。种子具厚壳状种皮。花期4～5月。果期10月（图12-6）。

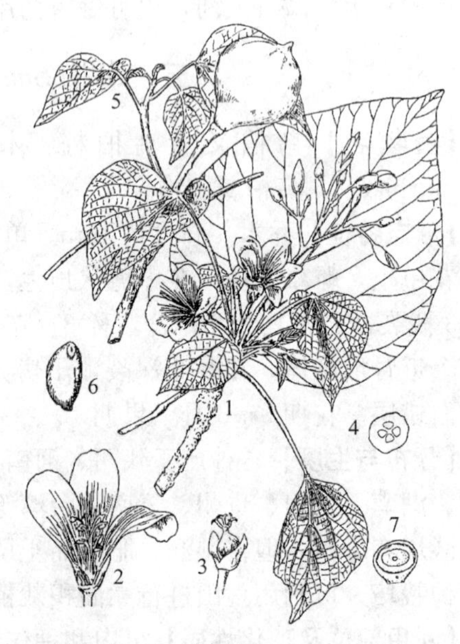

图 12-6　油桐 *Vernicia fordii*
1. 花枝　2. 雄花纵剖　3. 去瓣雌花
4. 子房横切　5. 果枝　6. 种子　7. 种子横切

【分布与生境】本种为我国原产，主要产于长江流域各地，河南、陕西和甘肃南部也广为引种栽培。适于温暖湿润地区生长。多生于低山、丘陵地带的山坡上、山麓和沟旁。现长江流域以南各省广为栽培。

【利用部位及理化性质】油桐是我国极为重要的特产木本油料植物。其种仁含油率较高。由于产地不同含油量有较大差异。种仁含油量为58.7%，其脂肪酸组成是：桐酸 58%，亚油酸 18.1%，油酸 14.7%，棕榈酸 4.3%，硬脂酸为 2.5%等。

【采收与加工】油桐果实于秋天 10 月成熟时表面呈黑褐色，一般等桐果成熟后落地再收集，然后堆积在潮湿处，再泼上水，使其果皮腐烂，取出种仁，贮藏备用。提油采用压榨法或浸提法。

【近缘种】本属有 3 种，分布于东亚。我国有 2 种，广布于长江以南各省区。木油桐（*V. montana* Lour.）产广东、广西、云南、福建、台湾等地。

【资源开发与保护】桐油是油漆和印刷油墨等的最好原料，也是我国对外贸易的重要商品之一。除提油外、树皮提制栲胶，果壳制活性炭，根、叶、花果均可入药。

七、灯油藤 *Celastrus paniculatus* Willd.

【植物名】灯油藤又名打油果、红果藤等，为卫矛科（Celastraceae）南蛇藤属植物。

【形态特征】藤状灌木，长可达 10m。单叶互生，叶片椭圆形、宽卵形、倒卵形至圆形；花序顶生，呈圆锥状聚伞花序，花单性，雌雄异株，淡绿色，5 数，雄花的雄蕊着生于杯状花盘边缘，子房退化成短柱状，雌花子房圆珠形，柱头 3 裂，雄蕊退化；蒴果，近圆形，3 裂，每裂瓣有 1～2 粒种子，种子外被橙红色假种皮。花期 4～6 月，果期 9～10 月（图 12-7）。

【分布与生境】分布于云南、广东、广西等地。喜高温、多湿的气候条件，多生于海拔200～1 800 m 的热带平地或山坡密林中。该种的生态适应性适中，一般干燥和湿润地带均可生长。

【利用部位及理化性质】主要利用种子榨油。灯油藤种子含油率较高，约 58.3%左右。油中脂肪酸组成主要为棕榈酸 34.0%、油酸 30.1%、亚油酸 16.2%、硬脂酸 3.4%、月桂酸 2.1%等。油的折光率（20℃）1.482 4，比重（20℃）0.965 5，碘值 86.8，酸值 17.0。该油主要用作制肥皂的原料。

【采收与加工】于 9～10 月果实成熟后，采收果实，取出种子，置于干燥通风处待用。加工时可用压榨法或浸提法提取油。

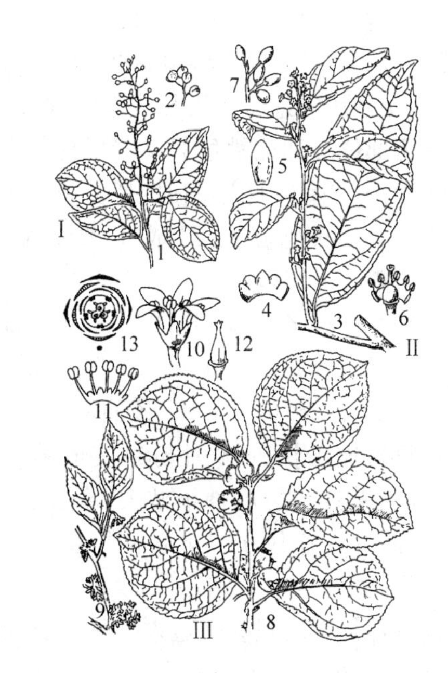

图 12-7

Ⅰ. 灯油藤 *Celastrus paniculatus*（1～2. 果枝）

Ⅱ. 青江藤 *C. hindsii*　（3. 花枝　4. 花萼　5. 花瓣　6. 雄、雌蕊　7. 果枝）

Ⅲ. 南蛇藤 *C. orbiculatus*（8. 果枝　9. 花枝　10. 花　11. 雄蕊　12. 雌蕊　13. 花图式）

【近缘种】南蛇藤属植物主要分布于热带和亚热带地区，全球约 50 种，我国有 30 种。该属植物种子的含油率一般较高，有开发利用价值者尚有以下几种：过山枫（*C. aculeatus* Merr.），种子含油率约为 35%；苦皮藤（*C. angulatus* Maxim.），种子含油率约为 42%；哥兰叶（*C. gemmatus* Loes.），种子含油率约为 19%；青江藤（*C. hindsii* Benth.），种子含油率约为 58%；南蛇藤（*C. orbiculatus* Thunb.），种子含油率约为51%。

【资源开发与保护】本属植物还可作为主体绿化观赏植物。藤茎做纤维材料。

八、文冠果 *Xanthoceras sorbifolia* Bunge

【植物名】文冠果又名文官果、木瓜、文冠树、龙瓜等，无患子科（Sapindaceae）文冠果属植物。

【形态特征】落叶灌木或小乔木，高可达8m。树皮灰褐色。叶为奇数羽状复叶，互生，小叶狭椭圆形至披针形，9～19枚，背面疏生柔毛，边缘有锯齿。花为总状花序，顶生或腋生，杂性；萼片5；花瓣5，白色，基部红色或黄色；花盘5裂，裂片背面有一角状橙色的附属物；雄蕊8，花丝长而分离；子房3室，每室胚珠7～8枚。果为蒴果，果壳坚硬，3裂，种子圆形，黑褐色。花期4～5月，果期7～8月（图12-8）。

【分布与生境】本种主要产于内蒙古、辽宁、吉林、河北、河南、山东、山西、陕西、甘肃、宁夏等省（自治区）。适应性较强，喜生于沙质肥沃土壤，根系深，具有抗干旱的优良特性，一般在干旱沙荒地带生长良好。多生长于丘陵，低山的山坡，沟谷和林缘处，但人工引栽于土质肥沃的地方，可长成繁茂的大乔木。

【利用部位及理化性质】文冠果种仁含油率高，据中国科学院林业土壤研究所分析：种仁含油59.9%，油的脂肪酸组成主要为亚油酸42.9%，油酸30.4%，芥酸9.1%，二十碳烯酸7.2%，棕榈酸5.0%，硬脂酸2.0%等。油的折光率（20℃）1.474 0，比重（20℃）0.921 7，皂化值是187.7，碘值114.9；该油呈淡黄色。

图12-8 文冠果 *Xanthoceras sorbifolia*
1. 雄花枝 2. 雄花 3. 萼片 4. 雄花去花被示雄蕊和花盘 5. 雄蕊腹面 6. 雄蕊背面 7. 花盘裂片和角状附属体 8. 蒴果 9. 种子 10. 幼苗

【采收与加工】7～8月份果实成熟后及时采收，以免果实开裂后种子散失，采收后将种子晾干，储存在通风干燥处备用。用压榨或浸提法取油。

【近缘种】本属只有文冠果一种。分布在我国西北至东北地区。

【资源开发与保护】文冠果油可食用，也可用于润滑油、防锈剂和制肥皂的原料。种子除提油外嫩时白色可食，味甜质脆，犹如嫩豌豆；花味甘甜，芳香，为蜜源植物，又是绿化观赏树种。

九、油茶 *Camellia oleifera* Abel.

【植物名】油茶又名白花茶、茶子树、建茶等。为茶科（Theaceae）茶属植物。

【形态特征】 常绿灌木或乔木，高可达7m，幼枝稍有毛。单叶互生，革质，椭圆形或卵状椭圆形，顶端渐尖，基部楔形，边缘有浅锯齿，中脉具毛。花白色，1～3朵顶生或腋生，花瓣5～7，雄蕊多数，外轮花丝基部稍连合，子房具白色丝状绒毛，花柱顶端3浅裂。果为蒴果，圆形，幼时有毛，后渐脱落，种子1～3枚，背圆腹扁。花期9～11月，果期翌年秋季（图12-9）。

【分布与生境】 主产于四川、安徽、江苏、浙江、福建、江西、湖南、湖北、云南、广东等省。印度、越南也有分布。喜高温多湿的气候条件，幼树时较耐阴，进入结果期后较喜光，喜生于肥沃而带酸性土壤，一般丘陵、山地和平原生长均较好。我国长江流域及以南各省区广为引种栽培。

【利用部位及理化性质】 油茶种子和种仁含油率均较高。据中国科学院植物研究所分析，种子含油量为36.6%，种仁含油量为55.9%，油的脂肪酸组成主要为油酸78.6%，棕榈酸为9.6%，亚油酸为8.8%，硬脂酸为2.2%。油的折光率（20℃）1.459 0，比重（20℃）0.914 4，皂化值192.2，碘值85.3，酸值8.2。主要供食用及润发、调药，也可制蜡烛和肥皂，还可做机油的代用品，果壳可提取栲胶、皂素、糖醛等。

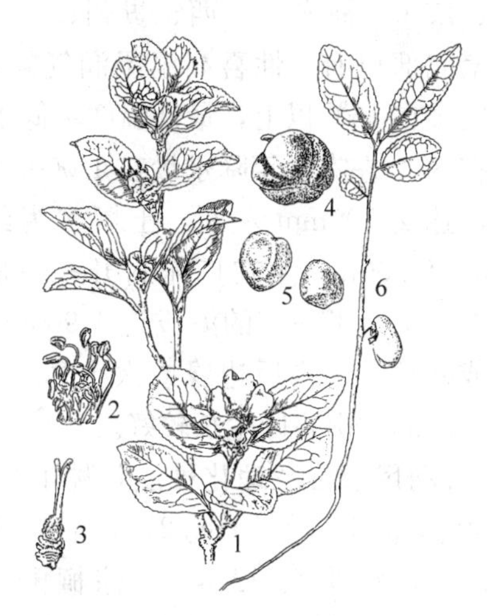

图12-9　油茶 *Camellia oleifera*
1. 花枝　2. 雄蕊　3. 雌蕊
4. 果实　5. 种子　6. 幼苗

【采收与加工】 10月中下旬果实成熟，当果皮变为红色或黄褐色，尚未全裂时，及时采收，避免落地日久，酸度增加，油量减少，采收后晾干，置于通风干燥处保存待用。用压榨法或浸提法从种仁中提油。

【近缘种】 本属约220种，分布与东亚至印度，我国有190种，主产西南至东南地区。香港红山茶（*C. hongkongensis* Seem.）产广东省。浙江红山茶（*C. chekiangoleosa* Hu）和山茶（*C. japonica* L.）产我国东部及日本，我国南方多数省区有栽培，北方盆栽用于观赏。

【资源开发与保护】 油茶除可榨油外，茶籽粕中含有茶皂素20%～25%，茶多糖18%～20%，茶蛋白15%～20%，具有很高的经济价值，可作为饲料，茶皂素还可做洗涤剂、乳化剂和泡沫剂的原料，也可制杀虫剂。另外，油茶产地多为贫困落后山区，资源较为分散，生产技术落后，其主要产品茶油大部分呈自产自销状态，很少以高级食用油的形式走出山区，以体现这种宝贵资源的经济价值，为山区脱贫致富作出贡献。因此，开展油茶籽的综合利用，既利于促进油茶籽生产发展又为社会提供多种产品，有很高的经济效益和社会效益。

十、多花山竹子 *Garcinia multiflora* Champ. ex Benth.

【植物名】 多花山竹子又名木竹子、木竹果、木熟果、不碌果、大核果、金苹果、酸白果、酸果、山橘子、竹橘子、山竹子、白树仔、竹节果、花瓶果、大肚脐、查牙橘、铁色、楠椰橘、咪枢等等。为藤黄科（Guttiferae）藤黄属植物。

【形态特征】 常绿乔木，稀灌木，高5～15m。胸径20～40cm，树皮灰白色，粗糙。单叶对生，革质，卵形、长圆状卵形或长圆状倒卵形，边缘全缘而微反卷。花单性，同株，萼片2大2小，花瓣4，橙黄色，雄蕊的花丝结合成4束，花药2室；雄花数朵排成聚伞花序再排成总状或圆锥花序，柱头盾状，4 裂；雌花序有雌花 1～5 朵，退化雄蕊束短于雌蕊；子房长圆形，2 室，无花柱，柱头大而厚，盾形。果卵圆形至倒卵圆形，成熟时黄色，盾状柱头宿存。种子 1～2 粒，椭圆形。花期 6～8 月，果期 11～12 月（图 12-10）。

【分布与生境】主要产于台湾、福建、江西、湖南、广东、海南、广西、贵州、云南等省（自治区），越南北部也有。性喜高温湿润气候，生长地的年平均温度多在 15℃以上，最低温度不低于 2℃，最高气温平均在 30℃左右，年降水量在 1 000mm 以上，最高降水量可达 2 500mm 左右，土壤多为红壤，海拔通常为 400～1 200m，生在广东封开一带的海拔只有 100m，生在云南金平一带的海拔达 1 900m。通常生于山坡疏林或密林中、沟后边缘或次生林或灌丛中，以土壤肥沃、湿润的山谷区生长较好。

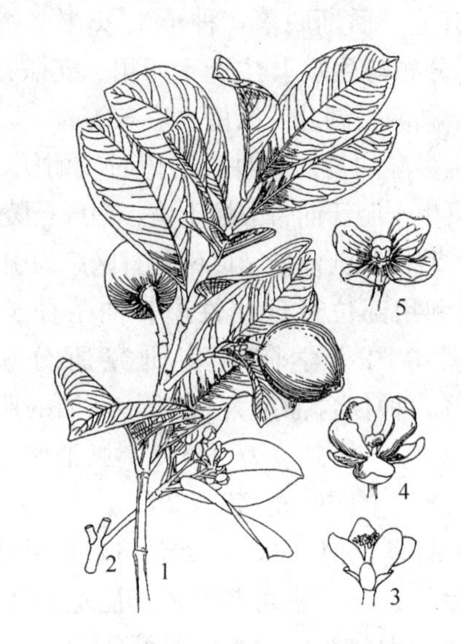

图 12-10　多花山竹子 *Garcinia multiflora*
1. 果枝　2. 花枝　3～4. 雄花　5. 雌花

【利用部位及理化性质】种子含油量 51.22%，种仁含油量 55.6%～65.2%，油的脂肪酸组成：油酸 80.8%，硬脂酸 12.4%，棕榈酸 4.7%，肉豆蔻酸 2.0%。主要用于制造肥皂的原料，也可作机械润滑。

【采收与加工】当果实由暗绿色变为青黄色时即可采收，去掉果皮，将种子洗净晾干即可用压榨法或浸提法提油。

【近缘种】本属约 400 种，分布于东半球热带地区，我国有 10 种，产华南至西南地区。与本种用途相近的有：①岭南山竹子（*G. oblongifolia* Champ. ex Benth.）产广西、广东等省区。②大叶藤黄（*G. xanthochymus* Hook. f. ex T. Anders.）产云南、广西等省区。

【资源开发与保护】除种子提油外，其成熟的果实甘美可食，但内含黄色胶质和多量的单宁，略带涩味。多食能引起腹痛；果皮及树皮均含鞣质，可制栲胶；木材暗黄褐色，材质坚重，可做船板，家具及工艺雕刻用材；树皮入药，有消炎之功效。

十一、月见草 *Oenothera biennis* L.

【植物名】月见草又名山芝麻、夜来香。为柳叶菜科（Onagraceae）月见草属植物。

【形态特征】一年生或多年生草本植物。株高 0.8～1.2m，最高有达 1.5m 以上者。茎生叶互生，下部叶具叶柄，上部叶近无柄，叶片披针形或长椭圆状披针形，先端渐尖，基部楔形，边缘具不整齐疏锯齿；花单生于枝上部叶腋，排成整齐的疏穗状，萼筒较长，萼片 4 裂，绿色，花瓣 4，黄色，先端微凹缺，柱头 4 裂。果为蒴果，长圆形，略具 4 棱，通常基部略粗，上部渐细。种子具棱，棕褐色。花期 7～9，果期 8～10 月（图 12-11）。

【分布与生境】本种野生于东北东部山区，主产于吉林、黑龙江、辽宁等省，河北、内蒙古、江苏等省区也有分布。耐寒喜光，特别对日照长短极敏感，苗期长期处于短日照情况下，不抽茎开花，只有在长日照条件下才能正常开花结实。野生状态喜生于山区向阳坡地、林间或林缘荒地、路旁或河岸等处，喜沙质土壤，在沙砾地上也能正常生长。但人工引种于肥沃而排水良好的土壤上，生长旺盛，种子产量较高。

【利用部位及理化性质】月见草种子含油率较高。据中国科学院林业土壤研究所分析：种子含油 22.6%～30.1%，油的主要脂肪酸组成为亚油酸 73.4%，油酸 7.7%，γ-亚麻酸 9.2%，棕榈酸 6.1%，硬脂酸 1.8%等。油的折光率（20℃）1.477 0，比重（20℃）0.931 0，皂化值 188.2，碘值 139.7，酸值 26.8，乙酰值 24.9，硫氰值 83.9，不皂化物 1.1%。

【采收与加工】9 月在植株上有 2/3 果实成熟尚未开裂时，将全株地上部分收回，晒干，待其蒴果开裂后，收取种子清除杂质，即可压榨法或浸提法提油。

图 12-11　月见草 *Oenothera biennis*
1. 一年生苗　2. 植株上部　3. 花　4. 种子

【近缘种】本属约 100 种，分布于美洲温带地区我国引入栽培有数种，月见草是其中一种，已为逸为野生。待霄草（*O. odorata* Jacq.）产辽宁、吉林、黑龙江、山东、江苏等省。

【资源开发与保护】月见草油主要用于高级营养食品，配制抗血栓、降血脂、减少胆固醇、动脉粥样硬化、抗癌、减肥、健美等药物，也用于化妆品。月见草的花具有茉莉、橙花、晚香玉、白兰花的香气，经分析含有芳樟醇及其衍生物，可制芳香油浸膏，用于调和香精。也是我国广为引载的观赏植物。月见草按朱有昌的考证，认为中名应叫山芝麻，因目前多数文献仍称为月见草，故本书仍叫此名。

十二、油橄榄 *Olea europaea* L.

【植物名】油橄榄又名洋橄榄、木犀榄、齐墩果等，木犀科（Oleaceae）木樨榄属植物。

【形态特征】常绿小乔木，高 5～7m。枝近圆柱形，无刺。单叶对生，椭圆形，长椭圆形或披针形，长 2.5～8cm，表面暗绿色，背面密被银白色鳞片，全缘。圆锥花序腋生；花白色。核果近球形至长椭圆形，长 2～2.5cm，或更长，成熟时黑色有光泽，内果皮硬，富含油分。花期 4～5 月，果期 10～12 月（图 12-12）。

图 12-12　油橄榄 *Olea europaea*
1. 花枝　2. 花　3. 花纵剖　4. 果实

【分布与生境】原产地中海地区；我国云南、贵州、四川、台湾、广东、广西、江苏、浙江、福建、湖南、湖北等省区有引种栽培。喜光、喜温暖湿润气候，在我国华南及西南地区生长良好。

【利用部位及理化性质】油橄榄果实含油率较高。

据中国科学院昆明植物研究所分析：果实含油率53.2%～55.5%，最高可达73.95%。油的主要脂肪酸组成为：油酸70.0%～75.4%、亚油酸6.1%～8.6%、亚麻酸1.7%～8.2%、棕榈酸13.4%、硬脂酸1.3%～2.3%；油的折光率（20℃）1.465，比重（20℃0.852 6～0.880 1），皂化值191.3～192.2，碘值2.1～3.4。

【采收与加工】当果实变为紫黑色时即完全成熟，可进行采摘，用成熟果榨油含有量高，油味佳、呈黄色。油橄榄榨油可采用下列工艺流程：原料选择→清洗→打浆→压榨→油水分离→贮存。以新鲜果榨油的产量高、质量佳，若果实采摘后不能及时压榨，可将鲜果浸没在7%～8%食盐溶液中，能贮藏15～20d。

【近缘种】用途相近种有同属植物云南木犀榄（*O. yunnanensis* Hand - Mzt.），产云南、四川等省。

【资源开发与保护】油橄榄是世界上著名的高产优质木本油料植物。橄榄油中的脂肪酸以油酸、亚油酸等不饱和脂肪酸为主，极易被人体吸收，且几乎不含胆固醇，味道清香可口，营养及其丰富，医疗保健作用十分明显，素有“植物油皇后”的美誉。此外，其鲜果可以盐浸或制成罐头后食用；橄榄油在医药上可用作各种维生素或抗菌素注射剂的溶剂，用来配制外伤用的药品和软膏；橄榄油还广泛用于制造各种化妆品；油橄榄也是很好的生态防护林树种。

十三、油渣果 *Hodgsonia macrocarpa*（Bl.）Cogn.

【植物名】油渣果又名油瓜、猪油果、蔓胡桃等。为葫芦科（Cucurbitaceae）油渣果属植物。

【形态特征】常绿攀缘藤本，攀缘在树上的枝蔓稍具棱、匍匐在林下的枝蔓多圆柱状，具卷须；单叶互生，革质，广卵圆形至近圆形，有3～5深裂，边缘为全缘；花单性，雌雄异株，雄花为伞房总状花序，由50～60朵小花组成，雌花单生于叶腋，黄白色；果为瓠果，扁圆形，最大果重可达1 500g，果肉较硬，果肉含种子数枚，富含油脂。花期2～3月，果期7～8月（图12-13）。

图12-13　油渣果 *Hodgsonia macrocarpa*

1. 果实　2. 花枝　3. 种子剖面

【分布与生境】本种产于西藏、云南、广东、广西等省（自治区）的南部地区。越南、缅甸、印度、印度尼西亚、马来西亚等地也有分布。

本种主要分布在我国北纬24°以南地区，生长于热带、亚热带气候条件，要求年平均气温在22℃以上，喜湿热；但适应性较强，各地可引种试栽。

【利用部位及理化性质】油渣果种仁含油率较高。据中国科学院植物研究所分析：种仁含油量达60.6%，脂肪酸组成主要为亚油酸43.9%，棕榈酸33.0%，油酸15.1%，硬脂酸6.9%。油的折光率（25℃）1.469 1，比重（25℃）0.918 1，碘值83.19，酸值14.44；油为不干性油，油色淡黄至棕黄色。种仁油似猪油，具香味，可食用。

【采收与加工】7～8月间果实成熟后采收晒干，

去掉果壳，去杂后得纯净种子晒干备用。用压榨法从种仁中提油。

【资源开发与保护】本属两种，分布在亚洲南部及东部。我国云南、广东、广西均有分布，近年来我国西北地区有引种栽培。油渣果的果实较大，平均果重约700～800g左右，结果系数也较高，平均每株可结20～50个瓜，最高一株有100多个。其种仁除含丰富的油脂外，蛋白质含量也较高，油清香细腻，品质极佳。因此，也是一种很有发展前途的珍贵干果类果树资源；种仁还可以药用，有清热和治疗鼻疾的作用。

十四、苍耳 *Xanthium sibiricum* Patrin. ex Widder

【植物名】苍耳又名苍耳子、老苍子、刺八棵、苍浪子等。为菊科（Compositae）苍耳属植物。

【形态特征】一年生草本，高20～90cm。茎多直立，具短硬毛。单叶互生，有柄，叶片三角状卵形或三角状心形，先端短尖，基部浅心形，边缘有三角状小裂片或不规则牙齿，基出三脉。花单性，雌雄同株，头状花序腋生或顶生；雄花序球状，花药黄色带紫；雌花序椭圆形或卵形，总苞呈囊状，外密被短柔毛及钩刺。果为瘦果，包藏在纺锤形的总苞内，总苞较坚硬，成熟时呈枯黄色，外具钩刺，一般内有瘦果2枚，瘦果卵形，表面有纵向纹理。花期7～8月，果期9～10月（图12-14）。

【分布与生境】本种我国各省（自治区）均有分布。苍耳为一年生草本植物，适应性极强，常以总苞上的钩刺附着于人畜或野生动物的身上传播各地。是我国产量较高，很有开发利用价值的一种野生油脂植物。多生长在各省（自治区）的生荒地带、低山坡、丘陵地、路旁、田野等地。

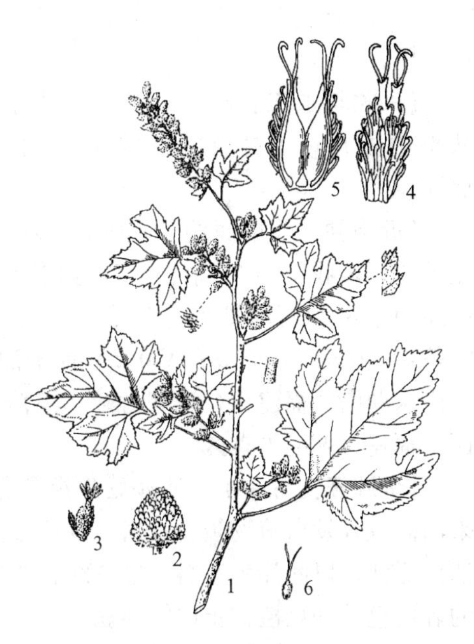

图12-14　苍耳 *Xanthium sibiricum*
1. 花枝　2. 雄花序　3. 雄花　4. 雌花序　5. 总苞　6. 雌蕊

【利用部位及理化性质】苍耳以种子含油脂。据中国科学院林业土壤研究所分析：种子含油量为44.8%，脂肪酸组成主要为亚油酸74.2%，油酸16.3%，棕榈酸6.0%，硬脂酸2.5%等。油的折光率（20℃）1.474 1，比重（20℃），皂化值191.8，碘值131.2～134.4，酸值7.4。该种油主要用做制造肥皂、油墨等原料。

【采收与加工】果实于9月成熟后采收除去杂质，晒干贮存在通风干燥处备用，用压榨法取油。

【近缘种】本属约30种，分布于地中海与东亚一带，我国约5种，南北均产之。与本种相近的种有：蒙古苍耳（*X. mongolicum* Kitag.）产黑龙江、辽宁、内蒙古等省区。

【资源开发与保护】榨油后的油饼及全草可做猪饲料；油饼中含氮4.47%，磷2.5%，氧化钾1.74%，也可作肥料；苍耳带苞果尚可入药，有散风湿，通鼻窍作用。

十五、油莎草 *Cyperus esculentus* L. var. *satvus* Boeck

【植物名】油莎草又名油莎豆、地扁桃、祖鲁坚果等，为莎草科（Cyperaceae）莎草属植物。

【形态特征】多年生草本，高 20～60cm。根状茎多而细长，顶端有膨大的块茎，椭圆形或长圆形。秆粗丛生；叶片线形，宽 4～6mm，中肋凸起。穗状花序圆柱形或稍扁平，长 8～30cm，通常较少抽穗开花，主要利用其地下块茎繁殖。块茎成熟期 8～10 月（图 12-15）。

【分布与生境】原产地中海地区，我国的甘肃、广东、广西、江西、四川、山东、北京地区有引种，北方可作为一年生栽培，喜温暖湿润气候，宜生长在疏松肥沃的沙壤土或壤土上。

图 12-15　油莎草 *Cyperus esculentus* var. *satvus*
1. 植株下部　2. 花序

【利用部位与理化性质】地下块茎可提油。据中国科学院林业土壤研究所分析：块茎含油率 16.3%～26.8%。油的脂肪酸组成为油酸 64.9%，亚油酸 15.5%；油的折光率（20℃）1.471 6，比重（20℃）0.918 1，碘值 83.9，皂化值 190.7，酸值 2.3，乙酰值 4.5，硫氰值 71.6，块茎营养丰富，味甜美，其油色浅黄，可食用。

【采收与加工】8～10 月地下块茎成熟后，从土中挖出，去掉泥土，晾干备用。压榨法提油。

【近缘种】莎草属约 550 种，分布在温带和热带地区，我国约 30 余种，各省均产之，但主产地为东南和西南地区。莎草科中还有：①十字苔草（*Carex cruciata* Vahl.）种子油可食用。产广东湖南、福建、台湾等省。②黑莎草（*Gahnia tristis* Nees）种子油可供食用，产广东、广西、福建、湖南等省区。

【资源开发与保护】油莎豆营养丰富，过去开发利用仅限于油脂、制糖、酿酒或制粉。近年来油莎豆开发出植物蛋白饮料，以油莎豆为原料，经过脱皮、浸磨、利用生物酶降解，经过滤得油莎豆汁，以此汁为基料，经调配、均质、杀菌等工艺过程即可制得含有大量人体所需营养成分的乳白色油莎豆植物蛋白饮料。

复 习 思 考 题

1. 如何区别油脂和精油化学成分？
2. 油脂植物资源有哪些开发利用价值？
3. 油脂如何在现代能源利用中发挥作用？

第十三章　淀粉植物资源

第一节　概　　述

一、淀粉植物资源的种类

我国淀粉植物资源极为丰富。植物的根茎、鳞茎、果实和种子中均含有大量淀粉，特别是壳斗科、桦木科、禾本科、蓼科、菱科等植物中富含淀粉的种类较多；而豆科、睡莲科、檀香科植物中的有些种类淀粉含量也较高。我国生产的淀粉品种有玉米淀粉、木薯淀粉、马铃薯淀粉和小麦淀粉等，其中玉米淀粉占90%左右，木薯淀粉占7%左右，马铃薯淀粉占2%左右，小麦及其他淀粉约占1%。我国野生淀粉植物有270余种，在工业用淀粉中被利用的主要有橡子粉、葛根粉及蕨粉等，其利用率和利用量相对还比较小。

二、淀粉的结构

淀粉是植物体内贮藏的碳水化合物，其分子式为（$C_6H_{10}O_5$），是由许多右旋葡萄糖聚合而成的含碳、氢、氧元素的高分子化合物。也是一种不带甜味的糖。按其分子结构，淀粉可分为直链淀粉和支链淀粉两种类型。支链淀粉黏性大，能生成流动的透明糊状物。

在高等植物中的淀粉粒分成两大类：一类是暂存淀粉，一类是贮藏淀粉。暂存淀粉只在一个短期内积累，很快就降解，如白天叶子中的叶绿体形成的淀粉到了夜间就被水解，并以单糖的形式运输到植物体的其他部分，这种淀粉就是一种暂存淀粉。贮藏淀粉和暂存淀粉不同之处，在于贮藏淀粉粒形状与植物的种类有关，具有种的特异性，本章论述的淀粉植物资源是指含贮藏淀粉的植物。

贮藏淀粉是在高等植物组织的白色体中发育而成。贮藏淀粉粒在显微镜下，一般能看到轮纹结构，轮纹的中心为脐点。同心轮纹的脐点在淀粉粒的中心，偏心轮纹的脐点则偏于一侧。淀粉粒有单式的、复式的和半复式三种，这取决于植物种类或遗传突变。单式淀粉粒的轮纹只包围一个脐点，复式淀粉粒有两个以上脐点并有各自的轮纹；如果复式淀粉粒周围还有共同的轮纹，则为半复式淀粉粒。

三、淀粉的特性和用途

淀粉为白色、带有光泽、具有不同形状的微小颗粒，其外表具有明显的轮纹，可依轮纹类型鉴别淀粉的种类。淀粉无味无臭，不溶于冷水和乙醇，但水加温到55～60℃的糊化温度时，则膨胀变成有黏性的半透明凝胶或胶体溶液，淀粉的比重为1.499～1.513。

淀粉用途很广，是人类的主要食物、热能的来源。经加工可制成多种食品。由淀粉制成的食品如饼干、蛋糕、粉丝、粉皮等，每年销量很大。淀粉还可制成糖浆、淀粉糖和葡萄糖，在其他许多食品中常掺用淀粉作为增稠剂、胶体生成剂、保潮剂、乳化剂、胶粘剂等。淀粉还是药品片剂、丸剂和粉剂等医药制剂的主要辅料，也是酿造业制造各种酒类及饮料的重要原料。此外，淀粉在造纸、棉、麻、毛、人造丝等纺织、冶金选矿、铸造、石油钻井、化妆品、陶瓷、干电池制造、炸药制造、发酵等工业方面具有广泛的用途。

过去我国曾经对淀粉植物资源进行了大量的调查和研究工作，有些种类如橡子等已开发利用，对促进我国经济发展起了一定作用，但多数种类仍处于自生自灭，未能很好开发利用，如能充分开发我国野生淀粉植物资源，就可以大大减少工业用粮食，减少粮食进口，节约外汇。以橡子为例，我国每年可产橡子淀粉约10亿kg，相当于十几万亩的玉米产量，由此可见，我国淀粉植物资源的开发利用具有广阔的前景。特别是以淀粉为原料经发酵转化为乙醇作为生物能源，以淀粉为原料运用发酵工程等生物技术生产出了环保型塑料等，均以已广泛应用。

四、淀粉的提取加工技术

（一）工艺流程

原料处理→浸泡→破碎→分离→纯化→干燥→包装→成品。

（二）操作要求

1. 原料处理 以根茎为原料的如葛藤采用清水来清除杂质。以种子为原料的橡子、板栗、芡实等采用风选或过筛的方法清除杂质。

2. 浸泡 种子类原料含水量低，必须先经浸泡软化，对有些原料可加入二氧化硫或石灰等作浸泡剂，能加速淀粉释放。

3. 破碎 破碎的目的是破坏细胞组织，使淀粉从细胞中游离出来而便于提取。常用的破碎设备有刨丝机（用于新鲜根茎的破碎）、锤击式粉碎机（粉碎粒状原料）、砂盘粉碎机（可磨多种原料）等。破碎方法根据野生植物的种类而定。含水量高的新鲜根茎可不经浸泡而直接用刨丝机刨成细丝或用锤式粉碎机将其粉碎，一般进行2次破碎。

4. 分离 粗淀粉乳含有一些纤维素、蛋白质、脂肪、灰分等，必须除去这些成分，才能得到高质量的淀粉。通常先除去纤维素，再除去蛋白质。

分离纤维素多采用筛分的方法，将磨碎的物料分成淀粉乳和渣，最后一次过筛的淀粉乳用140～200筛孔的丝绢过滤。分离蛋白质多采用沉淀法或离心分离法，利用其相对密度的不同可将它们分开。

（1）静置沉淀法 将淀粉乳置于沉淀容器中，静置8～12h，使淀粉沉淀，蛋白质悬浮于水中，泥沙沉于容器底部。先放出上层蛋白质水，再加入清水，搅拌沉淀乳，混合均匀，再静置使淀粉沉淀。如此反复洗涤数次，即可得到较纯的淀粉。

（2）流动沉淀法 流动沉淀法是借助流槽分离蛋白质。流槽为细长形的平底槽，一般长40m、宽0.55m，槽底坡度为每米2～3mm，槽头高度0.25m，淀粉乳在流槽内作薄层流动。因淀粉的相对密度大，其沉淀比蛋白质快3倍左右，故淀粉先沉淀于槽底，而蛋白质仍悬浮于水中，并由槽尾流出，从而使蛋白质和淀粉分开。

（3）离心分离法 此法借助离心机进行分离，效率高，速度快。一般采用多级分离法，即将3部或4部离心机串联在一起，前一级所得的物料（淀粉乳）为第二级离心机的进料，从而逐步提高淀粉质量。

5. 纯化　目前，较好的纯化方法是利用真空吸滤机两机串联进行淀粉纯化，效果较好。

6. 干燥　采用真空吸滤机纯化的淀粉可直接进行干燥处理，使淀粉含水量降至10%～20%。采用沉淀容器法纯化的淀粉乳，先进行脱水处理，使含水量降至40%左右，然后再进行干燥处理。淀粉干燥最好采用人工干燥，其干燥效率高，淀粉质量好。常用的干燥机有转筒式、真空式和带式干燥机等。

7. 筛分、包装　干燥后的淀粉通常其形状、大小不一，呈碎块状或不均匀的颗粒状，必须经过筛分等处理，才能包装为成品淀粉。通过筛分使淀粉粗粒和细粒分开，细粒可直接包装为成品。粗粒以粉碎机粉碎，再进行筛分，直至全部成为粉状为止。包装好的淀粉应存于干燥恒温处。

第二节　主要淀粉植物资源

一、蒙古栎 *Quercus mongolica* Fisch. ex Led.

【植物名】蒙古栎别名柞树、橡子树、橡实树，为壳斗科（Fagaceae）栎属植物。

【形态特征】蒙古栎为落叶乔木，高达30m。幼枝具棱，紫褐色。单叶，叶片椭圆状倒卵形或倒卵状椭圆形，基部耳形，边缘具6～9对深波状锯齿，幼叶叶脉有毛，成叶后脱落。花单性，雌雄同株；雄花柔荑花序，生于新枝叶腋，花被6～7，雄蕊8；雌花2～3朵，集生，花被6浅裂。果为坚果，外包围杯形壳斗，外有疣状突起。花期4～5月，果期9～10月（图13-1）。

【分布与生境】主要分布于东北、华北和华东等省（自治区），多生长在海拔200～2 000m的山地阳坡上。

【利用部位与化学成分】利用其坚果的种仁。栎属植物橡仁中含淀粉30%～70%、水分10%～20%、单宁2%～18%、糖类8%～10%、油脂3%，橡碗（壳斗）含单宁73%。不同地区或同一地区不同种的橡仁成分含量差异较大。

【采收与加工】橡子的采收期因种而异，多在9～10月成熟时进行。成熟时橡子呈黄褐色，橡碗呈灰褐色。商品橡子要求饱满，有光泽，无皱纹，种仁乳白色或黄色。采回的果实要及时煮沸，晒干或烘干，放通风、阴凉、干燥的地方贮藏。

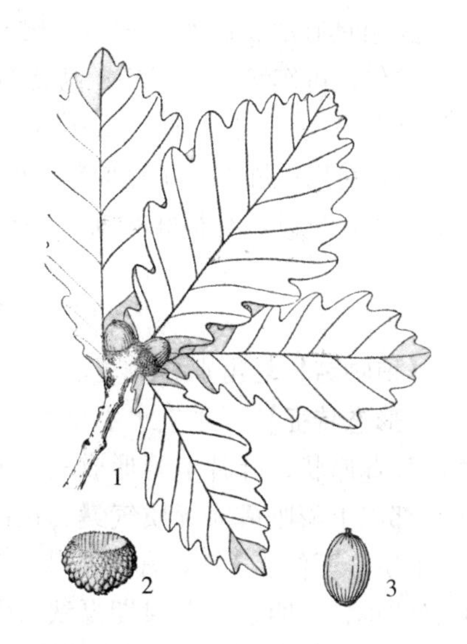

图13-1　蒙古栎 *Quercus mongolica*
1. 果枝　2. 壳斗　3. 果实

1. 橡子淀粉加工工艺　取脱涩浸泡后的橡子→石磨磨浆→过120目筛→浆液加稀烧碱2次（除残留单宁）→撇2次黄水→加次氯酸钠漂白→撇水→原浆脱水→淀粉成品→得纺织上浆的淀粉产品。

橡仁淀粉可替代玉米淀粉，对天然棉和人造棉织物上浆性能更优。

2. “橡栗精”加工　选料（以锥栗为原料）→去外壳→浸漂→去内衣→护色→预煮→混合

糖浆→打浆→研磨→配料→混合→均质→浓缩→真空干燥→破碎→包装→入库。

操作要点：

(1) 混合糖浆　每34kg橡栗准备砂糖46kg、麦芽糖18kg、液体葡萄糖9kg。配置时取46kg砂糖加23kg水加热溶解，再加入称好的麦芽糖、液体葡萄糖浆，搅拌均匀，加热至沸腾，维持5分钟，将制备好的糖浆与橡栗混合。

(2) 打浆、研磨　先用筛孔直径为5mm的打浆机打浆，再用胶体磨细磨，细磨后的料浆转入搅拌缸备用。

(3) 配料混合　称取各种配料，每34kg橡栗调配麦芽糊精22kg、蛋白糖2kg、黄原胶3kg、柠檬酸1kg、果胶0.5kg，Vc0.5kg、乙基麦芽酚0.08kg。将各种配料混合均匀后，一同加入搅拌缸内，开动搅拌器，使搅拌缸内各种原辅料充分混匀。

(4) 均质、浓缩及真空干燥

成品质量要求：产品呈疏松、多孔、脆性颗粒状；橡栗风味浓郁，甜度适宜，无焦糊味及其他异味；在80℃以上热水中能迅速完全溶解。

【近缘种】栎属植物约有110多种。辽东栎（*Q. liaotungensis* Koidz）、麻栎（*Q. acutissima* Carr.）。

【资源开发与保护】橡树是我国分布最广，数量最大的一种野生淀粉植物资源，年蕴藏量9亿kg以上，橡实是木本粮食、饲料和工业用淀粉的主要来源，产量很大。在利用橡子代替粮食浆纱和酿酒方面，我国已做了大量工作，但因含单宁，产品具有苦涩味，加工时易褐变，资源未能有效利用。但种子、根皮、树皮、橡壳斗均可入药，故在药用方面很有开发潜力。如去壳果实，药用具有涩肠固脱的功效；树皮止痢解毒；壳斗与白梅肉共炒，用米汤送服，治肠风下血。

橡仁也可作猪的精饲料、制备石膏板的粘合剂；橡碗是优良的栲胶原料；蒙古栎木材坚硬耐腐，纹理美观，是优质的经济用材；枝条发热量高，是很好的薪炭材；种子富含淀粉，树皮、壳斗含鞣质，可以提炼多种工业原料；叶子可饲蚕和饲养动物；屑材、锯末可养覃耳。它的根系发达，适应性强，抗风，有很好的抗蚀、护坡、涵水和保土的作用。蒙古栎现已被列为二级保护树种。

二、菱角 *Trapa bispinosa* Roxb.

【植物名】菱角别名红菱、二角菱，为菱科（Trapaceae）菱属植物的果实。

【形态特征】一年生水生草本植物。叶一般为2型，沉水叶细裂，裂片丝状，浮水叶聚生茎顶，呈莲座状，叶片宽菱形成三角形，中上部边缘具齿，背面被长软毛，尤以突起脉上显著，叶柄中部以上膨胀成海绵质气囊。花白色，单生叶腋；萼片4，深裂，花瓣4，基部密生毛；雄蕊4；子房半下位，2室，柱头头状，花盘鸡冠状，花梗短，果期向下。果实三角形，先端具倒刺，果冠较小，不明显。花果期夏秋（图13-2）。

【分布与生境】分布于我国华北、华东、华中、华南等地。生于湖泊或池塘水面。现有栽培或野生。

【利用部位与营养成分】成熟的果实，可作果蔬或代用粮食。果实中含丰富的淀粉和少量的蛋白质、脂肪、多种维生素和矿质元素。

【采收与加工】秋季果实成熟后采集，一般是到湖沼中用手摘。初冬也可采集，须用麻扎成刷子，伸进水中搅动，菱角随刷而上。采集后，洗去泥土，晒干去皮即可。

1. 菱角粉　脱壳后磨细即成菱粉。若提取精制菱粉，应加水磨成粉浆，过筛滤去残渣，脱水干燥成精粉。

2. 菱角酒　操作要点：①选料、清洗、去壳、去囊衣等步骤（略）；②将菱角果肉用粉碎机或石磨碾成米粒大小的颗粒，然后将40%的温水加入原料中，搅拌均匀，润料2小时；③加酒曲、加酵母。发酵后蒸馏这些操作步骤与粮食制酒方法相同。

3. 清水菱角罐头　同蕨菜清水罐头。

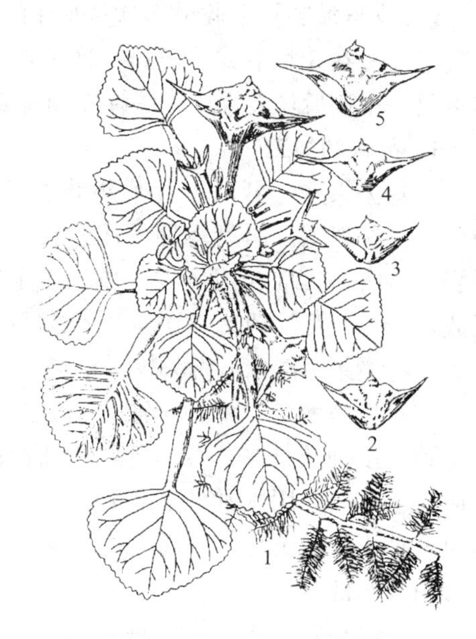

图13-2　菱角 *Trapa bispinosa*
1. 植株　2～5. 不等大果实

【近缘种】我国同属植物有11种，用途相同。主要近缘种还有：①冠菱（*T. litwinowii* V. Vassil.）别名菱角，分布于长江中下游各省及辽宁等地，长于池塘，湖泊水面。②耳菱（*T. potaninii* V. Vassil.）别名二角菱，菱角。分布于东北、华北至长江流域，水生。③小果菱（*T. maximowiczii* korsh.）别名细果野菱、菱角。分布于东北至长江流域。④野菱（*T. incisa* Sieb. et Zucc.）别名刺菱角、鬼菱角，分布于全国大部分地区。⑤丘角菱（*T. japonica* Fler.）别名菱角，分布于我国南北各省。有栽培。⑥格菱（*T. pseudoincisa* Nakai）别名菱角，分布于华中、华东、东北。⑦四角菱（*T. quadrispinosa* Roxb.）别名野菱角，分布于全国各地。

【资源开发与保护】菱角既是著名的淀粉及菜用植物资源，又是食疗药用植物。菱角肉具有良好的保健功能，生食可清暑解热，除烦止渴，熟食可益气，健脾。野菱富含淀粉，其菱粉具有补脾胃，健力益气，行水去暑、解毒的功效，不仅是制作糕点的好原料，亦可加工菱角酱、菱角罐头或加工淀粉，用于浆纱生产。菱盘作饲料或肥料；其果壳含鞣质，可提取栲胶。

三、芡实 *Euryale ferox* Salisb.

【植物名】芡实又名鸡头米、鸡头子。睡莲科（Nymphaeaceae）芡实属植物的种仁。

【形态特征】水生草本植物。叶漂浮，革质，圆形或稍带心脏形，大形者直径达130cm，边缘向上折。花单生，部分露出水面；萼片4，披针形，宿存，内面紫色，外面绿色，密生钩状刺；花瓣多数，紫红色，内轮逐渐过渡成雄蕊；雄蕊多数，花药内向；子房下位，8室，柱头扁平，圆盘状。浆果球形。种子球形，黑色。花期7～8月，果期8～9月（图13-3）。

【分布与生境】分布于黑龙江、吉林、辽宁、河北、湖南、山东、江苏、浙江、江西、湖北、湖南、福建、广东、广西、云南、贵州、四川及台湾等省（自治区）。生浅水池塘或湖泊水域。

【利用部位与营养成分】成熟种子。芡实种仁含淀粉75.39%；每100g种仁含蛋白质4.4g、脂肪0.2g、碳水化合物32g、粗纤维0.4g、灰分0.5g、钙9mg、磷110mg、铁0.4mg、VB_1 0.40mg、VB_2 0.08mg、尼克酸2.5mg、Vc6mg、胡萝卜素微量。此外还含有皂苷。

【采收与加工】采收分多次采收和一次采收法。多次采收法在8月下旬采收；一次采收法在9月下旬采收。采摘后除去果皮、假种皮和种壳。

1. 芡米的加工

(1) 去果皮　可用小刀戳开果实基部，将种子挤出，此法费工，但所得种子质量较好；另一种是沤浇法，将果实堆起或倒入土坑里，上盖草，泼水沤放，7～10天后翻动一次，再经数日，果皮自行沤烂，将烂果用清水淘洗去皮，得芡实种子。

(2) 去假种皮　将种子放入盆或桶内，足穿草鞋踩踏，使种子外的一层薄膜（即假种皮）脱落，流出黄色水液，用水冲洗后再踏一次，直至无黄水溢出，种皮由橘黄色转成微白色时为止。薄膜除去后再用清水洗净。

(3) 去种壳　人工去壳或机器去壳，去壳后的芡米要及时晒干，防止芡米发红，降低品质。

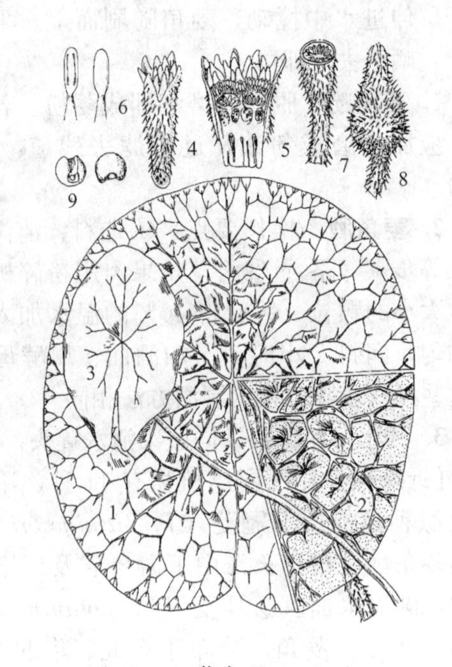

图13-3　芡实 *Euryale ferox*
1. 叶正面　2. 叶背面　3. 幼叶　4. 花
5. 花纵剖　6. 柱头　7. 去花萼和花瓣的雄蕊
8. 果实　9. 种仁

2. 淀粉加工　芡米制成的淀粉俗称芡粉，方法同前。粉白色、味美供食用。

3. 芡实酒　将芡实种子打碎、加糖、蒸熟，冷却后加入适量的酵母使其发酵，可蒸馏出芡实酒。

【近缘种】睡莲（*Nymphaea tetragona* Georgi.）又名子午莲。为睡莲科睡莲属植物。根茎含淀粉53.4%，粗纤维15%左右。全国各地均有分布，常成片生长于池沼、湖泊和路边水沟中。

【资源开发与保护】芡实不仅是重要的淀粉植物资源，也是著名的滋养强壮药，具有固肾涩精、补脾止泄之功用；种皮含单宁，可制鞣料。芡实的嫩叶和地下茎可供菜用，其茎秆、花秆剥皮后腌成咸菜，味道鲜美。现各地有栽培，多在超市供应，是八宝粥或药膳原料，目前作为食用比药用更普遍。

四、野葛 *Pueraria lobata*（Willd.）Ohwi

【植物名】野葛别名葛藤、葛根、粉葛，为蝶形花科（Papilionaceae）葛属植物。

【形态特征】落叶藤本。块根肥厚，各部有黄色长硬毛。小叶3，顶生小叶菱状卵形，长5.5～9cm，宽4.5～18cm，顶端渐尖，基部圆形，有时浅裂，背面有粉霜，两面有毛；侧生小叶宽卵形，有时有裂片，基部斜形，托叶盾形，小托叶针状。总状花序，腋生，花密集，小苞片卵形或披针形；萼钟形，萼齿5；花冠紫红色。荚果条形，长5～10cm，扁平，密生黄色长硬毛（图13-4）。

【分布与生境】除新疆和西藏自治区外，全国各地均有分布。生于阳光充足的路旁、灌木丛中或丘陵地草丛中。

【利用部位与化学成分】地下块根。每100g鲜根含淀粉20g以上、总糖27.8g、水分68.6g、蛋白质2.1g、脂肪0.1g、纤维素0.1g、灰分1.4g、钙15mg、磷18mg、铁0.6mg。此外，含有功能因子——异黄酮类化合物、葛根苷、皂角苷、三萜类化合物及多种人体必需氨基酸。

【采收与加工】 10～11月采挖块根，此时淀粉含量最高。采挖时要挖大留小，以利繁殖。将挖出的块根洗净泥沙，刮去外皮备用。

目前我国对葛根资源的加工利用主要是食用和药用，食用多从鲜葛根中提取淀粉；药用从干燥的葛根中提取异黄酮类，生产药剂。

1. 淀粉的加工工艺　鲜葛根→去皮→粉碎→过滤水漂→过筛→滤液（制备淀粉）→纯化→淀粉乳

↓

残渣（提取异黄酮浸膏）

沉淀→分离→悬浮→淀粉→干燥→葛根淀粉成品。

成品淀粉质地洁白，每100g干品含蛋白质0.2g、脂肪0.1g、碳水化合物83.1g。

2. 利用葛根淀粉　可生产即食葛根粉保健糊、葛根软糖系列功能食品。

3. 提取异黄酮浸膏　鲜根提取淀粉后，用残渣提取或用干根粉碎回流提取异黄酮浸膏，作为制药原料。

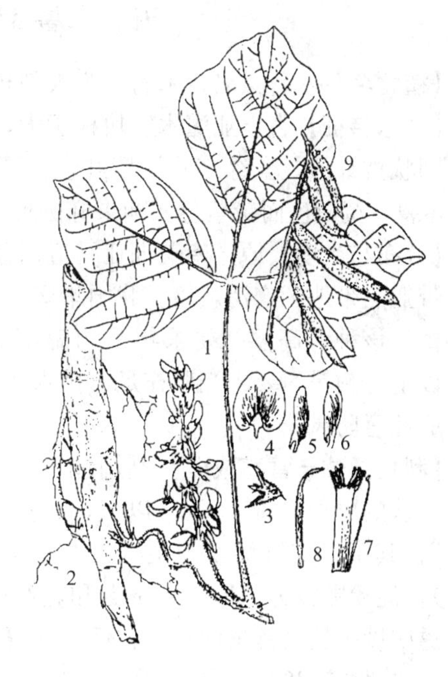

图13-4　野葛 *Pueraria lobata*

1. 花枝　2. 根　3. 花萼　4. 旗瓣　5. 翼瓣　6. 龙骨瓣　7. 雄蕊　8. 雌蕊　9. 果枝

【近缘种】 同属植物中块根可制取淀粉的还有：食用葛藤（*P. edulis* Panp.）分布于广西、云南、四川。越南葛藤［*P. montata*（Lour.）Merr.］分布于广西、广东、福建、台湾。甘葛藤（*P. thomsonii* Beth.）分布于西南、华南等地。

葛属主要淀粉植物检索表

1. 顶生小叶不分裂
   2. 顶生小叶菱形；侧生小叶2裂或波状3裂 ……………………… 野葛，葛藤［*P. lobata*（Willd.）Ohwi］
   2. 顶生小叶阔卵形或菱形阔卵形；侧生小叶全缘 ……………… 越南葛藤［*P. montana*（Lour.）Merr.］
1. 顶生小叶3裂
   3. 顶生小叶基部楔形，侧生小叶2裂，裂片渐尖 ……………………………… 食用葛藤（*P. edulis* Panp.）
   3. 顶生小叶基部圆形，先端短渐尖或圆形；侧生小叶外侧常有1齿 …… 甘葛藤（*P. thomsonii* Beth.）

【资源开发与保护】 葛根是重要的淀粉植物资源，也是新兴的药用植物资源。葛根块根中因含有异黄酮类活性成分，而成为当今的研究热点之一。该成分具有促进心脑血管及视网膜血流的作用，具有抗癌、抗氧化、降血糖、降血脂及解酒等作用。现提取异黄酮和葛根淀粉同时进行，使资源利用达到了综合开发的水平，提高了产品的附加值，做到了物尽其用。此外，民间利用块根酿酒；利用花、根作解酒剂；种子榨油；茎纤维可做绳索、编织及制造人造棉等。现各地有零星的栽培区域，如粉葛在广西、广东等地为主栽品种，其淀粉含量高，开发利用价值较高。

五、木薯 *Manihot esculenta* Crantz

【植物名】木薯又名苦木薯。为大戟科（Euphorbiaceae）木薯属植物。

【形态特征】直立亚灌木。块根肥大，圆柱状。叶互生，掌状3～7深裂或全裂，裂片披针形至矩圆状披针形，全缘；叶柄紫红色。圆锥花序，顶生及腋生；花单性同株，无花瓣；花萼钟状，5裂，黄白色而带紫色。蒴果椭圆形，具6条纵棱（图13-5）。

【分布与生境】原产南美洲亚马逊河盆地（巴西），现世界各热带亚热带地区广泛栽培。我国华南、西南各省均有较大面积种植。该种喜高温，要求年平均温度18℃以上，无霜期9个月以上；耐旱，要求光照充足、排水良好的土壤环境；易倒伏，应注意防风。

【利用部位与营养成分】利用地下肉质肥大的块根提制淀粉。木薯的鲜根含淀粉27%以上，含量极高，被誉为"淀粉之王"；其中以支链淀粉为主（占83%），直链淀粉为辅（占17%）；淀粉颗粒为球形，无脐点和轮纹的结构特征，颗粒较小，透明度也较马铃薯淀粉颗粒低。木薯淀粉中其他成分的含量为：脂肪0.26%，蛋白质0.96%，单宁0.36%，水分63.8%，其他6.12%。

图13-5　木薯 *Manihot esculenta*
1. 花枝　2. 雄花纵剖　3. 雌花纵剖

【采收与加工】于每年10～11月间，当叶色变黄，叶片脱落时即可挖取块根。由于木薯块根的表皮及内部均含有氢氰酸，有剧毒，故不能生食。加工前要用水浸渍块根，以脱去氢氰酸和单宁等杂质；木薯淀粉加工工艺为：破碎→过筛→制淀粉乳→沉淀→脱水→干燥→淀粉。一般鲜根出粉率为22%左右，干木薯片出粉率55%左右。

【资源开发与保护】木薯是世界上三大薯类作物（马铃薯、番薯、木薯）之一，是热带地区仅次于水稻、甘蔗和玉米的第4大作物，是亚、非、拉国家近5亿人口的主要粮食，又是重要的饲用作物和工业原料。在我国，木薯主要用作饲料和提取淀粉。但木薯淀粉有很高的综合利用价值，以淀粉为原料可深加工生产出变性淀粉、山梨醇、山梨酸、可降解薄膜、淀粉糖等200多种产品；木薯淀粉还是生产工业酒精的良好原料，我国已开始利用木薯淀粉生产燃料乙醇，此举对于缓解石油危机具有积极的作用。

六、凉粉草 *Mesona chinensis* Benth.

【植物名】凉粉草又名仙人草、仙人冻、仙草，为唇形科（Labiatae）凉粉草属植物。

【形态特征】一年生草本。茎下部伏地，上部直立，四棱形，被疏柔毛。叶纸质，狭卵圆形至近圆形。轮伞花序组成顶生总状花序；苞片圆形或菱状卵圆形，常呈淡紫色；花萼钟状，密被白色柔毛；花冠白色或淡红色，细小；雄蕊的后对花丝基部具齿状附属器，被硬毛。小坚果长圆形，黑色（图13-6）。

【分布与生境】主要分布于华南及华东、华中的部分地区，印度、印尼和马来西亚等国也有分布。野生于海拔300m以下的坡地、河谷杂草丛或沙地草丛中；适应性较强，喜阴凉，适生于疏松湿润，呈中性、微酸性或微碱性的沙质土壤环境。

【利用部位与营养成分】利用地上全草。广东、台湾等地居民常将其用水煎煮加入淀粉，制成传统特色小吃——凉粉冻（粉）。每100g全草干品含碳水化合物49.8g、纤维素29.5g、蛋白质0.27g、粗脂肪0.19g，以及微量元素钾157mg、钙143mg、铁124mg、钠90mg、锰43.3mg、磷21.4mg、镁19mg、锌8.9mg等。此外，还含有多糖、色素（为花青素）、熊果酸、齐墩果酸、α-香树精、β-香树精、黄酮、果胶以及多种氨基酸和维生素，尤以B族维生素含量较高。其中，凉粉草多糖（凉粉草胶）具有一般食品胶所不具有的高度稳定性（耐碱、耐高温）和独特的凝胶性能；熊果酸、齐墩果酸有降温、镇静、降血糖作用。

【采收与加工】若为制作凉粉或中草药之用，可在开花前或果实未熟前采收；若作留种之用，则应在果实完全成熟后采收。采收后应及时用清水洗净根部泥沙，或切去根部，可鲜用或晒干后备用。

图13-6　凉粉草 *Mesona chinensis*
1. 根　2. 花枝　3. 花　4. 花展开
5. 花萼　6. 果实

即食凉粉冻粉的加工主要是以凉粉草和淀粉（玉米、糯米、木薯马铃薯等淀粉均可）为主要原料，利用凉粉草胶质的多糖与淀粉链分子间彼此联结，形成网状结构而将水分子包于其中的机理制作而成。其制作工艺流程为：凉粉草→切断→$NaHCO_3$热浸提→取汁→减压浓缩→加淀粉等配料→干燥→粉碎→包装检验→成品，制作时可适当添加各种佐料，制成不同风味的产品。

【资源开发与保护】凉粉草冻具有爽口、柔软、乌黑发亮的特点，是夏季人们消暑解渴的天然保健营养食品，已开发出各种品牌的产品。凉粉草是传统中草药，性凉寒，味甘、淡、涩，具有清热利湿、凉血解暑、解渴利水和清热毒之功效，可开发出凉粉草保健茶、凉粉草可乐型饮料、速溶凉粉草等产品。凉粉草富含咖啡色色素，是提取天然咖啡色色素的好原料，该色素可代替焦糖色素用于酱油、甜型可乐等食品中，不仅能着色，且具保健作用，十分适用于老年人、高血压及糖尿病等人群使用。凉粉草作为中草药和制作凉粉冻的原料，在我国已有悠久的历史，现已成为我国南方一些地方的出口创汇农产品之一，主要销往新加坡、马来西亚等国。目前，国内已形成了一定的种植规模，栽培面积约6 000～10 000hm^2，若能进一步研究开发出更多的系列产品，其前景将十分广阔。

七、魔芋 *Amorphophallus rivieri* Durieu

【植物名】魔芋又名花魔芋、花杆莲、磨芋、鬼蜡烛等，为天南星科（Araceae）魔芋属植物。

【形态特征】多年生草本。块茎扁球形，表面暗红褐色，颈部周围生多数肉质根及纤维状须根。叶片3裂，1次裂片二歧分裂，2次裂片二回羽状分裂或二回二歧分裂，小裂片互生。肉穗花序，单生，佛焰苞漏斗状，苍绿色，杂以暗绿色斑块，边缘紫红色；雌花序圆柱形，雄花序紧接；花丝极短；子房2室，花柱与子房近等长，柱头边缘3裂。浆果球形或扁球形，黄绿色。花期4～6月，果期7～9月（图13-7）。

【分布与生境】分布于云南、四川、重庆、贵州、湖北等省区及东南亚。常生疏林下、林缘、路边或溪谷旁湿润的沃土上，在房前屋后或园边地角常有栽培。

【利用部位与营养成分】主要是膨大的地下块茎其次是肥嫩的叶柄和花。块茎含魔芋葡甘聚糖50%、淀粉35%、蛋白质3%、脂肪0.1%、还原糖1.61%、灰分3.76%、16种氨基酸及多种维生素等。

【采收与加工】一般在秋末或春季出土前采挖其块茎，除去须根，洗净后放置阴凉处风干备用，也可制成魔芋片贮存。块茎中含有毒生物碱，不能生食，需加工后才能食用。利用魔芋块茎提取魔芋精粉，已达到工业化生产水平。

1. 魔芋干加工的工艺流程 魔芋块茎→去芽根→水洗→晾干→去皮→切片→烘烤（同时漂白）→检验→包装→成品。

2. 魔芋粉加工的工艺流程 魔芋干→分选→粉碎→旋风分离→检验→包装→成品。

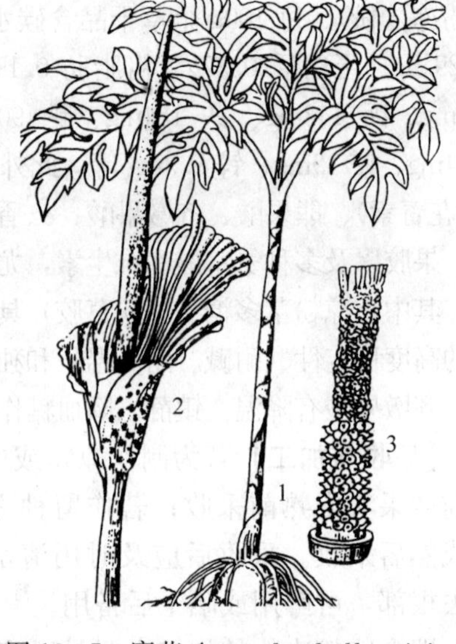

图13-7 魔芋 *Amorphophallus rivieri*

1. 植株 2. 佛焰苞 3. 穗状花序

【资源开发与保护】魔芋作为加工传统名吃——魔芋豆腐的原料，在我国有着悠久的利用历史，而魔芋精粉则是很好的食品添加剂，用它已开发了多种魔芋食品，深受消费者欢迎。除供食用外，魔芋也是一种药用植物，其主要成分魔芋葡甘聚糖，具有多方面的药理作用，能促进肠胃蠕动，帮助人体吸收和消化蛋白质等营养物质；预防便秘和胆结石，对痔疮和静脉瘤也有辅助疗效；可降低血液中胆固醇含量，并帮助调节血压，消除心血管壁上的脂肪沉淀物，防治和缓解心血管病，并能减肥。日本学者研究发现魔芋可以防治肠癌、食道癌、肺癌、脑瘤等肿瘤疾病，是一种理想的减肥保健食品和抗癌食品。因此，开发魔芋资源大有可为。

复习思考题

1. 说明淀粉的结构。
2. 淀粉植物资源有哪些开发利用价值？
3. 淀粉植物如何更好地运用于乙醇的生产？
4. 淀粉加工过程中如何脱蛋白？
5. 魔芋淀粉有哪些利用价值？
6. 简述葛根淀粉的加工工艺。

第十四章　树脂植物资源

第一节　概　　述

树脂是含有复杂成分的无定形高分子混合物，通常热后软化并在外力作用下有流动倾向，常温下是固态、半固态，有时也可以是液态的有机聚合物。树脂是重要的工业原料，有天然树脂和合成树脂之分。天然树脂是指由动植物分泌物所得的无定形有机物质，如松香、琥珀、虫胶等。合成树脂是指由简单有机物经化学合成或某些天然产物经化学反应而得到产物。天然植物树脂一般存在于植物的树脂道、乳管、瘤以及不同部位的贮藏器官中。当树脂植物被损伤后，树脂便流出体外。树脂的重要产品有松脂、生漆、枫脂、络石树脂等，其中尤以松脂和生漆更为重要。

松脂加工成松香和松节油，松香工业用途极为广泛。在造纸工业上可以作胶料和耐水剂，能使纸张遇水不松，质地坚韧；在肥皂工业上，可增加肥皂的泡沫性和去污能力；在制漆工业上，用来制造干燥剂、溶剂、柔软剂和人造干性油；在电器工业中，可以制造绝缘材料、电缆填充剂；在橡胶工业中，可以作为软化剂；在油墨制造中可起黏合、乳化和光亮作用。此外，在国防、水泥、火柴、酿造、塑料、文教用品等亦需松香作原料。松香也是我国大宗出口物资之一，年产量世纪第一，约占世界贸易的 40%，远销 60 多个国家和地区。松节油则是一种重要的溶剂，广泛用于造漆工业、皮革工业以及其需要溶剂的工业中。松节油在印染工业上可作媒染剂；在油漆工业中作油漆溶剂；可以用来制造人造樟脑、人造薄荷油以及其他人造香料；可以聚合生产萜烯树脂；并可直接药用，作皮肤兴奋剂、抗毒剂、驱虫剂、利尿剂和祛痰剂等。

生漆是一种含酶树脂，也是一种好涂料，作涂料有很好的耐酸性、耐水性、耐油性、耐热性和绝缘性，因而广泛用于涂刷房屋、家具、船舶、机械设备。其防腐性能远远超过其他油漆，而且漆面光亮持久。此外，枫脂、冷杉树脂、络石树脂等在香料、医药等工业上也很重要。生漆可直接作为涂料使用，经过加工（精制）或改性后再作用，性能更好。精制后的生漆广泛应用于军工、轻工、纺织、建筑、石油、化肥、化工、印染、冶金、采矿和国防等工业部门，并为我国传统出口商品之一。近年来，由于新型涂料丙烯酸酯投入生产和推广应用，给天然漆的产销带来一定的冲击。2000—2005 年我国生漆出口量始终高于进口量，进口量呈下降趋势，2005 年进口量最低为 0.13t。表观消费量除 2001 年小幅下降外，2002—2005 年都呈上升趋势，2005 年表观消费量最高，为 14 281.02t。

树脂植物的种类与分布：我国各省（自治区）都有松脂植物，资源相当丰富。据林产化工部门估计：仅马尾松、云南松的资源若能利用 10%，则每年可产松香 70 万 t。

一、树脂植物及分布概况

我国树脂植物主要是松属（*Pinus*）中的马尾松、云南松、南亚松、红松和油松。其中：

马尾松是主要采脂树种，产脂量较高，分布面积广、量大。分布于淮河流域和汉水流域以南，西至四川中部、贵州中部和云南东南部，每株年产松脂4～5kg。

南亚松是典型的热带松，分布在海南省，产脂量特别高，每株每年可产松脂14kg左右，而且松脂中松节油含量高达30%以上。

红松主要分布在东北，是东北地区的主要采脂树种。每株年产松脂2kg左右。

油松分布于辽宁、内蒙古、河北、山东、河南、陕西、甘肃、青海和四川北部，为荒山造林树种，每株年产松脂1.5～2kg。云南松分布于云南、西藏东部、四川西部和西南部、贵州西部和广西北部，每株年产松脂5～6kg，是我国西南地区树脂的主要来源。

思茅松分布于云南南部、西部，常组成单纯林，为荒地荒山造林树种，产脂量与云南松相近。

冷杉树脂主要是从华北冷杉和岷江冷杉中采集。华北冷杉主要分布在大小兴安岭南坡、长白山、张广才岭一带海拔300～1 800m的山坡，以及河北省和山西省的山区。岷江冷杉主要分布在四川省。

目前，我国松脂生产已扩大到12个省区，年采脂量约40万t，产值约3亿元（1998）。

我国生漆资源也相当丰富，全国大约有40种以上。一般按其形态特征及经济性状可分为大木漆树和小木漆树。大木漆树均为野生，生长在高山区和草原森林中，生漆燥性好，但年产漆较低；小木漆树均由人工栽培，是家漆树，年产漆量较高，但生漆燥性差。

优良而有代表性的漆树品种有贵州红漆树（陕西）、阳高小木漆树（湖北、四川）、灯台小木漆（四川、湖北）、竹叶小木漆树（湖南、四川）、白皮小木漆树（广西）、阳高大木漆树（湖北）、天水大叶漆树（甘肃）。

漆树分布区南达广东省、北至辽宁省，西至西藏自治区，东到沿海之滨，全国有23个省（市），500余个县有漆树生长，其中陕西、湖北、湖南、四川、贵州、云南、甘肃7个省最多。产漆量占世界80%，出口量占世界40%，且以品质优良驰名世界。

二、树脂的化学成分、理化性质及其分类

1. 树脂的化学成分、理化性质 树脂是含有复杂成分的无定形高分子混合物，味带苦而有芳香，加热时呈胶黏性，完全不溶于水，也不溶于稀酸，但能溶解于碱溶液，也能溶解于乙醚、苯、石油醚、酒精、丙酮、汽油、氯仿等有机溶剂和这些溶剂的混合物中。树脂在冷的浓硫酸中不会分解而能溶解，但将浓硫酸液稀释后又能析出树脂；如树脂与浓硫酸共热、放出二氧化硫。在浓硝酸中易起剧烈反应，产生黄色非结晶体的硝基化合物，但与硝酸共热则根据不同的树脂而生成苦味酸、对苯二甲酸、间苯二甲酸、草酸和其他物质等不同产物。树脂与碱共热，则能使树脂中的酯类碱化而生成树脂酸和树脂醇，甚至可以得到一些芳香酸，如苯甲酸、桂酸、对位香豆酸、伞形酸、阿魏酸、对羟基苯甲酸等，有时还有如间苯二酚、间苯三酚等物质的存在。主要由固态的树脂酸和液态的萜烯类两部分组成。树脂酸是松香的主要成分，而萜烯类则是松节油的主要成分。当松脂刚从树干上流出时，萜烯类物质含量可达36%。当松脂与空气接触后，萜烯挥发很快，同时树脂酸呈结晶状析出，使松脂本身逐渐浓稠。用下降法取得松脂，其平均组成为：松香74%～77%，松节油18%～21%，水分2%～4%，杂质0.5%左右。

2. 树脂的分类

（1）树脂酸类　有很明显的酸性，其中有些树脂酸易结晶，能和金属的氧化物生成结晶的盐类。树脂酸往往呈游离状态存在于树脂中，成为树脂的主要组成部分。

（2）树脂醇类　具有一个或几个羟基，其中有些亦易结晶，也有呈游离状态存在于树脂中，但也有成脂类形式存在。

（3）碱不溶性物质　这类物质的化学性质尚不很清楚，但只知不溶于碱，也不溶于酸，有耐酸耐碱的性能。按照它的性质，既不能列为酸类，也不能列为醛类或酮类。

除以上的树脂分类方法外，在习惯上还有最流行的分类法，把它分为含芳香油成分的香树脂类（如松脂等）、不含芳香油的硬树脂类（如琥珀等）和含有能溶于水的树胶物质的树胶树脂类三类。

松香是松脂加工获得的主要产品，是一种透明而脆的固态物质，呈淡黄色。据分析：马尾松松香的主要组成为树脂酸 86%～89%，脂肪酸 2%～5%和中性物 5%～8%。进一步用高效气相法分析，所含树脂酸主要有 7 种：枞酸 40%左右、长叶松酸 21%左右、新枞酸 14%左右、海松酸 9%左右，脱氢枞酸 5%左右、异海松酸 3%左右、山达海松酸 3%左右。当然，松香因产地、树种和松脂加工条件的不同，其成分会有所不同。

松节油是透明、无色、具芬香味的液体，其成分在香料植物中叙述。

生漆的主要成分是漆酚 50%～70%、漆酶 10%以下、树胶质 10%以下、水分和其他有机物质 20%～30%。国产漆树中漆酚 50%～70%、漆酶 10%以下、树脂质 10%以下、水分 20%～30%、其他 1%左右。漆酚不溶于水，但溶于多种有机溶剂。生漆中漆酚含量愈高，生漆质量愈佳。漆酚为一种罕见的含铜氧化酶，与漆酚干燥等有关。树胶质为一种多糖类物质，为一种很好悬乳剂和稳定剂。生漆中的水分与漆酶活性有关。

三、树脂植物的鉴别、采收和加工

树脂原料的鉴别：先观察树干上是否常有树脂状分泌物流出，然后取样用水滴湿，如果没有黏性（有黏液为松胶），外形呈透明或半透明的不规则块状物，或有脂香味，燃烧时产生发烟火焰，就可能是树脂；最后根据树脂的理化性质：不溶于稀酸而溶于碱溶液、乙醚、苯、石油醚、松节油、酒精、汽油等，即可基本鉴定为树脂。所含成分，尚需进一步分析。

从植物体采收树脂的方法很多，归纳为两种方式：

1. 采割法　现以松脂采收为例，松脂的采收目前主要采用下降式和上升式采割法。下降式采割是在准备好的割面上，第一对侧沟开在割面的顶部，第二对侧沟开在第一对侧沟的下方，从上往下开沟；上升式采割正好相反，第一对侧沟开在割面的下部，以后开割的侧沟都在前一对侧沟的上方，割面是由下而上。具体采脂过程如下：

（1）开辟采脂林道，道宽 60～100cm。

（2）刮划刮面。一般选树干直径 20～45cm 的松树，在离地面 2～2.3m 处开始向下划定刮面，对 1～2 年内即将砍伐的，可降低高度。刮面长度为 50～60cm；刮面宽度，一般 30～45cm 直径的松树而采脂 6 年以上的，以 25～30cm 为宜，少于 5 年的可加宽，采脂 1～2 年的可加宽到 36cm 以上，但最宽不得超过 50cm，对大树或短期采脂，可同时刮几个面。

（3）开割中沟。沟长30～45cm，宽1～1.2cm，深入木质部1～1.2cm。

（4）安装受器。在中沟下向上倾斜凿1.2～1.5cm深的孔，把马耳形导管钉入，再挂上受器。

（5）开割第一对侧沟。在中沟顶端或下方开一对侧沟，两沟中间的夹角，在南方应略大于90度，在北方应为60～70度，侧沟深入木材约6mm，侧沟宽4.5～6mm。此外为了充分利用树木，获得更多的松脂，在伐前还可采用化学采脂法，利用植物激素或化学药物刺激松树促进其多分泌松脂。经试验，效果明显的化学物有亚硫酸盐、硫酸软膏、增产灵二号、α-萘乙酸、2，4-D等。

在树干上选定部位，定期切割开沟或开孔，以导出树脂并采收。松脂、冷杉树脂、生漆的采集一般均采用此法。

可采用一些化学药剂进行涂抹或孔注刺激，以增加树脂产量。如松脂采割中常用硫酸软膏、造纸废液、增产灵二号、α-萘乙酸等；生漆采割时常使用乙烯利。

2. 溶液浸提法 溶剂浸提法适用于灌木和草本植物，一般用有机溶剂或溶液浸提。也有用碱溶液浸提的，因有些树脂易溶于碱液，而品质仍能保持优良。从松树根明子中提取松脂多采用此法。用此法得到的浸提液一般经过澄清、蒸发、蒸馏和精馏四个工序，可分离出松香和松节油。

树脂的加工方法因品种类型和加工目的不同而异。松脂加工的目的在于分离出松香和松节油，因此对采割法获得的松脂，一般采用水蒸气蒸馏法、滴水法和简易蒸汽法3种。

松脂蒸汽加工过程主要由熔解、压滤、澄清、蒸馏四个工序所组成，其流程图示如下：

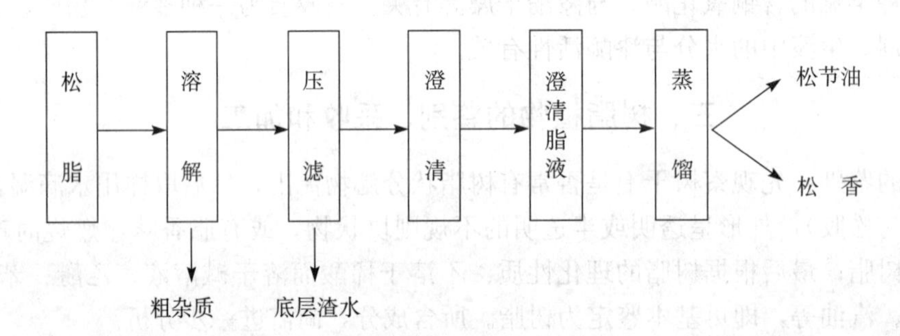

在资源分散的山区可采用滴水法或简易蒸汽法，此两种方法具有设备简单，投资少，上马快，可在产地就地收购，就地加工，而且松节油回收率较高。

滴水法就是把松脂直接装于蒸馏锅内，用火直接加热。为降低蒸馏温度，提高松香产量，在加热至一定温度时滴入适量清水，以产生水蒸气，蒸出松节油。锅内的松脂在蒸完松节油后趁热放出松香，滤去杂质。由于加工过程中，温度较难控制，故产品品质不稳定。简易蒸气法是用过热蒸气兼作解吸介质，蒸出松节油，分离出松香，故产品品质较好。

松香和松节油产品按原料不同，加工方法不同，其商品名称也不同，从松脂分离加工出来的叫脂松香和脂松节油；从明子中分离出来的叫木松香和木松节油；从木浆浮油中分离出来的叫浮油松香和硫酸盐松节油。

生漆可以作为涂料直接使用，也可根据不同使用要求进行精制或改性后使用，以提高其使用价值。

第二节　主要树脂植物资源

一、马尾松 *Pinus massoniana* Lamb.

【植物名】马尾松为松科（Pinaceae）松属植物。

【形态特征】常绿乔木。树皮鳞片状，具不规则块裂，枝轮生。叶细长柔软，2针稀3针一束，长12～20cm，径约1mm，树脂道4～8个，边生。球果卵圆形或锥状卵圆形。中部种鳞近长方形或近矩圆状倒卵形，长约3cm；鳞盾菱形平或微隆起；鳞脐微凹，无刺或有短刺。种子连翅长2～2.7cm，翅条形。花期4～5月，球果第二年10～12成熟（图14-1）。

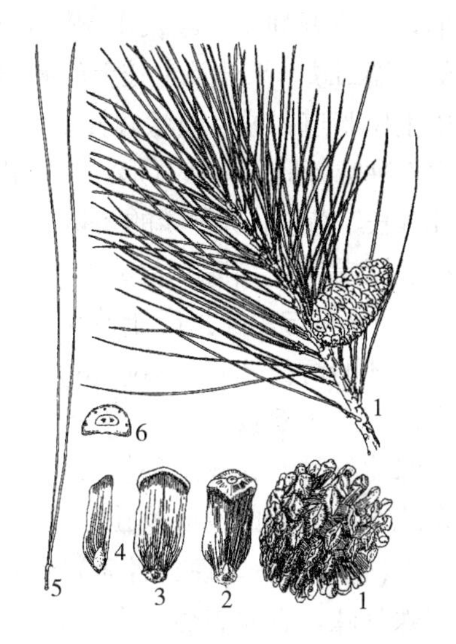

图14-1　马尾松 *Pinus massoniana*
1. 球果与球果枝　2～3. 种鳞背腹面　4. 种子　5. 针叶　6. 针叶横切面

【分布与生境】产于江苏、安徽、河南、陕西、长江中下游各省（自治区），南达福建、广东、台湾，西南至四川、贵州、云南。

马尾松为喜光、深根性树种。耐庇荫，喜温暖潮湿气候，能生在干旱、瘠薄的红壤、石砾土及沙质土，甚至可生在岩石缝中，常组成次生纯林或与栎类、山槐、黄檀等阔叶树混生。在肥厚、湿润的沙质壤土上生长迅速，在钙质土上生长不良或不能生长，不耐盐碱。

【化学成分与理化性质】树脂刚从树干流出时，含松节油较多，因而成液体状。随着松节油的挥发形成白色半固体状，这时松香含量一般达75%左右，松节油含量约20%。松脂比重0.997～1.038之间（20℃）。松香是松脂加工获得的主要产品，是一种透明硬脆的固态物质，淡黄色；可溶于乙醇、乙醚、丙酮等多种有机溶剂，但不溶于水，比重1.05～1.10。

松节油是透明、无色具芳香味的液体，主要成分是萜烯类物质，通式为 $(C_5H_8)_n$ 的链状或环状烯烃类物质。

【采脂方法及加工】松脂的采收一种是从树上采割，另一种是用树根浸提。采割法主要用下降式或上升式。为了充分利用树木，获得更多的树脂，在伐木前还可采用强度采割法或化学采脂法。强度采割法在技术上主要是加大割面，增加割沟数量，加大割沟的宽度和深度。化学采脂是利用植物激素或化学药物刺激树体，促使其多分泌树脂，达到提高松脂产量的目的。效果明显的化学药物有亚硫酸盐酒糟醪液、硫酸软膏、增产灵二号、α-萘乙酸、2，4-D等。加工松脂通常用水蒸馏法。

松科松属的各个种都可采割提取树脂、制取松香和松节油。马尾松是我国松香和松节油的主要来源，产量居首位。每株树年产松脂4～5kg，高者可达13kg，松根（明子）也可用浸提法提取松脂。根干馏还可以生产松焦油等。针叶可提取芳香油。树皮可作拷胶原料。种子可榨油。木材可作建筑、家具及木器用材，可作纸浆。针叶还可加工成维生素粉作饲料添加剂。

二、臭冷杉 *Abies nephrolepis*（Trautv.）Maxim.

【植物名】臭冷杉又名臭松、白松，为松科（Pinaceae）冷杉属植物。

【形态特征】常绿乔木。树皮灰色，浅裂或近平滑，一年生枝密生褐色短柔毛，较老枝上有圆形叶痕。叶条形，排成两列，一般长1～2.5cm，宽约1.5cm，营养枝上的先端凹缺，果枝及主枝上的叶通常端尖，叶横切面有2个中生树脂道。球果卵状圆柱形，长4.5～9.5cm，径2～3cm，中部种鳞肾形或扇状肾形，稀扇状四边形，长较宽为短，稀几等长，苞鳞长为种鳞的3/5，不露出或微露出。种翅通常比种子短或略长。花期4～5月，球果9～10月成熟（图14-2）。

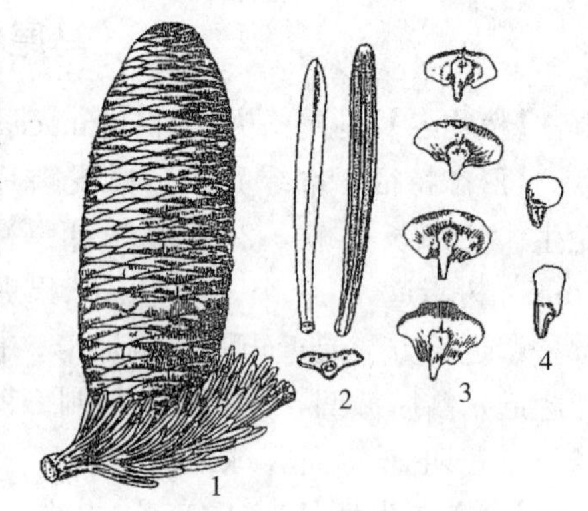

图14-2 臭冷杉 *Abies nephrolepis*
1. 球果枝 2. 叶背、腹及横切面
3. 种鳞 4. 种子

【分布与生境】产于我国小兴安岭南坡、长白山区及张广才岭海拔300～1 800m，河北小五台、雾灵山围场及山西五台山海拔1 700～2 100m地带，东北许多城市栽植为绿化树种。喜冷湿环境，耐阴，浅根性，适应性强。在东北小兴安岭的缓坡及丘陵地带常形成纯林。

【化学成分与理化性质】新鲜冷杉树脂几乎无色，久置后渐呈黄绿色透明体，有黏性，并有特殊气味，含树脂酸65%～80%，冷杉油18%～35%，含少量游离有机酸、果酸、单宁、碱及不溶性树脂等。树脂能溶于松节油、乙醚、乙酸乙酯、二甲苯等，也能大量溶于石油醚、汽油、煤油、乙醇中。冷杉胶折光率为1.520～1.545，比重1.00～1.06（d_{20}），酸值及皂化值均70左右。冷杉叶中含松针油2%～25%。

【采脂方法与加工】冷杉与其他针叶树种不同，木材内没有正常的树脂道，树脂道只在针叶和初生皮层中才有。树脂存在于初生皮层的皮瘤和针叶中，因此采脂方法有两种。

1. 立木采集　先用尖锐玻璃器具刺破皮瘤下部，再用拇指轻轻挤压，使树脂流入采脂筒。一般成片林单株可采50～200g树脂，孤立木有时可采到500g。

2. 伐倒木采集　活树采脂费工较多，因此结合采伐在伐倒树木上采脂，或将树皮集中起来采脂，效率更高。

为了制成色浅、洁净、不结晶、折射率与玻璃相近又有较强胶合力和优良耐高低温的冷杉胶，加工工艺应考虑到原材料的预处理、缓和而彻底的蒸馏。其生产工艺流程如下：

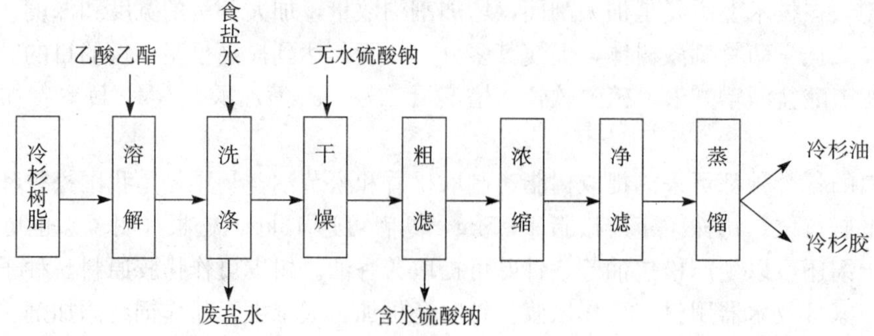

树干可割取树脂。冷杉树脂经加工制取的冷杉胶，具有与光学玻璃相近似的折光率，有较强的粘合力，极高的清洁度，因而是光学工业上不可缺少的胶合剂而被广泛应用。此外，树皮含鞣质，木材供建筑、板材、家具及木纤维等工业用材，叶、根均含挥发油（松针油）。

【近缘种及利用】同属植物可供采集冷杉树脂的有岷江冷杉（*A. faxoniana* Rehd. et Wils.）和苍山冷杉（*A. delavayi* Franch.）。岷江冷杉产甘肃、四川，在四川岷江支流河谷上游各山谷分布最多，形成十分茂密的纯林。其主要特点是主枝通常无毛，侧枝却密生锈色毛，叶长1～2.5cm，先端一般有凹缺，果枝叶的树脂道一般中生，营养枝叶的树脂道为边生。苍山冷杉产于云南和西藏，多成纯林。特点是小枝无毛（稀嫩枝有毛），叶长多为1.5～2cm，先端凹缺，边缘向下反卷，叶内树脂道边生。

三、落叶松 *Larix gmelinii*（Rupr.）Rupr.

【植物名】落叶松又名兴安落叶松、意气松。为松科（Pinaceae）落叶松属植物。

【形态特征】落叶乔木，高25～30m。叶条形，在长枝上疏生，在短枝上簇生。球果卵圆形，长1.2～3cm，径1～2cm。种鳞14～30枚，中部种鳞五角状卵形，背面无毛而有光泽，先端截形、圆截形或微凹。花期5～6月，球果9成熟（图14-3）。

图14-3 落叶松 *Larix gmelinii*
1. 球果枝 2. 种鳞

【分布与生境】产于大小兴安岭。为阳性树种，不耐荫。根系分布浅，易受风吹倒。在山坡及河谷两岸平坦肥沃地生长良好，常形成纯林。

【化学成分与理化性质】树脂的物理性及化学成分与马尾松相似。

【采脂方法与加工】落叶松树脂主要存在于皮脂囊内和木质部的树脂道中。所以一般常用的采脂法是在离地面30～40cm处的树干上斜向上钻一直径3cm左右的孔，孔深达树干中心，然后定期采收树脂。每年每株可得树脂0.5～1.5kg，一个孔可利用2～6年。加工法与马尾松同。

【近缘种】可采树脂的同属植物有日本落叶松［*L. kaempferi*（Lamb.）Carr.］、华北落叶松（*L. principis-rupprechtii* Mayr.）和黄花落叶松（*L. olgensis* Henry）。日本落叶松原产日本，我国东北、河北、山东、河南、江西等省有栽培，主要特点是球果有种鳞46～65枚，种鳞显著向外反曲而且背面具瘤状突起和短粗毛。华北落叶松是华北地区高山针叶林带的主要树种，产河北、山西等省，其球果具种鳞26～45枚，中部种鳞近五角状卵形，边缘不反曲，背面光滑无毛。黄花落叶松产吉林省长白山区及老爷岭，球果有种鳞16～40枚，中部种鳞常四方形或近圆形。

【资源开发与保护】木材可用于建筑。种子含油约18%，可用于榨油。树皮含鞣质，可制取烤胶。

四、枫香 *Liquidambar formosana* Hance

【植物名】 又名鸡爪枫、大叶枫、三角枫等。金缕梅科（Hamamelidaceae）枫香属植物。

【形态特征】 落叶乔木，高达40m。幼枝有柔毛。单叶、互生、具长柄、掌状三裂，边缘有锯齿。花单性同株，雄花排列成柔荑状或穗状花序，无花瓣，雄蕊多而密集；雌花序圆头状，由25～40朵小花组成；萼管与子房合生，子房半下位，藏于头状花序轴内。果为蒴果，木质，包于球形头状果序内，花柱宿存而变为刺。花期4～5月，果期10月（图14-4）。

图14-4 枫香 *Liquidambar formosana*
1. 花枝 2. 雌花序 3. 雄蕊
4. 雌蕊 5. 果实

【分布与生境】 本种分布较广，产于黄河以南各省（自治区）。喜生长于向阳、湿润、土壤肥沃的山坡灌木丛中，在路旁生长较普遍。

【化学成分与理化性质】 枫香树脂主要含桂皮醇、桂皮酸酯、桂皮酸、左旋龙脑等，和苏合香成分相似，可为苏合香的代用品。枫脂加工后的芳香油，在香精调合上具有很强的定香作用，可作为香料的定香剂。枫香树脂从树干流出时，呈大小不一的椭圆形或球状颗粒，亦有块状或片状者，表面淡黄色，半透明，质松脆，易碎，可燃烧，有清香气味。

【采脂方法与加工】 采脂时期，多在7～8月时进行，采脂方法，多选20年以上的树，凿开外皮，从下向上，每隔15～18cm交错凿一洞，从立冬后到次年清明采收流出的树脂，置于日光下晒干即可。

【资源开发与保护】 枫香木材可作茶箱或家具，树皮及叶均含鞣质，可提取栲胶，根、茎、叶和果实均可入药，枫香树脂为中药，其药名为枫香脂或白胶香，有调气血、化瘀、解痛、止痛之效；用于治疗痈疽、疮疥、风毒、隐疹、瘰疬、吐血、齿痛等症。叶可饲养天蚕。

五、漆树 *Toxicodendron verniciflum*（Stokes）F. A. Barkl.

【植物名】 漆树又名大木漆、山漆、楂首、瞎妮子等。漆树科（Anacardiaceae）漆属植物。

【形态特征】 落叶乔木，高达20m。奇数羽状复叶，小叶9～15枚，叶基圆形，叶背面通常沿中脉有黄色柔毛。圆锥花序腋生，花小，黄绿色杂性或雌雄异株；萼5裂；花瓣5；子房1室，胚珠1个，花柱1，柱头3。核果扁圆形或肾形，棕黄色，光滑，中果皮蜡质，果核坚硬。花期5～6月，果熟于10月（图14-5）。

【分布与生境】 漆树原产于我国中部和北部诸省，现在黄河流域以南各省广泛栽培，尤以长江流域各省为盛，数量最多的有湖北、陕西、四川、贵州、云南五省，其次为甘肃、河南、湖南、安徽、江西、浙江等省。以秦岭、大巴山脉和云贵高原一带为分布中心。多生于向阳避风的山坡。性喜温、喜湿、喜光。适宜深厚、排水良好、富含腐殖质的土壤。

【化学成分与理化性质】生漆的化学成分是漆酚（50%～70%）、漆酶（10%以上）、树胶质（10%以下）、水分（20%～30%）和其他少量有机物质（10%左右）。漆酚是具有不同不饱和度脂肪烃取代基的邻苯二酚的混合物。漆果含25%漆蜡，主要成分为棕榈酸甘油酯。种子含油率31.46%。生漆是一种天然水乳胶漆，在显微镜下可以见到大小不一的水珠悬浮在油液中。生漆与空气接触后迅速氧化而颜色逐渐变黑，涂在器物上干燥后结成光亮坚硬的漆膜。生漆有毒性，敏感性强的人接触后手脸发肿发痒，防止方法是，未割漆前用少许菜油抹在手上，可以防御；若手上沾了生漆，可及时放入温水中用砖瓦擦洗，如已中毒，可用杉木板（或屑）放入清水中煮沸后洗患处，或用青冈树皮或卫矛枝叶煎汁清洗，用樟脑水或酒石酸擦洗亦可治愈。

图 14-5　漆树 *Toxicodendron verniciflum*
1. 果枝　2. 花

【采漆方法与加工】漆树生长 5～6 年后或树干直径达 15cm 时才可开始割漆。割漆季节一般从夏至到霜降止，约 120 天，北方稍短。但最适宜季节在 5～7 月，这时漆液流动最旺盛。由于采割时期不同，漆液也有霉漆、伏漆、秋漆之分。霉漆：小满至夏至采割，品质中；伏漆：小暑至大暑采割，品质最上；秋漆：立秋至白露采割，品质最低。割漆不要损害漆树生长，一般野漆寿命较长，能活 30 年左右，家漆寿命较短，可活 20 年左右。割漆要适度，割漆太多，会造成树的早衰和死亡，不割漆对树的生长发育也有影响，甚至导致"胀死"现象。采漆宜在清晨至上午 10 时前后为止，天气正常情况下，小漆树隔 3～5 天割 1 次，每年可割 15～20 刀；大漆树 3～7 天复割 1 次，每年可割 7～10 刀。每棵漆树一年可割取漆 0.1～0.5kg。割漆需要有歇年（即休息一年）。采割前先将漆树根部周围地面的杂草和障碍物除净，以便采割工作顺利进行。割漆要注意树的阴阳面，阴阳面不能开刀，刀口应在两侧。阴阳面是根据所生长的枝叶或树干的凸凹情况来确定，枝叶多或树干凸起面为阳面，反之为阴面。刀口的位置、距离和排列方式也应注意，割面第一割口应距树干基部 30cm 左右处；第二刀应在第一刀口的背面，相距 30～40cm 为宜，大树可适当密些，小树还可稀些；第三刀在第二刀的背面（即第一刀那面的上部），距离相同，以后依此类推。割口的形式可采取曲线或直线。曲线切口法流行于湖北、四川等省，割出的口型有画眉眼形和柳叶形等。直线切口法流行于陕西、云南、贵州等省，割出的口型有"一"字形、剪刀形、鱼尾形、牛鼻形等。割口深度达木质部为度，不宜太浅，长度取决于树干大小，但宽度要适宜，第一次 1cm 左右，以后可适量宽些。然后在刀口下部插上蚌壳或一勺状铁器，下放漆筒以承接漆液。一般漆液流出时间达 3～4h。漆液一般用木桶包装，木桶应用漆灰合缝并密封，存放于避风阴凉处，以免风干定性。生漆的精制按使用要求而异。

【近缘种】漆树我国有 15 个种。同属中的野漆［*T. succedaneum*（L.）O. Kuntze］也可割漆。产于华东、华南、云南各省。与漆树的区别在于叶通常两面无毛，叶基楔形。

【资源开发与保护】漆树全身都能利用。主要用途是割漆，从树上流出的乳汁液即是生漆。

生漆可以直接用作涂料，生漆本身容易结膜干燥，在湿润空气中干燥极快，在日光下加热时则呈黏滞状态，反而不易氧化；它有极强的遮盖抗御力，酸类和酒精类很难侵蚀它，所以一般试验台、科学仪器、印染制板和印洗胶片的器具等都要涂漆；各种手工艺品和器皿家具涂上生漆后不怕烫，不怕潮湿，不变色，能经久耐用。生漆的折光率大，色泽鲜明，手工艺品及器皿等涂上它能增加艺术价值；生漆又是一种优质的防腐剂，木料、房屋、家具、船舶、车轮、桥梁、钢铁等，因受日光、风、雨、潮湿的侵蚀或与空气发生氧化作用，易于腐朽、生锈和风化，涂上漆即可防腐，延长物体寿命；如果架设海底电线，更须用生漆防腐；器物涂上漆后，还有隔音绝缘的作用；漆液与厚纸可以合成人造革。生漆也是我国传统出口商品。生漆也可精制或改性再用。漆树的果实称漆子，可以加工取得漆蜡和漆油，可用作肥皂、蜡纸、金属涂擦剂、润滑油等。叶含鞣质30%左右，可提取栲胶。木材可作装饰材料及家具。它的叶、花、种子、生漆、干漆都可入药。叶和根可作农药杀虫剂。

漆树有野生的也有栽培的，前者通常叫山漆或叫野漆。栽培者通常称家漆。家漆全国有18个品种，因产漆量高，或因产漆早，或因结籽多（籽出蜡、出油）而各有其特点，其中较优良的品种有大红袍、灯台小木、阳高大、贵州红和红皮高等。

六、狭叶坡垒 *Hopea chinensis*（Merr.）**Hand-Mazz.**

【植物名】狭叶坡垒又名万年木、咪丁扒等。为龙脑香科（Dipterocarpaceae）坡垒属植物。

【形态特征】常绿乔木，高达13m。树皮灰黑色，幼枝红褐色，无皮孔。单叶互生，叶近革质，矩圆形或矩圆状椭圆形或披针形，长6～12cm，宽2～3cm，全缘。花为圆锥花序，长15～20cm，萼管极短；萼片5；花瓣5，淡红色；雄蕊15枚；子房3室，每室2胚珠。坚果，卵形，长约1.8cm，增大的宿存花萼有2片长大革质，条状矩圆形，长8.5～9.5cm，其余3萼片卵形，长约0.9cm，形似双翅状（图14-6）。

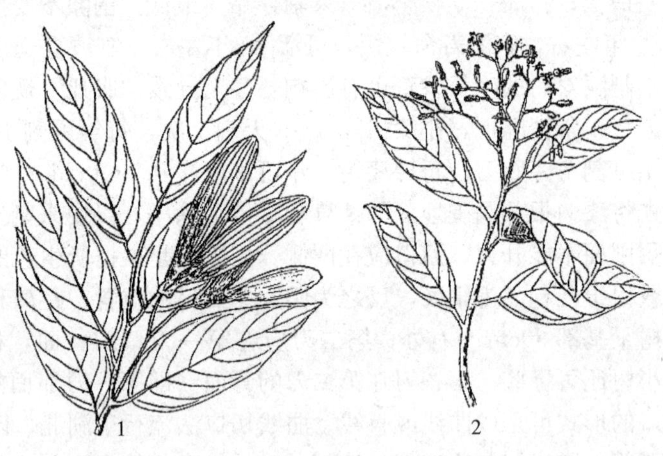

图14-6

1. 狭叶坡垒 *Hopea chinensis* 2. 青梅 *Vatica mangachapoi*

【分布与生境】产于广西和广东南部。一般分布在海拔650m以下，喜生热带山谷阔叶林中、溪边或其他水湿地，生长地土壤疏松。

【化学成分与理化性质】龙脑香植物所产树脂在马来西亚一带称达麻脂，主要用于制造喷漆。达麻脂色淡光洁，黏着力强，尤宜于纸板上光之用。品质差的也可用来涂刷船底。达麻脂能溶于醇、松节油、煤焦油和烃类而不溶于水合三氯乙醛。

【采脂方法与加工】采收法是在树干或分枝上开凿10cm×10cm的孔，孔深达木质部12mm便有脂溢出。凿面要光滑，以免木屑拌入树脂内而影响质量。伤口经3～4个月可愈合。因此采脂工作可在开凿伤口后 3～4 月内间歇进行。加工法是将树脂溶于乙醇、苯、乙醚等有机溶剂，过滤后去杂质，蒸馏回收溶剂。回收的溶剂即为精制品。

【近缘种】能取达麻脂的植物还有多毛坡垒（*H. mollissima* C. Y. Wu）；青梅（*Vatica mangachapoi* Blanco）（图 14-6）。

【资源开发与保护】狭叶坡垒木材纹理细微，坚硬，耐湿力强，可作造船、桥梁、家具、建筑等用材。

复习思考题

1. 什么是树脂？何种树脂称为生漆？生漆有何特点及用途？
2. 什么是天然树脂和合成树脂？天然植物树脂通过存在于植物的哪些部位？
3. 树脂中的树脂酸类、树脂醇类和碱不溶性物质各有何特点？
4. 树脂的化学成分、理化性质是什么？
5. 怎样鉴别、采收和加工树脂？

第十五章　树胶植物资源

第一节　概　述

树胶是由多糖类组成的胶质类物质，是一种复杂的混合物。天然树胶多从植物体中分离提取，是重要的工业原料。

树胶多存在于一些植物的树皮、树干、块茎、鳞茎和种子中，是植物新陈代谢中的产物。它的主要成分是一种多糖物质，由阿拉伯糖、半乳糖、葡萄糖、鼠李糖和木糖等单糖与相应的糖醛按一定比例组成的聚糖。树胶属于高分子复杂化合物，有较好的黏性，能与水结合成胶体溶液。树胶水解物即为各种单糖和醛糖酸。

树胶的种类较多，用途也较广泛。常用的树胶有阿拉伯胶、瓜儿胶、桃胶、黄耆胶、田菁胶等。产自蔷薇科桃、李、杏、樱桃等属的桃胶，可药用，也用于印刷、纺织、水彩颜料等方面。产自含羞草科的金合欢属的阿拉伯胶，可作乳化剂、上浆剂、稠厚剂，用在胶水、墨水、糖果业上；在石蜡切片技术中用作封片剂；也可作医药工业中制片剂的赋形剂；在印染工业中作调制织物的印花浆等，近年来这种胶需求量不断增长，常供不应求。产自小亚细亚蝶形花科的几种黄蓍的黄蓍胶，在印刷工业上作增稠剂，在食品、糖果、墨水制造、皮革整理、化妆品生产等方面都有重要用途。瓜儿胶是主要从长角豆、瓜儿豆中提出的半乳甘露聚糖胶，在食品、纺织、造纸工业、石油、矿冶和涂料等方面，有着极其重要的用途，因而被誉为“王牌胶”。近年来，我国从豆科植物田菁、菽麻、葫芦巴、槐豆胚乳中发现了这种半乳甘露聚糖胶，而且含量较高，质量也较好，在许多用途上可以替代瓜儿胶，主要用于石油工业，大大促进了我国石油工业的发展。

一、树胶的组分和理化性质

树胶属于多糖类物质，由可溶性和不溶性两部分组成。可溶性部分叫阿拉伯树胶素，不溶性部分叫黄蓍胶素，两部分含量比例因种类而异。树胶类也可根据这两部分的不同含量等而分为：①几乎完全溶解于水的树胶，如阿拉伯胶等；②部分溶解于水的树胶，如樱桃胶、桃胶等；③混合树胶，如黄蓍胶等；④其他树胶，如含鞣质的树胶等。

树胶能与水结合成胶体溶液，这种溶液可随着树胶浓度的不同而具有不同的黏度。不溶于水的部分，即黄蓍胶素，在吸取水后则能膨胀，在工业上有特殊的用途。

在树胶类中，阿拉伯树胶的主要成分是阿拉伯树胶酸，其中一部分还有钙、镁、钾等盐类物质，水解后能生成半乳糖、阿拉伯糖、鼠李糖和葡萄糖醛酸，溶解于加倍的水中，则形成淡黄色、透明、无味、呈酸性反应液体，加碘不变蓝色。黄蓍树胶中，以黄蓍树胶类占大部分，其他为阿拉伯树胶素，水解生成阿拉伯糖、木糖、半乳糖醛酸等。李和杏的树胶与樱桃胶完全相近。

二、树胶植物的鉴别、采收与加工

植物体中是否含有树胶物质，通常采用的鉴别方法，是将植物体中分泌出来的脂状物取下来，用水浸湿，如有较大的黏性就是树胶物质，没有黏性则为树脂或其他物质。

对一些在种子中含胶的植物，其鉴别方法是：取其种子胚乳或其他部分研成细粉，然后将粉末用水溶解，测定其是否有黏性。因此，树胶的黏性是鉴定树胶的主要指标。

采收树胶时，在树干上用人工创伤或割开孔口，即有树胶从伤口处分泌出来，如阿拉伯胶、桃胶、胡颓子胶等。胶汁与空气接触，凝结成固体而被采收。黄蓍胶常用开孔法采取，用特制的锥子或普通的枝剪，在树干上稍微劈开或剪伤，即有胶液流出，在空气中凝固，形成不同形状的凝结物。

用锥子开孔采的为圆筒状的黄蓍胶，用剪子开孔采的为片状胶。片状的黄蓍胶在习惯上常列为优等商品。从豆科种子中提取半乳甘露聚糖胶的方法，主要采用采集种子，运用干法粉碎工艺，即利用种子胚乳和子叶的硬度不同而磨碎胚乳；或利用湿法分离工艺获得胚乳胶粉。对一些草本树胶植物如乌蔹毒、黄蜀葵等，挖取根部，经切细或碾碎，用水浸渍胶质。树胶的生产工艺因原料不同而异。以桃胶为例，一般桃胶需经过浸胀、水解、漂白、蒸发、干燥五道工序才能制成固体商品桃胶。其流程图示如下：

桃胶→浸胀→水解→漂白→蒸发→干燥→商品桃胶

　　　↓　　　↓

泥沙、木屑　次氯酸钠

不仅一些树木植物可产生树胶，许多草本植物甚至藻类也可产生胶质物质。根据胶质物质存在部位，可细分为细胞内多糖、细胞壁多糖和细胞外多糖 3 种。细胞内多糖主要是果聚糖和甘露聚糖；细胞壁多糖主要是半纤维素和果胶类；细胞外多糖主要是树胶和粘胶。根据植物胶的胶液性能分为低浓度高黏度胶、高浓度低黏度胶和凝胶多糖胶 3 种。低浓度高黏度胶的共同特点是在低浓度下（$<1\%$）形成高黏度的水溶液，溶液呈现假塑性流体特性，分子主链结构是葡甘聚糖或甘露聚糖，如魔芋葡甘露聚糖胶、白芨胶等；高浓度低黏度胶的特点是能形成浓度超过 50%的高分子水溶液，溶液浓度在 40%以下仍呈牛顿流体，如阿拉伯胶、桃胶、黑荆胶和松胶等；凝胶多糖胶的多糖凝胶化性质是多糖大分子生物功能的重要方面，许多生命过程就是在凝胶态中完成的，尤其在食品、化妆品、造纸、医药等工业中的应用，使其备受人们的青睐，如琼脂聚糖、果胶多糖具有较强的凝胶化功能。根据植物多糖胶的来源可分为树胶、种子胶、海藻胶、根块类胶、茎干类胶和叶子类胶等多种。树胶是树木在创伤部位渗出的一种黏性物质，如前所述；种子胶从树木种子到草子，从作物种子到果仁等植物种子的贮备性多糖物质，如瓜尔胶、长角胶、亚麻子胶等；海藻胶是从某些海藻提取的亲水性胶体，如琼脂、海藻酸钠等；块根类胶如魔芋胶、菊糖胶；茎干类胶如松胶；叶子类胶如芦荟多糖胶；根块茎类胶如魔芋块茎中魔芋葡甘露聚糖胶等。

第二节　主要树胶植物资源

一、桃 *Amygdalus persica* L.

【植物名】桃为蔷薇科（Rosaceae）桃属植物。

【形态特征】落叶小乔木，高 3～8m。树冠宽广或平展；小枝红褐色或红褐绿色，无毛；冬芽 2～3 个簇生，中间为叶芽，两侧为花芽。叶椭圆状披针形，先端渐长尖，基部宽楔形；边缘具细锯齿，无毛；叶柄有腺点。花单生，多先叶开放，粉红色，萼筒钟状外被短柔毛，果为核果，果形、色泽、大小因品种而异。花期 3～4 月，果期 6～9 月（图 15-1）。

图 15-1　桃 *Amygdalus persica*
1. 花枝　2. 果枝　3. 花
4. 雄蕊　5. 果核

【分布与生境】全国多数省（自治区）有栽培，主产于河北、陕西、甘肃、江西、江苏、安徽、云南、四川、贵州等省。野生种发现于西北和西藏等地，多生长在山坡较肥沃而排水良好地方。

【化学成分及性质】其树干分泌的桃胶，是其重要的副产物，桃胶呈桃红色或淡黄色至黄褐色，从树干裂缝中流出，多呈半透明固体块状，外表平滑，易溶于水，水溶液有黏性，系一多糖物质。主要成分为 L-阿拉伯糖 42%、D-半乳糖 35%、D-木糖 14%、D-葡萄糖醛酸、L-鼠李糖 2%等。其成分与阿拉伯胶极为相似，因此一般可作其代用品。

【采胶方法与加工】桃胶的采收，多在桃树生长季节，收集树干上分泌物，去其杂质、晒干，放干燥通风处贮存，经加工后即成桃胶。

【近缘种】可以采收桃胶的植物还有山桃［*A. davidiana*（Carr.）C. de Vos］、杏（*Armeniaca vulgaris* Lam.）、李（*Prunus salicina* Lindl.）等。

【资源开发与利用】桃是我国原产的重要果树，品种和类型极多，桃的果实味美多汁，适于鲜食和加工；桃仁可药用，作活血行瘀药。

二、金合欢 *Acacia farnesiana* Willd.

【植物名】金合欢为含羞草科（Mimosaceae）金合欢属植物。

【形态特征】为有刺小灌木或小乔木，高 2～4m。二回羽状复叶，羽状 4～8 对，小叶 10～20 对，细小而狭。总状花序 2～3 个，簇生叶腋，盛开花时径约 8～12cm；花黄色，有香气。荚果筒形。花期 10 月（图 15-2）。

图 15-2　金合欢 *Acacia farnesiana*
1. 花枝　2. 果实

【分布与生境】分布于广东、广西、浙江、福建、台湾、四川、云南等地，野生或栽培。适应性广，喜生于气候较干热、阳光充足、土壤疏松湿润而较肥沃处。

【化学成分及性质】胶为淡黄色至淡红色固体，外表平滑，内部透明，质脆，易溶于乙二醇、甘油和水中，溶液有高黏性。胶的比重为 1.35～1.49，含水分 15%～20%，成分和阿拉伯胶类似。

【采胶方法与加工】 割伤树皮数天后，有胶状物分泌出来，收集胶状物并适当干燥，即成商品。

【综合利用与近缘种】 同属中产胶植物还有：柔毛金合欢（*A. mollissima* Willd.）和密花金合欢（*A. pycnantha* Benth.）。

【资源开发与保护】 茎上流出的树胶可制胶水、制药、墨水或用于糖果工业。其品质相当于进口的阿拉伯胶，可作代用品。花含芳香油，为名贵香料之一。果荚、茎皮、根均含鞣质。木材坚硬，可作珍贵家具。

三、田菁 *Sesbania cannabina*（Retz.）Poir.

【植物名】 田菁又名咸青、海松柏等。为蝶形花科（Papilionaceae）田菁属植物。

【形态特征】 小灌木，高约1m。羽状复叶，小叶20～60，线形或长椭圆形，顶端钝，有细尖，基部圆形，两面密生褐色小腺点。花2～6朵排成腋生疏松的总状花序；花黄色，旗瓣有紫斑或无。荚果长圆柱形，长15～18cm。种子多数。花果期8～10月（图15-3）。

图15-3　田菁 *Sesbania cannabina*
1. 花枝　2. 小叶　3. 旗瓣
4. 翼瓣　5. 龙骨瓣　6. 雄蕊

【分布与生境】 分布于浙江、福建、台湾、广东、江苏等省。多生于田间路旁或海边，较耐湿和盐碱。在不少地区有栽培。

【化学成分及性质】 田菁胶粉就是田菁种子中的胚乳粉。田菁胶粉中水溶性植物胶含量占63%～68%，不溶性部分占27%～32%。田菁胶属于半乳甘露聚糖胶，半乳糖和甘露糖之比为1∶2.1，D-甘露吡喃糖以β（1-4）连接1个D-半乳吡喃糖为支链。田菁胶的分子量约为206 000～391 000，黏度为121.8（厘泊）。田菁种子成熟后易爆裂，宜在八成熟时采收。收下的种子及时晒干、扬净。防止种子霉变以影响胶的质量。

【采胶方法与加工】 田菁种子中胚乳占种子重量的33%～39%。制取田菁胶一般采用干打法分离工艺，即利用田菁种皮、子叶和胚乳三部分的理化性质不同而达到分离目的。工艺流程大致可分为加热去杂、破碎分离、胚乳成粉三个工序。

【近缘种】 同属中的刺田菁［*S. bispinosa*（Jacq.）W. F. Wight］也能提取田菁胶。分布在广东、广西、云南等省（自治区）。

【资源开发与保护】 田菁胶是近几年来新开发利用的植物胶，可用于石油采矿上作水基压裂液、钻孔液，井下临时封闭、堵塞剂、浆状炸药，也可用于选矿。田菁胶可作造纸胶料、涂料；还可用于烟草、纺织、食品等工业。茎、叶可作绿肥和饲料。茎皮纤维拉力很强，可制麻袋、绳索，或造纸。田菁还可改良盐碱土，增加土壤肥力。

四、槐树 *Sophora japonica* L.

【植物名】 槐树为蝶形花科（Papilionaceae）槐属植物。

【形态特征】落叶乔木，高在25m。小枝绿色，皮孔黄褐色，显著。羽状复叶，小叶7～17，卵形或卵状披针形。圆锥花序顶生；萼钟状；花冠乳白色，旗瓣阔心形，有紫脉；雄蕊10，不等长。荚果念珠状，长2.5～8cm，成熟后不开裂，常挂树梢，经冬不落。种子1～6个，肾形。花期5～6月，10月果熟（图15-4）。

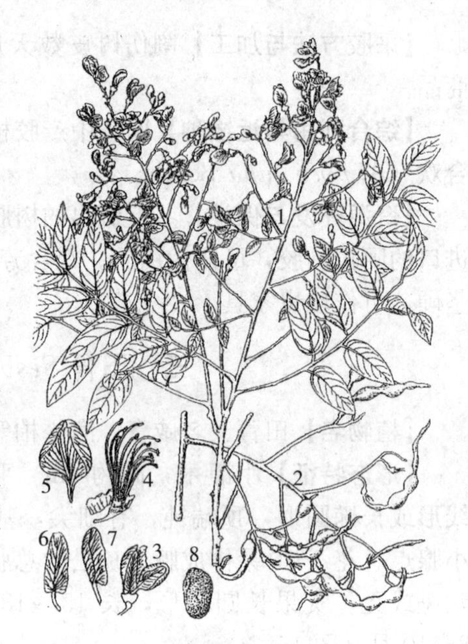

图15-4 槐树 *Sophora japonica*
1. 花枝 2. 果枝 3. 花 4. 雄蕊 5. 旗瓣 6. 翼瓣 7. 龙骨瓣 8. 种子

【分布与生境】为我国广布树种，尤以黄土高原及华北平原最常见，越南、朝鲜、日本也有分布。喜光，适于干冷气候，在石灰土、中性土及酸性土均可生长。我国各地普遍有栽培，可作行道树。

【化学成分及性质】槐胶是从槐豆中分离出来的内胚乳。槐豆占荚果总重量的75%，其中34%～36%为内胚乳——槐胶。槐胶的主要成分半乳甘露聚糖含量约75%，半乳糖和甘露糖之比为1∶8.5，胶的黏度为208.1厘泊，还含少量的脂肪油、水不溶物。种子的40%～42%为子叶，其中含脂肪油13.6%，蛋白质40%，糖类17%。荚果果肉占果总重量的25%左右，主要成分为半乳糖、果糖、槐苷和水不溶物。

【采胶方法与加工】秋季采收成熟荚果，晒干待加工。用狼牙棒粉碎机加工槐树豆荚，分离出种子，将种子烘干，用锤式粉碎机加工，除去子叶，筛出内胚乳。内胚乳用流水浸泡3～4h，不断搅拌至内胚乳中间白色即将消失时，捞出放在箩筐内闷2～3h，同时水洗1～2次，然后用锤式粉碎机剥离黑皮，至黑皮脱落为止。最后把内胚乳烘干，用万能粉碎机过筛即得内胚乳粉——槐胶粉。

【资源开发与保护】它可作为合成龙胶（黄芪胶）的原料，且广泛用于印染纺织、食品、石油、采矿等方面。槐树豆荚果肉有较高量的还原糖，是发酵制酒精的原料。花蕾可食，含芳香油，槐花料是清凉止血收敛药。根皮、枝叶可治疮毒。

五、黄蜀葵 *Abelmoschus manihot*（L.）Medic.

【植物名】黄蜀葵为锦葵科（Malvaceae）黄蜀葵属植物。

【形态特征】多年生高大草本。茎上生黄色硬毛。叶互生，掌状5～9深裂，裂片披针形，两面生长硬毛，叶有长柄。花大，单生，淡黄色，具紫心，直径约12cm。蒴果卵形，长4～5cm，含多数种子（图15-5）。

图15-5 黄蜀癸 *Abelmoschus manibot*
1. 枝条 2. 花枝 3. 雌蕊 4. 果实

【分布与生境】产于广东、广西、云南、贵州、湖南、江西等省（自治区）。生于山谷、沟旁或草坡，适宜生长在湿润肥沃的沙质土壤。

【化学成分及性质】 根含黏胶质16%左右。此胶质加热则失去黏性，遇氧化钡、醋酸铅、硫酸铜、硫酸铅等盐类及酒精、丙酮、乙醚、明矾等均会产生沉淀。胶质经加压、加热液化并加硫酸钠溶液后，即可沉淀出来。黏胶质属多糖类，由一分子鼠李糖和二分子半乳糖组成。据同属植物咖啡黄葵［*A. esculentus*（L.）Moench］分析：黏胶质是含有蛋白质和矿物质的酸性多糖，水解后得半乳糖醛酸、半乳糖、鼠李糖和葡萄糖，其组成比例为1.3∶1∶0.1∶0.1，黏度在pH中性时最大。

【采胶方法与加工】 采收时挖取其根，切细，置布袋中，在冷水浸渍即可把黏胶浸出。开始浸出的黏胶质品质较好，可供造上等纸用。以后浸出的质量较差，可供制次等纸用。浸出的黏胶质立即使用。冬季在三天内黏性不减。黏胶质易腐败，可加1%甲醛防腐。

【资源开发与保护】 根的黏胶质可作造纸原料，还可作食品增稠剂，茎皮纤维可代麻。全株药用能清热凉血。

六、腰果 *Anacardium occidentale* L.

【植物名】 腰果为漆树科（Anacardiaceae）腰果属植物。

【形态特征】 常绿乔木。单叶革质，互生，主要集生枝梢，矩圆形或倒卵形，顶端圆或微缺，基部圆形，长10～20cm，宽5～10cm，全缘，羽状脉，光滑无毛，上面深绿色。圆锥花序顶生，花杂性，直径6mm，芳香；萼5裂；花瓣5片，披针形，长约1.3cm，具黄色带粉红色条纹；雄蕊8～10枚，其中1枚较长；子房1室，花柱单生。坚果黄褐色，肾形或心形，长约2.5cm，宽1.9～2.9cm；果壳光滑；内种皮易于剥离，外侧褐色，内侧深红色，种仁红白色。花托肉质膨大，附着在坚果上，梨形或偏菱形至倒卵形，长2.5～8.5cm。花期11月至次年2月，果期5～6月（图15-6）。

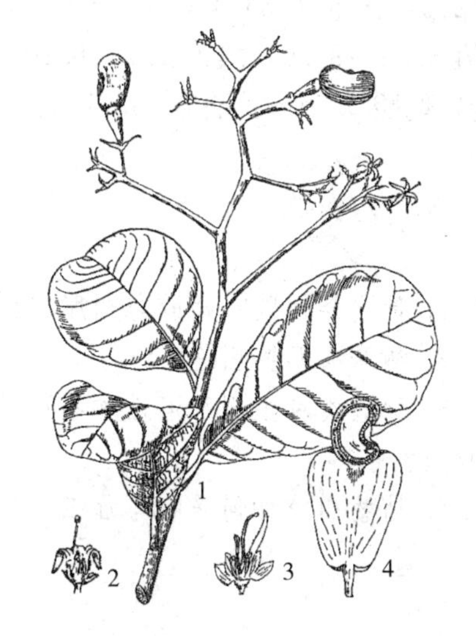

图15-6　腰果 *Anacardium occidentale*
1. 果枝　2. 雄花纵剖示雄蕊
3. 两性花去花瓣、花萼展开示苞片、雄蕊和雌蕊　4. 果实纵剖

【分布与生境】 产于云南、广东和广西等省（自治区）。阳性树种，适应性极强，耐干旱瘠薄，不拘土壤，有一定抗风力。抗寒力差，忌地下水位过高或雨季积水。

【化学成分及性质】 腰果壳中所含水溶性多糖，得率在9%以上。腰果壳胶主要成分是D-半乳糖，在水中旋光度［a］28d 6.2%～6.91%浓度时黏度4～5（厘泊），微香，无毒。

【采胶方法与加工】 当种子成熟后及时采果晒干。采用压榨或浸提法，从种子中取油。脱下的果壳，按加工顺序获得腰果壳胶。

腰果壳胶工艺流程见图15-7。

【资源开发与保护】 腰果的果壳中含水溶性多糖，可用于化妆品、纺织业、药物、造纸、油

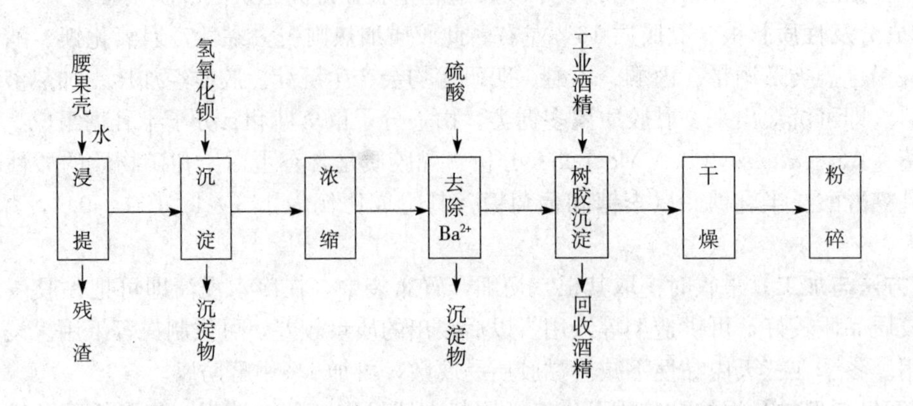

图 15-7 腰果壳胶工艺流程

墨等，也是提取D-半乳糖的廉价原料。果壳油是一种很好的防腐剂和防水剂，还可用来治牛皮癣、铜钱癣等。假果可生吃或酿酒、制果汁、果浆、蜜饯、罐头等。种子营养价值较高，炒食时味如花生，亦可加工成糕点食品。种仁可食用。树皮待用于杀虫和制成不褪色墨水。种仁含油42.2%，比重（15℃）0.915 5～0.918 0，折光率（40℃）1.462 3～1.463 3，皂化值180～190，碘值80.8～87.0，酸值2.2～8.20，脂肪酸组成为棕榈酸6.40%、硬脂肪酸11.24%、二十四（碳）烷酸0.50%、油酸73.77%、亚油酸7.67%。

复习思考题

1. 什么是树胶？树胶与树脂有何区别？如何鉴别？

2. 树胶有哪些用途？

3. 树胶类可根据可溶性和不溶性部分的不同含量分成哪几类？可溶性和不可溶性部分指什么物质？

4. 植物树胶如何采收与加工？

第十六章　鞣料植物资源

第一节　概　　述

鞣料植物资源是指植物体内含有丰富的鞣质物质的一类植物。鞣质又称植物单宁，它是分子量500～3 000，能与明胶及其他蛋白质产生沉淀的水溶性多元酚的衍生物，是鞣制生皮革的一种化工原料，是一种棕黄色到棕褐色的物体，呈粉状、粒状、块状或浆状，工业称栲胶。多从富含单宁的树皮、果实、果壳、根茎中提取和制备。

一、鞣料植物的种类

我国在1958—1959年全国性野生植物资源普查中，发现单宁含量高，质量好的鞣料植物达300余种。

在裸子植物中，松科、柏科、紫杉科和粗榧科植物中多含丰富的鞣质，尤以松科的落叶松、云杉等鞣质含量高、质量好；双子叶植物中，壳斗科、蔷薇科、桦木科、胡桃科及槭树科的大多数种类均含丰富的鞣质。

目前，我国已发现单宁含量高、质量较好的鞣料植物40多种，但用于工业化生产提取栲胶的鞣料不足20种。尤其一些野生的草本植物，如蓼科的拳参、皱叶酸模，蔷薇科的地榆和蓝雪科的矶松等，都是十分出名的鞣料植物。高山蓼是前苏联、波兰和捷克斯洛伐克的主要栲胶原料之一，酸模是美国、墨西哥的主要栲胶原料之一，而我国皮革工业所用的栲胶主要从盐肤木的五倍子、松科的树皮、壳斗科壳斗、蔷薇科的红根皮、杨梅科的杨梅树皮、根皮等原料中提取。

二、鞣料植物的类别、有效成分及其分类

鞣料植物通常采用按所含单宁的类别，分为凝缩类鞣料（如黑荆皮、落叶松树皮，红根皮、栲树皮等），水解类鞣料（如橡碗、板栗、栎木、五倍子等）和混合类鞣料（如中华常长藤、杨梅等）。

植物体内的单宁往往是几种多元酚衍生物组成的复杂混合物。天然单宁一般为有色非晶形固体；溶于水，部分溶于丙酮、乙酸乙酯、甲醇、乙醇等有机溶剂，味苦涩，有收敛性，在碱性溶液中易氧化而使颜色变深，与明胶、生物碱产生沉淀；遇三价铁离子呈蓝色或绿色反应，因此在生产栲胶中应避免使用铁器。

鞣料植物中的单宁物质，具有鞣皮成革的作用，其他非单宁多元酚则无这种作用。这是因为：①单宁分子中有足够的酚羟基，能与皮蛋白中的多肽形成多点结合。②单宁分子量在500～3 000，有可能进入生皮胶原纤维内部，并在相邻的多肽键之间产生交联结构。

单宁可按其化学结构特征分为水解类单宁和凝缩类单宁。水解类单宁又称可水解单宁，分

子内具有酯键，通常以一个碳水化合物（或与多元醇有关的物质）为核心，通过酯键与多元酚羧酸相连接而成。因此，在酸、碱或酶作用下发生水解，产生糖或多元醇及多元酚羧酸。根据所得的多元酚羧酸的不同，又可将水解类单宁细分成没食子单宁（水解产生没食子酸）和鞣花单宁（水解产生鞣花酸或其衍生物）。著名的水解类单宁有五倍子单宁，橡碗单宁，化香果单宁等。

凝缩类单宁又称缩合单宁或不可水解单宁。此类单宁分子中的芳香环均以碳碳相连，不以糖构成分子的整体结构，因此难以水解。在强酸作用下缩合成不溶于水的红色沉淀，俗称红粉。多数凝缩类单宁是黄烷醇的聚缩物。在一定条件下（如在醇—盐酸溶液中加热），凝缩单宁可被降解为较简单的组分。重要的凝缩类单宁有：黑荆树皮单宁、栲树皮单宁、落叶松树皮单宁、云杉树皮单宁和红树皮单宁。

混合类单宁兼有水解类单宁和凝缩类单宁的特征，实际应用中可按表 16-1 进行鉴别。

表 16-1 单宁种类鉴别

试验名称 \ 单宁类别	水解类	凝缩类	混合类
铁矾试验	蓝紫、蓝黑色	绿黑色	蓝或紫黑色
甲醚-盐酸试验	不沉淀或部分沉淀，滤液加铁矾液呈蓝紫色	沉淀，滤液加铁矾无颜色反应	沉淀，滤液加铁矾无色或黑色
溴水试验	生成可溶性溴衍生物，长期放置氧化后产生沉淀	沉淀	沉淀
醋酸-醋酸钴试验	完全沉淀或部分沉淀，滤液加铁矾液呈蓝紫色	无沉淀，滤液加铁矾呈绿黑色	滤液加铁矾呈蓝绿色
硫化铵试验	沉淀	无沉淀	无沉淀

用水解类单宁鞣制的皮革一般颜色淡亮，沉淀物很少，但皮革较死板；用凝缩类单宁鞣制的皮革颜色深红，沉淀多，皮革较丰满。

用水浸提植物鞣料时，与单宁同时被浸提出来的非单宁物质主要是其他酚类物质、糖、有机酸、植物蛋白以及某些含氮物、无机盐、色素等。

三、鞣料植物的鉴别

鉴定植物是否含有单宁的简便方法是：凡植物带有苦涩味，用刀切开后在刀口或刀面上呈蓝黑色，即表示有单宁的存在。如用化学试剂测定，可采用以下 3 种方法：

（1）取植物浸出液 5ml，加数滴明胶食盐溶液（含有1%明胶，10%食盐）如立刻产生沉淀，则表示有单宁存在。

（2）取植物浸出液 5ml，加 3～5 滴铁矾液［1%$Fe_2(SO_4)_3$］，如立即呈蓝黑色，表示有单宁存在。

（3）取植物浸出液 5ml，加少量醋酸使成酸性，再滴加溴水（含溴量0.4%～0.5%）如即刻产生沉淀则表示有凝缩类单宁存在。

以上是简单的定性测验，是否有利用价值还必须作定量测定。最常用的方法是国际皮革工业化学工作者协会规定的皮粉法，其具体操作步骤如下：

定量取被检液，加热使之蒸发，将残留物称重。另取同量被检液，加入铬化兽皮粉（或每克干燥兽皮粉末加1ml、3%的铬矾溶液）振荡，使单宁完全吸着，过滤除去单宁兽皮粉沉淀。将滤液蒸发后，残留物称重。前后两次残留物之差，即单宁含量。近年来，随着现代化光谱仪器的普及，正在逐渐采用紫外线、可见光分光光度法测定单宁含量。光谱测定法具有快速、准确和简便的优点。

含有单宁的植物种类很多，但能否作为栲胶生产的原料，必须综合考虑栲胶工业生产要求的以下因素：①原料中单宁的含量较高，纯度也较高，这样原料成本不会过高。根据我国原料具体情况一般单宁含量在8%以上，纯度50%以上才有生产价值。②制成的栲胶要有良好的鞣革性能或较好的其他用途。③原料资源集中、丰富、运输方便，能满足生产厂商常年生产的需求。④不破坏资源再生和生态平衡，有可能建立生产林基地。

四、采　　收

在采收鞣料植物时应注意采收富含单宁的部位和适宜的采收季节。例如栎树壳斗的单宁含量是树叶的3倍，落叶松外层树皮单宁的含量是内层树皮的2.8倍。秋天采集的原料往往比春天采集的单宁含量高。同时也要考虑树龄对单宁含量的影响，据测定：5～10年树龄的栓皮栎，壳斗单宁含量为18.30%，纯度为58.70%，而15年树龄的栓皮栎，壳斗单宁含量为27.30%，纯度为62.60%。因此在采收原料时应考虑这些因素。一般的原则是：

（1）根皮或树皮，四季均可采收，以秋冬采集时单宁含量较高，也易于采剥，应结合伐木进行。丛生小灌木或木质藤本，树龄一般在5年以上者为佳，采挖时应保留树桩或栽下幼苗。剥下的树皮或根皮应干净无泥土，晒干后打捆。

（2）果壳类一般应在果实成熟后采收或果实落地后立即拾起，避免杂质掺入和霉烂。果球类如化香树果，枫树果应于果实成熟期从树上采摘，并及时晒干备贮为宜。

（3）树叶及草本植物一般多在夏末秋初植株生长旺盛、鞣质含量最高时期采收为佳。

五、栲胶的提取加工技术

栲胶是重要的工业原料，是从含有单宁（亦称鞣质）的植物组织中提制的产品。其主要用途：可作为锅炉用水的软化剂；是收敛、止血、止泻、止痢以及生物碱与重金属中毒解毒的良好药物；也是印染工业的媒染剂；在硬塑料工业、石油钻探、墨水、照相显影剂及渔业上浸染渔网等方面均有很大用途；尤其是制革工业鞣皮的不可缺少的重要药剂，它能与蛋白质结合，生成更大分子的鞣质蛋白化合物，使兽皮成为不透水、致密而柔软的革，其鞣革性能甚优，迄今还没有一种物质可超过它。

鞣质多为无定形粉末，可溶于水和酒精，生成胶状液体，不溶于无水乙醚、氯仿、苯、石油醚和二硫化碳，但可溶于醇、醚的混合液或乙酸乙酯中，具有强还原性，在空气中或在碱性条件下极易被氧化，易溶于热水，能被酸或碱、鞣酶（或苦杏仁酶）水解，水解后产生一些小分子的物质而失去鞣质特性。按其化学组成和性质，可分为可水解鞣质和缩合鞣质两大类，野生鞣质植物中，有些种类，如橡碗（壳斗），五倍子、酸模等含有可水解性鞣质；有些种类如松类、蓼类、黑荆树类等，含有缩合鞣质；也还有一些种类如壳斗科的栓皮栎等同时含有两类鞣质。因此，野生植物鞣质的提取工艺须酌情选用。

1. 工艺流程 栲胶加工过程主要由粉碎、浸提、蒸发、净化和干燥等工序组成。

栲胶原料→去杂→粉碎→浸提→蒸发→净化→干燥→包装→成品

↓

废渣利用

2. 操作要求

(1) 原料 栲胶原料以色鲜、不变质、不霉变、干燥、杂质少为佳。原料在粉碎前应采用筛选、风选或水洗除去泥沙、石头等杂质。除铁可采用磁选法。

(2) 粉碎 目的是为浸提供粒度合乎要求的物料，以便更快和更完全地浸出抽提物，降低原料消耗，得到高质量的浸提液。原料粉碎度因材料而异，一般橡碗的粒径不大于1cm，树皮和根皮类不大于2cm。

(3) 浸提 粉碎后的原料一般采用浸提罐组或连续浸提器，用热水以逆流的方式进行浸提。凝缩类原料浸提时，加入亚硫酸盐能提高得率，改进浸提液的质量。浸提罐可根据条件选用木制浸提罐、钢筋混凝土浸提罐、转鼓浸提罐、金属浸提罐组装而成。浸提温度和时间因原料而异，一般橡碗为60～95℃，浸15～24h；栲树皮为80～98℃，浸24h。压力式罐组可适当缩短浸提时间，提高浸提温度。

(4) 浸提液蒸发 浸提液浓度低，含干物质10%以下，不能作成品，必须采用蒸发的办法提高浓度，制成浓胶，以利进一步加工成固体栲胶。浸提液的蒸发一般采用多效真空蒸发，以充分利用热蒸气的热能。

(5) 净化处理 对浸提液、浓胶进行净化、增纯、脱色、改性等净化处理，可以提高栲胶的质量和性能，减少不溶物和沉淀物，提高溶解度，浅化颜色，提高单宁含量及纯度，改变其他性质，以适应不同的使用要求。净化处理方法有物理净化法（包括过滤澄清、冷却净化和凝结剂净化）和化学净化法（包括亚硫酸盐处理和其他药剂处理）。

(6) 喷雾干燥 喷雾干燥是用雾化器将浓溶液、悬浮液或膏糊状物料喷成雾滴分散于热气流中，使水分迅速蒸发而得到干燥产品。其优点是：干燥时间短、物料温度低、操作方便、易于人工控制含水量及粒度，从而使产品质量稳定、生产连续化和自动化；缺点是设备投资大、能耗较大。因而还可以应用薄膜干燥、真空箱式干燥、转鼓干燥和双辊筒干燥。经过干燥工序后，所得的粉胶即为成品。成品可进行成品质量检验，合格者即可包装出厂。

(7) 废渣的综合利用 栲胶生产中废渣数量很大，约占原料的50%～80%，因此开展综合利用十分重要，废料可以用于制各种人造板、活性炭、造纸板等。各地应视条件和市场需求进行综合利用，以充分利用资源。

六、鞣料植物的应用开发与展望

鞣料在人类文明发展史中曾起到重要的作用，到18～19世纪，制革技术已遍布全球。植物性鞣料的需求量大大增加，1803年发现并推广应用槲树皮生产液体鞣料，便有了块状、粉状栲胶，形成了较完整的栲胶生产工艺和规模。但当今鞣料的生产和新资源的开发受到现代皮革工业的影响，而发生了极大的变化，重革（制皮箱、皮带的硬质革）产量下降50%，而轻革（制皮衣、皮鞋的软质革）是国际发展方向，轻革仅用5%～15%的鞣料，故对鞣质的需求大幅度下降。到20世纪80年代末，全球重革产量和栲胶产量都下降了近50%，我国年产栲胶50 000t，绝大多数都是橡碗栲胶，而实际制革中应用的30 000t，则要求用凝缩类栲胶，如黑荆树栲胶、化香栲胶和杨梅栲胶。因我国凝缩类栲胶产量很小，质量也不稳定，每年都须进口大量黑荆树栲胶来保证生产需要。因此，尽早开发新的鞣料植物资源和提高栲胶质量，生产适应制轻革的产品，是保证我国鞣料工业和制皮工业适应新的经济形势、适应国际市场需要的重要工作。

由于天然栲胶制品不易变形，富有弹性，透气和吸湿性能优良，现仍占鞣革工业90%以上的需求量。近年采用快速鞣革工艺，给栲胶用于鞣革提供了新的有利条件，植物鞣料将有更大的发展。

鞣料除主要用作制革工业的鞣皮剂外，还常被广泛用作锅炉除垢剂、泥浆减水剂、选矿抑制剂、胶粘剂、污水处理剂、涂料和电池电极添加剂以及气体脱硫、医药制品、食品保鲜等多种用途。近年来，以鞣料为原料制成工程防渗加固灌浆材料，新型、特型铸造辅料等新用途。正确认识鞣料是经济建设的重要工业原料，针对我国有极其丰富的优质鞣料资源、积极开展和探寻新的优质鞣料植物资源和新的应用领域，是促进我国经济高速发展不可缺少的重要方面。

第二节　主要鞣料植物资源

一、化香树 *Platycarya strobilacea* Sieb. et Zucc.

【植物名】化香树又名化香。为胡桃科（Juglandaceae）化香属植物。

【形态特征】落叶灌木或小乔木，高5～20m。树皮黄褐色，纵裂，幼枝被棕色绒毛。奇数羽状复叶互生，卵状披针形或长椭圆状披针形。花单性，雌雄同株，花序穗状，直立，伞房状排列在小枝顶端，生于中央顶端的一条常为两性花序，生于两性花序下方周围者为雄性穗状花序。果穗球果状长椭圆形，小坚果扁平，圆形，具2狭翅。花期5～6月，果期7～8月（山东省），10月（山西省）（图16-1）。

图16-1　化香树 *Platycarya strobilacea*
1. 花枝　2. 果枝　3. 苞片侧面及雄蕊
4. 苞片正面及雄蕊　5. 雌花腹面
6. 雌花苞片　7. 果实

【分布与生境】分布于长江沿岸各省及以南地带。喜温暖气候，生于山坡向阳地或杂木林中。

【利用部位与化学成分】树皮、根皮、叶和果实均含有单宁，为提制栲胶的好原料。化香树所含单宁41.92%，纯度达82.75%；叶子含单宁20.24%，纯度为58.75%；根皮含单宁23.30%～29.10%；树皮含单宁11.97%，纯度67.86%。此外，树皮还含有32.7%的纤维素。

【采收与加工】化香果实的采收宜早，夏季采得球果俗称金果，果面呈黄色；晚秋成熟果俗称铜果，果面转褐色。因此，化香果实采收最佳时期在7～8月。树皮和根皮宜在10月下旬至次年4月间采收。树龄越大，树皮越厚，单宁含量越高，树干基部含量比顶部高。

提取栲胶：叶粉碎后浸提，温度60～80℃为宜；果实切成碎块，浸提温度75～90℃为宜；树皮、根皮切碎，浸提温度70～95℃为宜。

【近缘种】同属植物圆果化香树（*P. longipes* Wu）也作提取栲胶的原料。分布同化香树。

【资源开发与保护】化香是我国重要的鞣料植物，除作栲胶外，树皮因富含纤维供纺织和搓绳用；叶可作农药；花可做黄色染料；根部及老木含芳香油；种子可榨油。

二、拳蓼 *Polygonum bistorta* L.

【植物名】拳蓼为蓼科（Polygonaceae）蓼属植物。

【形态特征】多年生草本，高50～80cm。根状茎肥厚，黑褐色。茎直立，不分枝。叶披针形或狭卵形，长10～18cm，宽2.5～5cm，顶端一般狭尖，基部圆钝或截形，沿叶柄下延成狭翅，边缘外卷；上部叶无柄；托叶鞘筒状，膜质。花序穗状，顶生；苞片卵形，淡褐色，膜质，花淡红色或白色，花被5深裂；雄蕊8，与花被近等长；花柱3。瘦果椭圆形，有3棱，红褐色，光亮。花期5～6月，果期8～9月（图16-2）。

图16-2 拳蓼 *Polygonum bistorta*
1. 植株 2. 花 3. 花展开 4. 果实

【分布与生境】分布于西北、华中、华南、西南及华东等地；朝鲜及日本亦有分布。多生于山坡草丛或株间草甸。

【利用部位与化学成分】肥厚的根状茎。根状茎含单宁15%～27%，纯度53.59%，含有淀粉、糖、维生素C、树脂、黏液质、树胶等。

【采收与加工】采收宜在春秋两季挖其根茎，除净须根和泥土，即可加工或晒干贮存。加工根时，先将根切成长12cm的碎块，然后再进行浸提，浸提温度为70～90℃；加工时，将叶子搓成2～3cm大的碎片，浸提温度50～70℃。

【近缘种】根茎可供提取栲胶的同属植物有：①草血竭（*P. paleaceum* Wall.）分布于四川、云南等地。②赤胫散（*P. runcinatum* Bueh.-Ham. var. *sinense* Hemsl.）分布于四川、湖南、贵州、云南、台湾等地。③虎杖（*Reynoutria japonica* Houtt.）分布于西北、华中、华东、华南等省区。

【资源开发与保护】拳蓼在20世纪60～70年代，曾作为提取植物栲胶的重要资源，是鞣制重革的鞣皮剂，进入90年代，随重革减少及制革技术水平提高，拳蓼栲胶显得不十分重要，但它可作为水垢或净化水的处理剂或作为澄清果汁、果酒及其他饮料的沉淀剂使用。此外，块茎入药能清热散毒、散结消肿，为拳蓼栲胶的应用另辟途径。

三、黑荆树 *Acacia mearnsii* De Wild.

【植物名】黑荆树为含羞草科（Mimosaceae）金合欢属植物。

【形态特征】常绿乔木，高 15～18m。小枝具棱，被绒毛。二回羽状复叶，羽片 8～20 对，小叶 30～60 对，排列紧密，条形。头状花序组成腋生总状花序；花淡黄色。荚果带状，种子间略有缢缩，暗褐色，密被绒毛。种子 3～12，卵圆形，黑而有光泽。花期 12 月至次年 4 月，果期 5～10 月（图 16-3）。

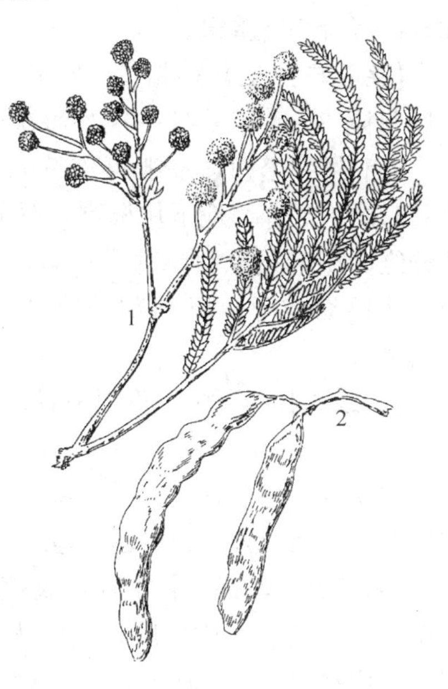

图 16-3　黑荆树 *Acacia mearnsii*
1. 花枝　2. 果实

【分布与生境】原产澳大利亚，我国分布在广东、福建、浙江、江西、四川、广西等省（自治区）。喜光，适于生长在深厚而又肥沃的土壤。以年平均气温 15～20℃、海拔 1 800～3 600m 高度的雾带地区最为适宜。绝对最低温不得低于－6℃，否则易受冻害。

【利用部位与化学成分】黑荆树的树皮、豆荚、根。树皮含单宁 36%～48%，纯度 77%～85%；豆荚含单宁 21.6%，纯度 61.5%；根含单宁 12.7%，纯度 75.2%。属凝缩类单宁。

【采收与加工】剥制皮宜在晚春到早秋时进行。采收的树皮经风干到含水 15%～16%。鲜树皮进行人工干燥，温度不能超过 65℃，否则影响树皮质量。黑荆树 10 年以上老树应全部砍伐剥皮。树龄过大，单宁含量反而下降。浸提前将树皮破碎成 1～2cm 小块，浸提温度以 75～90℃为宜。

【近缘种】本属植物很多富含单宁，其中重要的栲胶原料还有：①圣诞树（*A. decurrens* Willd. var. *dealbata* F. Micell）分布于广东、云南。②金合欢（*A. farnesiana* Willd.）分布于广西、广东、四川、云南、福建、浙江等地。③藤金合欢［*A. sinuata*（Lour.）Merr.］分布于广东、广西。

【资源开发与保护】黑荆树皮单宁含量高，鞣革性能好，深受鞣制皮革客商的欢迎。该树种木质坚硬耐用。此外还有止血药效。

四、广东羊蹄甲 *Bauhinia kwangtungensis* Merr.

【植物名】广东羊蹄甲为苏木科（Caesalpiniaceae）羊蹄甲属植物。

【形态特征】藤本，有卷须，全株除花序外均无毛。单叶互生，纸质，心状卵形，深裂达全叶长的1/3至 1/2，裂口呈倒三角形，表面深绿色，背面较淡，两面均无毛，掌状脉。总状花序顶生，被锈色紧贴的短柔毛，花梗长 1.5～3cm。荚果革质，幼时扁平，密被锈色短丝毛，成熟时稍膨大，近无毛。有种子 1～5 颗。花期6～8 月，果期 9 月（图 16-4）。

【分布与生境】分布于广东、福建等省区。为热带、亚热带常绿植物，适应性较广，凡气候暖和，土壤湿润而肥沃的疏林或密林中均可生长，常攀缘于其他树木的树冠上或在溪边成丛林状。

【利用部位与化学成分】地下块根。根皮单宁含量一般为 20%，纯度 73%，块根单宁含量高达 40%。属凝缩类单宁。

【采收与加工】种植 6～7 年后始可采挖块根，以后每隔 3～4 年采挖一次，每次适宜挖取部分块根，以利继续繁殖，一般可连续采挖数十年，根采后及时晒干贮存。地下块根富含鞣质，可提制栲胶；茎纤维为织麻袋原料。种子可食。浸提前将根皮切碎，块根切成丝，以利鞣质浸出。浸提温度不宜过高。

【近缘种】同属中可供提取栲胶的还有：①龙须藤［*B. championii*（Benth.）Benth］产广东、广西、湖南、福建等地。②羊蹄甲（*B. variegata* L.）产广东、广西、云南、福建等地。

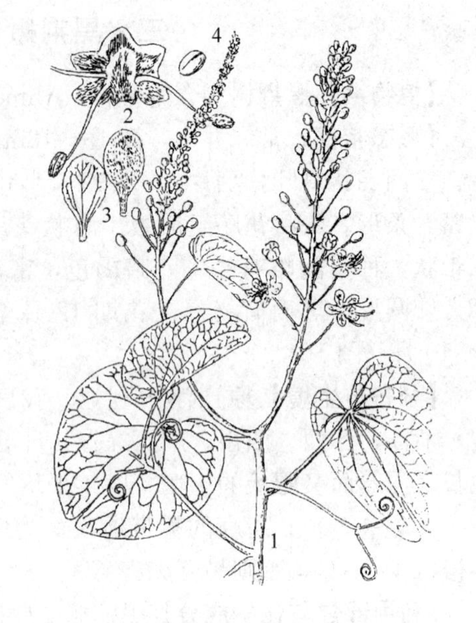

图 16-4 广东羊蹄甲 *Bauhinia kwangtungensis*
1. 花枝 2. 展开的花 3. 花瓣 4. 种子

【资源开发与保护】羊蹄甲属植物不仅富含凝缩类单宁，可制取优质栲胶，同时为美丽的庭园观赏树种，应在这一领域加大开发力度，扩大种苗量，用于城市绿化、美化。

五、粗根老鹳草 *Geranium dahuricum* DC.

【植物名】粗根老鹳草为牻牛儿苗科（Geraniaceae）老鹳草属植物。

【形态特征】多年生草本，高 30～60cm。具多数深褐色肥厚的纺锤状根。茎直立，四棱形，上部分枝成叉状，有毛。基生叶多数，叶子 7 深裂或近全裂，上部茎生叶为 5 裂，羽状深裂，表面及边缘密生白毛，背面毛疏。花顶生或腋生，花梗有毛，通常有 2 朵花。蒴果有喙，长约 2.5cm，顶端冠有 5 个柱头，表面有毛，成熟时开裂成 5 分果。花期 7～8 月，果期 8～9 月（图 16-5）。

【分布与生境】分布于东北、内蒙古、河北、甘肃、新疆等省（区）。生于山坡林缘、阳坡林下及灌木丛中。

【利用部位与化学成分】根、茎、叶均含鞣质。根含鞣质 20.98%；叶含单宁 37.5%，纯度 70%。属水解类单宁。

图 16-5 粗根老鹳草 *Geranium dahuricum*

【采收与加工】7～8 月间采挖其根，去除泥土，晒干贮存。干根切成 1～2cm 小段后浸提，温度 55～85℃为宜。

【近缘种】同属异种植物可供提制栲胶的还有：①毛蕊老鹳草（*G. platyanthum* Duthie）分布于东北、华北和西北地区，茎叶含鞣质 10.14%～12.1%；②朝鲜老鹳草（*G. koreanum* Kom.）分布于辽宁、吉林，根含鞣质达 28.31%；③鼠掌老鹳草（*G. sibiricum* L.）分布于东北、华北和西北地区，茎叶含鞣质 14.64%；④牻牛儿苗（*Erodium stephanianum* Willd.）同科牻牛儿苗属植物，茎叶含鞣 14.46%。

【资源开发与保护】牻牛儿苗科多种植物不仅可作为鞣质植物资源开发利用，而且许多种类花色鲜艳，耐干旱，可作为观赏植物研究利用。并且多种植物具有一定的药用价值。

六、秋茄树 *Kandelia candel*（L.）Druce.

【植物名】秋茄树为红树科（Rhizophoraceae）秋茄树属植物。

【形态特征】灌木或小乔木，高 1～3m。树皮平滑，红褐色。叶长圆形至倒卵状长圆形，长 5～10cm，宽 2.5～4cm，顶端钝或圆，基部阔楔尖，全缘。花序有花4～9 朵，总花梗。1～3 个生于上部叶腋，长短不等；花白色，盛开时长 1～2cm，花萼裂片条状披针形，长 1.2～1.6cm，果时外反，萼片长于花瓣。花果期春秋两季（图 16－6）。

图 16－6　秋茄树 *Kandelia candel*

1. 花枝　2. 花　3. 花萼　4. 花瓣　5. 雄蕊与子房纵切　6. 子房横切　7. 幼果

【分布与生境】分布于广西、福建、台湾及海南沿海岛屿。生于海湾和河流出口的冲积海滩红树林中。

【利用部位与化学成分】树皮富含鞣质，可提制栲胶。树皮一般含单宁 17%～30%，纯度 50%～70%，不同产地、不同部位化学成分分析结果见表 16－2。

【采收与加工】一般树木胸径达 6cm 以上者，才宜剥取树皮。采剥可用轮伐更新法。轮伐期 4～6 年，砍伐宜在 4～5 月间，砍伐后进行剥皮，皮经风干后即可加工。将树皮切成 1～2cm 小块，浸提温度 72～90℃为宜。

表 16－2　秋茄树皮成分含量（%）

采集样品情况	分析结果			产地
	鞣质	非鞣质	纯度	
枝部	23.30	22.60	50.75	广西合浦
树干部	26.08	23.54	52.55	
萌发生长 5 年	17.79	17.80	49.98	广东省雷州半岛
实生外表皮	12.14	6.87	68.86	海南省琼山
实生内皮	27.08	12.84	67.84	
树干部	30.76	13.15	70.04	福建省

引自王宗训，1989。

【近缘种】 红树科植物许多种类含有单宁成分较高，可作为鞣质植物资源开发利用。除秋茄树外，还有：①角果木［*Ceriops tagal*（Perr.）C. B. Rob］分布于台湾、广东和海南，树皮含单宁27%～28%，纯度69%～72%；②红海蓝（*Rhizophora stylosa* Griff.）分布于广西、台湾，菲律宾、马来西亚至澳大利亚北部都有分布，树皮含单宁16%～22%；③红树（*Rh. apiculata* Bl.）分布于广东，树皮含单宁13.6%；④木榄［*Bruguiera gymnorrhiza*（L.）Savigny］分布于广东、广西和台湾等省，树皮、茎皮含单宁分别可达20%和19.68%。

【资源开发与保护】 红树科植物除可作为鞣质工业原料资源以外，其多数种类生于海岸潮水所及的泥滩上，当潮涨时，没入水中，有海中森林之观，为海岸防浪堤重要树种。由红树科植物组成的红树林主要分布于热带海岸带，是重要的海岸湿地物种，应注意保护利用。

复习思考题

1. 什么是鞣质？有何特性？
2. 什么是鞣料植物？怎样鉴别？鞣质一般存在于植物的哪些部位？
3. 简述野生栲胶的提取加工技术。
4. 简述鞣料植物的应用开发前景。

第十七章　农药植物资源

第一节　概　　述

一、农药植物资源的概念

农药植物资源是指植物体内含有驱拒、干扰或毒杀害虫、抑制病菌和除草等物质的一类植物。其有效成分多为生物碱、皂素、挥发油、鞣质、苷类树脂、鱼藤酮等。

植物性农药具有成本低、残毒少、无污染、无药害等特点。为了保证人们的身体健康，目前世界各国都非常重视农副产品的污染问题，提倡生产和使用低毒农药，因此，对植物性农药的发掘也越来越受到人们的重视。

植物源农药的研究一直是新农药研究开发中的热点课题之一。我国植物源农药的研究开发受到各方面的重视，并得到迅速发展，但就国内发展现状而言，仍存在不少问题：

1. 活性物质化学结构鉴定是植物源农药研究开发的基础工作　近半个世纪以来，色谱分离技术、波谱化学结构鉴定技术以及生物活性的测定方法都有了长足的发展。这对植物源农药活性成分的分离与化学结构鉴定、活性评价工作起了很大的促进作用。并据此提出了以活性成分化学结构为核心的植物源农药研究开发的思维模式。

2. 植物源农药研究的主流在于探索农药活性化合物　以植物源活性成分为先导结构研究开发的成果对农药发展的贡献远大于直接利用植物。以植物源活性成分为先导物不仅可以研究开发出一系列的类似物，而且它们的活性可以优于先导物，可能克服先导物的某些物理性质的不足，扩大了应用范围。

3. 植物源农药研究开发并不排斥直接加工利用　近年来国内出现了一股植物源农药直接加工利用的热潮。这仅是一种商业行为，有一定的市场，但产品的成功与否取决于市场竞争能力和消费者的认可与否。不少产品的基础研究（包括有效成分的结构鉴定，对植物品种与活性成分关系的研究等）不足，宣传材料有“炒作”之嫌，缺乏市场竞争能力。在我国加入WTO之后、产品将面临更剧烈的市场竞争，这是一个值得企业家们重视的问题。

4. 植物源农药研究要刻意创新　创新的目标在于获得具有农药活性的化学结构新颖的化合物及新活性的化合物。为了实现创新的目标，在植物源农药研究中要注意研究对象（植物）的选择和筛选靶标生物的问题，为了获得原始性创新的成果，在植物源农药的研究对象上，我们要多注意前人未曾研究的植物。而在筛选靶标方面，宜在普选的过程中，根据课题组的条件，选择1～2种农业生产上亟待解决的有害生物作为靶标（如线虫、植物病毒）进行筛选。最后，笔者呼吁农药学家和天然有机化学家们合作进行植物源农药的研究，通过优势互补，取得更好的研究结果。推动农药的发展。

二、农药植物资源的分类

按使用目标可分为杀虫剂类、杀菌剂类和除草剂类。

1. 杀虫剂类植物农药 指含有对害虫有毒杀作用物质的种类，如除虫菊含有对许多害虫有毒的除虫菊酯类化合物，苦参含对多种害虫具有毒性的苦参碱。

2. 杀菌剂类植物农药 指对植物病菌有杀灭作用物质的种类，如藜芦提取物对马铃薯晚疫病杀菌效果可达67%。

3. 除草剂类植物农药 指对杂草有抑制或杀灭作用物质的种类，如有人研究发现燕麦和拉拉藤（*Galium*）根中含莨菪亭（scopletin）对很多植物的种子发芽有抑制作用，炭疽菌对大豆菟丝子有很好的防治效果等。

按杀虫、杀菌或除草方式可分为寄生性、毒杀性、驱拒性和激素性等。

（1）寄生性植物农药 指利用寄生植物（主要是细菌、真菌等）的寄生作用杀灭病虫害和病菌，也称为微生物农药。这是植物农药品种比较多，相对比较成熟的一类。主要有细菌、真菌、病毒、原生动物和抗生素等制剂。如苏云金杆菌产生的多种毒素制剂（Bt）对150余种害虫（主要是鳞翅目）有非常好的杀灭作用；半知菌纲白僵菌制剂对大豆食心虫、松毛虫和玉米螟等也有很好的效果。

（2）毒杀性植物农药 指利用植物的次生代谢产物杀灭虫害和植物病菌。已推出一些高效广谱杀虫剂，如除虫菊酯、烟碱、苦参碱等。

（3）激素性生物农药 指利用植物中含有的昆虫激素及其类似物干扰害虫的发育过程或引诱害虫而用其他农药毒杀，进而达到杀虫目的。

（4）驱拒性植物农药 指利用植物中含有害虫所不喜欢或讨厌的某些物质，以防御害虫取食，进而使害虫饥饿而死亡。

按利用的化学成分可分为酚类、萜类、生物碱类、炔类、蛋白质毒素、生氰糖苷及各种信息素或激素类等植物次生代谢化合物。

另外，还有一类可称为有益植物农药，如利用露水草含有的β-蜕皮激素，使我国成为激素养蚕的世界先进国，目前仍然是世界上唯一能工业生产蜕皮激素的国家。

三、农药植物资源研究现状与展望

我国使用植物性农药已有2 000多年的历史。《周礼》中有用莽草驱虫的记载；《本草纲目》中对鱼藤根的使用作了较详细的记载。欧美各国从17世纪起，也开始了这方面的研究工作。我国从20世纪50年代起，对植物性农药进行广泛的调查和研究工作，发掘出闹羊花、巴豆、百部、雷公藤、厚果鸡血藤等农药植物资源。仅《中国土农药》一书就记载了220种植物性农药分布在86个科中，其中以毛茛科、蓼科、蝶形花科、芸香科、大戟科、菊科、百部科、天南星科等种类较多。

20世纪60年代以来，从植物界中发现了昆虫蜕皮激素，它是昆虫体内一种极微量但对昆虫有生理活性的甾体化合物。在昆虫体内与保幼激素共同作用，以调节、控制昆虫的变态发育。使用蜕皮激素，能使昆虫幼虫至成虫的变态发生异常，从而使害虫死亡。所以在国际上称为害虫防治的“第三代农药”。

近 20 年来，对蜕皮激素的研究进展较快，发现有些植物种类含蜕皮激素较高，有些种类其含量可达干重的 1%以上。较最初从昆虫或其他动物体中提取的含量高出百倍以上。据报道：国外试验过的植物已超过 1 200 种，其中高等植物近 200 多科 800 多属，已提取、分离、鉴定出的蜕皮素及类似物达 40 余种，最常见的有 β-蜕皮素、百日青甾酮 A、水龙素 B、蕨类甾酮、α-蜕皮素和牛膝甾酮等。70 年代以来，我国在这方面的研究也有了较大进展。中国科学院昆明植物研究所发现露水草提取蜕皮激素得率达干重的 1.2%，其根部可达 2.9%；80 年代以来又先后从陆均松、水竹叶等植物中提取 β-蜕皮激素。从植物中提取蜕皮激素，对植物性农药的研究和使用起了积极的促进作用。同时对益虫繁育和组织培养也有较好的作用。

未来植物保护的趋势是将害虫和病菌等造成的损失控制在一定的阀值内，调节有害生物种群的密度和数量，确保生态平衡，而决不是将有害生物斩尽杀绝。未来的农药应该是绿色农药或环境友好农药，农药的主要作用是影响、控制和调节各种有害生物的生长、繁殖过程，使有害生物得到抑制，又不对人类健康产生危害，不破坏生态平衡。生物源农药对人畜相对安全，较少环境污染，抗性发展较缓慢，受到农药和植物资源研究者的重视。在现代先进的植物保护理念影响下，包括植物性农药在内的生物农药开发利用是未来农药的发展方向和研究热点之一。一些生物源物质曾作为先导化合物，经过结构优化后开发成优秀的农药品种，不少从矿物、植物、动物和细菌中获得的生物源农药已经成为广泛应用的农药品种。目前全世界应用的生物源农药品种约 30 种，仅 Bt 制剂一个品种的年销售额就达 9.84 亿美元，我国开发的井冈霉素至今仍然是防治水稻纹枯病的优秀农药品种。

第二节　主要农药植物资源

一、陆均松 *Dacrydium pierrei* Hickel

【植物名】陆均松为罗汉松科（Podocarpaceae）陆均松属植物。

【形态特征】乔木，高 30m，胸径达 1.5m。树干直，幼树树皮灰白色或淡褐色，老则变灰褐色或红褐色，稍粗糙，有浅裂纹；大枝轮生，多分枝，小枝下垂，绿色。叶两型，螺旋状着生，排列紧密。幼树、萌生枝或营养枝上的叶为镰状针形；大树的叶或果枝的叶较短，钻形或鳞片状，有显著背脊。雄球花穗状；雌球花单生枝顶，无梗。种子卵圆形，横生于杯状假种皮内，成熟时红色或褐红色，无柄。花期 3 月，种子 10～11 月成熟（图 17-1）。

【分布与生境】集中分布在海南省五指山、吊罗山、尖峰岭等高山中上部海拔 500～1 600m 地带。常与针、阔叶树种混生成林或块状成林。喜温热，湿度较高的气候环境，土壤以黄壤、红壤为宜。

图 17-1　陆均松 *Dacrydium pierrei*
1. 枝　2. 雄球花　3. 雌球花

【化学成分】 树皮含较丰富的蜕皮激素。从树皮中分离出三种结晶，结晶Ⅰ是β-蜕皮素，结晶Ⅱ是筋骨草C，结晶Ⅲ中含百日青甾酮A和海南陆均松甾酮两种成分。三者总得率为0.4%。

【利用部位与防治效果】 主要利用部位是树皮。粉碎的树皮过筛，用工业用乙醇浸泡回流3～4次，控温在80℃以下，并收集各次乙醇提取液。待回收乙醇至少量时，趁热加水搅拌后静置过夜，使杂质沉淀，沉淀液过滤后收集滤液。滤渣中加入少量乙醇并加热溶解，再趁热加水搅拌，重复上述操作3～4次，并合并滤液，以正丁醇萃取3～4次。萃取后减压回收正丁醇至干，得红棕色胶状物，再以无水乙醇溶解，趁热拌以氧化铝。然后，烘干、磨碎后置于氧化铝柱顶部，以乙酸乙酯洗脱。回收乙酸乙酯后，依Rf值由大到小的顺序，分别得到结晶Ⅰ、结晶Ⅱ和结晶Ⅲ。

【采收加工】 剥取树皮，干燥后粉碎、备用。

【资源开发与保护】 陆均松树干挺直，生长较快，可作热带地区的庭园植物；也是海南高山森林更新和荒山造林的树种。木材纹理直，结构细密，供建筑、造船等用材。

二、草乌头 *Aconitum kusnezoffii* Reich.

【植物名】 草乌头又名北乌头、草乌、鸡头草、鸦头、小叶芦，为毛茛科（Ranunculaceae）乌头属植物。

【形态特征】 多年生草本。高80～150cm，通常分枝。块根圆锥形或胡萝卜形，长2.5～5cm；叶片纸质或近革质，五角形，长9～16cm，宽10～20cm，三全裂；叶柄长约为叶片的1/3～2/3。顶生总状花序具9～22朵花；萼片紫蓝色；花瓣距长1～4cm。花期7～9月（图17-2）。

图17-2 草乌头 *Aconitum kusnezoffii*
1. 叶 2. 花序 3. 盔瓣 4. 侧瓣 5. 下瓣 6. 密叶 7. 雄蕊

【分布与生境】 分布于我国东北、华北，朝鲜、俄罗斯、西伯利亚也有分布。生于山坡、草甸、疏林、灌丛、沟谷稍湿地。

【有效成分】 本种含有乌头碱（aconitine）、下乌头碱（hypaconitine）、中乌头碱（mesaconitine）、去氧乌头碱、北草乌碱（beiwutine）

【利用部位与防治效果】 全草及根为农药作杀虫、杀菌剂。根提取液可喷治稻蝗或稻螟虫、棉蚜、蛆、苍蝇，杀虫效果较好。根的水浸液对小麦秆锈病防治效果达68.4%。全草提取液防治大豆蚜虫，杀虫率达到44.6%。

【采收与加工】 9月间，地上部位枯萎时挖取根，如采收过早则水分多，不充实，干后枯瘦，品质不佳。采后除去残茎、须根及泥土，晒干。7～8月也可以采集全株用于农药。

【资源开发与保护】 草乌头的块根可入药，有镇痛、镇痉作用，对神经痛、类风湿关节炎、风湿痛有效。亦有发汗利尿作用。小剂量对心脏衰弱、贫血性衰弱等症亦有效。草乌头的种子可以榨油，含油率为15.6%。茎、叶含单宁1.17%。花、叶美丽，可做观赏植物。吉林省长白山地区资源丰富，应该综合开发利用。

【近缘种】乌头属植物大部分都含有毒性很强的乌头碱，①乌头（*A. carmichaeli* Debx.）主要分布于四川、陕西。②黄花乌头［*A. coreanum*（Levl.）Raepaecs］主要分布于东北及河北北部。③短柄乌头（*A. brachypodum* Diels）主要分布于四川、云南。

三、白屈菜 *Chelidonium majus* L.

【植物名】白屈菜又名山黄连，土黄连。为罂粟科（Papaveraceae）白屈菜属草本植物。

【形态特征】多年生草本，体内含黄色乳汁。根圆柱形。茎直立，疏生长柔毛，在节处及幼嫩部生密毛。叶2回羽状深裂，裂片均呈倒卵形，边缘具不整齐的缺刻及粗圆牙齿。花4～8个集生枝端，呈伞形状；萼片2，椭圆形，疏生柔毛，开花时脱落；花瓣4，倒卵圆形；雄蕊多数，雌蕊1枚。蒴果线状圆柱形，成熟时由基部向上开裂。种子细小卵形，多数，成熟后为暗褐色。花期5～7月（2次萌发9月初尚能开花），果期6～9月（图17-3）。

图17-3　白屈菜 *Chelidonium majus*
1. 植株下部　2. 花果枝

【分布与生境】产东北、华北及四川。生林缘路旁稍湿润处。

【化效成分】含有多种生物碱：白屈菜碱（chelidonin）、白屈菜赤碱（chelerythrine）、二氢白屈菜赤碱（dihydrochelerythrine）、二氢白屈菜黄碱（dihydrochelilutine）、血根碱（sanguinarine）、氧化血根碱（oxysangwinarine）、白屈菜子血碱（chelerythrin）、甲氧基白屈菜碱（methoxychelidonin）、类白屈菜碱（homochelidonin）、原鸦片碱（protopin）、白屈菜明（chelamine）、白屈菜定（chelamidine）。此外含有维生素A 4.9%～10.1%，维生素C 0.14%～0.17%。

【利用部位与防治效果】全草的浸提液可防治菜青虫。开花期割取全草，阴干、揉成粉末，洒在菜地，对驱除地蚤有特效，另外全草熏园中的无脚蜴及蝶类有效。全草的水浸液对大豆蚜虫杀虫率达80%。

【采收与加工】5～7月，花开时收割地上部分，晒干，即为成品；置于通风干燥处保存。

【资源开发与保护】白屈菜地上部分供中药用，有镇痛、止咳、消肿毒的作用。德国制成的白屈菜碱磷酸盐（chelidonium phosphoricum），用作治疗胃肠疼痛。俄罗斯用白屈菜制剂治疗皮肤结核。

四、小果博落回 *Macleaya microcarpa*（Maxim）Fedde

【植物名】小果博落回又叫黄薄荷，罂粟科（Papaveraceae）博落回属植物。

【形态特征】多年生草本，茎直立，高1～1.5m，具白粉。叶互生，卵圆状心脏形，掌状分裂，边缘具粗齿，表面浅黄色，背面具白粉。圆锥花序顶生；萼片2个，花瓣状，距圆形，长4～5mm，黄绿色，具白色膜质边缘，花开而落；雄蕊多数，花丝短，长约为花药一半；子房上位，柱头2裂。蒴果圆形，有1枚种子。花期6～7月；果期7～8月（图17-4）。

图17-4　小果博落回 *Macleaya microcarpa*
1. 花枝　2. 花　3. 果实

【分布与生境】分布于河南、陕西、甘肃、湖北、四川等地。生于低山、河边、沟岸、路旁等地。

【化学成分】根含血根碱（sanguinarine）、白屈菜红碱（chelerythrine）、博落回碱（bocconine）。此外，还分离出原阿片碱（protopine）、α-别隐品碱（α-Allocryptopine）、氧化血根碱（oxysanguinarine）、B-碱（氯化物分子式 $C_{21}H_{16}O_5NCl$）、C-碱（氯化物分子式 $C_{21}H_{19}O_4N \cdot H_2O$）。从全草中分离出了原阿片碱、α-别隐品碱及另一种A-碱（氯化物分子式 $C_{21}H_{16}O_4NCl \cdot 3H_2O$）。

【利用部位与防治效果】全草作农药。水浸液对抑制小麦杆锈病菌夏孢子发芽和防治小麦杆锈病效果良好；全株沤入粪坑可杀孑孓和蛆。博落回毒性较大，为开发植物农药的良好资源。

【采收与加工】博落回根茎、叶、果均含多种生物碱，4～6月采收的长10cm以内的嫩茎叶，总生物碱1%，其中血根碱0.61%，白屈菜红碱0.39%。9～11月采收的果实，总生物碱1.7%左右。全草、果实含博落回碱还含原阿片碱、α-别隐品碱、氧化血根碱等多种生物碱。

【近缘种】同属的博落回［*M. cordata*（Willd.）R. Br.］也是应用较广的杀虫剂，全草切碎于20倍水煮液，可防治茶毛虫。

【资源开发与保护】小果博落回全草入药。性味辛苦，温，有毒。具有消肿、解毒，杀虫的功效。主治乙肝、指疔、脓肿、急性扁桃体炎、中耳炎、滴虫性阴道炎、下肢溃疡、烫伤、顽癣。《本草拾遗》中有"药入立死，不可入口"的记载，其液汁黄色，外涂治"顽癣"、"白癜风"等。近代药理研究表明，半成品主要含有效成分为血根碱（Sanguinarine）和白屈菜红碱（Chelerythrine），对治疗多种炎症有效。特别是治宫颈炎、宫颈糜烂，总有效率达94%。国外报道：博落回所含生物碱能抑制肿瘤细胞。美国利用博落回开发出漱口水、空气清新剂等。国内已生产出含总生物碱50%以上（其中血根碱40%以上）的博落回提取物，并出口欧美国家。也有一些制药企业生产博落回兽药和生物农药。湖南省医药工业研究所已从博落回中提纯制成98%血根碱、98%白屈菜红碱。博落回野生资源丰富，国外已利用其提取物开发不少商品，国内研究开发博落回的农药和兽药产品，市场前景一定也会更加广阔。

五、苦参 *Sophora flavescens* Aiton

【植物名】苦参又名地槐、山槐、山槐子。为蝶形花科（Papilionaceae）苦参属植物。

【形态特征】多年生草本。根粗壮，圆柱形，外皮浅棕黄色，味极苦。茎直立，多分枝，具不规则的纵沟。单数羽状复叶，具小叶11～19，卵状矩圆形或披针形，全缘。总状花序顶生；

苞片条形；花萼钟状；花冠蝶形，淡黄色，旗瓣匙形，比翼瓣和龙骨瓣稍长。荚果串珠状，疏生柔毛，有种子3～7颗。种子近球形，棕褐色。花期6～7月，果期8～10月（图17-5）。

图17-5　苦参 *Sophora flavescens*
1. 花枝　2. 花　3. 果实　4. 种子

【分布与生境】苦参野生资源分布广泛，我国各省均有。以太行山脉，秦巴山区的苦参质量佳、产量多。分布在我国东北、华北、大兴安岭、科尔沁，内蒙呼伦贝尔盟、兴安盟、哲里木盟、赤峰市产量较多。苦参多生于湿润肥沃、土层深厚的阴坡、半阴坡或丘陵；也生长于沙漠地、灌木草丛。

【化学成分】根中含苦参碱（materine）、金雀花碱（cytisine）、氧化苦参碱（oxymatrine）、槐醇碱（sophoranol）、槐国碱（sophocarpine）、臭豆碱（anagyrine）、氧化槐国碱（oxysophocarpine）、苦参素（kurarinone）、次苦参素（kuraridin）、次苦参醇（kuraridinol）和红车轴草根苷（trifolirhizin）。

【利用部位与防治效果】利用部位为根及地上部分。根的提取液可以防治稻飞虱、金龟子、蝼蛄、地老虎、菜青虫，效果良好。地上部分的水浸液对大豆蚜虫的杀虫率达81.4%。根的5倍水浸液对小麦秆锈病杀菌效果达100%。

【采收与加工】人工栽培苦参，第三年秋末冬初进行采挖，晒干即可，但秋季采挖为佳。7～8月割取地上部分晒干备用。

【资源开发与保护】苦参是一种多年生药材，一年滥挖十年难以恢复。保护与开发苦参资源就显得十分必要。为合理开发利用保护苦参野生资源，必须划定和建立苦参野生资源保护区。苦参的质量高低有很强的地域性，东北平原、太行山脉、秦巴山区既是苦参主产区，也是苦参的适宜种植区。在这些地区要分别不同土质划定保护区，建立优质种源基地，保护种质资源。野生苦参无限乱采滥挖只会导致苦参资源匮乏，变野生为家种是保护和满足日益发展的苦参制药企业需求的关键。

六、锈毛鱼藤 *Derris ferruginea* Benth.

【植物名】锈毛鱼藤别名荔枝藤、老荆藤，为蝶形花科（Papilionaceae）鱼藤属植物。

【形态特征】攀缘灌木，小枝密生锈色毛。羽状复叶，有5～9个小叶；小叶椭圆形或倒卵状长椭圆形，背面疏生锈色毛。圆锥花序腋生；萼钟状，萼齿小，密生锈色短柔毛；花冠淡红色或白色，旗瓣内侧基部无附属体，中部以上有短柔毛；雄蕊连成一组。荚果革质，椭圆形成长椭圆形，长5～8cm，宽2.5cm，幼时密生锈色毛，两侧有翅。种子1～2粒（图17-6）。

图17-6　锈毛鱼藤 *Derris ferruginea*
1. 花枝　2. 旗瓣　3. 翼瓣
4. 龙骨瓣　5. 果实纵剖

【分布与生境】分布于广东、广西、云南；印度至中南半岛也有。生于灌木林中或疏林中。

【化学成分】含鱼藤酮（$C_{23}H_{22}O_6$）、鱼藤素、灰叶素、灰叶酚及拟鱼藤酮类化合物。以植物根部的鱼藤酮含量最高，可达5%～10%。

【利用部位与防治效果】主要是从根中提取鱼藤酮。鱼藤酮（Rotenone）是3大传统的植物性杀虫剂成分之一，杀虫谱广，具有触杀、胃毒、拒食和抑制生长发育等作用，对数百种害虫有良好的防治效果。其作用机制主要是影响昆虫的呼吸作用，即作用已于NADH脱氢酶与辅酶Q之间的某一成分，也可使害虫细胞的电子传递受抑制，从而降低体内的ATP水平，最终使害虫得不到能量供应，行动迟滞、麻痹而缓慢死亡。鱼藤酮具有对哺乳动物低毒，对害虫天敌和农作物安全的特点，因而被广泛应用于对蔬菜、果树、园林等害虫的防治，还可用来防治卫生害虫及家畜体外寄生虫，如虱、偏虱、毛虱、疥螨等。但鱼藤剂不宜与碱性药剂混用，否则会分解降低药效。目前，国内已有18种以鱼藤酮为主要原料的农药产品，防治面积达几千万公顷。

【采收与加工】采收宜在夏季高温季节进行，此时有效成分含量高且根较长。供厂家提制农药者，可将根晒干、分级、包装后贮藏备用；若为农民自制农药，则将根捣烂，加水浸泡，加水量一般为根重的200～400倍，并反复揉搓，取其滤液即可使用。

【近缘种】鱼藤酮类化合物主要来源于蝶形花科的鱼藤属（*Derris*）、灰毛豆属（*Tephrosia*）、鸡血藤属（*Millettia*）、紫穗槐属（*Amorpha*）等植物。鱼藤属常用作农药的尚有鱼藤（*D. trifoliata* Lour.），分布于华南地区；边荚鱼藤（*D. marginata* Benth.），分布于华南、西南地区；粗茎鱼藤（*D. scabricaulis* Gagnep.），分布于云南、西藏；中南鱼藤（*D. fordii* Oliver），分布于华东、华中、华南和西南地区；白花鱼藤（*D. albo-rubra* Hemsl.），分布于华南、西南地区。

【资源开发与保护】锈毛鱼藤茎皮纤维可供编织，茎叶可洗疮毒（皮肤未破）。

七、厚果鸡血藤 *Millettia pachycarpa* Benth.

【植物名】厚果鸡血藤又名苦檀子、苦蚕子、崖豆藤、少果鸡血藤、毒鱼藤等，为蝶形花科（Papilionaceae）鸡血藤属植物。

【形态特征】大型攀缘灌木，有时呈小乔木状，高约7m，幼枝有白色绒毛。羽状复叶，小叶13～17，披针形或矩圆状倒披针形，下面有绢毛。圆锥花序腋生，长15～30cm；花2～5朵簇生于序轴的节上，长2～2.3cm；萼有短柔毛；花冠淡紫色，旗瓣无毛。荚果厚，木质，卵球形或矩圆形，长约6～23cm，宽约5cm，厚约3cm。有种子数颗，在种子间稍有收缩，种子肾形（图17-7）。

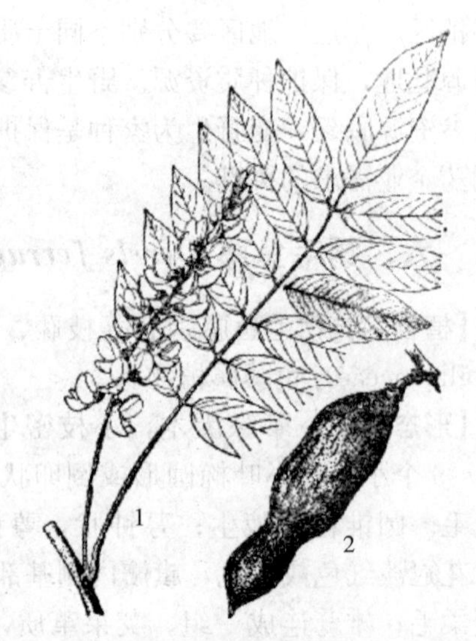

图17-7 厚果鸡血藤 *Millettia pachycarpa*
1. 花枝 2. 果实

【分布与生境】产云南、贵州、四川、广东、广西、福建、江西、湖南等省，生山坡谷地的丛林中。

【化学成分】根、叶、果实和种子均含鱼藤酮、拟鱼藤酮等有效成分，种子中含量较高。

【利用部位与防治效果】可在清晨有露水时直接撒在作物上杀虫；也可按每千克种子粉加100kg水，再加入200～300g肥皂（用开水溶化），配制成悬浮液后杀虫。厚果鸡血藤的种子对昆虫具有强烈的触杀作用，可用于防治多种棉、粮、蔬菜的害虫以及蚊蝇等害虫，对蚜虫、金花虫、蝽象的毒效更大，值得大力开发。

【采收与加工】秋末果实成熟时采收，取出种子，在50℃下烘干或晒干，使水分减至12%左右后磨成粉备用。

【资源开发与保护】其果实和叶有毒，药用可止痛、消积、杀虫；茎皮纤维可造纸或加工成人造棉。

八、臭椿 *Ailanthus altissima*（Mill.）Swingle.

【植物名】臭椿又名樗树、红椿、白椿、恶木、苦椿、椿树、樗。为苦木科（Simaroubaceae）臭椿属植物。

【形态特征】落叶乔木，高可达20m；树皮平滑有直的浅裂纹，嫩枝赤褐色，被疏柔毛。单数羽状复叶互生，长45～90cm；小叶13～25，揉搓后有臭味，具柄，卵状披针形，长7～12cm，宽2～4.5cm，基部斜截形，顶端渐尖，全缘，仅在近基部通常有1～2对粗锯齿，齿顶端下面有1腺体。圆锥花序顶生；花杂性，白色带绿；雄花有雄蕊10枚；子房为5心皮，柱头5裂。翅果矩圆状椭圆形，长3～5cm。华北花期6～7月，果9～10月成熟（图17-8）。

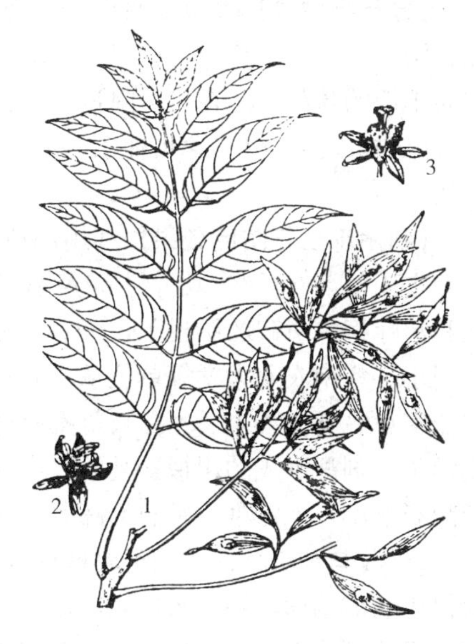

图17-8　臭椿 *Ailanthus altissima*
1. 果枝　2. 雄花　3. 雌花

【分布与生境】几乎全国各地都产；朝鲜、日本也有。能耐旱及耐碱，生于山间路边、村旁，常有栽培。

【化学成分】树皮、枝、叶含鞣质、皂苷、挥发油、苦楝素（mcrsosin）、赭朴吩、1-甲氧基铁尿米酮，树皮中含臭椿苦酮（ailanthon）、乙酰、臭椿苦内酯（acetylamarolide）、苦木素（quassin）、新苦木素；叶中含异槲皮苷（isoquercetin）、维生素C等。

【利用部位与防治效果】利用部位为叶。臭椿酮具有较强的抗阿米巴原虫作用。臭椿对害虫具有触杀作用，可防治蚜虫、黏虫、红铃虫、菜青虫等。

【采收与加工】7～10月，分次由下而上摘取叶片。作为杀虫剂使用时，可称取叶片250g，加水1 500g捣烂滤取汁液喷施。

【近缘种】该科的苦木［*Picrasma quassioides*（D. Don）Benn.］也是一种重要具杀虫作用植物。

【资源开发与保护】臭椿抗干旱，耐瘠薄，抗风沙和烟尘，根系发达，是华北地区主要造林树种。木材为上等造纸原料。种子含油，可用制油漆、肥皂。树皮、树叶可作为开发新型农药的原料。臭椿是值得发展的树种。

九、川楝 *Melia toosendan* Sieb. et Zucc.

【植物名】川楝又名川楝子，为楝科（Meliaceae）楝属植物。

【形态特征】乔木，高达10m。树皮灰褐色，小枝灰黄色；幼嫩部分密被星状鳞片。叶为2回奇数羽状复叶，小叶2～5对，卵形或窄卵形，全缘或少有疏锯齿，基部两侧常不对称。圆锥花序腋生；花萼灰绿色，萼片5～6；花瓣5～6，淡紫色；雄蕊10或12，花丝合生成筒；子房6～8室。核果大，椭圆形或近球形，长约3cm，黄色或栗棕色，内果皮为坚硬木质，有棱。种子长椭圆形，扁平（图17-9）。

图17-9 川楝 *Melia toosendan*
1. 果枝 2. 花

【分布与生境】分布于四川、云南、贵州、甘肃、河南、湖北、湖南等地，生长于海拔800～2 100m的气候温暖、土壤湿润而肥沃的疏林中，在村寨附近、路旁也有栽培。

【化学成分】树皮含川楝素（$C_{30}H_{38}O_{11}$），为1种三萜类化合物。

【利用部位与防治效果】利用部位为茎皮。四川省中药研究所和重庆制药八厂在20世纪60年代从川楝树皮中提取出川楝素，并制成“川楝素片”用于驱蛔虫和治疗蛔虫引起的肠梗阻，经各地临床观察，排虫率高达96.9%，服用方便，不需禁忌，副作用小。华南农业大学等单位从1980年开始研究川楝素的杀虫作用，发现川楝的抽提物对多种农业害虫、仓库害虫、家白蚁等都有较高的杀虫活性和抑制生长发育的作用，用川楝素加上少量化学杀虫剂配制成的川楝素乳油（商品名“蔬果净”）对菜青虫的防治优于乙酰甲胺磷，对害虫天敌影响小，无污染，是防治蔬菜害虫理想的杀虫剂。

【采收与加工】四季均可剥取树皮，去外表栓皮后晒干备用。提取川楝素可采用氯仿萃取法：取树皮切成细丝，用开水保温热浸4～5次，每次1小时，每次开水用量为原料量的3～5倍；合并水浸液，冷至室温后过滤，滤液用氯仿进行液相萃取；将所得氯仿液蒸馏回收氯仿，至有结晶析出或整个液面发生气泡时趁热倒入烧杯，静置冷却后抽滤；结晶用少量氯仿洗涤，得川楝素白色结晶，纯度可达80%～90%。

【近缘种】同属的苦楝（*M. azedarach* L.）也是优良的杀虫植物，其叶、树干、花和种子均能作杀虫剂，以种子和老树叶的毒效最佳，常用于防治稻螟虫、稻飞虱、蚜虫等。它与川楝的区别在于小叶有明显的圆齿；子房4～5室；核果小，长1.5～2cm。苦楝分布于华南、西南、华中、华东等地，野生于坡脚、路旁，也有栽培。

【资源开发与保护】此外，川楝的果、根、叶也可入药，能去湿止痛；木材可作农具和家具。由于川楝素主要分布于树皮中，而剥皮或砍树直接影响川楝的生长或资源量，故应注意川楝的引种栽培，以保护野生资源。

十、狼毒 *Euphorbia fischeriana* Steudel

【植物名】狼毒又狼毒大戟、猫眼睛，为大戟科（Euphorbiaceae）植物。

【形态特征】多年生草本，高 20～50cm。根粗大，圆柱形，本质，外皮棕褐色，断面淡黄色。茎直立，多数丛生，不分枝。叶互生，椭圆状披针形。头状花序顶生，花蕾时像一束红火柴头；花萼筒细长，下部常为紫色，具明显纵纹，顶端 5 裂，裂片具紫红色网纹；雄蕊 10；花丝极短；子房椭圆形，上部密被淡黄色细毛，花柱极短，近头状，子房基部有蜜腺。小坚果卵形，棕色，果皮膜质，包于寄存的萼筒内。花期 6～7 月，果期 8 月（图 17 - 10）。

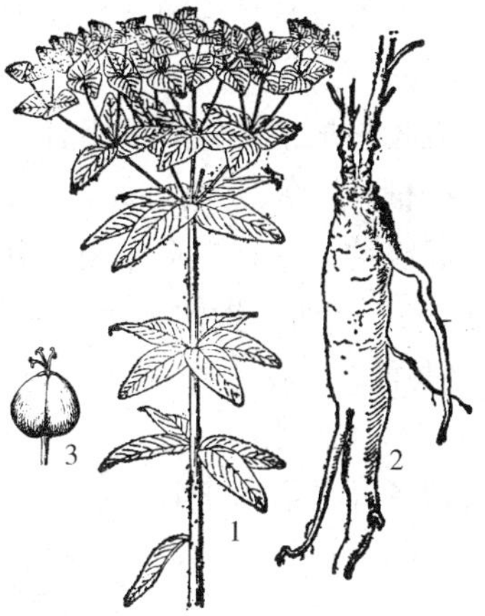

【分布与生境】产东北、西北、河南、河北、山东、江苏、安徽、浙江等省。喜生干燥草原和丘陵坡地。

图 17 - 10　狼毒 *Euphorbia fischeriana*
1. 植株地上部　2. 根　3. 果实

【化学成分】有效成分为：12 -异丁酰基- 13 -乙酰基- 20 -当归酰基佛波醇酯（12 - isobutyryl - 13 - acety - 20 - angelyphorbol）、O -乙酰基- N -（N′-苯酰- L -苯丙氨酰）- L -苯丙氨醇（O - acetyl - N -（N′- benzoyl - L - phenylalanyl）- L - phenylalaninol）及树脂等成分。

【利用部位与防治效果】根为农药杀虫、杀菌剂。根的水浸液对大豆蚜虫、菜蚜虫防治效果较好。根的 10 倍水浸液对小麦秆锈病防治效果达 65%。

【采收与加工】春季 5～6 月或秋季 9～10 月采挖，去净泥土晒干即可。

【资源开发与保护】狼毒可作中药治各种疮毒；另外根中还含有 1%～2%的硬橡胶，地上部分含 2.7%～4.5%的硬橡胶。狼毒抗肿瘤活性、抗病毒活性。全株有毒，根毒性大。

十一、大戟 *Euphorbia pekinensis* Rupr.

【植物名】大戟又名猫眼草、龙虎草、下马仙、京大戟、上层楼、将军草、龙虎大戟。为大戟科（Euphorbiaceae）大戟属植物。

【形态特征】多年生草本，高 30～80cm。根圆锥状；茎直立，被白色短柔毛，上部分枝。叶互生，几无柄，矩圆状披针形至披针形，全缘，背面稍被白粉。总花序通常有 5 伞梗，基部有卵形或卵状披针状苞片 5 枚轮生；杯状花序总苞坛形，顶端 4 裂，腺体椭圆形，无花瓣状附属物；子房球形，3 室；花柱 3，顶端 2 裂。蒴果三棱状球形，表面具疣状突起。种子卵形，光滑。花期 4～5 月，果期 5～7 月（图 17 - 11）。

图 17 - 11　大戟 *Euphorbia pekinensis*
1. 根　2. 花枝
3. 总苞示腺体、雄蕊及雌蕊　4. 果实

【分布与生境】分布东北、华北、华中和西南等。生于山坡、路旁、荒地、草丛、林缘及疏林下。

【化学成分】大戟根含三萜成分（为大戟苷 euphorbin 等）、生物碱、大戟色素体（euphorbia A、B、C）等。

【利用部位与防治效果】根为利用部位。对害虫有胃毒作用，可防治黏虫、棉蚜、小麦锈病、红蜘蛛等。

【采收与加工】春末发芽前，或秋季茎叶枯萎时采挖，除去残茎及须根，洗净晒干。大戟作为农药使用时，称取大戟500g，兑5倍水，浸24～48小时或放在锅内煮沸，冷却后过滤去渣喷用。

【近缘种】具有胃毒作用的近缘种主要有红大戟（*Knoxia valerianoides* Thorel.）。分布于福建、广东、广西、贵州、云南等地。生于低山坡草丛中的半阳地。其根含游离蒽醌类0.50%及结合性蒽醌类0.25%。此外，大戟科植物准噶尔大戟（*Euphorbia soongarica* Boim.）的根，在新疆亦作大戟使用。

【资源开发与保护】当前合成农药对人畜造成的危害越来越被人们所认识，用植物农药取代合成农药有较大市场潜力。我国植物农药种类多，成分复杂，人们在不断研究、分析新的植物资源，大戟既是药用植物，又可作为开发植物农药的原料。

十二、泽漆 *Euphorbia helioscopia* L.

【植物名】泽漆又名五朵云、五风草、灯台草、烂肠草。大戟科（Euphorbiaceae）大戟属植物。

【形态特征】一年生或二年生草本，高10～30cm。茎分枝多而斜升。叶互生，倒卵形或匙形，长1～3cm，宽0.5～1.8cm，先端钝圆或微凹缺，基部宽楔形，几无柄；茎顶端具5片轮生叶状苞。多歧聚伞花序，顶生；子房3室。蒴果无毛。种子卵形，长约2mm。花期4～5月。果期6～7月（图17-12）。

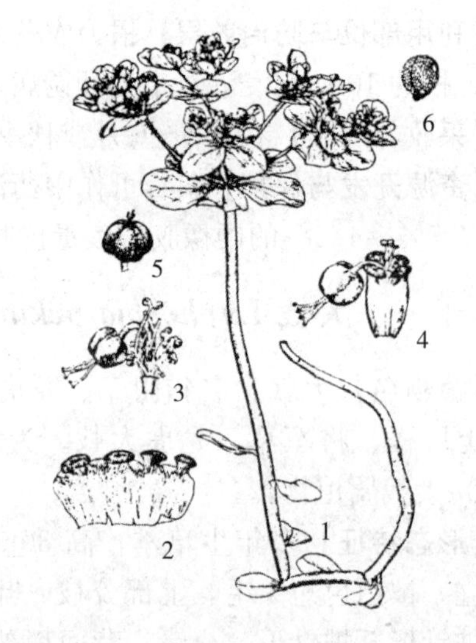

图17-12 泽漆 *Euphorbia helioscopia*

1. 植株全形 2. 总苞示腺体 3. 去总苞示雄花及雌花 4. 具总苞的雌、雄花 5. 果实 6. 种子

【分布与生境】分布于华中、华东、华南、西南及东北等地。生于山沟、路旁、荒野及湿地。

【化学成分】泽漆茎叶，含槲皮素-5，3-二-D-半乳糖苷（quercetin-5，3-di-D-galactoside）、泽漆皂苷（phasin）、三萜、丁酸、泽漆醇（helioscopiol，$C_{21}H_{44}O$）、β-二氢岩藻甾醇（β-dihydrofucosterol）、葡萄糖、果糖、麦芽糖等。乳汁含间-羟苯基甘氨酸、3，5-二羟基苯甲酸。干乳汁含橡胶烃（聚萜烯）13%、树脂62%、水溶性物25%。

【利用部位与防治效果】利用地上部分。茎叶滤液对害虫有触杀、胃毒作用。用于防治红蜘蛛、黏虫、棉蚜、麦蚜等。对小麦锈病、赤霉病有抑制作用。

【采收与加工】4～5月开花时采收，除去根及泥沙，晒干。作为杀虫剂应用时，将泽漆1 000g切碎，兑开水5倍，浸24～48小时或放在锅中加水煮沸，冷却后过滤去渣，喷施。

【近缘种】同科的狼毒大戟（*Euphorbia fischeriana* Rupr.）、蓖麻（*Ricinus communis* L.）也是应用较广的杀虫剂。

【资源开发与保护】泽漆全草有药用功效；种子含油约30%，用于工业。植物含有白乳汁，毒性较大。为开发植物农药的良好植物资源。

十三、雷公藤 *Tripterygium wilfordii* Hook. f.

【植物名】雷公藤又名菜虫药、黄腊藤、黄藤根，为卫矛科（Celastraceae）雷公藤属植物。

【形态特征】藤状灌木，高达3m。小枝棕红色，有4～6棱，密生瘤状皮孔及锈色短毛。叶椭圆形至宽卵形，叶背淡绿色。聚伞圆锥花序顶生及腋生；花杂性，白绿色，直径达5mm，5基数；花盘5浅裂；雄蕊生浅裂内凹处；子房三角形，不完全3室，每室胚珠2，通常仅1胚珠发育，柱头6浅裂。蒴果具三片膜质翅，矩圆形，长1.5cm，宽1.2cm，翅上有斜生侧脉。种子1，黑色，细柱状（图17-13）。

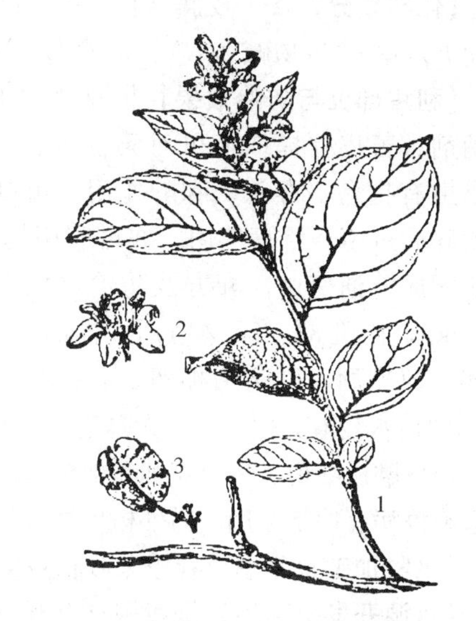

图17-13　雷公藤 *Tripterygium wilfordii*
1. 果枝　2. 花　3. 果实

【分布与生境】分布于长江流域以南各省区至西南。生山地林内阴湿处。

【化学成分】根含雷公藤碱、雷公藤定碱等生物碱和雷藤酮、雷藤甲素、雷藤乙素、山海棠素、山海棠素甲醚、雷藤酮内酯等内酯类毒性成分。茎叶也含雷藤酮、雷藤甲素、雷藤乙素、雷公藤内酯二醇酮。

【采收与加工】根秋季采收，叶夏季采收，花果夏秋采。作农药主要用其根部，取鲜根剥皮，将根皮晒干后磨成细粉备用。

【利用部位与防治效果】雷公藤的根可作农药。将根皮粉撒入粪坑及污水中可杀蛆虫、灭孑孓；取根皮粉500g，加水2 500g，煮半小时，再加黏土、草木灰各半，拌匀后撒入钉螺区可灭钉螺；取根皮粉500g，加水2 500g，煮半小时后拌食物可诱杀老鼠。

【近缘种】同属的昆明山海棠（*T. hypoglaucum* Hutch.）也是很好的野生农药植物资源，以叶背有白粉而区别于雷公藤，分布于西南地区和广西等省（自治区），生向阳沟边灌木丛中或疏林中。

【资源开发与保护】茎皮纤维可造纸；全株入药，治风湿关节炎、跌打痨伤；近年研究表明雷公藤还有抗肿瘤、抗生育等功效。

十四、苦皮藤 *Celastrus angulatus* Maxim.

【植物名】苦皮藤又名马断肠、苦树皮、萝卜药、扶芳藤、酸枣子藤、落霜红、钓鱼竿、吊干麻。为卫矛科（Celastraceae）南蛇藤属植物。商品名苦皮藤。

【形态特征】攀缘灌木，小枝常具纵棱。叶近革质，阔椭圆形、阔卵形或圆形，基部圆形，边缘具钝锯齿。圆锥聚伞花序顶生，花序轴及小轴光滑或被锈色短毛，小花梗较短，关节在顶部；萼片三角形至卵形，近全缘；花瓣长圆形，边缘不整齐；花盘浅盘状或盘状，5浅裂；雄蕊着生花盘之下；子房球状，柱头反曲，在雄花中退化雌蕊短小不发达。果实近球状。种子椭圆形。花期5～6月，果期9～10月（图17-14）。

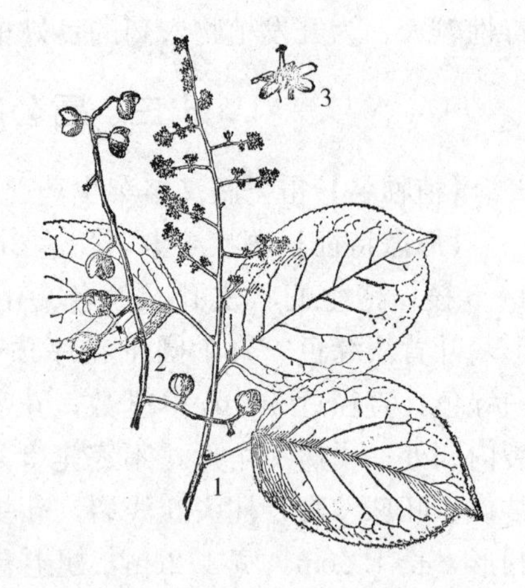

图17-14 苦皮藤 *Celastrus angulatus*
1. 花枝 2. 果枝 3. 花

【分布与生境】分布于河北、山东、河南、陕西、甘肃、江苏、安徽、江西、湖北、湖南、贵州、云南、广东、广西等省区。生海拔1 000～2 500m山地丛林及山坡灌丛中。

【化学成分】含苦皮藤素Ⅰ（celangulin Ⅰ）、Ⅲ、Ⅴ（二氢呋喃类），并含生物碱0.1%，皂素1.7%，鞣质4.3%。

【利用部位与防治效果】根及茎皮可做良好的杀虫剂及杀菌剂。苦皮藤提取液可对菜青虫、芜菁叶蜂、尺镬、草地黏虫有拒食、毒杀、麻醉作用。可制成粉剂，苦皮藤树皮粉碎后过150目筛使用。亦可应用提取物20%加10%乳化剂配成乳油使用。配方及防治对象有：①苦皮藤1kg加水60kg，白矾31.25g熬煮后，再加水10kg，肥皂15.64g，搅拌均匀喷洒，可防治棉蚜、红蜘蛛、菜青虫。②苦皮藤10～30倍水浸液对棉蚜虫、天幕毛虫可起触杀作用，对蔬菜及果树害虫均有防治作用。③苦皮藤茎皮或根皮磨成细粉，每千克细粉加草木灰或细土2kg，喷粉可防猿叶虫。④苦皮藤根皮水浸液对马铃薯晚疫病有抑制作用。另外树皮纤维为造纸及人造棉的原料；果皮及种子含油脂可供工业用。

【采收加工】冬季或春季采收根皮或茎皮阴干或晒干后备用。

【资源开发与利用】是我国具有开发潜力的杀虫植物之一。0.2%苦皮藤素乳油、0.15%苦皮藤素微乳剂现均已工业化生产，应用于绿色行道树、茶树、绿色蔬菜等高附加值作物效果良好，该制剂对城市绿化带的槐尺蠖具有特效，仅需在防治期喷药1次；在防治蔬菜上的菜青虫、小菜蛾时以稀释1 000倍为宜。苦皮藤茎皮水提取液杀灭红蜘蛛等害虫的有效率达100%。除应用苦皮藤根皮提取物研制杀虫剂制剂外，开发出了以二氢沉香呋喃多元酯为有效成分的苦皮藤根提取物与微生物源杀虫剂阿维菌素（averm ectins）的生物源混剂。并按传统方法加工成乳油、浓乳剂和微乳剂。苦皮藤树皮纤维可做造纸和人造棉原料；果皮及果仁富含油脂，供工业用油。

十五、瑞香狼毒 *Stellera chamaejasme* L.

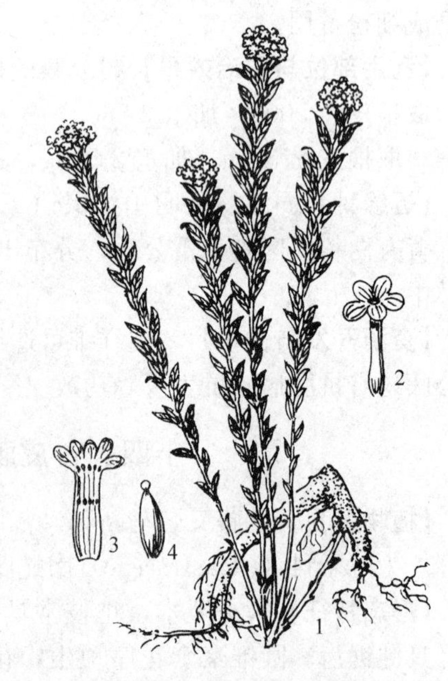

图17-15 瑞香狼毒 *Stellera chamaejasme*
1. 植株 2. 花 3. 花展开示雄蕊 4. 果实

【植物名】瑞香狼毒又名断肠草、洋火头花，软条、草瑞香。为瑞香科（Thymelaeaceae）植物。

【形态特征】多年生草本。高20～50cm。根粗大，圆柱形，有绵性纤维；茎丛生。叶通常互生，叶片披针形至椭圆状披针形，长1.4～3cm，宽3～10mm。头状花序顶生；花黄色、白色或淡红色，具绿色总苞；花被筒细瘦，顶端5裂。果实圆锥形，为花被管基部所包。花期5～8月（图17-15）。

【分布与生境】分布于东北、华北、西南及宁夏、甘肃、青海、西藏。生于干燥的砂质草地及高山向阳草地。

【化学成分】根中含帖类树脂、有毒的高分子有机酸及瑞香狼毒苷（stellerin）、狼毒素（chamaejasmine）二氢山柰酚（dihydrokaempferol）等黄酮化合物；还含有香豆素、茴香素（pimpinellin）、异茴香素（isopimpinellin）、异佛手柑内酯（isobergapten）及牛防风素（sphondin）。

【利用部位与防治效果】根及全草可防治多种害虫。根晒干磨成细粉，深翻到地里可防治地下害虫；根的水浸液可防治菜青虫、猿叶虫；全草加水煮成原液可杀死多种害虫。

【采收与加工】秋季采挖根晒干或将根切成段晒干；初秋割取地上部分晒干备用。

【资源开发与保护】狼毒是我国北方普遍生长的一种有毒植物。其根是一种传统中药材 20 世纪 90 年代中期以来，作为一种植源性农药资源，狼毒的开发研究受到重视。利用根提取物对农业和果树上重要害虫包括亚洲玉米螟、菜粉蝶、桃蚜、山楂叶螨等的灭杀效果良好。

十六、闹羊花 ***Rhododendron molle***（Blum）**G. Don**

【植物名】闹羊花又名黄花杜鹃、羊踯躅、映山黄、老虎花等。为杜鹃花科（Ericaceae）杜鹃花属植物。

【形态特征】落叶灌木，高可达 1.5m。幼枝有毛。单叶，互生，常密集在小枝顶部，叶片长椭圆形至椭圆状倒披针形，边缘有睫毛，两面均有柔毛或刚毛。花 10 余朵成伞形总状花序，顶生，几与叶同时开放；萼片半圆形，边缘有睫毛；花冠黄色，钟状漏斗形，裂片 5，上侧 1 片较大，有淡绿色斑点。雄蕊 5，与花冠等长，花丝中部以下有柔毛；花柱无毛。蒴果圆柱状。花期 4～5 月，果熟期 9～10 月（图 17 - 16）。

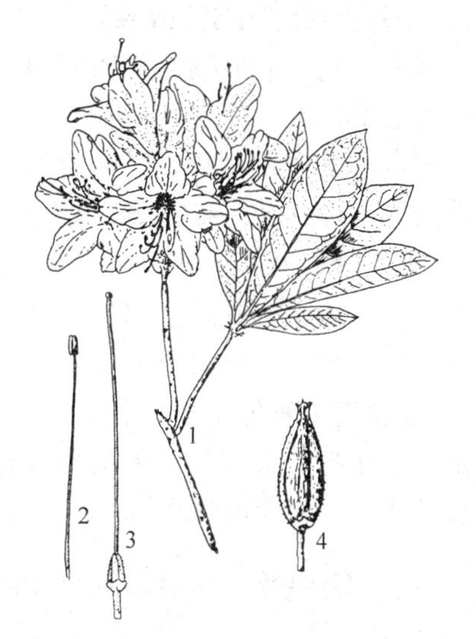

图 17 - 16 闹羊花 *Rhododendron molle*
1. 花枝 2. 雄蕊 3. 雌蕊 4. 果实

【分布与生境】分布于浙江、江苏、安徽、湖南、湖北、广东、福建等省。生山坡、疏林或灌丛中。

【化学成分】有毒成分为闹羊花毒素和马醉木素。

【采收加工】茎，叶可在生长旺季采集，花在蕾期采集，根在秋后采挖，可晒干或浸煮备用。

【利用部位与防治效果】全株都可利用。防治水稻螟虫、蚜虫、稻飞虱、地下害虫及蔬菜害虫。常用的配制方法：

（1）粉剂 将花晒干，磨成细粉。每 1kg 干粉加 10～15kg 草木灰或熟石灰拌匀，在有露水时施撒。可防治上述害虫。

（2）水剂 花干粉每 50g 加水 15kg，浇作物根部，防治地下害虫有效率可达 80%以上；鲜根 2.5kg 加 50kg 水，水煮 4h 后去渣，或用花 50g 加水 2.5kg 煮开，1h 后成红褐色，过滤成母液，每 1g 加水 60kg 喷雾。

【资源开发保护】闹羊花的毒性历代本草均有记载。历史流传的所谓“蒙汗药”组成之一就是这种植物的花。相传该花与酒同服能使人麻醉失去知觉。该植物的花、茎、叶及根均有毒，尤以花为多：对害虫具有胃毒、触杀和熏蒸作用。

十七、羊角拗 *Strophanthus divaricatus*（Lour.）Hook. et Arn.

【植物名】羊角拗又名羊角树、羊角墓，为夹竹桃科（Apocynaceae）羊角拗属植物。

【形态特征】灌木。枝条密被灰白色皮孔。叶椭圆形，每边具6条侧脉。花序顶生，常着生3朵花；花黄色，漏斗状，裂片顶端延长呈一长尾；花冠筒喉部有紫红色斑纹；副花冠裂成舌状鳞片，10枚。蓇葖果，木质，叉状着生似羊角，长椭圆形（图17-17）。

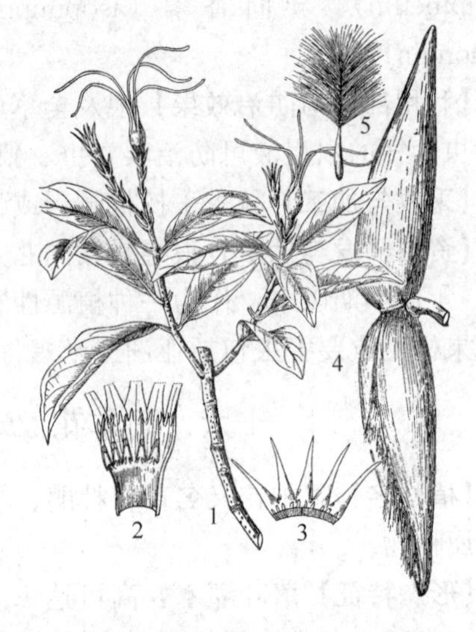

图17-17 羊角拗 *Strophanthus divaricatus*
1. 花枝 2. 花冠筒展开示雄蕊
3. 花萼展开 4. 果实 5. 种子

【分布与生境】分布于华南、西南等地。野生于丘陵山地的疏林中或山坡灌木丛中。

【化学成分】羊角拗全株含有多种糖苷类成分，尤以种子含量最多，达7%。羊角拗杀虫剂的有效成分为羊角拗总苷，是多种强心苷的混合物。

【利用部位与防治效果】利用羊角拗的果、叶、茎提制杀虫剂。羊角拗水剂对害虫具有明显的拒食、内吸和触杀作用，对蔬菜蚜虫、菜粉蝶幼虫、水稻螟虫等有极好的防治效果。经研究表明，羊角拗杀虫剂具有高效杀虫、对人畜安全、无残留等特点。

【采收与加工】由于羊角拗根部的羊角拗总苷含量极少，采摘时宜取地上部分，全年均可采收。采收的茎、叶、果应及时晒干或45～50℃烘干，贮存备用。

【资源开发与保护】中医以羊角拗的叶入药，用来消肿、止痒、杀虫。羊角拗全株有毒，含羊角拗毒毛旋花素苷，误食可致死。

十八、除虫菊 *Pyrethrum cinerariifolium* Trev.

【植物名】除虫菊又名白花除虫菊、瓜叶除虫菊，为菊科（Compositae）小黄菊属植物。

【形态特征】多年生草本植物，株高30～60cm，全株被白色绒毛。基生叶丛生，具长柄；茎生叶生于花茎中下部。头状花序顶生；边缘为舌状花，白色或红色，先端3裂，为雌花；中央为管状花，黄色，先端5裂，为两性花。瘦果狭倒圆锥形，具4～5条纵棱，冠毛短（图17-18）。

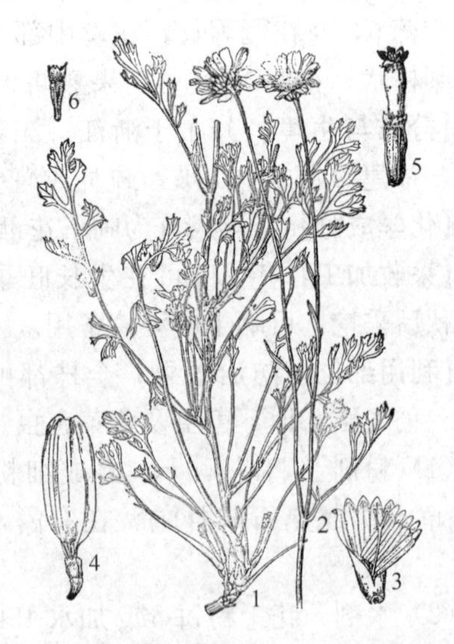

图17-18 除虫菊 *Pyrethrum cinerariifolium*
1. 植株 2. 花枝 3. 花
4. 舌状花 5. 管状花 6. 果实

【分布与生境】原产于欧洲地中海沿岸，现于世界各地广泛栽培；我国主要种植于西南、华东等地。宜选择在凉爽、干燥、通风、土质疏松的中性或微碱性土壤中种植。

【化学成分】除虫菊素是除虫菊花中的主要杀虫物质，包括 6 种杀虫成分：除虫菊素Ⅰ（约占除虫菊素总量的 35%）、Ⅱ（32%），瓜叶菊素Ⅰ（10%）、Ⅱ（14%），茉酮菊素Ⅰ（5%）、Ⅱ（4%）。其中除虫菊素Ⅰ、Ⅱ占最大组分（60%～70%），起主要的杀虫作用。除虫菊素的粗制品呈深棕色，精制品为淡黄色黏稠的油状芳香油；不溶于水，但溶于醇类、烃类、硝基甲烷、煤油等有机溶剂；在空气中易被氧化，遇热分解，在碱性溶液中易水解，但一些抗氧化剂对它可起稳定作用。

【利用部位与防治效果】主要利用植物的头状花序提取除虫菊素。除虫菊是世界上三大植物源杀虫剂之一，对它的研究和利用已有近百年历史。除虫菊素具有麻痹昆虫中枢神经的作用，为触杀性杀虫剂，因而杀虫速度快，用其配制成农药广泛用于蔬菜、水果等经济作物的昆虫防治，用其配制成卫生喷雾剂可用于家庭卫生防虫。除虫菊素具有任何化学杀虫剂无法相比的杀虫和环保优势，对哺乳动物低毒，对昆虫无抗性，具高效广谱性，不污染环境，作用速度快。因此，除虫菊被认为是目前世界上最安全、最有效的天然杀虫剂。

【采收与加工】除虫菊的盛花期在 5～6 月，当舌状花冠尚未完全展开、筒状花冠已渐展开时，花中有效杀虫成分的含量最高，此时为采收的最佳时期。采收应在晴天进行，采摘时应平蒂采摘，不带花序柄。采后应及时将花序晒干或烘干，包装后注意防潮、避光贮存。

十九、东北天南星 *Arisaema amurense* Maxim.

【植物名】东北天南星又名山苞米，天南星、天老星。为天南星科（Araceae）天南星属植物。

【形态特征】多年生草本，高 30～50cm。块茎近球形，须根放射状伸出。叶具长柄，由 5 小叶构成，但幼株仅有 3 小叶；小叶倒卵形或广倒卵形，先端尖，基部楔形，全缘，无毛，长约 10～16cm，宽 5～9cm。花序肉穗状，由叶鞘抽出，穗轴上端棍棒状，具佛焰苞，佛焰苞下部筒状，口缘平截，带紫色。浆果成熟时红色，多数着生于膨大的肉穗花轴上，状如玉米穗，故有山苞米之称。花期 6～7 月，果期 7～9 月（图 17-19）。

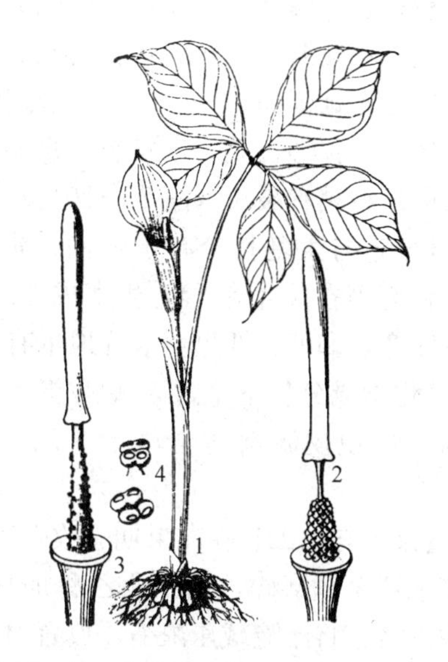

图 17-19　东北天南星 *Arisaema amurense*
1. 植株　2. 雌花序　3. 雄花序　4. 花药

【分布与生境】分布于东北、河北、河南、山西、山东。喜生于林下的阴湿地。

【化学成分】块茎含三萜皂苷、安息香酸、淀粉、氨基酸、β-谷甾醇-D-葡萄糖苷、3，4-二羟基苯甲醛等；果实中含类似毒芹碱的物质。

【利用部位与防治效果】球茎及根作农药用，可制杀虫剂、杀菌剂。其水浸液对蚜虫杀虫效果可达 70%～80%；防治红蜘蛛，效果达 95%以上；对小麦秆锈病杀菌效果达83.2%。

【采收与加工】一般8～9月挖取块茎和根，除去上部茎叶，洗净。制土农药，可将块茎粉碎后，用水浸法提取，一般每千克原料加水40kg，浸泡1～2d，可用于防治蚜虫、红蜘蛛及小麦秆锈病等。

【近缘种】同属植物尚有：①画笔天南星（*A. penicillatum* N. E. Brown）分布于广东；②白苞天南星（*A. candidissimum* W. W. Smith）分布于四川、云南；③雪里见（*A. rhizomatum* C. E. C. Fisch）分布于贵州、云南、四川、湖南和广西等省区；④花天南星（*A. lobatum* Engl.）分布于甘肃、陕西、河南、湖北、四川、西藏、云南、贵州等省区；⑤朝鲜天南星（*A. peninsulae* Nakai）分布于东北等，均可作农药利用。

【资源开发与保护】天南星属植物多有药用价值，有解毒止痛，祛风除湿作用，可人用亦可兽用，但因常有毒性而应慎用。天南星属植物种类较多，分布广泛，资源比较丰富，并且杀虫、杀菌效果较好，作为农药用植物资源有待研究、开发和利用。天南星属植物常喜生于湿润林下，有喜阴喜潮湿特点，应注意对其生境的保护。

二十、露水草 *Cyanotis arachnoidea* C. B. Clarke

【植物名】露水草又名珍珠露水草、鸡冠参、蛛丝毛蓝耳草等。为鸭跖草科（Commelinaceae）蓝耳草属植物。

【形态特征】多年生草本，高15～90cm。全株被白色蛛丝状绵毛，总苞及苞片尤多。根数条，细长，稍肉质。基生叶带状，丛生；茎生叶互生，长卵状披针形，基部有膜质叶鞘。聚伞花序顶生或腋生，成头状，稀单生，佛焰状总苞；苞片镰刀状弯曲，排成覆瓦状，两列；萼片3，基部连合；花瓣蓝紫色，中部连合成筒，两端分离，上部有3裂片；雄蕊6；子房3室，顶端簇生长刚毛。蒴果倒卵状三棱形，顶端被毛，3瓣裂，每室2种子；种子小，圆锥状卵形，稍有皱纹（图17-20）。

图17-20 露水草 *Cyanotis arachnoidea*
1. 植株 2. 花 3. 小苞片及花 4. 果实

【分布与生境】分布于云南、贵州、广西、广东、福建、台湾等省（自治区），生海拔1 100～2 700m的干燥山坡或路旁，印度、斯里兰卡等地也有。

【化学成分】全草含β-蜕皮激素和β-蜕皮激素-2-乙酸酯，β-蜕皮激素达全草干重的1.2%，根部可达干重的3%。

【采收与加工】在花果期采收全草（含根），晒干备用。将露水草全草磨碎，用工业乙醇加热回流2次，每次4h，过滤去渣；将滤液减压浓缩，放置过夜后过滤，对滤渣用40%乙醇煮沸后冷却过滤，弃渣，将先后两部分滤液合并；将滤液浓缩至块状，烘干磨碎后得粗品；将粗品用乙醇：乙酸乙酯（1：4）液加热溶解，冷却后过滤去渣，将滤液用中性氧化铝层析，对层析液进行浓缩精制即得β-蜕皮激素。

【资源开发与保护】露水草是迄今为止在植物中发现的β-蜕皮激素含量最高的植物，自20世纪70年代由中国科学院昆明植物研究所发现并研究后，已用其为原料工业化生产β-蜕皮激素，使我国养蚕业每年约300kg的蜕皮激素需求得到满足，也使我国成为激素养蚕的世界先进国。目前我国仍然是世界上唯一能工业生产蜕皮激素的国家。经过几十年的开发生产，云南省的野生露水草资源已经非常稀少，实施露水草的规范化栽培已经刻不容缓。昆明植物所已对露水草的生长习性、繁殖方法、采收时间等作了研究，发现它适宜生长于气候温和、降水量900～1 000mm左右、pH为5～6.5的酸性红壤或黄壤，在6月份播种，幼苗期短，且植株平均生长量也较优，种子最佳采收时间是9月中旬至10月中旬。露水草是荒山坡地综合利用的一种有发展前景的经济植物，也是民间常用来治关节炎的草药。

二十一、百部 *Stemona japonica*（Bl.）Miq.

【植物名】百部为百部科（Stemonaceae）百部属植物。

【形态特征】多年生攀缘性草本，株高60～90cm。块根肉质，纺锤形，多数簇生。茎上部蔓生状，常缠绕他物而上。叶有柄，3～4片轮生，卵形或卵状披针形，长3～5cm，宽1.5～2.4cm，顶端渐尖，基部圆形或截形，全缘，主脉5～7条，横脉细密、平行。花通常单生于叶腋，花梗下部常贴生于叶片中肋上；花被片4，淡绿色，开后向外卷；雄蕊4，2列，紫色，花药顶端有1短钻状附属物。蒴果广卵形而扁。种子2～3粒。花期5月，果期7月（图17-21）。

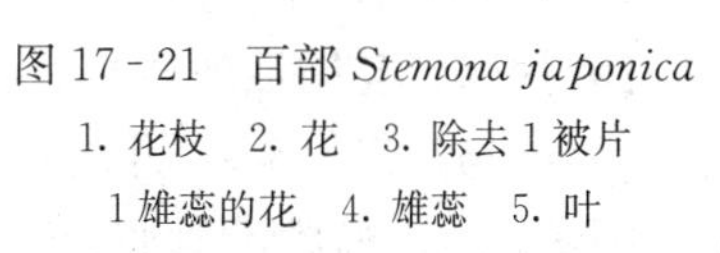

图17-21　百部 *Stemona japonica*
1. 花枝　2. 花　3. 除去1被片1雄蕊的花　4. 雄蕊　5. 叶

【分布与生境】分布于江苏、浙江、安徽、福建、江西、湖南、湖北、山东、河南等省。多生于长江流域以南各省深山林缘。

【化学成分】百部根含多种生物碱，主要为百部碱、百部定碱、异百部定碱、华百部碱及对叶百部碱等。

【采收加工】春、秋季均可采挖。挖后洗净泥土，除去块根上的须根，在沸水中浸烫、晒干。

【利用部位与防治效果】百部根冷浸液和煮液对菜青虫、红蜘蛛、蚜虫、猿叶虫等多种昆虫有触杀作用。常用的几种配制方法和防治对象如下：①百部根15倍水浸液对小麦叶秆锈病菌夏孢子发芽抑制效果为90%以上。20倍水浸液对孑孓的杀虫率为100%。②10倍水浸液对蚜虫、红蜘蛛杀虫率为90%以上。③3%百部粉剂对棉角斑病、棉炭疽病、棉立枯病抑制效果为75%以上，对蚕豆根腐病为95%。④百部根干粉揉在家畜毛内，可杀各种体虱和跳蚤。

【近缘种】同属植物直立百部（*S. sessilifolia* Miq.），细花百部（*S. parviflora* Wright.）和云南百部［*S. mairei*（Levl.）Krause］，对农田害虫及家畜害虫均有防治效果。

【资源开发保护】百部块根含淀粉，可作提取酒精的原料；内服有止咳作用。

二十二、藜芦 *Veratrum nigrum* L.

【植物名】 藜芦又名山葱、丰芦、梨卢、山白菜、山苞米、山棕榈、黑藜芦、都日吉德。为百合科（Liliaceae）藜芦属植物。

【形态特征】 多年生草本，鳞茎不明显膨大。植株高60～100cm，基部残存叶鞘撕裂成黑褐色网状纤维。叶4～5枚，椭圆形至矩圆状披针形。圆锥花序长，下部苞片甚小，主轴至花梗密生卷毛，生于主轴上的花常为两性，余则为雄性；花被片6，黑紫色，椭圆形至倒卵状椭圆形，开展或稍下反；雄蕊6，花药肾形，背着药，1室；子房长宽约相等，花柱3，平展而似偏向心皮外角生出，3室，每室具胚珠10～12（22）颗。蒴果长1.5～2cm。种子具翅。花期7～8月，果期9月（图17-22）。

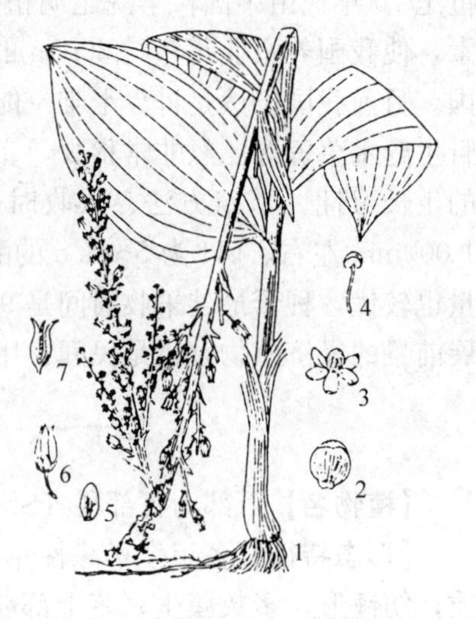

图17-22 藜芦 *Veratrum nigrum*
1. 植株 2. 花被片 3. 花
4. 雄蕊 5. 外被片 6. 果实 7. 子房

【分布与生境】 分布于我国东北、河北、山东、山西、河南、陕西、甘肃、湖北、四川、贵州；内蒙古地区分布于兴安北部、岭东、兴安南部、呼—锡高原东部、燕山北部。亚洲中部、欧洲北部。生于山坡林下，林缘或草甸。喜凉爽阴湿环境，忌强光。土壤以腐殖质壤土或砂壤土生长较好，不宜在黏土或贫瘠地区栽培。生于山野、林内或灌木丛中，海拔1 500～3 000m。

【化学成分】 全草皆含生物碱。根含生物碱最多，以春秋两季最为丰富、夏季最少。主要分为介芬碱（jervine）、伪介芬碱（pseudojervine）、玉红介芬碱（rubijervine）、异玉红介芬碱、秋水仙碱（colohicine）、藜芦酰棋盘花碱、胚芽定、原藜芦碱A和B、脱乙酰厚藜芦碱A和去二乙酰原藜芦碱A。另外还有藜芦胺碱（veramarine）、藜芦胺（veramine）和藜芦嗪（verazine）等生物碱。毒性：全株有毒，根部大毒。藜芦性味辛、苦、寒有毒，是一种药用植物，有祛痰催吐，杀虫的功效，主治疟疾，骨折。

【利用部位与防治效果】 藜芦根、根茎可防治蚜虫、蓟马、萝卜蝇等害虫。

【采收与加工】 5～6月抽花茎时采挖，除去苗叶，保留根、根茎，晒干或用开水浸烫后晒干。根茎50g，捣烂，加水2 500g，煮沸或冷浸24h，加肥皂粉10g，制成乳剂，喷洒。

【近缘种】 同属植物我国有13种，多数种类具有杀虫作用。如：①毛穗藜芦（*V. maackii* Reg.），基部叶长倒披针形或长圆状披针形，上部叶线状披针形，长约30cm，宽1～5cm。圆锥花序，花较稀疏；小花梗长1.5～2.5cm；花被片6，黑紫色，椭圆形至长圆形，长5～6mm，先端钝圆。分布辽宁、吉林等地。②兴安藜芦（*V. dahuricum* Loes. f.），叶卵状椭圆形，下面密被白色绒毛。圆锥花序下枝较长，全形呈金字塔形；小花梗较花被短，花被淡黄绿色。分布东北、内蒙古、新疆等地。③天目藜芦（*V. schindleri* Loes. f.），基生叶阔长卵形至椭圆形，长28～36cm，宽4～10cm，茎部叶披针形，两面无毛。圆锥花序，花少数，褐绿色或褐黑色，花被片矩圆形或线状卵形。分布江苏、浙江、安徽、江西等地。天目藜芦根含天目藜芦碱

(Tiemulilumine)、天目藜芦宁碱(tiemuliluminine)等多种生物碱。④毛叶藜芦[*V. grandiflorum*(Maxim.)Loes. f.],叶广椭圆形至卵状矩圆形,长20~30cm,宽7~12cm,下面被短毛。小花梗与花被略等长,基部有卵形或椭圆形的小苞片;花被绿白色。生溪边、林下、山谷湿地。分布长江流域各地。毛叶藜芦根含藜芦胺(veratramine)、玉红介芬胺、龙葵胺(solanidine)、去氧介芬胺(11-deoxojervine)等生物碱及β-谷甾醇(β-sitosterol)。根茎含介芬胺、藜芦胺、棋盘花辛碱(zygacine)玉红介芬胺及棋盘花酸δ-内酯-16-当归酸酯(zygadenitic acid δ-lactone-16-angelate)等生物碱。

【资源开发与保护】植藜芦作为治虫植物,有很大的开发利用价值。外用治疥癣灭蝇蛆。合理利用藜芦的毒性,又有很多益处。

复习思考题

1. 植物性农药有什么优点?
2. 植物性农药研究的瓶颈是什么?
3. 植物性农药都有哪些类别?
4. 如何使生物农药走进市场?
5. 小果博落回有哪些利用价值?说明其主要的活性成分。

第十八章　观赏植物资源

第一节　概　　述

一、观赏植物资源的概念

观赏植物资源是提供人类观赏的一群植物。它是大自然的精华。人类在与自然斗争中发现自然界存在的奇花异草，丰富多彩的株型，鲜艳夺目的果实，可以丰富人类的生活，美化人们的环境，给人以美的享受。所以观赏植物资源从广义上讲，是指具有观赏价值的一类野生和人工栽植的植物，包括园林植物、花卉植物和绿化植物等。随着社会的进步，科学的发展，人们对观赏植物在社会发展中的地位有了较深刻的认识，对它具有生态效益、社会效益和经济效益的作用也比较清楚。现在世界公认，一个国家绿化程度、园林观赏植物覆盖率及其配置，是一个国家文明进步的标志。所以世界各国都非常重视开发本国野生观赏植物资源，积极引种世界各国的奇花异草和观赏树木，以美化本国大地。

二、观赏植物资源的分类

据不完全统计，地球上植物的总种数达50余万种，原产我国的高等植物有3万种以上，目前园林生产及利用的观赏植物仅为其中很少部分，大量的种类还未被认识和利用，要充分挖掘野生观赏植物资源，丰富园林景观，首要的基础工作就是开展观赏植物的分类工作，只有在分类的基础上，才能进行研究观赏植物开发利用与保护的问题。

目前，园林栽培应用的各种观赏植物，均来自野生植物长期人为选择，引种驯化或进行园艺化的结果，当然尚有绝大部分观赏植物正处于引种驯化阶段，或正处于园艺化过程中或在园林中直接引进野生种进行利用的。尽管他们在形态、习性、用途等方面各异，但在某些方面存在着本质的必然联系与共性，使分类成为可能。

观赏植物应从不同的角度予以分类，以适应不同的研究和应用目的。一般常用的分类方法有如下几种。

（一）以观赏部位分类

1. 观花植物　这是观赏植物的主体，以花为主要观赏对象。它包括了植物学意义上的花器官和花序的总苞。如牡丹、芍药、杜鹃、月季、山茶、梅花、水仙、兰花、香石竹、唐菖蒲、蒲包花、鹤望兰、一品红、马蹄莲等。

2. 观叶植物　以叶或叶状茎为主要观赏对象。如苏铁、南洋杉、罗汉松、各种松、柏、蒲葵、橡皮树、彩叶草、羽衣甘蓝、常春藤、多种槭树、银杏、枫香、乌桕、鹅掌楸、文竹、天门冬、变叶木等。近年来，蕨类植物和苔藓植物也成为观叶植物的后起之秀，尤其在国外很受欢迎。

3. 观果植物　以果实为主要观赏对象。如金橘、佛手、香圆、冬珊瑚、朝天椒、金银茄等，南天竹、万年青等兼为观叶、观果植物。

4. 观茎植物　以植物的茎为主要的观赏对象。如红瑞木、紫竹、湘妃竹、方竹、佛肚竹、龟背竹以及各种多肉类植物，如仙人掌、仙人球等。

5. 观芽植物　观芽植物不多，常见的是银柳，它的花芽肥大而具银色的毛茸，成为冬末春初的重要的观赏植物。

（二）以植物的生活型分类

植物的生活型是植物在长期的进化过程中适应外界条件（主要是对不良季节的适应）而形成的。在植物生态学中，应用较为广泛的是丹麦植物学家朗基耶尔（Rannkiaer）的生活型分类系统。这个系统把植物分为五大类型：高位芽植物、地上芽植物、地面芽植物、地下芽植物和一年生植物。

但在观赏园艺中，常将观赏植物分为以下几大类：

1. 木本植物　凡是有木质茎的观赏植物都归入这一类。其中包括常绿乔木（如黑松、圆柏、广玉兰等）、落叶乔木（如银杏、桃花、梅花等）、常绿灌木（如石榴、夹竹桃、茉莉花等）、落叶灌木（如腊梅、牡丹、贴梗海棠等）、常绿藤本（如常春藤）和落叶藤本（如凌霄、紫藤、爬山虎等）六个小类。

2. 宿根植物　不具有变态的根或地下茎的多年生草本植物均属于这一类。其中包括常绿宿根植物（如兰花、吉祥草、万年青等）和落叶宿根植物（如菊花、芍药、玉簪等）两类。

3. 球根植物　这是观赏园艺中专用的术语，指以变态的根或变态茎越过不良季节的草本植物。根据变态部分的不同，可分为：鳞茎类（如水仙、风信子、郁金香、百合等）、球茎类（如唐菖蒲、小菖兰等）、根茎类（如美人蕉、鸢尾、睡莲、荷花等）、块根类（如大丽花、花毛茛等）、球根类（如仙客来、球根海棠）等。

4. 一、二年生植物　在观赏园艺中，把一年生草本植物称为春播草花，如一串红、百日草、鸡冠花、凤仙花等；把二年生草本植物称为秋播草花，如金鱼草、三色堇、石竹、金盏花菊等。

（三）以栽培方式分类

观赏植物的栽培有地栽和盆栽两种方式。

地栽是指直接栽种在苗圃或温室的土壤中，或栽种在花坛、树坛的土壤中；盆栽是指栽种在各种专门的容器中，如花盆、木桶和陶质的缸中。

根据观赏植物在栽培过程中是否需要特殊的保护又可分为露地植物和温室植物两类。

1. 露地植物　指栽培的全过程在露地进行。根据其耐寒程度，又分为耐寒植物、半耐寒植物和不耐寒植物三类：

（1）耐寒植物　指在冬季不需任何防寒措施能安全越冬的种类，如三色堇、雏菊、羽甘蓝等。

（2）半耐寒植物　指在冬季需要适当防寒的种类，如金鱼草、七里黄等。

（3）不耐寒植物　指一年生春播草花，它们的植株不耐霜冻，在播种的当年完成发育的全过程。

2. 温室植物 温室植物都是不耐寒的植物，不能在栽培地露地越冬而需要在温室内栽培。根据对冬季温度的要求，又可分为：

(1) 冷室植物 指温度只需保持在1～5℃的室内即能越冬的种类，如苏铁、蒲葵、棕竹、蜘蛛抱蛋、文竹等。

(2) 低温温室植物 指要求温度保持在5～8℃的室内就能越冬的种类，如瓜叶菊、各种报春花、秋海棠等。

(3) 中温温室植物 指要求温度保持在8～15℃的条件下能够越冬的种类，如仙客来、倒挂金钟、蒲包花等。

(4) 高温温室植物 指要求温度保持在15～25℃、甚至30℃的温室内方能越冬的种类如各种热带兰、鸡蛋花、变叶木等。

(四) 按经济用途分类

1. 药用观赏植物 如芍药、桔梗、银杏、杜仲、槐等。

2. 香料观赏植物 如香叶天竺葵、米兰、茉莉、栀子、桂花等。

3. 食用观赏植物 如玫瑰、百合、菊花脑、黄花菜。

4. 其他类 可生产纤维、淀粉、油料的观赏植物。

三、观赏植物资源在我国开发利用概况

观赏植物在我国既有丰富多彩的种类，又有栽培观赏植物的悠久历史，因而在世界上有“花园之母”的美称。早在3000年前，吴王夫差兴建的梧桐园，其中广植花木，就有栽植观赏植物的记载。秦、汉以来，大建宫苑，广罗各地“奇果佳树，名花异卉”。西晋的《南方草木》一书，是最早的观赏植物专著，记载了各种奇花异木的产地、形态、花期，如茉莉、睡莲、扶桑、紫荆等。宋代周师厚的《洛阳花木记》(1082年) 记载有观赏植物300多个种和品种，并记载了各种种植方法，是最早的观赏植物栽培专著。我国古代还撰写了不少花木的专著，如：唐代王芳庆的《园林草木疏》，李穗裕的《手泉山居竹木记》。宋代欧阳修的《洛阳牡丹记》(1031年)，记载洛阳牡丹就有24个品种；刘敬的《芍药谱》(1073年) 记载扬州芍药31个品种；刘蒙的《菊谱》(1104年)，记载名菊35个品种；范成大的《苑林梅谱》(1186年)，记载他私人花园收集的梅花12个品种。清代有陈淏子的《花镜》、佩文斋的《广群芳谱》等巨著。通过上述文献，说明栽培观赏植物从吴越开始，至今已有3 000多年的历史，说明古人利用野生植物资源的经验，是从引种、驯化到栽植成功等一系列过程中得到丰富的，并且培育了很多著名的花卉种类，如兰花、茶花、牡丹、芍药等。不仅在中国大地，而且开遍了欧洲和其他世界各地的庭园，为我国和世界栽培观赏植物和庭园绿化做出了巨大贡献。

观赏植物的驯化、栽培，进入本世纪30年代后更是突飞猛进，成为农业生产一个重要组成部分。作为商品化的花卉，目前国际市场上，切花、盆花、球根花卉和干切花的年消费总额已超过100亿美元。许多国家把出口花卉作为换取外汇、增加国家收入的财源。如荷兰的花卉已经成为国际市场上一个销路稳定的大宗商品；法国的切花经营已超过重要作物甜菜，成为十分庞大的企业；日本也大量出口花卉，1997年达1 200多万美元；同年美国仅菊花的盆花和切花总销售额

达 11 900 万美元；意大利仅每年出售干切花收入达 500 万美元；南美的一些国家，如哥伦比亚、厄瓜多尔的香石竹栽培事业发展飞速；热带国家，如泰国、新加坡的兰花，也成为国际花卉市场上的重要商品。

观赏植物除了上述经济重要性之外，最主要的还在于观赏植物能美化绿化环境、防治公害，陶冶情操、丰富文化生活，作为国际友好往来的媒介，更有它不可代替的意义。

随着工业发展，城市规模不断扩大，环保已成为世界性问题，人类赖以生存的空间污染严重，危机四伏，严重影响到人类的身心健康和寿命。因此，要改善生存环境，就要创造生命之绿，植树造林、栽花种草是唯一的有效途径，发展观赏绿化植物更有其重要意义。

四、我国丰富的观赏植物资源

我国地跨热带、亚热带、温带和寒温带，南北延长万余公里，地形复杂、自然条件优越，仅高等植物种类就达 26 000 余种，为世界上植物种类最丰富的国家之一。有的植物本身就有很高的观赏价值，一经人工驯化、培育，就可成为新的花木；有的可用作杂交亲本，由此将培育出崭新的品种。但综合目前的情况来看，还远远不能适应时代的要求，如杜鹃花是世界上著名的花卉，国际上有专门研究杜鹃花的杜鹃花学会，而我国西南山区是杜鹃花的王国，是杜鹃花属植物的世界分布中心，如黔西大芳等县，杜鹃花百里成林，盛花季节映红了远近山坡，层层片片，如涛似海，把祖国江山点缀得如此多娇，但在城市公园中仅能见到少许的盆栽品种；又如木兰科植物既是观赏花木，又是具有多种用途的经济树种。全世界有 15 属，240 种，我国产 11 属，130 余种，云南、广西、广东是木兰科植物的现代分布中心，而在园林中应用常见的也只有几种；兰花素有“王者之香”的美称，是一种高雅、纯正、幽香的名贵花卉，世界上有兰花协会，对兰花的研究极其重视，兰科植物世界有 700 属，2 000 多种，我国有 166 属，1 019 种，南北均产，以云南、台湾和海南为最盛，云南产兰属（*Cymbidium*）植物就有 33 种，而一般只能见到建兰、兜兰、墨兰、虎头兰等为数极少的种；素有天府之国的四川省，高等植物就有 9 000 多种，其中乔木就有上千种，而各市区常见的树木只有百余种。还有许多珍奇树种，如中国的鸽子树——珙桐、银杉、金花茶等等，都需要我们去保护、开发和利用。

1987 年召开了全国观赏植物种质资源研讨会，就我国在观赏植物资源调查和引种等方面进行了讨论，特别对在引种上进展较快，表现良好的植物种类如重庆引种的攀枝花、苏铁、木棉、阔柄杜鹃等，进行了科研交流和研讨，各植物园、科研院所也对野生植物驯化等方面取得了宝贵的经验。如华南植物园建立了木兰园，引种 60 多种木兰科植物；武汉园林科研所自 1980 年以来，从湖南、云南、四川等部分省引种木兰科植物 6 属 30 多种；昆明市园林科研所也引种成功省内木兰植物 30 余种；北京市植物园也引种了宝华玉兰、天目玉兰、黄山木兰、小花玉兰、武当木兰、辛夷、望春花等植物；沈阳园林科研所在引种天女木兰上也取得了一些宝贵经验；上海植物园引种成功多种槭树，并建立了槭树展览区；上海市园林科研所用国产的百合与国外的百合杂交，已培育出十几个新品种。纵观我国的观赏植物，特别是对野生观赏植物方面的研究已经取得了许多成果。随着国际花卉的竞争日益激烈，为了满足人们对新的奇花异卉不断增长的需求，各国都加强了花卉科学的研究，以求推出新品种，争取在国际上占据有利的竞争地位。美国成立了野生花卉研究所，英国也在 1987 年成立了研究保护野花协会，鼓励引种繁殖野花。我国野生观赏植物资源丰富，尚需进一步开发研究，以便更好地发挥我国资源的优势。争取在国际花卉市场占有一席之地。

我国具有美学观赏价值的野生植物很多，作为开发方向，首先应着重于开发观赏价值大，经济效益较高的种类；其次是根据地区重点，就地取材，发掘本地区的优良种类，从而获取事半功倍之效。作为美化环境的植物，除观赏其鲜艳而美丽的花朵之外，要注意格调多样，尽量做到四季有花可观，花后有果可赏，或以花香悦人，或以色丽夺目；藤本、乔木、灌木兼备，易于形成垂直绿化景观；附生植物与老干着花等均能增添美化情趣；珍贵植物、稀有植物、濒危植物、孑遗植物的引种，既能美化环境，保存种质，在科学研究上还有学术价值。在条件允许时，也可引种外国植物以丰富当地观赏植物资源。

五、观赏植物资源的开发管理体系

(一) 观赏植物资源的调查

观赏植物的概念是很笼统的，观赏价值的高低、有无，并无一定的标准，缺乏一个硬性指标作为判定依据，也没有哪种仪器能判定花卉（观赏）植物的观赏价值的硬件，因此，确定观赏植物必须建立一个综合性的信息库，有了它，就可以进行资源评价了。

从系统论角度，资源植物信息库由三个主要的信息群组成：美学信息群、生物学信息群和资源潜力信息群。

1. 美学信息群 美学信息是观赏植物观赏价值的源泉，野生植物是美学信息的物质载体，而美学信息是通过植物形态特征所表现出来的，符合公众的审美需求，能使公众产生观赏美感的信息集体。主要包括以下信息：姿态、季相、色彩、质感、奇异性、拟人化和五官感应。

2. 生物学信息群 主要反映观赏植物资源自身的“质量”和空间分布规律。这里所谓的“质量”是影响野生观赏植物能够开发利用的难易程度，主要由观赏植物自身的生物学特性、生态学特性及遗传能力等内在因素所决定。该信息群主要包括以下信息：繁殖系数、典型环境、生境的适应幅度、生长状况、分布范围、抗逆性和进化程度。

3. 资源潜力信息群 它决定着开发利用观赏植物资源的规模和前景，在野生状态或在自然保护区中的野生观赏植物资源的数量、再生能力和消长情况等均是影响着开发利用的规模的因素，而资源的利用程度则与开发利用的前景直接相关，主要包括以下信息组成：多度、盖度、种群的数量、消长情况、再生能力和利用程度。

(二) 观赏植物的评价因素及评价方法

1. 评价因素的确定 评价因素的选择是观赏植物开发利用评价的基础，只有从其资源的信息库中真正把握具有举足轻重的影响因素和因子，才能使评价结果更接近实际，有关部门曾对福建省将石自然保护区内野生观赏植物资源进行专题研究，对保护区内野生植物资源开发利用评选采用三大要素、12 个因子，取得了较为满意的效果。

2. 评价方法 根据评价者的身份不同，可分为专家评价和公众评价。一般公众评价多采用间接评价法：即通过录像、幻灯及图片说明等进行评价，较为经济方便。专家评价则可通过两种途径即现场评价和间接评价法综合进行评价。

根据评价途径不同，可分为现场评价和间接评价。

根据对观赏植物资源信息库的计量方式不同，又分为直观评价法和综合评价法。直观评价法是通过评价者对某一地区观赏植物的总印象，得到关于该观赏植物的评价。评价者根据自己的综合体验和审美观，给每一待评价植物以一定的分值（十分制或五分制），或者把观赏植物排出一个由好到差的顺序。综合评价法较为复杂，主要是建立数据模型（层次分析法、模糊数学）来进行综合评价，它们一般都可用较为客观的方法对观赏植物资源信息库进行定量、权重，一旦评价模型建立后，就可以较为准确地对观赏植物资源进行客观评价。根据评价结果，可划分出观赏植物资源的管理等级。

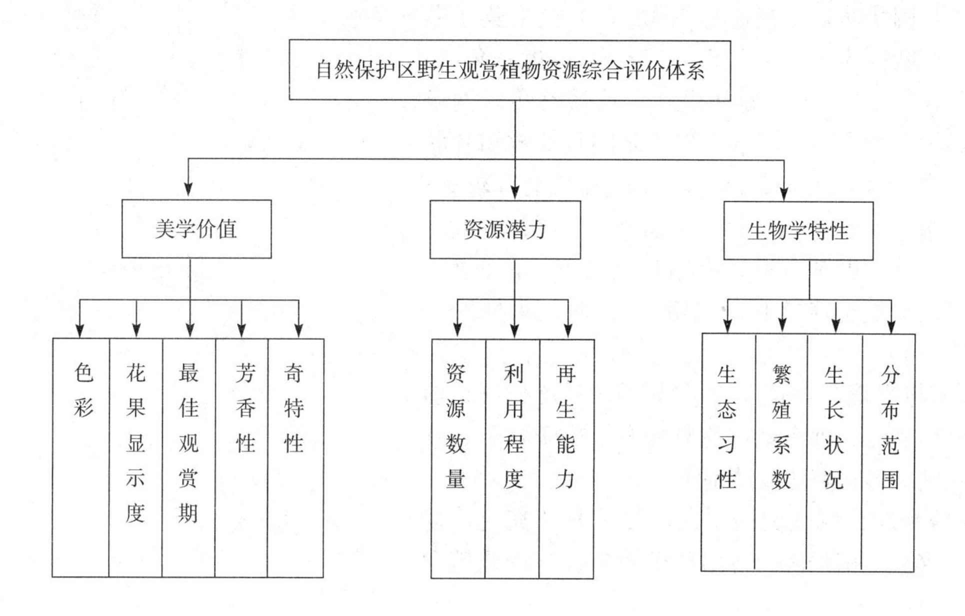

（三）观赏植物开发利用的管理决策

通过对野生植物的评价，得到评价结果后，就可以对某一地区的观赏植物进行管理等级的划分，并制订相应管理措施，供资源管理人员和有关领导进行决策。南京林大丁一臣将野生观赏植物资源划分为四个等级：

Ⅰ级管理等级：为近期大规模适度开发利用的野生观赏植物，管理措施为积极地开发引种驯化工作，变野生为栽培，并进行有性或无性繁殖实验，同时向社会推广。

Ⅱ级管理等级：中期适度开发利用为管理的主要目标。处于这个管理等级的植物或由于其资源数量有限或因为自身的“质量”限制，如存在对生境有一定特殊要求，分布范围较为狭窄及繁殖能力较弱等，对这类植物要进行更深入的调查研究，包括生境适应性研究和繁殖实验等逐步向社会推广。

Ⅲ级管理等级：为小规模或不开发利用的等级，对这类植物资源的开发利用必须严格控制在其最小再生能力的限度内。

Ⅳ级管理等级：以保护为主要目的，这类植物多是资源数量极少或为珍稀濒危植物，对这类植物应强调保护，严禁开发利用，一般进行就地保护。

第二节 主要观赏植物资源

一、浅裂剪秋萝 *Lychnis cognata* Maxim.

【植物名】 浅裂剪秋萝为石竹科（Caryophyllaceae）剪秋萝属植物。

【形态特征】 多年生草本，高 35～90cm，全株被柔毛。茎直立。叶对生，广披针形、长圆状披针形、长圆形或长圆状卵形。花通常 2～3（7）朵聚集于茎顶；花萼筒状棍棒形，长 1.5～2.5cm，萼齿三角状，尖锐；花径 3.5～5cm，瓣片橙红色或淡红色，两侧基部各具 1 丝状小裂片，爪与瓣片之间具 2 枚鳞片状附属物；雄蕊 10 枚，其中 5 枚与花瓣互生者较长；子房棍棒形，花柱 5 枚。蒴果长卵形，顶端 5 齿裂，齿片反卷。种子近圆肾形，成熟时黑褐色，长 1.5～1.8mm，表面被疣状突起。花期 7～9 月，果期8～9 月（图 18-1）。

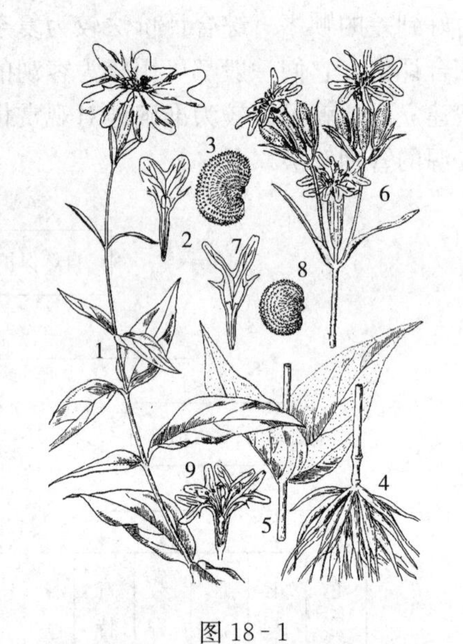

图 18-1
1～3. 浅裂剪秋萝 *Lychnis cognata*
（1. 带花茎上部 2. 花瓣 3. 种子）
4～9. 大花剪秋萝 *L. fulgens*（4. 根部 5. 茎中部
6. 花序 7. 花瓣 8. 种子 9. 花解剖）

【分布与生境】 我国东北、华北，以及朝鲜、前苏联的西伯利亚和远东地区均有分布。生于林下、林缘、灌丛间、山沟路边及草甸子。

【繁殖栽培】 性强健而耐寒，要求日照充足，夏季喜凉爽气候，稍耐阴。可用种子繁殖、分株繁殖和根插繁殖。

【园林用途及经济价值】 浅裂剪秋萝花朵鲜艳，花姿娇雅，而且花期长达 2 个月之久，引人注目，是很好的观花草本。可点缀于公园、庭园庇荫处，供游人观赏，园林中多作花坛、花境的配置及疏林的地被植物，并可作切花材料。根及全草均可入药，用于治疗头痛及因分娩时颅骨外伤引起的婴儿抽搐等症。

【近缘种】 石竹科剪秋萝属植物原产北半球温带至寒带地区，世界约 40～50 种，我国有 16 种，南北各省均有分布。同属中具较高观赏价值的种类还有：①剪秋萝（*L. fulgens* Fisch.）花 7～10 朵簇生顶端，花径 3.5～5cm，瓣片鲜深红色，2 叉状深裂，花期 7～8 月。原产西伯利亚和我国东北、华北各省。朝鲜、日本也有分布。1822 年输入欧洲。②丝瓣剪秋萝［*L. wilfordii* (Regel) Maxim.］其花径约 3～4cm，花 2～6 朵生于枝顶，花瓣鲜红色，瓣片深撕裂成条形。花期 6～8 月，果期 7～9 月。其分布与生境、园林用途及经济价值略同于浅裂剪秋萝。③狭叶剪秋萝（*L. sibirica* L.）瓣片白色，2 叉状浅裂。④剪红纱花（*L. senno* Sieb. et Zucc.）顶生聚伞花序，着花 1～7 朵；深红色，花瓣阔心脏形，花径 4～6cm，花期 7～8 月。原产中国，分布于长江流域。⑤剪春萝（*L. coronata* Thunb.）花着生于茎顶及叶腋，橙红花，瓣边有不规则的浅裂或缘毛，花梗短，花径约 5cm，花期 5～6 月。

【资源开发与保护】自原产中国的剪春萝和剪秋萝传入欧洲后，法国先后选育出丽春花（*L. haageana*）以及（*L. arkwrightii*）等杂交种，近年来一些国家又育出一些新品种，如一茎着花30～50朵的四倍体品种，花径达6～7cm，花色也日益丰富起来。虽然我国野生剪秋萝资源丰富，但开发利用较晚，尚无自己培育的园艺种，多数种类目前应为野生，尚未进行开发利用的研究工作。应加大研究投入，积极投入人力、物力和财力进行野生资源引种驯化工作和园艺品种的选育研究。

二、云南拟单性木兰 *Parakmeria yunnanensis* Hu

【植物名】云南拟单性木兰又名缎子木兰、黄心树等，为木兰科（Magnoliaceae）拟单性木兰属植物。

【形态特征】常绿乔木，高达28m。叶薄革质，窄椭圆形或窄卵状椭圆形，长6.5～15cm，宽2～5cm，侧脉7～15对。两性花及雄花异株，花芳香，白色；雄花花被片12～14，外轮的较大，倒卵形，内3轮肉质，窄倒卵形或匙形，基部渐窄；雄蕊长约2.5cm。聚合果长圆状卵形，长约6cm；蓇葖果菱形。种子扁，长6～7mm，宽约1cm。花期5月，果期9～10月（图18-2）。

图18-2　云南拟单性木兰
Parakmeria yunnanensis
1. 花枝　2. 两性花
3. 花去花被示雌雄蕊群　4. 果实

【分布与生境】产于云南省东南部，生于海拔1 200～1 500m的山谷密林中。

【繁殖栽培】可用种子繁殖或扦插繁殖。

【园林用途与经济价值】树形美观，终年翠绿，叶光亮，嫩叶紫红色；花瓣白色，美丽而芳香；果实、种子紫红色或鲜红色，也可供观赏。其木材纹理直，结构细而均匀，强度、硬度适中，可作家具、建筑等用材；花瓣、叶片可提芳香油，是一种天然新型香精。

【资源开发与保护】云南拟单性木兰适应性强，经城市街道绿化试验，能抗污染且生长良好，是城乡、园林、风景名胜区和工矿企业绿化美化的优良树种，在云南已将该种作为行道树和绿化树种大力发展。

三、尖萼耧斗菜 *Aquilegia oxysepala* Trautv. et C. A. Mey.

【植物名】尖萼耧斗菜又名血见愁，为毛茛科（Ranunculaceae）耧斗菜属植物。

【形态特征】多年生草本，高50～90cm。茎直立，上部分枝，平滑无毛或疏被毛。基生叶为2回三出复叶，第一回小叶具柄，小叶广卵形，第二回小叶具短柄或近无柄，中央小叶圆状菱形，3浅裂至3深裂，侧生小叶歪卵形；茎生叶与基生叶相似，但叶柄较短，位于茎上部者无柄1～2回三出复叶或3全裂至3裂。聚伞花序；苞披针形，全缘；花梗密生腺毛；花大，下垂；萼片5，紫红色；花瓣5，比萼短，瓣片淡黄色，距紫红色，先端呈螺旋状弯曲；雄蕊多数，退化雄蕊10枚；心皮通常5。蓇葖果。花期5～6月，果期7～8月（图18-3）。

【分布与生境】分布于我国东北；朝鲜、前苏联远东地区。生于林下、林缘及山坡草地及草甸。

【繁殖栽培】可用种子繁殖或分株繁殖。

【园林用途及经济价值】尖萼耧斗菜植株较高，花形奇特美观，花大而倒垂，5个花瓣末端形成5个距，下面5个瓣片开展似漏斗，加之萼片与花瓣不同色，其花形宛如紫红铃铛悬于枝头，淡黄色的花瓣、紫红的萼片甚为娇艳，随风摇曳十分好看，自然景观颇美，是极好的观花草本。可与其他花草配置花境，亦可作林下地被植物，并可作切花材料。全草入药，具清热解毒、调经止血之功效。种子可榨油。

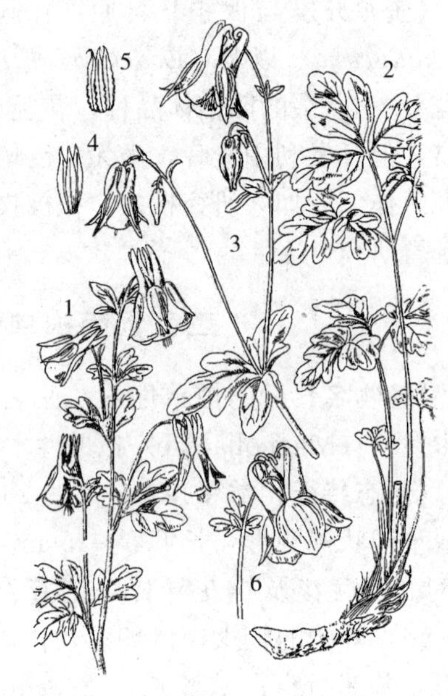

图 18-3 耧斗菜 *Aquilegia viridiflora*（1. 全株）；尖萼耧斗菜 *A. oxysepala*（2. 株上 3. 株下 4. 退化雄蕊）；华北耧斗菜 *A. yabeana*（5. 退化雄蕊）；长白耧斗菜 *A. japonica*（6. 花）

【近缘种】毛茛科耧斗菜属植物世界约70种，分布于北半球温带地区。我国有8种，产西南各省及北方各省。同属具有观赏价值的、常见的植物有：①耧斗菜（*A. viridiflora* Pall.）单歧聚伞花序；花黄绿色，径约2.5cm；萼片5，通常比花瓣短；瓣片5，距细长，直伸或稍弯曲；雄蕊多数比花瓣长；心皮通常5。花期5～6月，果期7月。分布于东北、华北、西北、华东。生于山坡石质地、林缘、路旁或疏林下。②华北耧斗菜（*A. yabeana* Kitag.）聚伞花序；花下垂；萼片5，淡紫色至黄色；花瓣紫色，比萼片短，距钩状弯曲。分布于东北西部、华北、华东。我国陕西、山西、山东、河北等省均有分布。生于山坡、林缘及山沟石缝间。③白山耧斗菜（*A. japonica* Nakai et Hara）花1～4朵，大形，径约3～4cm；萼片蓝紫色；瓣片淡黄色，下部蓝紫色，比萼片短近一半，距蓝紫色，渐细，先端钩状弯曲。分布于我国东北，朝鲜、日本。生于海拔1 400～2 500m的针叶林、岳桦林的疏林下、林缘，及高山冻原地和高山岩石上。其园林用途及经济价值同尖萼耧斗菜，但该种纤小清雅，更显娇柔可爱，是高海拔地区极好的观花观叶草本。

【资源开发与保护】耧斗菜属植物杂交易成功，园艺栽培种中很多是杂交种。目前我国尚无属于自己培育的园艺栽培种，应注意利用野生种及其变种，培育花大、色艳、矮型、色系配套、观赏效果奇特的优良品种。

四、黄花乌头 *Aconitum coreanum*（Lévl.）Rap.

【植物名】为毛茛科（Ranunculaceae）乌头属植物。

【形态特征】多年生直立草本，高30～100cm。块根成长圆状纺锤形或卵状纺锤形，长2～6cm。茎直立，下部无毛，上部被短卷毛。下部叶具长柄，上部叶柄较短，叶掌状3～5全裂，长4～8cm，宽4.5～10cm；裂片菱形。总状花序顶生，有2～7朵花；花轴和花梗密被反曲的短柔毛；苞叶小，线形；花黄色，被短卷毛，上萼片船形，高1.5～2cm，宽0.7～1.3cm，具突出的小嘴，侧瓣歪倒卵形，下萼片斜椭圆状卵形；蜜叶具长爪，爪长约2cm，瓣片短，距极短，头形，唇较长，先端2浅裂；心皮3，密被短柔毛。蓇葖果。花期8～9月，果期9月（图18-4）。

【分布与生境】分布于我国的东北、华北地区。生山坡草地或灌丛中。对土壤要求不严，喜光适应性强，引栽容易成活。

【繁殖栽培】用块根和种子繁殖。春秋两季均可。4月上旬或10月上旬播种。块根繁殖成活率较高。

【园林用途及经济价值】黄花乌头花形独特，高高耸起的盔瓣像一顶钢盔状帽子，好似出征将士的头盔，高者犹如西藏喇嘛头上的高帽。由于盔瓣色彩不同，高低不一，形态变化大。从观赏角度看，若将几种乌头种在一起，那奇特的花朵，会使人大感新奇，愉悦之情油然而生。而且总状花序之花，由上而下逐一开放，花期亦长，是园林中较好的观叶、观花草本。可配置花境，亦可作切花花材。其块根有毒，入药为“关白附”。具祛风寒，逐湿、化痰、止痛的功效，主治中风不语、口眼歪斜等症。并可作农药杀菌剂。

图18-4
1～7. 两色乌头 *Aconitum alboviolaceum*
（1. 根　2. 基生叶　3. 花序　4. 盔瓣　5. 蜜叶　6. 雄蕊　7. 雌蕊）　8～14. 黄花乌头 *A. coreanum*（8. 块根　9. 叶　10. 花序　11. 盔瓣　12. 蜜叶　13. 雄蕊　14. 雌蕊）

【近缘种】毛茛科乌头属植物世界约有350余种，分布于北温带，我国有167种，约占世界总数的43%，除海南岛外，各省区均有分布。东北和西南各省，为其分布中心。同属中具有观赏价值较高的种类有：①吉林乌头（*A. kirinense* Nakai）多年生直立草本。叶掌状3～5深裂，中裂片3深裂。花多，黄色，盔瓣长筒状，高1.5～2cm，雌蕊无毛或疏生毛。花期7～8月。产东北和华北。②两色乌头（*A. alboviolaceum* Kom.）茎缠绕。叶近圆形，3中裂。总状花序着生4～10朵花，一株植物可达180朵花，花两色，盔瓣白色，帽高2～2.5cm，顶部稍内弯，其他瓣片紫色或淡紫色；雌蕊被黄色长毛或近无毛，花期7～8月。生林中、林间小溪旁。③草乌头（*A. kusnezoffii* Reichb.）总状花序，顶生，花多而密，花蓝紫色，盔瓣半圆状圆锥形。花期7～8月。果期9月。分布于东北、内蒙古、河北、山西。生于山坡草甸和路旁。

【资源开发与保护】毛茛科乌头属植物为耐寒宿根草本植物。块根肥大，有剧毒，为重要药材。随着人们对乌头类药材的研究深入，已发现乌头类药材特别是黄花乌头具有较强的抗癌效果。乌头属植物可在森林公园内配植于灌木丛间、稀疏针叶林下，既可观赏又可进行药材生产增加收入。各种乌头互相搭配种植或与其他花卉混合布置于花境中，别有风姿，亦可作切花。

五、翠雀 *Delphinium grandiflorum* L.

【植物名】翠雀又名飞燕草、鸽子花。为毛茛科（Ranunculaceae）翠雀属植物。

【形态特征】 多年生草本，高达30～65cm。茎直立，单一或分枝，全株伏被白色卷毛。基生叶和下部茎生叶具长柄，中上部叶柄较短，最上部近无柄，叶近圆形，掌状3全裂，最终裂片线形或狭线形，全缘。总状花序有3～15朵花；下部苞片叶状，其他苞片线形；萼片5枚，花瓣状，深蓝色或蓝紫色，椭圆形或卵形，上萼片基部伸长成中空的距；蜜叶2枚，瓣片较小，白色，基部有距，伸入萼距中。雄蕊多数，无毛；心皮3，子房密被短柔毛。蓇葖果。花期6～9月（图18-5）。

图18-5

1～2. 翠雀 *Delphinium grandiflorum*
（1. 植株上部　2. 蓇葖果）　3～9. 唇瓣翠雀 *D. cheilanthum*
（3. 植株上部　4. 下萼片　5. 侧萼片　6. 上萼片
7. 下瓣片　8. 上瓣片　9. 蓇葖果）

【分布与生境】 原产中国和西伯利亚，河北至东北等地均有分布。1816年输入欧洲。生于稍干旱的杂草地、固定砂丘、山坡草地，湿草甸子和草原。喜通风良好，日照充足排水通畅，较干燥的地方。

【繁殖栽培】 可用分株、扦插及播种法。春播秋播均可，发芽适宜温度为15℃。春秋均可进行。成株每3～4年分株一次。扦插时当春季新芽长至15～18cm长时切取茎扦插于沙中，当年即可开花。

【园林用途及经济价值】 翠雀花期长，花多而美丽，颜色鲜艳，开花时犹如燕雀穿飞，故有飞燕草之名，是较好的观花草本。可丛植于疏林内，林间小路旁等地，亦可布置花坛、花境。其蓝色系花朵又是酷暑时节插花的好材料，给人以清凉感，在水中可保持10天以上，是春、夏优良的切花花材。其茎叶可作农药；其根可作中药黄连的代用品，民间用于治疗牙痛。

【近缘种】 翠雀属世界约有300种以上，广布北温带。我国有113种左右，约占世界总数的38%，除台湾和海南外在其他各省均有分布，大多数分布在云南北部、西藏东部和四川一带的高山地区。同属具有较高观赏价值的植物种类有：①宽苞翠雀花（*D. maackianum* Regel）具有椭圆形带紫色的苞片；萼片蓝紫色，上萼片基部的距水平向后伸展，先端稍下弯。花期7～8月。分布于东北。生于向阳山脚坡地、草地及灌丛间。园林价值同翠雀。②东北高翠雀花（*D. korshinskyanum* Nevski）小苞线形或披针形，着生在花梗上部，常带蓝紫色；萼片暗蓝紫色，距向上弯。分布于东北。③唇花翠雀（*D. cheilanthum* Fisch. ex DC.）苞线形，着生在花萼上部；萼片蓝色，距向后水平伸展，分布于东北。

【资源开发与保护】 飞燕草的园艺化始于17世纪，自从翠雀输入欧洲后，对翠雀属的品种选育起到一定的作用，至20世纪初出现 *D. belladonna* Hort. 系统，其主要亲本就有 *D. grandiflorum* L. 及 *D. elatum* 等，并主要以这个种为中心逐渐发展为园艺系统的。而我国对 *D. grandiflorum* L. 的利用也已有几百年历史，很早北京就直播应用于园林。翠雀属植物中有的花多达30～40朵，有的密集，有的稀疏；花色丰富多彩，有紫的、有蓝的、白的、黄的；由上萼片形成的距，更是多种多样，令人赞叹，有宽距、狭距、短距等。因此具有较高的观赏价值。

六、滇山茶 *Camellia reticulata* Lindl.

【植物名】滇山茶又名南山茶，为山茶科（Theaceae）山茶属植物。

【形态特征】常绿灌木或乔木，高3～15m。叶革质，椭圆形或长圆状椭圆形，长7～12cm，宽3～6cm，先端急尖或短渐尖，基部楔形，边缘有细锯齿，叶背常被柔毛；叶柄粗短；侧脉和网脉在两面突起。花单生或2～3朵簇生叶腋或枝顶，鲜红色，径6～8cm；无花梗；小苞片和萼片约10枚；花瓣5～7枚（栽培品种为重瓣），倒卵形，先端微凹，基部连合。雄蕊多数，长3～4cm，无毛，外轮花丝下半部合生；子房球形，花柱顶端3浅裂。蒴果近球形，3室，每室种子1～2颗。种子褐色。花期1～2月，果期9～10月（图18-6）。

图18-6　滇山茶 *Camellia reticulata*
1. 花枝　2. 雄蕊　3. 雌蕊　4. 果实　5. 种子

【分布与生境】主产云南省，在四川西南部、贵州西部也有。生海拔1 500～2 500m的阔叶林或混交林中。滇中栽培较多。

【繁殖栽培】可用种子繁殖。

【园林用途及经济价值】枝叶繁茂，花大色艳，可供庭院栽培观赏。种子可榨油，为优质食用油。

【资源开发与保护】滇山茶是云南名花云南山茶花的原始野生种，现培育出的园艺品种已多达100余个，花大而繁茂，花姿多样，花色艳丽，冬春开花，形成云南高原独特景观。

七、京山梅花 *Philadelphus pekinensis* Rupr.

【植物名】京山梅花又名太平花。为虎耳草科（Saxifragaceae）山梅花属植物。

【形态特征】落叶灌木，高达2m。枝条对生，一年生枝无毛。叶对生，有短柄；叶片卵形或狭卵形，先端渐尖，基部宽楔形或圆形，边缘有小锯齿，两面无毛。花序具5～9朵花，花序轴和花梗都无毛；萼4裂，外面无毛，裂片内缘有短柔毛；花瓣4，白色，倒卵形，长0.9～1.2cm；雄蕊多数，长达9mm；子房下位，4室，胚珠多数，花柱上部4裂，柱头近匙形。蒴果球状倒圆锥形，顶端裂成4瓣。花期6月，果期8～9月（图18-7）。

图18-7　京山梅花 *Philadelphus pekinensis*

【分布与生境】分布于四川西部、山西、河北、辽宁、吉林等省。喜光、耐寒，多生于肥沃湿润的山谷或溪旁两侧排水良好外，也能生长在向阳的干瘠的土地上，不耐积水，各地庭园常有栽培。

【繁殖栽培】采用种子繁殖、分株、扦插方法均可。种子繁殖，播后10～20天出苗，扦插繁殖一般嫩枝插易成活。

【园林用途及经济价值】京山梅花是一种较为理想的庭园花灌木，株高适中，花色乳白，而有清香气，多朵聚集，花开满树，颇为美丽，花期较长，为优良观花灌木，宋代植于宫廷，据传宋仁宗赐名"太平瑞圣花"流传至今。宜丛植或片植于草坪一隅、林缘、园路转角、建筑物前、山石旁，适合作自然或花篱或大型花坛之中心栽植材料，亦可配植树丛做南面下木。

【近缘种】山梅花属世界约有75种，亚洲、欧洲、北美均有分布，分布北温带地区，我国有18种和12个变种变型。分布在东北、华北、西北、华东各地。多为美丽芳香花木，同属较为常见的种类有：①东北山梅花（*Ph. schrenkii* Rupr.）在东北长白落叶松（*Larix olgensis* var. *changpaiensis*)、红松针阔混交林下常见；②薄叶山梅花（*Ph. tenuifolius* Rupr. ex Maxim.）分布于东北、和河北等地。③山梅花（*Ph. incanus* Koehne）从甘肃到江苏、江西一带均有分布。④甘肃山梅花［*Ph. kansuensis*（Rehd.）Hu］分布于甘肃、陕西、云南等省区。⑤毛柱山梅花（*Ph. subcanus* Koehne）分布于四川、湖北、云南等地。⑥绢毛山梅花（*Ph. sericanthus* Koehne）从江苏、安徽、浙江江西经湖北、湖南直到西南各省均有分布。⑦滇南山梅花（*Ph. henryi* Koehne）西南各省有分布。

【资源开发与保护】山梅花属植物均为优良的观花落叶灌木，具有耐寒、耐旱、耐半阴，萌蘖力强，耐修剪等特性，特别适合我国广大的北方干旱缺水地区的园林绿化和美化，目前在北方城市还较少看见和利用这一树种，还不被人们所熟知，园林绿化部门应有计划、有组织开发利用，积极研究快繁技术，扩大资源量，使资源永续利用。

八、平枝栒子 *Cotoneaster horizontalis* Decne.

【植物名】平枝栒子又称栒刺木、铺地蜈蚣。为蔷薇科（Rosaceae）栒子属植物。

【形态特征】落叶或半常绿灌木。株高50cm。枝水平开展成二列，宛如蜈蚣。叶小，长5～15cm，宽4～10mm，近圆形或宽椭圆形，全缘。花无柄，花瓣直立，粉红色，单生或2朵聚生，直径约5mm。果近球形，直径约5mm，鲜红色。花期5～6月，果期9～10月（图18-8）。

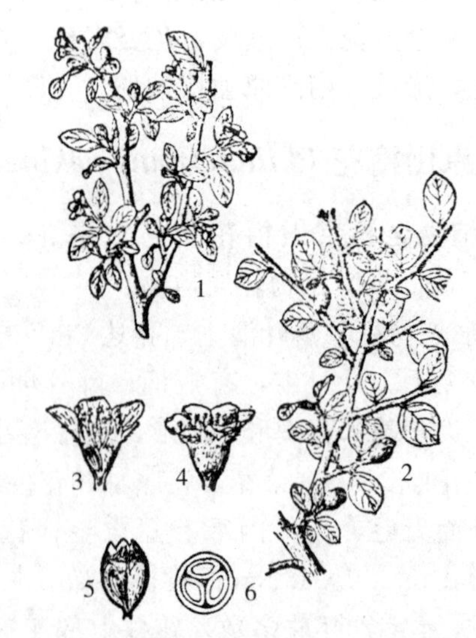

图18-8 平枝栒子 *Cotoneaster horizontalis*
1～2. 枝 3. 花纵切面 4. 花 5. 萼 6. 果实横切

【分布与生境】原产我国。分布湖北、湖南、甘肃、陕西及云贵川等省。多生于海拔2 000～3 500m的灌木丛中。喜阳光和排水良好的土壤，耐寒、耐瘠薄，稍耐阴。

【繁殖与栽培】扦插或播种繁殖。春、夏季均可扦插，夏季嫩枝扦插成活率高。可秋播或沙藏后春播。种子休眠干藏种子春播，一般于第2年春出苗。

【园林用途及经济价值】平枝栒子叶小而密，浓绿发亮，花期点点小红花镶嵌其中，尤为美观。入秋可观果、红叶。最宜作基础种植材料，红叶平铺墙壁，经冬至春不落，甚为夺目。适宜片植在园林中的缓坡、林缘，或点缀岩石假山之处。也可条状种植在草地边缘，亭台廊榭等建筑物之旁。根或全株可药用，治疗妇科疾病。

【近缘种】栒子属植物世界约有90余种，分布于亚、欧及北非之温带。我国约有60种，分布西部及西南部各省，约占世界总数的62%，西南地区为分布中心，多数可作园林观赏灌木。具有较高观赏价值的种类有：①华中栒子（*C. silvestrii* Pamp.）又名鄂栒子。株高1～2m，叶和花均比平枝栒子大。聚伞花序有花3至多朵，白色，花瓣平展。②匍匐栒子（*C. adpressus* Bois）别名爬地蜈蚣。落叶匍匐灌木。茎不规则分枝，平铺地面。小枝细，红褐色，叶宽卵形或倒卵形，全缘而呈波状。花1～2朵生枝端或叶腋，粉红色，直径7～8mm，花瓣直立；果近球形，直径6～7mm，鲜红色。适宜于岩石园作地被或假山绿化。③灰栒子（*C. acutifolius* Turcz.）枝细、花开展，花浅粉红色，果黑色，花期5～6月，果期9～10月，分布于华北、西北和西南地区。耐寒、耐旱，宜于草坪边缘和树坛内丛植。④水栒子（*C. multiflorus* Bge.）又称花栒子，小枝细长拱形，紫色；花白色，花瓣开展，果红色。花期5月，果期9月。广布于东北、华北、西北、西南、亚洲西部和中部地区也有分布。耐寒，喜光而稍耐阴，极耐干旱和瘠薄，耐修剪。该种花果繁多而美丽，宜丛植于草坪边缘、园路转角等处观赏。

九、火棘 *Pyracantha fortuneana*（Maxim.）Li

【植物名】火棘又称火把果、救军粮。为蔷薇科（Rosaceae）火棘属植物。

【形态特征】常绿灌木。株高达3m。枝拱形下垂，侧枝短，先端成刺状，幼时有毛，老时无毛。叶紧密互生，倒卵形或倒卵状长圆形，先端圆或微凹，基部渐窄，下延，边缘有钝锯齿；叶柄短。复伞房花序，花白色，直径1cm，花瓣5，圆形。梨果近球形，直径约5mm，深红色或橘红色。花期5～6月。果期10～11月（图18-9）。

【分布与生境】原产欧洲南部及小亚细亚。我国陕西、河南、湖北、江苏、浙江、福建、广西、云南、四川、贵州等省均有分布。生于海拔500～2 800m的山地灌丛中或沟边。喜温暖湿润气候，喜阳光亦稍耐阴，对土壤的要求不严。枝条柔韧性好，有长、短枝之分，长枝是营养枝，短枝是结果枝。具有一年两次开花现象。

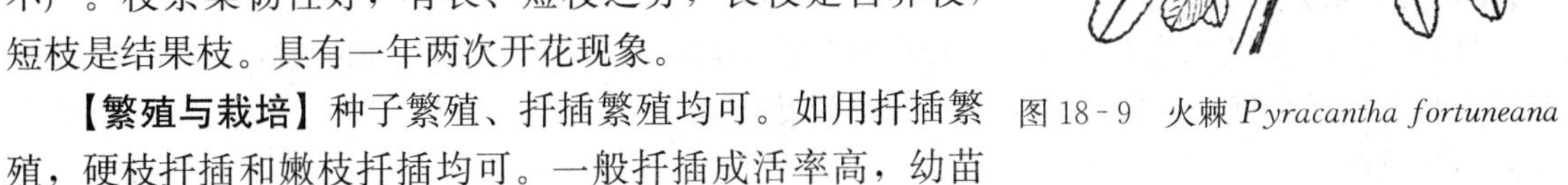

图18-9　火棘 *Pyracantha fortuneana*

【繁殖与栽培】种子繁殖、扦插繁殖均可。如用扦插繁殖，硬枝扦插和嫩枝扦插均可。一般扦插成活率高，幼苗次年可开花。如用种子繁殖，在采收果实后洗出种子，晾干，沙藏，翌春播种；也可以随采随播。移栽时宜带土球，并重剪枝梢，以利成活。火棘耐粗放管理，但作园林观赏植物栽培时应利用其萌芽力强的特性，适当加强修剪，达到控制株高、随意造型、调节花果量等目的。修剪工作主要是短截或疏除徒长枝等。多年生老枝易结果，修剪时应酌情处理。盆栽时可于果期适当剪除叶片以露出果实。

【园林用途及经济价值】火棘枝叶繁茂，初夏白花繁密，入秋果红如火，且留存枝头甚久美丽可爱，是优良的观花、观果地被植物。可种植于林缘、草坪边、园路转角处、岩坡等处。成排种植成绿篱，作为花境植物也很适宜。亦可以作盆景栽培。果枝是瓶插的好花材果实可生食，也可加工食用。

【近缘种】火棘属植物世界约有 10 种，分布于亚洲东部至欧洲南部，我国产 7 种，分布以西南最多。均富有观赏价值，习性与用途也相似。①细圆齿火棘（*P. crenulata* Roem.）主要差别是叶片较狭长，顶端常尖，边缘有不显的细圆锯齿。花较小，果也较小。②窄叶火棘（*P. angustifolia* Schneid.）叶狭长椭圆形至狭倒披针形，花白色，花序伞房状，果橘红色或砖红色，产我国西南部及中部。

【资源开发与保护】火棘属植物在园林中应用历史较为悠久，是一种极富观赏价值的重要的观赏树种之一。欧洲各国已培育出很多园艺化种类，果色各异，有金黄色、橙黄色、深橙色、橙红色等种类，观赏价值很高。我国虽火棘属资源丰富，但多未发挥其园林绿化和美化作用，尚处于野生状态。该属植物的开发利用工作有待进一步研究，并积极开展引种驯化工作进行迁地保护。

十、李叶绣线菊 *Spiraea prunifolia* Sieb. et Zucc.

【植物名】李叶绣线菊又称为笑靥花。为蔷薇科（Rosaceae）绣线菊属植物。

【形态特征】落叶灌木。小枝细长。叶卵形至椭圆状披针形，先端急尖，边缘具细锯齿。背面沿中脉有短柔毛。伞形花序，着生在去年生枝的短枝上，花总梗，有花 3～6 朵；花白色，重瓣。春季与叶同放，径约 1cm。花期 3～4 月。果期 5 月（图 18-10）。

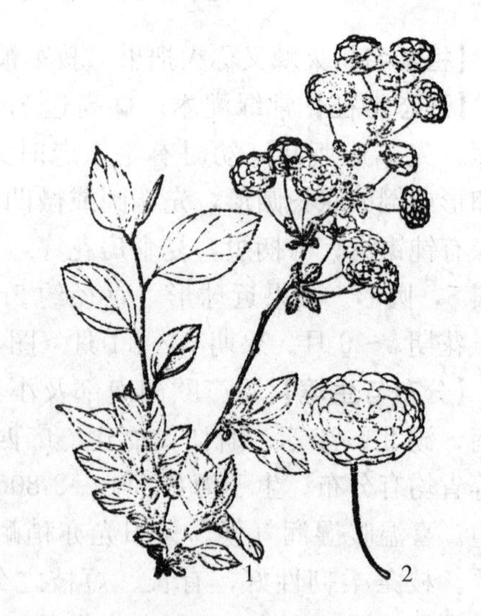

图 18-10　李叶绣线菊 *Spiraea prunifolia*

1. 花枝　2. 花

【分布与生境】分布于我国陕西、湖北、江苏、浙江、广西、湖南、安徽、贵州、四川、台湾等省区，朝鲜及日本亦有分布。我国华中、华南、华东及陕西广泛栽培。喜温暖湿润气候，耐寒，耐半阴，对土壤要求不严。

【繁殖与栽培】分株或扦插繁殖。分株于春、秋季均可。扦插于春季进行，易生根成活。管理粗放。一般于花谢后将花枝适量短截，以促发新梢。作绿篱栽培的应注意整形修剪。

【园林作用及经济价值】李叶绣线菊是一种较好的园林和庭园的观赏植物。花较大又为重瓣，色洁白，花容圆润丰富，如笑脸初靥，是美丽的早春观花灌木。无论丛植或大片群植均很美观。

公园的山坡、路边、草坪边等处都可随意种植。若与花期相遇，色彩艳丽的植物配置、效果极佳。也适宜庭园栽培或作绿篱。

【近缘种】绣线菊属植物，世界上有100余种，我国有50余种，各地均有分布，多数耐寒、耐旱，花色艳丽，为优良观赏灌木花卉，又能作蜜源树种。同属具有较高观赏价值的有：①三裂绣线菊（*S. trilobata* L.）叶片常三裂。分布于我国东北、华北、西北和俄罗斯西伯利亚地区。不仅可茯供观赏，也为鞣料植物，是提取栲胶的原料。②疏毛绣线菊［*S. hirsuta*（Hemsl.）Schneid.］枝条稍呈“之”字，植物体，被毛。分布河北、山西、河南、陕西、华中等地。枝叶优美。③柳叶绣线菊（*S. salicifolia* Linn.）叶披针形，花密集，粉红色。分布东北、内蒙古、河北等地。花期6～9月。夏季开花，为东北优美的观赏树种，可片植于草坪边缘及公园角隅处。效果较佳。根、皮、嫩叶入药，可治跌打损伤。④珍珠绣线菊（*S. thunbergii* Sieb. ex Blume）本种花朵在开放前，形如珍珠，开放繁花满枝，宛如喷雪，故名“喷雪花”，是美丽的观花灌木，宜丛植于草地、角隅处或林缘、路边，也可作基础种植和切花材料。⑤麻叶绣线菊（*S. cantoniensis* Lour.）小枝暗红色，花粉红色或红，花期5～9月。原产我国东部及南部，用均与李叶绣线菊相似。变种：光叶绣线菊（*S. cantoniensis* var. *forunei*）。⑥日本绣线菊（*S. japonica* L. f.）花粉红色，复伞房花序，生于当年枝端。花期6～9月。原产日本，可作花坛、花境、基础种植及草坪角隅处、草坪内装饰图案，草坪边缘花篱等种植材料。构成夏日佳景。⑦单瓣笑靥花（*S. prunifolia* var. *simplieiflora* Nakai）主要差别是花单瓣，径0.8cm，花期4～5月。

【资源开发与保护】绣线菊属植物是我国园林中观赏价值较高的一类观花灌木，除可作绿篱和观赏树种外，部分种类，叶可代茶饮，根果可入药，用途极为广泛，因此，在开发利用同时，要注意保护资源，以保证资源永续使用。

十一、舞草 *Codariocalyx motorius*（Houtt.）Ohashi

【植物名】舞草又名风流草。属蝶形花科（Papilionaceae）舞草属植物。

【形态特征】多年生小灌木，高可达1.5m。茎有纵沟，无毛。叶为三出复叶，顶生小叶大，矩圆形至披针形；侧生小叶很小，矩圆形或条形。圆锥花序顶生，长达24cm，或为腋生总状花序；苞片阔卵形，长约6mm，脱落；花紫红色，长7.5mm；萼长约1.5mm，萼齿短。荚果镰形或直，长2.5～4cm，宽约5mm，疏生柔毛，腹缝线直，背缝线稍缢缩，成熟时沿背缝线开裂，有5～9个荚节（图18-11）。

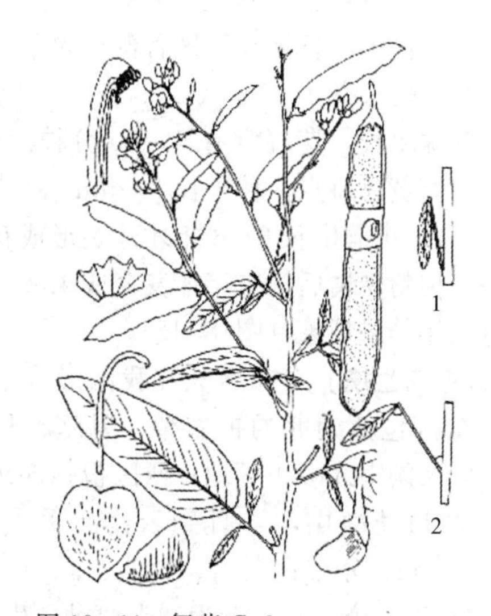

图18-11　舞草 *Codariocalyx motorius*
1. 睡眠时顶生小叶的状态　2. 光合作用时叶腋角度增大

【分布与生境】分布于华南、西南的广大地区，印度、缅甸、菲律宾等国也有分布。

【繁殖栽培】种子繁殖，温水浸种能提早种子出苗。

【园林用途及经济价值】舞草会跳舞，引起人们极大兴趣，在观赏植物中是别具一格。是一种观赏趣味性强趣味观赏植物，可盆栽摆放或种植在公园游人较集中的地方。它的舞蹈，源自于植株的一对侧生小叶能进行明显的转动；或做360°的回环，或做上下摆动。同一植株上各小叶在运动时有快有慢，但却颇具节奏，时而两片小叶同时向上合拢，而后又慢慢地分开平展，似蝴蝶轻舞双翅；时而一片向上，另一片向下，又似艺术体操的优美舞姿；时而许多小叶同时起舞，此起彼落，蔚为奇观。舞草侧生小叶的转动既不像含羞草那样由外界刺激引起，也不似向日葵那样有明显的趋光性，它是我行我素、别具一格，这种运动现象在植物界确实罕见。每当夜幕降临，舞草便进入“睡眠”状态，叶柄向上贴向枝条，顶小叶下垂，就像一把合起的折刀。随着晨曦的到来，它的叶腋角度增大，顶小叶被撑开。舞草不仅以“舞”见长，还能药用，具有舒筋活络、祛痰等功效。

【资源开发与保护】随着生活水平的提高，人们对观赏植物也在不断探美、探奇、探新。舞草作为一种“会动的植物”，不需要刺激即可自行起舞，其独特的观赏特性为人们喜闻乐见。应从野生舞草中选育出一些舞动快、舞姿美的植株，广泛栽培，为观赏植物增加较新的内容，为广大人民增添新的生活乐趣。

十二、珙桐 *Davidia involucrata* Baill.

【植物名】珙桐又名鸽子树、水梨子、木梨子、昭君树、酸枣子，四川大凉山彝族人叫“始出”，意为“树又高又大，结籽又多”。为珙桐科（Davidiaceae）珙桐属植物。

【形态特征】落叶乔木，一般10～25m，最高达35m。胸径最粗者有1～1.5cm。叶互生，纸质，宽卵形。花杂性、由多数雄花和一朵两性花组成顶生的头状花序，花序下有两片大苞片，在花序初期，两个苞片直立向上，呈鸭蛋青色，花序为棕红色，后变为雪青色，到花受精时，苞片转为下垂状，呈白色，像白鸽栖息枝头，最后苞片脱落。两性花，雄花无花被，每朵有1～7枚雄蕊；子房下位，6～10室，每室有胚珠1枚，花柱常有6～10分枝。核果长卵形，紫绿色，有黄色斑点。种子长3～5mm。花期4～5月，果期10月。珙桐生长6～8年才开始形成花芽，开花结果。一般传粉受精后第二年才发育成果实。进入结果期后，有隔年结果现象（图18-12）。

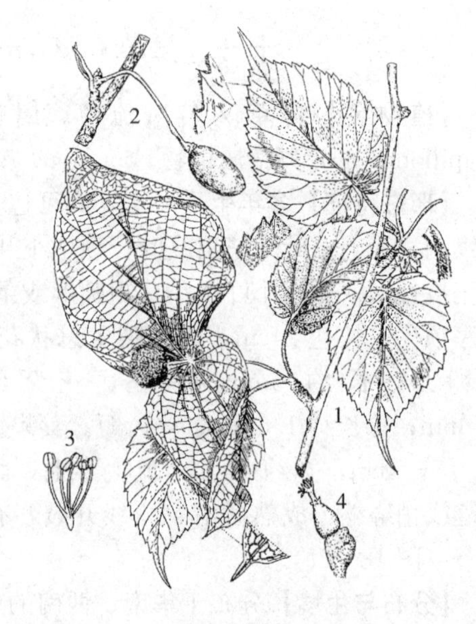

图18-12 珙桐 *Davidia involucrate*

1. 花枝 2. 果枝 3. 雄花 4. 雌花

【分布与生境】分布区只在我国形成东西两个狭长地带，东区包括湖北的神农架、恩施、利川，重庆巫山、酉阳及湖南武陵山等地；西区包括四川二郎山、峨眉山、贵州梵净山，一直到云南。垂直分布在海拔800～1 500m。分布在湖南、湖北、四川、云南和贵州等五个省的34个县。珙桐为暖带树种，生于空气阴湿、云雾朦胧之处。要求土质中性或微酸性土，干燥多风，日光直射以及碱性土壤无法生长。浅干性植物。分布区的空气相对湿度在10%左右；年降雨量为1 000～1 400mm以上；它的适宜年平均气温为23～28℃，年极端高温为39℃，年极端低温为－18℃；分布区的土壤多为褐色棕壤和黄壤，质地较疏松、潮湿、碎石块量较多，地表枯枝落叶层较厚，pH在4.5～6.5之间。

【繁殖栽培】种子繁殖。种子具有休眠特性，需经过2个低温和1个高温处理后才能发芽。幼苗需遮荫。

【园林用途及经济价值】珙桐是世界上珍贵而著名的观赏花木，珙桐树树形端整，亭亭玉立，其花奇丽，非凡花所能相比。花期长，特别那洁白似鸽的苞片，有极其高雅的观赏价值。每当开花之际，满树象褐头白翅的群鸽栖上，极为神奇美观。因此欧美人士称之为“中国鸽子树”，秋冬时枝条稀疏，紫果悬垂，清晰可见，别有一番风趣。珙桐树的材质优良，可作建筑用材、家具和雕刻。

【近缘种】珙桐科系单种科，我国特有。珙桐属有一变种，光叶珙桐［*D. involucrata* Baill. var. *vilmoriniana*（Dode）Wanger.］叶仅背面脉上及脉腋有毛，其余无毛。

【资源开发与保护】珙桐为世界著名的观赏植物，为我国重要的古老孑遗植物，是我国特有的珍贵树种，已被列国家一级重点保护的珍稀植物之列。因我国地形起伏多变，名山大川很多，古代冰川破坏了地球上绝大多数植被，而我国大山却挡住了冰川，使许多古生植物得以保存，珙桐就是其中之一。1900年英伦园艺公司派遣植物学家威尔逊来华采种，1903年及1904年两次将种子寄归英国繁殖后，珙桐从此一跃而成为世界驰名的观赏树木。目前我国北京、南京、杭州、上海、青岛、郑州等地都进行了引种试栽，许多科研部门都在研究珙桐的下山问题。我们可以预见，被美誉为“中国鸽子树”的珙桐，随着祖国的绿化，将会蓬勃发展。

十三、洒金叶珊瑚 *Aucuba japonica* Thunb. var. *variegata* Dombr.

【植物名】洒金叶珊瑚又称花叶青木、金沙树。为山茱萸科（Cornaceae）桃叶珊瑚属植物。

【形态特征】常绿灌木。株丛圆形，高通常1～2m。侧根很多。小枝绿色，光滑无毛。叶对生革质，长椭圆形或卵状椭圆形，长8～24cm。叶面深绿，有光泽，布满大小不等的黄色斑点，叶缘疏生宽锯齿。花暗紫红色，圆锥花序顶生，雌雄异株。雌花序长3cm，雄花序长10cm。核果肉质，长圆状或卵状，成熟时鲜红明亮，长12～15mm，具种子1枚。种子长圆形，长10～13mm（图18－13）。

图18－13 洒金叶珊瑚 *Aucuba japonica* var. *variegata*

【分布与生境】洒金叶珊瑚为东瀛珊瑚的变种。东瀛珊瑚在日本、朝鲜、我国台湾和浙江有野生，洒金叶珊瑚各地有栽培。喜温暖，而又抗寒，可在长江流域及其以南地区露地越冬。在南京，冬季寒冷时叶片虽然冰冻下垂，但日出后回暖后能恢复正常，无受害现象，树下自生幼苗也能自然越冬。气温－13℃时，成年树和林下小苗均无冻害。耐阴，忌强阳光照射，可在林下生长，在散射光下更好。夏秋高温时，若全天无遮盖，部分叶片会被晒焦。耐湿、耐旱。如遇土壤失水，枝叶开始萎蔫，浇水后很快恢复。对大气污染有较强的抗性。

【繁殖与栽培】用种子和扦插繁殖，栽培管理粗放，耐修剪。

【园林用途及经济价值】洒金叶珊瑚树形圆整，枝叶青翠光亮，叶面斑块碧黄相间，明暗变幻。果实成熟时，在绿叶丛中鲜红明亮。由于耐阴，是乔木下、林中及建筑物旁栽种的好材料。除点缀园景外，可在阴处或半阴处，大量栽种作地被植物，也可盆栽后放置于室内外，由于较耐寒，冬季在门厅、走廊温度较低的地方都能摆放，为许多温室观叶植物所不及。果枝可剪取瓶插观赏，枝叶可作切花的陪衬材料。枝条长期瓶插，瓶水不变臭，有进一步进行植物体内特殊物质的成分和利用价值的研究。

【近缘种】桃叶珊瑚属世界约有 12 种，分布于中国、不丹、印度、缅甸、越南、朝鲜及日本等亚洲国家。我国有 10 种，野生于黄河流域以南各省区。主要有：①东瀛珊瑚（*A. japonica* Thunb.）园林应用本变种的原种，又名青木，叶片没有黄色斑点，两面油绿，有光泽花小，紫色，果鲜红色，花期 3～4 月。果期 11 月至翌年 2 月。该种原产我国台湾省和日本，很有特色，给人有清纯之感。我国目前应用尚少，值得研究。有人将洒金叶珊瑚笼统叫作“桃叶珊瑚”，其实桃叶珊瑚是本属另外一个种。②桃叶珊瑚（*A. chinensis* Benth.）叶片略小，质地稍厚，果实深红色，极耐阴，是耐阴的观叶、观果树种。生于福建、四川、湖北、广东、广西和台湾等地，目前应用很少。与草坪配置效果较好，可点缀其中，也可饰边。

【资源开发与保护】桃叶珊瑚属植物在园艺利用上均笼统称为“桃叶珊瑚”，该属植物除洒金叶珊瑚外，其他种类利用较少。自然栽植“桃叶珊瑚”极少发现病虫害，插花时久插瓶水不腐，可以推测植物体内可能含有某些防腐、防蛀等有效成分，应对其有效成分和防虫抗病机理进行研究开发，“桃叶珊瑚”均具有耐阴的特点，可做园林中常绿地被植物资源有待进一步开发利用，或直接应用于园林或将有利基因为园林所用或提取有效成分为食品、医药工作所用。

十四、杜鹃 *Rhododendron simsii* Planch.

【植物名】杜鹃又名映山红。为杜鹃花科（Ericaceae）杜鹃花属植物。

【形态特征】落叶灌木，高 2m 左右，分枝多。枝条细而直，有亮棕色或褐色扁平糙伏毛。叶纸质，卵形、椭圆状卵形或倒卵形，春叶较短，夏叶较长，长 3～5cm，宽 2～3cm，顶端锐尖，基部楔形，下面的毛较上面密。花 2～4 朵簇生枝顶；花萼 5 深裂，有密糙伏毛和睫毛；花冠蔷薇色，鲜红色或深红色，宽漏斗状，裂片 5，上方 1～3 裂片里面有深红色斑点；雄蕊 10，花丝中部以下有微毛；子房 10 室，花柱无毛。蒴果卵圆形，有密糙毛花期 4～6 月，果期 10 月（图 18－14）。

【分布与生境】广布于长江流域各省海拔 500～1 200m 山地，东至台湾，西至四川、云南，分布广及亚热带至温带，形成不同的地理种类，因而对温度要求各有差异，有耐寒及喜湿两大类型。对光照要求不严，一般忌阳光暴晒，好大气湿润，忌干燥，为典型的酸性土植物。

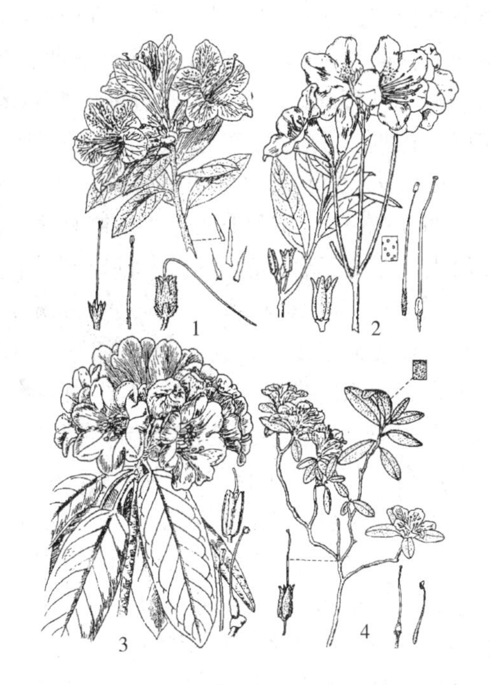

图 18-14
1. 杜鹃 *Rhododendron simsii*
2. 迎红杜鹃 *Rh. mucronulatum*
3. 云锦杜鹃 *Rh. fortunei*　4. 兴安杜鹃 *Rh. dauricum*

【繁殖栽培】播种、扦插、嫁接、压条及分株繁殖均可。播种繁殖一般播种后 4 年可进入开花期。扦插繁殖能早日获得大苗。嫁接繁殖由于杜鹃枝脆、硬，多采用靠接。丛生大型植株可采用分株繁殖或压条繁殖，但入土部分须用刀刻伤半年左右可生根。

【园林用途及经济价值】杜鹃花卉是我国闻名世界的三大名花之一。每当仲春时节，江南草长，莺唤鹃啼，杜鹃满山怒放，烂漫如锦，富有诗情画意。公园庭园中栽植杜鹃，可使庭园增添大自然野趣，宜配植路边、林缘、稀疏的复层混交林下，台阶前、溪旁，池畔缓坡之地，亦植为花篱、花境，也可数株植于草坪中心和四周，则嫩绿鲜红，交相辉映。在自然景观中，杜鹃花适于大面积栽植，群芳竞秀，灿烂夺目，显示出万紫千红的绚丽色彩，发挥群体之美，以数种花色，配合群植，更为美观，因此，在园林中可设立专类杜鹃园。杜鹃也是制盆景好材料，杜鹃制作盆景，可绑扎整形，盘龙翔凤。亦可盆栽装点居室。

杜鹃花可食，某些种类如大白杜鹃，粗柄杜鹃的花是滇中餐桌上的优美蔬菜，是云南民俗旅游的一道“大餐”。有些种类的杜鹃枝、叶可入药。其枝、叶、花、果实亦是提芳香油的好原料。材质好，根兜质地细腻，坚韧，可制碗、烟斗、根雕等工艺品。值得注意的是有的杜鹃花种类有毒，如黄杜鹃就为剧毒花卉。误食引起头昏、恶心、呕吐，甚至死亡。

【近缘种】杜鹃花属植物世界约 800 种，分布于欧亚及北美洲，我国约产 650 种，约占世界的 81%，分布于全国，尤以四川、云南种类最多。我国西南地区为杜鹃花属植物的世界分布中心，其中云南省就有杜鹃花 257 种，四川省有 144 种，西藏有 177 种，贵州有 80 种。我国南北各地均有野生杜鹃资源尚未应用于或正应用园林中的除杜鹃几个变种，如彩纹杜鹃（*Rh. simsii* var. *vittatum* Wils）、白杜鹃（*Rh. simsii* var. *eriocarpum* Hort）、紫斑杜鹃（*Rh. simsii* var. *emsembrinum* Rort.）以外，其他种类还有：①满山红（*Rh. mariesii* Hemsl. et Wils.）落叶灌木，枝轮生，叶常 3 枚轮生枝顶，故又叫三叶杜鹃。花冠蔷薇紫色，花期 4 月，果期 8 月。分布于长江下游，达福建、台湾。②迎红杜鹃（*Rh. mucronulatum* Turcz.）又名蓝荆子，映山红。落叶灌木，花淡红紫色，先叶开放。花期 4～5 月，果期 6 月。分布于我国东北、华北、山东、江苏北部（图 18-14）。③白花杜鹃（*Rh. mucronatum* G. Don.）又名毛白杜鹃、白杜鹃。半常绿灌木，花白色。芳香。花期 4～5 月。分布于湖北。该种有大朵、重瓣及玫瑰色等变种，园艺种类品种极多。④照白杜鹃（*Rh. micranthum* Turcz.）又名照山白，常绿灌木，花小白色。茎约1cm。花期5～6月。分布在我国东北、华北、甘肃、四川、山东、湖北等地。⑤云锦杜鹃（*Rh. fortunei* Lindl.）又名天目杜鹃，常绿灌木。花淡玫瑰红色，花大而芳香，微重顶生伞形总状花序，花期5月。分布于我国浙江、江西、湖南、安徽等地（图18-14）。⑥兴安杜鹃（*Rh. dauricum* L.）又名达子香、金达来。落叶小灌木。花紫红色，1～4朵生于枝顶，先叶开放，花期5～6月。分布于东北。生产林缘、灌丛、石粒子上。春季开花时，东北地区还很寒冷，因此给人们带来了春天的生机。每逢春节当地群众将枝条剪下，插于瓶中水养，供冬季室内观赏（图18-14）。⑦牛皮杜鹃（*Rh. chrysanthum* Pall.）又名牛皮茶，常绿小灌森，茎横卧、枝斜生。叶片革质似牛皮。花顶生伞形花序4～10朵花、淡黄色或白色。花期5～7月。分布于东北长白山，高山冻原带及岳桦林下，在沟谷中常成纯群落生长。其叶可代茶饮，称为“牛皮茶”。现列为我国第一批、第二批野珍稀濒危植物。⑧鹿角杜鹃（*Rh. latoucheae* Franch.）常绿灌木至小乔木，高1～7m，小枝常3枝轮生；叶轮生，革质；花单生叶腋，常集生枝顶，粉红色，花芽、叶芽均紫红色，光滑。花期4月，分布于福建、广东、浙江、江西等地。杜鹃花属植物种类、品种繁多，花色、花型各异，不胜枚举。另外，还有同科松毛翠属植物松毛翠（*Phyllodoce caerulea* Babington.）常绿小灌木，高10～30cm，根状茎匍匐，地上枝斜生，叶革质，互生，线形，深绿色，有光泽，花冠罐状，红色或粉红色。花期7月，果期8月。我国东北、新疆有分布，该种被列为我国第一、第二批珍稀濒危植物。其株形小巧，叶色碧绿，是微型盆景的好材料。

【资源开发与保护】杜鹃花属是一个大属，种类甚多，皆具有观赏价值。很多种类由于受海拔高度、地理位置和环境条件等方面的影响，特别是常绿种类多生长于山区高寒冷凉高湿的环境，给杜鹃花引种工作带来困难，致使在城市园林中较难栽培。因此，可在杜鹃花种质资源比较集中的地区列为保护区，并应积极对资源进行收集、保存、研究和开发利用，并可利用现代科技手段将其有利基因转移到现有品种中来，使其充分发挥种质资源的作用。19世纪以后，英、法等国植物学家将中国大量杜鹃种质资源采集回国，如英国收集我国杜鹃花属植物有190多个原种，培育出大量花大色艳的现代杜鹃品种，即西鹃的来历。日本在杜鹃培育方面也较有成就，来自日本品种称为东洋鹃。目前我国广泛栽培的杜鹃花种和品种数有数百种，江西、安徽、云南、贵州等省皆以杜鹃花为省花，长沙、丹东等七八个城市皆将杜鹃花定为市花。杜鹃同样受到全世界人民的厚爱，国际上有杜鹃花学会，专门研究杜鹃花，尼泊尔、瑞士等国把杜鹃定为国花。

十五、暴马丁香 *Syringa reticulata*（Blume）Hara var. *amurensis*（Rupr.）Pringle

【植物名】暴马丁香又名暴马子，为木樨科（Oleaceae）丁香属植物。

【形态特征】落叶灌木或小乔木，高达10m。树皮粗糙，暗灰褐色，多有灰白色斑或横纹。叶对生，纸质，卵形至宽卵形，长5～9cm，宽3～7cm，先端突尖或渐尖，基部圆形或截形，偶宽楔形；叶柄长1～2cm。花序顶生，大而疏松，长10～15cm，直径4～5cm；花白色，花丝细长，雄蕊长于花冠，裂片2倍而伸出花冠筒外。蒴果短圆形，长1～2cm，顶端钝。花期5～7月。果期8～9月［图18-15（1）、(2)］。

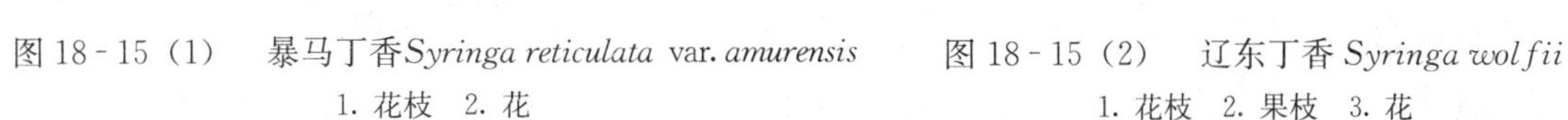

图 18-15（1）　暴马丁香*Syringa reticulata* var. *amurensis*
1. 花枝　2. 花

图 18-15（2）　辽东丁香 *Syringa wolfii*
1. 花枝　2. 果枝　3. 花

【分布与生境】我国东北、华北、西北、内蒙古以及朝鲜、日本、俄罗斯的远东地区均有分布。生长于针阔混交林或阔叶林内、林缘或路旁。喜湿润气候，对土壤要求不严。

【繁殖方法】有性繁殖、无性繁殖均可，但以有性繁殖效果好。无性繁殖可采用硬枝扦插和绿枝扦插。

【园林用途及经济价值】暴马丁香枝繁叶茂，耐修剪，可造成各种优美的树形；其花团锦簇、花序洁白硕大，清香怡人，令人神清气爽。在园林中可作行道树或庭院绿化树。可植于园林建筑附近、茶室、凉亭周围；散植于游园小路两旁，丛植于草坪之中，配置常绿树前亦极为适宜；机关、庭院、居民区将其植于建筑物的南向窗前，开花时节清香入室、沁人肺脏，医院、疗养院、学校、幼儿园可广为栽培。其枝条柔韧性强，树皮斑驳，别有情趣，又是作盆景的好材料。皮和花可入药，称“暴马丁皮”、“丁香花”主治慢性支气管炎、咳喘、浮肿等症。

【近缘种】丁香属植物世界约有30种，我国有25种左右，主产东北至西南，约占世界总数的83%。我国原产种类加上从国外引入的种、变种、品种已达百种以上。

目前在园林直接应用的同属种类有：①关东丁香（*S. velutina* Kom.）落叶灌木，高约1.5m，分枝多。圆锥花序，密生短绒毛，花淡紫色，花期5月。果期9月。多生于悬崖岩石裸露地。喜光，耐干燥瘠薄土壤。该种枝叶繁茂，花色绚丽，清香四溢，是园林绿化、美化、香化的优良树种。②红丁香（*S. villosa* Vahl.）高达3m；叶互生，长可达18cm；花序长至25cm，其园林用途同关东丁香。③辽东丁香（*S. wolfii* Schneid.）落叶灌木，高约6m，叶对生，长圆形、卵状长圆形至倒卵状长圆形，顶生圆锥花序大而松散，花淡紫红色，香叶浓；蒴果。花期6～7月。果期8月。其花淡紫红色，浓香迷人。适于街道、公园、机关、庭院等处栽植。

【资源开发与保护】丁香花是我国传统名花。广义的丁香花是指丁香属的所有种类，而我国传统所指丁香较普遍认为是紫丁香及其变种。目前丁香属植物已成为欧美、亚洲园林中不可缺少的著名花木。丁香属植物花丛团扶、芬芳袭人，其花期长，花序大，花有浓厚的芳香气味，是园林中重要的香花类观赏植物，不仅可观赏，而且可提制芳香油，并可熏茶，吉林特产"人参丁香茶"就是由人参叶和暴马丁香花制成的。吉林省浑江市科研所生产的暴马丁香净油2 000～4 000元/kg，效益颇佳，市场前景广阔。暴马丁香是较好的蜜源植物。野生暴马丁香由于花期集中，分布零星，远远满足不了生产的需求。农民开始移栽野生植株进行建园集中生产，因此对野生资源破坏较大，应加大引种驯化的研究力度。

十六、莲叶荇菜 *Nymphoides peltatum*（Gmel.）O. Kuntze

【植物名】 莲叶荇菜为龙胆科（Gentianaceae）荇菜属植物。

【形态特征】 多年生水生草本。茎细长而多分枝，具不定根，沉水中，地下茎横走。叶圆形或卵圆形，基部心形，边缘微波状或近全缘，表面光滑，背面粗糙有腺点，叶柄长5～15cm，基部变宽成叶鞘状，抱茎。花序束生于叶腋，多花，花梗不等长；花黄色；花萼5深裂；花冠5深裂，裂片卵状披针形或广披针形，边缘具齿毛，喉部有长须毛；雄蕊5，着生于花冠裂片基部；子房基部具5个蜜腺，柱头2裂，片状。蒴果椭圆形或椭圆状卵形。花期6～10月，果期9～10月（图18-16）。

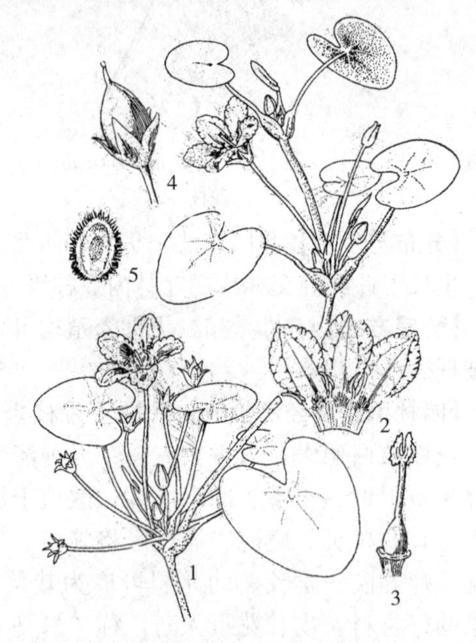

图18-16 莲叶荇菜 *Nymphoides peltatum*

1. 植株 2. 花冠纵剖内侧观 3. 雌蕊 4. 蒴果 5. 种子

【分布与生境】 分布于我国南北各省，朝鲜、日本、苏联亦有分布。生于湖沼与静水泡子或池塘中。耐寒、强健，对环境适应性强，吉林长白山区珲春敬信圈河一带湖泡中有分布。

【繁殖与栽培】 常自播繁衍，并能迅速生长，不需多加管理。

【园林用途及经济价值】 莲叶荇菜是很好的观花、观叶水生草本。其小圆叶浮生于水面。在自然界碧蓝的湖面上，于灰绿莲状叶丛中绽放出鲜黄色花朵挺水而出。其花朵繁多，色彩柔和而夺目，花期连绵不断。莲叶荇菜生命力强，繁殖容易，是庭院点缀水景的佳品，可移栽于公园、旅游区之湖、沼、池等静水面，以美化水面。全草入药，有发汗透疹、清热和利尿作用。鲜草捣烂后敷伤口处，可治蛇咬伤。荇菜属植物世界约有20种，广布温带至热带的淡水中，我国已知5种。

十七、玉叶金花 *Mussaenda pubescens* Ait. f.

【植物名】 玉叶金花又名野白纸扇。为茜草科（Rubiaceae）玉叶金花属植物。

【形态特征】 攀缘状灌木。叶对生和轮生，卵状短矩形或卵状披针形，顶端渐尖，基部楔形，叶表面无毛或被疏毛，背面密被短柔毛；托叶三角形。聚伞花序顶生，稠密，有极短的总花梗和被毛的条形苞片；花 5 数，被毛，无梗；萼筒陀螺状，裂片条形，比萼筒长 2 倍以上，一些花的 1 枚裂片扩大成叶状，白色，宽椭圆形，长 2.5～4cm，有纵脉；花冠黄色，里面有金黄色粉末状小凸点。果肉质，近椭圆形，干后黑色。花期 5～10 月（图 18-17）。

图 18-17　玉叶金花 *Mussaenda pubescens*

【分布与生境】分布于长江以南各省（自治区）。喜半阴环境或酸性土壤，多生于湿润疏林下或攀附于其他灌木上，或生沟谷、村旁。

【繁殖栽培】扦插繁殖。

【园林用途及经济价值】玉叶金花枝叶繁茂，夏秋季节白玉般的“叶”与金黄色的花互相映衬，分外悦目，故名玉叶金花。其实这些“白玉般的叶”，并非真正的叶，而是萼片“瓣化”而来，这类花卉颜色鲜艳而奇美，是一类“瓣化”的花卉。在西南林缘处处可见“白玉”般的花朵镶嵌在绿色的翠屏上，十分好看。可用于棚架绿化或于疏林之中任其蔓延作地被，若片植于疏林草地之中也颇具野趣，亦可植于路边、草坪角隅和边缘。北方可作温室盆栽观赏。

【近缘种】玉叶金花属植物世界约有 120 种，分布于热带亚洲、非洲。我国有 28 种，主要产于西南部至台湾，多数种类供观赏。玉叶金花属藤蔓型植物种类其植物形态、园林用途大致与玉叶金花相似，较为常见的有：①红纸扇（*M. erythrophylla* Schum. et Thonn.）；②楠藤（*M. erosa* Champ.）；③大叶玉叶金花（*M. macrophylla* Mall.）；④展开玉叶金花（*M. divaricata* Hutch.）；⑤异形玉叶金花（*M. anomala* Linn.）。

【资源开发与保护】玉花金花属植物适应性强，耐阴，而且资源丰富，繁殖容易，并且具有良好的花态，既可以匍匐于地面，又可攀缘或缠绕他物生长，因此，在园林中既可作为优良地被植物，又可以做垂直绿化植物，还可观花，是园林中较为全能的植物种类，应积极开发引种驯化工作，尽快使这一观花地被匍匐藤本观赏植物资源应用于园林之中。

十八、香果树 *Emmenopterys henryi* Oliv.

【植物名】香果树为茜草科（Rubiaceae）香果树属植物。

【形态特征】落叶乔木，高约 30m。树干通直，胸径可达 3m。叶对生，椭圆形，全缘，托叶三角状卵形，早落。花大，淡黄色，聚伞花序排成顶生的圆锥花序状；花萼小，5 裂，在一个花序中，有些花的一个萼片扩大成白色叶状物，长 3～6cm，卵形或矩圆形，结实后宿存，变为粉红色；花冠漏斗状，有绒毛，顶端 5 裂；雄蕊 5，与花冠裂片互生；子房下位，2 室，花柱线形，柱头全缘或 2 裂，胚珠多数。蒴果长椭圆形，两端稍尖，成熟后裂成 2 瓣。种子极多，细小，周围有不规则的膜质网状翅，花期 8～10 月（图 18-18）。

【分布与生境】分布于江苏、安徽、浙江、江西及湖南、湖北、四川、贵州、云南和福建等均有零星生长。喜光、喜温暖湿润气候，在冬季低温极值为－10℃时不至于冻死。常生于低山丘陵的沟谷、溪边、河岸及村寨附近和山坡林中。

【繁殖栽培】种子繁殖。

【园林用途及经济价值】香果树树姿雄伟，花序硕大，色彩秀丽，大型白色萼片甚为醒目，而且观赏期长，实属园林之佳品。在形形色色的观花植物中，别具一格。其花中的一片花萼扩大成叶状，白色而显眼，可算奇花异木，观之令人大开眼界。在园林中不论孤植、丛植、行植均能发挥其园林美学效果和遮荫等实用价值。它的木材可供建筑用，是优质的用材树，树皮纤维可制蜡纸和人造棉。

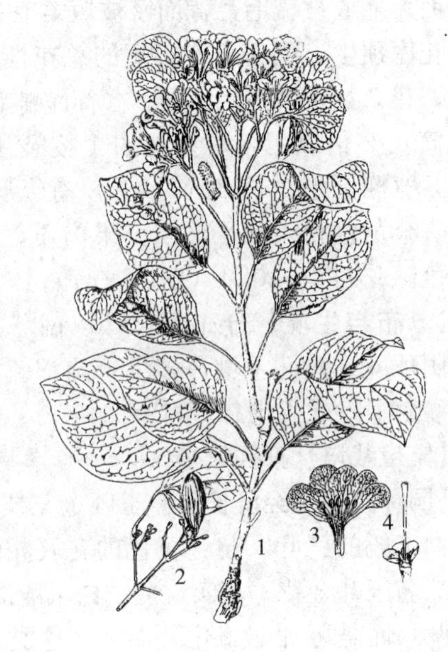

图 18-18　香果树 *Emmenopterys henryi*
1. 花枝　2. 果序　3. 剖开的花冠　4. 花萼及雌蕊

【资源开发与保护】香果树属植物世界有 2 种，产东亚，我国 1 种（可能为我国特有）。香果树具有树高、干直、径粗等特点，是上等的用材林，同时又具有观赏价值高、遮荫效果好、实用价值强等特点，又是园林绿化之佳品。目前在其分布区由于树高材佳，多被砍伐，造成资源的耗竭，亟待保护。因此，在其分布区内，作为造林树、用材林和绿化树等方面，有关方面已予以重视。目前，香果树苗木组培已获得成功，苗木生产已进入工厂化阶段，可以为生产提供大量苗木，满足造林、用材林和园林绿化等方面的需要。

十九、马蹄金 *Dichondra repens* Forst.

【植物名】马蹄金又称水金钱草、落地金钱，为旋花科（Convolvulaceae）马蹄金属植物。

【形态特征】多年生匍匐小草本，株高 5～15cm。须根多。茎绿色细长，匍匐地面。节上长根，节间长 1.5～3cm。叶圆形或肾形，鲜绿色，叶片宽 1～2.5cm，叶柄细长 2～15cm。花小、长 1.5mm，宽 1mm，单生于叶腋，花冠钟状，黄白色；心皮 2，合生。蒴果球形，果皮膜质。种子 1～2 粒，外种皮毛茸（图 18-19）。

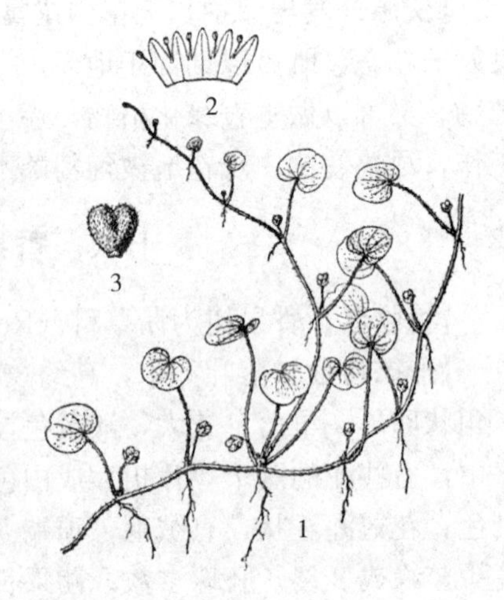

图 18-19　马蹄金 *Dichondra repens*
1. 植株　2. 花冠展开示雄蕊　3. 种子

【分布与生境】马蹄金广泛分布于两半球热带、亚热带地区。我国长江以南各省及台湾省均有野生群落，常生于疏林下、山坡、草地、路旁沟边及庇荫地。喜温暖湿润，也具有一定的耐寒、耐高温和抗干旱的能力。对土壤肥力要求较高，在贫瘠的土壤上生长较差。半阴和全光照条件生长良好。西向坡地和夏季阳光太强的环境及浓荫处生长较差。

【繁殖栽培】可用种子繁殖和无性繁殖。种子采集比较困难，春播秋播均可，春播一般 4 月进行。无性繁殖可切取带根的短茎、小丛或小块栽植，绿化工程常用大块和草毯铺植，单茎和小丛分栽用于育苗和小范围种植。

【园林用途及经济价值】马蹄金是具有较高观赏价值的地被植物。群体成片分布，叶片形态美观，叶色翠绿，草层低密，生长适应性强，尚能耐轻度践踏，在各种园林绿地都能栽种。在园林中可用于树坛、花坛、花镜的最底层的覆盖材料做底色植物；也可作盆栽花卉或盆景的盆面覆盖材料。还可在园林的铺装的石块、砖块间和地边不积水的浅沟内种植。尤其适宜在疏林下、建筑物边、居住区和坡地种植，并可作大面积观赏草坪。亦可用其布置庭园绿地及小型活动场地。国外通常用作优良地被绿化材料和固土护坡植物。由于马蹄金较耐阴，植株低矮不走样，通常不用修剪，因此在阳光不足地段和剪草机不易操作的地段栽植也适宜。全草供药用，具有清热利尿、祛风止痛、消炎解毒、杀虫接骨之功能。

二十、紫珠 *Callicarpa dichotoma* Raeusch.

【植物名】紫珠又名白棠子树，为马鞭草科（Verbenaceae）紫珠属植物。

【形态特征】灌木，高约 2m 左右。叶倒卵状或椭圆形，先端渐尖，基部楔形，除近基部及顶端外，边缘为粗锯齿，背面有腺点而为绿色。花粉红色，数朵或多花合成聚伞花序，生于细长的花梗上；花萼钟状，萼齿 4；花冠 4 裂；雄蕊 4，2 强；子房上位。果呈紫色，球形。花期 9 月，果熟期 10～11 月（图 18 - 20）。

图 18 - 20　紫珠 *Callicarpa dichotoma*
1. 果枝　2. 花枝　3. 花　4. 雌蕊（放大）

【分布与生境】分布于浙江、江西、湖北、湖南、山东、河南、四川、贵州。常野生于山林间。性喜温暖、湿润，较耐寒耐阴，对土壤要求不严。

【繁殖栽培】扦插或播种繁殖。

【园林用途及经济价值】紫珠我国多野生，为园林中花果兼美观赏树种。入秋果实累累，色呈紫色明亮如珠，状如玛瑙，为庭园中美丽的观果灌木。多用于基础栽植，植于草坪边缘假山旁、常绿树前或临水种植，效果很好。适用于秋季的色彩搭配，果枝可作切花。

【近缘种】紫珠属世界约有 188 种，广布于热带、亚热带和大洋洲，西达塞舌群岛和马达加斯加岛，少数达美洲。我国产 46 种，分布于长江以南，以东南最多，西部次之。有些种供药用。同属中可供观赏的有：①大叶紫珠（*C. macrophylla* Vahl）叶大，长 10～23cm，宽 5～11cm。聚伞花序 5～7 次分歧，花冠紫红色；果实紫红色。分布于广东、广西、贵州和云南。②杜虹花（*C. pedunculata* R. Br.）聚伞花序5～7 次分歧，花冠淡紫色；果实蓝紫色，光滑。分布于浙江、台湾、福建、江西、广东和广西。③珍珠枫（*C. bodinieri* Levl.）花冠紫红色，有腺点；果实紫红色，光滑。分布于华东各省及西南、湖北、湖南等省。④紫球（*C. japonica* Thunb.）小枝无毛；花淡红或白色；果紫色。分布于华北、西南、华中、华东等地。⑤华紫球（紫红鞭）（*C. cathayana* H. T. Chang.）小枝纤细；花淡红色，有红腺点；果紫色。分布华东、华南、西南等地。

【资源开发与保护】紫珠属植物为落叶或常绿灌木、小乔木，分布于长江以南地区，喜光、喜肥沃湿润土壤，耐寒性尚强，特别是*C. dichotoma*能在北京地区露地越冬，为该种植物扩大种植范围，充分发挥其园林观赏作用提供了依据。目前紫珠属植物多为野生状态，有此种类尚未应用于园林，应积极开展引种驯化工作，尽快使这一观赏植物为园林绿化服务，发挥其园林美学效应。

二十一、海州常山 *Clerodendrum trichotomum* Thunb.

【植物名】海州常山又名臭梧桐。为马鞭草科（Verbenaceae）赪桐属植物。

【形态特征】落叶灌木或小乔木，高约8m。嫩枝、幼叶及叶柄均有黄褐色绒毛，枝的白色髓部中有淡黄色薄片横隔。单叶对生，叶片卵形或卵状椭圆形，长5～16cm，宽3～13cm，顶端渐尖，基部截形或宽楔形，很少近心形，全缘或有波状齿，两面疏生短柔毛或近无毛；叶柄长2～8cm。聚伞花序的花排列疏松；花萼紫红色，5裂几达基部，花冠白色或带粉红；花柱不超出雄蕊。核果近球形，成熟时蓝紫色，因花萼宿存，似紫盘托碧珠。花期8～9月。果熟期9～10月（图18-21）。

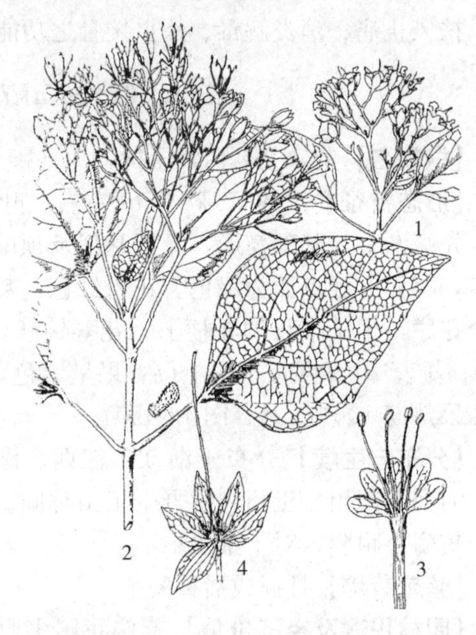

图18-21 海州常山 *Clerodendrum trichotomum*

1. 花枝 2. 果枝 3. 花纵剖 4. 花萼

【分布与生境】产华北、华东、中南、西南各省（自治区）；朝鲜、日本以及菲律宾北部也有分布。多生于山坡、路旁、溪边或村边。喜温暖湿润气候，有一定耐寒、耐旱能力，喜肥沃土壤，具有较强的抗臭氧能力。

【园林用途及经济价值】紫红色的花萼与白色的花冠颜色上形成强烈对比，且果熟后，萼片宿存；颇有紫盘托碧珠的意境，而且观花、观果期长，在金秋10月独放异彩，还可点缀园林景色，实属难能可贵的好树种。适合我国华北以南广大地区园林绿地作秋季观果花木应用，适宜群植、孤植等地；种植于水边、林下、石隙或与草坪配植成疏林草坪或绿地，景观颇美。其根、茎、叶、花入药，具祛风湿、清热利尿、止痛、平肝降压等功效。

【近缘种】赪桐属植物世界约400种，分布于两半球的热带地区，少数分布温带地区，我国有约30种，各地均有分布，多数种分布于西南部。云南有25种4个变种。

本属在园林中常见的有：①赪桐（*C. japonicum* Balf.）又名状元红、赪桐花。圆锥花序顶生，长可达30cm以上，花梗、花萼、花冠均鲜红色，花期5～7月。分布于华东至西南。其特点为花期长，花序大，花色鲜艳夺目，是良好的观花灌木，可植于庭园或作花坛顶子材料。②红萼灯笼草（*C. fortunatum* Linn.）聚伞花序腋生，花萼红紫色，花冠淡红至白色。分布于华南地区，适于盆栽和各种园林绿地。③臭牡丹（*C. bungei* Steud.）小灌木，叶有强烈臭味，叶大，广卵形或卵形，花冠紫红色，或顶生密集头状花序。多分布于江苏南部，生于山坡、林缘或沟旁。华北、西北及西南各省（自治区）亦有分布。适于各种园林绿地和盆栽除供观赏外，根、茎、叶均可入药。④龙吐珠（*C. thomsonae* Balf.）是极为美丽的藤本观赏植物。小枝四棱形，有黄褐色短绒毛。花冠深红色。上海等地园林中有应用。

【资源开发与保护】赪桐属植物具有很高的观赏价值，具有一定的耐寒性，如海州常山则在北京的小气候区可露地越冬，而且观花、观果期长，在“十一”期间还起到点缀园林景色的作用。该植物由于叶片大而粗糙，均具有不同程度的吸尘作用，而且海州常山还具有抗臭氧的能力，因此，应加快该属植物在园林中应用的速度和加大其使用量，发挥其园林美学价值和园林实用、防护功能。

二十二、柳穿鱼 *Linaria vulgaris* Mill. subsp. *sinensis*（Bebeaux）Hong

【植物名】柳穿鱼为玄参科（Scrophulariaceae）柳穿鱼属植物。

【形态特征】多年生直立草本，常在上部分枝。叶多，通常互生，稀为4叶轮生，条形。总状花序；花梗长2～8mm；苞片条形至狭披针形，长超过花梗；花萼裂片披针形；花冠黄色，筒部的基部有稍弯的长距，上部两唇形，上唇直立，2裂，下唇顶端3裂，中央向上唇隆起且几乎封住喉部，使花冠呈假面状；雄蕊4枚，前一对较长；雌蕊由2心皮合成，柱头常有微缺。蒴果卵状球形。种子盘状，边缘有宽翅，成熟时中央常有瘤状突起。花期6～9月（图18-22）。

图18-22　柳穿鱼 *Linaria vulgaris* subsp. *sinensis*
1. 植株　2. 花

【分布与生境】常见于我国的东北、华北、山东、河南、陕西、甘肃等省（自治区）。生于山坡、路边、田边草地及多砂的草原。

【繁殖与栽培】种子繁殖。种子细小无休眠现象，极易发芽。自然繁殖速度快，移栽成活率高。

【园林用途及经济价值】柳穿鱼叶似柳、花似金鱼，故名柳穿鱼。花期长，花形奇特、美观雅致，是很好的观花草本植物。适用于布置花坛、草坪等地边缘处，做镶边材料，点缀路边、山坡均佳，也可盆栽置于阳光充足的花架上观赏。

【近缘种】柳穿鱼属植物世界约有150余种，我国有8种，产于我国西南部和北部各省（自治区）。具有观赏价值的尚有：海滨柳穿鱼（*L. japonica* Miquel.）总状花序顶生，密集；花淡黄色，下唇喉部突出一金红色小包。花期6～8月。生于长白山区海拔100m以下的江岸沙滩，分布区较为狭窄，其观赏价值极高，属矮小密集型草本花卉。远观，如黄中透红的彩球抛在浓绿而密的细叶之中，近看，像条条金鱼悬飞，花多而密，观赏效果高于柳穿鱼。

【资源开发与保护】柳穿鱼喜湿、耐瘠薄，引种容易成活，特别是北方城市，由于受气候条件的影响，用于园林绿化的草本花卉较少，只局限串红、孔雀草、万寿菊等十几种，因此，柳穿鱼作为观花草本可增加北方园林绿化的植物种类。柳穿鱼还是一种有趣的植物。如果仔细观察柳穿鱼的小花，看到蜜蜂和丸花蜂如何飞入花朵中去采蜜，人们会惊奇不已：这种有长距的双唇小花，其各部分的构造竟能如此适应生存条件。其实这种花是一种畸形花，是植物的返祖现象。因此，柳穿鱼还是人们了解大自然的良好素材。

二十三、猫尾木 *Dolichandrone cauda-felina* (Hance) Benth. et Hook. f.

【植物名】猫尾木又名猫尾树。紫葳科（Bignoniaceae）猫尾属植物。

【形态特征】乔木。奇数羽状复叶，幼嫩时叶轴及小叶两面密被平伏细绒毛，老时近光滑无毛；小叶7对，长椭圆形，纸质，有时偏斜，全缘，在背面边缘向内卷。由数花组成顶生总状花序；花萼芽时封闭，开花时开裂至基部而成佛焰苞状，外面密被灰褐色棉毛；花大，黄色，径达10～15cm；雄蕊4，2强。果实披针形，长50cm，宽4cm，厚约1cm，被长灰黄色茸毛。种子每室2粒，隔膜扁平、木质，中间有一中肋突起；种子长椭圆形，两端具透明膜质翅。花期秋至冬初，果期4～6月（图18-23）。

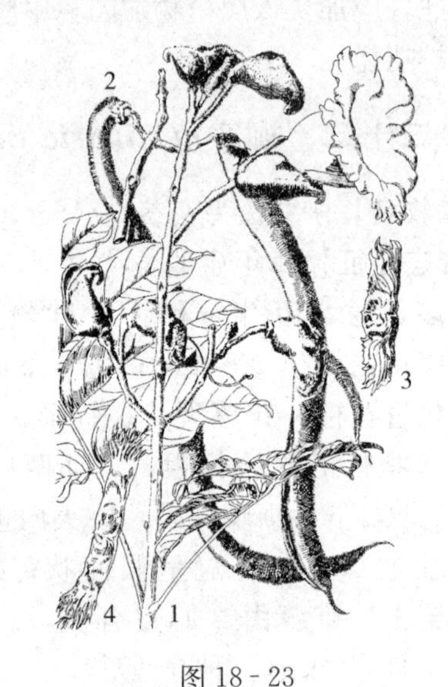

图18-23
1. 西南猫尾木 *Dolichandrone stipulata*
2～3. 猫尾木 *D. cauda-felina*（2. 果序 3. 种子）
4. 毛叶猫尾木 *D. stipulata* var. *kerrii*（种子）

【分布与生境】分布于云南、广东南部、海南和广西。生于低海拔疏林中或路旁，有时为次生林的主要树种。性喜高温、高湿，要求土层深厚，稍耐阴蔽。

【园林用途及经济价值】猫尾木干直叶大，花如漏斗，果长如猫尾，秋冬观花，春夏之际观果，是华南地区良好的行道树和庭荫树；木材纹理通直，适宜建筑轻型结构的房屋、家具、床板等。

【近缘种】同属中可供观赏的还有：①西南猫尾木［*D. stipulata*（Wall.）Benth. et Hook. f.］花冠黄白色，管红褐色，径达10cm，管基径达1～1.5cm。果较短小，细长披针形，长约36cm，径2～4cm，厚约1cm，密被黄褐色短茸毛。花期9～12月，果期2～3月。②毛叶猫尾木［*D. stipulata* var. *kerrii*（Sprague）C. Y. Wu et. W. C. Yin］叶片有毛。

二十四、天目琼花 *Viburnum sargentii* Koehne

【植物名】天目琼花又名鸡树条荚蒾、鸡树条等。为忍冬科（Caprifoliaceae）荚迷属植物。

【形态特征】落叶灌木，高可达3m。叶对生，卵圆形，通常3裂，裂片有不规则的齿；叶柄基部有2托叶，顶端有2～4腺体。花序复伞状，直径8～10cm，花序外围一圈白色大型不育花；花萼有5齿；花冠乳白色，辐状，5裂；雄蕊5枚，花药紫色。核果近球形，直径8mm，红色，核扁圆形。花期5～6月，果期7～9月（图18-24）。

【分布与生境】 分布于东北、华北、内蒙古、陕西、甘肃、四川、湖北、安徽、浙江等省（自治区）。耐寒、耐阴，多生于溪谷湿润处或山地杂木林中。

【繁殖栽培】 常用种子繁殖。种子繁殖时，种子需低温层积处理，播种后需盖草遮荫保湿。4～5年生可供园林绿化使用，移栽易成活，但应在早春树体未萌动前进行。

【园林用途及经济价值】 天目琼花树叶繁茂，叶形美观，花序大，花多而密，不孕性花大，乳白色，端庄典雅；秋季果实累累，晶莹剔透似玛瑙，似宝石，红艳夺目；秋叶紫红，亦不逊色。是极好的观姿、观花、观果、观叶植物。宜植于街道绿化带和公园、草坪、山石旁、林缘、林下或房基、屋后；还可成行丛植，组成果篱、花篱。果枝可作插花用，经久不凋。长沙岳麓风景区有荚蒾类植物分布，每当花开果熟，山林顿添生机。天目琼花的叶、枝、果均可人药，枝叶能通经活络，祛风止痒，主治关节疼痛，闪腰岔气；果能止咳，治疗急慢性支气管炎、咳嗽。

图18-24　天目琼花 *Viburnum sargentii*
1. 花枝　2. 果枝　3. 花　4. 柱头

【近缘种】 荚蒾属植物世界约有280种，我国约有100种。分布于南北各地，以西南最多。但能应用于园林中为优美观赏树的种类世界约120种，我国约90种，约占世界总数的75%左右，常见的直接或尚未应用于园林的种类有：①绣球荚蒾（*V. macrocephalum* Fort.）花球形，全部为不孕花，极美观，核果红色，花期5～6月。分布于华北、华东、华中、东南、西南。花序肥大，洁白如雪，花期长，枝条软，拱形，形成圆整树形，为优良的观花植物。宜丛植于路边、草坪或林缘，植于小径两边形成拱形通道，别有风趣。②蝴蝶戏珠花［*V. plicatum* Thunb. f. *tomentosum*（Thunb.）Rehd.］聚伞花序复伞形，花大而芳香；花冠淡黄色，辐射状。核果红色，后变为蓝黑色，花期4～5月。分布于华东、华中、华南、西南、陕西等地区。常生于山野沟边。该种花大而白；在微风中飘舞时，状如蝴蝶纷飞于花间，故又名“蝴蝶戏珠花”。③暖木条荚蒾（*V. burejaeticum* Regel.）聚伞花序，花多而密，白色，浆果初为红色，熟后变黑，花期5～6月。花繁密，秋叶红艳，果实由红变黑，引人注目。④香荚蒾（*V. farreri* Stearu.）具多花、芳香，蕾时粉红色，开时白色，果实矩圆形，鲜红色。花期4月。原产我国北部，河北、河南、甘肃省均有分布。为华北地区良好的春天观花树种。⑤鸡树条荚蒾［*V. opulus* L. var. *caivecens*（Rehd.）Hara.］多歧聚伞花序，由6～8个小聚伞花序构成，直径8～10cm，周围不孕花大，白色，中央花两性，核果球形，红色。花期5～6月。分布于我国东北、华北等地，朝鲜、日本也有分布。是北方很好的观花、观果、观叶植物。⑥朝鲜荚蒾（*V. koreanum* Ivakai.）复聚伞花序，生于短枝之顶，乳白色，果实黄红或暗红色，近椭圆形。花期5月，分布于吉林省长白山区，是高寒地区较好的观花、观果灌木。

【资源开发与保护】 荚蒾属植物园林用途极广，观赏价值高，许多种类尚处于野生状态，未得到重视和应用，应积极进行荚迷属植物引种驯化工作或作杂交育种的亲本，或将有用基因转到现有栽培品种来，充分发挥我国丰富荚迷种质资源的优势。

二十五、蝟实 *Kolkwitzia amabilis* Graebn.

【植物名】蝟实为忍冬科（Caprifoliaceae）蝟实属植物。

【形态特征】灌木，高达3m。幼枝被柔毛，老枝皮剥落。叶椭圆形至卵形矩圆形，长3～8cm，上面疏生短柔毛，下面脉上有柔毛。伞房状的圆锥聚伞花序生侧枝顶端；花粉红色至紫色；萼筒生耸起长柔毛，在子房以上缢缩似颈，裂片5，钻状披针形，有短柔毛；花冠钟状，基部甚狭，裂片5，其中2片稍宽而短；雄蕊2长2短，内藏。果2个合生，有时其中1个不发育，果实密被黄色刺刚毛，顶端伸长如角。花期5～6月，果熟期8～9月（图18-25）。

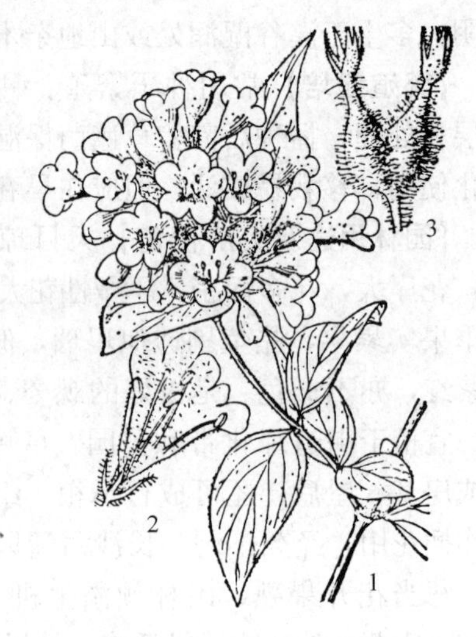

图18-25 蝟实 *Kolkwitzia amabilis*
1. 花枝 2. 花冠纵剖 3. 果实

【分布与生境】为我国特有的单种属，分布于山西、陕西、甘肃、湖北。生林下或灌丛中。

【园林用途及观赏价值】蝟实花粉红色至紫色，柔和宜人，果实成对着生于叶腋，果实外表有刺刚毛，好似一个个小刺猬，为园林中花果兼美的树种，具较高观赏价值。

【资源开发与保护】蝟实为我国特有的单种属，属国家珍稀濒危植物。也是山西省重点保护植物之一，因此亟待保护好野生的蝟实，在调查野生蝟实资源的同时，应采取就地保护措施。

二十六、蓝刺头 *Echinops latifolius* Tausch

【植物名】蓝刺头又名单州漏卢。为菊科（Compositae）蓝刺头属植物。

【形态特征】多年生草本，茎直立，坚硬，下部密生白色绵毛。叶羽状分裂，裂片有刺，表面密被白色蛛丝状毛。花单生，每一花外都有小总苞，此小总苞由刺状外苞片和线状内苞片组成，全部花聚生成一稠密圆球状花序；花蓝色。瘦果顶端冠以多数短鳞片（图18-26）。

图18-26 蓝刺头 *Echinops latifolius*
1. 花枝 2. 茎中部 3. 花 4. 果实

【分布与生境】分布于我国西北至东北。常生长在草原、干燥山坡和沙丘地及疏林下。

【繁殖栽培】采用种子繁殖。

【园林用途及经济价值】蓝刺头花呈深蓝色球状花序，清新淡雅，引人注目。并且耐干旱，适宜在干旱地区栽培。

【近缘种】蓝刺头同属植物尚有砂蓝刺头（*E. gmelinii* Turcz.）产东北至西北；华东蓝刺头（*E. grijsii* Hance）

产辽宁南部至华东地区；褐毛蓝刺头（*E. dissectus* Kitag.）产东北至西北；全缘叶蓝刺头（*E. integrifolius* Kar. et Kir.）产新疆北部。

【资源开发与保护】蓝刺头属植物适应性强，较耐干旱，易于繁殖栽培。是园林植物中缺少的淡雅蓝色花类型，但并未利用，应研究使其成为我国北方城市园林绿化植物。

二十七、卷丹 *Lilium lancifolium* Thunb.

【植物名】卷丹为百合科（Liliaceae）百合属植物。

【形态特征】多年生草本，茎高 0.8～1.5m，带紫色条纹，具白色绵毛。叶散生，矩圆状披针形或披针形，长 6.5～9cm，宽 1～1.8cm，两面近无毛，先端有白毛。花 3～6 朵或更多，芳香；苞片叶状，卵状披针形；花梗紫色，有白绵毛；花下垂，花被片反卷，橙红色，有紫黑色斑点，外轮花被片长 6～10cm，宽 1～2cm，内轮花被稍宽；雄蕊四面张开，雌蕊 1。蒴果狭长卵形。花期 7～8 月，果期 9～10 月（图 18-27）。

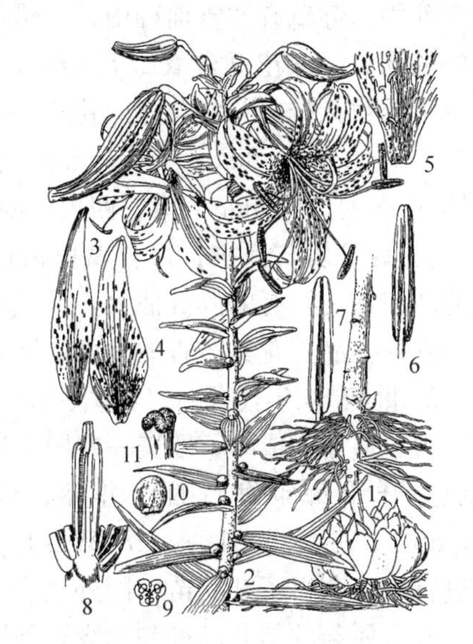

图 18-27 卷丹 *Lilium lancifolium*
1～2. 植株和鳞茎 3. 外花被 4～5. 内花被 6～7. 雄蕊 8. 雌蕊纵剖 9. 子房横切 10. 胚 11. 柱头

【分布与生境】我国除新疆、黑龙江、内蒙古、台湾、福建、云南、贵州外，均有分布，在日本、朝鲜也有分布。多生于山坡灌丛中、木林下、草地、路旁或溪边，垂直分布区为海拔400～2 500m。各地有栽培。我国是百合的故乡，全世界 80 多种百合中，我国就有 42 种，广布全国各地。

【繁殖栽培】采用鳞片繁殖、小鳞茎繁殖、播种繁殖、珠芽繁殖均可。

【园林用途及经济价值】卷丹花大亦多，具黑色斑点，花被片反卷，花姿微垂，婀娜多姿可爱。叶腋之珠芽，状如龙吐珠，落地生根，极富诗情画意，是很好的观花草本植物。可群植于树下、林缘坡地，增添自然山色，亦可配置花坛或装饰花径，亦可栽植于公园、庭园组成花境。鳞茎可食，亦可入药，为“百合”具有润肺止咳、清心安神之功效；而且是较好的蜜源植物。花中芳香油可提香料。

【近缘种】百合属植物全世界大约有 100 种，主产于北半球的温带和寒带，极少产于热带，我国有 35 种，广布全国各地，约占世界总数的 35%，云南为我国百合属植物的分布中心。常用的野生种有：①岷江百合（*L. regale* Wilson.）花冠喇叭状，白色，喉部为黄色，外轮花被片披针形，内轮花被片倒卵形，花一至数朵，开放时很香。花期 6～7 月。分布于四川的山地，海拔 800～2 650m。②渥丹（*L. concolor* Salisb.）花钟形，直立星状开展，深红色，有光泽。花 1～5 朵排成近伞形或总状，开放时很芳香。花期 6～7。分布于东北及内蒙古。生长在山坡灌丛、疏林及路边等处。鳞茎可食，亦可药用。③药百合（*L. speciosum* var. *gloriosoides* Baker.）花下垂，白色，下部有紫红色斑块和斑点，花被片反卷，花 1～5 朵，美丽至极，是著名的观赏植物。花期 7～8 月，果期 10 月。分布于安徽、江西、浙江、湖南以及广西等省（自治区）。生阴湿林下及山坡草丛中。鳞茎药用，亦可食用。已引种栽培。④南川百合（*L. rosthornii* Diels.）花黄色或黄红色，有紫红色斑点，花被反卷。总状花序可多达9朵花，少有单生。分布于四川、贵州、湖北等省。生山沟、路旁或林下，海拔350～900m。鳞茎可食，亦可入药。⑤大花卷丹［*L. leichtlinii* var. *maximowiczii*（Regel）Baker.］花红色，具紫色斑点，下垂，花被片反卷。总状花序具2～8朵花。花期7～8月。分布于陕西、华北及东北。生谷底沙地。⑥山丹（*L. pumilum* DC.）花鲜红色，无斑点或有时有少数斑点，花下垂，花被片反卷。花单生或数朵排成总状。花期7～8月。分布于西北、华北及东北。生于山坡、草地、林缘或疏丛。花美丽，适应性强。苏轼有"堂前种山丹，错落玛瑙盘"的诗句；今人有歌"山丹丹开花红艳艳"形象生动的歌词。⑦绿花百合（*L. fargesii* Franch.）花绿白色，有稠密的紫褐色斑点，花被片反卷。花单生或数朵排成总状花序。花期7～8月。分布于四川、陕西、湖北。生山坡林下。⑧碟花百合［*L. saluenense*（Balf. f.）Liang］花1～7朵，张开似碟形，粉红色，里面基部具紫色细点。花期6～8月。分布于云南、四川、西藏。生山坡的丛林、林缘或草坡上。

【资源开发与保护】百合属植物在园艺方面统称为百合花，花期长，花大姿丽，斑斓夺目，有的洁白如玉，有的鲜红似火，或姹紫或橙，有色有香，为重要的球根观赏植物，宜食用，可入药为滋补佳品，花具芳香的种可提制芳香油浸膏等。

20世纪50年代以后，美国、新西兰、澳大利亚等在百合栽培技术上，品种改良和选育方面均取得了显著的成绩，欧美一些国家还相继成立了百合协会，并出版百合年鉴，如北美百合协会自成立开始每年发行百合年鉴；我国上海园林科学研究所以麝香百合（*L. longiflorum* Thunb.）、王百合（*L. regale* Wils）为母本，兰州百合（*L. davidii* var. *unicdor cotton.*）为父本进行杂交获得了杂交苗；国外已获得远缘杂交苗；日本利用麝香百合和台湾百合杂交均获成功。百合属新的园艺品种和远缘杂种层出不穷，丰富了百合属的种质资源。

二十八、滇蜀豹子花 *Nomocharis forrestii* Balf. f.

【植物名】滇蜀豹子花为百合科（Liliaceae）豹子花属植物。

【形态特征】多年生草本。鳞茎卵状球形，直径2～2.5cm，黄褐色。叶散生，披针形至矩圆状披针形，长3～5cm，宽1.1～2cm。花1～5朵，红色或粉红色；外轮花被片3，矩圆状椭圆形，基部具细点，向上细点逐渐扩大成斑块，或具少数紫红色斑点，全缘；内轮花被片3，卵状椭圆形，基部具两个深紫色垫状隆起；花丝钻形，长1～1.2cm，紫色，花药椭圆形，长4～5mm；子房圆柱形，长5～8mm，直径2.5～3.5mm，子房明显短于花柱。蒴果。花期6～7月，果期8～10月（图18-28）。

【分布与生境】分布于云南和四川，生海拔3 000～3 700m的针叶林、针阔叶混交林下或山地草丛中。

【繁殖栽培】可用种子或鳞茎进行繁殖。

【园林用途与经济价值】本种花色艳丽而多姿。本种植物既可盆栽观赏，也可作鲜切花利用，为优良的珍稀野生观赏花卉。

【近缘种】豹子花属全世界约8种，我国有7种，全产于西南地区，均为美丽的野生花卉。其他6种近缘植物简介如下：①开瓣豹子花［*N. aperta*（Franch.）Wilson］本种叶散生与滇蜀豹子花相同，但以花白色或淡黄色区别于花为红色或粉红色的滇蜀豹子花，为云南特有种。②怒江豹子花（*N. saluenensis* Balf. f.）本种叶散生和花的颜色与滇蜀豹子花相同，但花丝黄色，子房与花柱近等长，而与花丝紫色、子房明显短于花柱的滇蜀豹子花相区别。产云南、西藏东南部、缅甸北部等。③美丽豹子花（*N. basilissa* Farrer ex W. E. Evans.）叶线形，在同一植株上兼具散生和轮生，花无紫色斑点。分布于滇西北、缅甸北部。④滇西豹子花［*N. farreri*（W. E. Evans）Harrow.］叶线形，在同一植株上兼有散生、轮生和对生，花被片基部有紫色斑点。分布于云南怒江傈僳族自治州和缅甸北部。⑤豹子花（*N. pardanthina* Franch.）叶长圆形，散生、对生和轮生均有，花红色或青紫色。分布于云南和四川。⑥多斑豹子花（*N. meleagrina* Franch.）叶长圆形，轮生，花白色，具紫斑。主产云南，西藏察隅也有。

图 18-28 滇蜀豹子花 *Nomocharis forrestii*
1. 鳞茎 2. 花枝 3. 花瓣 4. 雄蕊

【资源开发与保护】豹子花属植物是我国乃至世界珍稀观赏植物，我国是世界豹子花植物的分布中心。具有极高的开发利用价值，注意资源保护工作。

二十九、鸢尾 *Iris tectorum* Maxim.

【植物名】又称蓝蝴蝶、紫蝴蝶、扁竹花、蛤蟆七。为鸢尾科（Iridaceae）鸢尾属植物。

【形态特征】多年生草本。根状茎粗壮，匍匐多节，二歧分枝。叶基生，黄绿色，宽剑形，稍弯曲，中部略宽，基部鞘状，中下部有1～2枚茎生叶。花蓝紫色，直径约10cm，花梗甚短，花被管细长，上端膨大成喇叭形，外花被裂片圆形或宽卵形，中脉上有一行不规则的鸡冠状白色带紫纹突起的附属物，成不整齐的缘状裂；内花被裂片椭圆形。蒴果长椭圆形或倒卵形，长4.5～6cm，直径2～2.5cm，有6条明显的肋。种子黑褐色，梨形，无附属物。花期4～5月，果期6～8月（图18-29）。

图 18-29 鸢尾 *Iris tectorum*
1. 根状茎 2. 花枝 3. 果实

【分布与生境】原产我国中部，山西、安徽、江苏、浙江、福建、湖北、湖南、江西、广西、陕西、甘肃、四川、贵州、云南、西藏等地均有分布。生于向阳坡地、林缘及水边湿地。耐寒性强，喜生于排水良好、适度湿润、微酸性的土壤，也能在沙质土、黏土上生长，较耐干燥。

【繁殖与栽培】 可分株或播种繁殖。分株时一般可于春季、秋季或开花后进行，2～3 年一次。种子繁殖时宜随采随播，不宜干藏。

【园林用途及经济价值】 可丛植、片植布置花境、花坛，栽植于水湿畦地、池边湖畔、石间路旁或布置成鸢尾专类花园，是难得的地被类群；亦可自然点缀于树坛及山石园的边缘等地，也可盆栽。

【近缘种】 鸢尾属植物世界约有 200 种，多分布在北温带，我国近 70 个种（包括变种），多分布于西北及北部。同属中具有同样观赏价值的种类有：①蝴蝶花（*I. japonica* Thunb.）喜阴湿环境，株高 35～45cm，花期 3～4 月，花白色，在华东地区冬季不休眠。主要用于林下或疏林地被。②黄菖蒲（*I. pseudacorus* L.）喜光，可植于不同深度水中（不深可达 60cm）或旱地，株高 100～120cm。花期 5 月，花黄色，主要用于水生园的植被配置或庭园绿化。③马蔺[*I. lactea* var. *chinensis*（Fisch.）Koidz.]喜光，稍耐阴，水生旱生均可，耐盐碱。可用于盐碱地的改良，高速公路及堤坝等护坡。④溪荪（*I. sanguinea* Donn ex Horn.）又称东方鸢尾，有数十种花色品种，花期 6～7 月，其花大色浓，外花被片又具虎纹斑且常 2 朵孪生，高着梗顶，端庄秀雅。用途与黄菖蒲相似。分布于我国东北、内蒙古等地。⑤单花鸢尾（*I. uniflora*）喜光，耐寒（可耐－30℃低温），株高 15～20cm。用于庭园绿化。⑥玉蝉花（*I. ensata* Thunb.）花期 6～7 月，适应性强，水湿地、旱地均可生长，花特大色鲜艳，外观华贵端庄，是鸢尾属中最美丽的观花植物。分布我国东北、山东、浙江等地。⑦燕子花（*I. laevigata* Fisch.）花期 6、7 月，燕子花叶绿挺拔，花大似燕飞，群花期 15 天左右，单花期 5 天，可布置水边、池畔，犹如燕子嬉水，使人倍感绝妙。亦可种旱地。分布我国东北、云南等地。

【资源开发与保护】 我国《神农本草经》中就有对鸢尾及马蔺的记载，9 世纪花菖蒲（*I. kaempferi* Sieb.）从中国传入日本后，日本对野生的花菖蒲进行选育确立了江户、肥后、伊势 3 个品种群直至现在。欧洲鸢尾属植物的选育历史悠久，现如今广为栽培的德国鸢尾（*I. germanica* L.）就是欧洲选育出来的约有 10 个亲本以上的杂交种。我国目前尚无属于自己培育的鸢尾种类，园林中均为野生种类的直接应用，或广植德国、日本的园艺化种类，因此，一方面注意保护我国这一丰富的花卉种质资源，在资源丰富地区可就地建立保护区，建立种质资源圃，如长白山自然保护区野生鸢尾种类丰富，花开时节，满山遍野花如海，姹紫嫣红，名副其实一个天然大花园。自 1999 年自此，每年在 7 月初野生鸢尾盛开时节，召开“长白山野生花卉节”，吸引来自全国乃至世界各地的游客，也使之成为长白山重要的旅游项目。

三十、大花杓兰 *Cypripedium macranthum* Sw.

【植物名】 大花杓兰为兰科（Orchidaceae）杓兰属植物。

【形态特征】 多年生陆生草本，高 25～50cm。植株被短柔毛或几无毛；具 3～5 片叶，互生，被白毛；叶片椭圆形或卵状椭圆形，长达 20cm，宽达 3.5cm，基部具短鞘，包于茎上；苞片叶状。花常单生，紫红色；中萼片宽卵形，长 4～5cm，两侧萼片愈合而一；花瓣卵状披针形，急尖，长 5.5cm，紫红色；唇瓣囊状，紫红色，长约3.5～5cm。子房无毛。花期 5～6 月（图 18-30）。

【分布与生境】 分布于东北、华北、湖北等省。生于林间草甸、林缘、林间草地、疏林下及灌丛旁湿润、肥沃的酸性森林土中，或生长在高山草甸岩石隙处，喜光照充足、湿润冷凉气候。本种很稀少，在吉林长白山区尚有散生。

图 18-30

1. 杓兰 *Cypripedium calceolus*
2. 斑点杓兰 *C. guttatum*　3. 大花杓兰 *C. macranthum*

【繁殖栽培】采用分株繁殖：将带鳞芽的块茎连根劈下，切勿损伤根茎，每段带 2～3 个根芽，以便能更替生长。种植地应选择排水良好的腐殖土，种植后保持湿润，适当遮荫。大花杓兰种子繁殖较为困难，一般不采用。

【园林用途及经济价值】大花杓兰叶阔花大，姿态独特，婀娜轻美，偶见 2 朵并蒂，更为新奇，是很好的观花、观叶草本。单花期达 10 天之久，可栽于公园、风景区、森林公园等地疏林下或水边；还可盆栽于室内观叶、观花。全草可入药，有利尿消肿，活血祛淤，祛风镇痛功能。

【近缘种】同属中可供观赏的还有：①紫点杓兰（*C. guttatum* Sw.）花白色，带紫色斑点。分布于东北、华北、西南等省。②杓兰（*C. calceolus* L.）花除唇瓣为黄绿色外，其余均为紫红色。分布于东北、内蒙古等省（自治区）。③毛杓兰（*C. franchetii* Wilson.）花褐色而具紫色条纹。分布于湖北、四川、甘肃、陕西、河南、山西等省。④斑叶杓兰（*C. margaritaceum* Franch.）叶具紫色斑块。花紫红色而具暗紫色斑点。分布于东北、云南、四川、湖北。斑花杓兰之花宛如彩球悬于叶片之上，清雅别致，是较好的观花、观叶草本。宜种于水边、林缘、林下或林中隙地，亦可种植于石隙或配置在大型盆景中。根茎与花可入药。

【资源开发与保护】杓兰属植物是兰科植物分布较广的一类植物，具有适应性强、耐寒等特点，适合北方露地栽培观赏。这一宝贵种质资源已有科研单位着手将其应用于兰花的育种工作，借以提高热带兰花的抗寒性。园林科研单位应积极开发杓兰属植物的引种工作，并注意保护这一种质资源。

复习思考题

1. 观赏植物按观赏部位分为哪几类？并举出 3～5 种植物。
2. 观赏植物按生活型分为哪几类？并举出 3～5 种植物。

第十九章　其他植物资源

植物资源种类多、范围广，除前几章叙述的植物资源外，还有一些植物资源在我国也具有一定意义。现将其主要的简述如下：

第一节　甜味剂植物资源

甜味剂植物资源是指植物体内具有甜味的物质。这种物质分为糖和非糖两类：糖包括蔗糖、葡萄糖、果糖、乳糖和麦芽糖等，它们是植物新陈代谢的产物，普遍存在于植物体中；非糖包括糖苷类、糖醇类、甜味蛋白等，它们是一些高分子化合物，存在于一些植物器官中。本节所述及的是非糖甜味剂植物资源。

此类非糖甜味剂具有低热值和无热值的特性。能防止因多量的糖而引起的糖尿病、肥胖症、心脏病和龋齿等疾病。因此，被广泛的应用于食品工业、保健饮料、医药以及日常生活中。近年来研究表明：人工合成的非糖甜味剂，如糖精，有可能是一种潜在的致癌物质或可能激发其他物质的致癌活性，因此许多国家已限用或禁用。各国都在积极研究甜味浓、味质好、安全、实惠、使用方便的植物甜味剂。目前已开发利用或有开发利用价值的甜味剂植物主要有以下一些种类：

1. 糖苷类甜味剂植物　主要有甜叶菊（*Stevia rebaudiana* Bertoni）、掌叶悬钩子（*Rubus suavissimus* S. Lee）、假秦艽（*Phlomis betonicoides* Diels.）、罗汉果［*Siraitia grosvenorii*（Swingle）C. Jeffrey ex Lu et Z. Y. Zhang］、甘草（*Glycyrrhiza uralensis* Fisch.）、多穗柯［*Lithocarpus polystachyus*（Wall.）Rehd.］等。

2. 甜味蛋白类甜味剂植物　也称多肽类，主要有水槟榔（*Capparis masaikai* Levl.）种仁含马槟榔甜蛋白；奇遇果（*Dioscoreophyllum cumminsii* Diels）果实含甜味蛋白，为蔗糖的1 500倍而有持久性；西非竹芋（*Thaumatococcus danielli* Benth）果实含甜味蛋白，为蔗糖的1 600倍。

3. 糖醇类甜味剂植物　主要有野甘草（*Scoparia dulcis* L.）含有木醇糖，其甜味与蔗糖相似，而为低热量甜味剂。

此外，在热带西非产的山榄科（Sapotaceae）中的神秘果［*Synsepalum dulcificum*（A. DC.）Daniell］植物，果实中含有一类变味蛋白，食后可使味觉改变，对酸味产生甜感。此种植物我国已引栽，在云南热带植物研究所生长较正常。我国已对几十种天然甜味剂植物资源进行了研究，其中有些种类的产品具有异味；有些产量低，栽培较困难；也有的来源不易。因此，使其开发利用受到一定限制。下面仅介绍几种研究较多，有的已开始用于商品化生产的甜味剂植物。

一、水槟榔 *Capparis masaikai* Levl.

【植物名】水槟榔又名马槟榔。为白花菜科（Capparidaceae）槌果藤属植物。

【形态特征】藤状灌木。幼枝黄绿色，密被褐色毛，老枝褐色，无毛。叶革质，椭圆形，先端急尖或渐尖，基部宽楔形或圆形，全缘，上面光亮无毛，下面有细柔毛。花序近伞形；萼片4，花瓣4，白色；雄蕊多数；子房具长柄，侧膜胎座。果实卵形或近球形，褐色，不裂，先端具1喙，果皮皱缩，有不规则棱及粗短棘状突起。花期3～6月，果期8～12月（图19-1）。

图19-1　水槟榔 *Capparis masaikai*
1. 枝条　2. 果实

【分布与生境】产于广东、广西、云南、贵州等省（自治区）。生山谷密林中。

【营养成分】种子含有能引起持久甜味的蛋白质（马槟榔蛋白质），分子量为11 700，等电点pH 11.8，低浓度为0.1%，脱脂干种仁含蛋白量为13%。水槟榔也为常用中药，能清热止渴，用于治疗喉炎、恶疮肿毒、难产。

【采收加工】秋季果实呈褐色时采收其果，剖开果实取出种子，洗去假种皮，晒干备用。加工时将种子去壳、粉碎、脱脂，脱脂干粉用10～20倍50%丙酮水溶液快速搅拌提取。提取液用NaOH调至pH10左右，甜蛋白即发生沉淀。将沉淀物离心分离、干燥即得粗品。将粗品溶解，用羧甲基纤维素柱层析分离，可获得精制甜蛋白。

二、掌叶悬钩子 *Rubus suavissimus* S. Lee

【植物名】掌叶悬钩子为蔷薇科（Rosaceae）悬钩子属植物。

【形态特征】落叶灌木，高1～3m。枝干下部具较密而坚硬的锐刺，上部皮刺较少，顶部一段光滑无刺；枝干幼时紫色，后变绿。叶互生，近圆形，掌状深裂，基部近心形或狭心形，裂片披针形或椭圆形。花白色，两性，单生。聚合果近球形或卵形，熟时橙黄色或黄红色。花期3～4月，果期5～6月（图19-2）。

图19-2　掌叶悬钩子 *Rubus suavissimus*

【分布与生境】产于广东、广西等省（自治区）。生山谷、山坡、草丛和灌木丛中。

【营养成分】叶片含甜茶素5%，甜度为蔗糖的60倍，每100kg干叶相当于1 500kg白砂糖的甜度。可作甜味调料，其甜味较甜叶菊的嗜口性好，食后有较长时间的甘甜感。叶中还含12%的粗蛋白，糖类13%，维生素C，多酚类化合物及矿物质等。果酸甜可口。民间也有用其根作消肿、止血、促进伤口愈合以及治疗跌打损伤等。

【采收加工】 6～10月叶片中甜茶素含量较高，此时采收质量较好。采收时应考虑枝条生长情况，二年生枝条上的叶片5月采收，当年生枝条上的叶片8～10月采收较合理。鲜叶采收后，去除杂质、晒干备用。但晒干前不能用沸水烫煮，以免甜茶素流失。经广西植物研究所分析，认为甜茶素即甜叶菊苷。甜茶素的提取方法可参照本章甜叶菊。

【近缘种】 同属异种称甜茶的有悬钩子（*R. palates* Thunb.）和掌叶复盆子（*R. chingii* Hu）。其他植物被叫做甜茶的有胡桃科（Juglandaceae）的黄杞（*Engelhardtia roxburghiana* Wall.），壳斗科（Fagaceae）的多穗柯［*Lithocarpus polystachyus*（Wall.）Rehd.］和木姜叶柯（*L. litseifolius* Chun），虎耳草科（Saxifragaceae）的马桑绣球（*Hydrangea aspera* D. Don.），大戟科（Euphorbiaceae）的甜叶算盘子［*Glochidion philippicum*（Cav.）C. B. Rob.］，葡萄科（Vitaceae）的广东蛇葡萄［*Ampelopsis cantoniensis*（Hook. et Arn.）Planch.］，茜草科（Rubiaceae）的粗毛耳草（*Hedyotis mellii* Tutch.）和长节耳草（*H. uncinella* Hook. et Arn.）。

三、野甘草 *Scoparia dulcis* L.

【植物名】 野甘草为玄参科（Scrophulariaceae）野甘草属植物。

【形态特征】 草本或亚灌木，高可达20～30cm，全株无毛。茎多分枝，有数条明显纵棱。叶对生或轮生，叶片近菱形，长1～3cm，基部渐狭呈短柄，中部以下全缘，上部边缘具单或重锯齿。花单或成对生于叶腋，花梗细，无小苞片；萼片4枚，分生，卵状矩圆形，具睫毛；花冠白色，辐状，深4裂，裂片近相等，矩圆形，内面近基部有长柔毛；雄蕊4，近等长；花柱挺直，柱头截形或凹入。蒴果球形，室间室背均开裂，中轴胎座宿存（图19-3）。

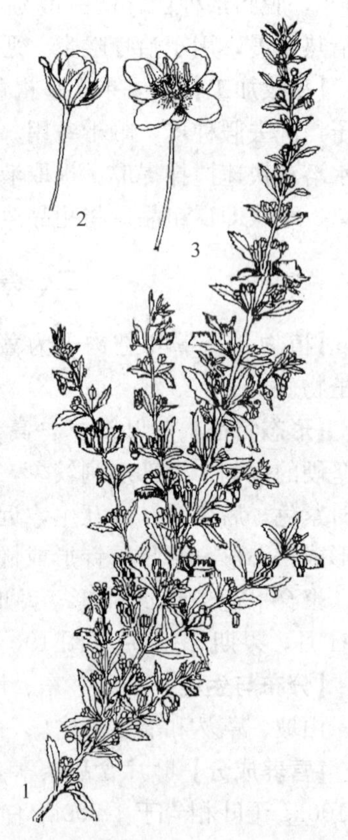

图19-3 野甘草 *Scoparia dulcis*
1. 植株 2. 花（未开） 3. 花（开放）

【分布与生境】 原产美洲热带，现已蔓延广布全球热带。在我国分布于广东、广西、云南。生荒地路旁。

【营养成分】 全草含1%的木糖醇。纯品木糖醇为白色结晶，熔点165℃，是一种低热量甜味剂，可作为蔗糖的代用品。国外已大量用于糖尿病、肥胖症患者的饮食中。另外还含生物碱1.6%及许多未定结构的成分，同时具有类似胰岛素的作用。全草入药，主治偏头痛、腰痛、尿频、尿痛、肾炎、疮疖等。

【采收加工】 采集全草后，去除泥土，晒干、粉碎贮藏备用。进一步加工时，将上述备品用乙醇反复提取木糖醇。取滤液回收乙醇，得黑色沥青状物，再用少量热水溶解，溶液减压浓缩，依次加入甲醇、2%醋酸铅除去杂质，过滤，滤液再浓缩，加活性炭脱色，并用甲醇反复重结晶，可得到精制木糖醇。木糖醇母液通过聚酰胺层析柱，除去部分黄酮类杂质，使滤液减压浓缩冷却即可析出白色木糖醇结晶。

四、罗汉果 *Siraitia grosvenorii*（Swingle）C. Jeffrey ex Lu et Z. Y. Zhang

【植物名】罗汉果为葫芦科（Cucurbitaceae）苦瓜属植物。

【形态特征】多年生攀缘藤本。嫩茎被白色和红色柔毛。茎暗紫色，具纵棱。叶互生，卵状心形，全缘，先端急尖或渐尖，上面绿色，被短柔毛，下面暗绿色，密被红色腺毛。花单性，花萼、花冠均被柔毛及腺毛；雄花腋生，5～7朵排成总状；花冠5深裂，淡黄色，微带红色；雄蕊3，花药分离；雌花单生叶腋，花柱3裂。瓠果圆形，长圆形或倒卵形，幼时深棕红色，成熟时青色，被茸毛。花期6～8月，果期8～10月（图19-4）。

图19-4 罗汉果 *Siraitia grosvenorii*
1. 花枝 2. 果实

【分布与生境】主产广西北部，广东、江西及贵州等省也有少量分布。生于海拔300～1 570m之间较阴湿的山地。

【营养成分】罗汉果中含1%罗汉果甜素（$C_{60}H_{102}O_{29}$），为三萜类葡萄糖苷，其纯品为无色粉末状物质，熔点为197～201℃（分解）。甜度为蔗糖的260倍。罗汉果中还含有15%以上的葡萄糖。用罗汉果和其他糖料混合使用，可改善食品风味，也可作饮料；果入药能止咳清热、凉血润肠，也可作糖尿病患者的食用甜味剂。

【采收加工】在9～10月果熟时采收，置地板上，使果后熟约8～10天，待果皮由青绿转黄时，用火烘烤5～6天，便可装箱备用。

罗汉果的加工，先将果粉碎，用50%乙醇溶液反复浸提4次，再将浸提液过滤。滤液经减压浓缩，得黏稠状浸膏。若将滤液干燥可得固体浸出物。这些浸出物可直接作甜味剂，也可与其他载体混合作甜味剂使用。

五、甜叶菊 *Stevia rebaudiana* Bertoni

【植物名】甜叶菊为菊科（Compositae）甜叶菊属植物。

【形态特征】为多年生半木质草本植物。须根系。茎直立，单生或丛生，高达1.7m，密生短绒毛，随后绒毛脱落，表面呈黄绿色，半木质化后呈紫色。叶对生或轮生，叶片两面生有短绒毛，中、上部叶缘有粗锯齿，叶片呈倒卵形至披针形。花多为白色，基部淡红色。花两性，由4～6朵小花集成头状花序，着生在茎和枝的顶端，呈伞房花序排列。瘦果黑色。花期8～10月，果期9～11月。

【分布与生境】野生于南美洲，为短日照植物。1976年江苏省南京中山植物园引种试验成功，现在我国南部地区多有栽培。栽培面积较大的有江苏、福建、广东、浙江等省。对土壤要求不严，几乎适应各种性质和类型的土壤，但较好的为中性。甜叶菊是一种浅根系植物，性喜潮湿，有较强的抗寒性，能忍耐－12℃的低温，但抗旱性较差。最适宜的生长温度是 20～25℃。它又是一种短日照植物，在北方种植必须进行短日照处理才能收获种子。繁殖方法有种子繁育、扦插和分株繁育。扦插容易生根。甜叶菊在地理上最适应地区为长江流域中下游诸省。我国华北、东北和西北地区的自然条件下（长日照）不能正常开花结实，或开花后不能结实。但可进行人工短日照诱导处理，促进提前开花结实。华北、东北及西北地区还存在越冬冻害问题，所以该地区以一年生栽培较为适宜。

【营养成分】甜叶菊的叶含甜叶菊苷，是一种四环双萜类配糖体，分子式为 $C_{38}H_{60}O_{18}$。易溶于水、酒精及其他溶剂中。熔点 196～198℃，遇强酸水解，失去甜味。此外据报道，甜叶菊的甜味成分还含有菜鲍迪苷类（此类苷有 A、C、D、E 四种）和杜尔可苷（此类苷有 A、B 两种）。

【采收加工】叶内含的甜叶菊苷随着叶片的生长而不断积累增加，到现蕾期甜叶菊苷含量达到最高峰，此时收获最为适宜。但各地气候和栽培条件各异，故以田间群体 1/4 植株始蕾作为标准收获期。长江流域以 7 月下旬收割较为适宜。广东、广西南部地区，由于日照短、气温高，营养生长期短，不仅现蕾早，收割期提前，而且收割后容易现蕾开花，因此必须多次收割。收割时应注意割取部位。割取部位越低，再生能力越差，割取部位高，又会损失产量。一般留茬高度应保留 4～6 片叶，以利腋芽再生。为使采收的叶干燥迅速，保持鲜绿色外观以及防止甜味成分损失，应选择预测有持续 3～4 个晴天时进行，经干燥、粉碎过筛后备用。干燥的甜叶菊易吸湿霉变，因此，包装贮藏必须十分注意防潮。

在加工时，将粉碎过筛后的甜叶菊叶用热水反复浸提至无甜味后，压滤，去其残渣。滤液浓缩至糖浆状，加 95%乙醇，至含醇量相当于 70%时静置过滤，沉淀去杂。以后，把乙醇液浓缩至糖浆状，加 95%乙醇至含醇量相当于 80%以上时再次沉淀去杂。去杂后的乙醇液再次浓缩至无醇味时，用蒸馏水稀释，加活性炭脱色，过滤，滤液干燥即得甜叶菊苷粗制品，含量约为 30%。

若精制，可将粗制品通过聚酰胺柱进行层析分离，再用水、甲醇液分段收集甜味洗脱液，并将洗脱液浓缩，用甲醇进行结晶干燥。

【资源开发与保护】甜菊制品是一种优良的低热量天然甜料。甜菊糖其甜味为蔗糖的 200 倍以上，麦芽糖的 1 000 倍，其热量只有蔗糖的三百分之一，而且甜味纯正可口，留味时间长。可作为砂糖的补充糖料，又可取代化学合成糖精，国内外已广泛地应用于食品、医药工业。

第二节　经济昆虫寄主植物资源

经济昆虫寄主植物资源是指通过某些寄生在植物上的昆虫生产工业原料或药品的植物种类。寄主植物资源也是我国植物资源中一个比较重要的领域，主要有紫胶虫寄主植物、白蜡虫寄主植物和五倍子芽虫寄主植物等。

紫胶虫是一种小蚧壳虫，需寄生在植物体上生长发育，一般是将刺吸口器插入枝条的韧皮部，吸取树汁为养料，从幼虫到成虫的发育过程中，均分泌一种液体，我们称这种液体为紫胶液，特别是当雄虫羽化并与雌虫交尾后，雌虫分泌的胶液量剧增，因而在树枝上形成许多胶被，这种胶被经采收加工后即成为紫胶。紫胶是工业上的重要原料，具有较好的绝缘性能，广泛应用到制造电机、仪表等工业，是优良的绝缘材料。紫胶粘接性能也较好，可粘接不同性能的物体，如应用于电灯上玻璃管与金属头的粘接等。紫胶还可以做金属表面的防水、防锈剂；油漆工业上的装饰剂。在国防工业上也有重要用途，如在飞机制造业上应用也较普遍。紫胶具有物理性能，质硬而脆，精制品无味、透明，其主要成分为树脂的混合物，含有少量蜡质和水分。一般不溶于水，而溶于酒精、氨水、松节油、碳酸钠或其他碱类溶液。在碱类溶液中加热40℃时，紫胶开始软化，在100℃时，紫胶则成液体。紫胶虫主要寄生在蝶形花科、梧桐科等植物上，据全国紫胶虫寄主植物调查，我国紫胶虫寄主植物大约290种左右，发现优良寄主树种10个左右，主要分布在南方各省，尤以云南分布较多，该省紫胶寄主资源的蓄积量约在亿株以上。20世纪50年代完全是自然状态，年收购量为15万kg；60年代开展了人工放养，充分发挥野生寄主植物资源优势，年收购量达75万kg，80年代以来，年收购量为150万kg左右。因此，发展放养措施，是提高紫胶产量的有效保证。

白蜡虫是一种分泌白色蜡质的介壳虫，多寄生在一些树木的枝条上，用其口器插入寄主植物枝条内，吸吮枝条内的树汁为生。雄幼虫分泌白色蜡质，聚于枝条上，至秋分时节，采摘下来加工而成白蜡。它是我国著名的土特产品，国际上称为中国白蜡。白蜡是一种天然高分子化合物，其主要成分是二十六酸和二十六脂。白蜡质硬而稍脆，呈白色或微黄，具光泽，无臭味和其他气味。熔点81～83℃，15℃时比重为0.97，碘值1.4，皂化值86～93。不溶于水，而溶于苯、异乙醚、氯仿、石油醚，微溶于乙醇、醚等有机溶剂中。由于它具有熔点高、光泽好、理化性质稳定，能防潮、隔湿、润滑、着光等特点，用途极其广泛。在飞机制造、各种机械和精密仪器中是铸型的最好材料，在造纸工业中是一些产品的填充剂和着光剂；也可以作电容器的防潮、防腐和绝缘材料；在轻化工业中是制造蜡布、汽车蜡、地板蜡、上光蜡及鞋油等许多日用品和高级化妆品的重要原料，可使其产品光亮美观。白蜡还具有良好的医药作用，在我国著名的药书《本草纲目》中就载它能生肌止血、定神补虚、续筋接骨，内服可杀瘵虫，还可治秃疮等。近年来经进一步研究，白蜡的药用范围扩大了许多，经验证，它还可以治疗子宫炎、盆腔炎、子宫萎缩等症。对外伤红肿、裂口不愈、慢性胃炎等也有一定疗效。用白蜡作中药丸药的外壳，可使名贵中药长期保存而不发生霉变。此外，白蜡也是制蜡烛和果树嫁接用接蜡和蜡布的较好原料。白蜡虫的寄主植物多集中于木犀科中的白蜡树属（*Fraxinus*）和女贞属（*Ligustrum*）的一些植物。

五倍子是寄生在寄主植物上的五倍子蚜虫形成的虫瘿。经加工提炼后的产品，工业上称为“栲胶”。五倍子可提取单宁胶、没食子酸和焦性没食子酸，广泛应用于石油、矿冶、化工、染料、制革、医药、国防、摄影等工业上。五倍子也是我国传统的林特产品之一，质量优良，远销国外。五倍子蚜虫生活习性复杂，冬天寄生在藓类植物上，用胎生方式产生幼虫，夏天寄生在盐肤木等植物上，产生雌性和雄性无翅幼虫，二者交配后，产生单性无翅雌虫。此虫吸取叶汁，营寄生生活，同时分泌唾液，刺激叶组织细胞形成囊状虫瘿。当虫瘿外壁转为红色时，鞣质的含量最高。

一、钝叶黄檀 *Dalbergia obtusifolia* Prain

【植物名】蝶形花科（Papilionaceae）黄檀属植物。

【形态特征】小乔木，分枝平展。奇数羽状复叶，小叶5～7，倒卵形至椭圆形，先端钝圆。圆锥花序顶生或腋生，花梗密生淡黄色短柔毛；花冠淡黄色。荚果长椭圆形，长2～8cm，具柄，有明显脉网，内有1～2粒种子，棕色。花期2～4月，果期3～5月（图19-5）。

【分布与生境】分布于云南南部。在海拔1 600m以下，土壤微酸性的弃耕地，热带稀树草地中。其垂直生态分布中心为海拔900～1 200m的砂质岩地区，是干热河谷半山区的阳性次生树种。

【采收加工】钝叶黄檀是我国紫胶生产上广为利用的主要优良寄主树，分布广，数量多，产胶稳定。也是一种速生用材绿化树种，木质坚韧，耐磨性能好，属高强度树种。其根系庞大，也是理想的水土保持树种。钝叶黄檀枝上的胶被是紫胶虫的分泌物。从树上砍下带有胶被的枝条，叫做紫梗。从紫梗上取下的胶被称原胶（不带虫体）。再经过几次处理就可以得到精制品。

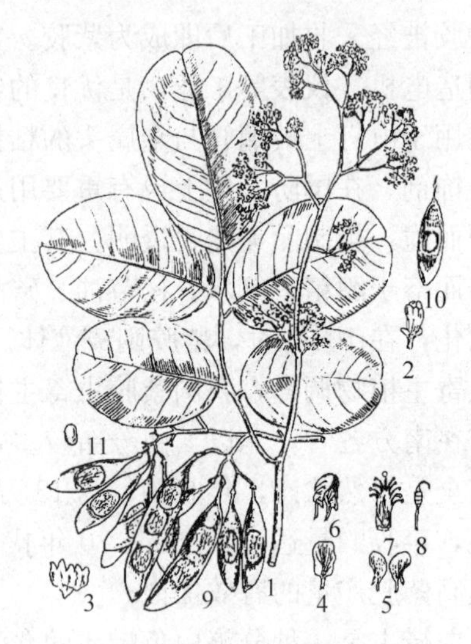

图19-5 钝叶黄檀 *Dalbergia obtusifolia*

1. 花枝 2. 花 3. 展开的花萼 4. 旗瓣 5. 翼瓣 6. 龙骨瓣 7. 雄蕊 8. 雌蕊 9. 果序 10. 果 11. 种子

【近缘种】黄檀属中可做紫胶虫寄主植物的优良树种还有：南岭黄檀（*D. balansae* Prain），乔木，分枝开展。叶为奇数羽状复叶，小叶13～15枚，短圆形；叶柄、叶轴都有短柔毛。圆锥花序，胶生，花紫白色。荚果舌状，向两端渐狭，通常一粒种子。花期5～6月，果期7～11月。主产于浙江、福建、湖南、广东、广西、四川、贵州等省（自治区）。是我国紫胶新产区最常用和最优良的树种之一。具有繁殖栽培容易，耐虫力强，破后萌生力强，生长快，分枝多而长，利用投产快等特点。产胶高而稳定，胶质性能好，胶被丰满、厚硕。

紫胶虫寄主植物除黄檀属植物外，一般产区认为较好的树种还有蝶形花科中的木豆［*Cajanus cajan*（L.）Mill］，在云南、四川、广东、广西、江苏等省（自治区）有栽培。是紫胶产区传统的常用优良寄主植物之一，也是一种稳产高产的灌木型寄主植物。

此外，梧桐科（Sterculiaceae）中火绳树属植物如火绳树［*Eriolaena spectabilis*（DC.）Planchon ex Mast.］，主要产于云南、贵州南部、广西等省（自治区）。也是老产区优良寄主树种之一。同属中的南火绳（*E. candollei* Wall.）、光火绳（*E. glabrescens* Hu）、滇火绳（*E. yunnanensis* W. W. Smith）等也能作寄主植物。

二、白蜡树 *Fraxinus chinensis* Roxb.

【植物名】白蜡树又名蜡条。木犀科（Oleaceae）白蜡树属植物。

【形态特征】落叶乔木，高可达5～15m。小枝无毛，灰褐色，圆柱形。叶对生，奇数羽状复叶；叶轴节上疏被微毛；小叶5～9枚，以7枚为多，椭圆形或椭圆状卵形，先端渐尖，基部楔形，边缘有锯齿或波状浅齿，叶表面黄绿色，背面白绿色，背面沿脉有短柔毛。花为圆锥花序，顶生或腋生于当年枝上；萼钟状，裂片不等长；无花瓣。果为翅果，倒披针形，顶端钝或微凹。

花期5～6月，果期7～10月（图19-6）。

【分布与生境】本种产于东北、华北、华中、华东、西南等省（区）。特别是四川省是我国白蜡树的集中产区，也是我国白蜡的主产区。白蜡树喜生于河边、路旁或山脚，各地均可栽培。

图19-6　白蜡树 *Fraxinus chinensis*
1. 果枝　2. 花序　3. 果实

【采收加工】白蜡树养殖白蜡虫多截去主干，培养侧枝养虫。放养蜡虫多在5月上旬，立夏前后，把事先作好的白蜡虫包挂在白蜡树上，一般称为挂包，以后雄幼虫经过生长发育而分泌蜡质，称为蜡花。大约处暑前后当蜡花表面开始出现白色蜡丝时，说明个别蜡虫已羽化为成虫，大多数蜡虫已不再泌蜡，此时即可采收蜡花。采收适宜时间以阴天、微雨、雨后初晴、晴天早晨露水未干时为宜。蜡花湿润，容易采尽。采下的蜡花应放入干净的筐内挑回及时加工，最好不要过夜。如当天不能及时加工，应将蜡花摊成薄层，置通风凉爽处，以免发热，发臭和变色而影响质量。

白蜡的加工方法有熬煮和蒸提两种，以熬煮法为常用方法。一般在干净的铁锅内按50kg蜡花加水25kg的比例，先将水烧开，慢慢将蜡花倒入，待蜡花全部融化后，停火降温，使蜡液停止沸腾，待蜡渣沉入锅底后，将浮于水面的蜡液取出，倒入准备好的容器内。当蜡液冷凝成一薄壳后，用木棍戳一小孔，再倒入另一容器内冷却凝固后即为白色的净头蜡；如不戳孔，倒入另一容器，则周围有蜡质渣，冷却蜡块称毛头蜡；锅底蜡液，再加水使之冷却凝固，即成锅巴蜡；剩下的渣等，经过多次漂洗，再熬煮出成二蜡。蒸气法是将锅炉的蒸气输送到融蜡桶，待融化后，经两层20目铁筛过滤，流入盛蜡保温漏斗，然后从漏斗中流入蜡模内冷却即成白蜡成品。

【近缘种】现在生产主要用女贞养殖雌虫，生产虫种，用白蜡树养殖雄虫、生产腊花，然后加工腊花成白蜡。女贞（*Ligustrum lucidum* Ait.）依树皮颜色有黄皮和青皮两种，青皮有苦味，不适宜培育蜡虫，黄皮无苦味，适宜养殖蜡虫，该种在秦岭、淮河以南各省均有分布。木犀科还有下列植物可作为白蜡虫的寄主植物，长叶女贞［*L. compactum*（Wall. ex G. Don）Hook. f. et Thoms. ex Brandis］、小蜡（*L. sinense* Lour.）、小叶女贞（*L. quihoui* Carr.）、川滇蜡树（*L. delavayanum* Hariot）、兴山蜡树（*L. henryi* Hemsl.）、水蜡树（*L. obtusifolium* Sieb. et Zucc.）、蜡子树（*L. acutissimum* Koehne）、小叶白蜡（*Fraxinus bungeana* DC.）、秦岭白蜡（*F. paxiana* Lingelsh.）、光蜡（*F. griffithii* C. B. Clarke）、水曲柳（*F. mandshurica* Rupr.）、象蜡树（*F. platyoda* Oliv.）、美国白蜡（*F. americana* Linn.）等种。漆树科的野漆树［*Toxicodendron succedaneum*（L.）O. Kuntze］和马鞭草科牡荆（*Vitex* spp.）也可寄生白蜡虫。

【资源开发与保护】白蜡树是放养白蜡虫的优良寄主树种，所产白蜡含脂类、游离酸、游离醇、烃类和树脂等。此外，白蜡树木材质量也较好，可制作器具，枝条柔软可供编织。

三、盐肤木 *Rhus chinensis* Mill.

【植物名】盐肤木为漆树科（Anacardiaceae）漆树属植物。

【形态特征】落叶小乔木或灌木，高5～6m。枝开展，密布皮孔和残留的三角形叶痕。奇数羽状复叶，小叶7～13，叶轴和叶柄常有狭翅，小叶无柄，卵形至卵状椭圆形，顶端急尖，基部圆形至楔形，边缘有粗锯齿，背面有棕褐色柔毛。圆锥花序顶生，花序梗密生柔毛，花乳白色。核果扁圆形，红色，有柔毛。花期8～9月，果期10月（图19-7）。

图19-7　盐肤木 *Rhus chinensis*
1. 花枝　2. 花　3. 去花瓣花　4. 花瓣

【分布与生境】除青海和新疆外，分布遍及全国，尤以贵州产区最有名。

【利用部位与化学成分】盐肤木的幼枝嫩叶，受五倍子蚜虫寄生刺激后形成的虫瘿叫五倍子，含有很高的鞣质。五倍子一般含单宁34%～71%，纯度80%。角倍类含单宁66%～68%，肚倍类含单宁69%～71%，倍花类含单宁34%～39%。此外树皮含鞣质3.47%，种子含油20%～30%，可供工业用油。

【采收与加工】秋季9～10月间，当五倍子蚜虫部分开始钻出五倍子壳时采收为宜，不应过早采收嫩倍。采摘嫩倍，不但产量低，质量差，而且破坏了下年虫源，使第二年大减产。

采收后立即置阳光下晒干或用小火烘干，但要特别注意不能烘焦。五倍子亦可用沸水煮3～5分钟后晒干。晒干后的五倍子要防止受潮发霉，采收树叶可和五倍子的采收同时进行。五倍子可直接供工业用而不需加工。树叶加工时要粉碎，浸提温度50～70℃为宜。

五倍子按其生成部位和形状不同，可以分为三种：角倍生于叶轴上，状似菱角；肚倍生于叶的基部，卵球形；倍花生于枝间或小叶间，状似花束。肚倍质量最佳，角倍次之，倍花最差。倍花一般留作繁殖蚜虫用，不采收。

【近缘种】同属中可供蚜虫寄生并产生五倍子的树有：①青麸杨（*R. potaninii* Maxim.）分布于华北、云贵、西北等地。②红麸杨［*R. punjabensis* Stew. var. *sinica*（Diels）Rehd. et Wils.］分布于四川、贵州、湖南、湖北云南等地。③野漆树（*R. succedaneu* L.）分布于福建、广东、广西、四川、云南、贵州、江苏、安徽、河北等。④漆树（*R. verniciflua* Stokes）分布于四川、湖南、贵州、云南、河北、山东、陕西等。

除上述4种夏寄主植物外，还有冬寄主28种，越冬寄主植物依蚜虫种类的不同而不同。全缘灰气藓（*Aerobryepsis integrhfolia*）为倍花蚜寄主植物，产云南；短助青藓（*Brachythecium wichurae*）为倍花蚜寄主植物，产西南和华东；弯叶青藓（*B. reflexum*），为蛋铁倍蚜的寄主植物，产新疆；羽枝梳藓（*Ctenidium plumulosum*），为红小铁枣蚜寄主植物，产贵州；狭叶绢藓（*Fnttodon angustifolius*）为倍花蚜寄主植物，产长江流域及广东；细枝赤齿藓（*Erythrodonti-*

um leptothallum）和细枝赤齿圆枝变种（*E. leptothallum* var. *tereticaule*）为肚倍蚜寄主植物，产安徽，船叶假蔓藓（*Loeskeobryum covifolium*）为倍花蚜的寄主植物，产湖南和台湾等地；东亚金灰藓（*Pylaisiabrotheri*）为倍花蚜的寄主植物，我国东北、西南高山针叶林地有分布，鳞叶藓（*Taxiphyllum taxirameum*）为倍花蚜、枣铁倍花蚜的寄主植物，产我国长江流域和西南山地；大羽藓（*Thuidium cymbifolium*）为红小铁枣蚜寄主植物，产秦岭以南；细枝羽藓（*T. delicatulum*）、灰羽藓（*T. glaucinum*）为红小铁枣蚜的寄主植物，北部较冷地区及我国南部山地均有分布；毛尖羽藓（*T. pilibertii*）为红小铁枣蚜的寄主植物，泛北区广布，我国亦见于黄河流域。

第三节　皂素和木栓植物资源

皂素植物资源是指植物体内含有皂素的一些植物。皂素普遍存在于植物界，它一般以钙盐、镁盐、钾盐等的形式存在。皂素在水溶液中经搅动易起肥皂式的泡沫，故称为皂素。皂素一般分为两类，一类为三萜类（C_{30}）皂苷，如皂草苷；一类为甾体皂苷，如洋地黄和薯蓣皂苷等。皂素易溶于水或90%以下的乙醇溶液中；难溶解于乙醚、氯仿和纯酒精中。它的水溶液遇氯化钡、醋酸铅、盐基性醋酸铅等溶液易沉淀。钡盐的沉淀可用二氧化碳分解，铅盐的沉淀可用硫酸分解。其水溶液与油脂混合并经搅拌后能生成良好的乳浊液。我国皂素植物资源较丰富，有些植物体中含三萜类皂苷，如苏木科中的皂荚属植物所含的皂素，可用于工业发泡剂。制造泡沫水泥预制板就是利用皂荚果皮中的皂素。有些植物体内含甾体皂苷，如薯蓣科中薯蓣属植物所含的皂素。甾体皂苷是半合成甾体药物的最理想材料，现已用于制造甾体激素，成为医药工业的重要原料。也有些植物体中的皂素，是重要的化工原料，如无患子科中无患子属里的一些植物中所含有的皂素，可作农药杀虫剂的良好乳化添加剂。皂素还可用作高级毛织品和丝织品的良好洗涤剂。由于皂素具有洗涤作用，我国有些山区人民直接用含皂素的植物浸泡液代替肥皂使用。

木栓植物资源是指能生产木栓的一些植物。这类植物木栓层较发达。栓皮具有质地轻软、富弹性、不传热、不导电、不透水、不透气及耐摩擦等特性。在工业上应用极广，可作轮船、火车等冷藏用的软木砖；作保温设备及电气的绝缘材料；作弹簧座垫；制作救生衣、救生圈、浮标；作广播室和安装机器的隔音板；汽车引擎座填板以及作食品工业的冷藏设备材料等。我国木栓植物资源种类虽然不多，但资源的蕴藏量还较丰富，而且所产的栓皮品质坚韧，弹性好，优于进口栓皮质量，除我国工业上广为应用外，每年还有一定量的出口任务。木栓植物资源有待进一步调查和开发利用，以促进我国软木工业的发展，为国家的建设做出贡献。

一、皂荚 *Gleditsia sinensis* Lam.

【植物名】皂荚又名山皂荚、皂荚刺、肥皂荚等。为苏木科（Caesalpiniaceae）皂荚属植物。

【形态特征】落叶乔木，高达15m，具有分枝的长刺。叶为羽状复叶簇生，小叶6～14，长卵形、长椭圆形至卵状披针形，边缘有细锯齿。花杂性，总状花序腋生；花萼钟状，裂片4；花瓣4，白色；雄蕊6～8；子房沿缝线有毛。荚果扁平长条形刀鞘状，不扭转，长12～30cm，黑棕色。种子多数，棕色。花期4～5月，果期9～10月（图19-8）。

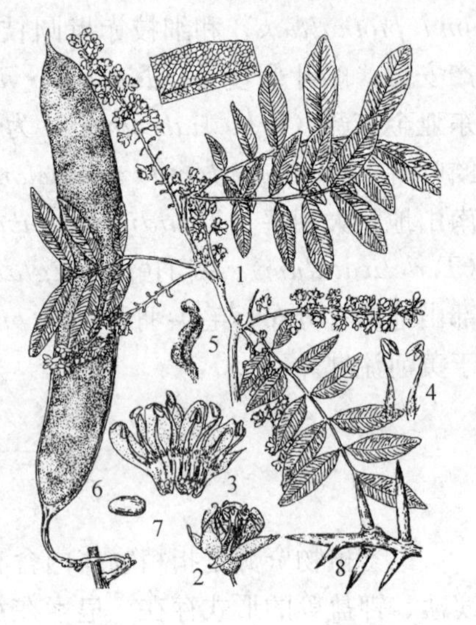

图19-8 皂荚 *Gleditsia sinensis*
1. 花枝 2. 花 3. 花纵剖 4. 雄蕊 5. 雌蕊 6. 果实 7. 种子 8. 枝刺

【分布与生境】 分布于东北、华北、华东、华南地区以及四川、贵州等省。喜生路旁、沟旁、村舍附近以及向阳温暖处。

【营养成分】 果实中含三萜皂苷和鞣质。荚中皂草苷含量为4%～6%，皂草苷的熔点为235～239℃，水解后得皂草配质（熔点282～285℃）及戊糖。种子胚乳内含多糖88.9%，多糖由半乳糖和甘露糖组成，配比为1∶2.0，黏度（毛细管厘泊）597.6。

【采收加工】 10月前后可采收果实，去其种子，晒干后贮存。从皂荚中提取皂素的加工过程为：①粉碎，将干燥的皂荚磨成细粉。②浸提，把皂荚粉末浸泡在9倍于原料的热水中，水温30～40℃，浸泡3～4小时，并经常搅动。③过滤，将浸液倒入布袋中，滤去残渣，如手捏残渣时带黏滑性，则需浸提1～2次，直至浸提净为止。④浓缩、干燥，将滤液倒入非金属容器中，缓缓加热，温度以80～95℃为宜。待逐渐蒸发，干燥至黄褐色固体即可。

【近缘种】 该属中还有山皂荚（*Gleditsia japonica* Miq.），小枝灰绿色、无毛，刺黑棕色。小叶6～20，卵状长圆形或卵状披针形。荚果扁线形，棕黑色，扭转。分布于辽宁、河北、河南、安徽、浙江、江苏等。

同科中肥皂荚属（*Gymnocladus*）植物肥皂荚（*Gymnocladus chinensis* Baill.）也是较好的皂素植物。落叶乔木，小叶20～26，全缘。花杂性，顶生总状花序，荚果长椭圆形，顶端有短喙。主要产于安徽、江苏、浙江、江西、福建、湖北、湖南、广东、四川等省。

【资源开发与保护】 皂荚含皂素，可作工业用发泡剂，也可代肥皂。在医药上，《神农本草经》中记载为痈疽要药；荚、种子、刺均可药用，有祛痰通窍、消肿排脓、杀虫治癣等功效。种子含半乳甘露聚糖，可提制皂仁胶。木材坚硬，供车辆家具用材。

二、无患子 *Sapindus mukorossi* Gaertn.

【植物名】 无患子又名油患子、菩提子、肥珠子、圆皂角等。无患子科（Sapindaceae）无患子属植物。

【形态特征】 乔木，高10～15m。偶数羽状复叶，小叶8～12，卵状披针形至长椭圆形，长6～13cm，宽2～4cm，顶端渐尖，基部宽楔形，全缘。圆锥花序顶生，密被黄褐色茸毛；花小，通常两性；萼片与花瓣各5，边缘有细睫毛。核果球形，熟时淡黄色，种子球形黑色，坚硬。花期5～6月，果熟期10月（图19-9）。

【分布与生境】 分布于台湾、浙江、湖北西部及长江以南各省。生于气候温暖，土壤疏松而湿润的平原、丘陵及山坡疏林中。

【营养成分】果皮含无患子皂素（$C_{41}H_{44}O_{13}$）。

【采收加工】果实于9～10月采收。果核可榨油，留下果皮晒干备用。加工方法参阅皂荚。

【资源开发与保护】外果皮含有无患子皂素为化工原料，做农药又是很好的农药乳化剂。此外，无患子对棉蚜、红蜘蛛、甘薯金花虫等农业害虫也有毒杀作用。果皮可作肥皂代用品。核仁油可制肥皂润滑油，种子可炒食。根、果可入药，能清热解毒、化痰止咳。木材可作木梳。

图19-9　无患子 *Sapindus mukorossi*
1. 果枝　2. 花序　3. 花
4. 花盘、雄蕊和雌蕊

三、栓皮栎 *Quercus variabilis* Blume

【植物名】栓皮栎为壳斗科（Fagaceae）栎属植物。原料名为栓皮。

【形态特征】落叶乔木，高可达25m。树皮黑褐色，深纵裂，木栓层极发达，厚度可达10cm，深褐色，质地软而具弹性。幼枝淡褐黄色，初有毛，随着枝条的生长而脱落。单叶互生，叶片椭圆状披针形至长椭圆形或椭圆状卵形，边缘有刺芒状细锯齿，先端渐尖、基部宽楔形或近圆形。花单性，雌雄同株；雄花为葇荑花序，生于新枝下部；雌花单生于新枝叶腋。果为坚果，包于杯状壳斗内，壳斗包围坚果2/3以上，几无柄，苞片锥形，坚果近球形或卵形。果脐隆起。花期4～5月，果期10月。（图19-10）。

【分布与生境】主产于辽宁、河北、山东、山西、陕西、河南、甘肃、江苏、浙江、安徽、江西、湖北、湖南、四川、云南、贵州、广东、广西等省（自治区）。为阳性树种，喜生于土层深厚、排水良好、海拔600～1 500m的向阳山坡、林缘隙地。

【采收加工】栓皮的剥取时期，多在每年的6～8月，剥取后按大小分开，并及时刷净压平、晒干。经进一步加工可制成各种成品。

【资源开发与保护】栓皮栎主要用于剥取栓皮，为软木工业的良好原料。种子可提取淀粉，壳斗含鞣质，可做黑色染料或提取栲胶。木材纹理平直，可供建筑和车辆等用。

图19-10　栓皮栎 *Quercus variabilis*
1. 果枝　2. 雄花序　3～5. 雄花侧观、背观、正观　6. 叶背面

第四节　能源植物资源

能源植物（Energy Plant），又称石油植物或生物燃料油植物，通常是指那些具有合成较高

还原性烃的能力、可产生接近石油成分和可替代石油使用的产品的植物，以及富含油脂的植物。能源植物主要包括下述几类：①富含类似石油成分的能源植物。石油的主要成分是烃类，如烷烃、环烷烃等，富含烃类的植物是植物能源的最佳来源，生产成本低，利用率高。这类植物目前发现数千种，主要集中在夹竹桃科、大戟科、萝摩科、菊科、桃金娘科以及豆科等，而且包括许多陆生植物和水生植物，如目前已发现并受到专家赏识的有续随子（*Euphorbia lathylris* Linn.）、绿玉树（*E. tirucalli* Linn.）、橡胶树［*Hevea brasiliensis*（Willd. ex A. Juss.）Muell. Arg.］和苦配巴（*Copaifera reticulata*）等。②富含碳水化合物的能源植物。利用这些植物所得到的最终产品是乙醇，如木薯、甜菜、甘蔗等含糖和含淀粉高的植物，在第十三章我们已讲过以碳水化合物为资源产物的淀粉植物资源。③富含油脂的能源植物。这类植物既是人类食物的重要组成部分，也是工业用途广泛的原料，世界上富含油脂的植物资源及其丰富，我国有近千种，其中有的含油率很高，如我们熟悉的松树、花生、大豆、油菜、向日葵、芝麻、桐油、麻油、棕榈油等，第十四章我们也已讲过油脂植物资源。

随着石油等非再生性矿物资源的不断枯竭，从长远看，液体燃料短缺将是困扰人类发展的大问题。“能源危机”问题越来越快地走近人们的生活，现在许多国家都在致力于新能源的开发、研究和利用，以期在煤、石油、天然气等化石燃料枯竭以前，人类能找到合适、经济、耐用的能源替代品。为此，包括能源植物在内的生物质能的开发利用已成为当今全球的一大热点。早在1973年美国诺贝尔奖金获得者 M. Calvin 博士，就提出种植能源植物设想。他为寻找“石油植物”跑遍世界，结果发现，可以为人们提供“生物石油”的植物资源极其丰富，在他调查的3 000多种植物里就有8种含有类似石油的碳氢化合物。Calvin 在巴西发现，在苦配巴树干上钻个孔，就能流出油来，每个孔流油 3h，能得油 10～20L。据估计，1hm^{2}苦配巴植物每年可产油50桶，这种油可以直接在柴油机上使用。美国科学家通过试种，种植 1hm^{2}含油大戟，一年至少可收获25桶生物石油，这些生物石油经改进制成的清洁燃料，成本低于天然石油；巴西试种油棕树，3年后开始结果产油，每公顷可产油1万 kg。

目前，大多数能源植物尚处于野生或半野生状态，人类正在研究应用遗传改良、人工栽培或先进的生物质能转换技术等，以提高利用生物能源的效率，生产出各种清洁燃料，从而替代煤炭、石油和天然气等石化燃料，减少对矿物能源的依赖，保护国家能源资源，减轻能源消费给环境造成的污染。据估计，绿色植物每年固定的能量，相当于600亿～800亿 t 石油，即全世界每年石油总产量的20～27倍，约相当于世界主要燃料消耗的10倍。而绿色植物每年固定的能量作为能源的利用率，还不到其总量的1%。目前，世界上许多国家都开始开展能源植物或石油植物的研究，并通过引种栽培，建立新的能源基地，如“能源作物农场”等，以此满足对能源结构调整和生物质能源的需要。据专家预测，生物能源将成为未来可持续能源的重要部分，到2015年，全球总能耗将有40%来自生物能源。因此，能源植物具有广阔的开发利用前景。

一、油楠 *Sindora glabra* Merr. ex de Wit

【植物名】油楠又名蚌壳树、曲脚楠、科楠、脂树。为苏木科（Caesalpiniaceae）油楠属植物。

【形态特征】油楠是常绿阔叶乔木，高20～30m，胸径1m以上，树干挺拔。叶子为偶数羽状复叶，小叶 2～10 对；小叶对生而微偏斜，革质，椭圆形或长椭圆形，长 5～10cm，宽 2.5～5cm，先端急尖或骤尖，基部钝形或圆，无毛。油楠的花期为 4～5 月，顶生，圆锥花序，长15～20cm，密生黄色毛；花较小，雌雄同体；子房近卵形，密生毛，具有短柄，有胚珠 2～7 颗；油楠的荚果成熟期为 6～8 月，荚果扁平，斜圆形，长 4～8cm，阔 3.8～4.7cm，果瓣坚硬，有散生、短的直刺，很少无刺，刺在受到损伤时常有胶汁流出；种子 1～2 颗（图 19－11）。

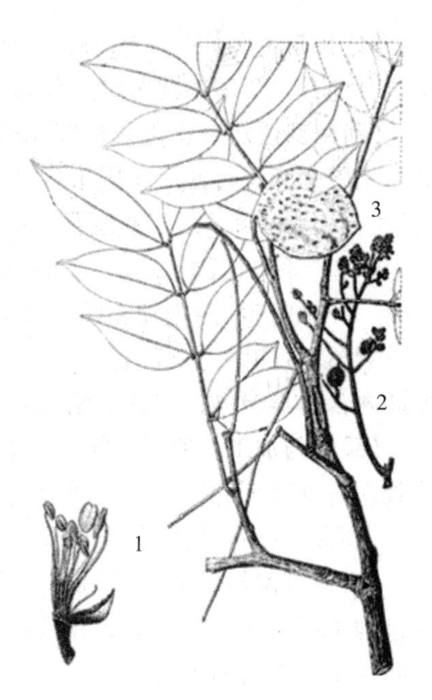

图 19－11　油楠 *Sindora glabra*
1. 花　2. 花枝　3. 果实

【分布与生境】海南，广东、广西和福建等省已经引种栽培。野外环境中生长的油楠主要分布在海拔 700～600m 以下的热带季雨林和热带沟谷雨林中，在同一海拔的针阔混交林中也有分布。

【利用部位及理化性质】油楠油液中 75%左右是无色透明具有清淡木香香气的芳香油，25%是棕色树脂类残渣。依兰烯含量 40.8%，丁香烯 30.5%、杜松烯 6.4%，其他华拔烯、蛇麻烯等都在 4.4%以下。

【采收与加工】油楠胸径 40cm 以上的就有油形成，采用打洞的方式可以从心材中流出油来。每株的产量一般在 5kg 以上。

【资源开发与保护】油楠在我国有一定的蕴藏量，在石油等矿物资源不断枯竭的今天，人们再次把注意力转向可再生资源——森林，而生长在海南岛的油楠，是我国未来很有希望的能源植物。由于油楠具有特殊的木质，因此宜作为家具和地板的用材，色泽呈褐色。它特殊的结构能调节室内的温度、湿度，减少风湿病的发生，使居家冬暖夏凉，并能吸收紫外线。另外油楠还可用于制作乐器。在其他有油楠分布的东南亚各国，居民也常利用油楠木的耐腐特性制作水车。油楠油还可用来做食用香料，油楠的种子可治疗皮肤病。

二、麻风树 *Jatropha curcas* L.

【植物名】麻风树又名麻枫树、小桐子、膏桐、臭油桐、芙蓉树等。为大戟科（Euphorbiaeae）麻风树属植物。

【形态特征】灌木或小乔木，高 2～5m。幼枝粗壮，绿色，无毛。叶互生，近圆形至卵状圆形，长宽约相等，约 8～18cm，基部心形，不分裂或 3～5 浅裂，幼时背面脉上被柔毛；叶柄长达 16cm。花单性，雌雄同株；聚伞花序腋生，总花梗长，无毛或被白色短柔毛；雄花萼片及花瓣各 5 枚；花瓣披针状椭圆形，长于萼片 1 倍；雄蕊 10，二轮，内轮花丝合生；花盘腺体 5；雌花无花瓣；子房无毛，2～3 室；花柱 3，柱头 2 裂。蒴果卵形，长 3～4cm，直径 2.5～3cm。种子椭圆形，长 18～20mm，直径 11mm（图 19－12）。

图 19－12　麻风树 *Jatropha curcas*
1. 花枝　2. 花　3. 果实

【分布与生境】麻风树为喜光阳性植物，原产美洲，现广泛分布于亚热带及干热河谷地区，我国引种有300多年的历史。分布于广东、广西、云南、贵州、四川等省。

【利用部位及理化性质】麻风树种仁含油率50%～80%，工业加工出油率35%～40%，经提炼加工后的麻风树油可适用于各种柴油发动机。麻风树油含油酸43.1%，亚油酸34.3%，酰胺4.2%，硬脂酸6.9%，其他脂肪酸1.4%。油的理化性质：比重酸值16.82，碘值93.79，皂化值192.2，不皂化物0.787%。麻风树根中含5α-豆甾烷-3，6-二酮、川皮苷、β-谷甾醇、蒲公英脑、2S-正二十四饱和脂肪酸甘油酯-1、5-羟基-6，7-二甲氧基香豆素、麻风树酚酮A、麻风树酚酮B、6-甲氧基-7-羟基香豆素、3-羟基-4-甲氧基-苯甲醛等。麻风树的茎、叶、皮的白色乳剂内含有毒蛋白、酮类、氰氢酸与川芎嗪等成分。

【采收与加工】麻风树第二年开始挂果，每年挂1～2次，第一次在3～4月份开始，6～7月采收，每株在3kg左右，边成熟边开花，第二次在11～12月份采收，每株在5kg左右。第二年亩产400kg左右，第三年亩产500～600kg左右。

【资源开发与保护】麻风树可全株开发，其果实、枝、叶均能利用。麻风树种子含油率高，经过加工可制成生物柴油。麻风树种子、树皮、叶、根和乳汁中含有多种成分的生物药源，可提取制作生物医药和生物农药。麻风树种子加工后的油饼蛋白质含量较高，脱毒后可制作生物饲料，未脱毒的可制作优质的有机生物肥。麻风树茎叶有毒，牲畜不吃，病虫较少，不易燃烧，可作为田间地边的生物篱和防风防火屏障。培育麻风树能源林，利用其种子提炼生物柴油是麻风树产业发展的主要方向。但要注意到麻风树不仅有毒，而且毒性很高，采摘时需要特殊的工具。

三、续随子 *Euphorbia lathylris* L.

【植物名】续随子又名千金子、千两金、菩萨豆、小巴豆等，为大戟科（Euphorbiaeae）大戟属植物。

【形态特征】二年生草本，有乳汁，全株被白粉。茎直立，圆柱形。茎下部叶密生，线状披针形，上部叶对生，广披针形，先端渐尖，基部近心形。总花序顶生，呈伞形，伞梗2～4，基部有2～4叶轮生；每伞梗再叉状分枝，有三角状卵形苞片2，每分叉间生1杯状聚伞花序；总苞杯状，先端4～5裂，腺体4，新月形。蒴果球形。花期6～7月，果期8月（图19-13）。

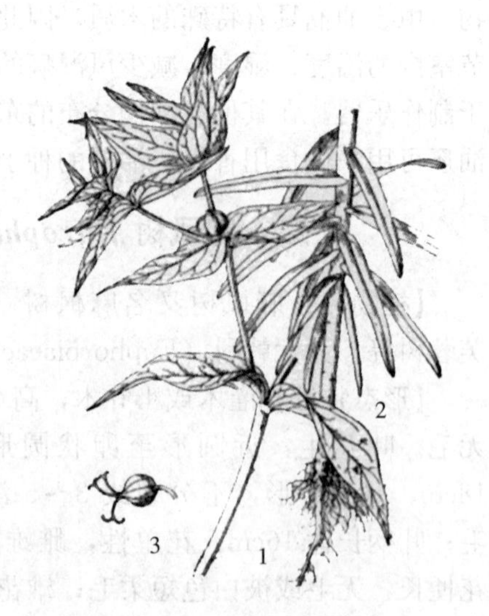

图19-13 续随子 *Euphorbia lathylris*

1. 花枝 2. 植株下部及根 3. 雌花

【分布与生境】原产欧洲，现我国辽宁、吉林、黑龙江、河北、河南、山西、内蒙、江苏、浙江、台湾、福建、四川、贵州、云南、广西等省（自治区）有栽培或亦为野生分布。喜光，生于向阳山坡。

【利用部位及理化性质】续随子种子含油脂40%～50%，有的可达82%，主要成分为油酸、亚油酸、亚麻酸和棕榈酸；油中还含有一些毒性成分，主要有千金子甾醇、股金醇棕榈酸酯，股金醇十四碳-2，4，6，8，10-酸酯、续随子醇二乙酸苯甲酸酯、续随子醇二乙酸烟酸酯等，油中尚含谷甾醇、三十一烷等。种子中尚有香豆精成分白瑞香素、马栗树皮苷等。叶中含山柰酚、谷甾醇、槲皮素的3-葡萄糖醛酸等。茎中含三十一烷，谷甾醇、三萜成分蒲公英赛醇和白桦脂醇，浆汁中含二羟基苯丙氨酸及多种碳氢化合物等。

【采收与加工】秋季种子成熟后，割取植株，打下种子，除去杂质，晒干。

【资源开发与保护】续随子尚有药用、观赏、油脂和可以作为农药用植物等多种用途，利用价值较高，特别是作为能源植物有很好的开发潜力。续随子作为一种有利用潜力的能源植物，颇受欧美一些国家的重视，美国加利福尼亚大学诺贝尔奖获得者 M. Calvin 教授研究发现，其白色乳汁中含类似于原油的碳氢化合物30%～40%，经提炼可以燃烧。续随子的种子、茎、叶及茎中白色乳汁均可入药，有逐水消肿，破症杀虫，致泻和抗肿瘤等作用。续随子植株较强健，株高达1m，茎叶挺拔浓绿，蒴果近球形较小，表面有褐黑双色斑纹，有一定观赏价值。续随子也是很有发展前途的农药用植物，用以防治螟虫、蚜虫等。其油粕可作肥料施于作物根部，同时可防治地老虎、蝼蛄等害虫，并可驱除危害作物的啮齿类动物。

复习思考题

1. 简述非糖甜味剂植物资源研究的方向，并举出2～3个植物。
2. 什么是经济昆虫寄主植物？你知道哪几类昆虫寄主资源植物？
3. 什么是皂素植物？什么是木栓植物？
4. 什么是能源植物？可分为哪几类？各有何特点？
5. 如何利用开发生物燃料作物——麻风树？

主要参考文献

[1] 安银岭主编．植物化学．哈尔滨：东北林业大学出版社，1996
[2] 曹庸等．葛根淀粉特性及产品开发的研究．中国野生植物资源，1999，18（2）
[3] 陈冀胜，郑硕主编．中国有毒植物．北京：科学出版社，1987
[4] 陈建民等．姜黄属根茎和块根中姜黄色素类化合物的含量测定．中草药，1983，14（2）
[5] 陈俊愉，程绪珂主编．中国花经．上海：文化出版社，1990
[6] 陈士云等．紫草细胞发酵培养液中色素回收．天然产物研究与开发，1994，6（3）
[7] 陈士林等．中药材野生抚育的理论与实践探讨．中国中药杂志，2004，29（12）
[8] 陈卫忠等．用剩余产量模型系统评估东海鲐鲹鱼类最大持续产量．水产学报，1997，21（4）
[9] 陈文武等．灰白毛莓红色素的开发研究．中国野生植物资源，1997（4）
[10] 陈锡林等．浙江菌类药资源调查及利用研究初报．中国野生植物资源，2000，19（1）
[11] 陈学余．优质天然红色素及食品原料——玫瑰茄．中国野生植物，1987（4）
[12] 陈有民主编．园林树木学．北京：中国林业出版社，1988
[13] 陈植著．观赏树木学．北京：中国林业出版社，1985
[14] 戴宝合主编．野生植物栽培学．北京：中国农业出版社，1995
[15] 戴宝合主编．野生植物资源学．北京：中国农业出版社，1993
[16] 董仁威编著．淀粉深加工新技术．成都：四川科学技术出版社，1988
[17] 董世林主编．植物资源学．哈尔滨：东北林业大学出版社，1994
[18] 段维生等．从向日葵舌状花中提取黄色素的研究报告．生物与特产，1987（4）
[19] 樊绍钵等主编．吉林药材图志（续集）．北京：中医古籍出版社，1995
[20] 樊绍钵主编．东北野菜的识别与食用．哈尔滨：东北师范大学出版社，1999
[21] 范成有主编．香料及其应用．北京：化学工业出版社，1990
[22] 傅克治主编．中国刺五加．哈尔滨：黑龙江人民出版社，1987
[23] 傅沛云主编．东北植物检索表．北京：科学出版社，1995
[24] 高愿君主编．野生植物加工．北京：中国轻工业出版社，2001
[25] 耿以礼编．中国主要禾本科植物属种检索表．北京：科学出版社，1957
[26] 顾模著．东北中北部果树资源的调查．北京：科学出版社，1956
[27] 郭巨先等．华南主要野生蔬菜氨基酸含量及营养价值评价．中国野生植物资源，2001，20（6）
[28] 郭文场主编．野菜的栽培与食用．北京：中国农业出版社，1999
[29] 国家药典委员会．中华人民共和国药典（一部）（2005年版）．北京：化学工业出版社，2005
[30] 韩涛．黄花菜速冻工艺的研究．冷饮与速冻食品工业，2000，6（2）
[31] 何关福主编．植物资源专项调查研究报告集．北京：科学出版社，1996
[32] 何坚等主编．香料概述．北京：中国石化出版社，1993
[33] 何明勋主编．资源植物学．上海：上海师范大学出版社，1996
[34] 韩素珍等．即食多味笋丝干的工艺研究．适用技术市场，2001（6）

[35] 侯宽昭主编．中国种子植物科属词典（修订版）．北京：科学出版社，1984
[36] 侯元同．山东蒙山野生蔬菜资源研究．中国野生植物资源，2002，21（3）
[37] 胡诚，齐迎春．药食兼用植物——莼菜．中国野生植物资源，2002（3）
[38] 胡世林等．苍术及其异域变种．中草药，2000，31（10）
[39] 胡伟建等．大有开发利用价值的轮叶党参．中国野生果树资源，2002，21（2）
[40] 胡中华，刘师汉主编．草坪与地被植物．北京：中国林业出版社，1994
[41] 黄璐琦等．中药资源可持续利用的基础理论研究．中药研究与信息，2005，7（8）
[42] 黄年来主编．中国大型真菌原色图鉴．北京：中国农业出版社，1998
[43] 姬君兆，黄玲燕主编．观叶花卉．北京：中国建筑出版社，1990
[44] 吉林省野生经济植物志编写组编．吉林省野生经济植物志．长春：吉林人民出版社，1961
[45] 吉林省中医中药研究所等编著．长白山药用植物志．长春：吉林人民出版社，1982
[46] 贾德贤等．山茱萸化学及药理研究进展．中国中医药信息杂志，2002，9（7）
[47] 贾良智，周俊主编．中国油脂植物．北京：科学出版社，1987
[48] 江苏省植物研究所主编．江苏植物志．南京：江苏科学技术出版社，1982
[49] 江苏新医学院编．中药大辞典．上海：上海人民出版社，1977
[50] 焦启源．芳香植物及其利用．上海：上海科学技术出版社，1963
[51] 金琦等主编．香料生产工艺学．哈尔滨：东北林业大学出版社，1996
[52] 李传军．山野菜复绿软包装的研究．陕西食品工业，2000（1）
[53] 李鸿英等．大金鸡菊黄色素成分的初步研究．植物学报，1981，23（6）
[54] 李茹光主编．东北地区大型经济真菌．哈尔滨：东北师范大学出版社，1998
[55] 李时珍著．本草纲目（校点本）．北京：人民卫生出版社，1979
[56] 李淑芬．高粱天然红色素提取及其理化性质的研究．辽宁农业科学，1993（1）
[57] 李树殿等．黑穗醋栗红色素的研究．中国野生植物，1987（1）
[58] 李瑶．中国栽培植物发展史．北京：科学出版社，1984
[59] 李玉主编．中国黑木耳．长春：长春出版社，2001
[60] 廖代富等．多穗柯棕色素的提取及其应用．中国野生植物，1989（2）
[61] 蔺定远编著．食用色素的识别与应用．北京：中国食品出版社，1987
[62] 刘成伦等．栀子黄研究进展．天然产物研究与开发，1996，8（2）
[63] 刘来福等．一个渔业模型分年龄最佳收获的探讨．科学通报，1990，14（5）
[64] 刘孟军主编．中国野生果树．北京：中国农业出版社，1998
[65] 刘慎谔主编．东北木本植物图志．北京：科学出版社，1955
[66] 刘慎谔主编．东北植物检索表．北京：科学出版社，1959
[67] 刘胜祥主编．植物资源学．武汉：武汉出版社，1994
[68] 刘爽等．野生抚育中药材 GAP 认证检查评定标准研究．现代中药研究与实践，2005，19（6）
[69] 刘晓庚，方园平．凉粉草资源的开发利用．中国野生植物资源，1998，17（1）
[70] 陆荣刚等主编．南京中山植物园研究论文集．南京：江苏科学技术出版社，1987
[71] 陆时万主编．植物学（上册）．北京：高等教育出版社，2000
[72] 马建章主编．自然保护区学．哈尔滨：东北林业大学出版社，1992
[73] 马西宁等．秦岭北坡主要山野菜分布规律调查．中国林副特产，2002，（2）
[74] 马玉心等．牡丹江地区的山野菜．中国林副特产，1996（4）
[75] 马毓泉主编．内蒙古植物志．呼和浩特：内蒙古人民出版社，1977—1985

[76] 马自超．蓝靛果（*Lonicera caerulea*）中的花青素色素的研究．中国野生植物，1996（2）
[77] 马自超等．姜黄色素理化性质的研究．中国野生植物，1991（2）
[78] 苗明三主编．食疗中药药物学．北京：科学出版社，2001
[79] 南京林学院树木教研组主编．树木学．北京：农业出版社，1965
[80] 南京中山植物园编．花卉园艺．上海：上海科学技术出版社，1982
[81] 聂晓安等．姜黄色素的分离及其结构鉴定．中国野生植物资源，1993（3）
[82] 宁夏环保局等编．甘草资源研究．银川：宁夏人民出版社，1988
[83] 裴盛基．民族植物学与植物资源开发．云南植物研究，1988，增刊Ⅰ，135～144
[84] 朴善喜．轮叶党参营养成分的研究．中国野生植物资源，1998，17（4）
[85]《全国中草药汇编》编写组编辑．全国中药汇编，1975，1978
[86] 任仁安主编．中药鉴定学．上海：上海科技出版社，1986
[87] 芮和恺等主编．中国精油植物及其利用．昆明：云南科技出版社，1987
[88] 山东经济植物编写组编．山东经济植物．济南：山东人民出版社，1978
[89] 上海植物园编；上海园林植物图说．上海：上海科学技术出版社，1980
[90] 沈阳军区后勤部，军需部主编．东北野生可食植物．北京：中国林业出版社，1993
[91] 施振国，刘祖祺主编．园林花木栽培新技术．北京：中国农业出版社，1999
[92] 时华民等主编．河南经济植物志．郑州：河南人民出版社，1962
[93] 舒娈，高山林．桔梗研究进展．中国野生植物资源，2001，20（2）
[94] 孙星衍等编，神农本草经．北京：商务印书馆，1955
[95] 孙可群等编著．花卉及观赏树木栽培手册．北京：中国林业出版社，1985
[96] 孙儒泳主编．基础生态学．北京：高等教育出版社，2002
[97] 孙云蔚编著．西北的果树．北京：科学出版社，1956
[98] 唐寿贤，邓万华．魔芋的药用价值．中国野生植物资源，1998，17（2）
[99] 唐寿贤等．一种有希望的天然食用植物色素——密花黄色素．中国野生植物，1991（4）
[100] 藤卷正生等主编．香料科学．北京：轻工业出版社，1988
[101] 王本祥主编．人参的研究．天津：天津科学技术出版社，1985
[102] 王德民等编著．农药实用技术大全．天津：天津科学技术出版社，1993
[103] 王德淑等，茯苓中微量元素的测定．现代中药研究与实践，2003，17（4）
[104] 王栋章等主编．中国薄荷生产与贸易．南京：江苏科技出版社，1992
[105] 王年鹤等．药用植物稀有濒危程度评价标准的讨论．中国中药杂志，1992，17（2）：67～70
[106] 王万贤主编．野生食果资源与产品开发．武汉：武汉大学出版社，1998
[107] 王献溥．关于野生植物经济价值重要性确定的方法研究．生物学杂志，1989，5：1～3
[108] 王勇．蕨菜软包装生产技术．中国野生植物资源，1998，17（3）
[109] 王宗训主编．中国资源植物利用手册．北京：中国科学技术出版社，1989
[110] 温学森等．地黄栽培历史及其品种考证．中草药，2002，33（10）
[111] 吴次彬编著．白蜡虫及白蜡生产．北京：中国林业出版社，1987
[112] 吴国芳主编．植物学（下册）．北京：高等教育出版社，2000
[113] 吴其睿著．植物名实图考．北京：商务印书馆，1957
[114] 吴征镒主编．云南植物研究，云南植物研究编辑部出版，1979—1988
[115] 谢碧霞，张美琼主编．野生植物资源开发利用学．北京：中国林业出版社，1995
[116] 谢运昌等．紫蓝红色素的研究进展．中国野生植物资源，1997（4）

[117] 徐国均主编．生药学．北京：人民卫生出版社，1987
[118] 徐亚琴等．红穗醋栗色素理化性质研究．天然产物研究与开发，1996，8（1）
[119] 许安邦等．紫草色素提取的研究．食品科学，1991（5）
[120] 许再富等编著．西双版纳野生花卉．北京：农业出版社，1988
[121] 严贤春主编．野果野菜野菌加工利用．北京：中国农业出版社，1994
[122] 严仲铠，李万林主编．中国长白山药用植物彩色图志．北京：人民卫生出版社，1997
[123] 杨安钦等．甜叶菊栽培技术．成都：四川科学技术出版社，1985
[124] 杨利民等．朝鲜淫羊藿不同生境种群生物量与更新潜力．生态学报，2007，27（6）
[125] 杨利民等．药用植物资源的可持续利用及其种群生态学研究与展望．吉林农业大学学报，2006，28（4）
[126] 杨利民等．一种多用途植物——续随子的利用价值．生物学通报，1994，29（8）
[127] 杨毅主编．野菜资源及其开发利用．武汉：武汉大学出版社，2000
[128] 杨志祥．枸杞子色素的研究．中国野生植物资源，1997（4）
[129] 姚晓玲．即食薇菜生产工艺的研究．食品科技，1999（2）
[130] 俞德浚编著．中国果树分类学．北京：农业出版社，1979
[131] 袁玉霞等．豫南大别山森林野菜资源名录（二）．中国林副特产，2001（1）
[132] 云南植物研究所编著．云南植物志．北京：科学出版社，1977—1983
[133] 曾祥群．葛根总黄酮提取工艺．食品工业科技，2000（3）
[134] 张朝芳．一种评价陆地植物资源利用前景的估量法．植物生态与地植物学丛刊，1984，8（3）：215～221
[135] 张康健，王蓝主编．药用植物资源开发利用学．北京：中国林业出版社，1997
[136] 张兰桐等．山茱萸的研究近况及开发前景．中草药，2004，35（8）
[137] 张淑丽等．猴腿采集与加工方法．中国林副特产，2000，（2）
[138] 张雁．葛根的营养保健功能及开发利用．食品研究与开发，2001（2）
[139] 张哲普主编．野菜的食用及药用．北京：金盾出版社，1997
[140] 张志焱等．泰山的山野菜资源及开发利用前景．中国林副特产，1992（1）
[141] 赵国玲等．金银花化学成分及药理研究进展．中成药，2002，24（12）
[142] 中国科学院《中国植物志》编辑委员会编．中国植物志．北京：科学出版社，1974—1986
[143] 中国科学院华南植物研究所编．广东植物志．广州：广东人民出版社，1987
[144] 中国科学院林业土壤研究所．东北草本植物志．北京：科学出版社，1958—1981
[145] 中国科学院林业土壤研究所编．东北油脂植物及油脂成分分析测定法．沈阳：辽宁人民出版社，1980
[146] 中国科学院植物研究所等编辑．中国经济植物志．北京：科学出版社，1960
[147] 中国科学院植物研究所主编．中国高等植物图鉴．北京：科学出版社，1972—1976
[148] 中国香料植物栽培与加工编写组编．中国香料植物栽培与加工．北京：轻工业出版社，1985
[149] 中国医学科学院等编辑．中药志．北京：人民卫生出版社，1984
[150] 中国油脂植物编委会编．中国油脂植物．北京：科学出版社，1987
[151] 中国植被编辑委员会编著．中国植被．北京：科学出版社，1980
[152] 中国植物学会五十周年学术讨论会论文摘要汇编．中国植物学会，1983
[153] 中华人民共和国商业部土产局，中国科学院植物研究所主编．中国经济植物志，1961
[154] 钟青萍等．栀子组织和细胞培养生长天然食用色素的研究Ⅰ愈伤组织培养．天然产物研究与开发，1994，6（4）
[155] 周荣汉主编．中药资源学．北京：中国医药科技出版社，1993
[156] 周荣汉著．药用植物分类学．上海：上海科学技术出版社，1988

[157] 周以良编著．黑龙江树木志．哈尔滨：黑龙江科学技术出版社，1986
[158] 朱有昌主编．东北药用植物．哈尔滨：黑龙江科学技术出版社，1989
[159] 卓万廉．桃金娘红色素的研究．中国野生植物，1988（1），(2)
[160] 大泽秀夫（日）．冷饮与天然色素．食品与科学，1989，31（2）
[161] A. Mackenzie et al. Ecology. 北京：科学出版社，1999
[162] Richard B. Primack（美）著（祁承经译）．保护生物学概论．长沙：湖南科学技术出版社，1996
[163] Brian clouston. 风景园林植物配置
[164] R. T. 惠斯特勒等编．淀粉的化学与工艺学．北京：中国食品出版社，1987
[165] A. Jelmert et al. Whaling and deep-sea biodiversity. Conserv Biol，1996，10（2）
[166] C. D. Stone. The crisisin global fisheries：can trade laws provide a cure. Environ Conserv，1997，24（2）
[167] C. M. Roberts. Ecological advice for the global fisheries crisis. Trends Ecol Evol，1997，12（1）
[168] E. Masood. Fisheries science：All at sea when it comes to politics? Nature，1997，386（6621）
[169] L. B. Crowder et al. Fisheries bycatch：Implications for management. Fisheries，1998，23（6）
[170] R Uyoung，et al. Subsistence. sustainability and sea mammals reconstructing the international whaling regime. Ocean Coast Man，1994，23（1）
[171] R. Costanza et al. The value of the world's ecosystem services and natural capital. Nature，1997，387（6630）
[172] R. Kerrs et al. The Laurentian Great Lakes experience. A prognosis for the fisheries of Atlantic Canada. Can J Fish Aquat. Sci，1997，4（5）
[173] R. M. Cook et al. Potential collapse of North Sea cod stocks. Nature，1997，385（6616）
[174] R. M. Wright. The population biology of pike，Esox lucius L，in two grovel pit lakes，with special reference to early life history. J Fish Biol，1990，36（2）

图书在版编目（CIP）数据

植物资源学/杨利民主编．—北京：中国农业出版社，2008.7（2018.12 重印）

普通高等教育“十一五”国家级规划教材．全国高等农林院校“十一五”规划教材

ISBN 978-7-109-12735-7

Ⅰ．植… Ⅱ．杨… Ⅲ．植物资源—高等学校—教材 Ⅳ．Q949.9

中国版本图书馆 CIP 数据核字（2008）第 087576 号

中国农业出版社出版
（北京市朝阳区麦子店街 18 号楼）
（邮政编码 100125）
责任编辑 李国忠 王琦瑢

北京万友印刷有限公司印刷 新华书店北京发行所发行
2008 年 8 月第 1 版 2018 年 12 月北京第 6 次印刷

开本：820mm×1080mm 1/16 印张：29.25
字数：690 千字
定价：57.50 元